U0947478

《排污交易：实践与创新——排污交易国际研讨会论文集》

编 委 会

排污交易：实践与创新

——排污交易国际研讨会论文集

EMISSIONS TRADING：PRACTICE AND INNOVATION

王金南　毕　军　主编

中国环境科学出版社·北京

图书在版编目（CIP）数据

排污交易：实践与创新：排污交易国际研讨会论文集/王金南，毕军主编. —北京：中国环境科学出版社，2009.6

ISBN 978-7-80209-960-9

Ⅰ. 排… Ⅱ. ①王…②毕… Ⅲ. ①总排污量控制—国际学术会议—文集 ②排污—总量指标—交易—国际学术会议—文集 Ⅳ. X323-53 X196-53

中国版本图书馆 CIP 数据核字（2009）第 105270 号

责任编辑 陈金华
责任校对 扣志红
封面设计 龙文视觉

出版发行 中国环境科学出版社
（100062 北京崇文区广渠门内大街 16 号）
网 址：http://www.cesp.com.cn
联系电话：010-67112765（总编室）
发行热线：010-67125803
印 刷 北京市联华印刷厂
经 销 各地新华书店
版 次 2009 年 6 月第 1 版
印 次 2009 年 6 月第 1 次印刷
开 本 787×1092 1/16
印 张 27.25
字 数 590 千字
定 价 70.00 元

目 录

第一篇　总量控制与市场机制

第二篇　大气污染物排污权交易

第三篇　水环境管理和排污交易

第四篇　气候变化与碳排放交易

第一篇

总量控制与市场机制

关于环境资源有偿使用政策框架的思考*

王金南　蒋洪强　钟晓红　杨金田　葛察忠

摘　要：随着中国经济高速发展和城市化进程的加快，资源消耗和环境污染已经严重影响到了社会经济的可持续发展。建立合理的环境资源价格政策，实施环境资源有偿使用，特别是基于环境容量的污染物排放资源有偿使用，已经引起了中国政府有关部门的高度重视。建立环境资源有偿使用制度对解决当前经济发展带来的过高资源环境代价问题具有重要作用。本文在分析国内外环境资源有偿使用实践的基础上，提出了环境资源有偿使用的政策框架以及相关的政策建议。

关键词：环境资源有偿使用　政策框架　政策建议　环境经济政策

Policy Framework of Paid Use of Environmental Resources and Pollutant Allowances in China

Abstract: In recent years rapid economic growth has brought with China grave challenges to the environment because of the extensive developing mode，backward mechanism of environmental protection and the relatively weak law on environmental protection. As the conventional mode of development is bound to bring unprecedented pressure to bear on environment resources，the Chinese government has to take much more effective measures to properly solve the problem. Consequently，the paid use and the price-determination mechanism of environment resources must be bettered as soon as possible. Only by this way can the exiguity of environment resources and the principle of the –polluters –pay be embodied，and can the enterprises self-consciously economize the environment resources. In this paper，after analyzing the practice related to paid use of environment resources home and abroad，the author put forward the policy framework on it and also come up with some suggestions on the various problems facing the government.

Key words: Paid use of environment resources　Policy framework　Policy suggestions　Market-based instrument

2005 年 10 月 28 日，在全国资源价格改革研讨会上，曾培炎副总理强调指出："深化

* 在论文的形成过程中，得到了财政部经济建设司李洪辉处长、姚劲松调研员、向第海，国家环境保护总局房志副处长、汪健处长的支持和帮助。在此表示感谢。

作者简介：王金南博士，中国环境规划院副院长兼总工程师、研究员，博士生导师，国家环境科学技术委员会委员，国家环保总局战略环评咨询委员会委员，全球中国环境专家协会会长，中国环境科学学会常务理事，中国环境科学学会环境经济分会主任，中国环境科学学会咨询工作委员会副主任，亚欧环境技术中心顾问，联合国环境经济核算委员会委员，中国能源学会系统工程分会委员，中国环境文化促进会常务理事，中华环境联合会理事，中国国民经济核算研究会理事，中国生态农业专家委员会委员，中国电机工程学会动力经济委员会委员，国家绿色 GDP 核算技术组组长，国家环境经济政策项目技术组组长，甘肃省人民政府科技顾问，北京奥运会科技委员会委员，上海世博会科技专家委员会委员。《中国环境政策》主编，《中国环境科学》《环境科学研究》《可持续发展研究》和《循环经济研究》杂志编委。
本文作者联系方式：环境保护部环境规划院，北京：100012。

资源价格改革是完善社会主义市场经济体制的重要内容，也是促进经济增长方式转变，建设资源节约型、环境友好型社会的重要举措。当前，要加快资源价格改革步伐，切实建立起反映市场供求、资源稀缺程度以及污染损失成本的价格形成机制。”本文将在这一背景下，探讨建立环境资源有偿使用的理论基础，在总结和分析国内外有关环境资源有偿使用实践进展的基础上，提出新时期下环境容量资源有偿使用的政策框架，同时分析实行环境容量资源有偿使用的相关环境制度协调问题，并提出有关对策建议。

1 实行环境资源有偿使用的必要性

改革开放以来，党中央、国务院高度重视环境保护工作，将改善生态环境质量作为坚持以人为本、落实科学发展观、构建和谐社会的重要内容。由于不断增加环保投入①，采取了一系列保障国家环境安全的重大举措，虽然重化工业迅猛发展，国民经济保持年均 9.6%的持续高速增长，但全国环境质量基本稳定。部分城市和地区环境质量有所改善，工业产品的污染物排放强度下降，重点流域和区域环境治理不断推进，生态保护和建设得到加强，涌现一批环境与经济协调发展的典型，环境保护工作不断取得新进展。

但是，由于我国粗放型经济增长方式还没有根本转变，环境保护的法制、体制、机制、投入、能力滞后，有法不依、执法不严、违法不纠的现象还比较普遍，使得环境污染和生态破坏问题还很突出，环境污染形势非常严峻。2004 年废水排放量达到 470.9 亿 t，比上年增加 2.4%，其中主要污染物化学耗氧量（COD）1 319.6 万 t，超过环境容量的 67%②。全国 745 个地表水国控断面中，28%的断面劣于水环境Ⅴ类标准，62%的断面达不到Ⅲ类；流经城市的 90%河段受到严重污染，75%的湖泊出现富营养化；城镇集中式饮用水源地有不同程度的超标。2004 年全国 SO_2 排放总量 2 255 万 t，居世界第一，超出环境容量 88%③，酸雨区约占全国面积的 1/2，酸雨控制区内酸雨污染程度进一步加重。还有 60%的城市空气质量达不到二级标准，机动车尾气污染问题日益突出。一些中小城市和农村地区污染有加重趋势；城市建筑施工、工业生产和社会生活噪声扰民现象时有发生。城市生活垃圾年清运量 1.49 亿 t，无害化处理率不足 50%，现有的处置设施二次污染问题严重。

生态破坏范围扩大、程度加剧。全国水土流失面积 356 万 km^2，沙化土地 174 万 km^2；虽然森林面积和蓄积量持续增长，但森林资源总量不足，林地流失依然严峻，生态功能不足；90%以上的天然草原退化；一些北方河流水资源开发利用率超过国际生态警戒线（30%～40%），其中黄河、淮河、辽河超过 60%，海河超过 90%，流域生态功能严重失调；华北平原出现世界上最大的地下水位下降漏斗；有 10%～15%的高等植物物种处于濒危状态，物种资源流失严重，生物多样性减少，资源丧失，外来物种入侵每年造成 1 200 亿元的经济损失④。

总的来说，现阶段我国环境问题呈现的特点是，大范围的生态退化、污染排放量居世界前茅、环境容量资源全面吃紧、复合和压缩型问题集中显现。当前我国环境问题突

---

① 1981 年环保投资为 25 亿元，到 2004 年达到 1 909 亿元，占 GDP 的比例达到了 1.4%。

② 根据环境保护部环境规划院的估算，全国以 COD 为例的水环境容量约为 1 108 万 t。

③ 根据环境保护部环境科学研究院的估算，全国基于酸雨控制的 SO_2 污染物的环境容量约为 1 200 万 t。

④ 资料来源：国家环保总局. 国家环境安全战略研究报告. 北京：中国环境科学出版社，2005.

出的原因相当复杂，除人口多、资源少、环境容量小这一先天不足外，主要有：①没有按客观规律办事，片面追求 GDP 增长，环境容量资源无偿或低价使用，科学发展观未能得到真正落实；②经济增长方式粗放，能耗物耗高、污染严重的企业扩张和低水平重复建设，结构型污染突出；③环境法制和管理机制不健全，管理能力薄弱；④投入不足，环境保护长期历史欠账，污染治理进展缓慢。

这些环境问题已经成为制约我国经济发展、影响国家安全的重要因素，成为全面建设小康社会、建设资源节约型和环境友好型社会的重大挑战。据世界银行发展报告，中国 1990 年代中期的经济增长中有 2/3 是以资源投入和环境代价换取的，环境污染和生态破坏造成了巨大经济损失，占全国 GDP 的 8%～15%。环境问题已严重危害人群健康和公共安全，据联合国环境署《全球环境展望 2002》，仅我国 11 个最大的城市中，烟尘和细颗粒物污染每年使 5 万多人死亡，40 万人感染慢性支气管炎[①]。目前，各个省市的许多大型建设项目布局已经受到环境容量资源的严重制约。

由此可见，面对我国环境污染极其严峻的形势和环境容量资源全面吃紧的现状，我们必须采取更为有效的措施加以解决，其切入点就在于完善资源价格形成机制、实行环境资源有偿使用和排污权交易，以真正体现环境资源的稀缺性和“污染者负担”的原则，使企业产生节约环境资源的动机，促进资源节约型和环境友好型社会的建设。

2 实行环境资源有偿使用的理论基础

2.1 环境容量资源的价值理论

环境容量资源作为一种公共的、有限的资源，具有价值的观点越来越为人们所认识和重视。按照西方经济学的边际效用价值论，资源的价值源于其效用，又以资源的稀缺性为条件，效用和稀缺性是资源价值得以体现的充分条件。由于环境容量资源不仅有用，而且稀缺，所以具有价值，其价值的高低则视其在不同时空中的稀缺程度而定。环境容量资源的边际效用价值论对于促使人们重视环境保护、珍视这一资源具有一定的积极意义。

环境容量资源具有使用价值和价值的两重性。使用价值是环境容量资源的自然属性，是资源价值的物质承担者。价值是环境容量资源的社会属性，其实体由凝结在资源中的人类抽象劳动所构成，只是这种价值的表现形式并非那么直接而已。随着人类社会生产力水平提高，现代经济迅猛发展，人口的激增，在许多场合人类生产和生活向环境排放的污染物已经超过了环境的自净能力，反过来严重地影响到人们的正常生产和生活，甚至危及人类的健康。人类为了生存和发展必须耗费大量的劳动来防护、治理环境，重新提供环境容量资源，这时，环境容量资源的价值就显而易见了。

由此可见，环境容量资源具有商品的一般属性，环境资源的有偿使用（排污权初始分配）的实质是对环境容量资源这种特殊商品的一种配置。由于一定时期和范围内的环

---

① 根据环境保护总局环境规划院的初步估算，中国 2003 年由于空气污染造成城市过早死亡人口约 30 万人，室内空气污染造成过早死亡人口约为 10 万人。

境容量资源是有限的，因此，具有使用价值的有限的环境容量资源是不应该由少数人或单位无偿取得的。科学的环境资源价值观的建立，为环境资源的有偿使用提供了理论依据，同时也为合理制定排污权的价格和健全排污权有偿转让市场奠定了基础，有利于充分利用经济手段有效管理环境资源。

2.2 环境容量资源的外部性理论

环境容量既然是资源，具有价值，就具有某些经济学特征。主要表现在：①环境容量资源是一类可拥挤物品。所谓可拥挤物品，就是指当使用者的数目从零增加到某一个可能相当大的正数时，它的表现很像纯粹的公共物品，即在此范围内不存在消费的可分性和排他性。进一步来说，这类物品能提供很多人使用，但是受到容量的限制。在达到容量之前，增加额外使用者的边际成本几乎接近于零，而当超过容量限制时，增加额外使用者的边际成本将急剧上升，甚至趋向于极大。环境容量资源就是这样一类可拥挤物品，一旦环境容量的使用者数目或使用的强度超过了“容量”的临界点后，就会发生“拥挤”。这意味着环境容量资源的限度与过量的使用规模之间的矛盾尖锐化，这是该类资源的一个重要特征。②环境容量资源具有外部性。外部性是经济学中的一个抽象概念，它直接来源于 1930 年代由庇古（Pigou）创立的旧福利经济学，即在分析边际私人纯产值与边际社会纯产值相背离的情况时提出的。外部性是环境容量资源被人们利用时经常出现的一种现象。企业在追求最大经济利润的同时，往往会大量使用免费或者低价获得的环境容量资源，从而造成严重的环境外部不经济性。

深刻认识环境容量资源的经济学特征，有助于人们全面权衡经济发展和环境保护之间的关系，从经济角度选择防治污染的有效途径和方案。在社会经济现实中，当某一经济主体的生产活动所产生的污染物或污染因素排入环境后，就可能导致环境构成和状态发生某种改变。一旦这类排污超过环境的自净能力，引起环境质量恶化，就会影响和破坏其他经济主体正常的生产和生活条件，这意味着环境容量资源被不适当地过度利用。

2.3 环境容量资源的产权理论

环境容量资源具有准公共物品和外部性的特征，决定了产权对于保护环境资源的重要意义。一旦建立了环境容量资源的产权，产权归排污者所有，必然激励排污者追求环境容量资源价值的最大化，产权所有者会考虑以最有效的方式使用资源，也会通过按规定排放、提供准确的排放数据等行为树立自己的信誉，以减少监督机构因不信任而增加检查和监测的次数，或避免因超排而被取消自己对容量资源的所有权。产权理论所提供的这些激励显然有利于实现环境容量资源的有效利用。

环境容量资源的产权界定应包含两个层次的权利界定：首先是环境容量资源使用者和其他功能使用者之间的权利界定，目的是确定可供使用的容量资源的总量，明确各自的生产性权利和生存性权利。通过这种界定，既防止其他功能使用者的权利受到环境容量资源使用者权利的侵害，又可以保障环境容量资源使用者的生产性和经济性权利。其次是环境容量资源使用者之间的权利界定，目的是为环境容量资源这种环境物品建立有效的产权结构，避免公共消费所带来的外部性，并为实现环境物品的商品化奠定产权制度基础，使用有可能利用市场机制实现容量资源的高效率配置。

对于我国的情况，根据有关法律和国家资源概念的延伸，可以把环境容量资源确定为国家所有的资源，也就是说，环境容量资源的所有者是国家。而环境容量资源的使用权可以与所有权分离。排污者可以通过有偿的方式获取环境容量资源的占有权和使用权。

2.4 环境容量资源的配置理论

从前面的分析中可知，环境容量资源的过度利用以及由此引起的生态环境的恶化有着深刻的经济根源，即在环境容量资源的利用中产生的外部不经济会扭曲竞争性市场对该类资源的合理配置。环境容量资源具有一定的公共物品的性质，在配置上存在着以下困难：①单个消费（利用）者所愿意支付的价格会不足以补偿此类资源的供给成本。②如果对环境容量资源定价过低，那么环境容量资源就会供给不足及利用过度，但若对环境容量资源的定价过高，又可能导致环境资源的利用不足。无论是利用过度还是利用不足都表明该类资源配置上的低效率。③环境容量资源的个别消费（利用）者往往倾向于对这类资源作过低的评价，以便减少自己应该承担的支付费用，以达到经济收益最大化。

环境容量资源的配置特征要求我们必须公平合理地配置环境容量资源，其中最重要的一点是实行初始排污权的有偿分配。由于环境资源是有价的，不能无偿获得，在管理、转让这种环境容量资源时，应向环境容量资源的使用者收取一定的费用，以支付相应的行政成本和保护、改善环境的费用。在市场经济体制下，无偿取得排污权，便是无偿获得了财富，并且往往剥夺了其他人在同等条件下获得相同财富的机会。对于其他受总量控制制度制约而不能同样无偿获得自己所需的全部排污指标的排污者来说，这是不公平的。同样，对于其他社会公众也是不公平的，因为环境容量资源是公共资源，无偿取得排污权的生产者，实际上大量无偿占有了其他社会公众的环境容量份额，使其他公众要么失去了使用自己份额的环境容量资源的机会，要么必须支付更高额的费用才能得到本应自然拥有的清洁的水、清新的空气、优美的环境，这与市场经济的平等公平原则和等价有偿原则是根本不相符合的，因此，环境容量资源的有效配置必须以实行有偿分配为前提。

2.5 环境政策发展演变理论

为了实现可持续发展战略，越来越多的政府和私人部门认识到，一个能够融入宏观经济领域，同时又能产生环境效益和经济效益的环境管理政策才是一个真正的“双赢”政策。而且，只有这种政策才具有广泛的社会可接受性和可实施性。在市场经济国家中，这种环境管理与经济政策一体化的趋势越来越明显，尤其是引入基于环境与经济协调发展的政策，使污染大幅度的下降。如利用资源价格改革，引入资源初始价格和环境资源初始价格，使资源消耗能反映资源原始价值；利用税收政策改革，引入资源税和环境税，使税收政策“绿色化”；通过减少农业补贴来降低农药和化肥的使用等。

环境管理政策的种类多种多样，但主要包括命令手段、经济手段、自愿协商手段以及信息公开手段等。一般来说，经济手段、自愿协商手段和信息公开手段是强制手段的替代和补充，但在不同的社会政治、经济条件下，各种手段的配合和所达到的效果都有所不同，因而应根据不同条件对环境政策手段进行选择，才能促进环境资源的合理利用和有效配置。目前，无论是在中国还是国外，主要的环境管理手段依然是强制手段，即基于规章制度或法规标准的指令性控制手段，经济刺激手段、协商（或谈判）手段和环境信息公开手段只是前者的一种补充。但是，在总体上，环境管理正在向经济刺激手段和信息手段的方向发展。这种趋势使得强制手段与经济刺激手段和信息手段结合或互补的机会越来越多，而这种结合充分体现了“扬长避短”的优势，即在保证环境效果的同时，使管理者和受控者提高了灵活性和管理效率。环境资源有偿使用和排污权交易就是这样一种越来越得到广泛认同与实践的环境经济一体化政策手段。

3 实行环境资源有偿使用的实践基础

作为环境资源有偿使用最广泛的政策，目前主要是基于污染物排放量的排污收费政策。由于本文主要是探讨污染排放初始权的有偿使用问题，因此，本节主要介绍的是排污初始权的有偿分配以及相关的排污交易制度。

3.1 国外实践

众所周知，环境虽有一定的自净能力，但其承接污染物有一定的限度，为了最大限度地利用这一环境容量而又不影响所需的环境质量目标，发达国家率先开展了环境容量和最大允许污染物排放量之间关系的研究工作，把该最大允许排放量分割成若干规定的污染物排放指标供排污者使用，并实行排污权交易制度。美国是开展排污权交易较早的国家，始于 1970 年代，主要以《清洁空气法》修正案并实施酸雨计划为标志。排污权交易主要集中于 SO_2，在全国范围的电力行业实施，而且有可靠的法律依据和详细的实施方案，是迄今为止最广泛和最成功的排污权交易实践①。另外，欧盟、英国等国家和地区还广泛开展了温室气体排放贸易工作。在国外，污染物排放指标称为“排污权”或“排污许可”，由于这些排污指标十分有限，因此，美国等发达国家把排污许可的初始分配，逐渐从无偿分配转向拍卖和奖励等有偿使用措施②。同时，为了使这些初始分配的排污指标在市场上能够正常流转，还出台了排污许可（排污权）交易的有关政策，从而使这些排污指标像商品一样被买入和卖出。上述政策有力地促进了美国等国家一些区域环境质量的改善，降低了污染削减的社会成本。

3.2 国内实践

排污权有偿使用和排污权交易是市场经济发展的内在需要，是实现环境污染总量控制目标不可缺少的市场手段。正是看到这一政策在我国环境管理工作中的前景，在国家环境保护总局的领导下，我国从 1991 年开始，在 16 个城市进行了排放大气污染物许可证制度的试点工作。在此基础上，自 1994 年起又在其中 6 个城市（包头、开远、柳州、太原、平顶山、贵阳）开展了大气排污权交易的试点工作。1996 年开始，我国正式把污染物排放总量控制政策列为“九五”期间环境保护的考核目标。“十五”期间，我国环保工作的重点全面转到污染物排放总量控制。为了使环保工作更加适应经济建设的需要，

---

① 目前，这项制度已经扩展到非电力行业以及氮氧化物的排放交易。实施范围已经从原来的主要是东部地区扩展到自愿参加。也就是说，中西部地区的州也可以加入这项计划。

② 美国联邦环境保护局 1990 年代掌握的 SO_2 有偿分配指标占总排放量的比例不到 10%。

国家环境保护总局提出了通过实施排污许可证制度促进总量控制工作，通过排污权交易完善总量控制工作。

2002 年 3 月，国家环保总局下发了《关于开展“推动中国 SO_2 排放总量控制及排污交易政策实施的研究项目”示范工作的通知》，在山东、山西、江苏、河南、上海、天津、柳州市共七省市，开展 SO_2 排放总量控制及排污权交易试点工作，在该项目的推动下完成了多项排污权交易案例，积累了丰富的实践经验。在亚洲开发银行和中国环境规划院的支持下，太原市制定了《太原市 SO_2 排放交易管理办法》，开展了市域范围的 SO_2 排污交易试点。在这些项目的推动下完成了多项排污权交易案例，积累了有益的实践经验。

除了 SO_2 排污权交易试点工作外，我国还积极探索了水污染物排污权交易试点，上海市、本溪市、绍兴市等在实施水污染物排放许可证制度的基础上建立起了排污权初始分配和排污权交易市场。江苏省环境保护委员会也在 2004 年印发了《江苏省水污染物排污权有偿分配和交易试点研究》工作方案的通知（苏环委[2004]6 号）。上海从 1980 年代后期开始，在黄浦江水源保护区上游开展了水污染物排放指标的有偿转让（仅限于企业之间排污指标相互转让时的有偿使用，没有解决排污指标初次分配的有偿使用）。2001 年，浙江省嘉兴市秀洲区出台了《水污染物排放总量控制和排污权交易暂行办法》，实行了水污染排污初始权的有偿使用。这是国内真正意义上的排污初始权有偿分配和使用的实践。

3.3 法规依据

在我国，资源有偿使用政策的法律基础是比较全面的。作为环境容量资源的排污初始权有偿使用来说，相对缺少法律的支持。但是，在我国政府颁布的许多环境法规条文中已有涉及排污权有偿使用和交易之处，为环境资源的有偿使用提供了法规依据。如 1988 年 3 月国家环境保护局颁布的《水污染物排放许可证管理办法》第 21 条规定：“水污染物排放指标，可以在本地区的排污单位间相互调剂。”同时，我国已在逐步全面地实行污染物总量控制，这是实行排污权交易的重要前提。新近修改的《中华人民共和国水污染防治法》规定了省级以上人民政府可以实施重点污染物排放的总量控制制度，并对有排污量削减任务的企业实施该重点污染物排放量的核定制度；中国第一个流域污染防治法规《淮河流域水污染防治暂行条例》具体规定了国家在淮河流域实行水污染物排放总量控制制度的办法；《上海市环境保护条例》规定了污染物排放总量控制区域内的排污单位，其污染物排放必须达到规定的排放标准和总量控制标准，而且经市环保局批准，有关单位可以有偿转让部分排污指标，等等。

综上所述，随着社会主义市场经济体制的建立和完善，特别是党的十六大明确提出把改善环境作为全面建设小康社会的目标之一，十六届五中全会乂提出建设资源节约型和环境友好型社会，2005 年 12 月，国务院颁布了《关于落实科学发展观　加强环境保护的决定》，这充分说明了党中央、国务院对环境保护工作的高度重视，说明了我国在许多方面已具备实行环境资源（排污权）有偿使用的实践和保障条件。

4 实行环境资源有偿使用面临的问题

尽管建立环境容量资源有偿使用、节约环境容量资源的观念已为大多数人所接受，但由于我国相关法规制度还不完善，实行环境资源有偿使用在我国还处于初步实践阶段，面临着许多问题，需要一步一步建立和完善。

4.1 法律法规滞后，操作依据不充分

从各省市实施环境资源（排污权）有偿使用和排污权交易的实践来看，江、浙、沪两省一市在排污权有偿取得和排污交易方面均存在法律依据不充分的问题，尤其是排污权有偿取得的法律基础十分薄弱。相对来说，江苏省排污权有偿使用的依据比较充分，这些依据主要包括：江苏省省委省政府在 1997 年和 2004 年下发的《关于切实加强环境与发展综合决策的通知》（苏发[1997]24 号）和《关于落实科学发展观 促进可持续发展的意见》（苏发[1997]24 号），省经贸委、环保厅 2004 年共同制定的《江苏省电力行业 SO_2 排污交易管理暂行办法》；浙江省嘉兴市秀洲区则是通过《秀洲区水污染物排放总量控制和排污权有偿使用管理试行办法》来规范废水排污权的有偿使用；上海市实施水污染物排放交易的依据《上海市黄浦江上游水源保护条例》。从国家层面来说，目前尚无针对排污权有偿使用和排污交易的具体政策和法律依据。此外，有人认为排污权交易、排污许可证交易与《行政许可法》不一致，认为行政许可是不可交易的，否则存在“权力交易”之嫌。两省一市均希望国家能及时出台有关排污权有偿使用和排污交易的具体规章制度。

4.2 监测监管能力不足，排污计量工作薄弱

环境资源（排污权）有偿使用和排污交易需要有科学合理的监测手段和监管制度。目前我国对污染源的监测水平还比较落后，安装自动监测设备的企业较少，不能满足排污权有偿使用和排污交易对污染物排放的计量和监测的要求。江苏省两例试点个案的交易对象均为重点企业，且均安装了在线自动监测设备，但由于试点经验不足，环保部门对交易情况的跟踪记录和核实并未全面开展。浙江省秀洲区在《秀洲区水污染物排放总量控制和排污权有偿使用管理试行办法》中提到将另行出台《秀洲区污染物排放许可证管理办法》进行排污总量动态管理，但至今仍未落到实处。上海市黄浦江水源保护区在“条例”的制定过程中，也未提及对交易企业废水和污染物排放的监管手段。如何对污染物有偿使用、排污许可证发放、排污交易进行适时跟踪和监督管理，还是政府部门需要重点研究的课题之一。

4.3 排污权有偿取得和排污交易的市场尚未形成

江、浙、沪两省一市的所有排污交易都是在当地环保局的协调下完成的，目前没有真正形成完善的排污权交易市场。大部分发生的交易个案严格意义上都是一级市场，没有严格意义上的二级市场产生。环保部门是交易规则的制定者，也是交易实现的中介人；而交易中尚没有部门或企业扮演经纪人角色；正因为如此，交易市场发育缓慢，交易数量极低。同时，随着经济发展和电力行业的快速增长，SO_2 排污权正在逐渐成为一种稀缺商品，企业对未来污染物排放总量指标的分配方案以及排污交易价格走向不清楚，因此，企业在拥有排污权后，更倾向于为自身发展预留总量，导致排污总量资源有价无市。

4.4 排污权有偿取得和交易价格机制没有形成

地方环保部门在排污权有偿使用和排污交易方面发挥巨大作用。江苏省两例排污交易个案都是由环保部门提出交易价格后交易双方认可而成交，带有很强的行政干预下的“指导价格”色彩；浙江省秀洲区的废水排放权价格和上海市黄浦江水源保护区污染物的交易价格，则是根据环保部门发布固定的计算方式而得。这些定价方式有一定的科学性，但价格并未与市场机制挂钩，不存在“价高者得”和反映市场供给平衡的因素，因而很难反映环境容量资源的稀缺性。目前，所有的试点案例中都没有建立排污交易市场中介机构，对交易收入征收营业税、所得税和增值税方面也没有统一说法。

4.5 对排污权有偿取得认识尚未完全统一

在理论依据方面，对排污权有偿取得的经济学理论方面准备不充分。对初始排污权有偿取得与筹集污染治理资金、排污收费、排污指标有偿转让、排污交易等政策之间对理论问题存在模糊对认识。在政府方面，存在着对排污权有偿使用和排污交易思想的接受、反对和不够理解等反映不一的态度。而在企业方面，新建企业尽管赞成有偿取得排污初始权，却同时希望在运作一段年限后，能够享受面向现有企业制定的有关政策和优惠待遇；而出卖了排污权的“老”企业则认为，他们在卖出排污初始权时的收益不能抵消其为减少排放而投入的治理费用，从而感到未获得应有的价值。而且，老企业大部分都是国有企业，一般有较大的社会负担，要求在有偿分配排污指标时要给予“优惠”政策。

5 环境资源有偿使用总体政策框架设计

5.1 基本原则

环境资源有偿使用的总目标是：将区域的污染物排放量控制在区域的环境容量之内，通过环境容量资源的有偿分配和使用，提高环境—资源—经济系统的效率，实现环境与经济的“双赢”。具体而言，应遵循如下原则：

（1）实行环境资源有偿占用和使用发放相结合的原则。排污权有偿使用是市场经济发展的内在需要，是实现总量控制目标不可缺少的市场手段，它应是企业对环境资源的有偿占用和使用付费相结合的一套政策体系。环境资源的占用有偿应包括排污权初始分配的占用有偿和在此基础上排污权的有偿交易两个环节。而环境资源的使用付费应包括排污收费和生态补偿两个方面。这是因为被污染和破坏的环境和生态需要污染治理和生态恢复投资，排污单位和生态破坏者必须对其行为负责，对环境资源的使用进行补偿。

（2）环境资源定价与当前资源价格改革相结合的原则。为完善社会主义市场经济体制，摆脱目前的粗放型经济增长方式，促进资源节约型和环境友好型社会的建设，财政部等国家部委正着手进行资源价格的改革，从改革资源的廉价或无偿使用制度入手，全面实现资源有偿使用。环境资源作为一种重要的资源，由于无偿或低价使用，已成为全面建设小康社会的重要资源“瓶颈”。为此，必须实行环境资源的有偿使用，在整个资源价格改革的原则和框架下，切实建立起反映市场供求、资源稀缺程度以及污染损失成本的环境资源价格形成机制。

（3）环境资源的承载力与企业可承受能力相结合的原则。对于环境资源的初始权定价和有偿使用要科学合理，应充分考虑我国国情和各地区经济发展状况，不能定价过高，否则可能导致环境资源的利用不足，企业无法承受；同时，不能对环境容量资源定价过低，否则可能导致环境容量资源利用过度的问题。为此，在对环境资源定价时，既要考虑到环境资源的承载力，又要考虑到企业可承受能力。

（4）促进环境资源有效配置与区域协调发展的原则。环境资源的有偿使用首先应在一定的控制区内进行，在同一控制区的企业之间实现环境资源的有效配置。同时，要考虑到可利用的动态环境容量资源，研究环境容量资源在跨行政区或上下游的配置问题，促进区域环境资源协调发展。因为上游对下游所造成的环境容量的损失，直接影响下游地区可利用的排污指标的总量，而下游所损失的排污总量指标有偿使用的市场价值和使用这些指标可能创造的社会财富，可作为上游补偿下游直接经济损失的重要参考依据。

（5）政府调控与市场调节相结合的原则。环境资源的有偿使用是市场活动，应当以市场调节为主导，遵循自愿、平等、等价有偿的市场一般规则，实现排污者之间排污权力的再分配和治污成本的最小化。但是由于环境使用权人之间的环境使用权交易是二级市场的交易，这一交易的基础是一级市场的行政行为；同时，在二级市场的交易过程中，交易权的审核、交易指标的测算都需要有关行政部门的参与，因此虽然是环境使用权人的自愿的交易，但也要接受国家环境保护部门的管理和监督，以体现排污权初始分配的公平性。

（6）环境资源有偿使用与现行环境管理制度相结合的原则。到目前为止，我国已出台了许多环境保护的法规和政策，与环境资源有偿使用密切相关的政策主要有污染物排放总量控制制度、排污收费制度、排污许可证制度、环境影响评价制度、排污权交易制度等。实行环境资源的有偿使用，首先应与这些政策的各项规定相符合，而不能相互矛盾，要在这些制度框架下，制定合理的环境资源有偿使用政策。

5.2 环境资源有偿使用的种类

根据环境资源有偿使用政策制定的基本原则，环境资源有偿使用可分为以下两大类。

（1）环境资源的有偿占用。环境资源的有偿占用是指对公共环境容量资源或生态资源进行了占有，剥夺了其他人在同等条件下获得这项资源的权利，根据环境资源的价值理论，必须对此付出占有费用。具体而言，环境资源的有偿占用包括：排污初始权占用的有偿使用（包括废水、水污染物、大气污染物等）和生态服务资源初始占用的有偿使用（包括土地、湿地、草地、生物资源等）。由于排污单位有偿使用后的排污指标通过排污权交易市场实现排污者之间排污权利的再分配。因此，排污权的二级市场有偿交易也应属于环境资源的有偿占用范围，只是实行了二级市场的再分配。

（2）环境资源的付费使用。由于造成了环境污染和生态破坏，排污单位和生态破坏者必须对其行为负责，负责承担污染治理和生态恢复所需要的资金投入，于是提出了环境资源的使用补偿问题。目前，在我国环境资源的使用补偿主要包括排污收费和生态补偿两类。环境资源的付费使用实际上就是“污染者付费”和“破坏者付费”原则的体现。

5.3 政策框架设计要点

环境资源有偿使用的政策设计，需要考虑以下 6 个方面的问题：

（1）排污总量控制目标确定。要实行环境资源的有偿使用，首先要确定环境资源的总量，也就是可以允许排放的污染物总量。排放总量确定的意义在于：①界定不同主体对于环境资源所享有的权利；②明确环境资源的稀缺性，即哪些环境资源可以使用，建立环境资源保护的目标。关于排污总量的确定有两个办法：一是按“容量总量”确定，即计算出环境介质中（如水和大气）最多可以容纳污染物的量，以此作为排污总量，显然，要准确计算出环境容量是很困难的。二是按“目标总量”确定，根据环境质量控制目标来确定一定时期内的污染物排放总量，以此作为排污总量。与“容量总量”相比，“目标总量”控制在实际操作中具有显著的优势，能够充分利用现有的污染排放数据和环境状况数据，而且，这种目标总量还可以根据不同时期的经济发展水平、污染治理水平而进行必要的调整，逐步达到环境容量要求下的总量控制目标，从而使得环境质量不断得到改善。实践证明，这种方法容易获得各级政府的支持，而且比较容易操作。

（2）排污权的初始分配：一级市场。国家或政府是以排污权为载体的初始权排污权的原始产权所有者。政府以有偿使用排污许可证的形式对排污单位规定环境容量资源的使用权，获得排污许可的企业就意味着拥有了相应的使用环境容量资源的产权。通过对环境容量资源的初始分配，实现了环境容量资源产权的初始配置。这种有偿使用的容量资源，在现代经济过程中，已经成为一种重要的生产要素，排污权事实上成为企业实施经济活动的重要资产。因此，有偿使用的排污权应该是一种产权，而且要实现交易的话，排污权必须具备财产权的属性。在实现排污权初始分配的公平性，防止排污权分配引起的腐败，关键在于用统一公正的分配方法，确保每一个污染企业都取得合理的总量配额。

（3）排污初始权价格和付款方式。由于环境容量资源没有现行的市场价格，所以无法借用其他资源（如矿产资源、水资源等）的定价方法，只能采用替代方法，如机会成本法，但必须考虑到环境资源的稀缺性。考虑到环境资源的消纳污染物功能，可采用污染物削减成本的贴现值作为排污初始权的价格。例如，废水（或 COD）的排污初始权价格可以是治理 1 t 废水使其达标排放的初始投资和运行费用按投资项目的使用年限的贴现值，排污初始权总价即为单位排污权价格乘以分配的环境容量。由于不同污染物、不同地区的环境容量资源价值有所不同，所以在确定排污初始权价格时，应根据不同的污染物和不同地区的情况，采用某一当量系数或校正系数进行调整，而且该价格应根据市场供求关系和单位治理费用的变化进行调整。在付款方式上，可采取一次性支付和分期付款相结合的方式。

（4）排污权的再分配：二级市场。在环境资源有偿使用政策框架下，排污单位有偿取得初次分配的排污许可权后，还应通过排污权交易市场实现排污者之间排污权产权的再分配，这就是排污权的二级市场。只有通过法律决定排污权的初始分配和市场决定的排污权的再分配，才可实现环境资源的最优配置。所以，排污总量的确定和分配只是第一步，指标分配为排污单位拥有之后，它就应当成为像土地、商品一样的财产，对它的处置也像对那些财产的处置一样，均服从于企业利润最大化的目标追求。因此，允许排污指标进行交易是必要的。只有实现了排污指标的交易，才能充分发挥市场在配置环境容量资源的作用，但排污权的转让须向当地环保部门提出申请后纳入环评审批管理程序。排污权的再分配要通过立法等手段，有效制止滥用和非法转让排污权，杜绝蓄意囤积居奇等扰乱市场的买卖行为，对超标排污企业进行严厉处罚，通过这些措施确保排污权在二级市场上能够正常交易。

（5）有偿分配主体与交易主体。环境资源使用权的初始分配主体应是当地政府部门，具体而言，应由当地环保局牵头确定各排污单位的污染指标，会同物价、财政等有关部门确定环境资源价格。同时，人大、政协、司法局、法制局等单位应参与，到所在企业进行听证，充分听取企业代表的意见。

交易的主体应为特殊主体，从理论与实践来看，主要是企业。企业在其生产经营中需要使用一定的环境容量排放污染物，可以进入一级市场获得初始环境使用权，只有符合国家法律规定的要求，依法取得特定的环境使用权并有富余环境容量的企业才能成为出让者；而受让者则是因为某种原因需要进入一定控制区域或增加环境容量的使用份额的企业。

（6）有偿分配与排污交易的管理。作为一项新的环境经济政策，环境资源的有偿使用涉及许多管理上的问题，主要包括以下几个方面：

- ☞ 有偿使用时限：排污权的延续性和稳定性对于实施环境资源有偿使用至关重要，但由于存在许多不确定性因素（企业破产、政策变动），因此，排污权有偿使用都有时间期限，当然这个期限应尽可能是明确的和长期的，如30年、50年。
- ☞ 资金使用和管理：政府通过环境资源的初始分配权的有偿使用，获得的资金，从财产权角度看，应属于环境资源财产的范畴。因此，该资金应专项专用，用于政府保护环境资源的专项支出，划入财政范围之内。
- ☞ 合同管理：环境资源使用权有偿分配与交易是价值规律作用下的市场行为，交易应按照市场规律进行，其合同的缔结应遵循合同法的一般原则。根据这种交易的性质，它应具有买卖合同的基本属性。但由于它的公法化属性，环境资源使用权交易合同应为要约式合同和附条件的合同，其交易双方的权利义务除当事人约定以外，还有管理机关为实施管理而附加的条件。
- ☞ 管理权限划分：环境资源有偿使用离不开国家环境管理机关的管理，但是又必须保证交易的自由进行。为此，必须在该制度中明确规定环境管理机关在排污权初始交易和二级市场交易中的权力权限以及行使这些权力的程序等问题，具体应包括：确定环境资源有偿使用范围的权力；排污许可量确定的权力；对环境资源价格进行调控的权力；审核和核准交易额的权力；对交易主体附加限制性条件的权力等。这些权力都可能直接影响交易双方的自由意志，因此，必须设定严格的执行程序以及监督程序。

5.4 近期政策实施的重点

根据我国环境形势以及实践基础，近期环境资源有偿使用实施的重点应关注以下方面：①当前，我国水污染和大气污染形势最为严峻，水环境容量资源与大气环境资源最为稀缺，水污染防治和大气污染防治是“十一五”国家环境保护重中之重，因此，近期环境资源有偿使用应重点关注水污染和大气污染领域；②水环境资源有偿使用应主要解决流域 COD 排放初始权有偿分配和 COD 排污权交易；③大气环境资源有偿使用应着重解决区域酸雨控制 SO_2 排放初始权有偿分配和排污权交易；④在地区方面，应重点在东部地区先行试点，选择有代表性的区域和流域进行试点；⑤在行业方面，应重点关注环保准入要求高的重化工业行业，如造纸、化工、电力、建材、钢铁等行业率先实施。

6 环境资源有偿使用相关制度建设

制度保障是环境资源有偿使用和排污权交易市场有效运作的最大问题，因此加强相关制度建设是重中之重。必须继续完善和推广污染物总量控制制度，健全排污许可证等与污染控制密切相关的法律法规制度。建立环境资源有偿使用和排污权交易管理办法，将其纳入环境管理的日常工作之中，使之成为一项有法可依的操作性较强的制度。加强立法、建立排污权交易市场。立法的目的包括对环境容量资源使用权的限定，对排污权分配机制的确定，对交易市场规则的确定，还包括与现有法规制度的协调等。

环境资源有偿使用的政策框架以及相关制度的关系可用图 1 表示。

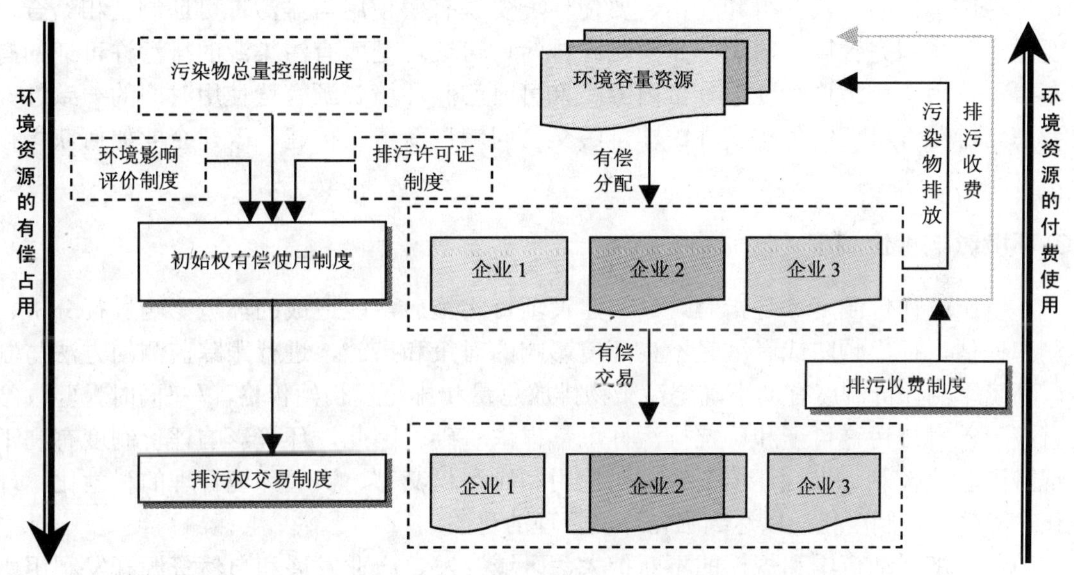

图 1 环境资源有偿使用的政策框架以及相关制度的关系

6.1 污染物总量控制制度

污染物排放总量控制，是相对于浓度控制而言，将某一控制区域或环境单元作为一个完整的系统，采取有关措施将排入这一区域内的污染物总量控制在一定数量之内，以满足该区域环境质量要求。总量控制明确了环境容量资源的稀缺性，总量控制指标可以经适当的分配，变成具有明确产权的指标，也就是说，总量控制指标是可分的和可计量的，因此总量控制是环境资源有偿使用与排污权交易的基础。

1996 年开始，我国正式把污染物排放总量控制政策列为“九五”期间环境保护的考核目标。“十五”期间，我国环保工作的重点全面转到污染物排放总量控制。到目前为止，总量控制制度已经实施 10 多年，对于加强环境保护起到了显著作用，但一直没有坚实的法规支持；同时，关于排污总量的确定方法和污染物排放总量分配方法也一直不完善。这些问题对实行环境资源有偿使用带来了困难，必须尽快得以完善。“十五”期间，通过科技攻关和地方试点，对电力行业 SO_2 总量控制指标的分配已经取得了很大的进展，基于排放绩效的分配方法得到了很好的应用。

6.2 排污许可证制度

排污许可证制度，是以污染物总量控制为基础，规定污染源许可排放污染物的种类、数量和去向的制度。实施排污许可证制度有利于落实污染物排放总量控制制度；有利于提高环境管理水平，增强环境执法透明度，推进环境保护的科学化管理；有利于实施环境资源的有偿使用和排污权交易，为加快污染治理、降低治理成本创造条件。

我国现行环保法律法规，如《环境保护法》《大气污染防治法》《排放污染物申报登记管理规定》等已对实施排污许可证制度作出规定。到 2004 年，我国已发放排污许可证的企业数为 170 252 个，已发放排污许可证数 197 294 份①。环境资源的有偿使用实际上就是排污许可证的有偿获得和使用，要使环境资源有偿使用与排污许可证制度相结合，需要重点关注和完善以下问题：是重点源排污许可证还是所有污染源的排污许可证的有偿获得和使用？排污许可证的许可内容、许可时间和环境资源有偿使用时间的一致性？要考虑到排污许可证的可买卖性，即排污交易问题；新建、扩建、改建企业如何获得排污许可证？等等。

6.3 环境影响评价制度

环境影响评价制度，是指对规划和建设项目实施后可能造成的环境影响进行分析、预测和评估，提出预防或者减轻不良环境影响的对策和措施，进行跟踪监测的方法与制度。环境影响评价制度有助于确定污染物排放总量和排污权初始价格，“三同时”验收结论直接为颁发排污许可证和确定排污许可量提供基础。因此，环境影响评价制度有利于实现排污总量控制、推行环境资源有偿使用和排污权交易，实现环境管理的科学化、理性化、程序化、制度化，以达到强化环境管理的目的。

随着经济活动范围和规模的不断扩大，区域开发、产业发展和自然资源开发利用所造成的环境影响越来越突出，特别是因有关政策和规划所造成的各种环境问题已经成为影响我国可持续发展的重大问题。为此，必须实施规划环境影响评价和项目环境影响评价相结合的制度。在改革和实施环境影响评价制度时，应考虑到与当前资源价格改革形势、环境资源的有偿使用以及排污许可证制度相结合，为环境容量指标的确定，为排污初始权价格的制定提供科学依据。

6.4 排污收费制度

排污收费制度是指国家以筹集治理污染资金为目的，按照污染物的种类、数量和浓

---

① 2004 年中国环境统计年报。

度，依据法定的征收标准，对向环境排放污染物或者超过法定排放标准排放污染物的排污者征收费用的制度。排污收费制度是中国使用最早、最广泛的环境政策之一。排污收费是环境容量资源有偿使用的一种形式，是对环境污染损失的一种补偿，但目前排污收费的标准并没有充分反映容量资源的稀缺性，排污者实际缴纳的排污费同治理费和污染损失费相比，两者相差甚远。同时，目前实施的基于污染源实际排放的排污收费，虽有利于促进污染物排放削减，但不利于容量资源的有效分配。而基于排污许可证的排污权初始有偿使用，有利于促进容量资源的合理分配，但不利于污染物排放削减。为此，“两全其美”的方法是既实行基于排污许可证的排污初始权有偿使用制度，又实行基于实际污染物排放的排污收费制度。也就是说，对同一污染物，可以同时实行排污权有偿使用、排污收费和排污权交易“三管齐下”的手段。

7 实行环境资源（排污权）有偿使用的对策建议

我国环境污染极其严峻的形势和环境容量资源全面吃紧的现状，要求切实实行环境资源有偿使用和排污权交易制度，以真正体现环境资源的稀缺性和“污染者负担”的原则。环境容量资源的理论成果、国内外实践以及相关制度的建立和完善为实施环境资源有偿使用奠定了良好的基础。但由于环境资源有偿使用是一项全新的领域，面临着许多技术上和制度上的困难。建议财政部、国家环保总局和有关部门抓住当前的有利时机，抓紧开展国家试点工作，在国家试点的基础上，向全国进一步推广实施。

7.1 建立排污权有偿取得和排污交易的法规基础

排污权的有偿取得和排污交易是环境保护改革的重要尝试，需要提供强有力的法律依据。目前，在国家法规层面上，国务院 2005 年发布的《关于落实科学发展观　加强环境保护的决定》，明确指出了在“有条件的地区和企业可开展排污权交易”。但对于排污权有偿取得方面依然存在法律依据的问题。建议在制定《国家“十一五”环境保护规划纲要》和《国家酸雨和 SO_2 污染防治规划》，修订《环境保护法》《水污染防治法》《大气污染防治法》时，明确排污权有偿取得和排污交易的法律地位。同时，抓紧制定有关污染物排放总量控制、排污许可证管理和排污交易等法规。在这些法律和现行法规中，进一步明确环境资源有偿使用的政策、总量控制和排污权的定义和性质，规范初始排污权的分配、跨区域交易以及排污交易市场管理等。对排污权交易要给予一定的优惠政策，以鼓励企业参与排污权交易，为排污权交易创造必要的宏观环境。

7.2 建立排污权有偿取得与排污交易工作平台

排污权的有偿取得和交易是环境管理方式的一种全新模式，涉及环境治理、资金调配、价格管理等多个方面，与多个政府部门和机构有关。为了提高政策制定和推行的效率，需要成立由财政部、国家环境保护总局、国家发改委等部委以及参加试点的地方政府有关人员组成的工作领导小组和领导小组办公室，宏观指导本项政策的制定与实施。财政和发展改革部门主要负责相关财税政策制定，环保部门主要负责试点工作的具体实施。同时成立由专家和技术人员组成的工作技术组，具体负责排污权有偿取得和交易的理论方法研究、技术方案设计和试点实施技术指导工作。

7.3 制定排污权有偿取得与排污交易的试点方案

结合我国目前污染源控制与管理的现状和地方试点工作的经验，抓紧制定排污权有偿取得和排污交易的国家试点方案，包括试点原则方法及相应的技术导则，确定排污权有偿取得和排污交易的实施方案，研究推行本项工作所需的法规、政策、监管手段等支持条件。确定实行排污权有偿取得的主要污染物因子，提出排污权有偿取得的模式和价格形成机制，包括定价出售、招标或拍卖。研究排污权有偿取得与污染物总量控制、排污收费制度、排污许可证制度、环境影响评价制度和排污交易制度的衔接关系。具体制定排污权有偿取得与排污交易管理程序，包括有偿取得的条件与时限、资金的使用与管理、交易规则的建立、管理权限的划分等。

7.4 开展排污权有偿取得与排污交易的国家试点

目前，正值“十一五”污染物排放总量指标确定和逐层向下分配的难得时机。为了深化污染物排放总量控制和排污许可证管理工作，积累排污权有偿取得和排污交易的经验，国家应抓紧选择一些条件好的地区或者行业开展排污权有偿取得和排污交易的试点。考虑到“十一五”国家污染物总量控制政策，有偿获得和排污交易的指标主要选择 SO_2 和化学需氧量。试点内容包括电力行业大气污染物 SO_2 排放权的有偿取得和排污交易和水污染物总量控制与排放权的有偿取得。电力行业 SO_2 排污权有偿取得和排污交易的试点可选择 SO_2 排放量大、酸雨污染严重的长三角地区、珠三角或者东部地区，这三个区域在污染源管理方面有较好的基础。或者直接对整个电力行业 SO_2 排放交易开展试点。水污染物的试点可选择若干个小流域或区域，重点开展化学需氧量排污指标的有偿获得和排污交易试点，试点地方根据自愿原则进行选择。通过试点积累排污权有偿取得和交易的管理经验，完善排污权有偿取得和交易的管理机制和方法，为在全国大范围全面推行奠定基础。

7.5 加强试点区域污染物排放的监控能力建设

准确计量和监督污染源的排放是推行排污权有偿取得的基础。目前，我国污染物排放计量的基础相对薄弱，监督管理能力不足。全面推行排污权有偿取得和排污交易，需要加强污染物排放监测和监管能力的建设，扩大要求安装在线监测设备的排放单位范围，保障各类污染物的排放在有效的监控之下。建立企业污染物排放台账制度，建设污染源基础数据库信息平台、排放指标有偿分配管理平台、污染源排放量监测核定平台、污染源排放交易账户管理平台，全面管理参加有偿分配和排污交易体系的污染源。

参考文献

[1] 平狄克，鲁宾费尔德. 微观经济学[M]. 北京：中国人民大学出版社，1997.

[2] 王金南，杨金田，等. 二氧化硫排放交易——美国的经验与中国的前景[M]. 北京：中国环境科学出版社，2000.

[3] 王金南，杨金田，等. 二氧化硫排放交易——中国的可行性[M]. 北京：中国环境科学出版社，2002.
[4] 吴健. 排污权交易——环境容量管理制度创新[M]. 北京：中国人民大学出版社，2005.
[5] 张建明. 关于排污权有偿使用机制的探讨[EB]. 绿色浙江网，2006-03-15.
[6] 胡春冬，周文和. 环境容量资源的有限性与排污权初始分配的有偿性[N]. 中国环境报，2003-02-10.
[7] 王新程. 水资源有计划市场配置理论[M]. 北京：中国环境科学出版社，2005.

积极探索新时期下的环境经济政策体系

王金南　蒋洪强　葛察忠

摘　要：本文提出了环境经济政策在建设环境友好型社会和污染减排中的重要地位，分析了环境经济政策国内外运用的最新发展，提出了中国当前环境经济政策的重点突破方向，以及环境经济政策试点工作中应该注意的若干问题。

关键词：环境经济政策　政策试点　环境友好型社会　污染减排

Market-based Instruments for Supporting the Construction of Environmentally Friendly Society and Pollution Reduction for China

Abstract: The paper analyses the fundamental role of market-based instruments in the construction of environmentally friendly society and pollution reduction in China，presents the updated progress of MBIs at home and abroad. And the key fields of development of MBIs for China and implementation of MBIs piloting program are suggested in the paper.

Key words: Market-based instruments　Environmental economic policy　Environmentally friendly society　Pollution reduction

建立环境友好型社会是我国新时期全面落实科学发展观和实现全面小康目标的重要战略，也是新时期实现环境保护历史性转变的重要途径。建设环境友好型社会需要强大的社会理念、政策法规、技术经济作支撑，其中环境经济政策就是重要支撑之一。为了促进环境友好型社会的建设，提高污染减排的效率和效果，根据国务院《关于落实科学发展观　加强环境保护的决定》和国务院关于《节能减排综合性工作方案》的有关要求，国家环境保护总局于 2007 年 5 月与有关部门共同启动了国家环境经济政策研究与试点工作，争取在环境财政税收、区域生态补偿、绿色资本市场、排污权交易等方面取得突破，并最终建立健全有利于环境保护和污染减排的环境经济政策体系。

1 经济政策是环保历史性转变的重要支撑

环境经济政策是指按照价值规律的要求，运用价格、税收、信贷、收费、保险等经济手段，调节或影响市场主体的行为，以实现经济建设与环境保护的协调发展。环境经济政策的原理主要是环境价值和市场刺激理论，借助环境成本内部化和市场交易等经济

本文作者联系方式：环境保护部环境规划院，北京：100012。

杠杆调整和影响社会经济活动当事人。与传统的行政手段相比，环境经济手段具有节省费用、促进新的污染控制技术、清洁技术和产品开发、具有行为调节和资金配置功能、企业更多的灵活性、可以直接和间接增加财政投入等优点。从我国的污染减排的形势要求和国际环境管理手段发展的趋势来看，环境经济政策对实现环境保护的历史性转变以及实现污染减排目标都将起到重要的支撑作用。环境经济政策是建设环境友好型社会、实施可持续发展战略的必然要求。

1.1 体现环境保护历史性转变的内在要求

从新的历史发展阶段来看，加强环境经济政策研究是实现环境保护历史性转变的必然要求和内在要求。在第六次全国环境保护大会上，温家宝总理强调指出："做好新形势下的环保工作，要加快实现 3 个转变：①从重经济增长轻环境保护转变为保护环境与经济增长并重，在保护环境中求发展；②从环境保护滞后于经济发展转变为环境保护和经济发展同步，努力做到不欠新账，多还旧账，改变先污染后治理、边治理边破坏的状况；③从主要用行政办法保护环境转变为综合运用法律、经济、技术和必要的行政办法解决环境问题，自觉遵循经济规律和自然规律，提高环境保护工作水平。"这标志着我国环保工作进入了一个新的历史阶段。在这个新的历史阶段，经济社会发展日新月异，世界经济一体化和环境问题向全球化扩展，环境形势发生了多方面的变化，许多新的环境问题涉及社会、经济等各个层面，如全球气候变化和生物多样性问题。为此，仅靠传统的环境管理方式，即单一的命令强制方式远远不够了，需要采取综合运用法律、经济、技术和必要的行政办法等诸多方面的政策措施，甚至需要彻底改变生产和消费方式，改变社会文化才能取得长期效果。因此，从新的历史阶段对环境管理的要求看，为了应对越来越复杂的环境问题，必须在强调政府发挥主导地位的同时，重视利用市场经济手段和重视发挥公众参与的作用，加强环境经济政策研究与实施，建立更加综合、更加有效、更加有预防性的环境管理新手段、新机制和新模式。

1.2 创新提高污染减排效率的政策机制

从污染减排的形势来看，环境经济政策是落实污染减排目标的有效手段。《国民经济和社会发展第十一个五年规划纲要》明确提出：到 2010 年，化学需氧量和 SO_2 排放总量要比 2005 年减少 10%的约束性指标。这是我国政府对全社会做出的庄严承诺。目前，我国环境污染总体上仍处于"爬升"阶段，环境形势十分严峻。未来一段时期，我国经济还将处于重化工阶段，环境污染的压力将继续增大，污染的高峰将逐渐到来，我国仍处于能源资源消耗高增长期和环境污染高风险期。2010 年化学需氧量排放量控制目标为 1 270 万 t，"十一五"期间需新增去除能力 571 万 t。2010 年 SO_2 排放控制目标为 2 300 万 t，"十一五"期间需新增脱硫能力 673 万 t。因此，化学需氧量和 SO_2 削减 10%的任务非常艰巨，若不采取断然措施，有针对性地进行政策、制度设计与创新，并强化实施，2010 年环保目标的实现非常困难。我国现行的相关法律法规、政策措施等还不足以支持环保目标的顺利实现，迫切需要根据新的形势进行修改完善，综合运用法律、经济、技术和必要的行政办法来保障"十一五"环保目标的落实。

1.3 促进建立良性循环的环保投入机制

从环境管理现实需求来看，建立市场条件下的环保投入机制、完善环保公共财政预算体系是环境保护工作的重要保障。环境污染问题已经越来越受到我国政府和社会的关注，环保投资规模逐年增加，环保投资总量呈上升趋势，环保投资占 GDP 的比例有显著提高。通过调整预算支出结构和发行国债等财政措施，环保财政投入得到加强。根据使用者收费原则，目前我国已全面开征污水处理费和垃圾处理费，但是征收标准、征收体制以及资金使用政策都有待完善和提高。随着经济体制与投融资体制改革的深入环境保护投融资机制也在发生着深刻的变革，呈现出投资渠道多样化、投资主体多元化的环保投融资格局。但是我国环保投入机制仍存在一些问题，主要表现在：①市场经济条件下政府在环境保护方面的职责不清，哪些环境保护工作是政府的职责？哪些可以用市场来解决？各级政府在环境保护方面的分工不明确。②环保有效投入不足，难以满足我国环保需求，对历史遗留环境问题投入机制不健全。污水和垃圾收费政策滞后，收费不能满足污水处理厂和垃圾处理厂的运营维护支出。③环保投资效益不高，有些投资项目建成后不能发挥应有的作用。与此同时，虽然新的中央财政公共预算中已有环境保护支出科目，但中央政府和地方政府在环境保护方面的财政职责划分不清，比例不明确，还没有建立起建立完善的环保公共财政预算体系。

1.4 环境管理政策创新的国际潮流

从国际发展趋势来看，积极运用环境经济政策是环境管理改革的重要方向。国际上，环境政策传统上分为行政命令型手段（如排放标准和许可证）和经济手段（如税收和补贴）。过去 20 多年，环境经济政策的发展非常迅速，环境经济政策从传统的国内领域走向国际环境领域，如在气候变化领域利用 CDM 机制、排放贸易、碳税等政策。国际上最新的环境政策分类是，环境政策分为利用市场、创建市场、法规标准、信息和自愿四大类，其中，法规标准手段比较适用于污染源数量相对较少的情况。在解决目前日益复杂的环境问题时，法规标准手段很容易造成新的扭曲，产生低效无效，甚至完全相反的效果。从环境与发展的国际进展情况来看，市场手段在降低环境保护成本、提高行政效率、减少政府补贴和扩大财政收入诸多方面，具有行政命令手段所不具备的显著优点。实践表明，运用综合性的环境经济手段特别是税制手段，可以促进新的污染控制技术、生产工艺和清洁技术和产品的开发，有效地抑制有害于环境的生产和消费，同时可以减少复杂的行政监控措施及其行政费用。正是由于环境经济政策的优点，环境经济政策作为环境管理的重要手段，在越来越多的国家中得到广泛地应用，也有较为成功的经验，使污染排放大幅度下降。例如，利用资源价格改革，引入资源初始价格和环境资源初始价格，使资源消耗、环境污染能反映资源和环境价值；利用税收政策改革，引入资源税和环境税，使税收政策“绿色化”；利用资本市场创新，引入绿色信贷、环境保险、上市公司环境绩效评估和环境会计报告等，发展和建立绿色资本市场等。

2 积极探索当前急需的环境经济政策

总体来讲，当前我国的环境管理政策仍是以政府行政干预和控制为主，也就是发达国家所称的指令性手段（CAC）。其中，对现有污染企业要求限期治理和关停并转是最常用的手段，其他手段包括新建企业的“三同时”制度和环境影响评价制度、污染申报制度，污染排放标准、排污许可证等。尽管在目前的中国环保工作中，经济手段已有不少应用，但它们仍然只是法规制度和行政命令的补充，市场机制发育不完善，没有进行全面系统的环境经济政策研究。在全面完善市场经济的形势下，环境保护政策与市场机制的结合还有待进一步提高和完善。因此，我们应从坚持科学发展观和人与自然和谐相处出发，抓住当前建设环境友好型社会、全国节能减排的有利时机，本着总体框架与重要政策相结合、国际经验借鉴与国内研究相结合、近期可实施、中期需突破、远期要储备相结合、研究前瞻性与试点可操作性相结合等原则，积极开展环境经济政策制定和试点，争取用 10 年左右的时间初步建立中国的环境经济政策体系。

2.1 加快搭建环境经济政策体系框架

主要是对目前国内环境经济政策研究进展进行回顾和评估，对国际环境经济政策研究与实践的经验进行总结分析，结合国家社会经济发展趋势、全面建设小康社会对环境保护的需求，研究提出新形势下完整的环境经济政策框架体系。框架体系设计的主要目的是为环境政策改革创新提供一个中长期的技术路线导引，起到环境经济政策总纲的作用，同时又要对近中期的环境经济政策改革和试点做出安排。

2.2 完善新时期的环境公共财政制度

环境保护是我国的基本国策，在国家公共财政预算体系中应有明确的地位。当前，关键是进一步明确中央和地方环境保护事权的划分，根据“环境事权和环境财权对应”原则，明确中央和各级地方政府的环境公共财政支出范围、对象、规模，建立环境公共财政投入绩效评估体系和政府绿色采购制度，探索建立中央环境保护基金的可行性，提高公共财政在环境保护投入中的比例以及公共财政投入的环境效率。

2.3 探索建立独立型的环境税制度

在总结发达国家和发展中国家环境税收实践经验的基础上，研究提出中国环境税收政策框架，包括独立型的环境税方案和融入型的方案。融入型环境税方案要重点研究提出促进环境友好型社会建设的税收政策方案，包括进出口关税、企业所得税、消费税和资源税改革建议方案，体现环境保护要求的燃油税方案。独立型环境税方案应重点研究污染产品税、污染排放税、一般环境税以及碳税方案。争取在现有研究成果的基础上，在独立型的环境税政策制定和实施方面取得突破，为建设环境友好型社会奠定财税政策基础。

2.4 开展区域生态补偿政策试点

生态补偿是我国目前社会各界非常关注的一项经济政策。生态补偿机制的建立要特别注意中央和地方职责的界定，要重点研究提出国家生态补偿政策框架体系；结合国家主体功能区划，提出自然保护区和重要生态功能保护区的生态补偿政策方案；提出基于水源地保护的流域生态补偿机制政策方案，建立流域生态补偿机制的政策需求及法规保障体系；研究设计矿产资源开发生态补偿示范政策方案，选择重点资源开发区域进行试点；选择跨省跨市典型流域开展流域生态补偿政策试点研究。在试点的基础上，提出生态补偿政策的国家实施方案。

2.5 建立行业和地区的排污交易

排污交易制度是目前国际上环境经济政策的热点。美国和一些欧洲国家取得了很好的经验，目前正在向气候变化领域扩展。当前，要结合我国污染减排的形势，研究提出排污权有偿取得和排污交易的法规制度，建立排污权有偿使用和排污交易管理平台，实现排污权有偿使用和排污权交易的科学、动态管理。国家环境保护总局准备在太湖流域和电力行业分别开展水污染物 COD 和大气污染物 SO_2 排污交易试点，建设试点企业重点污染源排放自动监测系统、排污权有偿使用和交易管理网络系统。在试点经验总结的基础上提出排污交易试点与推广方案。在可能的条件下，也可以在有限排放源范围内研究探索 CO_2 自愿减排和交易计划。

2.6 促进资本市场的绿色化进程

绿色资本市场在发展环保产业、绿色能源、绿色产品中有着很强的支持作用。创建绿色资本市场一方面可以从源头上尽可能消除环境污染和生态破坏，另一方面也可以有效促进社会投资者和广大公众参与环境保护。绿色资本市场的范围很广，当前，主要是开展绿色信贷与环境风险管理、绿色信贷的技术支持体系、绿色金融工具（绿色债券、绿色基金和环保彩票）创新、环境责任保险制度、上市公司环境绩效评估与环境会计研究和试点，引导建立绿色资本市场。

3 建立环境经济政策研究和试点保障体系

对于环境经济政策研究，在确定了研究的重点之后，还需要对整个研究过程进行优化安排，包括搭建工作平台、构建研究队伍、选择近期目标、制订行动计划等。

3.1 搭建协调统一的工作平台

环境经济政策研究与实施是一项涉及多部门的工作，需要各部门之间协调配合。因此，首先在组织形式上应搭建由国家环境保护总局、财政部、国家发改委、国家税务总局、中国人民银行等有关部门参加的统一工作平台，这是环境经济政策研究与试点取得成功的重要保证。工作组织建议实行“统分结合”的原则，在国家环境经济政策项目框架下设若干课题组，同时建立联席会议制度。课题组开展具体课题研究，提出政策试点方案。可以根据需要商定组织联合政策调研，联合开展相关试点工作。

3.2 构建跨学科的技术支持队伍

环境经济政策研究对应的层次是“自然环境+社会经济”，处于生态学、环境学、资源学、经济学、社会学等众多学科的研究范围，在研究人员组成上，各学科应进行高层次的协调与合作。为此，建议成立由国家环境保护总局环境规划院、财政部财政科学研究所、国家发改委宏观经济研究院、国家税务总局税收科学研究所、国家环境保护总局政策研究中心、中国社会科学院、国务院发展研究中心以及大学研究机构等单位组成的项目技术组。同时设立顾问组，主要由国家环境保护总局、财政部、国家发改委、国家税务总局、中国人民银行等官员以及邀请的国内外专家组成。

3.3 确定近期完成的重点工作任务

近期的目标应是可操作的政策试点方案目标，而不仅仅是研究的成果。为此，近期需重点突破完成以下工作：促进环境友好型社会建设的所得税改革建议方案；促进环境友好型社会建设的资源税改革建议方案；促进环境友好型社会建设的消费税改革建议方案；环境保护税收优惠和税式支出政策建议方案；第一批和第二批高污染高风险化工产品出口目录；关于加强银行信贷环境监督管理促进环境友好型社会建设的通知；启动开展流域生态补偿试点；启动开展太湖流域 COD 排放有偿分配和排污交易试点；启动开展电力行业 SO_2 排污交易试点。

3.4 制定切实可行的项目实施计划

要保证环境经济政策研究的顺利实施，必须坚持政策设计与实施相结合，理论研究与政策试点相结合，对各领域内的具体工作内容要周密安排，适当分类，分步实施，逐步到位。行动计划建议分为四个阶段实施：第一阶段（2007 年），召开项目启动会，讨论通过工作方案，确定领导小组和工作小组成员，同时成立专家小组，由环保、财政、税务部门的专家组成；第二阶段（2008 年），提出环境经济政策框架与重要环境经济政策建议方案，开展试点和全面实施；第三阶段（2009 年），研究碳税政策、上市企业环境评估、企业环境会计，继续开展相关环境经济政策试点研究；第四阶段（2010 年），开展上市企业环境评估、企业环境会计等试点。总结试点经验，完善政策建议，向有关政府部门提交环境经济政策实施方案。

3.5 积极开展国际合作与交流

在环境经济政策研究与实践方面，OECD、欧盟等市场经济发达国家处于领先水平，并积累了丰富的经验，我们应加强与这些国家的合作交流，同时加强与世界银行、联合国环境署、亚洲开发银行等国际组织的联系，充分利用良好的国际合作平台，争取国际社会对我国开展环境经济政策研究的技术上和资金上的支持。建议在以下几方面开展国际合作：①学习市场经济发达国家在环境经济政策研究和实践方面的先进经验与做法，如 OECD 国家的环境税收政策、美国的排污交易政策等；②在具体的领域进行合作，如环境责任保险、上市公司环境绩效评估等；③在环境经济政策实施的能力建设方面的合作，如排污权交易实施的交易平台建设、网络系统建设、监测系统建设等。通过国际合作与交流，把中国环境经济政策研究与试点推向新的水平，让环境经济政策在建设环境友好型社会中发挥积极的作用。

排污交易制度的最新实践和展望

王金南　董战峰　杨金田　李云生　严　刚

摘　要：首先全面探讨了排污交易的理论依据、排污交易政策有效实施的前提条件以及排污交易一级市场和二级市场的内涵和特点等基本问题；对国际及国内排污交易政策的进展和动态进行了系统回顾和评述，识别并分析了我国深化推广排污交易政策的若干热点问题；最后对我国排污交易的发展趋势和试点行动路线图进行了展望，指出中国排污交易制度的构建和完善应分步有序推进，不断拓宽领域，分期重点突破，应加强对关键技术、初始分配、交易市场、法律法规、监测监管、执法监督六大体系的建设。

关键词：排污交易　理论基础　环境经济手段　行动路线图

Emission Trading Programs: the Updated Progress and Its Development for China

Abstract: In this paper, basic problems of emissions trade, such as theoretical bases, prerequisites for policy effectively performing, primary market and secondary market of tradable permits were firstly discussed in detail. Then, the paper reviewed systematically international practices and progresses of atmosphere and water pollutants emission trade, including carbon emission trade. With the above work, several key issues for advancing emissions trading policy in China were judged and also analyzed, and trends and pilot routes for successfully implementing emissions trade in china were suggested. It is suggested that construction and continuously advancing of emissions trade policy in China should be step by step and make breakthroughs by stages, should broaden policy application ranges as the policy pilot advancing and deepening, and should strengthen the capability building and improvements of six systems, which are researching and developing the key technologies required by effectively implementing emissions trade, building up and then gradually perfecting the primary allocation of marketable permits, constructing and cultivating mature emissions trading market, setting up laws and rules systems relating to the marketable permits, intensifying pollutants emission monitoring and trading action supervision, strengthening laws executing and supervising of emissions trading.

Key words: Emission trade　Market based instruments　Environmental economic instruments　Strategic action routes

排污（权）交易（emission trade）制度最早是由美国经济学家 Crocker Thomas [1]（1966）、Ronald Coase（1968）和 Dales John [2]（1968）提出来的，现已发展成为许多国家一项重要的环境经济政策，是运用市场机制削减污染的重要手段[3-5]，而且正在用于全球温室气

本文作者联系方式：环境保护部环境规划院，北京：100012。

体的减排合作[6-7]。随着我国环境管理改革和环境保护的战略性转变，以及污染物排放总量控制和节能减排战略的推进，利用市场机制实现环境容量资源高效配置的排污交易政策手段也日益受到各级政府部门的重视，并在不同层面上开展了试点和探索。

1 排污交易的基本问题

1.1 理论基础

国内目前主要是从经济学和法学的角度对排污权交易理论开展了较多的研究。排污权交易制度的经济学理论基础主要有公共物品理论、产权理论以及交易成本理论[8-9]，法学研究则主要是从排污权的权利属性、法学范畴以及合法性法律需求等角度来探讨[10-12]。由于我国的政体、法律体系和传统与西方国家有所不同，排污权理论也具有不同的特点。美国规定排污权是一种财产权，如通过法律明确规定排污权为金融衍生工具，间接地承认排污权是一种独立的财产权。目前世界上只有美国确定了排污权的财产权法律属性[13]。著名经济学家科斯（Ronald Coase，1968）提出的利用市场解决污染问题的科斯定理也是从企业享有污染权（属于私权利）的假定进行推理演绎的。这些理论和实践并不完全符合我国国情，适应中国排污交易制度需要的排污权理论的构建必须建立在真实把握中国具体国情的基础之上。该工作最重要的一环就是首先应认真梳理和阐明排污权交易的理论基础、实施条件、其产生、发展、演变的过程以及权利形态流转等基础经济理论和基本法理问题。

（1）公共物品理论。具有公共物品属性的环境容量资源在环境形势严峻的今天日益成为具有稀缺性和价值性的生产要素。如果没有合理的政府规制，容易产生“公有地的悲剧”，导致环境容量公共物品的滥用。解决该问题的一个基本途径是，通过政府的积极引导，最大限度地将环境容量资源引入到市场中，并在政府的规范下，利用市场机制实现环境容量资源配置的市场化运营。排污交易机制就是基于环境经济学上的科斯原理，通过环境容量资源使用者对环境容量资源配额指标的交易而实现的环境容量资源优化配置的一种市场机制。

（2）产权理论。要明晰排污权的权利形态和属性，必须从排污权初始萌芽的权利源头来寻找，并以此为基础，弄清楚排污权的权利理论逻辑构造。在中国，尽管国家宪法、环保基本法或物权法等法律法规尚未明确规定环境容量资源和污染排放的法律权属，但根据宪法相关规定，我国的资源产权制度采用的是国家或政府代表全体国民行使所有权的一元化自然资源公共所有权模式，因此不难推断，环境容量资源应该同水、矿产、国土等资源一样属于国有，只不过这种资源常见的是一类“无体物”，它的“有形”只有通过允许环境中排放限定数量的污染物来反向表征和显示。作为一种特殊形态的资源，环境容量资源也具有资源的共性，即也存在滥用和有效利用的问题。其滥用表现为污染物排放超过环境承载力，导致环境质量恶化；其有效利用主要表现为，污染物排放被限定在一定的总量范围时，环境质量不对人体健康、生态安全和社会经济的发展产生不良影响。

环境容量资源的国有本质表明，我国环境容量资源主张的权利在初始是带有公权性质的，环境容量资源所有权的权利主体是国家，权利客体是环境容量资源。为了促进国家的经济发展，必须充分合理地利用环境容量资源，即采用环境容量资源分割为排污指标，并以排污许可证的方式加以实现。通过国家环保行政主管部门颁发的排污许可证所确认的排污权利，是国家享有的对环境资源所有权基础上衍生出来的一种权利，是环境资源的所有者国家许可排污者使用环境资源的权利，其实质是对环境容量资源的排他性使用权利而非所有权利，是环境容量资源国家所有权“母权”衍生的一种权益形态，在性质上属于一种行政性的个人公权力或可称为行政性排污权[14]。政府以排污许可证的形式分配排污权，实际上分配的是体现污染物排放总量管制要求的环境容量使用权。

学界通常认为排污权属于一种特殊的物权[15-16]，其特殊之处在于，传统物权的客体都体现为“具体的实物”，而排污权的客体是环境容量“无体物”，主要属于“用益物权”。在实际操作中，物权无论其客体是矿产、土地等“实物”，还是各种资源权益等“无体物”，都可以通过对客体权属的流转（即资源的所有权同其使用权、收益权、处分权、留置权等财产性权利相分离并在不同市场主体之间基于市场规则进行流通）实现客体的优化配置，如水权、采矿权、土地权等就是如此，排污权在市场上的权利形态转换和流通原理也大体类似。也就是说，行政性排污权转化为私权性排污权权利形态实现与市场机制的对接在理论上是可行的，在实践中是可操作的。尽管在政府的支持下，各地已经开展了众多的排污交易案例实践，但是我国目前的法律制度中并没有关于排污权可以通过自由转让或交易从行政性公权力形态转化为个人私权利形态的规定。因此，应尽快通过民法中物权理论的创新、改革以及环保法律法规中的排污许可制度的改进，明确将排污许可证中规定的公权性排污权转化为可以进入市场进行转让或交易的私权性排污权，进而实现环境容量资源作为商品在市场上的流通、交易，最大限度地提高环境容量资源的配置效率。从上述分析可看出，排污权交易是社会发展过程中环境资源商品化的体现，是通过一系列以环境容量为客体的权利形态的转换而实现的排污许可制度的市场化形式。在实践中，不少人对排污权不理解或有排斥心理，存在“企业怎么可能具有排污的权利？”“有钱就可以购买污染的权利?”“企业排污怎么可以是合法的？”等疑问，这主要是因为目前国家在该方面仍存在政策法规真空，从而致使公众对排污权存在误解造成的。

（3）交易成本理论。行使国家环境管理职能的政府部门根据环境质量达标要求核定的一定时期内的允许污染物排放总量（即环境容量资源）以排污指标的方式（排污许可证为载体）将排放额分配到企业后，由于不同地区、不同行业或者企业对同一污染物排放指标削减的边际成本差异显著，如果政府允许那些由于工艺技术先进、边际减排成本较低的企业可将其多于政府分配的排放配额的使用权益自主进行出售等经营行为，也允许那些由于扩大规模、新增企业或边际减排成本较高的企业购买这些“空余”出来的排放额并赋予其使用和经营权利，那么在环境保护部门或者第三方的跟踪监管以及有关政策和法规的约束下，出于减排成本最小化的利益机制驱动，排污交易指标的“需求者”与排污指标的“供应者”企业会积极主动地进行排污指标的有偿转让。这样，具有商品属性的排污许可通过市场价格杠杆和竞争机制的传递作用，就可以在环境资源市场上自由流通。

无论对于企业，还是对政府和市场，排污交易机制都是一个较好的污染减排政策选择。对于企业而言，在选择污染治理方案时，有更大的决策自由空间，利于调动企业减排治污的内在积极性，促使企业进行技术改造、升级革新或退出市场；对于政府而言，可减少行政管制成本和监管中的信息难以获取等问题，以较小的社会成本实现污染物总量控制的目标；对于市场而言，能充分利用市场的灵活、资源配置效率优势，实现环境容量资源高效配置的“帕累托优化”状态。

由于排污交易机制与整个环保的监测监管、执法监督、环境信息共享等环保基础能力均紧密关联，因此排污交易机制将随着我国环保整体能力的提高而不断发展。但是，建立排污交易制度也要考虑交易成本，不仅要考虑为建立交易市场的技术成本（如排放核定、排放监测、排放跟踪、交易平台等），而且还要考虑用于交易规模限制、交易信息不对称、交易垄断等问题带来的交易效率的损失成本。由于排污交易制度与污染物排放总量控制的技术支持条件基本上是相同的，因此在制度设计中往往主要考虑额外的追加技术成本。

1.2 开展排污交易的基本条件

排污交易机制的有效运行，需要具备一系列基本条件：参与交易的排污配额指标的污染物必须是可以使用排放总量控制政策、具有均质混合扩散特点的污染物，如致酸物质 SO_2、温室气体等；污染物必须要有明确而适宜的总量控制目标要求；要有明确的交易具体范围；要保证分配方法的科学、合理、公平；污染物排放总量指标必须落实到污染源；政策实施的区域和行业范围必须明确；要具备配套的污染源排放跟踪监管能力和交易管理平台；要有必要的法律法规准备，有法可依。排污交易制度也要处理好与环境影响评价、排污收费等相关政策的关系，在已有的环境政策下考虑政策设计，并强化政策的组合效应，增加排污交易政策的效力。

1.3 排污交易的两个市场

（1）基于公平目标的排污配额指标分配一级市场。排污指标分配为排污交易机制的一级市场，其政策目标是落实总量指标，合理设定“增量”，公平地分配初始排污（产）权，建立政府主导的一级市场。由于环境资源产权属于国家，从国家的角度来讲，初始排污权的出让应该体现权益，应该获得资源权益金或者出让金，对企业来说，初始排污权的获得则应该缴纳资源租金。这也就是污染物排放指标有偿分配的一级市场。

从一级市场的运行模式来看，一级市场的分配主体是行使政府职责的环保行政主管部门；在分配方式上，考虑到环境容量的地区性差异，应采取国家和地方分配结合的方式，即环境保护部与地方环保（厅）局一起代表政府进行分配；对于分配客体，新老企业应区别对待，破产企业要交回排污权；在分配方法上，建议实行基于排放绩效的分配方法；在配额分配的有效时限设置上，考虑到操作性以及与五年总量控制规划结合，可以采取五年期排污许可证的形式；在资金管理上，有偿分配取得的资金可作为环保专项资金，统一管理，支持发展可再生能源、提高能源效率、减排技术等。

（2）基于效率目标的环境容量资源配置二级市场。排污配额的自由贸易和流通是排污交易的二级市场，是提高污染物排污权（有偿）取得一级市场分配效率的重要措施。二级市场并不是一级市场建立的前提条件，二级市场旨在提高减排效率，降低污染减排的全社会成本。

从二级市场的运行模式来看，二级市场的政策主体主要是污染物减排企事业单位和政府；在交易方式上，允许企事业单位在符合交易规范的前提下基于市场原则自由贸易，新入企业排污指标的获取，可从二级市场中的排污配额“流量”或者从政府预留的“存量”指标有偿取得；为了防止出现交易价格垄断，交易价格通常采用政府指导下的市场自我调节机制；政策的空间和行业范围，依据污染物的不同而不同，具有动态性，与一级市场的减排目标有关。如目前 SO_2 的政策范围主要是现有火电厂和新建（扩建）火电厂，地方试点实践的 COD 政策范围主要是排放重点企业和污水处理厂；在交易运行的监管上，需要构建排放监测与配额跟踪平台，要求进入排污交易市场的所有企事业单位必须安装排放监测装置，国家和地方环保部门能够对这些排放监测进行跟踪，保证企业排污行为的可测性和可考核性；跨区交易也要避免污染“热点”问题；政府为了从外部激励企业排污权交易的积极性，可实施交易所得税收优惠和违规交易严格惩罚等配套政策。

2 排污交易的国际动态

利用市场机制的排污交易政策手段实施污染物治理，在国外主要是美国、加拿大等发达国家得到了广泛、有效的运用。近年来，业已运用于全球污染物减排战略合作，特别是在气候变化政策领域显示出了巨大的政策活力。

2.1 大气和水污染物排放交易

美国是排污权交易制度的发源地。早在 1976 年美国就推行了该政策[17]，旨在推动电力企业 SO_2 减排以及促进电力企业加快技术革新。美国排污权交易的发展过程大体可分为两个阶段[18]，第一阶段为 1970 年代中期到 1990 年代初，为排污交易的探索阶段，主要是在政府协调下，做一些局部或区域的交易，建立了排放削减信用（Emission Reduction Credits，ERCs）基础上的排污交易，由“泡泡”（bubble）、“补偿”（offset）、“银行”（banking）和“容量节余”（netting）四大政策组成，总体来看，该阶段交易量较少，排污交易政策实践成效较小，但该阶段实践却表明了排污权交易政策对美国电力行业 SO_2 减排有极大的可行性，而且该阶段工作也为进一步扩展排污权交易政策的应用范围提供了宝贵的实践经验。第二阶段以 1990 年通过的《清洁空气法》修正案并实施《酸雨计划》[19] 为标志，直至今日。1990 年美国修改《清洁空气法》时将排污权交易在法律上制度化，该阶段的排污权交易是总量控制型，排污交易政策在该阶段得到成功应用，真正形成了以市场为导向的排污交易机制，实施范围也涵盖了全美国。排污许可的初始分配有无偿分配、拍卖和奖励 3 种形式，其中无偿分配是主要渠道。该阶段排污交易也进入延伸和全面推广阶段，政策标的物包括了 SO_2、NO_x、汞、臭氧层消耗物等。

美国大气污染排放交易是迄今为止国际上最广泛和最成功的排污权交易实践，该政策有力地促进了美国大气环境质量的改善，也降低了大气污染削减的社会成本。统计数据显示，从 1990—2006 年，美国电力行业在发电量增长 37%的情况下，SO_2 排放总量下降了 40%，NO_x 排放总量下降了 48%。主要污染物排放量的大幅度削减，使得美国中西部和东北部大部分地区湿硫酸盐沉降较 1990 年水平下降了 25%～40%。预计，到 2010 年每年从酸雨计划减排中获得的生态和健康收益将达到 1 420 亿美元。

除了大气污染物开展排污权交易外，美国在一些流域也探索了水质交易，既有点源-点源交易实践，也有点源-非点源交易和非点源-非点源交易案例实践。这些交易案例主要分布在沿海地区及五大湖地区。其中，分布于东海岸的交易主要为长岛的氮信用交易计划（康涅狄格）、Passaic 县流域委员会的污水预处理交易计划（新泽西）、Neuse 河流域营养物质敏感水域的管理策略（北卡罗来纳）、弗吉尼亚营养物质信用交易计划（弗吉尼亚）；分布于西海岸的交易主要为牧场牧民间的负荷交易（加利福尼亚）、博伊河的排污交易示范项目（爱达荷）、特拉基河（内华达）、清洁水服务（俄勒冈）；分布于五大湖地区的主要交易为 Rahr 麦芽糖公司许可证（明尼苏达）、南明尼苏达合作许可证（明尼苏达）、Great Miami 河流域交易试点（俄亥俄）、Red Cedar 河流域营养物质的交易试点项目（威斯康星）。这些案例的水质交易指标涉及 12 类主要指标，点源水质交易指标主要包括总氮、总磷、钙、铜、铅、汞、镍、锌。非点源水质交易指标主要包括硒、CBOD、沉淀物、温度（热负荷）。尽管目前美国已经进行了许多试点工作，在一些州也出台了相关的法律、法规来规范排污交易，但总体上来看，美国的水质交易还处于探索阶段，水排污权交易在理论上有不少优势，但没有完全将理论上升为实践，大多数交易项目中的交易数量还比较有限，而且多是在政府的干预下进行，总体的市场规模也比较小，也谈不上由市场来操控污染物的交易，仅主要是水体营养物交易较为成功。美国国家环保局资助的有关研究表明，从近期来看，营养物排污许可交易在美国最有前景，从长远来看，病原体和氯化物存在着交易的可能，但有毒物质交易的可能性很小。另外，美国一些州政府也开始开展温室气体自愿减排贸易，联合承诺 CO_2 排放总量的减排。

除美国以外，排污权交易目前还只是在一些市场经济发达的国家，如德国、澳大利亚、加拿大、英国等开展了实践。德国、加拿大、英国都不同程度地借鉴了美国的排污权交易制度。如澳大利亚的新南威尔士、维克多、南澳州加入了由 Murray—Darling 流域委员会推行的共同开展盐削减信用贸易来解决领域盐化问题。加拿大为了控制酸雨问题和削减臭氧层消耗物质推行了 SO_2、NO_x 以及 CFCs 贸易。此外，澳大利亚等在流域管理方面开展了水污染物排污交易。从总体来看，排污权交易制度已成为一些发达国家控制污染物排放的重要措施。

2.2 碳市场交易

在全球层次，排污交易机制主要是用于碳排放贸易。《京都议定书》（1997）规定了有效减排温室气体的 3 种履约机制：清洁发展机制（Clean Development Mechanism，CDM）、联合履约机制（Joint Implementation，JI）和碳排放贸易减排机制（Emission Trade，ET），在本质上都属于排污交易范畴，是在明确温室气体总量减排的目标下，通过交易行为来最大限度地降低全球碳治理的经济成本。尽管 3 种机制仍存在这样或那样的缺陷，但是对全球碳排放削减仍起到了很大作用，并得到了迅猛发展。2005 年，欧盟向温室气体排放的主要企业颁发排放许可证，有效地削减了 CO_2 等温室气体的排放。英国、加拿大、日本和澳大利亚等国家都建立了国内交易机构来促进温室气体减排。2005 年至 2006 年 9 月底主要交易所的碳交易成交量和成交额以及全球碳交易额如表 1[20]所示。其中，欧洲是世界上最为活跃的碳交易市场。仅 2006 年，欧洲气候交易所的交易量达到 4.5 亿 t，占全世界成交量的 35%，至 2006 年 9 月底，欧盟排放交易体系的成交额达 189 亿美元。据世界银行于 2008 年 5 月 8 日发表的一份报告显示，2007 年全球碳市场交易额达 640 亿美元，较 2006 年增加了一倍多[21]。

近五年来，协助发达国家减排的 CDM 机制发展很快。据 UNFCCC 统计，截至 2008 年 9 月 10 日，EB 已签发的 CDM 项目核定减排额（CERs）为 18 607 万 t，其中中国所占的份额为 34.51%，位居第一位，印度和韩国所占的份额分别为 25.56%和 16.46%，位居第二位和第三位[22]。全球的 CDM 项目领域主要包括农业、造林和再造林、废物处理和处置、溶剂使用、卤烃和六氟化硫的生产和消费产生的挥发性排放、燃料（固体燃料、油类和气体燃料）的飞逸性排放、金属生产、采矿/矿物生产、建筑行业 、交通运输业、化工行业、能源工业等 15 个方面，各发展中国家依据本国国情在不同阶段包装、开发的 CDM 行业领域侧重点不同，中国目前开发 CDM 项目的重点领域是以提高能源效率、开发利用新能源和可再生能源以及回收利用甲烷和煤层气为主。

为响应京都议定书履约形成的国际碳排放贸易机制，一些涉及气候变化的国际交易所开始出现并蓬勃发展，如欧洲奥斯陆的北方电力交易所、法国的未来电力交易所、德国的欧洲能源交易所、澳洲新南威尔士、蒙特利尔气候交易所等，其中以 2000 年成立的点碳公司（Point Carbon），2003 年成立的芝加哥气候交易所（Chicago Climate Exchange，CCX）等较为典型。芝加哥气候交易所主要是服务于国内州级 CO_2 自愿减排计划的贸易体系。2004 年，芝加哥气候交易所（CCX）控股建立了欧洲气体排放交易所（European Climate Exchange，ECX）等，这些国际化交易所平台的成立，对全球的碳贸易发展起到了积极作用。

表 1　2005 年至 2006 年 9 月底全球碳市场成交量和成交额

交易主体和类型	2005 年			2006 年 1—3 季度		
	成交量/$MtCO_2$	成交额/M 美元	单位碳价格/（美元/tCO_2）	成交量/$MtCO_2$	成交额/M 美元	单位碳价格/（美元/tCO_2）
配额交易						
欧盟排放交易体系	324.31	8 204.48	25.30	763.90	18 839.79	24.66
澳洲新南威尔士	6.11	59.13	9.68	16.19	184.07	11.37
芝加哥气候交易所	1.45	2.83	1.95	8.25	27.15	3.29
英国排放交易体系	0.30	1.31	4.37	2.66	9.27	4.10
基于项目的交易						
清洁发展机制	359.08	2 651.44	7.38	214.26	2 260.96	10.55
联合履行机制	20.85	100.89	4.84	11.86	93.88	7.92
其他减排义务	4.51	36.72	8.14	7.92	60.02	7.58

3 排污交易在中国的实践发展

排污交易在中国完全是一个外来引进的环境经济手段，其发展已经有近 20 年的发展历史。排污交易在中国的发展大体上可以分成以下 3 个阶段。

3.1 起步尝试阶段（1988—2000 年）

我国早在 1980 年代末期就已经进行了排污交易实践。1987 年，上海市闵行区开展了企业之间水污染物排放指标有偿转让的实践；1988 年 3 月 20 日，国家环保局颁布并实施的《水污染物排放许可证管理暂行办法》第四章第二十一条就规定了："水污染排放总量控制指标，可以在本地区的排污单位间互相调剂"；1991 年，在国家环境保护总局的领导下，在 16 个城市进行了排放大气污染物许可证制度的试点工作，在此基础上，自 1994 年起又在其中包头、开远、柳州、太原、平顶山、贵阳这 6 个城市开展了大气排污权交易的试点工作，取得了初步经验。

1996 年，国务院批复同意国家环境保护局提出的《"九五"期间全国主要污染物排放总量控制计划》，我国正式把污染物排放总量控制政策列为"九五"期间环境保护的考核目标，在全国所有城市推行排污许可证制度。总量控制和排污许可证在全国范围内的推行，这为中国开展排污权交易奠定了制度基础，为排污权交易在中国落地生根提供了土壤。而 2000 年 4 月 29 日第九届全国人大通过的《大气污染防治法》，为国家污染控制战略真正实现由浓度控制向总量控制转变提供了法律保障，对排污许可证制度赋予了相应的法律地位。

从总体来说，这一时期排污交易政策文件和实践案例从无到有，主要在国家环境保护部门的推动下，集中在大气污染物排污交易方面进行了初步试点尝试，并取得了一些有益的经验，为后续排污交易试点探索的不断深化打下了一些基础。

3.2 试点摸索阶段（2001—2006 年）

"十五"期间，我国环保工作的重点全面转到污染物排放总量控制，为了使环保工作更加适应经济建设的需要，国家环境保护总局提出了通过实施排污许可证制度促进总量控制工作，通过排污权交易试点完善总量控制工作。

在此背景下，2001 年前后开展了不少试点项目，如中美环境合作项目《中国利用市场机制削减二氧化硫排放的可行性研究》和《推动中国二氧化硫排放总量控制及排放权交易政策实施的研究》、亚洲开发银行在太原市开展了市域范围的 SO_2 排污交易试点项目，并协助太原市制定了《太原市二氧化硫排放交易管理办法》、美国环保协会（EDF）在南通市排污交易的项目等。在些项目的推动下完成了多项排污权交易案例，积累了丰富的实践经验。2002 年，在美国环保协会的支持下，原国家环保总局下发了《关于开展"推动中国二氧化硫排放总量控制及排污交易政策实施的研究项目"示范工作的通知》，在山东、山西、江苏、河南、上海、天津、柳州共 7 省市开展 SO_2 排放总量控制及排污权交易试点工作等。2006 年 5 月，财政部和原环保总局联合开展了部分省市排污交易的调研，召开了专家座谈会，征求了包括上海、江苏、浙江、天津、山西、河南、广东、福建、广西等省市区在内的财政部门和环保部门，以及国家电网、南方电网、五大电力集团公司和部分地方电力公司的意见，认为电力行业排放绩效明确、SO_2 治理技术成熟，可在全国范围率先推行排污交易试点工作。

水污染物排污交易试点在该阶段也有所开展。如 2001 年，浙江省嘉兴市秀洲区出台了《水污染物排放总量控制和排污权交易暂行办法》，实行了水污染排污初始权的有偿使用。2006 年，嘉兴市启动了全市范围的污染物排放总量控制和排污权交易。江苏省环境保护委员会也在 2004 年印发了《江苏省水污染物排污权有偿分配和交易试点研究》工作方案的通知（苏环委[2004]6 号）。但是与大气污染物 SO_2 排放交易的试点探索力度相比，水体污染物排放交易试点探索力度相对较弱。

总体上说，这一阶段的排污交易试点工作中的排污交易仍基本上是政府部门“拉郎配”方式运作，但是随着试点实践探索的不断展开，排污交易政策机制在节能减排方面的潜力已经开始显现。这一时期的排污交易主要历史事件和案例如表 2 所示。

表 2 中国排污权交易实践重要事件一览表

时 间	事件和活动
1987 年	我国开始进行水污染物排放许可证试点
	上海闵行区上钢十厂与塘湾电镀厂排污权转让，每年补偿给电镀厂 4 万元的经济损失
	新建的上海永新彩色显像管有限公司与上海宏文造纸厂进行排污权交易，前者从宏文造纸厂购买了每天 395 kgCOD 的排污权
1987 年至今	上海市闵行区开展水污染物排污交易，至今已实施 37 笔，共转让 COD 排污权 1 301kg/d，累计交易金额 1 391 万元
1988 年 3 月	国家环保局颁布《水污染物排放许可证管理暂行办法》
1988 年 6 月	国家环保局确定上海、北京、天津、沈阳、徐州、常州等 18 个城市为水污染排放许可证试行单位
1989 年 7 月	《水污染防治法实施细则》第九条：对企业事业单位向水体排放污染物的，实行排污许可证管理
1990 年	国家环保局着手进行排放大气污染物许可证制度的试点城市选择，选择了包头、柳州、太原、平顶山、贵阳等 16 个城市作为试点单位
1991 年 4 月	国家环保局在 16 个城市开始大气污染物许可证制度试点工作
1993 年	云南省开远市政府颁布了《开远市大气污染物排放许可证管理暂行办法》，市环境保护局出台了《开远市大气排污交易管理办法》，对 SO_2、烟尘、粉尘实施总量收费和排污交易
	辽宁省地方法规规定对所有排放污染物的单位实行许可证管理
1994 年	国家环保局在包头、开远、柳州、太原、平顶山、贵阳 6 个城市开展了大气排污权交易的试点
	国家环保局宣布排污许可证的试点工作结束，同时开始在所有的城市推行排污许可证制度
1995 年	国务院发布的《淮河水污染防治条例》第十九条：淮河流域……持有排污许可证的单位应当保证其排污总量不超过排污许可证规定的排污总量控制指标
1996 年 9 月	国务院在《“九五”期间全国主要污染物排放总量控制计划》中正式提出总量控制作为我国的一项环境政策，为我国排污权交易实施提供了制度基础
1997 年	北京环境与发展研究会和美国环境保护协会合作开展了排污权交易研究项目，第一阶段整个项目以本溪和南通为案例城市，开展城市一级的排污权交易研究
	嘉兴市秀洲区环保、物价、财政三部门联合颁发了《秀洲区水污染物排放总量控制和排污权有偿使用管理试行办法》，由国有资产管理公司——秀洲区污水处理有限责任公司承担排污权有偿使用的经营性收费。所收费用全部用于全区乡镇生活污水处理厂的建设
1998 年 8 月	太原市通过了《太原市大气污染物排放总量控制管理办法》，成为中国第一部包括排污权交易的总量控制地方法规
1999 年 4 月	朱镕基总理访美期间，国家环境保护总局局长解振华先生和美国环境保护局局长卡罗·布朗女士签署了包括“在中国利用市场机制减少 SO_2 排放的可行性研究”项目的合作协议，江苏南通与辽宁本溪两市被列为该项目的试点城市

时 间	事件和活动
1999年9月	国家环境保护总局与美国环保协会签署了关于"研究如何利用市场手段，帮助地方政府和企业，实现国务院制定的污染物排放总量控制目标"的合作协议备忘录
1999年11月	国家环境保护总局与美国环境保护局在北京国际会议中心召开了《中国 SO_2 排污交易可行性国际研讨会》
2000年3月	修订的《水污染防治法实施细则》第十条规定：地方环保部门根据总量控制实施方案，发放水污染物排放许可证
2000年4月	修订的《大气污染防治法》第十五条规定：在空气质量尚未达标的区域和国务院批准划定的两控区，实行主要大气污染物排放总量控制和大气污染物排放许可证制度，为总量控制政策提供了法律依据
2000年10月	国家环境保护总局、国家计委、中国环境科学研究院及本溪市环境保护局、南通市环境保护局等一行15人赴美国考察 SO_2 排污交易，与美国环保局在美召开了《中美利用市场机制控制 SO_2 排放研讨会》(第二届)
2000年11月	浙江省金华地区的东阳市和义乌市签订了有偿转让用水权的协议，义乌市拿出2亿元向毗邻的东阳市购买横锦水库5 000万 m^3 水资源的永久使用权，实现我国首例跨城市水权交易
2001年	国家环境保护总局、国家电力公司和美国环境保护基金会在安徽黄山、北京、南京等地就 SO_2 减排和排污交易召开了数次研讨会
2001年9月	ADB和山西省政府共同启动了由美国RFE和中国环境科学研究环境规划研究所院联合执行的"SO_2 排污权交易机制"项目，该项目以太原市为实施案例城市，太原的26家大型企业参与示范
	在美国未来资源研究所和中国环境科学研究院环境规划研究所的帮助下，太原市发布了《太原市二氧化硫排污交易管理办法》，这是我国第一个关于 SO_2 排污交易的地方性规章
	南通天生港发电有限公司有偿转让1 800 t SO_2 的排污权给南京醋酸纤维厂，合同期限为6年
2002年	江苏太仓港环保发电有限公司向南京下关电厂购买了2003—2005年每年1 700 tSO_2 排污权
	香港特区政府与广东省政府发表了《改善珠江三角洲地区空气质量的联合声明》：到2010年，两地各自将 SO_2 排放量削减30%，排污交易拟作为双方合作减排空气污染物手段之一
2002年3月	国家环保总局下发了《关于开展"推动中国二氧化硫排放总量控制及排污交易政策实施的研究项目"示范工作的通知》，在山东、山西、江苏、河南、上海、天津、柳州共7省市，开展 SO_2 排放总量控制及排污权交易试点工作，这是迄今为止中国政府启动的最大规模的排污权交易的示范工作
2002年5月	国家环境保护总局发布了《关于二氧化硫排放总量控制及排污交易政策实施示范工作安排的通知》，并与美国环保协会合作，在7省市开展"SO_2 排放总量控制及排污交易试点"项目
2002年6月	嘉兴市秀洲区就率先开始推行排污权交易试点，所有排污企业必须先购买"原始"的排污使用权，并把排污权引入市场交易
2002年7月	国家环境保护局召开了"SO_2 排放交易"7省市试点会议，明确了排污权交易试点工作具体步骤和实施方案
2002年9月	国务院批准实施的《两控区酸雨和二氧化硫污染防治"十五"计划》明确提出，在两控区内实行 SO_2 排放总量控制和排污许可证制度

时　间	事件和活动
2002 年 10 月	太原市人民政府出台第一个城市层面上的《太原市二氧化硫排污交易管理办法》（试行）
	江苏省环保厅与江苏省经济贸易厅共同制定了《江苏省电力行业二氧化硫排污权交易管理暂行办法》
2002 年 10 月	来自秀洲区羊毛衫染色集中的洪合镇和王店镇 11 家企业参加秀洲区首批排污权有偿使用启动仪式，11 家企业合同成交金额 143.59 万元
2003 年	在河南省环保局协调下，河南省三门峡市义马煤气公司每年向中原黄金冶炼厂购买 900 t SO_2 排放指标
	国电常州发电有限公司以每年 300 万元的费用向通镇江谏壁发电厂购买了 2006—2010 年每年 2 000 t SO_2 排污权
2003 年 3 月	十届全国人大一次会议上，国家环保总局解振华局长明确表示，我国开始在一些重点地区，首先在 SO_2 方面实行交易
2003 年 4 月	国家环境保护总局与美国环境保护协会合作，在全国范围内开展 SO_2 总量控制与排污权交易培训工作
2003 年 7 月	江苏太仓港环保发电有限公司每年将从南京下关发电厂购买 1 700 t SO_2 排污权指标在两年内使用
2005 年 12 月	《关于落实科学发展观　加强环境保护的决定》提出：要实施污染物总量控制制度，推行排污许可证制度，开展排污交易试点

3.3 试点深化阶段（2007—）

为了提高环境资源的利用效率，减少环保的行政成本，促进企业产生自发治污减排的内在动力，构建环保的长效机制，随着国家环保战略思路从传统的行政管制手段转变到注重综合运用行政、法律以及市场和自愿手段，最近几年各级政府日益重视市场对环境资源配置的基础性作用，十分关注环境经济政策的运用。原国家环保总局于 2007 年启动了国家环境经济政策试点项目，探索绿色信贷、环境保险、绿色贸易、环境税、生态补偿和排污交易等政策。

与此相对应，地方政府对排污交易机制在节能减排中的作用给予了特别的关注。排污交易在该阶段明显呈现出国家日益重视、地方自发积极探索、上下对接强化、探索的交易模式多样、交易标的物日益宽泛、政策空间层次不断扩展（涵盖了国家、流域、区域、地区 4 个层次）、地方法规政策文件出台频率加大、科研合作重点考虑、开始出现专门的排污权交易经营公司等特点。表 3 列出了近期发生的排污交易实践相关事件。如在环保项目合作上，2007 年底中美战略对话（SED）第三期就确定了电力行业 SO_2 排污交易合作项目；在交易模式探索上，浙江省实行“自下而上”的探索方式，杭州、嘉兴、诸暨、桐乡等地先后出台了主要污染物排放权交易管理办法，江苏省则采取“自上而下”的方式，在省环保厅的指导下，在太湖流域和一些地市逐步推进排污交易。

由于排污交易政策背后所隐藏的商机，一些对排污权交易进行商业化运作的公司也开始成立，各地政府也积极协助、配合，共同来打造排污权交易的平台，并且交易标的物也很宽泛，并没有局限于国家总量减排的主要污染物，甚至扩展到了一切具有环境权益的交易物。如 2008 年 5 月，天津产权交易中心、中油资产管理有限公司、芝加哥气候交易所 3 家单位联合筹建天津排污权交易所，交易标的物将不仅涉及 SO_2、COD 等传统污染物，而且还涉及温室气体排放权、经济生产发展机制技术，以及其他可定量化、指标化和标准化的交易产品。2008 年 8 月 5 日，北京环境交易所、上海环境能源交易所同日成立，经营的对象也是涵盖宽泛的各类环境权益产品。尽管平台的可操作性程度有待实践检验，但是与过去的以环保部门为主要平台的试点相比，目前的排污交易试点和探索确实迈出了一大步。

从总体来说，尽管我国的排污交易政策实践已走过近 20 年的路程，不断深化发展，但适应国情的排污交易市场机制尚未真正建立，仍面临着方方面面的许多问题。要使排污权交易理论与中国国情相融合，发挥该政策机制的积极效果，不仅仍需较长的磨合时期，更与我国改革进程中各种社会要素的发展方向与进程高度紧密关联。

从排污交易政策的发展来看，未来一段时期排污交易会向制度化、规模化和多样化转变，其发展趋势有以下特点：①国家政策试点和制度规范力度将继续加大；②地方自发探索实践将有蓬勃发展之势；③一些以排污权交易为经营目的的商业公司会成立，这些公司通过提供排污交易平台服务实现逐利行为；④排污指标基本上为有偿分配使用，体现了环境容量资源的稀缺性和价值性原则，但如何合理确定初始排污指标分配价格并保证公平性仍是面临的一个难题；⑤交易标的物范围会扩大，不仅仅局限于主要污染物 SO_2、COD，还可能是其他的环境权益产品，但近期内仍以主要传统污染物为主，未来温室气体减排额等环境权益产品会逐渐成为交易标的物。

表 3　2006 年以来排污交易实践活动进展情况

时　间	事　件	政策范围	政策对象
2006 年 3—6 月	财政部和原环保总局联合开展排污权有偿取得和排污交易调研工作	全国	大气和水污染排放交易
2006 年 8 月 30 日	香港城市大学举办中国排污交易：从理念到推行研讨会	香港电力行业	SO_2、NO_x 等
2007 年 1 月	财政部长指出要稳步推进资源、环境有偿使用制度改革试点	全国电力行业和太湖流域	SO_2、COD、氨氮
2007 年 1 月 30 日	粤港两地政府公布《珠江三角洲火力发电厂排污交易试验计划》，酝酿多年的粤港两地 SO_2 排污权交易进入了快车道	区域（珠江三角洲）	SO_2 为主，也包括 NO_x、PM_{10}
2007 年 3 月	国家科技支撑项目《电力行业二氧化硫排污交易技术研究》课题启动	全国电力行业	SO_2
2007 年 4 月 29 日	湖北省武汉市开展首笔 SO_2 排污权交易	区域（武汉市）	SO_2
2007 年 7 月 1 日	财政部和环保总局决定选择电力行业以及太湖流域开展排污交易试点		SO_2、COD、氨氮
2007 年 6 月 7 日	国务院《节能减排工作综合性方案》提出抓紧完成 SO_2 排污交易管理等方面行政规章的制定	全国电力行业	SO_2
2007 年 8 月 13 日	诸暨市出台《诸暨市污染物排放总量指标有偿使用暂行规定》	地区（诸暨市）	COD、SO_2
2007 年 8 月 29 日	诸暨市出台《诸暨市污染物排放总量指标有偿使用暂行规定实施细则》	地区（诸暨市）	
2007 年 9 月	江苏省人大常委会审议通过《江苏省太湖水污染防治条例（修订）》，条例指出：太湖流域将通过试点逐步推行主要水污染物排放指标初始有偿分配和交易制度	流域（江苏太湖）	COD

时　间	事　件	政策范围	政策对象
2007 年 9 月 27 日	嘉兴市政府发布《嘉兴市主要污染物排污权交易办法实施细则（试行）》	地区（嘉兴市）	COD、SO_2
2007 年 11 月 10 日	嘉兴市建立了国内首家排污权交易机构——排污指标储备交易中心		COD、SO_2
2007 年 12 月 13 日	财政部、国家环保总局批复江苏省在太湖流域开展排污权有偿使用和交易试点		主要为 COD
2007 年 12 月底	苏、浙、沪打算在长三角地区共同开展排污权有偿分配和交易试点	区域（长三角）	COD、SO_2
2007 年 12 月底	中美战略对话（SED）第三期确定了电力行业 SO_2 排污交易合作	全国	SO_2
2008 年 1 月 1 日	《江苏省太湖流域主要水污染物排放指标有偿使用收费管理办法（试行）》实施	江苏太湖流域	COD、氨氮、总磷
2008 年 1 月 1 日	《江苏省二氧化硫排放指标有偿使用收费管理办法（试行）》实施	江苏省	SO_2
2008 年 3 月	武汉光谷产权交易所拟建立排污权交易平台，把排污权交易引入产权交易市场	区域（湖北）	SO_2、COD
2008 年 3 月 25 日	太原市《太原市二氧化硫排污交易管理办法》正式实施	地区（太原市）	SO_2
2008 年 5 月	天津产权交易中心、中油资产管理有限公司、CCX 3 家单位联合筹建天津排污权交易所	全国	可定量化、指标化和标准化的环境权益产品
2008 年 5 月 15 日	国家环境经济研究和试点技术组赴苏浙开展排污交易调研	电力行业和太湖	SO_2、COD
2008 年 6 月 11 日	环境保护部环境规划院启动火电行业 SO_2 排污交易管理平台开发	电力行业	SO_2
2008 年 6 月 17—18 日	环境保护部环境规划院在嘉兴举办水污染物排污权有偿使用与排污交易研讨会	全国	水污染物排放交易
2008 年 8 月 5 日	北京环境交易所成立	全国	各类环境权益产品的交易平台
2008 年 8 月 5 日	上海环境能源交易所成立	全国	环境能源领域各类权益的交易平台
2008 年 6 月 30 日	《浙江省主要污染物排污权有偿取得和排污交易试点工作方案》通过专家论证	区域（浙江省）	SO_2、COD
2008 年 8 月 6 日	《天津滨海新区开展排放权交易综合试点的总体方案》通过专家论证	全国	SO_2、COD 和碳排放等
2008 年 8 月 14 日	财政部、环境保护部和江苏省政府联合在无锡市举行太湖流域主要水污染物排污权有偿使用和交易试点启动仪式	区域（沿太湖的苏、锡、常和南京、镇江市部分区域）	COD
2008 年 9 月 10 日	黑龙江省 SO_2 排污交易平台建立	黑龙江省	SO_2
2008 年 9 月 24 日	天津排污权交易所成立，并拍卖 SO_2 剩余指标	国际（CO_2），国内（SO_2、COD 等）	SO_2、COD、碳排放以及环境技术、能效服务等
2008 年 11 月	环境保护部环境规划院在南京举行排污交易国际研讨会		

4 排污交易试点中的若干问题

尽管排污交易是一项很好的市场经济政策，我国经过多年的排污交易尝试，在制定排污交易的管理制度、运行机制等方面也取得了一些经验，但由于该政策体系本身仍不够合理、配套体制机制不完善等原因，在进一步的深化试点和推广过程中，遇到了来自法律法规、行政、企业、环保观念等多方面的阻力，暴露出许多问题[23]。归纳起来，这些问题突出表现在以下5个方面。

4.1 支持排污交易的法规不足

从国家层面来说，现行的《大气污染防治法》《水污染防治法》等虽已提到了排污总量控制及排污许可证制度，地方也陆续开展了近20年的排污交易试点，但依然没有国家层面上的排污权交易法律法规，甚至也没有一个排污交易技术指南。如排污权内涵、排污交易规则、交易主体的责权利、交易纠纷裁决、交易行为的税收优惠等激励措施、排污权折旧、排污权作为资产抵押、监管程序、违法责任、排污权交易试点政策的法律授权等问题均没有解决。目前，只有2005年12月国务院发布的《关于落实科学发展观加强环境保护的决定》、2007年国务院印发的《节能减排工作综合性方案》和《国家“十一五”环境保护规划》中，指出可以试点探索排污交易制度。

从各省市地方实施排污指标有偿使用和排污权交易的实践来看，也均存在排污交易的法律基础十分薄弱、法律依据不充分的问题，尤其是排污权有偿取得的法律基础十分薄弱。目前，仅江苏省、浙江省以及一些地市在该方面做了一些尝试性工作，形成并通过了排污权交易的地方法规文件，而其他大部分试点地区排污权交易的实践工作缺乏法律基础，试点工作具有很大的盲目性，导致许多政策属于“违法”操作，一些政策甚至由于受到较大的抵触而难以深入下去，从而阻碍排污交易政策的落实。地方实践走在较前的省、市均希望国家能及时出台有关排污权有偿使用和排污交易的具体规章制度。

4.2 排放配额分配方法不完善

企业排放配额分配方法虽然取得了一些经验，在分配方法的公平和公正性方面较过去都有较大改善，但依然存在绩效分配方法没有落实到地方、新源的排放配额获取方式不明确、尚没有明确的准入标准等问题，这些问题都将成为排污交易推行的障碍。排污权交易也缺乏一套科学的排污权初始价格形成机制。然而，如何确定排污权有偿使用的环境资源初始价格，体现资源的稀缺性，在试点实践中也存在着较大的争议。初始定价过低，不能体现环境资源对排污单位的制约作用；初始定价过高，则又将对试点地区的企业带来过高的负担，更有可能导致政府“寻租”行为的产生。目前，试点地区有偿使用初始价格主要由环保、物价、发改委等部门决定，作为分配客体的企业对排污初始配额分配的参与度较低，是政策推行的障碍要素之一。

4.3 排放监测和监管能力不足

准确计量和监督污染源的排放以及强有力的监督执法体系是推行排污权有偿取得的

重要保障。目前，我国污染物排放计量的基础相对薄弱、监管能力不足，许多地区尚不能达到该项政策所需的监测条件，致使环保部门难以掌握排污单位的真实排放数据，对交易情况的跟踪记录和核实难以全面、有效开展，直接影响排污交易市场的建立，对政策的有效实施提出了重大挑战。如江苏省两例试点个案的交易对象均为重点企业，且均安装了在线自动监测设备，但由于试点经验不足，环保部门对交易情况的跟踪记录和核实并未全面开展。又如浙江省秀洲区在《秀洲区水污染物排放总量控制和排污权有偿使用管理试行办法》中提到将另行出台《秀洲区污染物排放许可证管理办法》进行排污总量动态管理，但至今仍未落到实处。如何对污染物有偿使用、排污许可证发放、排污交易进行适时跟踪和监督管理，还仍是政府部门需要重点研究和解决的课题之一。另外，从监管执法角度来看，排污权交易政策要求环保部门的监管执法能力有较高水准，需要依靠严刑峻法来规范排污单位的违法行为，而相关部门的执法不严给政策的执行带来了高风险。

4.4 排污交易市场规模潜力不大

过去开展的排污交易案例大部分并不完全属于市场交易行为，都是在当地环保局的协调下完成的。环保部门是交易规则的制定者和实现交易的中介人，尚没有企业或专门的中介机构扮演经纪人角色，这种政府“拉郎配”的形式带有很强行政干预下的“指导价格”色彩，并未与市场价格机制挂钩，使得市场的价格杠杆和竞争机制没有发挥作用，造成排污交易的价格机制不健全，交易行为难以反映环境容量资源的稀缺程度。所以，事实上目前我国并没有真正形成严格意义上的排污权交易市场，这也造成企业对未来污染物排放总量指标的分配以及排污交易价格走向不清楚。这往往会导致一个问题，即企业在拥有排污权后，更倾向于为自身发展预留总量，从而产生排污总量资源有价无市的不良局面。这也是我国排污交易市场发育缓慢，交易数量极低的重要原因。

排污交易市场机制的建立必须确保国家的政策配备能够激励市场上有足够规模的剩余排污指标流通，这是真正建立和持续运行排污交易市场的关键。否则，市场上可以出售的剩余排污指标或减排信用很少，只有排污交易的买方而无卖方，就会出现“零供给”排污交易市场困境。影响交易市场规模发展的主要原因：①国家实施严格的“一刀切”的减排政策，绝大部分企业都面临削减的任务，减排企业很难做出灵活的市场选择；②全国能源需求依然呈上升快势，而污染减排的中长期目标和政策不清晰，电力企业即使有剩余的排污指标也不愿意出售，而希望留待以后发展自用；③地方市场分割现象比较严重，特别是对于 SO_2 这样跨区域的交易指标，单个城市和省设立排污交易平台将是交易市场规模发展的严重障碍。

4.5 与现有环境政策的关系不清

针对污染源管理的环境政策很多，如排污收费、污水处理收费、环境影响评价、排放总量控制以及排污许可证等。排污权交易政策要纳入环境政策体系，就需要厘清该政策对现行其他政策的影响以及其他政策与该政策的关系。目前尚未深入开展该方面的研究，没有从环境政策体系角度来评价排污交易政策的地位和功能，很多地方试点实践在该方面也把握不清，基本上是“摸着石头过河”。因此，要从理论和操作层面上厘清排污交易与现有环境管理制度的关系，实现排污交易与排放总量控制、排污收费制度以及环境影响评价制度之间的互补。

5 建立中国排污交易制度的基本思路

国内外的排污交易实践经验表明，排污交易手段具有巨大的政策活力和减排功能。我国污染减排的严峻形势、盘活总量指标的要求、推动污染物的定量化管理、实现减排社会成本最小化、推进企业自主治污和技术升级、构建节能减排的长效机制都迫切需要引入排污交易机制，而且，排污交易也能为我国应对气候变化的能力建设提供政策储备，因此必须重视发挥排污交易政策的作用，通过合理制定政策持续推进的行动路线图、突破关键问题、做好配套措施、加大试点力度，逐渐构建并完善适应中国国情的排污交易制度。

5.1 分步分期有序推进和重点突破

先试点、示范合理设计的环境政策，再在总结经验的基础上进行大范围推广，是我国环境政策取得积极成效的重要“法宝”。试点实践的优先次序安排应从已有的工作基础、问题迫切需要解决的程度等角度来确定。考虑到“十一五”和未来“十二五”国家污染物总量控制政策，近期排污交易的重点应主要选择在全国电力行业开展 SO_2 的排污交易，在太湖流域开展 COD 排污交易试点。同时，鼓励地方开展小流域的排污交易试点。

电力行业是我国 SO_2 排放的首要大户，占全国 SO_2 排放总量的 50%以上，是我国酸雨污染的主要贡献源。电力行业具有高效削减 SO_2 的条件和基础，燃用不同硫分煤炭，电厂 SO_2 治理边际成本差别可达 1 倍以上，成本差异将成为在电力行业推行排污交易试点的主要动力。为积极推动电力行业加强污染减排，促进企业进行深度治理，解决电力发展与有限的污染排放指标之间的相互矛盾，在电力行业优先试点 SO_2 排污交易非常必要。环保部、财政部已经明确在全国电力行业开展 SO_2 试点工作，因此，应尽快出台《电力行业 SO_2 排污交易管理办法》，完善电力行业 SO_2 排放交易的政策机制和配套措施建设，加大政策推行力度，条件较为成熟时，拓宽试点行业范围，考虑在 SO_2 排放份额占较大比重的化工、建材、钢铁等非火电行业开展排污交易试点，并出台《非电行业 SO_2 排污交易指导意见》，也应考虑污染物类型拓展，探索 NO_x、汞污染物排污交易的模式，加大研究力度，探讨中长期将排污交易扩展到温室气体、土地生产当量配额、可再生能源配额、自然保护区（森林）配额交易等方面的可行性和操作模式，并进行试点探索。

建议在财政部、环保部指导下，近期积极推进在太湖流域开展 COD 排污交易，前期可选择在污染源管理方面有较好基础的江苏太湖、浙江太湖等若干个小流域或区域开展，在总结试点经验的基础上，逐步完善 COD 排污权有偿取得和交易的管理机制和方法，拓展试点地域范围，为在全国大范围的中小流域推行主要水体污染物交易政策奠定基础。同时，结合国家水污染控制与治理重大科技专项、国家环境经济政策研究和试点等科研项目在太湖尝试开展水污染物氮、磷排污交易试点。

5.2 加强排污交易“六大体系”建设

影响排污交易在中国推行的关键要素是多维的，如一级市场的公平分配和二级市场交易效率、政策之间的关联影响和衔接、监管和执法保障、技术人员能力建设、交易平台供给、法律法规和政策准备等，而且这些要素具有时序动态性和空间异质性。建议近期应重点加强“六大体系”建设：

（1）研发政策推行需要的关键技术支撑体系，为政策的顺利实施提供技术保障。排污权交易政策的有效实施目前尚面临许多技术性难题，这些技术问题将直接影响政策执行的有效性与公平性，因此应加快研发力度，加强排污交易机制有效推行的关键技术供给，为试点示范提供技术支撑，为政策落实提供保障。亟须突破的关键技术体系主要包括确保初始公平、公正分配有偿使用的排污指标分配的程序和方法、初始排污权价格形成机制、排污交易平台、消除交易不对称性的方法、不同行业和区域之间的交易比率、提高污染源违法行为成本的方案、排污权交易过程中可能触及的税收问题的解决方案、点源与非点源交易技术、排污交易与总量控制、排污收费、排污许可证、环境影响评价等相关制度和政策之间的有机衔接方案等。技术支撑体系的合理构建和不断完善将为国家试点的推进和地方试点的探索提供支持，避免少走弯路，降低排污交易成本。

（2）建立公平合理的指标分配体系，保证初始排污配额分配的效果。由政府主导的排污权初始分配的一级市场的公平分配是排污交易能否有效运行的重要基础和前提。建议出台相关的政策规范一级市场中排污权的产权，明确作为政府分配主体的国家环境保护部与地方环保局确定目标总量和配额初始分配的权责和分工，合理确定排污权有偿取得的条件、程序、时限要求、初始价格形成机制、不同地区和行业调整的当量系数或校正系数、资金的使用与管理等。特别指出的是，在分配方法上，建议采用排放绩效法作为企业排放配额的分配方法；初始分配价格应据市场供求关系和单位治理费用的变化进行调整；对于作为分配客体的新老企业应差别对待，破产企业交回排污权；分配有效时限的设计上，建议结合 5 年总量控制规划，设计 5 年排污许可证，使排污交易市场主体对排污指标的价格具有明确预期；在交易付款方式上，可采取一次性支付和分期付款相结合的方式；在资金管理上，将排污指标拍卖所得纳入排污费专项资金，统一管理，用于支持发展可再生能源和提高能源效率等。通过合理的配额指标分配体系，实现政府分配行为的公平、公正、公开，防止排污权分配引起的腐败和造假行为，实现构建并不断完善排污交易一级市场。

（3）激活排污交易市场体系，提高排污交易配置环境容量资源的效率。排污总量的确定和分配只是第一步，排污单位有偿取得初次分配的排污许可权后，还应通过排污权交易市场实现排污者之间排污权产权的再分配。只有实现了排污权的交易，才能激活排污交易的市场体系，充分发挥市场在配置环境容量资源的作用。培育良好运行的排污交易二级市场，建议应做好以下工作：明确二级市场政策的主要作用对象和作用范围；对于新企业，允许从二级市场中获得排污指标，或者从政府预留的指标有偿取得；在交易价格设计上，定位为政府指导下的市场自我调节机制；制定交易规则，防止出现交易价格垄断；构建交易信息平台，对配额的交易进行跟踪监管；对于不同空间尺度的交易予以区别规范，特别对跨区交易，要避免因排污密集造成的污染“热点”问题；排污权的转让须向当地环保部门提出申请后纳入环评审批管理程序；通过立法等手段，有效制止滥用和非法转让排污权；杜绝蓄意囤积居奇等扰乱市场的买卖行为；明确交易违约责任对超标排污企业进行严厉处罚；配套相关的积极财税政策，激励市场主体在追求自身利益最大化的驱动下进行环境容量资源的配置。通过这些措施确保排污权在二级市场上能够正常交易，实现真正激活排污交易市场。

（4）构建排污交易法律法规体系，加强政策推行的法律供给能力。排污权的有偿取得和排污交易作为环境政策改革的重要尝试，必须重视加强排污交易机制的法制能力建设，为政策的推行提供强有力的法律供给，保证排污交易整个过程的规范化。

建议在修订《环境保护法》和《水污染防治法》《大气污染防治法》等单行法时，应明确排污权有偿取得和排污交易的法律地位。《大气污染防治法》、2008 年新修订的《水污染防治法》中仅有关于排污许可证的一般性规定，缺少排污交易的法规支持。同时，抓紧制定有关污染物排放总量控制、排污权有偿取得实施管理办法、排污交易监管办法、排放交易管理办法、排污有偿使用资金管理办法等法律法规。进一步明确总量控制、排污权初始分配、排污指标有偿使用、排污交易中政府和企业以及中介主体等分配主体和交易主体的责权利和违法责任等，规范排污交易制度的一级市场和二级市场，提高排污交易市场运行的稳定性，确保排污交易有法可依。

（5）完善污染源监测管理体系，强化试点区域和行业排污交易运行的监管能力保障建设。全面推行排污交易，需要加强污染物排放监测和监管能力建设，扩大要求安装在线监测设备的排放单位范围，保障各类污染物的排放能够进行有效的跟踪监控，考虑到排污交易机制是一项复杂的系统工作，涉及多主体、多部门、多机构以及多方面的问题，必须有良好的信息沟通和协调平台配合，才能切实提高政策的实施绩效，必须加大构建污染源基础数据库信息平台、排放指标有偿分配管理平台、污染源排放量监测核定平台、污染源排放交易账户管理平台的力度，建立企业污染物排放台账制度，全面管理参加有偿分配和排污交易体系的污染源。从而消除排污交易政策机制的前端可能出现的“失位”，保障各类污染物的排放在有效的监控之下。

（6）健全排污执法监管体系，为排污交易的开展提供法律规制。强有力的执法监管是排污交易机制运行的根本制度保障，也是排污交易法律法规和政策从“应然”变成“实然”的基本途径，如果没有有效的执法监督，排污交易执行力就会大打折扣，法律法规也就等于废纸一堆，法律调控规范交易行为的功能也就无法落实。通过严把排污交易的审批和许可关，加大监督检查和行政处罚和制裁，提高污染企业和超总量排放的违法成本。

5.3 推进排污交易的行动路线图

目前，我国排污权有偿使用和交易制度仍面临着许多政策、管理制度、技术上的难题。环境保护部、财政部和国家发改委等有关部门应抓住当前我国经济改革转型的大好时机，结合已有的试点基础和国外经验，争取近期在条件较好的行业和地区的排污交易试点工作能够有所重大突破，并合理安排实施进度，坚持由易而难、积极稳妥、重点突破的政策推行原则，由点到面、有序推进试点实践，争取在 2020 年以前能够基本实现构建符合我国国情的排污交易政策体系。

近期（2008—2010 年），主要是加大排污权有偿使用和交易研究以及监管、平台、组织机构和宣教建设的力度；积极扶持以排污交易行为为主要经营对象的第三方营利性机构；在全国电力行业开展主要大气污染物 SO_2 交易试点的基础上，适当扩展到钢铁等其他监测条件较好的 SO_2 排放高贡献行业；在加大太湖流域开展 COD 交易试点示范的基础上，鼓励其他有条件的流域和区域同步开展 COD 试点，并积极推进一些地区对氮、磷和 NO_x 开展试点尝试；加大 CDM 项目经营平台开发的力度，积极扶持开发再生能源、能源效率、甲烷的回收和利用等优先领域 CDM 项目。

中期（2010—2015 年），主要是积极推进相关政策出台，拓宽和深化排污交易政策的范围，促使排污交易在行业、空间上的扩展。在全国层面上，将电力以及 SO_2 贡献较大的非电力行业统一纳入到 SO_2 排污交易政策框架中来，积极开展试点探索；政策准备较成熟的条件下，争取该阶段在全国重点流域推行 COD 交易；同时，也要扩大交易标的物范围，并积极推动氮、磷和 NO_x 和汞污染物排放交易试点；大力鼓励基于自愿的温室气体排放贸易试点和其他具有环境权益的产品的交易；继续鼓励 CDM 项目在能效等优先领域的开发，藉此提升中国低碳技术水平。

远期（2015—2020 年），主要是构建国家 SO_2 和 COD 排污交易市场机制；加强政策配套驱动，深化推进氮、磷和 NO_x 和汞污染物排放交易试点；积极筹划开展温室气体排放贸易试点，大力扶持电力、水泥、热力、炼钢行业企业将排污交易标的物延伸至温室气体，为可能在京都议定书第三时期履约提供技术储备。同时，积极完善我国排污交易市场政策体系建设，基本建立符合国情的排污有偿使用和交易政策体系。

参考文献

[1] Crocker Thomas. The Structuring of Air Pollution Control Systems[M]. in：H. Wolozin ed. The Economics of Air Pollution. New York：W.W. Norton，1966.

[2] Dales John. Pollution，Property and Prices [M]. Toronto. University of Toronto Press，1968.

[3] David James. Environmental Incentives：Australian Experience with Economic Instruments for Environmental Management [EB/OL]. http：//www.environment.gov.au/，1997.

[4] Reuters news service. Canada Emissions Trade Seen Worth C$12 Bln –CIBC [EB/OL]. http：//www.planetark.com/dailynewsstory.cfm/newsid/40845/story.htm. March 14，2007.

[5] EPA press release. New EPA Rule Gives Every American Right to Buy and Sell Acid Rain Emissions [EB/OL].http：//www.epa.gov/history/topics/caa90/04.htm.Dec 5，1991.

[6] Stewart Smith. IPCC Report Confirms EU Call for Deep Cuts in Global Greenhouse Gas Emissions [EB/OL]. http：//engineers.ihs.com/news/eu-en-greenhouse-gases-5-07.htm . May 4，2007.

[7] Risa Maeda. Japan and Russia take steps to trade emissions rights [EB/OL]. http：//www.gcx.co.za/lat est-industry-news/ Feb 27，2008.

[8] 陈德湖，蒋馥. 我国排污权交易理论与实践[J]. 中国软科学，2004，18（2）：12-16.

[9] 吴健，马中. 科斯定理对排污权交易政策的理论贡献[N]. 厦门大学学报：哲学社会科学版，2004，3：21-25.

[10] 唐惠子，刘俊肖. 从物权法的视角看我国的排污权交易制度[J]. 资源与产业，2007，9（6）：71-74.

[11] 何延军，李霞. 论排污权的法律属性[N]. 西安交通大学学报：社会科学版，2003，23（3）：77-80.

[12] 高利红，余耀军. 论排污权的法律性质[N]. 郑州大学学报：哲学社会科学版，2003，36（3）：83-85.
[13] 邓海峰. 排污权的法域定位与民法财产权结构之完善[EB/OL]. http：//erelaw.tsinghua.edu.cn/news_view.asp?newsid=268.2007-04-21.
[14] 蔡守秋，张建伟. 论排污权交易的法律问题[N]. 河南大学学报：社会科学版，2003，43（5）：98-102.
[15] 邓海峰，罗丽. 排污权制度论纲[N]. 西北政法学院学报，2007，6：76-83.
[16] 李霞，狄琼，楼晓. 排污权用益物权性质的探讨[J]. 生态经济，2006，6：31-33.
[17] National Center for Environmental Economics. The U. S. Experience with Economic Incentives for Protecting the Environment[EB/OL]. http：//www.cec.org/. Jan，2001.
[18] 王金南，等. 二氧化硫排放交易——美国的经验与中国的前景[M]. 北京：中国环境科学出版社，2000.
[19] Douglas Russell. Environmental Challenges and Opportunities of the Evolving North American Electricity Market [EB/OL]. http：//www.cec.org/. June，2002.
[20] Karan Capoor. Philippe Ambrosi. 2006 年碳市场发展状况与趋势分析[EB/OL]. http：//www.worldbank.org.cn/Chinese/content/carbonmarket_cn.pdf. 2006-10.
[21] 联合国网站新闻中心.世界银行：2007 年全球碳交易额增加一倍多[EB/OL]. http：//www.un.org/chinese/News/fullstorynews.asp?NewsID=9761，2008-05-08.
[22] CERs issued by host party. http：//cdm.unfccc.int/Statistics/Issuance [EB/OL].Sep 10，2008.
[23] 王金南. 建立环境经济政策体系推动又好又快发展[N]. 中国环境报，2008-01-14.
[24] Denny Ellerman，Markets for Clean Air：The US Acid Rain Program. Cambridge University Press，2003.

排污交易制度设计的技术方法

严　刚　杨金田　王金南

摘　要：排污交易政策设计的完整性、简洁性、高效性、透明性和长效性是决定排污交易计划是否取得成功、能否最大限度地发挥效应的基本要求。在充分借鉴国外排污交易设计经验的基础上，结合我国排污交易政策制定的需求，针对排污交易制度设计中的核心体系，系统地探讨了排污交易的适用范围、设计原则、设计规则以及综合信息系统建设、排污交易实施与管理等方法，为排污交易制度在我国的全面发展提供技术支持。

关键词：排污交易　制度设计　技术方法

Technical Method of Designing Emission Trading Program

Abstract: Whether the emission trading program will be successful or work basically rely on the integrity, terseness, high effectiveness, transparency and long effectiveness of the emission trading policy design. Following the need of emission trading policy in China, we look into the experiences of emission trading design in other countries. Aiming at the core system of emission trading program, we systematically discuss the scope of application, design principle, design rule, construction of integrated information system, implementation and management of emission trading program, etc. By doing so, we tend to give some technical supports to the development of the emission trading policy in China.

Key words: Emission trading　Institution designing　Technical method

自 1970 年代起，排污交易以其政策优越性、高效性和灵活性等特点逐步为世界各地所接受，成为各级政府利用市场机制促进经济与环境协调发展、实现总量约束与个量灵活调整的有效手段。进入“十一五”以来，我国对污染减排实行了严格控制，并将其上升为国家政治任务。在此背景下，各地纷纷探索引入市场机制，利用排污交易手段盘活总量指标实现经济的“又好又快”发展。但排污交易制度如何有效设计以发挥其最大效应又成为各地普遍面临的棘手难题。在此，有必要对排污交易的适用范围、排污交易实施的基本要素构成、要素间的相互作用关系、要素的政策边界条件、政策实施的运行机制以及排污交易如何实施和管理进行深入探讨和剖析，从政策设计的方法学上为排污交易的成功实施提供技术支持。

本文作者联系方式：环境保护部环境规划院，北京：100012。

1 排污交易的适用范围

排污交易的应用范围有其本身的内在要求和范围限制，决策者在决定是否采用排污交易方法之前应弄清污染物的自身性质、要解决的环境问题以及政策体系的实际状况等是否有利于排污交易计划的成功实施，是否可采用排污交易方法解决存在的问题及矛盾。具体而言，需要具备以下特征。

1.1 污染物具备均质影响的特性

排污交易首先假定这样一种概念，即在给定的区域中，管理者并不需要确定每个污染源需要削减污染物的精确数量，而是设定一个总量目标，然后由市场来决定污染源最适合的减排量。因此可以说，同一种污染物在一个较大的区域范围内越容易混合，即污染物在环境中的混合性越趋向均质影响，就越适合采用排污交易的方法。对于常规性大气污染物而言，典型的均质影响污染物有 CO_2、碳氢化合物、电力行业等高架源排放的 SO_2、NO_x 等由于通过远距离输送产生区域性酸雨污染也隶属均质影响污染物范畴。但对于一些有毒有害气体，低矮面源排放的 SO_2 和 NO_x 等，由于主要是对当地环境质量产生影响，因此从大区域控制角度分析都属于非均质影响污染物范畴。

1.2 排放权已成为一种稀缺资源

环境资源的稀缺性是进行排污交易的根源所在。按照西方经济学的边际效用价值论，资源的价值源于其效用，又以资源的稀缺性为条件，效用和稀缺性是资源价值得以体现的充分条件。在当代社会，由于人类社会生产力水平提高、现代经济迅猛发展和人口的激增，环境资源的稀缺性越发显著，污染物排放已远远超出环境可容纳能力。为此，政府提出总量控制管理手段，以应对社会经济发展对排放权的无序占有和过量使用。排污交易制度正是在这一宏观发展背景条件下应运而生，并不断发展壮大的。

1.3 实施范围内有足够的污染源

排污交易的实施是否能取得成功或对控制环境污染是否高效在一定程度上与参加交易的污染源数量和规模有直接联系。一般来说，建立一个富有生机的排污交易计划、一个活跃的配额交易市场必须要有足够多的污染源作为支撑。如果污染源很少，那么交易很难进行。交易数量过少还会让那些潜在的卖者不愿将他们过剩的配额卖出，导致交易无法盘活、市场无法形成。另外，污染源越少，大的污染源就越有可能保留其配额以提高其在行业内的垄断地位，无形中提高了其他企业进入市场的门槛，限制行业竞争，不利于产业结构升级和污染物总量控制。

1.4 存在排放削减边际费用的差异

从政策产生的来源分析，应该说是成本的不同促成了排污交易理念的诞生，这也是产生和形成“交易空间”的必备条件。因为，只有存在边际费用差异，买卖双方才可能通过交易共同获利，交易才可能发挥真实效果和作用，这样在经济上才更为有效。

2 排污交易的设计原则

2.1 简洁性

在总量控制和排污交易制度设计时，“简洁性”是一个非常重要的指标。简单明了、易于执行的规则，既有利于政策的实施推广，充分发挥市场效用，也可为政策执行者和计划参与者节省更多的时间和资本，达到降低管理成本的效果。与此相反，复杂的条款只会导致规则的执行过程中引发各方面争议，导致政策执行的不确定性和不必要的负担。具体在排污交易制度的要素设计时，“简洁性”应重点体现于以下方面：①交易范围的选定，在交易实施初期宜从重点源入手，待时机成熟后再逐步拓宽；②指标分配在坚持公平性的原则下，也应坚持简单明了、便于操作，减少或消除分配中的矛盾；③对于交易程序和申报要求，更应注重“简洁性”特征，避免市场无法建立或指标无法盘活的局面。

2.2 可行性

任何政策制定后如果得不到实施，或在实施中被削弱以致无效，都是失败的设计。况且排污交易制度在中国仍然是一种新鲜事物，无论是其应用广度还是应用效果都很有限。因此，各级政府在排污交易的制度设计时就应更加注重政策设计的“可行性”。以排放总量指标分配为例，在总量控制目标不断加严的宏观形势下，为保障指标分配得到有效执行和贯彻，政策设计时应充分考虑到现有污染源对计划实施可能的阻碍，将排放指标分配给历史使用者、最小改变以往形成的使用格局相对而言是最可行的办法。而对于新源则可采取从严管理的原则，甚至新源不参加指标分配。因为未来的使用者不可能对计划执行产生更大影响，这也是政治上的权宜之计。

2.3 高效性

高效性是评价排污交易体系是否成功的又一重要指标。交易体系运行效率是否高效主要体现在以下几方面：交易的管理成本是否低廉，交易管理系统是否完善，交易操作是否简单易行，信息提供是否丰富等。为提高排污交易政策执行的高效性，最重要的方法就是建立健全排污交易综合信息系统。

2.4 公平性

公平性是政策设计者需要考虑的又一个重要问题。政策制定者应当综合权衡排污交易机制的实施对市场竞争公平性的影响。为此，排污交易计划的实施必须建立监督、审查机制，使所有的参与者为其超排的污染物承担责任，保证符合总量控制要求。公平性的基础是准确计量污染物排放量和实施严格的惩罚机制。

2.5 长效性

在进行排污交易制度设计时，长效性是保证排污交易计划有效实施的重要特性。原因在于，只有可预测性和连贯性才使得交易机制真正赋予了减排量的经济价值，为交易计划的执行提供了良好的运行环境，刺激污染源寻求成本更低的污染治理技术，鼓励企业技术创新和促进成本的降低。当然，长效性并不意味着交易方法一成不变，而是应当在交易的允许框架中变化，而且应该明确解释变化的原则和程序。

2.6 透明性

信息的透明性在排污交易机制中也占据着重要的位置。设计过程的透明性有助于提高社会的接受程度，增强对排污交易计划的信任度。如果污染源的排放水平和配额的数量对公众是公开的，将有助于提高交易机制的执行情况，保证污染源达标排放。如在交易管理平台可定期发布企业污染排放信息、配额信息和排污交易计划的执行情况。

3 排污交易规则制定方法

在排污交易制度设计中，一些关键环节的规则制定往往对排污交易制度的执行效果有着至关重要的影响，这些环节也往往是我国各级政府在制定排污交易管理办法时所面临的最为棘手的问题。在此，对这些关键环节的规则设计方法做进一步深入探讨。

3.1 制度体系的基本架构

从制度体系设计而言，总量控制、指标管理、市场交易和监督处罚是构成排污交易制度体系的四大基本组成单元，或称四大主要构成环节，具体政策含义见图 1。其中，总量控制与指标分配是市场交易的基本前提，是排污交易制度体系中最为重要，也是最难制定的环节，其设计思路直接影响排污交易制度的实施效果；指标管理是排污交易制度中的会计系统，政府需要基于污染排放清单建立一套完整系统的管理台账；市场交易是排污交易政策实施的核心，其交易类型包括企业间交易、政府与企业间的拍卖以及销售等不同形式；监督管理是排污交易政策实施的保障组成部分，健全的监督体系和处罚机制是交易公平、公正和长效实施的必要条件。

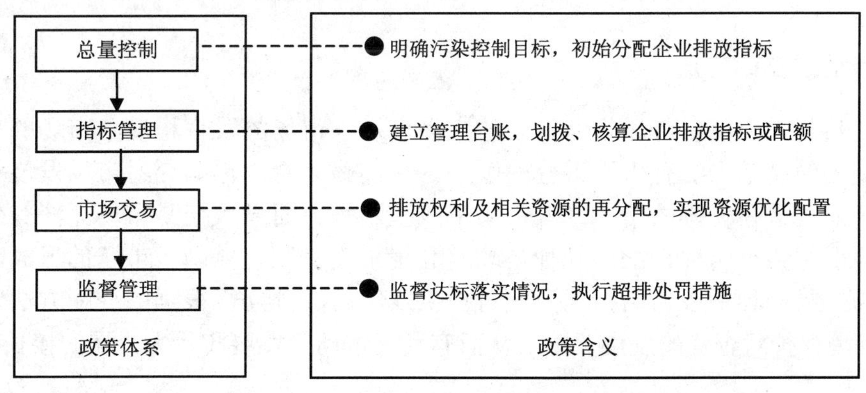

图 1　排污交易制度体系的基本架构

3.2 市场交易的一般程序

综观国内外排污交易实践，排污交易程序主要有评估审查制度、备案确认制度和自由买卖制度等几种类型。可以说，不同的过程控制要求适用于不同情形下的排污交易制度。在污染源排放计量统计及排放跟踪体系能力建设尚未健全时，采取评估审查制度将是最为有效的方法，只有这样才可以保障总量控制目标的落实和市场的公平建立，但该方法势必对交易市场的发展产生一定不利影响。对于污染排放计量和监控网络已经较为健全的情形下，交易程序更适合于采用备案确认制度或自由交易制度，以有利于排污交易市场的形成和壮大，减少无谓的行政干扰。如我国目前电力行业开展排污交易试点即初步具备上述条件，其交易程序可采取备案确认制度。但无论采取何种形式的交易程序，其交易步骤归纳起来主要包括买卖双方的协商、企业向交易中心申报、交易配额的划拨等内容，具体交易程序如图 2 所示。从中可以看出，在市场交易体系中，交易管理中心是交易实施的核心与桥梁。

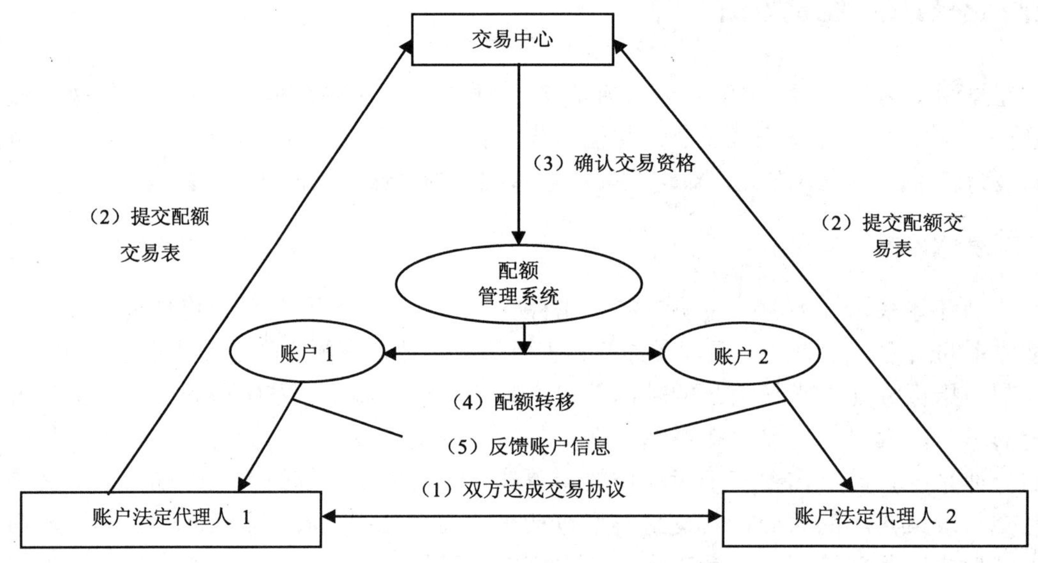

图 2　市场交易的一般程序

3.3 促进市场建立的方法

排污交易是人为模拟市场行为建立的交易市场，市场的发育程度、市场的形成规模都与交易规则的制定方法有密不可分的联系。从实践来看，影响交易市场发展壮大的主要因素为企业“惜售”排放指标或者市场形成垄断势力而导致交易市场无法有效建立。解决这个问题主要有两种方法，一种是政府利用拍卖机制直接刺激市场的形成，属于短期直接行为；另一种是在初始指标分配时提供连续的、预期性很强的分配方法，使企业清晰未来环境保护对企业的发展要求，从而有利于市场的发展和壮大，属间接长效行为。

3.3.1 直接方法：利用拍卖机制启动或调控市场

（1）拍卖方法。拍卖是限制市场势力、调节市场供需、引导市场价格的有效方法。美国在酸雨计划中，环保局每年预留 2.8%的配额进行拍卖，对酸雨计划的成功实施起到了非常重要的作用。拍卖方法一般有两种：①根据竞拍报价出售配额，按照报价的高低依次拍卖配额，直到所有配额出售完毕为止，或是直到没有人继续投标为止；②企业先向管理机构或竞拍机构报价拟购买配额的单价和购买数量，管理机构按照单价高低进行排序，累加配额购买数量，当拟购配额数量达到拍卖配额总量时，管理机构按照投标价格与购买配额数量的加权方法计算出平均价格，再按平均价格将配额销售给企业。

（2）直接销售。所谓直接销售是指政府预留一部分配额，以固定的价格出售给企业，达到调控市场目的，在实施过程中遵循先到先得原则。美国在酸雨计划初期曾采取过直接销售的做法，将配额的售价定位 1 500 美元（根据通货膨胀进行调整）。这一规定的实施，可以保证通过直接购买的形式获得一定量的配额。但该方法于 1997 年被废除，原因是没有排放源通过直接销售购买配额，他们可以在市场上可以以更低的价格购买到配额。我国目前在江苏省等地试点的 SO_2 排放指标有偿使用和太湖流域主要水污染物排放指标有偿使用采取的即是直接销售方法。

3.3.2 长效措施：制定长期连贯的指标分配方法

总量分配的政策预期性不强是导致我国地方排污交易试点市场发育缓慢、指标无法盘活的主要制约因素。解决这一问题的长效机制即是提前给出未来总量指标的具体分配方法或分配原则，即在指标初始分配时，将多年的年度总量指标具体分配到企业，或明确规定出未来一段时期总量指标分配的方法、遵循的基本原则。这样使得企业很清晰未来环境保护对企业的发展要求，完全可做到统筹考虑生命周期内污染减排问题，决定企业是通过交易手段还是通过污染治理方式实现控制目标，有利于促成交易市场的形成。

3.4 避免“热点现象”的方法

排污交易是否会导致局部地区环境质量的恶化是人们广泛关注的问题。为避免“热点现象”的产生，通常有以下几种解决方法。

3.4.1 设定较高的减排目标

减排幅度越大，环境效应越显著，也越有可能避免产生不利的环境效应。但为保证污染控制与社会经济的协调发展，减排目标不可能无限降低。因此，该种方法只能在宏观层面间接影响“热点现象”的产生概率，而不会成为避免“热点现象”的主要方法。

3.4.2 限制交易的地域范围

限制交易范围是采取行政管制手段避免“热点现象”的有效手段。具体做法是对现已污染严重的地区或敏感区域，通过控制该地区的“净输入量”来达到避免该地区污染进一步加重的目的。但该方法亦有许多弊端，由于交易范围的限制造成交易的灵活性缺乏，可能降低排污交易执行的经济效益，使配额市场变的复杂。

3.4.3 限制不同污染源之间的交易

不同类型的污染源对当地环境质量和区域环境质量的影响程度存在很大差异，尤其是对于大气污染排放的高架源和低矮面源而言，排放等量的污染物对环境质量的影响相差甚异。如果排污交易计划中包含各种不同的污染源，并且这些污染源中含排放量较大的高架源时，采用限制不同污染源之间的交易方法，如限制高架源与低架源之间的交易就比较有效，可有效避免“热点现象”的产生。

3.4.4 利用多级政策管理体系

排污交易在政策执行时必须与其他政策相互配合、共同作用才能发挥出最大效益。在控制污染物集中排放方面，基于环境质量的标准（包括排放标准和技术标准）是避免交易中出现“热点现象”的根本手段。具体操作时，政府部门可以以保护当地环境质量为由对污染源排放提出更多限制性要求。美国的 SO_2 排污交易制度就是由这样一个硬性的基于环境质量的标准和一个灵活的、可以通过交易调整的指标体系实现环境质量保障的。

3.4.5 设定交易差别系数

对于跨区域交易，尤其是跨功能区交易会对环境目标的实现产生一定负面影响。但为了扩大交易范围，又保障不产生局地环境质量倒退现象，可选择采取交易差别系数方法。所谓交易差别系数法就是让不同地区的配额具有不同的价值单位。如 A 区的每个配额在 A 区可代表 1 t 的排污价值，但到 B 区或许只能代表半吨的排污价值。具体差别系数可以根据科学研究和实际管理需求进行设定。但通常情况下，对于跨区域交易仍主要采用等值配额方法。

4 综合信息系统建设方法

排污交易的综合信息系统建设是支撑排污交易实施的基础条件。使用信息系统的优势不仅在于具备处理大量数据的能力，而且能够提高数据的精确性，减少管理时间和成本，增加透明度，提高数据的一致性和可比性。具体在综合信息系统建设中，应重点包括排放跟踪、配额管理、达标判别以及信息发布等系统。

4.1 排放跟踪系统

排放跟踪系统建设的主要目的是收集、审查和维护企业的相关排放数据。排放数据的监测质量直接影响市场效率、投资信心，以及减排目标的完成情况。因此对于排污交易制度而言，排放跟踪系统建设质量至关重要。在排放跟踪系统建设过程中，可采取两级措施实现污染物的排放跟踪。①污染源安装连续排放监测设备，为交易体系提供所需的排污数据；②环保部门通过数据采集和建设监控中心的办法，对污染源连续监测数据进行收集、监督，保证污染源数据的准确性和有效性。具体在实施过程中，政府部门需要对监测设备初始审核、质量保证和质量控制、数据保管记录申报以及数据缺损补报等有明确规定。

4.2 配额管理系统

为了管理和跟踪账户配额分配、储存和交易的状况，政府部门需建立一套集分配、记录和跟踪于一体的配额管理系统，用以记录参与交易计划中排放源所持有的配额，是排污交易计划中的财务会计系统。利用这个平台，政府部门可以向污染源分配配额、发布基本信息；市场参与者也可以通过这个平台对配额管理系统中的信息进行查询。配额管理系统的开发建设应重点包括指标分配、配额管理、信息发布、交易管理、信息查询等基本功能模块。

4.3 达标判别系统

配额管理系统和排放跟踪系统是达标判别系统的基础。达标判别系统也是连接排放跟踪系统和配额管理系统的重要纽带。在年度排放总量核查末期，达标判别系统将对每个污染源所持有的配额和当年所排放的总量进行对比，如果污染源的排放量等于或小于其所持有的当期配额，则说明该污染源遵守了交易计划的要求。反之，如果污染源排放量大于其所持有的配额，达标判别系统将自动反馈报告管理部门，对企业进行相应处罚。

4.4 信息发布系统

信息发布是有效实施总量控制与排污交易制度的关键。通过建设信息发布系统，可使得各方面信息供求、市场运行机制等及时公之于众，保证交易市场更趋合理，保证交易主体能够通过成本和收益的权衡作出对自己最有利的决策。信息发布系统建设既是降低交易成本的要求，也是信息公开、有效监督的要求。在信息发布系统建设中，地理信息系统是一个很好的工具平台，可利用其更好地理解和分析污染物减排的实施效果和收益。

5 排污交易的实施与管理

5.1 成立运营管理机构

排污交易政策的实施要有配套的管理部门和运营机构，负责交易运行事务的组织。交易管理中心的主要职责为：负责交易管理平台的运行和维护；提供交易申请和办理的服务；承办排放配额的登记、交易备案、配额划转以及拍卖销售等业务；提供交易市场价格、交易供求信息、污染削减的技术和经济分析等信息服务；汇总企业年度排放总量指标完成任务。

5.2 政府的主要职责

排污交易政策是基于市场经济的环境经济政策，无论是交易政策的环境效果，还是经济效益，最终都依赖于交易市场的良好运行，同时也离不开政府的有效监督。为此，必须处理好政府环境管理职能与市场配置环境资源职能之间的关系。

在排污交易市场的建立和运行过程中，政府的主要职责义务为：制定总量控制与排污交易的法规和制度；监督微观经济主体的经济行为；组织对排污交易实施进行技术培训；运用各种手段确保交易环境效果及经济效果的实现和落实。具体职责表现为：制定排放总量控制目标；建立指标分配方法；收集、验证及公布排放数据；认定交易机构和委托拍卖机构；核查排放监测装置；办理配额变更手续；记录、公布配额交易情况；进行企业年度审核，执行年度达标检查；对未达标企业实施处罚等。

5.3 排放源的义务责任

排放源在交易实施过程中，主要承担以下责任：控制污染排放，实施达标要求；安装、维护连续排放监测设备；提供排放数据与环保部门联网；向环保部门上报季度和年度排放数据。

5.4 项目执行效果评估

评估是排污交易计划实施的关键。排污交易政策的有效性包含环境有效性和经济有效性两大部分，具体包含以下评估内容。

（1）环境效果评估。排污交易的环境效果评估更注重长期效果的评价。重点是评估总量控制目标的落实，排污交易对促进总量指标任务完成的贡献，区域环境质量的改善以及是否导致局地环境质量恶化等现象。

（2）经济效益评估。经济效益是推行排污交易的主要目的之一。评价排污交易的实施是否成功，经济有效性应占有非常重要的比重。在经济效益评估中，具体可采取成本效益比较等方法。

（3）对优化经济发展的贡献评估。相对于发达国家而言，排污交易政策在我国的实施有其独有的意义和作用。由于我国社会经济正处于高速发展阶段，且产业发展日趋重化工业化，新建项目对总量指标需求旺盛。如何在严格控制总量目标前提下保障经济的持续快速发展和产业结构的升级，这是我国目前力推排污交易政策的主要驱动因素之一。因此，在执行排污交易效果评估时，有必要开展排污交易政策实施对优化经济发展和协调经济与环境发展的促进作用和效果评估。

参考文献

[1] 王金南，杨金田，马中. 二氧化硫排放交易——美国的经验与中国的前景[M]. 北京：中国环境科学出版社，2000.

[2] 王金南，杨金田，等. Stephanie Benkovic Gru，等. 二氧化硫排污交易——中国的可行性[M]. 北京：中国环境科学出版社，2002.

[3] 严刚，杨金田，王金南，等.推行二氧化硫排污交易，建立减排长效机制[J]. 重要环境信息参考，2008，18：1-34.

[4] 严刚，杨金田，燕丽，等. 中国火电行业 SO_2 排污交易政策研究及框架设计[J]. 环境污染与防治，2008，30：92-96.

[5] 美国环保局. 排污交易设计和操作指南，2003.

[6] Benkovic，S.，J. Kruger. To trade or not to trade? Criteria for applying cap and trade. Proceedings of the 2nd International Nitrogen Conference on Science and Policy，The Scientific World，2001.

[7] Burtraw，D.，K. Palmer. The paparazzi take a look at a living legend：the SO_2 cap-and-trade program for power plants in the United States [EB/OL]. http//www.rff.org/documents/rff-dp-03-15.pdf，2003-03-15/2008-01-05.

[8] U.S. Environmental Protection AgencyEvaluating ozone control programs in the eastern United States：

focus on the NO_x budget trading program [EB/OL]. http：//www.epa.gov/airtrends/2005/ozonenbp/onbpchap2.pdf.，2005-10-31/2008-01-05.

[9] 中国二氧化硫排放总量控制及排放权交易政策实施示范项目组. 中国酸雨控制战略——二氧化硫排放总量控制及排放权交易政策实施示范[M]. 北京：中国环境科学出版社，2004.

[10] 吴健. 排污权交易——环境容量管理制度创新[M]. 北京：中国人民大学出版社，2005.

[11] 吴健，马中. 美国排污权交易政策的演进及其对中国的启示[J]. 环境保护，2004，8：59-64.

[12] 马中，Dan Dudek，吴健，等. 论总量控制与排污权交易[J]. 中国环境科学，2002，22（1）：89-92.

建立环境资源有偿使用机制的江苏省实践*

毕　军[①] 金浩波[②] 张　炳[①] 刘蓓蓓[①] 葛俊杰[①]
叶维丽[①] 于　洋[①] 方　强[①] 王　仕[①] 俞钦钦[①]

摘　要：深化资源价格改革是完善社会主义市场经济体制的重要内容，也是促进经济增长方式转变，建设资源节约型和环境友好型社会，实现又好又快发展的重要举措。本文从理论分析着手，并从江苏省的实际情况出发，介绍了江苏省在环境资源有偿使用机制方面的认识和进展，并针对实践中的问题对未来工作提出了新的建议。
关键词：环境资源　资源价值　有偿使用

Practice on Building Paid Use Mechanism of Environmental Resources in Jiangsu Province

Abstract: Deepening reforms about environmental resources is an important measure to consummate market economy mechanism of socialism，to promote the transition of economy developing ways，to build a energy-saving and environment-friendly society and to fulfill a social development with quantity and quality as well. In this paper，we introduce the theory research frontier and policy-making practice in Jiangsu Province. After that，several helpful suggestions derived from the problems are raised too.
Key words: Environmental resources　Resources value　Paid use

第六次全国环保大会上，温家宝总理强调，做好新形势下的环保工作，关键是要加快实现 3 个转变，要从传统的行政手段中解放出来，运用新思路、新方法来实现环境保护目标。深化资源价格改革是完善社会主义市场经济体制的重要内容，也是促进经济增长方式转变，建设资源节约型和环境友好型社会，实现又好又快发展的重要举措。当前，加快资源价格改革步伐，很重要的一条是，全面认识环境资源的价值，加快环境价格改革，优化配置环境资源，推进环境资源的限额分配利用和有偿转让，建立反映供求关系、资源稀缺程度以及污染损失成本的环境价格形成机制。

改革开放以来，党中央、国务院高度重视环境保护工作，确立并实施了可持续发展战略。特别是“十五”以来，将促进人与自然和谐作为坚持以人为本、落实科学发展观的重要内容，加快建设资源节约型、环境友好型社会，大力构建社会主义和谐社会，为人们深刻认识环境问题的本质，加快解决环境污染和生态破坏，推进环境保护的体制创

* 基金项目：国家水体污染控制与治理科技重大专项（2008ZX07633-04）；国家环境保护部环保公益性行业科研专项（200809074）；国家社科基金重大项目（06&ZD025）。
本文作者联系方式：① 南京大学环境学院，南京：210093；② 江苏省环境监测中心，南京：210036。

新、机制创新创造了历史性机遇。

1 江苏省背景

在科学发展观的指导下，近年来江苏省不断加大环保工作力度。“十五”以来，江苏省在全国率先提出环保优先的方针，把环境质量综合指数纳入全面建设小康社会指标体系，引导全省上下在发展中保护环境和建设生态。近 5 年来，江苏省在国民经济保持年均 13%增速的情况下，全省主要污染物排放强度有所下降，环境恶化的趋势得到控制，部分城市和地区环境质量有所改善，重点流域、区域环境整治有序推进，生态环境建设得到加强。尤其是沿江地区保护式开发取得成效，形成了全国最大的环保模范城市群和较密集的循环经济产业带，创建了全国第一批国家生态市。但是，江苏省的环境问题仍然比较突出，主要污染物排放量超过环境承载能力，污染防治的任务倍加艰巨。发达国家上百年工业化过程中分阶段出现的环境问题，在江苏近 20 多年来集中出现，呈现结构型、复合型、压缩型的特点。环境污染和生态破坏不仅造成了经济损失，而且危害群众健康，影响社会稳定和环境安全，环境保护面临的形势十分严峻。环境问题的产生，虽然与粗放型经济增长方式还没有根本转变有关，但更重要的是，在于对自然规律、客观规律认识不足，对科学发展观的内涵把握不准，对环境资源的双重属性认识不到位。

2 环境资源具有其内在价值

2.1 环境资源具有稀缺性

当今世界，随着人口的增长和生产力的发展，对环境资源的获取越来越大，因而，环境资源有限性的特点日益突出，环境资源具有稀缺性。环境资源的稀缺性表现在环境对污染物的容纳程度是有限的，这种有限性就是环境资源的稀缺性。以江苏省为例，江苏环境承载能力薄弱，人口密度全国最大，人均环境容量全国最小，单位国土面积工业负荷全国最高，环境资源“先天不足”。据 2005 年统计，江苏省废水排放总量居全国第二位，COD 排放量居全国第三位，排放强度达 9.42 t/km^2，是全国平均水平的 7 倍；江苏省 SO_2 排放总量居全国第六位，排放强度达到 12.79 t/km^2，是全国平均水平的 6 倍。“十五”期间，一些地区的发展和产业布局受到环境资源的“瓶颈”约束，环境资源的稀缺程度，很大程度上影响了江苏省经济社会发展的基础。

2.2 环境资源具有双重属性

一方面，环境资源有其自然属性，对待环境要按自然规律因势利导，保持生态平衡；另一方面，环境资源具有商品属性，利用环境要按价值规律办事，充分认识环境资源有价。超出环境承受能力的开发和利用环境资源就会形成环境污染和生态破坏，必将受到自然的惩罚。要摆脱这种惩罚，就必须保护生态环境，治理污染，优化利用或再生环境资源，这就需要付出劳动，需要付出劳动才能得到的产物（环境资源）在经济学上就具有价值。因此，环境资源的稀缺性和环境资源的双重属性决定了环境资源具有价值。

2.3 不加约束地使用环境资源会加剧外部不经济性

如企业污染了周围环境，给周围居民和社会带来了危害；上游砍伐森林导致水土流失，淤积了下游河道，加剧了洪涝灾害。外部不经济性的原因是私人成本和社会成本出现差价，污染者私人成本低于社会成本，从而将污染者应承担的责任转嫁给社会，实际上是以损害社会公共利益为代价获得了某种竞争优势。要减少外部不经济性产生的影响，就需要将环境成本、污染治理成本内在化，用价格的手段加以约束和引导。长期以来，资源配置政策模式是环境资源无价或低价占有使用。随着经济社会的发展，这种模式已表现得越来越不适应。一方面，环境成本没有纳入价格体系之中，没有形成能够反映环境稀缺程度、市场供求关系和环境成本的价格形成机制，市场对环境资源的价格信号功能缺失，排污者不珍惜占用的环境资源；另一方面，排污费征收标准远低于污染治理成本，价格杠杆形成倒挂，企业宁可缴纳排污费，也不愿治理污染，企业缺乏减少排污的动力和压力，造成环境资源被无偿占用或低价占用。排污收费政策对环境保护仅起到一定的刺激和补偿，没有完全反映污染治理成本和环境资源的稀缺性，造成排污成本低于污染控制成本，排污总量仍难以得到有效控制。由此可见，现行环境经济政策、价格政策不加以改革和完善，对发挥市场优化配置功能、促进污染物削减、提高环保科技进步所起的激励作用将越来越有限。

随着我国社会主义市场经济体制的建立，市场机制在国民经济和社会发展中逐渐起着支配性的作用，市场主体越来越倾向于用经济手段来配置资源。环境资源作为一种公共的、有限的资源，也越来越为人们所认识和重视，也越来越体现其应有的价值。因此，必须要创新和改革环境经济政策，推进价格体制改革，加快建立环境价格体系，建立能够反映市场供求关系、资源稀缺程度和污染损失成本的环境价格形成机制，弥补排污收费手段的不足。建立和创新环境资源有价的观念，实行环境资源有偿使用，才能真正体现环境资源的稀缺性和“污染者负担、治理者受益”的法律原则，才能从根本上促使企业产生节约和珍惜环境资源的动机，从而为促进资源节约型和环境友好型社会建设，为落实科学发展观、全面建设小康社会、实现又好又快发展探索出一条新路。

3 江苏省开展环境资源有偿使用的实践

环境资源有偿使用的前提是承认环境容量是一种资源。因此，环境资源价值理论是建立环境资源有偿使用机制的主要理论基础。其核心是，环境容量是一种资源性商品，具有价值和使用价值[1]。树立环境资源价值观，进一步夯实环境资源有偿使用的理论，有利于完善我国环境保护宏观调控措施，有利于充分利用经济手段控制污染排放，有利于提升环境资源的内在价值，有利于促进环境保护产业化进程[2]。“十五”期间，江苏省结合实际情况，以环保优先为先导，不断创新环保工作体制和机制，围绕环境资源有偿使用开展了一系列的实践。

3.1 率先调高污水处理价格，激活污水处理市场，破解环保投入难题

“十五”期间，江苏省以征收污水处理费为突破口，以实现污水处理企业的保本微利

为原则，调整城市污水处理费征收标准，全面提高污水处理费价格，苏南地区各市的污水处理费先行上涨到 1.10～1.15 元/t，到“十五”期末，全省污水处理费调整到 0.8 元/t 以上，污水处理费价格政策的出台，为污水处理厂建设资金的筹集和社会化管理创造了条件，基本解决巨额治理资金短缺的矛盾，带动了污水处理市场的迅速繁荣。

3.2 一手抓政府调控，一手抓市场调节，按市场规律办事，坚持市场配置资源的改革取向

江苏省加快市政公用事业体制改革，发挥市场化、专业化经营的优势，逐步形成政府、企业、社会多渠道投资的新局面，率先让市场之手“转动”污水处理厂建设以及污染处理设施社会化运营两个关键节点。市场的开放促进了外资、民间资本争相涌入，有力地推动了城市污水处理基础设施的建设。据统计，“十五”期间江苏省太湖流域形成污水处理能力 217 万 t/d，超出国家计划 50 万 t/d。污水处理等环境基础设施已从政府的“包袱”变成了市场的“香饽饽”，促进了江苏省银行信贷结构合理调整，推动了江苏省水污染治理市场的形成。

3.3 积极试点排污权交易，开展环境资源有偿使用，激发企业治污内生动力

在有效控制污染物排放总量的前提下，江苏省率先开展试点，出台了《江苏省二氧化硫排污权交易管理暂行办法》，研究制定 SO_2 排放指标初始价格，对排污指标进行定价、有偿取得，并在部分地区开展 SO_2 和水污染物排污指标有偿分配和交易试点工作，完成了全国首笔 SO_2 排污权交易，尝试用价格杠杆激励企业加强污染治理，运用经济手段刺激企业减少排污，通过市场来合理配置环境资源。“十五”期间，在环保部门的监督管理下，南通醋酸纤维公司与南通天生港发电有限公司开展的排污权本地交易，江苏太仓港环保发电有限公司与南京下关发电厂开展的排污权异地交易，均实现了环境资源的有偿使用，促进了企业环境治污行为的改善。

3.4 “试水”环境资本运作，牢固树立“环境就是资源、资产和资本”的理念，积极利用市场机制发展环保事业

我们的一些城市如南京、无锡，尝试把环境当作资本进行运作，通过改善环境质量提升区域综合功能和土地价格，利用环境改善带来的经济效益反哺环境治理，盘活环境存量资本。无锡五里湖环境改善后，仅湖边 1 号地块出让收入就达 16.7 亿元，基本可解决环境整治需投入的 30 亿元资金来源，创造了五里湖环境综合整治主要依靠市场投入的成功范例。

通过这些实践，使我们深刻认识到“环境资源有价”的本质。“保护环境就是解放生产力、改善环境就是发展生产力、经营环境就是创造生产力”，环境资本需要运作、管理和经营。建立环境资源有偿使用机制，是新时期开展生态建设和环境保护工作的一条创新之路。实践证明，树立环境资源有价和有偿使用的理念，充分发挥市场对资源配置和调节的基础性作用，把环境资源作为社会财富中的一个重要部分，把治理环境寓于市场经济中谋出路，把环境保护纳入经济社会中求发展，找到了一条解决环境问题、营造优美环境、全面提升环境资本价值的全新思路。

4 环境资源有偿使用需要继续深化和完善

根据环境资源的价值理论，环境资源有偿使用是指在市场经济的环境下，政府部门按照环境承载力制定排污总量控制指标，将指标按一定的原则和方法，以有偿取得的方式发放给排污单位。排污单位必须取得排污指标才能进行排污行为。环境资源有偿使用主要包括以下两个方面。①环境资源的有偿占用。环境资源的有偿占用是指对公共环境资源或生态资源进行了初始占用，就必须对此付出占用费用（排污指标初始价格）。具体而言，环境资源的有偿占用包括建立排污指标的初始占用和排污指标交易。初始有偿占用的排污指标，可以通过交易实现环境功能区内排污指标的再分配，因此，排污指标交易也属于环境资源有偿占用的范畴。②环境资源的付费补偿。这是指排污单位必须对其环境污染行为，承担污染治理责任和部分生态恢复补偿费用。目前，在我国环境资源的付费补偿主要包括排污收费。

多年来，江苏省将环境容量资源作为内生的生产力要素，努力促进“环境换取增长”向“环境优化增长”阶段转变，为推进率先发展、科学发展、和谐发展，积极积累经验，努力提供示范。进入“十一五”以来，在国家有关部门的支持下，江苏省组织有关部门、专家学者开展环境价格改革的研究，按照环保优先方针和“排污者付费，治理者赚钱”的原则，进一步开放、搞活和优化环境资源市场，研究建立由排污指标初始价格、排污付费价格、治污收费价格和环保服务价格组成的环境价格体系，逐步完善反映环境资源供求关系、稀缺程度和污染损失成本的环境价格形成机制。

4.1 探索排污权的有偿取得和排污交易

在积极开展排污指标有偿取得和排污指标交易试点的基础上，在严格控制污染物排放总量的前提下，逐步实行排污权有偿取得。研究制订在容量控制下的排污指标初始价格和排污指标交易规则，使排污指标初始价格略高于治污成本，并利用价格杠杆，建立排污权交易市场，盘活环境存量，激励企业治污。计划从 2006 年起，在电力行业开展 SO_2 排污指标初始分配有偿取得试点。2007 年起，在太湖流域开展化学需氧量排污指标初始分配有偿取得试点。“十一五”期末，全面实行 SO_2 排污指标初始分配有偿取得。排污指标有偿使用资金，作为政府非税收入管理，专项用于环境保护和生态建设。

4.2 建立能够反映污染治理成本的排污价格和收费机制

全面实施城镇污水处理和生活垃圾处理的收费政策，以补偿成本和合理收益为原则，进一步调整污水处理收费标准，吸引社会资金和各类投入，促进污水垃圾处理产业化。到 2008 年，苏南地区污水处理费调整到 1.30～1.60 元/t，苏中苏北地区调整到 1.00～1.20 元/t。完善排污收费政策，在 2007 年年底前，适当提高化学需氧量、SO_2 等主要污染物排污费征收标准，建立企业保护环境的激励机制和减少污染排放的约束机制，提高排污标准和成本。从 2007 年起，开征城市施工工地扬尘排污费。完善垃圾处理、固体废物处理收费制度。同时合理制定“绿色电力”价格，促进可再生能源的开发利用。并制定环保设施运营规范和费用标准，全面推行环保设施运营社会化和污水、垃圾、废弃物处理产业化，确立污染治理产业化、市场化进程中“政府掌舵，企业划桨”的角色定位，让市场的无形之手和政府的有形之手在环保领域“握手”，提升环保现代服务业的发展水平。针对日益增长的环境现代服务业发展需要，逐步制定和完善环保服务价格政策。

4.3 深化环境资本运作

顺应经营城市规律，加大环境综合整治，加大环境资本经营力度，将环境难点做成环境亮点，将环境亮点做成环境卖点，以生态环境建设提高环境品位和环境效益，以环境效益创造经济效益，以经济效益反哺环境整治，切实推进投资主体多元化和融资方式的多样化，使环境资本运作步入“运用环境资产—多渠道筹措资金—用于整治工程—环境改善和优化—环境资产增值”的轨道，形成城市建设与环境建设的良性循环。

5 结语

建立环境有偿使用机制，是一项复杂的系统工程和创新工程，涉及各地区和多个部门，需要方方面面的协调和配合，需要在政策、法规、体制、机制、管理等方面不断创新。江苏省将通过制定和完善相关政策法规、强化协调监督管理机制、完善市场运行服务网络等措施，为建立环境价格体系提供政策和技术保证，从而实现环境保护的历史性转变。

参考文献

[1] 胡春冬，周文和. 环境容量资源的有限性与排污权初始分配的有偿性[N]. 中国环境报，2003-02-10.

[2] 郭荣根，许海忠. 关于排污权有偿使用机制的探讨[J]. 中国环境管理，2002.05.

关于在中国开展排污权质押贷款的可行性分析

葛察忠[①] 李晓亮[①] 高树婷[①] 张 伟[②]

摘 要：排污权质押贷款是排污权交易的一种新兴的重要形式，其在实践中有重要意义。但其在推广过程中也存在着基本理论不完善，合理性和合法性尚存争议，实践经验较少等困难。所以，在系统总结了排污权质押贷款的理论基础、并对其在我国现有所有制体制和法律体系下全面开展的合理性和合法性进行深入探讨的基础上，认为环境容量是一种自然资源，富余的环境容量归当地居民集体所有，排污权是对富余的环境容量的使用收益权，排污权属于我国现行《民法》中的用益物权，可以进行质押融资。

关键词：排污权质押贷款 可行性 理论基础 法律基础

The Feasibility Analysis of Using Emission Allowances as Loan Guarantee in China

Abstract: Using emission allowances as loan guarantee is an important new financing tool for environmental investment，is of great significance in practice. But in the process of promoting，there are some problems such as imperfect of its basic theory，rationality and legitimacy of it remaining disputes，lack of practical experience. So，in summary of the basis of the theory and in-depth discussions on the rationality and legitimacy to carry out comprehensively in the current ownership structure and legal system，to be of the opinion that the capacity of the environment is a natural resource，the surplus environment capacity belongs to local residents collectively，emission rights is the right to use environment capacity and proceed，emission rights belong to usufructuary property right in the current "Civil Law"，can be used as guarantee for financing.

Key words: Using emission allowances as loan guarantee Feasibility analysis Theoretical basis Legal basis

最近，嘉兴在全国率先推出了排污权质押贷款融资，且已完成了对 5 家企业的初始授信，此举被看做是金融与环保相互促进的一大创新之举。排污权质押贷款不仅能够活跃排污权交易市场，促进企业开展节能减排工作，并且可以在国际金融风暴冲击以及我国目前经济形势下为企业，尤其是中小企业的融资提供一条行之有效的途径。为了更好地探讨此种形式的质押贷款在我国全面开展的可行性，系统总结了排污权质押贷款产生的背景、理论基础，并对其在我国现有所有制体制和法律体系下全面开展的合理性和合法性进行了深入探讨，并提出了相关建议。

本文作者联系方式：① 环境保护部环境规划院，北京：100012；② 济南大学经济学院，济南：266100。

1 排污权质押贷款产生的背景

排污权质押贷款融资是一种新兴的排污权交易的形式，其对完善排污权交易体系有非常重要的作用。我国从 1980 年代开始进行排污权交易的试点，尽管取得了一定成效，但由于未实施配套的总量控制制度等原因，使得排污权交易在实践中未能充分发挥促进节能减排的作用，也未能在更大的范围内推开。

但从 1990 年代开始，我国开始施行总量控制制度，首先从国家的层面上确定各种污染物最大允许的排放量，然后逐级分配直至最终下达给企业，这就相当于从法律上明确了环境容量资源的稀缺性，使排污权交易的更进一步推广具备了前提条件。最近，嘉兴市和环太湖流域正在试点进行的大气和水污染物排污权有偿使用和交易体系[1]，取得了较为明显的成绩，但也遇到了一些亟待解决的问题。①由于当地工业较为发达，污染物排放量基数较大，在污染物总量控制制度的限制之下，新建企业常因为没有足够的排污指标而不能落户，影响了当地经济和社会的发展；所以需要建立一种合理合法的机制来盘活当地的环境容量资源，使得在不增大污染物排放总量的前提下，企业能够入驻当地。②购买排污权对企业来说是一笔不小的开支，以嘉兴市为例，其对排放各种污染物定价为 SO_2 2 万元/t、重污染行业的 COD 8 万元/t、一般建设项目 COD 6 万元/t，尤其对于污染物排放量较大的行业来说，是一笔较重的负担。③企业改进生产工艺、建设节能减排设施时所需投入较大，而且建设周期长、经济效益不明显，那么就可能会给部分企业带来较为沉重的资金负担，而此种顾虑，会影响企业环保投入的积极性。上述 3 方面都会加大企业开支、影响企业的生产经营和发展，尤其是在近来人民币升值、世界金融危机对我国出口制造业产生较大冲击的大背景下，这种影响对企业来说有可能造成更大的冲击；所以需要为企业的环保投资拓宽融资渠道。

而排污权质押贷款正是这样一种为解决上述问题应运而生的手段。①企业将排污权质押给商业银行，获得一定额度的贷款，可以投入到节能环保中来，这样既对流动资金挤占不明显，而且老企业还可以获得一定的排污“余量”，通过交易市场出售能够获得一定的经济收益，使得环保投资也有利可图；②老企业减排提供的排污“余量”，也能满足新建项目进入当地的排污指标需求，形成了“双赢”；③通过上述制度设计，企业也有了环保投入的动力，不再单单是一项政府主导的投资，也减轻了政府的资金压力。

2 排污权质押贷款的理论基础

对环境容量资源和环境污染产生原因不同的理论认识，就会导致采用不同的治理污染、保护环境的手段。在人类历史的漫长岁月里，环境被想当然地看做是可以自由利用的公共财产[2]，但这种认识导致对生产污染不加限制，而伴随市场经济的逐渐发达，产生了日益严重的环境污染。在人们意识到上述认识的局限之后，逐渐加强了对环境污染产生原因的理论研究，并基于此设计出种种减少污染、促进环保的行政和经济手段（图 1）。而有关环境污染产生的原因，其基础理论主要经历了如下两个阶段：

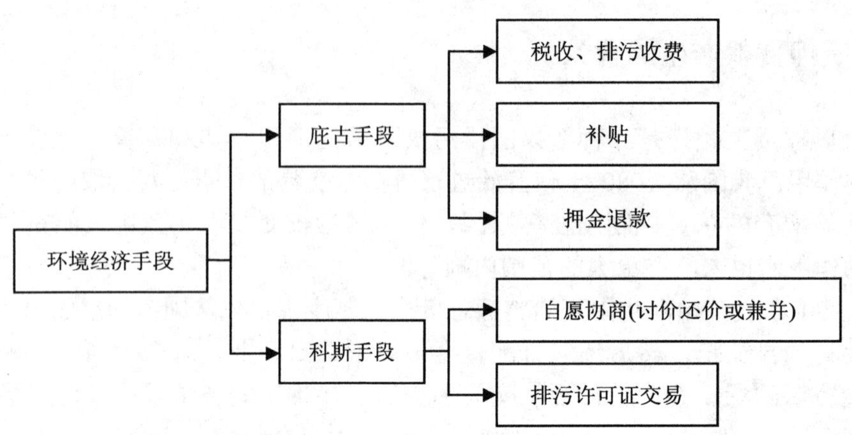

图 1　环境经济手段种类以及各自所基于的理论基础[3]

2.1 以行政手段为主的庇古税

经济学家庇古在 20 世纪初率先把这种生产污染称之为生产的外部不经济，即负外部性，环境污染就是一种典型的负外部性。庇古的理论认为负外部性不能由市场调节自行消除，只有依靠国家或政府采取税收或补贴等（图 1）形式，才能将污染成本内化为企业的生产成本。因而此种形式的税在实践中被称为庇古税。

庇古税自实施以来，虽在促使企业减少污染物排放和鼓励治污技术进步等方面取得了明显的效果，但其在实践中仍存在着一些严重的问题：①在排污收费制度下，企业只要达到政府规定的排污标准，就没有进一步的动力去减少排放量；②由于信息不对称，政府难以事先确定排污标准和相应的最优费率，这将导致政府盲目地而不是科学地收取排污费，与理想的治污状态相距甚远；③如果法制监督不完善，政府收费可增加政府“寻租”的几率。所以，仅凭政府的行政手段难以有效地治理污染，这就需要寻求新的突破。

2.2 以市场自发调节为主的科斯定理

科斯在分析外部不经济性时，对庇古的上述观点提出了异议。科斯认为，环境的财产权或使用权的不明晰是导致政策失灵与市场失灵的根本原因，只要适当地确定环境资源的财产权或使用权，就会消除外部不经济性。

科斯定理为我们指明了一条通过市场自发的调节来解决环境保护问题的新途径。因为，其主张通过产权的明确界定及其在市场上的自发交易，实现将企业生产过程中的外部成本内在化，即在环境资源稀缺的前提下，把排污权认定为一种可以明确规定的、行政依法赋予的且受法律保护的，但又可依法交换的权利，那么，生产的外部不经济性就可通过权利市场的调节而转变为企业生产的内在经济性。

3 排污权质押贷款的法律基础

受科斯定理的启发，美国经济学家戴维斯于 1968 年提出“排污权”交易的概念（图 1）。

1970 年代初蒙哥马利应用数理经济学方法证明了排污权交易体系具有污染控制的效率成本，即实现污染控制目标最低成本的特征。随后这一体系逐渐为政府环境决策机构所采用，而其在国内外的实践，也证明了它能通过较低的投入产生较高的环境效益，所以各种形式的排污权交易在更广泛的区域内得到了推广和应用。

而排污权质押贷款作为一种新近兴起的排污交易形式，其在国内既没有形成系统的理论体系，也没有广泛的实践经验支撑（目前仅有嘉兴进行了试点实施），甚至连基本的概念和理论都尚存较大争议。虽然排污权质押贷款在实践中存在上述困难，但是其作为完善排污权交易的一项重要配套措施，在我国目前的环境压力和具有挑战性的宏观经济形势下，排污权质押贷款作为一项既有利于企业也有利于银行，既有环境效益又有经济效益的政策，有必要对其在我国现有所有制体制和法律体系下开展的合理性和可行性进行分析，从而为其能在更大范围内开展扫清理论和法律障碍。

3.1 现阶段在我国推行排污权质押贷款的障碍

在我国现阶段所有制体制和法律体系框架下，推行主要面向中小企业的排污权质押贷款融资的障碍和需要解决的关键性的理论问题主要集中在以下几个方面：

（1）环境容量是否是资源，如果是，归国家所有还是集体所有。

（2）排污权概念本身的内涵和外延尚待清晰界定。

（3）排污权与环境容量权（环境质量权）的关系如何尚不清晰。

（4）生产者排污权的性质如何，是天赋的还是法定的，是否属于公权力，在我国目前所有制体制下，能否用来进行用于企业融资的质押贷款等。

（5）排污权究竟属于我国现行《民法》中的哪项权利，是否属于财产权，能否进行质押。

（6）排污权质押贷款交易的目的是什么，是追求环境效益还是追求经济效益；以排污权进行质押融资，所获资金的用途是什么，是必须用于节能减排，还是可以用于企业的经营等。

3.2 现阶段在我国推行排污权质押贷款的合理和合法性分析

针对上述在推进排污权抵押贷款的实践中仍未解决的基础理论和与现行法律体系衔接中存在的问题，基于对排污权交易的基本原理、目的和国内外已有的探索和实践的分析，并紧密结合我国现阶段所有制体制、现行法律法规体系，对现阶段在我国推行排污权抵押贷款的合法性和可行性进行了分析。

3.2.1 环境容量资源是一种自然资源，富余的环境容量资源归属一定区域内居民集体所有

联合国环境规划署（UNEP）将自然资源定义为[4]：“所谓自然资源，是指在一定时间、地点的条件下能够产生经济价值的、以提高人类当前和将来福利的自然环境因素和条件的总称。”简言之，资源是指在一定历史条件下能被人类开发利用以提高自己福利水平或生存能力的、具有某种稀缺性的、受社会约束的各种环境要素或事物的总称。资源的根本性质是社会化的效用性和对于人类的相对稀缺性。按资源的根本属性的不同，可以划分为自然资源和社会资源。自然资源是指具有社会有效性和相对稀缺性的自然物质或自

然环境的总称，具有区域性、有限性、整体性和多用途性等特点，一般意义上的自然资源仅指自然物质资源，即土地资源、气候资源、水资源、生物资源、矿产资源、海洋资源等。

依据上述资源的概念和分析，环境容量资源也应被视为一种自然资源。因为在现有的生产力水平下，要生产能够"提高人类当前和将来福利"的产品，"维持人类正常生活和生产活动"就不可避免地要排污，而环境资源（容量）正是为人类的生产生活的排泄物提供了吸纳消解的场所和条件，对人类生产生活来说都是必不可少的，因而其具有社会效用性。并且，由于环境承载力是一定的，其对各种污染物的容纳消解量都不是无穷的，所以环境容量资源的数量又是有限的。所以环境容量资源符合自然资源的定义，可以将环境容量资源看做是一种与土地、水、生物、矿藏等资源类似的自然资源。

一定地域、流域或海域的环境容量资源除了满足该范围内一切生物维持其生命进化正常所需外，还会有一定的盈余，可以满足人类进行的其他生产活动所需环境容量，这就是富余的环境容量资源。从实证的角度来看，这种富余的环境容量资源是属于该范围内的全体居民的公共财产，该区域范围内的全体居民应该享有所有者的权益，因此容量资源宜确定为集体所有的自然资源。

尽管就环境容量资源的自然属性和对人类社会的极端重要性来说，环境容量资源应该是人类的"共享资源"，是全人类的"公共财产"，任何人不能任意对其占有、支配和损害，但是一定区域内的环境容量受其相应的地形、气候、水流、洋流的影响是十分明显的，它对一定区域内的居民（包括牧民、渔民等长住人群）的生产生活的作用更为显著，也更有意义。一方面，一定区域内的居民为环境污染付出了沉重的代价；另一方面，该区域内环境的保护和改善还必须由该区域内的纳税人来承担。所以，暂不讨论环境容量权的归属，而将富余的环境容量资源确定为集体资源是合理的。

将富余环境容量资源确定为集体所有也合乎我国法律精神。将富余的环境容量资源的所有者拟定为一定区域范围内的居民集体所有而不拟定为国家所有，既是基于环境科学的要求，也是转变观念"从产权高度国有化到产权社会化"，实现市场与法治完善结合的必要。并且，从现行法律来看，也存在将环境容量资源界定为集体所有的自然资源的法律空间。我国《宪法》第 9 条规定："矿藏、水流、森林、山岭、草原、荒地、滩涂等自然资源，都属于国家所有即全民所有；由法律规定属于集体所有的森林和山岭、草原、荒地、滩涂除外。"这是以根本法的形式规定了我国自然资源的归属实行国家所有和集体所有两种形式。《民法通则》对此也进行了相关的具体规定。环境容量资源也是一种自然资源，也可以采取国家所有和集体所有两种形式。但在我国，这种资源不宜确定为国家所有，因为这不符合我国复杂的地形地理特点，不符合我国经济发展的梯度开发现状，也不符合我国环境污染千差万别的区域性特点，更不符合不同地域内的居民对生活环境质量的不同要求。它应该是属于一定区域范围内的全体居民的集体财富，是一种集体所有的资源。

3.2.2 排污权是对富余公共环境容量资源的使用收益权，属于用益物权的一种

广义上的排污权，是指对一定区域内全部的环境容量资源使用的权利，既包括普通排污权，即一切生物为维持生命正常所需而利用环境容量资源的"应然"的权利，也包

括狭义的排污权，即法律意义上的赋予特定排污者为获取经济利益而进行的生产活动向环境排放各种废物的对富余环境容量资源的使用权（图 2）。显然普通排污权的排放量有限，不能“充分利用”所有的环境容量资源和承载力，这样就产生了一部分“富余的”的环境容量资源，可以提供给生产者利用。

排污权交易和质押贷款体系中所提到的排污权，仅指法律意义上的狭义的排污权。具体来讲，是指规定或隐含在环境保护法律规范中、实现于环保法律调整所形成的社会关系中的、排污主体（主要指企事业单位）根据环境保护监督管理部门分配的额度，在正常生产活动中利用环境容量资源的吸收容纳能力排放污染物，从而通过生产的顺利进行而间接获得经济利益的一种权利，是对富余的环境容量资源的使用和收益的权利。

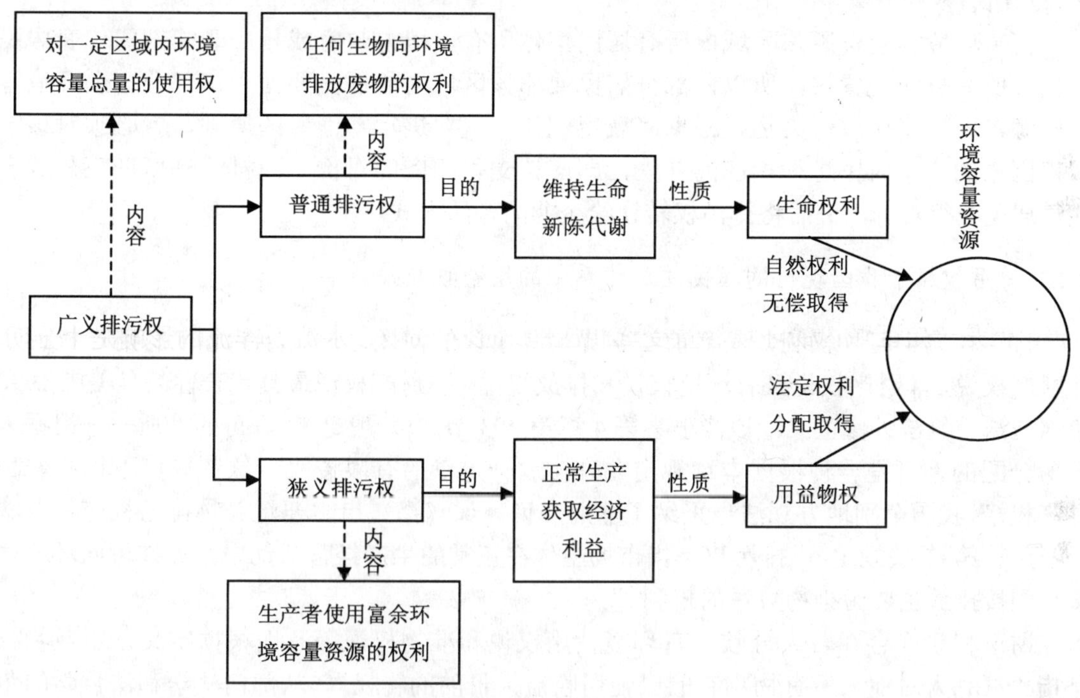

图 2　排污权概念的内涵和外延

狭义排污权最基本的特征是，排污权必须是由法律来调整和规定的。例如，《环境保护法》第 27 条规定：“排放污染物的企业事业单位，必须依照国务院环境保护行政主管部门的规定申报登记。”国家环境保护局颁布的《水污染物排放许可证管理暂行办法》第 6、第 16 条规定：“排污单位必须如实填写申报登记表，经本单位主管部门核实后，报当地环境保护行政主管部门审批。”“排污单位必须严格按照排放许可证的规定排放污染物，禁止无证排放。”这就是以法律、行政规章的方式规定排污单位只有获得许可证才能排污，才享有排污权。

地方政府代表区域内全体人民行使富余环境容量资源的所有权和处置权。环境资源由于不可分割性导致其产权难以界定或界定成本很高，它往往属于公共物品，或者至少具有一定的公共性，属于“公”权力范畴。①根据公共信托理论，为了合理支配和保护共有财产，“国家”受共有人的委托对环境行使管理权。而“国家”的概念具体是指中央和各级地方政府。而富余环境容量资源的使用权归区域（流域）内所有居民集体所有，所以视各级地方政府为此项“公”权力的代理是恰当的。②这也符合我国现阶段的所有制体制安排，我国《宪法》第 9 条第一款规定：“矿藏、水流、森林、山岭、草原、荒地、滩涂等自然资源，都属于国家所有即全民所有；由法律规定属于集体所有的森林和山岭、草原、荒地、滩涂除外。”这是以根本法的形式规定了我国自然资源的归属实行国家所有和集体所有两种形式。《民法通则》对此也进行了相关的具体规定。③这也符合我国现阶段社会经济发展的客观需求，土地、矿藏等资源均属国家所有，但为了更好地整合和利用各种资源促进经济发展，其使用权是可以通过拍卖等形式转让给企业和个人的，而环境容量资源也是一种形式的自然资源，也可以采用类似的产权设置和流转体系，实现使用权与所有权的分离。

富余环境容量资源归区域内所有居民集体所有，地方政府或相应职能部门代表居民行使其所有权和处置权，所以，部分居民或非该区域内的居民要使用该部分富余环境容量资源，向环境排放污染物，根据“获得利益，就要进行补偿”的原则，就必须对该区域范围内的全体居民进行相应的补偿，即应该支付相应的对价，而排污许可证正是政府代替居民获得对价，进而将排污权转让给企业的合法方式。

3.2.3 排污权属于我国现行的《民法》体系中的用益物权

排污权属于何种权利，是目前法学界最具争议的问题之一，概括起来有财产权说和非财产权说，非财产权说又有环境权说和排放权说。非财产权说最具代表性的是美国 1990 年《清洁空气法》修正案。该修正案第 4 章第 403 节（f）规定：“许可的性质——根据本章所分配的许可是一种根据本章规定允许排放一定量的有限授权。这些许可不构成一种财产权。”我国个别地方立法也采纳了非财产说。如《嘉兴市主要污染物排污权交易办法（试行）》第 2 条规定：“排污权是指市场主体在正常的生产经营活动中，经许可向环境直接或间接排放主要污染物数量的权利。”

财产权说亦存在较大分歧，有环境使用权说和准物权说等。而根据定义，用益物权是指“权利人对他人所有物享有的以使用收益为目的的物权”。从部门法学和法哲学的角度来看，用益物权制度实质上是标的物所有权人对物的使用权利的让渡，即标的物所有权人在法律规定的情形下或者是在与用益物权人达成合意、取得对价的情形下，将其占有、使用、收益权能移转于用益物权人。而排污权是对富余公共环境容量资源的使用收益权，所以在法理上，可将排污权视为用益物权的一种。

但是将排污权视为用益物权，仍存在一个障碍，即物权法定原则。这个原则要求：①物权的种类不能创设，即不得创设法律未规定的新种类的物权；②物权的内容不得创设，即不得创设与法律规定的内容不同的物权。在我国虽然没有明文规定物权法定原则，但学者们均对物权法定原则持肯定态度。在我国只能由物权法和全国人民代表大会及其常务委员会颁布的法律来规定物权的种类及内容，而现行《物权法》和其他法律法规，并没有将排污权明文归为哪项权利（图 3）。所以如需确立排污权的用益物权地位，需在《物权法》中加入相应规定。

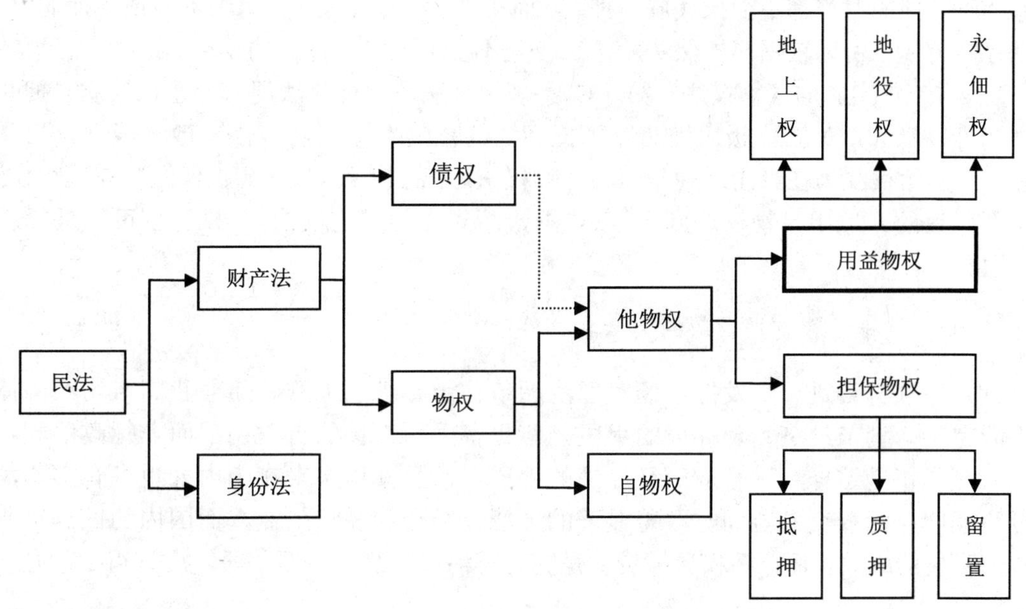

图 3　民法体系中物权的设置体系

3.2.4 以排污权为标的物进行质押贷款，不存在法律障碍

（1）我国有法律明文规定排污权交易的合法地位。为保证排污权交易能够顺利进行，需要形成一个完整的法律法规体系，具体包括确定环境容量资源总量、总额配额分配和排污权交易等的法律依据，而目前现有的部分法律法规可以为其提供部分法律依据。

总量控制作为我国的一项环境政策已于 1996 年 9 月在国务院的《"九五"期间全国主要污染物排放总量控制计划》中被正式提出。例如《淮河流域水污染防治暂行条例》中第 9～14 条、1996 年修订的《水污染防治法》和 2000 年修订的《大气污染防治法》，分别为水环境污染物总量控制和大气污染物总量控制提供了法律依据，相当于从法律层面间接规定了环境容量资源的有限性和稀缺性，为排污权交易打下坚实基础。

现有的总量配额分配的法律基础是排污许可证制度。我国从 1990 年初就开始试点污染物排放许可证制度。1992 年开始全方位实施排污许可证制度。2000 年修订的《大气污染防治法》第 15 条又对污染物总量配额制度做出了详细规定。

按照环境经济手段分类，排污权交易是一种经济政策。我国对利用经济政策控制环境污染有相应规定。2000 年修订的《大气污染防治法》对利用经济政策来控制大气污染有新的规定。该法第 8 条规定：国家采取有利于大气污染防治以及相关的综合利用活动的经济、技术政策和措施。这可以包含鼓励可以尝试排污权交易政策。

排污权质押贷款是排污权交易一种重要的形式，对排污权交易的允许和鼓励，也就是对排污权质押贷款的允许和鼓励。

（2）排污权可以作为标的物进行质押贷款。在我国，涉及质押标的物规定的法律主要有《担保法》和《物权法》。1995 年的《担保法》规定：依法可以抵（质）押的其他财产才可抵押。这就意味着那些法律、行政法规既没有规定不得抵（质）押，又没规定可以抵（质）押的财产都不能抵（质）押[5]。而第 34 条列出的可以用于抵（质）押的财产，并没有排污权，所以依据《担保法》排污权是不能够充当质押标的物的。

而 2007 年实施的《物权法》第 179 条规定：法律、行政法规未禁止抵（质）押的其他财产可以抵（质）押，极大地拓宽了抵押物的范围[6, 7]。《物权法》改一般禁止为一般允许，而排污权并为在禁止之列，而且《物权法》第 178 条规定：《担保法》与《物权法》规定不一致的，适用《物权法》，所以依据最新颁布的《物权法》，排污权可以进行质押贷款融资。

3.2.5 其他支持排污权质押贷款的因素和条件

（1）一项符合进一步发挥市场对经济调节作用要求的工具。随着我国市场经济体制的不断完善，调节经济治理环境的手段，应更多采用市场的自发调节而非行政手段，而排污权交易正是这样一种合适而又经济的手段，而且其近年来在国内外也多有实践，国际经验证明排污权交易能同时取得显著的环境、社会和经济效益，而国内的试点也取得了较为明显的成效。而排污权质押贷款是完善排污权交易的重要手段，应该得到鼓励和发展。

排污权交易体系于 1970 年代首先被美国环境保护局（EPA）用于大气污染源及河流污染管理，而后德国、澳大利亚、英国等国相继进行了排污权交易的实践[8]。

我国于 1987 年在 18 个城市进行了水污染物排放许可证的试点，1991 年又进行了大气污染排放许可证的试点，2000 年以来又在部分两控区省市也开展了排污权交易试点[9]，均取得了一定的成效。浙江省嘉兴市和江苏省分别于 2007 年 11 月和 2008 年 1 月推出了大气和水污染物排污权有偿使用和交易体系，而嘉兴市随之配套出台了排污权质押贷款融资，以期解决企业在购买排污权后可能产生的资金紧张问题，拓宽企业融资渠道。

（2）能够应对目前我国面临的环境和经济领域的双冲压力。在人民币升值、国际金融危机肆虐的大背景下，排污权质押贷款能为企业筹集环保资金，帮助企业节能减排同时并不给企业增添过多额外的资金压力，影响企业的正常经营，这点在当今我国面临的环境和经济领域的双重压力之下，不失为一个两全其美的好办法。

（3）金融创新的需要。商业银行推行排污权质押贷款，丰富了其金融产品，拓宽了其利润来源，分散了银行风险，也是对金融如何为环保更好服务的一种有益探索。

（4）我国现阶段所有制体制允许。其他类似领域的一些实践，如林权、土地使用权和知识产权等的抵押贷款，均为探索排污权抵押贷款的形式和流程提供了有益探索和指导[10]。

（5）政府、企业和群众都支持。①试点地区比如嘉兴、宁波等地当地政府大力支持，并不过分着眼于推出排污权交易机制对当地招商引资环境和 GDP 的短期影响，而着眼于环境、社会和经济未来的可持续发展，颁布了一些法规和办法，取得了明显成效；②在现有的环境政策体系和国民的环境意识水平下，这项政策得到了群众和企业广泛的认可和支持，企业并不仅着眼于当期支出的加大，为了承担更多的社会责任，更积极投资于环境保护；③排污权质押贷款，拓宽了企业资金来源，减轻了企业环保投资的压力。

（6）各行业、企业的实际排污情况允许。目前污染治理平均成本在行业、地区、所有制成分和规模间存在的显著差异性，为实施排污产权交易制度提供了现实可能。

总之，通过上述分析，认为环境容量是一种自然资源，富余的环境容量归当地居民集体所有，排污权是对富余的环境容量的使用收益权，排污权属于我国现行《民法》中的用益物权，可以进行质押融资，即在我国目前的法律体系和所有制体制下，推行排污权质押贷款是可行的、合理的，同时并不违反法律规定。

4 排污权质押贷款的实践

尽管排污权质押贷款的推广和实施有了上述的有利因素和支持条件，但其作为一种新兴的排污权交易形式，在理论上、法律上和实践上均未受到应有重视，目前也仅有嘉兴一地开展了相关实践，而也仅局限于完成了对 5 家企业的初始授信，尚未有企业真正进入质押贷款程序获得融资。而当地现行的某些排污权交易及质押的管理办法规定，比如一次性购置排污权有效期为 20 年，排污权质押贷款的授信额度为交易价格的 70%，贷款利率为基准贷款利率上浮 10%等是否合理，在实践中是否会出现问题，仍有待观察和研究。

5 结论及建议

通过以上分析，可以看出排污权质押贷款有理论依据，也符合我国目前的法律体系和所有制体制要求，同时其也能帮助解决实践中遇到的一些问题，尤其在最近的环保和经济形势下，其能够应对环保与经济双重压力的作用确实值得决策者认真思考。

（1）排污权质押贷款的理论基础起源于得到广泛承认的科斯定理，是一种采用市场手段调节环保领域和经济领域的手段，是完善排污权交易体系的一项重要措施。

（2）推行排污权质押贷款的推行，在我国目前的法律体系和所有制体制下是可行的、合理的，同时也并不违反现行具体的法律法规要求。

（3）虽然排污权质押贷款在实践中仍不够成熟，但其在我国目前污染加重、治污压力较大且所需投资巨大的形势下，尤其是在当前我国经济遭受国际金融危机冲击、未来不确定性加大的严峻宏观形势下，排污权质押贷款作为一项政策，既能完善排污交易市场、促进企业减排治污同时又不给其增加过大的资金负担，又能推动金融创新，为银行业带来新的利润增长点，而且，它在现阶段也是解决中小企业融资难的一项重要手段（嘉兴现行的排污权质押办法规定，质押所得贷款可有两种用途，一种是支付企业治污相关费用和投资，另一种就是作为企业的流动资金），并且其在嘉兴的实施，得到了绝大部分企业的认同和好评，所以其有可能、有必要未来在更大的范围内进行推广。

排污权质押贷款，作为在实践中能够缓解当前和未来一段时间内，我国面临的资源环境和经济双重压力的一种重要工具，应该得到多方支持和鼓励。

（1）政府应该加强立法、引导和监督。①加强立法，规范排污权质押贷款相关活动，比如修改《物权法》中相关条款，明确排污权的用益物权地位，并明文规定其可充作质押标的物。②加强引导，通过给予更多的政策支持和税费优惠，刺激和鼓励排污权交易和质押贷款，鼓励节能环保的社会化融资。如嘉兴市排污权储备交易中心，注册为企业，其在排污权交易和质押过程中，可能涉及营业税和增值税等项税收，如果不予以部分税收优惠，有可能加重交替机制运转的费用，影响企业减排投入的积极性。③加强监督，建立污染物排放实时监控体系，核实企业实际的污染物排放量，使得排污权交易和质押贷款机制能够发挥实际效用。

（2）银行等中介结构也应积极介入。排污权质押贷款，不仅能够拓宽银行利润来源，分散银行贷款风险，同时也是金融支持环保的一项重要探索，为二者今后更加紧密的结合打下了坚实的基础。所以，银行应该加强与环保部门的沟通，核实企业“环保信用”，完善产品设计。加强研究，设计出更好的环保金融产品，保障实现国家节能减排的战略目标。

（3）企业应更积极参与。企业是经济的细胞，是节能减排的主体，企业应该借助政府和银行的帮助和扶持，积极投资节能减排，履行自身社会责任，使得市场的自发调节能够更好地起作用，为我国节能减排工作作出新的贡献。

参考文献

[1] 吴世彬. 热流中的冷思考：江苏太湖流域开展水污染物排污权交易的法律障碍及对策. 社会科学家，2008（6）.

[2] 潘云华. 排污权交易的伦理理性与经济逻辑. 理论导刊，2008.6.

[3] 辛勤. 污染物排放权交易体系理论模型与实用设计. 西南交通大学研究生学位论文，2004.

[4] 胡春东. 排污权交易的基本理论问题研究. 湖南师范大学学位论文，2004.4.

[5] 佘国满. 抵押权标的范围与立法研究. 湖南社会科学，2006（4）.

[6] 刘贵祥.《物权法》关于担保物权的创新及审判实务面临的问题（上）. 法律适用，2007（8）.

[7] 苏皓.《物权法》与金融业抵押、质押权法律风险浅析. 华北金融，2008（1）.

[8] 付蓉. 电力工业实施 SO_2 排污权交易的必要性和障碍分析. 电力技术经济，2008.6.

[9] 吴艳辉，刘志锋，王恩宁. 论排污权交易的政府行为对策. 中国环保产业，2008.3.

[10] 邓莉，梅洪常. 对用产权制度变革来解决污染权配置问题的探讨. 工业技术经济，2006（3）：25.

排污交易引发的环境风险问题浅析*

宛文博 毕 军

摘 要：排污交易是一种有效的环境经济手段，其目的是实现环境资源的优化配置。然而在实行过程中，就环境风险方面存在一些问题。本文通过分析排污权交易和环境风险的相关内容，提出排污交易引发的环境风险问题，主要包括：不确定性环境风险、环境风险累积和环境风险责任转移。进而提出相应的管理对策，规避和削减交易中的环境风险。

关键词：排污交易 不确定性 风险责任转移 管理

Preliminary Analysis of Environmental Risk Triggered by Emission Trading

Abstract: Emission trading is an effective environmental economic means, with the aim to achieve optimal distribution of environmental resources. In practice, however, there are some difficulties on environmental risks. Through this paper, by analyzing the relate content between emission trading and environmental risk, the authors put forward environmental risk problems triggered by emission trading, mainly include: uncertainties of environmental risk, accumulation of environmental risk and transfer of responsibility for environmental risk. And then the authors put forward the corresponding management measures to avoid and reduce the environmental risk of trading.

Key words: Emission trading Uncertainty Transfer of risk responsibility Management

1 引言

排污交易思想首先是由美国经济学家戴尔斯于 1960 年代提出，随后逐渐在世界范围内发展起来。排污权交易是在满足环境要求的条件下，建立合法的污染物排放权，并允许这种权利像商品一样被买卖，以此来进行污染物的排放控制[1]，是利用市场机制，将企业单纯的治理污染行为转变为企业自身经济活动的一项环境管理政策[2]。排污交易的目标是实现环境资源的优化配置。目前，排污权交易在美国、欧洲等西方国家已成为管理环境的一种环境经济手段，并且有很多坚定的支持者。然而也存在一些质疑的声音。Barry D

* 基金项目：“十一五”科技支撑计划（2006BAC02A15）；省自然科学基金（BK2006132）；国家社科基金重大项目（06&ZD025）。

作者简介：宛文博（1986—），女，黑龙江省鹤岗市人，硕士研究生，主要从事环境风险管理研究，E-mail：wanwenbo.2007@163.com。

本文作者联系方式：污染控制与资源化研究国家重点实验室，南京大学环境学院，南京：210093。

Solomon 和 Russell Lee 对排污交易的公平性提出质疑，并且认为应该适当选择污染物排放交易；John K Stranlund、Carlos A Chavez 和 Barry C Field 认为要加强在排污交易中的环境监测；Richard Schmalansee、Paul L Joskow 等提出有毒污染物质不能进行排污权交易，认为有毒污染物实行交易容易导致局部毒性富集[3]。我国于 1990 年代初开始在局部地区实行排污许可证的试点工作，起步较晚。在实行过程中，也存在一些问题。王少华等认为由于现行的法规政策不配套，只有建立一套将排污交易纳入法律轨道的原则和技术方法才能推行排污交易[4]；贺永顺等学者认为排污交易在理论上存在缺陷，可能会纵容企业进行环境污染[2]。从这些研究中可以看出，排污交易制度的实施可能引发某些环境或社会问题，从而对人类健康、自然生态产生影响。因此，本文研究探讨排污权交易引发的环境风险问题，进而对排污交易实施提出解决措施。

2 环境风险的内涵

环境风险是指由自然原因或人类活动引起的，通过降低环境质量，从而能对人类健康、自然生态产生损害的事件[5]。环境风险可以分为自然环境风险和人为环境风险，随着人类社会经济活动的不断增多，社会群体对环境产生的影响日益加剧，因此目前的环境风险一般指人为环境风险。

环境风险由风险源、风险控制机制和风险受体 3 个要素组成。风险源的存在是环境风险事件发生的先决条件[5]；控制机制的效果与人员活动和环境条件有关；风险受体即风险承受者，包括区域内的人、物和环境敏感要素等。由这 3 个要素组成的环境风险具有复杂性，各个要素在物质、能量和信息方面相互作用、相互联系，形成各要素关联的关系；环境风险具有不确定性，人们不能确定其发生的准确时间、地点、危害大小，也不能确定人员行为的正确性、管理合理，更不能确定风险因子的时空变化和受体的复杂性，具有极大的随机性；环境风险具有动态性，各组成要素都随时间、空间的变化而不断发生变化。

3 排污交易引发的环境风险问题

如图 1 所示，排污交易在操作过程中会带来不确定性、污染排放集中和责任归属问题，可能引发不确定性环境风险、环境风险累积和环境风险责任转移等环境风险发生。

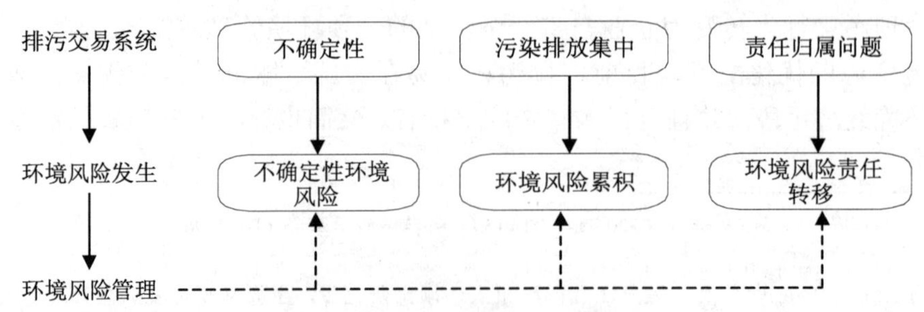

图 1　排污交易引发的环境风险

3.1 不确定性环境风险

排污交易的目的是要减缓环境保护与经济发展之间的对立关系，以求达到环境与经济的“双赢”，但其在实际操作过程中有很多困难。主要原因之一是存在不确定性因素。不确定性是由于人们对某种事物认知的局限、信息的欠缺、技术的困难和客观环境的变化等原因引起的。不确定性会使排污交易在设计、实施和管理过程中产生一定的不可预知性。Ben-David 等人认为不确定性会降低企业实行排污交易的期望值[6]。

不确定性是环境风险的特性之一。按照对不确定性的理解，我们将环境风险分为客观不确定性环境风险和主观不确定性环境风险。

客观不确定性环境风险指由自身变化存在或外部环境发生客观变化产生的不确定性引发的风险问题。环境风险是人类活动对环境造成危害的一种可能性，因此人们难以准确预测风险事件发生的时间、地点和大小。风险源的变化直接导致整个环境风险系统内部的改变。在排污交易过程中，交易双方较之前已发生变化，包括环境风险因子和风险受体均发生变化。这种变化是必然存在的，但其存在方式确是不确定的。风险因子在传播介质中的转移、分布以及与受体的接触方式不同同样造成风险的不确定性。再如国家发布某一政策或某项创新技术可能直接影响污染处置的费用变化，从而导致排污交易价格的相应变化。相应地会引起排污交易买卖双方发生变化，从而导致环境风险源的变化等。

主观不确定性环境风险指排污交易的施行者和管理者不能准确认知客观状态，或者确定某部分的定量关系，在主观认知上产生不确定性而带来的风险问题。如进行排污交易后买卖双方污染物排放量对环境系统带来的影响如何确定。有时可能是量的变化，如企业购买排污权后其享有向环境排放污染物的权力，可以在区域环境总量控制下排放更多的污染物质。而有时会是质的变化，如排放的污染物质经扩散后进入其他相邻区域而造成相关区域环境质量发生变化的风险等。另外，主观不确定性还包括会存在于在制定排污交易详细规定、对整个系统进行管理、控制和人为的主观操作中。

3.2 环境风险累积

21 世纪以来，长期累积的环境风险开始以频频发生的突发环境污染事件的形式出现在我们面前。环境污染事件在时间上的潜伏性和长期性、在空间上的跨区域扩散性，以及在后果上的不可逆转性决定了它对社会、经济和环境带来致命的创伤。在环境风险分析中，剂量-响应方法是最常用的工具之一，在达到一定危险剂量之前，并不能表现出其对环境的伤害，但随着时间的推移，当污染物质的量达到一定危害阈值时，即表现出风险发生以及生命财产遭受损害的直接效应。

以工业园排污交易为例，若污染治理成本较高的企业均集中于同一工业园内，那么在总体上其达到排污标准的能力较弱。而另一较发达区域内企业的污染处置技术水平和经济效益状况较前一个工业园发达，则由于其技术资金的许可，其排污权销售的价格要比前一个工业园区内的企业出售的排污权价格要低。假设整个区域内只有这两个工业园，那么治理成本较高的企业都会从治理成本较低的区域内购买排污配额来达到自身的排污要求。也就是说在同一区域内该污染物排放集中，其总量不断积累的过程，就是区域内环境风险累积的过程。当量达到一定的风险阈值时，就会引发环境风险的发生，即排污权交易的“热点”问题。虽然排污交易并没有增加向自然排污的总量，但具体到某一区域，排污主体变化就可能使原本没有排污权的企业获得排污权或已有排污权的企业增加排污量，只有污染的增加，没有污染减少来补偿[7]，造成区域环境的继续恶化和循环。国家污染物排放标准或地方污染物排放标准一旦制定下来，其在一定时间内具有稳定性，但由于环境具有滞后性，环境是不断变化着的，所以即使是正当的排污行为也存在威胁到周围环境的可能性。

虽然目前在排污交易设计和管理过程中已经考虑到对“热点”问题的规避，但是如何识别“热点”问题，如何判断其带来的危害大小、范围等却有一定的困难。主要原因可以从复杂性和动态性两方面来说明。首先，整个区域是一个复杂系统，而其中又有各个子系统相互作用。要考虑系统内部的作用关系，判断由于一个子系统的污染物排放必然造成整个区域的污染集中是非常困难的。其次，排放的污染物是动态的，在介质中扩散，不是静止不动的。若假设其会造成污染集中，如何确定污染物集中的影响范围和大小，污染物扩散的时间序列和空间转移，如何监测污染物集中的变化过程还有待解决。

3.3 环境风险责任转移

环境风险与人有着密切的关系，人既是环境风险活动的引发者也是环境风险活动的承担者，是风险活动的引发者、执行者和管理者。同时人是环境风险责任的主体，其必须承担任何可能的环境风险。由于环境风险是一种外部不经济性现象，任何风险责任者都必须以某种方式对自己造成的外部不经济性给予等价的补偿。社会群体在经济社会条件下，以经济利益为首要利益。因此，风险责任者必然要以最小的代价补偿自己带来的外部不经济性[5]。通过环境风险责任转移，原来初始的环境风险暂时消失，新的环境风险责任出现在环境风险转移的新的执行者身上。但是就整个社会而言，环境风险并没有消失，其仍然存在。

在排污交易过程中，买方通过向卖方支付金钱获得排污权，卖方支出排污权利而得到利益，从而建立起买卖关系。就风险责任而言，在交易前，买方是污染风险责任者。由于企业本身的技术、效益等问题，企业自身进行全面污染处置存在困难，企业迫切希望获得排污指标。而对于污染处置技术先进有剩余污染处置能力的企业来说，其将剩余的排污权利卖出也可获取一定收益，因此买卖双方出现。交易一旦达成，买方获得了向环境排污的权利和“环境风险豁免权”。卖方在获得利益的同时成为污染风险责任者。这样买卖双方在完成污染风险责任的输出与输入的同时均有益处。

但是由于环境风险责任转移只能引起环境风险的暂时性消失，对排污交易和区域环境来说存在一系列的问题。

（1）排污交易可能引发法律和道德问题。排污交易是两个企业或两个以上的企业进行排污权买卖，其涉及两个以上的社会群体。在风险责任输出之前，可能存在一家或几家卖方由于治理技术先进而囤积排污权，对排污交易持观望态度，希望抬高排污交易价格或者垄断地区的排污交易市场，阻碍交易正常顺利进行的现象。在交易实行之后，由于污染风险责任输出方获得了向环境排污的许可权，交出了污染风险责任，由排污交易卖方执行污染风险责任，对于不同交易物品，可能产生不同后果。若排污交易的物品是 SO_2 或 COD 之类的废气或废水，其实物不能进行风险转移，只能进行责任转移，将污染风险责任转移到排污交易卖方，那么有可能发生风险责任输出方在获得了排污权之后，隐瞒各个利益相关部门向环境排放过多的污染物质的情况。若排污交易的是有毒有害废弃物等可移动的物品，在责任转移的同时，污染物也将转移入排污交易卖方进行处理，那么可能出现风险责任输出方和不道德的环境管理人员向环境责任输入方和公众隐瞒风险事实，或者环境管理者模糊风险管理对象的现象。

（2）风险责任归属问题，即风险何时转移，排污交易买卖双方在订立合同后和交易执行前的责任归属问题。风险责任应该是自合同订立时起，风险即转移入卖方承担还是自交付时起由卖方承担，相关政府应作明确规定。若相关的风险管理者不能对交易过程中存在的风险责任问题进行全面了解，将影响环境风险的防范和管理，影响交易的施行，也将引发法律纠纷。

（3）排污交易过程引起环境风险因子、控制机制和风险受体的时空变化。对于不能进行实物转移的交易而言，在排污交易过程中，环境风险因子由于买方向环境排污的增加而发生相应的变化，诱发环境风险的发生，若与之对应的风险控制机制和受体不随之进行相应的调整，一旦风险因子被诱发，控制机制达不到风险控制的要求和效果，风险就会爆发，造成受体的暴露和损害。对于有毒有害废弃物的排污交易，在排污交易实施过程中，交易物质由排污交易买方向卖方转移，其环境风险因子、控制机制和风险受体均发生变化，带来完全不同的环境风险。另外由于增加了排污交易物质的转运，在转运过程中同样存在着环境风险。

（4）排污交易过程中存在公平问题。对于区域新建企业或扩建企业排污权如何获取，排污权如何转移，从而达到各排污企业排污权公平分配和区域环境风险的最小化是目前排污交易制度急需解决的问题。同时，对于我国的某些实行排污交易的地区，企业的排污配额是由政府制定之后分配给相关企业，各个企业配额量如何准确确定存在一定的公平问题。排污权交易和风险责任转移过程中，相关区域群体对区域社会和环境变化的知情权存在不公平情况。随着社会的发展，人们对于工作和生活的环境的要求也在不断增加。就目前而言很多企业对周边风险承受者隐藏生产和排污情况，造成周边风险承受者的不知情和不公平。对于某些污染物不转移情况，排污交易卖方不论买方是否能够得到减污排放均能得到益处[8]，买卖双方存在一定的不公平性。

4 排污交易风险管理对策

根据以上分析可得，排污交易制度的实施可能引发一系列的环境风险事件的发生。因此必须对排污交易实行环境风险管理，尽可能削减可能产生的风险危害。

4.1 建立排污交易环境风险管理系统

为解决实行排污权交易带来的环境风险问题，建议建立企业和区域的排污交易环境风险管理系统。建立交易企业和区域的属性数据库和动态数据库，了解排污交易详细情况，从而明确在排污交易过程中存在的环境风险问题。通过优先管理政策筛选优先管理的排污交易环节，识别交易过程中和实施之后的环境风险源和控制节点，在风险未发生之前调整企业和区域的相关行为，减少风险事故出现的频率。在分析识别基本风险情况之上，建立区域风险预警应急体系，及时监测环境质量，指导日常管理行为，为管理者、敏感受体提供警戒、警报、警度和应急措施等信息、对策。

4.2 有效分配交易配额，适当限制交易范围

在分配交易配额时，应系统地、全面地考虑，应对风险累积的情况有一定的预见能力。建立完善的交易配额监控情况，了解各个参与对象的排污权流动情况，及时变换环境风险管理方案应对不同的排污交易情况。同时，对交易范围加以限制，不是任何物质都适合执行排污交易制度，以防止环境风险累积问题的产生。

4.3 完善排污交易法规，确定风险责任问题

为保证排污交易的有效进行，政府应出台相关的法律法规，将各种排污交易的要求明确写入法律条款中，及时进行修订完善，降低排污交易中的环境风险，力图达到环境风险最小化。例如在排污交易过程中，要执行危害知情的原则，使交易双方了解到交易商品的详细情况。交易双方周边的敏感受体也应享有危害知情权，同时应被告知应有怎样的防范措施，确保环境风险责任转移的公平性。对交易各个责任企业施行排污监测，确保其在规定范围内实施排污或治污。还应明确交易双方在风险发生时的相关责任问题，明确风险管理对象，从而有效地削减总体环境风险。

5 结束语

排污权交易是一种环境经济手段，通过买卖双方进行交易，达到经济与环境的协调。目前排污权交易在中国还处于探索阶段，尚有许多问题亟待解决。就环境风险而言，在其实行过程中由于存在个体的不同和某些因素的不确定性可能形成不确定性风险；由于排污交易实行中的排污权买卖，可能导致企业的污染集中排放，从而造成区域污染的富集，形成环境风险累积；由于交易中的责任关系也会带来一系列的环境风险问题。这些问题需要政府、企业克服排污交易市场中存在的缺陷，建立排污交易环境风险管理体系，完善排污交易法规，有效分配交易配额，明确风险责任问题，以达到排污交易的环境资源优化配置和环境风险最小化的目的。

参考文献

[1] 王丽，韩成伟.略论排污权交易[J].科学教育家，2008，4：160.

[2] 贺永顺.关于排污权交易的若干探讨[J].上海环境科学，1999，18（7）：302-303.

[3] 吴凤.燃煤电厂二氧化硫排污权交易制度的研究[D].保定：华北电力大学电力系统及其自动化，2006：2-4.

[4] 王少华. 排污交易政策探讨[J].四川环境，1998，17（1）：74-76.

[5] 毕军，杨洁，李其亮.环境风险分析和管理[M].北京：中国环境科学出版社，2006：79-83，108-115.

[6] Ben-David，S.& D.Brookshire & S.Burness etc. Attitudes toward risk and compliance in emission permit markets[J]. Land Economics，2000，76（4）：590-600.

[7] 逯元堂. 浅析排污交易中的“热点”问题[J].环境保护，2004（1）：51-53.

[8] Tonn，B. An equity first，risk-based framework for managing global climate change[J]. Global Environmental Change，2003（13）：295-306.

排污权交易的若干法律问题探析

肖　鹏　郝海青

摘　要：本文分析了排污权的性质，并论证了排污权交易是环境容量使用权交易的环境保护经济手段，以追求成本效益最大化为原则，兼顾公平和效益，是运用私法手段解决公法问题的典范。我国当前推行排污权交易还面临若干法律问题，必须有相应的完善措施。
关键词：排污权交易　排污权　环境经济手段

The Legal Problem of the Exchange of the Emissions Drading

Abstract: The paper analyzes the characters of emissions drading. Exchange of the pollution draining rights is essentially an exchange of environmental capacity protection economic means. Exchange of the emissions drading, which is based on pursuing the cost-effective to maximize and balance equity with benefit, is a model of using the private law means to solve the public law problems. The paper discusses some legal problems of exchange of the pollution draining rights and puts forward some suggestions on the construction of the legal system of the exchange of the emissions drading in China.
Key words: Emissions trading　Emission rights　Enoironmental economic instrumeuts

在市场经济体制下，市场是资源配置的基本形式，环境从本质上讲也是一种资源，市场经济所遵循的规律和原则同样适用于环境保护。因此，强化经济手段，使环境保护适应市场经济体制是当前环保工作的重要任务。排污权交易作为一种新的环境污染控制手段，日益引起社会的重视。2005 年 12 月，国务院颁布了《关于落实科学发展观，加强环境保护的决定》，其中第 24 条首次将排污权交易写入国务院的正式文件，这不仅是我国用经济手段控制污染气体排放的一个重要举措，也表明了排污权交易在我国环境保护中的重要位置。

1 排污权交易的含义及理论基础

排污权交易的基本含义就是把环境资源转化为商品，在满足环境要求的条件下，建立合法的污染物排放权利即排污权，并允许这种权利像商品一样被买入和卖出，以此来进行污染物的排放控制[1]。

本文作者联系方式：中国海洋大学法学院，青岛市：266100。

排污权交易的思想来源于“科斯定理”，1960 年 R·H·科斯发表《社会成本问题》一文，运用交易成本理论分析了法律制度对资源配置的影响，提出了著名的科斯定理：若交易成本为零，无论法律对权利如何界定，只要交易自由，资源都可以通过市场机制得到有效配置，换言之，当交易无成本时，法律权利的任何分配都能产生有效率的结果。但在现实世界中，交易成本总是大于零，由此又推出科斯第二定理：即在交易成本为正的情况下，不同的法律权利界定会带来不同效率的资源配置。因此，能使交易成本最小化的法律是最适当的法律。

产权经济学家认为，在本质上，经济学是对稀缺资源产权的研究，一个社会的稀缺资源的配置就是对资源所有权、使用权的安排，产权制度影响资源配置及其利用效率。环境资源的公共物品属性导致所有者与管理者权责不明，如果依据科斯定理，依法保障环境资源的产权及其流转，发挥私法在环境资源保护领域的重要作用，那么环境资源的所有权人和使用权人就会根据自身利益最大化原则和盈利原则自主选择购买排污权，或者放弃购买而强化治理污染力度，这种制度可以充分尊重市场主体的权利和自由。

在科斯定理的基础上，著名经济学家戴尔斯提出了排污权交易理论，这种理论的基本思想是把排放废物的权利像股票一样卖给最高的投标者[2]。环境是一种商品，政府是这种商品的所有者，政府可以在环境容量允许的范围内，在市场上公开标价出售一定数量的“污染权”，每一份污染权允许其购买者排放一定单位的废物。政府不仅应允许污染者购买这种权利，而且，如果受害者或者潜在的受害者遭受了或预期将要遭受高于价格的损害，为了防止污染，政府也应允许他们对污染权进行竞争。在竞争中，一些能用最少费用来处理自己污染问题的公司则都愿意自行解决，使外部性内部化。然而污染权将不会被完全使用，因为一些环境保护社团可能购买一些污染权利来保证其符合政府规定的标准。政府则可以用出售污染权得到的收益来改善环境质量。政府有效地运用对环境的产权，使市场机制在环境资源的配置和外部性的内部化问题上发挥最佳作用。

2 排污权的性质

从法学的视角来看，排污权的性质是什么？对于这一问题，学界存在分歧。吕忠梅论证了环境容量可以作为民事法律关系的客体，指出：“国家确定了总的环境容量后，就可以在通过合同等形式将其转让给私人，实现在国家控制之下的私人的环境使用权；私人对其依法取得的环境容量也可在国家监督下进行转让，实现环境容量交易。”[3]蒋亚娟认为，排污权属于环境资源使用权，即人们对环境容量的使用权，该权利包括利用权、收益权和请求保护权等[4]。

排污权的确定，主要表现为排污许可证的颁发，是基于政府的环境管理职能而设立的一种行政许可，但是企业所享有的排污权从法律属性上讲是一种私权，对这种权利的处分仍可以遵从民法上的意思自治原则。在各国实践的“排污权交易”制度，是生态与经济利益结合的典范，此权利给予当事人一定的处分权，可以在一定的限度下实现意思自治。但我国 2007 年出台的《物权法》并没有对自然资源的生态价值做出明确的认定。《物权法》仅在第 46～49 条对矿产、水流、海域、野生动植物的权属作出规定，而且只认识到了它们的经济价值，这是我国立法上的一个遗憾。就具体的法律属性而言，排污权具有以下特性：

2.1 排污权首先是物权

传统民法中物的概念是指独立于人身之外的，能为人感知、控制并带来经济利益的客体。物权法上的物并非仅指物理学上的物。环境资源是一个广阔的概念，无论是范围还是功能都不完全为人所控制，但对于环境资源的局部范围和部分功能，人类还是可以控制的。一方面，环境物权是对传统概念的挑战，无体性是其独特的特点，环境资源的生态功能表现为环境容量，这一点是排污权存在的前提，这也使得生态利益可以通过一定的技术手段价值化，从而形成民法上的物权。另一方面，它以有形的环境资源作为载体，如果离开环境资源的实物形态，环境物权就无法独立存在。由此可见排污权是一种物权。

2.2 排污权具有财产权的属性

“从法律的观点来看，财产是一组权力。这些权力描述一个人对其所有的资源可以做些什么，不可以做什么：他可能占有、使用、改变、馈赠、转让或阻止他人侵犯其财产的范围。……因此，我们也可以把财产定义成法律制度，它把一组关于资源的权力分配给人们，也就把在资源上的自由给了人们。”[5]权利本身包含了 3 个层次的内容：应有权利、法律权利、实有权利。法律权利是对应有权利进行选择之后将其确认为“法定权利”，以国家的强制力保障其实现。法律权利的确认最终是由一定的物质生活条件所决定的。它的具体内容和范围随着历史发展、社会进步而不断扩展、变化，正如人们对环境权的认识过程一样。

企业的生产经营活动不可避免地需要使用一定的环境容量，最经常的表现就是排污，因此排污权是企业的应有权利之一。法律权利的确认需要利益的衡量。环境容量的有限性决定了围绕这一客体所产生的各种权利必然存在冲突。这既表现为企业整体利益与社会公众对生活环境的需求之间的冲突，也表现为各个企业在分配环境容量利益时的冲突。这些冲突需要法律的确认以便于定纷止争。而排污权一旦设定为财产权，则受到法律全方位的保护，法律会严格限制排污权的使用甚至通过行政权力进行干预。

排污权所利用的是环境容量，对于生产经营的企业而言，排污权是其实现自身目的必不可少的前提条件。从这个意义上讲，排污权当然是财产。其稀缺性促使人与人之间关系发生不平等的变化，资源只是一种客观存在，只有加入了人的作用，才能发挥出其最大效用。排污权有力地证明了这一点，所以说，排污权是财产权。

2.3 排污权是他物权

根据权利人是对自有物享有物权还是对他人所有之物享有物权来划分，物权包括自物权和他物权。自物权是指权利人依法对自有物享有的物权，表现为占有、使用、收益、处分 4 项权能。而他物权是指权利人根据法律或合同的具体规定，对他人所有之物享有的物权[6]。而笔者认为排污权是一种特殊的他物权，主要表现为以下几点：

（1）传统物权认为，要对物进行使用收益，必须以权利人对标的物的实际支配为必要条件，否则使用和收益就无从谈起。然而就排污权而言，它的客体是环境容量，是无体物，是环境资源的一个整体，虽然可以量化，但事实上没有办法也没有必要直接占有，直接占有的成本比间接占有的成本要高，因此，排污权作为他物权不具有占有性。

（2）就排污权的使用权能而言，因为环境物权表现为一种对环境的利用权利，而与排污权相对应的环境容量，也成为人们对环境利用的一种方式。

（3）正是由于人们对环境的使用权利，可以给人们带来经济利益，可以创造财富。排污权在各国的实践中还是一种可以流通转让的财产权，进行交易。

（4）处分权是所有权的核心，而排污权的处分权，除去行政干预的部分外，排污权可以处分并由排污权人意思自治。由于排污权是建立在环境为全民共有的财产之上的，因此不是一种普通的处分权。

2.4 排污权是一种新型的用益物权

物权可以分为用益物权和担保物权。前者主要强调其使用价值，而后者主要为了担保债的实现。用益物权具有用益性、占有性、独立性。用益性是指用益物权设立以物的使用为基本目的，它着眼于物的使用价值的实现，使用价值的实现方式多种多样，而交易是保障价值权实现的关键。“用益物权效率提高的重点，在于通过用益交易实现价值，即用益物权价值化。”[7]因此，排污权作为用益物权的确认，必须创建相应的排污权交易市场与之相配套，才能发挥排污权的最大效益。综观各国的法律实践，排污权的确认总是与排污权交易市场受到同等的重视。

“用益物权的独立性，是指用益物权一旦独立存在，便不以其他权利（如所有权）的让与、消灭而让与、消灭。从经济学上讲，用益物权的独立性是确定用益物权人合理预期的制度设计。”[7]政府代表自然界行使对环境资源的所有权，就排污权而言，它所涉及的不仅是私人的经济发展权利，还涉及环境保护的公共利益，而且由于环境问题的出现相对于人的有限理性往往会滞后，排污权的独立性基础受到冲击、弱化的可能性较其他用益物权更明显。因此，排污权只具有相对的独立性。

综上所述，笔者认为，排污权是权利人所享有的环境容量的使用权，即在合法取得的环境容量范围内排放一定性质的污染物，是一种具有财产性的新型的用益物权。

3 排污权交易制度的意义

（1）排污权交易有利于保证环境质量。在排污收费的情况下，政府只能被动地对污染者采取惩戒措施，企业可自主选择是治理污染还是缴纳罚款，而企业做出这一选择的动机是尽量降低经济成本。例如，如果企业更新或者新建污染治理设施需要巨额投资，在选择缴纳排污费和罚款成本更低的情况下，企业很有可能会选择后者。在排污权交易的情况下，政府和环保团体可以通过排污权的买进和卖出，对环境质量状况做出及时的反应。

（2）排污权交易有利于企业降低达标排污的费用。如果 A 企业治理污染的成本高于市场上排污权的价格，那么它会宁愿买进排污指标而不愿花钱投资污染防治设施；反之，如果 B 企业污染治理的成本低于市场上排污权的价格，那么它十分乐意治理污染以节省排污指标，并将其节余的排污指标在市场上出售以获利。在排污权交易中两家企业各得其所，而排污总量亦未增加。因而，排污权交易的实质是使污染治理的任务在各企业之间重新分配，从而使治理污染成本低的企业承担更多的治理任务，降低企业治理污染的成本，有利于社会福利的增加。

（3）排污权交易还有利于促进企业研究开发、采用先进的污染防治技术，促进形成无污染、低污染的工业布局，更有力地遏制环境行政管理机关的“寻租”行为，有利于公民表达自己的意愿，扩大环保的群众基础。

4 现阶段我国推广排污权交易制度存在的障碍

4.1 排污权交易过程难以实现准确监测

排污权交易实施的前提是对企业排污量的准确监测，它涉及两个方面：一是科学监测；二是公平监测。为了保证排污权交易制度实施，应首先确定排污单位的实际排污量。在这方面，发达国家已完善其环境或排污监测系统，但在我国则非常薄弱。科学监测目前在我国很多地区短期内难以达到。我国进行总量控制的监测体系比较滞后，公平监测在我国目前监测和管理水平较低，这需要相应的制度建设，包括立法予以保证。

4.2 实施排污权交易制度的市场体制欠完善

（1）在我国参加排污权交易的主体单一。从我国近年来的排污权交易实践来看，参加排污交易的一般为当地的污染大户，而且它们还不是真正意义上的市场主体，因为它们的交易都是在有关行政部门的安排下进行的。而在国外，排污权交易的主体是比较广泛的。在美国，根据持有许可证的目的不同，可以分为三类，分别为达标者、投资者和环保主义者。

（2）我国当前排污权交易的信息寻求费用过高。我国乡镇企业数量多、规模小、分布零散，但其造成的工业污染在全国工业污染物排放总量中逾半数。这一基本国情就决定了我国排污权交易市场的基础信息寻求费用过高，环境保护部门监测与执行费用也过高，而且需要逐案进行谈判，从而导致了整个排污交易市场的无效。在竞争激烈的行业中，为限制竞争对手的发展，有富余排污指标的企业要么不肯出售自己的节余排污权，造成排污权的浪费，要么漫天要价，扰乱了排污交易秩序。

4.3 排污权交易的相关立法不健全

国家现行的《大气污染防治法》《水污染防治法》等虽已提到了排污总量控制及排污许可证制度，但尚无相配套的排污权交易制度。各地根据当地条件，分别制定了一些区域性的排污权交易条例，但这些条例都是地方性法规。而我国当前排污权交易的监督、执法不力也是一个相当突出的问题。根据我国现行法律，对企业的罚责过低，而治污费用居高不下，使得某些企业宁愿受罚，也不愿购买排污权或者治理，这严重阻碍了排污权交易制度的发展。

5 我国排污权交易法律制度的建立

5.1 实现排污权所有权多元化

我国排污权市场的完善，首先需要从法律上将排污权所有权私有化，形成多元化的排污权所有权结构。在排污权所有权的安排上，必须同时考虑环境容量的大小和环境净化能力，建立可“回收”的环境纳污资源所有权制度，即厂商直接或间接获得的排污权可归自己所有，以激励厂商努力减排，把排污控制在环境容量和环境净化能力的安全临界点之内。

我国的排污权所有权安排可以同时实行以下 3 种形式的制度：①厂商通过减排获得的排污权归自己所有，在规定的时期内自己安排使用，并可出售给其他厂商。这是排污权制度最基本的形式。②排污权“存权”制度，即厂商可以像存款一样把减排获得的排污权在无交易需求时存放在“排污银行”里，将来在某个时候可取出来出售或使用。③排污权的间接所有制度，即企业可以进入排污治理设施建设和经营领域，为企业单独或集中处理污染排放物，从而间接获得排污权的所有权，将其出售给企业或返卖给政府。环保资金投入不足是我国的国情，应更加重视第 3 种制度的推行。

5.2 规范排污权交易市场

建立排污权交易市场是排污权交易体系的核心。在我国推行排污权交易，应该建立完善的排污权交易市场，具体包括：①应规范排污权交易市场，调节不合理的价格交易制度，维护市场秩序，促进外部性内部化；②要组建专业的排污权中介机构，建立相关的信息网络系统，解决交易各方信息不对称的问题，提高交易透明度，降低排污权交易的费用；③要通过法律保障排污权可以通过招标、拍卖或其他市场交易获得；④政府部门要建立相应的激励机制，对积极减少排放、出售排污权的企业从资金、税收、技术等方面予以扶持。

2008 年 8 月 5 日我国成立了上海环境能源交易所和北京环境交易所，这两家环境交易所的竞相设立标志着我国环境交易市场的初步形成，同时表明了我国政府希望通过充满活力的市场化手段实现减排的决心[8]。

5.3 完善排污权交易立法

排污权交易作为一种市场导向的环境经济政策，必须具有相应的法律保障，才具有合法性和可操作性。美国排污权交易的成功与其完善的法律制度是分不开的。虽然我国出台了一些地方性的排污权交易条例和法规，但总体来说，我国排污权交易的法律相当滞后。我国应参考国外的先进经验，根据中国特有的立法和司法要求，创设一系列的法律制度，为排污权交易的推行奠定法律基础。

具体来说包括：①从法律上确认排污权的性质和内容；②从法律上保障排污权的市场主体，只有符合国家法律规定的要求，依法取得特定的排污权并有富余环境容量的企业才能成为出让者。而受让者则是因为某种原因需要进入一定控制区域或增加环境容量使用份额的企业；③从法律上规定排污权的市场规则和管理机构，明确在二级市场中环境管理机关的权限以及行使程序等问题，具体应包括：确定交易范围的权力、对市场价格进行调控的权力、核准交易额的权力及对交易主体附加限制性条件的权力等。

5.4 完善检测机制，制定一套科学的环境监测标准和监测处罚办法，建立严格的监管措施和处罚制度

目前在企业排污量的测定技术方面，广泛使用的是在企业排污口安装污染物自动监测仪，使企业的排污行为随时处于决策当局的控制之下。但这种方法无法检测到非正规渠道排放的污染物。建议更新检测设施布局思路，从检测污染产生源着手，可尝试强制要求污染设备生产厂家在生产时就安装测定仪，跟随设备同步运行，自动与管理部门联网，只要排污企业进行生产，则仪器自动进行测定，防止企业偷排、超量排放。同时，管理部门对于没有取得排污权的企业，应坚决禁止排污，严厉处罚，逐步建立起市场、法律、技术和行政手段相结合的一整套综合治理体系。

6 结束语

我国为应对环境与能源方面的挑战，在“十一五”期间制定了单位 GDP 能源强度降低 20%和主要污染物排放量降低 10%的目标。但是仅仅依靠政府的行政力量是不够的，我们同时应通过排污权交易的经济手段才能实现低成本控制排污的目标，而这就需要我们通过立法来规范和完善排污权交易制度。

参考文献

[1] 陈峰. 排污交易政策探讨[J]. 福建环境，2003（20）：7-9.

[2] Dales J H. Pollution，property and prices[M]. University of Toronto Press，1968.

[3] 吕忠梅. 论环境使用权交易制度[J]. 政法论坛，2000（4）.

[4] 蒋亚娟. 关于设立排污权的立法探讨[J]. 生态经济，2001（12）.

[5] [美]罗伯特•考特，托马斯•尤伦. 法和经济学[M]. 张军，等，译. 上海：上海三联书店，上海人民出版社，1994.

[6] 张俊浩. 民法学原理[M]. 北京：中国政法大学出版社，1997.

[7] 周林彬. 物权法新论——一种法律经济分析的观点[M]. 北京：北京大学出版社，2002.

[8] 环境交易所成立：环境能源领域或成下个经济主题[N]. 解放日报，2008-08-06.

排放许可证与其他环境规制措施及创新效应比较分析*

王玉婧 张宏武

摘 要：环境规制一般包括三类：命令与控制手段、自愿安排和环境经济工具。命令与控制手段根据法规确定生产和工艺中的污染指标、污染物排放方式和数量等；自愿安排包含产品标准、生态标志等管理体系；环境经济工具根据污染者付费原则，包括庇古税、押金制度、许可证交易等方式。不同的环境规制措施对于消费者、企业、政府以及受污染者带来的效应是不同的，论文比较了庇古税、许可证、直接管制和科斯方案下的分配效应，认为虽然净效应相同，但拍卖许可证可带来一定的政府收入。根据波特假说，适当严格的环境规制将激励创新，创新补偿的收益将最终超过环境规制的成本，提高企业竞争力。环境规制激励的研发与创新将使企业的边际成本曲线随着时间推移而向下移动，产生减排费用降低和污染排放量减少的福利效应。针对常见的环境规制的市场管理手段：排放税、分配的许可证和可拍卖的许可证，论文进一步分析了其产生的创新效应。

关键词：环境规制 排放许可证 污染 创新

Comparison on Emission Trading and Other Environmental Regulations and Their Innovation Effects

Abstract: Environmental regulations include command and control (CAC), voluntary measures and economic measures. CAC establishes emission index, polluting emitting method and quantity. Voluntary measures consist of product standard and environmental label while economic measures are Pigou tax, deposit and permits according to PPP. Different environmental regulations have different effects on consumers, producers, the government and pollution victims. The paper compares the distribution effects of Pigou tax, permits CAC and Coase project. While the net effects might be the same, auctioned permits will bring some government revenue. In compliance with Porter Hypothesis, the proper strict environmental regulations will stimulate innovation and the benefit of innovation offset will exceed the environmental regulation cost and improve enterprise competition. The R&D and innovation stimulated by environmental regulation will push down the marginal average cost with the lapse of time and create welfare effects of reduction of abatement cost and emission quantity. In addition, the paper further analyzes the innovation effect of emission tax, grandfathered permits and auctioned permits.

Key words: Environmental regulation Emission permit Pollution Innovation

---

* 基金项目：教育部人文社会科学研究项目（05JA790062）；国家“十一五”项目《滨海新区可持续发展研究》（No2006BAC1802）。

本文作者联系方式：天津商业大学经济学院，天津：300134。

不同的环境规制措施对消费者、生产者、政府以及被污染者均会产生不同的效应，根据波特假说，环境规制措施将产生创新激励效应。可交易的排放许可证是常用的环境措施之一，与其他环境措施相比，更具有效性。

1 环境规制措施效应的比较分析

环境规制措施一般包括为环境目的所采取的直接管理工具、自愿安排、环境经济工具以及根据科斯定理进行的产权安排。直接管理措施也称强制手段或指令与控制手段（Command and Control，CAC），是行政当局根据法律、法规、规章和标准，限定生产过程、限制产品的消费或在规定的时间和地点限制生产者产生外部不经济的数量和方式的行为。自愿安排包括环境标准、产品包装标准、废物回收、生态或环境标志等管理体系；环境经济管理工具根据污染者付费原则，包括环境费、环境税、押金制度、许可证交易以及环保投资与信贷等。

1.1 庇古税方案

（1）污染税。如图 1 所示，在征收污染税的情况下，消费者支付更高的价格，其消费者剩余损失面积（$b+c+d$），厂商的收益为零，政府收入为面积（$b+c$），净损失为 d。受污染方从环境质量改善中获益，面积为（$d+e+f$），因此社会的净收益为纠正外部性的效率效应（$e+f$）。

（2）减排补贴。庇古税的另外一种方式是政府给企业补贴以减少污染。假设企业的初始污染量为 Z_0，每减少一单位的污染量，将得到 $T_Z=P_1-P_0$ 的补贴。那么对于每一单位的污染，企业的成本为不减少污染时而放弃的补贴。污染的总成本是 P_1，相当于私人边际成本 P_0 加上补贴。在补贴状态下，政府为将污染从 Z_0 减少到 Z_1 单位而支付 T_Z，面积为（$d+e$），生产成本从 P_0 上升到 P_1，包括补贴的机会成本，因此均衡价格上升到 P_1。消费者因支付较高的价格而使消费者剩余损失（$b+c+d$），企业获得较高的价格 P_1，但是实际的生产成本只是 P_0，因此获利（$b+c$），总获利是利润（$b+c$）与补贴（$d+e$）之和，受污染者获得（$d+e+f$），因此净收益为面积（$e+f$）。

但是由于市场不是真正的完全竞争的，只有当政策变化时，已经进入市场的企业知道如果将污染减少会得到补贴，其他企业不符合条件，即有的污染企业获得了特别优势。这种补贴的环境政策确实给企业支付，并使产量减少，价格提高，从而获得利润。尽管不同的政策措施可以达到同样的激励效果，但是其分配效应却不相同，而且这种措施易造成进入壁垒，这种限制有助于不必要地抬高价格。因此，补贴不是可行的最优的环境措施。

1.2 可交易许可证制度

如图 1 所示，许可证设定可交易的许可污染量为 Z_1，假设排放 1 吨二氧化硫的权利在商品交易市场上的价格为 m 美元，任何污染企业排放 SO_2 每吨的成本是私人边际成本 P_1 加上 m 美元，最高成本为 P_1。由于限制产量，“稀缺租金”产生了，稀缺租金为 Z_1 许可量的价值，面积（$b+c$），受污染者由于污染减少得到的支付为面积（$d+e+f$），净收益依然为（$e+f$），与庇古税手段一样。许可证的发放有两种方式：①直接发放到企业。初始许可量按照上一年排放水平比例确定，许可证的接受者可按照许可的污染量生产或者按照高污染量时价格出售。因为实际的成本依然为 P_0，企业获利为（$b+c$）。如果许可证的接受企业破产，每个许可单位依然可以按照市场价值出售，对总水平没有影响。事实上，每个接受初始许可排放量的接受者相当于接受了私人收益。②拍卖。由于污染量限制在 Z_1，均衡价格为 P_1，因为实际生产成本为 P_0，因此企业愿意为每个许可证支付（P_1-P_0）的金额。政府收入为（P_1-P_0）与 Z_1 个许可证的乘积，即（$b+c$）的面积，消费者剩余损失（$b+c+d$），环境损害减少的收益为（$d+e+f$），净收益为（$e+f$），从表 1 可以看出，交易许可证的效应与庇古税措施的征收污染税的效应相同。

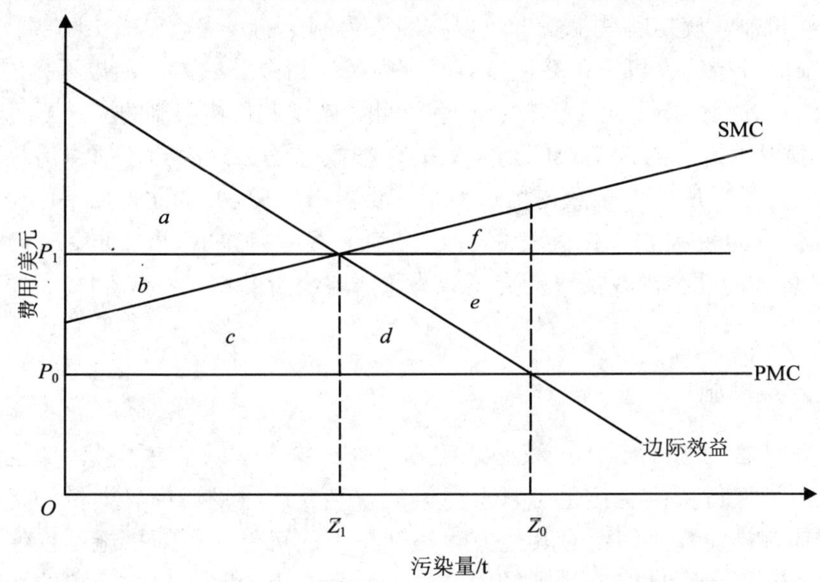

图 1　各种环境措施的效率效应图

1.3 命令控制措施

命令控制措施（CAC）表现为污染量不允许超过 Z_1，假设这个数量是合理设置的，那么该规制可使经济体达到最优污染量 Z_1，社会收益同样为（$e+f$）。CAC 措施一般有两种形式，一种是限制污染数量，但不限制价格，另一种是除数量外还限制价格上升。

（1）数量限制。假设仅限定污染量不允许超过 Z_1，因为污染的边际收益超过私人边际成本，企业会将污染排放到法定的最大限度。此时，每一边际污染量的私人处理成本为 P_0，但是边际收益或生产价值为 P_1，企业愿意为污染权支付（P_1-P_0）的差价。任何被赋予有限污染权的企业可以使用一单位的污染量创造相当于 P_1 的价值，但是成本仅为 P_0，其差价为利润或稀缺租金。在某种程度上，限制污染量相当于限制产量，这使企业可以索要高价。在较高的价格下，污染权更显得有价值，稀缺租金使每一单位污染权的价值增值。例如，政府要求每个企业将污染减少到上年 30%的水平，生产技术限定每单位产出一个固定的污染排放量；企业必须遵守政府的规定，为了市场出清，产出的价格必然提高，但实际生产成本并未改变，结果是产生超额利润。

在 CAC 数量限制下，价格提高到 P_1，消费者剩余减少（$b+c+d$），企业获得稀缺租金（P_1-P_0），利润为面积（$b+c$）。在没有外部环境效应下，效率损失为 d；由于环境措施而使污染减少面积（$d+e+f$），净效益为（$e+f$）。从表中可以看出 CAC 数量限制的效果相当于直接发放许可证。

（2）数量和价格限制。为了限制企业索要高价获得超额利润，保护消费者，假设政府规定污染不得超过 Z_1，最高限价为 P_0。此时消费者剩余为（$a+b+c$），但是不能以低价购买额外的数量，因此损失了消费者剩余 d，由于污染减少而获得的利益为（$d+e+f$）。数量和价格限制措施会产生一些问题，从图 1 可以看到，价格 P_0 与污染量 Z_1 的交点并不在需求曲线上，在较低的价格 P_0，消费者愿意购买更多的产品。由于存在超额需求，必须制定具体的分配机制，确定哪些消费者可以按照人为制定的“优惠”低价购买。这种“优惠”可以变为前面分析的许可证，并使持有者获得稀缺租金（$b+c$）；如果不允许交易，则会产生黑市，消费者剩余损失为（$b+c+d$）。鉴于此，数量和价格限制的措施不适合推行。

以上的环境规制措施的效率效应是一致的，净收益均为（$e+f$），都将污染降到最优数量。不同的是分配效应，即谁获得稀缺租金，长方形（$b+c$）的面积如果由企业获得为利润；为政府获得为税收收入；为消费者获得为消费者剩余。环境质量改善的收益为（$d+e+f$），但是总体的社会净收益可能为正或为负，取决于面积（$e+f$）和社会损失（$b+c$）的大小。

1.4 科斯解决方案措施

科斯方案需要 3 个条件。①产权必须明确。受污染者可以享有不被污染的权利，此时企业必须为污染权付费；企业也可以有污染的权利，此时受污染者支付。②交易费用必须低廉。③具有排他性，即没有其他方“搭便车”的可能。科斯措施不仅使市场在没有政府干预的情况下运行良好，达到最优产量，而且在无论赋予何方产权的情况下，都能保证最优结果。产权的明确只影响福利的分配而不影响经济效率。

（1）受污染者拥有产权。假设企业初始水平为 Z_0，价格为 P_0，受污染者享有产权，企业必须为环境损害支付。私人边际成本曲线从 PMC 上升到 SMC，企业按照 P_1 的价格出售 Z_1。消费者支付较高的价格并损失消费者剩余（$b+c+d$），环境损害减少（$d+e+f$），净收益依然是（$e+f$）。因为受污染者享有产权，因此企业为获得 Z_1 的污染权，愿意支付最多为面积（$b+c$）的金额，并按照 P_1 出售（其成本为 P_0），当然希望支付得越少越好。Z_1 引起的环境损耗为面积 c，c 是受污染者能接受的最小支付。因此，企业的支付为面积 c 与面积（$b+c$）之间的金额，用 N 表示。企业利润为（$b+c-N$），N 最大为（$b+c$），此时无利润。受污染者得到环境损害减少为（$d+e+f+N$）。

（2）污染者拥有产权。假设生产者可以按照意愿随意生产，生产将至 Z_0，假设竞争消除了超额利润，销售价格等于成本 P_0。受污染者承受的环境损害为（$c+d+e+f$），但可以通过与生产者谈判获得改善，此时不需要政府干预行为。对于从 Z_0 开始减少的每单位污染，受污染者愿意支付达到边际环境损害的数额，这样生产成本上升至 SMC，即生产成本加上企业拒绝的额外支付。因此使剩余总量最大的交易达成了，生产到 Z_1，社会最优水平。受污染者如果能使支付价格 L 小于其环境收益（$d+e+f$），就能够受益，其净收益为（$d+e+f-L$），其值为正或至少为零。在 Z_1 水平，生产者价格为 P_1，获得的利润加上受污染者的支付为（$b+c+L$）。消费者剩余减少（$b+c+c$），净收益依然是（$e+f$）。

表 1　环境规制的不同分配效应

环境规制措施		各方效应变化				净效应
		消费者	企业利润	政府收入	Victim	
庇古税	污染税	－（$b+c+d$）	0	$b+c$	$d+e+f$	$e+f$
	减排补贴	－（$b+c+d$）	$b+c+d+e$	－（$d+e$）	$d+e+f$	$e+f$
可交易许可证	直接发放	－（$b+c+d$）	$b+c$	0	$d+e+f$	$e+f$
	拍卖交易	－（$b+c+d$）	0	$b+c$	$d+e+f$	$e+f$
CAC	数量限制	－（$b+c+d$）	$b+c$	0	$d+e+f$	$e+f$
	数量价格限制	$-c$	0	0	$d+e+f$	$e+f$
科斯方案	V Rights	－（$b+c+d$）	$b+c-N$	0	$d+e+f+N$	$e+f$
	P Rights	－（$b+c+d$）	$b+c+L$	0	$d+e+f-L$	$e+f$

Victim：受污染者，V Rights：受污染者享有产权，P Rights：污染者享有产权。

科斯方案中，环境成本内部化问题在经济系统内部解决，无须受到政府干预，而且由于交易者直接与利益相关联，最终达成的平衡点会更接近实际，但是科斯方案隐含着一些重要假设，如产权界定明晰、完全信息、高效的谈判机制（交易者数量不宜过多）、交易成本为零等，在现实中很难实现，尤其是交易成本为零的假设。

2 环境规制的创新补偿效应

根据波特假说，环境规制可以激励企业去寻找提高资源效率的方式从而减少废物，也减少了投入成本。他指出，采用新的清洁生产过程后，新生产方法将减少环境损害并降低生产成本。新的生产方式刚开始采用时，短期内的成本会增加，但经过一段时间后，随着技术进步，新技术可提高生产效率，因此在长期，确实能降低生产成本。而且环境规制还激励企业去发现使废物转化为可销售产品的方法，而带来收益。因此，严格的环境管制能够产生创新补偿（Innovation Offset），创新补偿带来的效益超过了环境规制的成本，提高了竞争力。这种“双赢”观点的关键是认为环境规制激励企业创新，通过使用廉价原材料或采用不同的生产方法，创新导致生产方式的改变。而且率先采用环境友好技术的企业可具有先动优势。很明显，环境规制的性质在激励创新和实现创新补偿过程中很重要。规制必须是严格的，设计得当和灵活的。设计得当的环境规制须具有以下作用：①环境规制须表明企业资源未有效利用而且具有技术改进的潜力。企业在衡量其排放物、判断未有效利用的资源产生的社会成本以及发明新方法使排放最小化或消除有害物质等方面缺乏经验，良好的规制可使企业意识到创新的潜力。②强调信息收集的规制可以通过提高企业意识而获益。例如，美国每年公布的 2 000 多个制造型企业关于 320 种有毒化学物质的“毒素排放清单”，这些信息收集可以不通过实施强制的污染管制措施而改善环境质量，而且成本低廉。③规制可减少不确定性，使环境投资更具有收益性。④规制产生压力，可以激励创新和进步。⑤规制可以提供竞争的环境。在向基于创新的方法过渡过程中，规制可以使企业不能通过逃避环境投资而获得成本优势。⑥在未完全补偿时，规制是必需的。创新不是总是能完全补偿遵循成本，特别是在学习效应尚未减少创新成本的短期中，此时，尤其需要规制来改善环境质量。因为宽松的规制标准通常采用末端（End-of-Pipe）治理的办法，因而严格的环境规制比后者更能产生创新补偿效应，前者更加重视企业的废弃物和排放，要求采取新的生产工艺和技术等根本性的治理方法。由环境规制引发的创新可以分为两类：①企业在污染发生时，在应对经验和处理方法上的提高，包括对有毒原料和排放物的处理、减少和控制有害物质的产生以及如何提高第二次处理能力等；②创新在解决环境问题的同时，设计对产品和相关工艺的改进，在某些情况下，这种创新补偿可以超过遵循成本，这种由于环境规制引发的创新能够提升竞争力。

创新补偿可以分为产品补偿和生产过程补偿。产品补偿指环境规制不仅减少了污染，而且能够生产出功能更好、更安全、成本更低的高质量产品以及具有更高再销售或回收价值的产品，这类产品对环境污染少，使用者的处置成本较低。加工过程补偿是指环境规制不仅降低了污染，而且带来资源生产效率的提高，如较高的产出、由于仔细维护和监督而使检修停工期减少、由于替代或再利用而实现的原材料的节约、生产过程中能源节约、原材料存储和处理成本的降低以及将废物转化为有价值的形式等。所有这些补偿都是相互关联的，达到一个目标时，通常可实现其他目标。

3 环境规制激励的创新的福利效应

可以用环境规制激励的研发与创新和由此带来的污染排放量的减少来说明创新的福利效应。如图 2 所示，MAC 表示在一个经济体内某种污染物减排的边际减排成本曲线，向上倾斜，水平轴表示污染排放减少的比例分配 A，该曲线反映企业由于在生产过程中使用某些清洁但成本更高的投入引起的费用，末端治理技术的成本，以及最终产量减少的成本。MEB 为边际收入曲线，反映由于污染减少而活动的环境收益①。污染最优减排量为 MEB 与 MAC 交点，A^*。在此减排量获得的福利收益是 OBC，即 MEB、MAC 之间的面积和零减排与 A^*减排量之间的面积（这假设减排是小于 100%水平，即 $A^*<1$）。在现实中，污染控制技术是内生的，随环境政策的变化而变化。如果企业因为污染排放而受到处罚，则会刺激企业进行控制污染的技术改造，因此可以降低未来的污染排放成本。因此 MAC 在环境规制下随着时间推移将向下移动。考虑两个时期，第一个时期企业进行清洁生产的环境技术研发与创新，第二个时期发生污染排放数量减少。假设研发带来技术，企业在第二个时期使用环境技术，将推动边际减排曲线向下移动至 MAC_1。最优减排量为 A_1，污染控制获得的最大福利为 OBD，比没有技术创新之前增加的福利为面积 OCD。这个多出的福利包括减排费用的降低和污染排放减少量增加的福利。可以分析出，如果起始最优减排水平 A^*比较靠近原点，则相对于边际环境收益而言，MAC 越加陡峭，为降低减排费用而进行的创新提高的福利越大，如果离原点越远，通过 MAC 下降而增加的福利越小。

图 3 中 MC 是 $R\&D$ 的边际成本或供给曲线，MSB 表示 $R\&D$ 的边际社会收益。$R\&D$ 的最优水平为 R^*，假设 MAC_1 代表最优水平 $R\&D$ 带来的技术进步，则在 R^*点 MSB 的高

① 在现实中，下降的边际环境收益也许更实际，尤其是当环境吸收能力存在阈值时，为简化起见，假设 MEB 水平。

度等于面积 OBC 的增量，由于 $R\&D$ 收益递减，MSB 是向下倾斜的，表明额外的增量对 MAC 向下移动的推力的效应越来越小。在 R^*水平的潜在福利收益为 EFG。

我们以常见的环境规制的市场管理手段——排放税、分配许可证和可拍卖的排放许可证为例，分别进一步分析创新的效应。

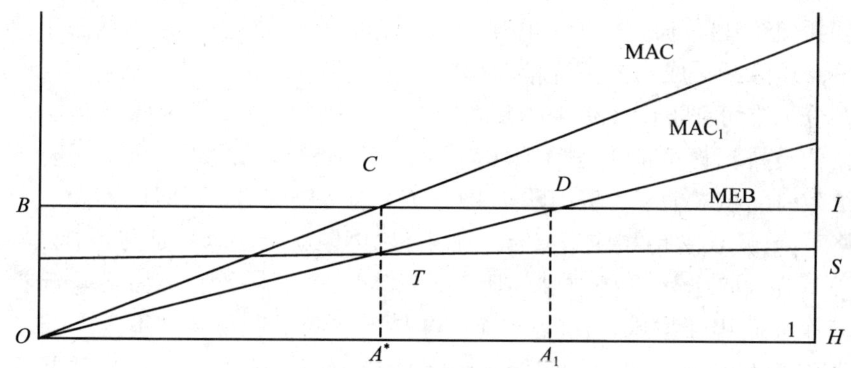

图 2　环境规制激励的创新引发的污染减少

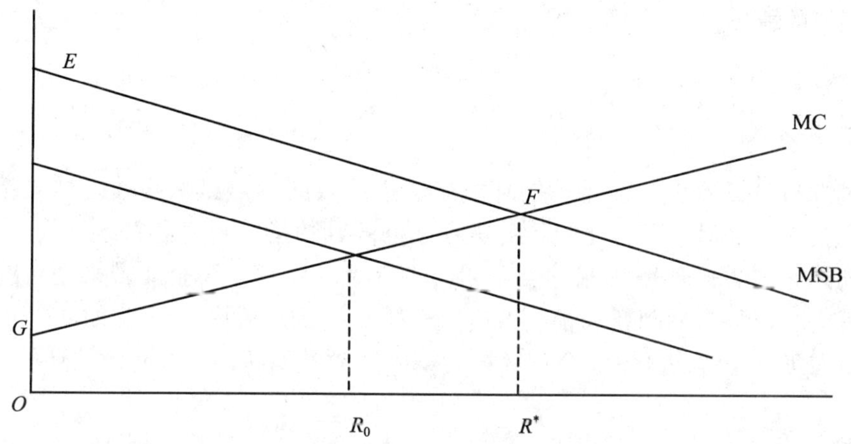

图 3　环境规制激励的研发与创新效应

首先，看排放税的情形。假设图 2 中，征收的庇古排放税水平为 B，此时企业初始减少排放为 A^*，如果研发市场不存在非完全性，庇古税能够带来 $R\&D$ 的最优量，图 3 中的 R^*。假设企业由于创新采用新技术使边际减排成本曲线向下移动至 MAC_1，企业由于采用新技术获得的私人收益为三角形面积 OCD，而 MAC 下降到 MAC_1 的社会收益同样为面积 OCD，而且 $R\&D$ 的供给曲线反映了研究投入的私人和社会边际成本，由于创新引致的私人和社会边际收益等同于其成本，排放税带来最优数量的创新。但如果不在完全理想状态下，庇古排放税下的 $R\&D$ 带来的私人边际收益（MPB）将低于社会边际收益（MSB），$R\&D$ 水平为次优的 R_0。

其次，分配的许可证（Grandfathered Permits）。假设政府通过颁发免费的分配许可证给企业，排放许可为（$1-A^*$）的水平。此时，减排水平固定为 A^*，并不随 MAC 的下降而增加，企业由于采用清洁技术而获得的私人收益仅为减排成本减少的收益，即三角形 OCT。如果排放许可数量可以随着创新后的新庇古水平立即调整，排放许可证和排放税的创新与福利效应是一致的，但是，政府不能对每一次创新都及时调整排放限量（Emission Cap）。即使在分配许可证下创新水平低于前者，其对福利差异的影响取决于创新在相关时期降低减排成本程度的大小。创新水平将减排成本减少 1%时，这两种政策没有区别。如果创新将减排成本减少 10%，许可证的福利收益为排放税的 87%～94%。但是如果创新使企业减排成本下降 40%，分配许可证只能达到排放税状态下的 49%～67%的福利水平。边际减排成本的下降幅度越大，三角形 *CDT* 相对于三角形 *OCT* 的面积越大，因此在分配许可证下创新带来的私人收益小于排放税情况下的私人收益。

最后，假设排污许可证由政府拍卖而不是免费获得，如图 3 所示，创新之前，企业必须支付给政府面积 $CIHA^*$的费用购买（$1-A^*$）的污染许可，创新后 MAC 下降至 MAC_1，许可证价格下降，购买费用相应下降至 $TSHA^*$。如果创新企业本身是污染者，其收益为 *CIST* 的面积乘以其在总产业污染排放中的比例，称为排放支付效应。如果创新者是外部提供者，若全部企业采用新技术，污染企业中将有“搭便车”者并且不会由于许可证价格下降而支付给创新者费用。但如果创新者为污染企业，且行业中企业数目有限，创新者在行业排放水平中的份额将变大，则在拍卖许可证下的创新和福利将明显大于排放税或发放许可证下的情形。

4 小结

通过分析可以看出，在不同的环境规制措施效应中，虽然净效应结果相同，但是比较而言，拍卖的交易许可证比除了污染税之外的其他措施还可获得政府收入的分配效应。从长期动态角度看，环境规制对企业创新具有激励作用，为企业带来创新的福利效应，拍卖的可交易许可证的创新和福利效应大于排放税或发放许可证产生的福利效应。因此，排污交易许可证是解决区域和全球环境污染以及激励创新的一项有效的环境规制措施。

参考文献

[1] 王玉庆. 环境经济学. 北京：中国环境科学出版社，2002.

[2] Porter M，Claas van der Linde. Towards a New Conception of the Environmental- Competitiveness Relationship，Journal of Economic Perspectives，1995，9：97-118.

[3] Fullerton D. A Framework to Compare Environmental Policies.NBER Working Papers，Aug 2001，No.8420.

[4] Sterwart R B. Environmental Regulation and International Competitiveness，Yale Law，June 1993，102（8）：2039-2106.

[5] Ian W H Parry. On the Implication of Technological Innovation for Environmental Policy. Resources for the Future，Aug，2001.

[6] Ian W H Parry. Pollution Regulation and the Efficiency Gains from Technological Innovation. Journal of Regulatory Economics，1998，14：229-254.

[7] Kopp，Raymond and William Pizer. Calculating the Costs of Environmental Regulation. Handbook of Environmental Economics，North-Holland：New York，2001.

广东省建立排污权交易制度的构想

王丽娟[①]　赵细康[①]　陈　英[②]　石宝雅[①]　黄金平[②]

摘　要： 文章认为，排污权交易形成的根本动因，即环境容量稀缺程度不断提高的现实在广东已经具备。在总结排污权交易在中国发展历程的基础上，就广东省建立排污权交易市场的相关问题进行思考，并提出针对性建议。

关键词： 排污权交易　广东　制度

Perspective of Establishing Emissions Trading System in Guangdong Province

Abstract: The article puts forward that the fundamental motivation of emission trading is the reality of increasing scarcity of environmental capacity of in Guangdong. Draw the conclusion of the development of emissions trading in China, suggestion to establish emissions trading market in Guangdong Province is made.

Key word: Emissions trading　Guangdong　Institution

改革开放以来，广东先行一步，率先对外开放和探索实行市场经济道路，通过市场与投资双重拉动，推进了工业化进程，实现了经济起飞，完成了经济工业化和社会城市化的历史大飞跃。但是，在过去 30 年中，广东走过的发展道路基本上是一条依靠比较优势，以开放促改革，以改革促发展，借助政策倾斜，以外向带动为主要特征的用高投入换高增长的低端经济发展模式。这种发展模式在经济起飞和总量积累阶段是行之有效的，今天，广东已进入经济转型、社会转轨的关键阶段，过去经济高速增长过程中掩盖的各种矛盾开始突现，其中环境保护与经济发展的矛盾冲突尤为突出。

环境污染已对经济发展构成“瓶颈”制约。经库兹涅茨模型测量，虽然广东的污染物排放速度低于人均 GDP 的增长速度，但主要污染物的排放并没有减缓，且有继续增长的趋势。严峻的现实要求政府必须转变经济发展方式，大力推进节能减排，以实现经济发展与环境保护“双赢”。广东政府提出至 2010 年，全省主要污染物 COD 和 SO_2 排放量在 2005 年的基础上削减 15%，分别控制在 89.9 万 t 和 110 万 t 以内[1]。要完成这一总量控制目标，除了依靠行政命令，落实各级政府责任制外，还必须不断创新环境保护政策与手段，寻求利用市场机制解决环境问题的新途径。

本文作者联系方式：①广东省社会科学院环境经济与政策研究中心，广州：510610；②广东省环境保护局政策法规处，广州：510600。

1 排污权交易制度及在中国的实践

以科斯为代表提出的产权理论强调产权交易，为通过市场手段解决环境污染提供了新思路。威廉姆森、诺斯、张五常等制度经济学家对产权理论的推进，为解决环境外部性、优化资源配置提供了新方法[2]。1968 年，美国经济学家戴尔斯在其著作《污染、产权和价格》中首次提出“排污权交易”概念，开辟了排污权交易理论的新天地。

排污权交易制度是指在满足特定环境质量标准的前提下，不同产权主体在最大化自身利益的基础上，在环保部门的监督下，通过自由交易而发生的排污权的有偿转让。排污权交易的本质是通过市场高效配置环境容量资源的途径，寻求既满足环境质量要求，也满足环境资源的效率目标，同时还可节约管理成本、促进技术进步以及有利于产业结构升级的最佳途径[3]。排污权交易的结果是全社会总污染治理成本最小化，达到理想的帕累托最优状态，形成均衡价格。因此，排污权交易作为一项防止和治理污染的环境经济政策，不但在美国等西方发达国家得到不断发展和完善，而且在全球范围已引起高度的重视。但是，需要特别强调的是，这里的排污权是一种经过国家特许的允许行为，而不是排污者的固有权利，国家依据环境保护的需要可以进行调整和收回。

排污权交易制度起最早源于美国，1990 年修正的美国《清洁空气法》，对 SO_2 排放权交易制度在法律上做了明确规定。1990 年代起，我国也开始了排污权交易制度的实践探索之路，并在多个地区开展过多次排污交易试点工作，试点交易对象集中在大气污染中的 SO_2 和水污染物中的 COD 两种物质。1991 年，国家环境保护总局在包头、开远、柳州、太原、平顶山和贵阳 6 个城市实施大气排污权交易试点工作。由于缺乏成熟的监测技术和法律支撑，首批试点不久搁浅。2001 年，国家环境保护总局与美国环境保护基金会签署了“研究如何利用市场手段，帮助地方政府和企业实现国务院制定的污染物排放总量控制目标”的合作协议备忘录，确立了“利用市场机制控制二氧化硫排放”的中美合作研究项目，由美国环保协会提供技术、人员及资金等多方面的支持，在江苏南通和辽宁本溪试点实施该项目。2002 年 7 月，国家环境保护总局又选择在山东、山西、江苏、河南、上海、天津、柳州 7 个省市开展“二氧化硫排放总量控制及排污权交易试点”工作，以寻求改善空气质量新途径。在试点项目的推动下，数项 SO_2 排放权交易案例得以完成。2007 年，国家环境保护总局开始在全国的火电行业开展 SO_2 排放权交易探索工作，并制定出《火电行业二氧化硫排污交易管理办法》。试点地区及部分先行的省市也结合自身环境特点，进行了大量的探索性工作，如北京、天津等地成立了排污权交易平台，江苏省出台了《江苏省太湖流域主要水污染物排放指标有偿使用收费管理办法（试行）》，浙江嘉兴市出台了《嘉兴市主要污染物排污权交易办法（试行）》及《嘉兴市主要污染物排污权交易办法实施细则（试行）》。

但由于由于缺乏经济、技术、法律等多方面的配套及国内外现实状况的差别，总体而言，排污权有偿使用与交易制度在我国仍处于试点和探索阶段。酝酿多年的排污权交易制度在我国始终举步维艰，试点地区对该项制度的实践探索，均带有浓郁的中国化特色，即在一定程度上对排污权交易制度进行了中国化改革、创新和延伸。此外，国家不同阶段和时期推出的各项宏观经济政策及环境政策，也严重影响和左右排污权交易试点工作。

1.1 认识误区

美国排污权交易制度设立和实施的初衷是要实现污染控制总成本的最小化，提高环境容量资源的配置效率。这在我国现阶段的排污权交易试点工作中还无法体现。认识上的误区往往就带来行动上的偏差。目前多数已经开展了排污权交易试点工作的地区，多是将排污权交易作为总量控制和减排的一种经济手段使用，即通过排污权交易，在排放总量不变的前提下，为新上项目获取排放指标，获得排污指标交易即结束，无法形成持续性，同时，这种思想指导下的交易过程无法摆脱政府主导，且始终停留在单个企业的交易行为上。

1.2 法律缺失

尽管部分试点省市出台了一些地方性的排污权交易政策法规，但国家层面上的法律一直没有建立。根据中国现行法律，任何企业均只有保护和改善环境的权利，而没有明确规定其有排放基本污染量的权利，即法律上没有创设可用于交易的排污权的概念，企业实际上没有获得真正意义上污染物排放的产权。

如目前太湖流域试行的 COD 排放权有偿使用的法律依据只有财政部、国家环境保护总局《关于同意在太湖流域开展主要水污染物排污权有偿使用和交易试点》的复函，再有就是 2007 年江苏省人大常委会修订后的《江苏省太湖水污染防治条例》。而在国家层面的大法上没有依据。

1.3 政策冲突

我国部分省份正在尝试推行主要污染物排放权有偿使用，这与现行污染物收费制度难以协调。现性的污染物的收费制度在一定程度上也影响着排污权交易价格的形成。既然收取了污染物的排污费和处理费，再收取污染物排放使用费有重复收费之嫌，而排污费、处理费都是国家设立的规费，均有法律、法规作为依据，而排污权的有偿收费和交易，大部分是地方性规章，其法律效力较低。

1.4 技术障碍

与排污权交易制度密切相关的排污许可证制度没有理顺和建立起来，并缺乏法律依据。国家现行的《大气污染防治法》《水污染防治法》等虽已提到了排污总量控制及排污许可证制度，但无具体实施细则。各地排污许可证五花八门，无法为排污权的有偿使用提供保障和依据。现行排污许可证制度的不规范性在技术层面大大加重了了排污权初始有偿分配的难度。

同时，排污数据监测的准确性也是影响政策实施的关键性技术因素。总量控制和排污许可证的考核指标为排污总量，继续使用基于浓度控制管理的污染监测手段，已无法满足控制的管理需求，必须安装 24 h 自动连续监测设施。目前，国内只有极少企业安装排污自动呈报系统，排污监察主要依靠企业自己申报。事实上，即使试点城市计划建立在线监察系统，但因技术及设备投资等未能配合，最终还是以传统的间接法和物料衡算法考核居多，缺乏准确性和及时性，严重削弱了监测系统的有效性。

2 广东省建立排污权交易制度的实践

随着珠三角经济的快速发展，以及粤港两地经济社会一体化程度的不断加深，区域性环境污染相互影响问题日趋严重，环境保护成为该区域经济社会可持续发展共同关注的重要问题之一，两地积极探索利用市场手段解决区域环境问题。

在排污权交易理论指导下，借鉴国内外相关制度设计的实践经验，广东省近年来在粤港两地电厂 SO_2 排放权交易方面进行了积极的实践探索和尝试，并取得实质性进展。粤港两地就珠三角地区内火力发电厂的排污交易谈判自 2003 年已启动，并开展过一些试点项目，即按照双方自由协定的交易价格，由香港方面拨出专项资金，用于珠三角的脱硫工程建设，而广东利用该笔资金完成的脱硫量，算作香港方面完成的脱硫任务[4]。2007 年 1 月 30 日，"珠三角火力发电厂排污权交易试验计划实施方案"（简称"试验计划方案"）正式公布。这预示广东省排污权交易试验进入了一个以利用市场机制推行的新阶段。

试验计划方案决定，粤港政府共同制定和推行珠三角地区空气污染防治措施，利用市场机制，让区内火电厂在自愿参与原则下，运用排污交易方法为污染源减排提供更大弹性空间，以最终实现政府制订的减排目标。试验计划方案具体规范了污染排放配额的分配、买卖、排放配额交易管理、监测以及超额排放的处理规定。至此，两地政府为珠三角地区空气污染排放权交易初步建构起一个交易框架，为区内污染源治理措施提供了一个可供选择的政策工具[5]。试验计划方案的推出，对广东省排污权交易制度的推行是一次很好的尝试。

同全国其他试点地区和城市相同，广东在排污权交易制度构建的过程中，也遭遇诸多相似的问题与阻力。但这并不影响该项政策机制在节能减排方面潜力的有效发挥。排污权交易形成的根本动因，即环境容量稀缺程度不断提高的现实在广东已经具备。同时，目前的大形势对广东省推动排污权交易十分有利，国务院《关于落实科学发展观加强环境保护的决定》（国发[2005]39 号）提出，"有条件的地区和单位可实行 SO_2 等排污权交易。"国务院印发的《节能减排综合性工作方案》（国发[2007]15 号）中也强调，要"抓紧完成节能监察管理、重点用能单位节能管理、节约用电管理、SO_2 排污交易管理等方面行政规章的制定及修订工作"。广东应该抓住这一契机，将排污权交易制度的建立在实践层面推向一个新的高度。

3 广东省建立排污权交易市场的构想

国内外排污权交易实践经验已经证明，作为一项新的环境管理手段，排污交易具有相当的政策活力与减排效率。根据环境综合情况统计，2007 年广东省 SO_2 排放总量为 120.3 万 t，比上年的 126.7 万 t 减少 6.4 万 t；化学需氧量排放总量 101.7 万 t，比上年的 104.9 万 t 减少 3.2 万 t，两项指标比上年分别下降 5.05%和 3.05%，均达到年度削减计划要求。但是，与江苏和浙江两省相比，SO_2 和 COD 削减率分别低于江苏的 7.96%、4.87%和浙江的 7.22%、4.89%。可以看出，尽管主要污染物排放总量呈现下降趋势，但是广东省污染减排的形势依然严峻，另外，盘活总量指标的要求、推动污染物的定量化管理、实现污染减排社会总成本最小化、引导企业自主治污和技术升级、构建节能减排的长效机制都迫切需要引入排污权交易政策。

表 1　近年广东 SO_2 和 COD 排量情况

种类	2005 年	2006 年	2007 年	2007 年相对于 2006 年削减量	2007 年相对于 2006 年削减率/%
SO_2/万 t	129.4	126.7	120.3	−6.4	5.05
COD/万 t	105.8	104.9	101.7	−3.2	3.05

数据来源：广东省统计局。

广东省的排污权交易制度探索初期，应该在以下几个方面寻求重点突破和打好基础。

3.1 分步骤、分阶段有序推进和重点攻坚

广东省的水污染和大气污染形式都比较严峻，水环境容量资源与大气环境容量资源均为相当稀缺的环境资源，同时这两个领域也是国家“十一五”及未来相当长一段时间内环境保护和治理的重中之重。但是，综合比较水污染物（主要是 COD）和大气污染物（主要是 SO_2）的国内外交易的实践基础和经验可以得出，因为决定水体质量的因子多而复杂，无论是政策层面还是技术层面，水污染物排放权的交易制度设计均比大气更为困难，遵照由易到难的原则，广东排污权交易政策推行步骤应该是先大气污染控制领域，再到水污染控制领域。

由于广东省内的各大电厂是区域内 SO_2 的主要排放源，同时，国家环境保护部、财政部也已经明确在全国地电力行业开展 SO_2 排放权交易试点，并将出台《电力行业二氧化硫排污交易管理办法》，以完善电力行业 SO_2 排放权交易的政策机制和配套措施建设。故此广东省近期应该重点选择在电力行业内开展 SO_2 的排污交易试点，待条件成熟和经验积累丰富后，逐步拓宽试点行业范围和领域，将 SO_2 排放份额占较大比重的化工、建材、钢铁等非电力行业也逐步纳入到排污权交易试点范围内。

3.2 完善排污许可证制度

从制度结构分析，孤立的制度存在只能将其推向死亡，任何一项制度都不是单一的，它包括多层次、多方面的制度维度支撑，制度间的互补、配合及协调将有助于使其实现高效率的执行力，并最终达到稳定状态。而我国现阶段的排污权交易制度，就严重缺乏相应的制度支撑，与其他现行环境保护制度的磨合期还远未结束，这种制度间的断层极大程度地降低排污权交易制度的效率及预期效果。因此，排污权交易制度实践能否在我国取得成功，关键在于能否很好地完成排污权交易制度与现行环境保护制度的制度契合，实现政策一体化，形成统一、完善、融合的大环境保护制度体系。

作为环境保护的基本制度之一，排污许可证制度是一项与排污权交易制度密切相关的制度。排污许可证制度在我国推行已有数十年的历史，但从目前全国的现状来看，实施效果不甚理想。排污许可属于行政许可制度的一种，至今，我国尚未制定出台普遍适用于全国及所有排污单位的统一的排污许可立法，所以说，排污许可制度尚未完成制度化。广东省 2001 年制定出台了《广东省排放污染物许可证管理条例》，但由于缺乏上级

相关法律法规的支持导致排污许可证法律效力不强。且广东省目前实行的排污许可证只对污染物的排放浓度做出了规定，并没有对企业排污的总量做出限制，这非常不利于排污权交易政策的高效且顺利推行[6]。排污许可证要与总量控制和浓度控制相结合管理，进行双标准控制，许可证上不仅要规定浓度限值、速率（或吨产品污染物排放量），也必须规定污染物年排放总量。只有这样，排污许可证才能发挥其作为排污权交易制度顺利推行的前提和基础的作用。

同时，排污权交易制度构建所遵从的一个重要原则是与现行环境管理制度相结合，排污权有偿使用与交易政策是作为一种辅助和补充性的新型管理手段，是在现行环境污染控制政策基础上环境管理手段的扩展，而非对现行管理体系的颠覆。这也是广东省在进行排污权有偿使用与交易制度构建中需要注意的问题。

3.3 研究明确排污初始配额分配方式

排污初始配额分配是排污交易制度的一级市场，其政策目标是落实总量指标，合理设定“增量”。Hahn（1984）指出，在不完全竞争的市场中，排污权的初始配额分配会影响排污权交易制度的效率。排污权初始配额分配的一级市场是由政府主导完成的，它的公平与否是排污交易能否有效运行的重要基础和前提。如何把排污权公平公正地分配给企业也是目前排污交易政策研究和实践争论的热点之一。1990 年美国国会在关于《清洁大气法修改方案》的辩论中，提出了 3 种初始分配方案：公开拍卖、固定价格出售和免费分配[7]。

选择合适的排污初始配额分配方案对广东省的排污权交易制度建立至关重要。从我国已开展的试点实践看，初始配额的无偿分配和有偿使用两种形式都有采用，利弊也各有显现。作为国家所有的环境资源产权，从国家的角度讲，初始排污权的出让应该体现权益，应该获得资源权益金或者出让金，对于企业而言，初始排污权的获得则应该缴纳资源租金。

但是，如果排污初始配额采用有偿获取的方式，则与我国已经实施的排污收费制度形成矛盾，有重复收费之嫌。所以，必须整合目前已经实施的排污收费与排污初始配合有偿取得制度，将其合二为一。同时，对于分配客体，新老企业应区别对待，破产企业要及时收回排污权；在分配方式上，建议实行基于排放绩效的分配方法；在配额分配的有效时限设置上，考虑到其可操作性及其与五年总量控制规划相结合，可以采取五年期排污许可证的形式；在资金管理上，有偿分配取得的资金可作为环境保护专项资金，统一管理，支持发展可再生能源、提供能源效率，促进减排技术提升和改造等。

3.4 继续深化完善粤港澳地区的合作

作为一种基于市场的环境管理经济手段，排污权交易政策的实行，一个很重要的依托是政策实施范围内市场的成熟与管理的完善程度。在法制秩序方面，香港和澳门的法治精神已深入地渗透到社会各个层面，社会秩序的法律基础极为坚实；在信息畅通及透明方面，香港信息高度流通，公众可随时监督制度的施政、企业的表现及社会上的各种问题。香港政府对电厂的排污有严密监察，香港的两家电力公司均通过线上监测系统或污染核算方法，向环保署提供可靠数据；在体制稳定、效率及市场机制方面，香港和澳门的体系、效率及市场机制的运行，均达到国际水平。港澳地区这些良好的构建排污权交易制度的市场环境，是大珠三角地区继续深化和完善排污权交易制度的不可多得的良好基础环境。广东省应该在《珠三角火力发电厂排污权交易试验计划实施方案》的基础上，进一步深化和完善粤港澳地区的排污权交易合作，以实现区域环境质量的改善。

参考文献

[1] 广东省人民政府. 印发广东省“十一五”主要污染物总量减排工作方案的通知（粤府[2007]99 号），2007-12-25.

[2] 思拉恩・埃格特森.经济行为与制度. 吴经邦，译. 北京：商务印书馆，2005.

[3] 王学山，等. 区域排污权交易模式研究. 中国人口・资源与环境，2005（6）：62-66.

[4] 广东省推行排污权有偿取得,有关实施方案出台. 南方日报，2007-02-07，http：//news.xinhuanet.com/local/2007-02/07/content_5707476.htm.

[5] 马小玲，等. 从“珠三角火力发电厂排污权交易试验计划”看粤港区域环境管理制度创新机遇. 电力环境保护，2007（4）：6-10.

[6] 夏光，等. 六省市排污许可证制度实施情况调研报告. 环境保护，2005（6）：57-61.

[7] 陈德湖. 排污权交易理论及其研究综述. 国外经济与管理，2004（5）：46.

嘉兴排污交易的实践与思考

沈跃平

摘　要：本文介绍了国内外排污权交易的实践情况，重点介绍了浙江嘉兴市实施 COD 排污权交易政策从设计到制定的全过程，为排污权交易在中国的推广提供了经验。

关键词：排污权交易　嘉兴　实践

The Practice of Emission Trading in Jiaxing,Zhejiang Province

Abstract: This paper introduces the current practice situation of domestic and international emissions trading. Focusing on the implementation of Jiaxing City, Zhejiang COD emissions trading policy is introduced in detail from the design to the development of the whole process, in order to provide experience for advancing emissions trading in China.

Key words: Emissions trading　Jiaxing　Practice

排污权交易体现了一种环境管理的新思想，即在满足环境要求的条件下，明确合法的污染物排放权利（简称“排污权”），并允许这种权利像商品一样被买入和卖出，以此来控制污染物的排放，实现环境容量（或者环境目标容量）的优化配置。

排污权交易通过为排污者确立排污权（这种权利通常以排污许可证的形式表现），建立起排污权的市场，利用价格机制引导排污者决策，使之自觉承担污染治理责任从而实现相应的环境容量（或者环境目标容量）权利分配。这样市场成为配置相关资源的主要手段，改变了以政府配置环境容量（或者环境目标容量）资源为主的环境管理传统模式。

根据党的十七大建设生态文明和第六次全国环保大会提出的“三个转变”要求，以及浙江省第十二次党代会提出的“创新、创业”的双创战略，在原国家环保总局和浙江省环保局直接关心指导下，在嘉兴市委、市政府的正确领导下，嘉兴市环保局积极拓展工作思路，在探索实践排污权有偿使用和排污权交易上做了一些积极有益的尝试，并取得一定的进展。

我们从 2007 年 6 月份开始着手这项工作，主要集中精力研究起草《嘉兴市主要污染物排污权交易办法（试行）》和与之相配套的《嘉兴市主要污染物排污权交易办法实施细则（试行）》（以下简称《细则》），起草工作于当年 8 月初完成。2007 年 8 月 28 日，嘉兴市政府常务会议讨论通过，并于 9 月 27 日以市政府正式文件下发，要求 2007 年 11 月 1 日起在嘉兴市全面实行排污权交易制度，从而结束了我市企业无偿获得主要污染物排放

本文作者所在单位：嘉兴市环保局。

指标的历史。截至目前，排污权储备交易中心已经成功交易 136 笔，计 COD 754.79 t/a、SO_2 684.12 t/a，交易额为 6 542 多万元。南湖区开始了初始排污权有偿分配的积极探索，420 家企业完成了初始排污权有偿分配，资金达到 3 000 多万元。年底前全市排污权交易有望达到 1 亿元。

关于开展排污权交易工作，我们始终围绕以下 4 个方面的问题进行探索研究：①要不要做，即为什么要做或者说初衷；②能不能做，即可行性研究；③怎么做，即操作层面的研究；④我们在做的当中遇到的困难和矛盾或者叫困惑。

1 国际排污权交易的理论研究和背景及现状

环境污染是随着经济社会的发展，当人们充分享受现代物质文明成果后，随之产生的全球性的严重问题，给生态环境造成了不可弥补的破坏，也威胁着人类的生存安全。当各国采取严厉的行政手段仍然无法解决时，经济最发达和环境污染问题最先出现的国家，开始寻找新的方法和手段，研究运用市场来解决环境污染问题，并取得了积极的成果。

1.1 总量控制型排污权交易制度的由来

美国是最早开始排污权交易政策研究与实践的国家，也是交易实践经验最丰富和取得成果最多的国家。其理论研究和实践发展，基本代表着该领域的理论和实践的最新进展。

在美国的环境管理历程中，管理者通常使用一种被称为命令控制的方式控制污染。在这种方式下，政府规定控制污染的方法。在初期大规模削减排污的情况下，行政命令式的控制方式效果比较明显。但是随着减排的推进其效能在不断下降，而减排成本却不断上升，从而影响到命令控制的方式减排效果。因此，必须寻找一种新的方法和措施推动减排。排污权交易理论在此基础上诞生。尽管如此，排污权交易的思想实际上在理论界经历了长达十多年的酝酿和争论，然后在 1970 年代中期开始了排污权交易的实践历程，并在排污权交易的探索实践中产生了多种排污权交易体系，随着排污权交易理论和实践的推进，逐步形成两种较为成熟的排污交易体系，一是排污信用交易，二是总量控制型排污权交易。经过 10 多年的实施，总量控制型的许可交易无可争议地成为一种应用广泛、实施规模更大的排污权交易形式，它清晰地反映了当前环境和经济发展对环境管理手段所提出的新要求，其中包括管理的较低成本、管理的灵活性等，总量控制型的排污权交易因其所固有的优势而被各国所接受，成为普遍推广的排污权交易制度。

1.2 总量控制型排污权交易的基本政策体系

排污权交易的政策体系包括：总量控制、许可证、排污权交易。容量资源作为日益重要的、稀缺的经济资源，必须得到有效的配置。但由于容量资源产权的自然模糊以及由此带来的资源使用中的外部性，传统市场配置时必然出现过度使用的现象（表现为污染和环境质量恶化），为了控制污染、遏制环境恶化的趋势，人们提出了总量控制的想法，即控制污染物排放的总量，以此限定容量资源的使用程度。

总量控制是指某一区域（一般是以行政区域作为一个完整的系统）根据区域环境质量现状和经济社会发展水平，确定该区域所有污染源在一定时间内允许排放的主要污染物总和，以此为上限值不能突破。在此基础上，按照一定的规则和要求，逐个进行核定该区域内的企业主要污染物排污量，完成初始分配，核发排污许可证，从而也事实上明晰了环境资源的使用权，完成了环境容量资源的初始配置。

目前，就排污总量控制目标的确定有两种不同的认识。理想状态下区域污染物总量控制，应该以真实的环境容量为基础，确定“容量总量”，但是由于真实的环境容量按照现有的科技手段目前还难以确定。因此，现实条件是下以目标容量作为区域主要污染物排放总量控制的目标。“目标总量”控制是根据环境管理目标来确定总量控制目标的总量控制方法，它由环境保护行政主管部门依据历史的环境统计资料、根据环境管理目标要求、区域经济发展水平来确定区域主要污染物排放总量。这个总量是区域污染源主要污染物排放总和的上限值。在目标总量的基础上就区域污染源进行排污权的初始分配，建立使用权明晰的排污权交易市场，然后进行排污权的交易。

美国的排污权交易政策体系主要由参加单位的确定、初始分配许可、许可证交易、审核调整许可 4 个部分构成。它是第一项真正意义上具有市场导向的环境政策。

1.3 美国的 SO_2 排污权交易

为解决酸雨问题而出台的 SO_2 排污权交易，是美国为进一步削减电力行业 SO_2 排放总量最成熟的新环保政策措施。1990 年代美国面对严重的酸雨损害要求大幅度地削减造成酸雨的主要前导物质 SO_2。根据有关方面的研究表明酸雨对环境和公众健康所造成的损害会影响美国社会几十年之久，但只有当这种影响发展到连肉眼都看得见的地步时才会真正引起社会的关注。1984 年，美国国会技术评价局首次正式发表题为《酸雨和大气污染的远距离传输》的报告。报告反映受调查的地区 55%湖泊受到了影响，17%的湖泊已经遭到严重破坏。受调查河流 19%可以观察到显著的破坏。酸雨对建筑物的损失达到 50 亿美元，对农业损失也将达到 30 亿美元。另外，大量的 SO_2 排放也会造成能见度下降。1980 年代美国的 SO_2 排放总量超过 2 000 万 t，其中 75%来自火力发电厂。大量研究结果表明，如果 SO_2 排放总量每年削减 800 万～1 200 万 t，由此因健康水平改善带来的经济效益每年为 120 亿～400 亿美元，从能见度改善带来的经济效益每年为 35 亿美元。由此，SO_2 的治理引起社会各界的高度重视。同时，随着经济社会的发展，美国政界的主流已经越来越倾向于利用市场来解决社会问题。因此，用市场的手段解决环境污染问题也就成为一种趋势。

1990 年美国国会通过的《清洁空气法》修正案为全面开展排污权交易提供了法律基础。《清洁空气法》修正案对排污权交易做出了明确的规定。长达 400 多页的《清洁空气法》1990 年修正案充分体现了美国法律条款详细、具体的特点，其中明确规定了通过排污权交易政策来实现 SO_2 的总量控制目标，并授权环保局具体实施、管理。在实施 SO_2 交易政策的细节上，修正案列出了必须参加的交易体系的电厂清单，规定了许可证的分配原则、计算发放、拍卖许可证的数量、受限制的连续监测要求，超证排放的惩罚措施等。这些均为交易政策的实施提供了有力的法律保证。

通过多年的努力，排污权交易从 1994 年交易次数 215 起，到 1997 年迅速增长到 1 430 起，到 2001 年 SO_2 排污权交易次数已经超过 17 800 起。通过 SO_2 排污权交易，部分地区降雨中的硫酸盐已经下降了 25%。与此同时也取得了良好的社会经济效益，降低了减排成本，根据统计分析表明，仅以 2%的资源实现了 40%的削减，经济效益十分显著。另外，也推进了节能环保技术的发展，提高了企业减排的积极性，整个电力行业不仅没有受到排污权交易的影响，反而促进了健康发展。

但是，我们也应该看到，美国开展排污权交易仅限于在同一个行业（电力行业），各种制约因素比较单一，通过市场机制来确定 SO_2 价格和流向，不会造成排污权流向其他重污染行业企业，从而影响到整个产业结构的调整。然而，我们当前正在进行探索实践的排污权交易是跨行业的排污权交易，完全由市场来决定价格和流向，对推进产业结构调整将会造成消极影响。因此，政府环保行政主管部门在排污权交易过程中必须进行适度的干预，防止排污权流向重污染行业的企业。

2 嘉兴市开展排污权交易的初衷

排污权交易是一项全新的环境经济政策。实行排污权交易，客观上会增加新建设项目的投资根本，也必然相应降低实施排污权交易地区招商引资的能力，但是开展排污权交易能够为新建设项目提供日趋紧张的环境资源，同时提高了环保市场准入门槛，有助于推进产业结构的调整和产业升级，减少主要污染物的排放总量，改善生态环境质量。

2.1 开展排污权交易，成为嘉兴的经济社会发展提供环境资源主要途径

目前，嘉兴正面临经济社会发展环境资源的困境，以水环境为例，由于特殊的地理环境和经济社会的快速发展，嘉兴的水环境状况堪忧。根据监测表明，2007 年 61 个市控以上的断面中，仅海盐县南北湖水质可满足功能区类别要求，为Ⅲ类 1 个，占 1.64%；而其余断面中有Ⅳ类 3 个，占 4.92%；Ⅴ类 17 个，占 27.87%；劣于Ⅴ类的 40 个，占 65.57%。出现这一状况的主要原因是嘉兴处于杭嘉湖平原的下游，占整个嘉兴水资源 75%的是上游地区来水，且 85%都处于Ⅴ类与劣Ⅴ类之间，再加上自身的污染，嘉兴的经济发展已经没有水环境容量。

2006 年国家实行总量控制，并以 2005 年的环境统计为基础实行减排。一方面，国家以行政命令的形式，划定了嘉兴所拥有的但与真实环境容量不相等的环境资源；另一方面，嘉兴的环境资源已经被 2005 年前进入市场的企业所占有。因此，嘉兴的经济发展严重受制于环境资源。

新进入市场的企业所需的环境资源必须从已经通过行政许可而获得环境资源的老企业，通过工程措施等削减排污量而腾出的环境容量中取得，这里关键的问题在于这个减排成本由谁来承担。老企业在法律上并没有义务承担这份责任，比较合理的做法应该由新进入市场的主体来承担。新进入市场的主体在老企业中寻找合适的合作伙伴，然后进行投资，减排下来的环境资源由新的市场主体来使用。事实上这个投资应该由老企业来做更合理，投资减排工程后，将削减下来的排污指标（简称“排污权”）通过交易平台卖给需要排污权的新建企业，使新建企业拿到环保“入场证”。

2.2 以保护环境优化经济增长，促进嘉兴产业结构的调整

嘉兴的产业结构层次比较低，五大重污染行业的 COD 排放量占 84%，但 GDP 仅占

34%。我们可以通过排污权交易市场这只无形之手，提高重污染企业的环保市场准入门槛，逐步推进产业结构的调整。重污染行业企业一般占有的主要污染物排放指标比较多。以一家规模 30 万 t 的造纸企业为例，一般需要 COD 200 t 和 SO_2 100 t 排放指标，根据嘉兴的交易价格，大约需要投入 2 000 万元。这样一来，投资这种重污染行业企业的成本就会大大增加，这必将促使投资者转向投资其他占有主要污染物排放指标较少的行业，这就可以促进整个产业结构的调整。

2.3 推动减排任务的完成和为减排工程筹集资金，降低社会减排成本

按照浙江省环保局提出的“以新带老”规定，所有建设项目新增 COD 和 SO_2 排放指标都必须以 1∶1.2 或 1∶1.5 的比例进行指标替代，事实上这就是一种减排。就是新增 COD 1 t 或 SO_2 排放指标须在交易中心实际购买 1.2 t（或 1.5 t）COD 或 SO_2 排放指标，从而推动减排任务的完成。同时，通过排污权交易也为实施减排工程建设筹集了资金。一方面，我们可以实行差别价格获得利润；另一方面，部分政府公共环境资源的出让也可以获得收益。这些资金都可以直接用于减排工程建设。在推进整个区域减排过程中，一些企业的减排成本由于成本多种原因造成其减排成本高于区域平均减排成本，而一些企业则低于区域平均减排成本。因此，一些低于区域平均减排成本的可以多做减排，而另一些高于区域减排成本的则可以通过向低于区域平均减排成本的企业购买排污权，作为自己的减排任务，从而降低了整个区域的减排成本。

3 深入调查研究积极探索开展排污权交易的可行性

排污权交易作为一项备受各方关注的环境经济政策，多年来全国各地环保系统的同行都进行过积极有益的探索，但是由于受到当时的历史条件限制，一直都还停留在个案的探索实践中，没有在面上全面推开。随着经济社会的快速发展，科学发展观和“三个转变”的提出，以及总量控制和减排的扎实推进，为我们开展排污权交易提供了前所未有的机遇。

3.1 国家对主要污染物 COD 和 SO_2 排放实行总量控制，为开展排污权交易提供了前提条件

国家以 2005 年环境统计排污总量为基准，实行总量控制，并推行减排。省政府根据国家“十一五”主要污染物减排计划，同样要求嘉兴以 2005 年环境统计为基准，实行总量控制，并下达“十一五”期间 COD 和 SO_2 每年分别完成削减 3.5%和 3.6%的任务。省环保局还明确规定新建、扩建、技改项目新增主要污染物排放量，必须在主要污染物排放总量控制条件下，新增的量要从已经占有环境资源的老企业完成规定的减排任务后削减出来的减排指标中解决，这就为顺利开展排污权交易提供了前提条件。

3.2 嘉兴市经济社会的快速发展，为开展排污权交易奠定了的经济基础

近年来，嘉兴的综合经济实力不断提升，2006 年，全市 5 个县（市）都是全国列前 32 位的百强县，绝大多数企业也已走过创业发展的初期，经过市场经济的考验成长为具

有一定经济实力的市场主体。企业的社会责任意识、科学发展理念和环境保护意识也逐年增强，这就为开展排污权交易奠定了坚实的思想和经济基础。

3.3 环境资源的日益稀缺，为开展排污权交易提供了内在动力

目前，从嘉兴的水环境和大气环境质量状况分析，环境容量已经饱和，两项主要污染物排放指标或者称为排污权，已经成为各级政府和企业的稀缺资源。政府与企业发展经济扩大再生产需要有环境资源空间，新建企业也需要有环境资源空间，政府和企业两方面都有着开展排污权交易的内在动因。

3.4 嘉兴市较为完备的环境监控系统，又为开展排污权交易提供了强有力的技术保障

排污权交易发生后的监管，是一个十分重要的环节，如果没有事后监管手段，排污权交易不可能有效而持续地进行。根据省政府“811”环境污染整治计划要求，2007 年 10 月份，嘉兴市已经在全省率先完成了污染源自动监测监控和大气、地表水自动监测两大系统建设，建成了 1 个中心和 7 个分中心，对全市 90%的污染排放总量实现了全天候实时数据和图像监控，19 个地表水自动监测站和 14 个大气监测站可对整个嘉兴的水环境和大气环境进行全天候实时监控。两大监测监控系统的建成和有效运行，为开展排污权交易实时核定污染物排放总量，提供了强有力的技术保障。

3.5 主要领导高度重视，成为推进排污交易的重要动力

开展排污权交易客观上会带来两大问题：

（1）增加了新进入市场主体的投资成本，就是增加购买主要污染物排放权（排污权）的投资成本。企业的声音对政府的传导非常迅速。政府领导特别是主要领导对开展排污权的看法至关重要。同时，由于嘉兴尚未进行初始排污权有偿分配，客观上也造成了新进入市场的主体与已经进入市场的主体在市场竞争上的不公平性。

（2）某一地区开展排污权交易，事实上了提高该地区商务投资的成本，一定程度上会降低招商引资的吸引能力，从而也会影响到当地 GDP。

因此，开展排污权交易关键是要得到当地党政主要领导的认可，或者说是党政主要领导要求开展排污权交易。所幸的是嘉兴市党政主要领导要求在 2007 年底前必须全面推行排污权交易制度，在他们的大力推动下，全市各相关部门也给予了大力支持，使排污权交易各项工作得以快速顺利地推进。

4 嘉兴市排污权交易之前已经实施和即将开展的几项工作

实行排污权交易首要的就是要构建排污权交易的政策框架，制定具体的实施细则，创造性地开展工作，不断研究解决工作中遇到的新情况，新问题，使排污权交易工作有序展开。

4.1 制定出台办法，构建基本框架

《嘉兴市主要污染物排污权交易办法（试行）》，是嘉兴市第一个推动排污权交易的规

范性文件。主要内容为：

（1）明确从 2007 年 11 月 1 日起全市所有新建、扩建、技改项目新增主要污染物排污量都必须通过排污权交易获得，结束了无偿获得排污许可的历史。

（2）明确要求成立嘉兴市排污权储备交易中心，各县（市）视情成立分中心，并规定中心作为开展排污权交易的指定平台，未经平台交易的视为无效交易。

（3）市环保局是排污权储备交易中心的监督管理部门，中心在嘉兴市环保局的领导和指导下开展排污权交易活动。

（4）排污权储备交易中心通过交易所得资金统一纳入排污权交易账号，全部用于污染物减排项目建设。

4.2 制定实施细则，明确交易规则

（1）《细则》明确了企业只有通过工程治理项目、结构调整减排项目和监督管理等减排措施，完成削减任务后多余的指标经环保部门派出的专家组审核、环保局确认后方可进入交易中心交易。

（2）《细则》明确了排污权交易的具体程序，向排污权储备交易中心出让排污权，企业首先要提出交易申请，中心受理后，委托环保行政主管部门对出让的排污权进行审核确认后方可进行交易，并向企业重新核发排污许可证。需要申请购买排污权的企业，应在环保行政主管部门拿到企业的《环境影响评价文件》后，出具《排污权购买总量联系单》，中心按照联系单确定的总量进行交易。

（3）《细则》明确了原有的无偿获取排污权的市场主体发生关闭、破产、迁出嘉兴市行政辖区，其排污权由储备交易中心收回，特殊情况给予一定的补助。从交易中心通过交易获得排污权的排污者发生上述情况的其排污权由储备交易中心按出让价收购。对违反环保法律法规被责成关停企业的排污权将由交易中心无偿收回。

4.3 从排污权有偿使用切入，推动排污权交易全面展开

在排污权交易体系中，排污权初始分配（可分为有偿和无偿两种）、排污权有偿使用、排污权再分配是一个完整的体系，它们之间既相互联系，又相互制约。从排污权交易理论体系上看，我们感到：①初始排污权有偿分配是为了解决开展排污权交易之前，已经存在企业的排污权有偿获得问题；②排污权有偿使用是解决新进入市场的企业排污权有偿获得和使用问题；③排污权再分配或者叫排污权交易是企业在有偿获得排污权的基础上，排污权的有偿再分配。

一般情况下排污权交易首先应该从排污权初始分配开始，这对新老企业均比较公平，也有利于各种问题的解决，但是由于排污权初始分配情况复杂、难度大，既有技术层面也有法律层面的问题。如收取初始排污权有偿分配用费，目前在法律上还没有依据。企业在初始排污权分配中怎样才能获得公平、合理排污权等，这些问题依据目前的法律和技术手段一时还难以解决，一直成为推进排污权交易的最主要障碍。同时，初始排污权有偿分配需要较长的过程。根据简单估算，嘉兴市几万个企业全面推行初始排污权有偿分配，大约需要用一年半到两年的时间。对此，我们在学习排污权交易理论和兄弟单位排污权交易经验的基础上感到，要在短时间内推动排污权交易，必须转变思想方法，坚

持从实际出发，从比较容易展开的排污权有偿使用着手，当有偿使用取得实质性进展和各种条件相对成熟时，再回过头来对老企业进行初始排污权的有偿分配。这样更加有利于推进整个排污权交易事业的发展。对暂时面临的与排污权初始分配等相关问题，采取复杂问题简单化的办法去处理，即以环保行政审批或“三同时”验收为准，对实行排污权交易之前的已经无偿取得的排放指标（排污权）予以确认，承认企业事实上的拥有。同时，如果企业通过工程措施产生减排量（有多余的排污权），扣除应该承担的减排任务外多余部分可以出让交易，并从中获得经济收益。这样做的结果就在实际上跨越了初始排污权有偿分配所遇到的障碍，直接进入排污权有偿使用，使排污权交易取得了实质性的进展。具体做法：

（1）对实行排污权交易以前已经存在的企业，我们承认通过行政审批所获得的主要污染物排放权属于企业。①企业通过行政审批无偿获得的主要污染物排放权在没有进行有偿初始分配之前，可以无偿使用；②当企业发生倒闭或迁出嘉兴市行政区域，通过环保行政审批而无偿获得的主要污染物排放权（排污权），由嘉兴市排污权储备交易中心无偿收回，作为政府的公共资源；③企业通过投资减排工程等获得减排量，经环保监督管理部门派出的专家组（由总量办、监测站、环保专家库随机抽取的专家组成）的确认后，扣除企业应该承担的减排任务，多余的减排指标可出让给排污权交易中心，并从中获得减排收益。

这就跨越了摆在我们面前的初始排污权有偿分配的障碍，为嘉兴市顺利推动排污权交易奠定了较为扎实的基础。

（2）对实行排污权交易以后新进入市场的企业，凡有新增主要污染物的必须通过排污权交易中心购买排污权。从 2007 年 11 月 1 日起，嘉兴市所有新的主要污染物的建设项目需要的排污权，必须从嘉兴市排污权储备交易中心或分中心购买，从而结束了无偿获得排污权的历史。①排污权购买者的认定。一要有新的投资建设项目；二要符合产业和环保政策。就目前而言，由于经济社会快速发展和推行总量控制条件下的减排，使得环境资源或者说排污权十分紧缺，因此购买排污权必须符合相关条件。这就是购买者必须有建设项目，同时建设项目必须符合产业和环保政策。②排污权购买量的确认。一要以环评和“三同时”验收为数据为准；二要实行多退少补。购买排污权必须以建设项目环境影响评价文件确认的主要污染物排放总量为基础，以建设项目“三同时”验收为基准，实行多退少补，即通过“三同时”验收后主要污染物排放总量超过购买的排污权，一方面要求企业通过各种措施达到环评要求，确有难度的重新购买增加部分的排污权；另一方面当发现企业购买的排污权多于建设项目排放总量的，排污权储备交易中心将出资收购。因为在目前的总量控制条件下推行减排，排污权比资金更紧缺。③排污权购买与行政审批之间的关系。排污权交易作为环保行政许可中间的一个环节，当建设项目完成环境影响评价文件后，报环保部门审批时的第一个环节就是按照环评确定的排放总量与排污权储备交易中心签订买卖合同，购买排污权。买卖完成后转入正常环保行政许可审批和环境监督管理。

排污权有偿使用的全面展开，为初始排污权有偿分配奠定了良好的思想基础，积累了许多实际工作经验。

4.4 嘉兴市排污权储备交易中心以企业形式注册，开展业务比较灵活

嘉兴市排污权储备交易中心当初是不得已而注册成为一家国有独资企业的，这样做有它好的一面，但也会遇到一般企业相同的困难和问题。

（1）以企业形式注册，便于具体操作和环保局监督管理，特别是资金进出比较方便，因为资金一旦进入财政口子，进去容易出来难。交易中心是要随时进行交易的，如资金进出受阻，交易就会变得非常困难，也就有可能直接影响建设项目的环保许可审批时间，企业也许会告环保局行政不作为。

（2）以企业形式存在也有致命的缺点，关键是涉及税务问题。我们当前所涉及的主要是两个税种：①交易税。交易税是个十分复杂的问题。排污权交易中心开具交易全额发票，就要交全额交易税；如果在企业之间开具交易发票，只要向交易中心缴 5%的管理费，交易中心就可避免全额交税，但容易把排污权交易市场搞乱。所以我们禁止企业之间直接交易，而必须以交易中心为平台，因此全额交税不可避免。②所得税。这里有两种解释：一种是就交易中心而言所得按照嘉兴的文件规定，交易中心只收取 5%的管理费，5%是交易中心的实际收入。其余部分并非是交易中心的所得，属交易暂存款，因为今后要退还给企业的。也就是当购买排污权的企业退出市场时，交易中心应当按照使用时间长短收购其排污权，支付排污权收购款项。另一种解释是所有收入减去成本，都是交易中心的利润，所有利润都得交税。这样交税数量就大了，每一笔所得都须交所得税，这就会造成交易平台上的资金越来越少，这对整个排污权交易的可持续发展将造成影响。

（3）如果注册成事业单位，采用行政事业收费，虽然可以减少许多税务上的麻烦，但是也会给我们带来一些困惑。行政事业收费，资金进入财政专户，可以避免交税，但是排污权交易收费价格必须由省物价部门制定，价格审批时间较长，因为一是审批有一个程序，二是成本核算也比较复杂。然而最大的问题还是开具行政事业收费往来款收据，能否打入企业成本目前还没有过硬的依据。这个问题不解决，会直接影响企业开展排污权交易的积极性。

4.5 盘活公共环境资源，为排污权储备交易中心掘得第一桶金，实现了滚动交易

财政给嘉兴市排污权储备交易中心只注入了 50 万元的注册资金，然而要实施较大数量的排污权交易，中心所需要的启动资金量应该有 500 万元左右。如何解决资金短缺问题也是交易中心面临的困难之一。

我们在研究 2005 年的环境统计与环保行政许可时发现，一些企业行政许可的主要污染物排放总量比较小，而进入 2005 年环境统计的量较大，这里蕴藏着公共资源和商机。

如某个企业当年通过行政许可而获得的主要污染物排放总量只有 100 t COD，但在 2005 年的环境统计中却有 200 t，那么这个多排放的 100 t COD，对企业来说是非法的；而对政府来说这 100 t COD，是实实在在所拥有的环境资源。因此我们可对这些超总量排放的企业采取限期治理措施，限期减排达到行政许可规定的排放总量，对减排下来的 100 t COD，我们通过交易平台出让。这就为嘉兴市排污权交易储备中心掘得了第一桶金，使交易平台有足够的资金进行滚动交易。

4.6 充分发挥排污权储备交易中心的储蓄功能，不断充实主要污染物排污权储备量

能否使排污权交易中心保持正常的交易业务，平台上拥有足够的交易量是非常重要的，没有一定的排污权存量，交易就无法进行。同时，由于环境资源的稀缺性越来越被人们所认识，一些企业就是有多余的量，也不肯出让给交易中心。对此，我们设计了 3 条游戏规则：

（1）对企业已经通过环保行政许可，但没有施工建设，且时间已超过 5 年的，收回排放指标，作为平台的公共资源出让。

（2）对企业未经申报或闲置期超过两年的排污权指标，经环境保护主管部门确认后，可由储备交易中心无偿收回。

（3）对企业存在的主要污染物排放的多余指标，时间又在两年以内的，我们就动员企业将这些指标存在交易平台，每年给予一定的“利息”。但是“利息”给多少，我们现在还没有研究出一个很好的确定办法。这里可能还涉及一个排污权在有效使用期限内是否要折旧的问题。如果考虑折旧，利息就应该大于折旧。这个问题也需要专门研究。

以上这些措施在一定程度上缓解了储备交易中心存量不足的问题。但由于我们是在 2005 年的环境统计基础上实行总量控制，并推进减排，因此，交易总量将会逐年减少，特别是像浙江省这样以新带老以 1∶1.5 的比例替代，那么交易量减少的趋势将会更加明显。

4.7 试点初始排污权有偿分配，为全面推开积累经验

在推进排污权有偿使用的同时，我们并没有停止对初始排污权有偿分配的研究和实践。我们在推进排污权有偿使用的同时，在南湖区开展初始排污权有偿分配试点工作。初始排污权有偿分配的问题说到底，其实就是老企业已经通过行政许可无偿取得的排污权，怎样变成有偿使用。

从环保行政主管部门角度看，推行初始排污权有偿分配，主要有以下 3 方面的积极意义：①通过初始排污权有偿分配可以筹集非常可观的资金，利用这笔资金可集中建设较大规模的减排工程，提高减排的效率。因为单个企业分散减排投资成本大，效率差，不利于降低整个社会的减排成本，提高减排效率。②通过初始排污权有偿分配使实行排污权交易前后进入市场的企业在有偿使用环境资源上相对公平，有利于推动排污权交易，提高环境资源的利用率，最大限度地发挥环境资源的经济社会效益。③老企业实行初始排污权有偿分配和新进入市场企业的有偿使用，为排污权的再分配或者说排污权交易奠定了基础。没有老企业的初始排污权无偿或有偿分配，就不可能有真正意义上的排污权交易。

然而，初始排污权有偿分配我们面临的最大障碍是法律问题，如何规避就成为一个焦点。因此，我们在设计制度的指导思想上，就是由原来的环保行政主管部门或者是排污权交易中心让企业来卖，变成让企业主动来购买初始排污权。如果企业自己主动要求购买初始排污权，我们就达到了规避法律的目的。对此，我们规定了 3 条原则：

（1）初始排污权有偿分配价格低于排污权交易价格，并在取得初始排污权 1 年以后，通过减排工程等产生减排量，即可上交易平台进行排污权交易，获得经济收益，从而使

参与初始排污权有偿分配的企业感到有利可图，主动购买初始排污权。从南湖区的实践看效果比较明显，许多企业积极参与初始排污权有偿分配，购买初始排污权。

（2）初始排污权有偿分配以环境影响评价文件确定的总量或“三同时”验收数据为准。现在环保行政主管部门对企业的主要污染物排放情况有多种数据。①行政许可数据（这个最具法律效力）；②“三同时”验收数据（数据最为可靠，但是“三同时”验收率不高，数据不够）；③排污许可证数据（这个数据目前还没有法律地位）；④排污收费数据（由于受利益驱使，这个数据被人为减小）；⑤环境统计数据（受人为因素干扰，数据的真实性受到考验，但这是国家层面承认的数据，并以此为基础开展减排）。因此，对已经完成“三同时”验收的企业原则上采用验收数据，未进行“三同时”验收的采用环评数据，对一些早年未做环评的企业由环保部门派出专家组进行现场核定。

（3）始终坚持从实际出发，针对不同情况采取不同的方法，积极推进初始排污权有偿分配。①经济实力强，愿意一次性买断排污权的企业，只需按排污权交易价格的 60%购买初始排污权，所获得的初始排污权连续使用 20 年，且自购买初始排污权的第二年开始如有减排量即可以上交易平台进行交易；②一些排污总量大，一时难以拿出大笔资金购买初始排污权的企业，可在规定的时限内，采取分期分批的方式购买初始排污权，其费用略高于前者，通过购买而获得的初始排污权满 1 年后，如有减排量也可上交易平台进行排污权交易；③一些由于资金比较紧张一时无法购买初始排污权的企业，可采取购买临时排污权办法，这实际上是一种临时租用排污权方式，但是每年的租金比一次性购买或分期分批购买初始排污权的费用要高；④一些不愿意购买初始排污权的企业也可自主选择减排，即必须按照环保部门核定的初始排污量，按照上级政府规定的减排任务逐年递减，其排污权属政府所有，不得上排污权交易平台进行交易。当企业转产、破产、关停后排污权由政府无偿收回。

从而使企业可根据自身的实际情况确定购买初始排污权的方式，大大降低了推进初始排污权有偿分配所遇到的阻力和风险，确保了初始排污权有偿分配的顺利推进，并获得了成功。

4.8 开展排污权抵押贷款，缓解中小企业资金紧缺压力

在推进排污权交易过程中我们发现，一些中小项目投资主体由于购买了排污权，客观上占用了一定量的资金，出现了资金紧张，特别是当前出现金融危机的条件下，企业的发展遇到了许多困难。为了帮助中小投资主体摆脱资金短缺困难，积极主动地推进排污权交易，我们根据企业购买排污权后，排污权已经成为企业无形资产的现实，设计了排污权抵押贷款制度，以排污权作为抵押物，进行抵押贷款，创新金融产品，以缓解中小投资主体资金短缺的压力。

（1）核发《嘉兴市主要污染物排放权证》（以下简称《排污权证》），即对已经通过排污权交易平台购买排污权的企业发放《排污权证》。核发的量以浙江省的以新带老比例来确定，如 1∶1.5，那么《排污权证》上只有 1，另外的 0.5 作为减排指标予以抵消。同时，《排污权证》与正在核发的《排污许可证》并存。

（2）《排污权证》始终具有价值存在，今后企业倒闭或者通过减排出现多余指标，排污权储备交易中心可以按出让价格收购。同时《排污权证》还具有保值与增值作用。因

为可以预想排污权将越来越稀缺，有一天可能会走到公开拍卖这一步。

（3）加强与银行的合作，推出金融服务新产品，开展《排污权证》抵押业务。9 月 28 日嘉兴市环保局、嘉兴市排污权储备交易中心正式与嘉兴市商业银行签订三方合作协议，即环保局为抵押登记机关，商业银行给已经发放《排污权证》的企业根据购买排污权的数量（价值）以 70%～80%授信。当企业需要贷款时可将《排污权证》作抵押物，到嘉兴市商业银行申请抵押贷款。企业与银行签订抵押贷款合同时，企业与嘉兴市排污权储备交易中心签订排污权交易出让合同，并出具委托书，即当企业到时不还贷时，为实现银行的债权，排污权储备交易中心可以直接按照预先签订的合同和授权委托书出售该企业的部分排污权，并将出让所得作为企业还贷，这样银行的利益就得到了较好地保障。

4.9 试水排污权公开拍卖，由市场决定排污权交易价格

目前，嘉兴市推行的排污权有偿使用和初始排污权有偿分配指导价格，主要参考依据是不同行业企业减排工程投资和运行维护等综合成本核算后的一个基础性价格。排污权作为一种稀缺资源，其价格应该由市场来确定，这样更能体现，在环境资源日趋紧缺条件下的价值。

嘉兴市于 2008 年 10 月 19 日，首次组织进行了排污权的公开拍卖活动，将公共环境资源 COD：6.5 t 和 SO_2：1.8 t 进行公开竞拍，共有 10 家企业参与了公开竞拍活动。每吨 COD 在 8 万元的起拍价上，经过公开竞拍达到 10.35 万元；每吨 SO_2 在 1.2 万元的起拍价上，经过公开竞拍达到 2.16 万元，远远高出了排污权交易的指导价。

通过公开竞拍我们达到预期目的，进一步强化了企业主对环境资源稀缺性的认识，对于推动初始排污权有偿分配和排污权有偿使用起到了积极作用。但在目前情况下我们还不具备进行大规模环境资源公开竞拍的条件，因为环境资源应该流向产业层次高、科技含量高、经济社会效益好、污染物排放少的行业企业，就是要通过环境资源这个闸门，推动嘉兴产业结构的调整，提升产业层次，真正体现科学发展。仅仅根据购买环境资源出价的高低，来决定环境资源的流向，显然有悖于科学发展。

5 下一步需要认真研究探索的几个具体问题

5.1 利用交易中心，实施以资金购买减排指标，使主场主体公平承担减排的社会责任

在我们推进整个嘉兴市主要污染物减排过程中，往往是一些大型企业在减排上作出了重要贡献，承担着重要角色，这些企业在削减主要污染物方面占有的比重达到 20%～30%，有的甚至达到 40%，远远超出国家赋予的减排任务。我们认为，每个市场主体承担的社会责任应该是公平一致的，事实上许多企业并没有承担国家规定的 3.5%和 3.6%的减排任务。为了体现在完成减排任务上的公平性：

（1）我们将在完成污染源普查和重新核发排污许可证的基础上，通过排污权交易中心对在“十一五”期间未完成减排任务的企业收取减排费，也就是要他们拿钱购买减排指标，承担国家赋予的减排任务。

（2）排污权储备交易中心将这笔资金支付给超额完成减排任务的企业。这样所有的

企业在承担国家赋予的减排任务上就会实现公平。

5.2 积极探索工业反哺农业之路，以工业资金去治理农业面源污染，从中获取的COD用于新建项目

（1）嘉兴的养猪业非常发达，在给农民带来可观的经济收入的同时也带来了严重的环境污染。目前，生猪养殖污染治理主要受资金等因素的制约而进展缓慢。同时，工业经济的快速发展也受到主要污染物排放指标制约。

（2）如果能把治理生猪养殖污染而获得的 COD，以一定的比例用于建设项目审批的排放指标替代，这将是一举多得的良策。①可解决治理资金不足的问题；②可解决工业经济发展所需要的排放指标问题；③可解决排污权储备交易中心排污权来源问题；④可使排入环境的污染物明显减少，环境质量也会得到改善。

（3）问题的关键是农业农村面源污染还未列入环境统计口径，实行总量控制。这次污染源普查已经将农业农村面源污染纳入其中，问题的解决已是指日可待。工业反哺农业将是一种趋势，这也符合党中央构建和谐社会的要求。

5.3 开展年内短期出租业务，充分利用当年度的环境资源

在实际工作中我们发现这样的情况经常会发生，即：

（1）一些企业当年度主要污染物排放指标明显不够用，如其生产状况十分好，时间尚未过半，排放指标却已经远远超出一半，这些企业很可能由于没有排放指标而被迫减产或停产。

（2）一些企业主要污染排放指标闲置，如由于生产状况不好，时间过去半年，但排放指标却基本没动，存在排放指标闲置的问题。

这就产生了短期主要污染物排放指标的供求市场。我们设想将来要开发这个供求市场。当年度有多余排放指标的企业可以将排放指标放在交易平台上出租，而需要排放指标的企业，可以到交易平台上来租排放指标。这就较好地解决了当年度如何用足用好总量问题，能切实为发展提供环境资源，为企业发展生产服务。

（3）新进入市场的企业在排污权交易中心购买了排污权之后，由于该项目仍然在建设过程中，并不排放污染。因此，企业所购买的排污权在整个建设周期中始终处于闲置状态，此期间这些主要污染物排放指标，也被称之为排法权是可以拿到交易中心平台上进行出租的。这就使区域有限的环境资源利用最大化，同时，也使因没有排污权而造成减产和停产的企业摆脱了困境，而出租排污权的企业得到了相应的收益。

然而这里也有一些问题，就整个大嘉兴而言没有超出国家控制的总量，而且是最大限度地利用了有限的环境资源，但是对某一家企业来说这是超总量排放。这里有个合理不合法的问题。我们也在想，如果什么都怕而什么都不做，创新就变成了一句空话。

5.4 探索实践排污权折旧，不断完善排污权交易制度

事实上排污权是一种无形资产，也可以进行折旧，但如果折旧，折旧的时间应该是几年？是按排污权交易使用的有效期 20 年，还是更长一些？当然这里说的折旧包含两个方面：一是其价值的折旧，二是排污权总量的折旧。

折旧问题：①在 8 万元的基础上，按照 20 年折旧，20 年后其价值为零；②在排污总量按 20 年折旧，20 年折旧为零，但平时可以按购买的总是排放；③在数量上和价值上同时按 20 年折旧。这 3 种方法那种更加合理和科学需要进一步研究探讨。

6 开展排污权交易带来的积极效应，赢得了企业对排污权交易认同与配合

排污权交易是以市场机制解决社会环境问题的有益探索，是一种全新的环境管理体系。我们可以通过市场这只无形之手，调动全社会的积极性和创造力，一方面实现主要污染物的减排，降低社会减排成本；另一方面通过排污权交易市场实现优化环境资源的有效配置。

6.1 开展排污权交易为嘉兴的经济社会发展提供了环境资源

中央政府以 2005 年的环境统计数据来确定行政区域的主要污染物 COD 和 SO_2 的排放总量，并要在这个排放总量的基础上，"十一五"期间削减 15%。对此，地方政府和市场主体面临着双重压力，一方面完成主要污染物的总量排放 15%的削减任务；另一方面还要为经济社会发展提供环境容量。通过利用市场的手段开展排污权交易既可完成嘉兴的减排任务，又能较好地为经济社会发展提供环境资源。截至目前，我市已有 136 家企业通过排污权交易获得了主要污染物排放指标，顺利进入了市场。如大华纸业有限公司，2007 年立项进行技改，扩大高档箱包纸的生产能力，该项目所需主要污染物 COD 18 t，但由于该企业没有足够的主要污染物排放指标，该项目迟迟不能获得环保行政许可。2007 年 11 月 1 日嘉兴开展排污权交易后，该企业通过自身投资减排工程，从中获得 10 t COD，所缺的 8 t COD 则通过排污权交易市场购得，从而获得足够的主要污染物排放指标，通过了环保行政许可。

6.2 降低了整个社会的减排成本，取得了较好的社会经济效益

减排是整个社会的共同责任，所有市场主体都应该按照国家"十一五"国民经济发展计划规定的减排目标实施减排。但是由于历史和产业不同的原因，每个企业削减单位主要污染物的成本不尽相同。一些企业由于主要污染物处理难度较大，处理费用自然会比较高，而另一些企业主要污染物处理比较简单因而成本相对较低，从而构成了全社会减排的平均成本。对于高出全社会减排平均成本的减排企业，可以通过排污权交易平台向低于社会减排平均成本的减排企业以社会平均削减单位主要功能污染物的价格购买减排指标，以资金冲抵减排任务。这样可以获得"三赢"：①减排成本低于社会平均减排价格，并能多减排的企业通过排污权交易出让排污权获得收益；②减排成本高于社会减排平均价格的企业，可以通过排污权交易平台购买排污权，以此完成减排任务，充分体现了承担减排社会责任的公平性；③可切实降低整个社会的减排成本。

6.3 强化了企业主对环境容量（主要污染物排放指标）即是资源的意识

一方面，企业通过减排扣除完成国家和省下达的减排任务以外的部分，可以通过排污权交易出让，获得经济效益，提高了企业减排的积极性；另一方面，实行总量控制型

的排污权交易，严格规定了企业能够排放的主要污染物总量，使企业意识到环境资源是有限的，企业主也倍加珍惜。在没有实行总量控制型的排污权交易的条件下，企业只要按照环保行政许可规定的排放浓度，可以不加节制地大量排放主要污染物。然而实行总量控制型的排污权交易，不仅规定了严格的主要污染物排放浓度，而且也规定了企业主要污染物的排放总量，一旦超过不仅要受到严厉的行政处罚，而且还要出资购买排放指标。至于通过削减主要污染物排放总量扣除国家和省政府赋予的减排任务以外的部分可以出让给新建设项目，则可以得到较丰厚的经济回报，这就相对提高了企业减排的积极性。总之，实行排污权交易可使市场主体会更珍惜已经拥有的环境资源，用足用好有限的环境资源，使其最大限度地发挥出经济社会效益。

6.4 减少主要污染物的排放总量，改善嘉兴的环境质量

由于实行总量控制型的排污权交易制度，在两方面的作用下，排放总量在逐年减小。因为，一方面各级政府都在推进以 2005 年环境统计基础上的总量减排，主要污染物排入环境的总量将会逐年减少。另一方面新建设项目需要的主要污染物排放指标，必须从老企业那里通过减排工程削减下来，并通过排污权交易平台购买，从而获得进入市场的环保行政许可。但是新建设项目购买主要污染物排放指标需要按照一定比例进行。按照浙江省的相关规定，重污染行业企业必须以 1∶1.5，一般行业 1∶1.2 的比例购买替代指标。因此，这种替代本身就是一种减排，也就是说老企业减排下来的主要污染物排放指标不能全部用于新的建设项目，而只能用其中的 50%或者 80%。这样通过以新带老等于又进行了一次减排。

7 当前开展排污权交易遇到的主要困难和存在的问题

排污权交易是一项全新的环境经济政策，虽然法律上没有禁止，但是也没有更多的法律法规支撑。尽管对一些矛盾和问题我们可以绕道走，但有些是绕不开的，必须在现有法律法规的条件下去解决，这就需要进行深入的研究和分析，充分利用现有的法律法规，以推进排污权交易向纵深发展。

（1）整个政策和法律体系对开展排污权交易缺乏足够的支撑，许多工作还只能是摸着石头过河，走一步看一步。如排污权是否是一种商品，能否进行交易，法律上并没有给予认定。另外，企业如果超总量排放，按照目前的环保法律行政处罚较轻，可能难以制止。而实行限期治理的周期过长，同时限期治理不能完成的才可以实行停产或申请政府实行关闭企业，这个过程更长，这是阻碍全面推进排污权交易的障碍之一。

（2）减免和规避税务问题。地税加国税是总交易金额的 30%左右，这不是一个小数目，目前还没有任何优惠政策。按照这样的税率不利于排污权交易的展开，因为企业进行排污权交易所得的收益交税后要大打折扣。为了支持节能减排，国家层面应该出台相应的税务政策，少征或不征排污权交易税和所得税。目前，我们设想的对策：①要求市政府出具书面委托书，委托排污权交易中心出让公共环境资源，并将出让所得作为政府对排污权交易中心的投入；②凡今后发生的排污权交易尽量让企业与企业之间发生，不再经过排污权交易中心，中心仅收取 5%的管理费用；③加快主要污染物的收购步伐，将

交易所得在减排工程上发挥作用。

（3）历史遗留问题。如一些企业排污控制在行政许可以内，而 2005 年的排污总量小于行政许可量，2006 年时却由于生产状况发生变化，排污总量超过 2005 年环境统计的排放总量。多出来这部分从法律的角度讲企业是合法排污，但却与总量控制相违背，多出来这部分必须有一个企业去减排，否则总量无法平衡。那么多出来这部分企业是否需要出资来购买排污权指标？这个问题对我们来说非常困惑。另外，一些企业行政许可多，而进入 2005 年环境统计的量少，这部分能否进行交易？等等。

我们觉得现在的总量控制存在着诸多矛盾和问题，其中之一就是各级政府通过一个行政命令轻而易举地剥夺了企业通过行政审批合法获得的主要污染物排放指标，从法理的角度讲这个指标是最具法律地位的主要污染物排放权，但是各级政府强令企业必须按照 2005 年的环境统计数据作为最大允许排放量。其实 2005 年的环境统计只是企业对当年度主要污染物排放情况的统计，并没有强制执行的法律地位。

（4）目前排污权交易与减排之间存在着一定的矛盾，影响了排污权交易的深入开展。因为从理论上分析，嘉兴市的排污权交易应该发生在完成国家和省政府赋予的减排任务以后多余的减排量方可进行交易。具体地讲：①2007 年嘉兴市勉强完成了减排任务，所有企业减排下来的主要污染物排放指标统统进入了各地的减排笼子，没有多余的主要污染物减排指标上交易平台交易；②不少大型企业在政府的鼓励下投资建设减排工程，并将远远超过国家和省下达的减排任务以外的部分也全部无偿纳入了区域减排任务笼子，冲抵区域减排指标，为其他企业承担应该担负的减排任务，而不能将多余指标上交易平台进行交易而获得经济补偿，从而阻碍了企业排污权交易的正常进行。

总之，总量控制下的排污权交易是一个全新的课题，它对以市场机制为主导推进减排有着非同寻常的意义。开展排污权交易一方面为经济社会发展提供了环境资源，又降低了整个社会的减排成本，使减排多作贡献的市场主体得到应有的经济回报，从而提高了市场主体的减排积极性，也相应推动了减排环保技术的发展。另一方面这项制度在我国推行尚处于起步阶段，还存在着许多矛盾问题，特别是法律法规支撑更加缺乏，当前应加快排污权交易相关立法和税收等配套政策的出台，以推进这项工作的顺利进行。

排污权交易产品研究与设计

黄浩云　陈　璐

摘　要：排污权交易是建立在经济学理论基础上的一种具有诸多优点的环境经济政策，目前多个国家已经开展了多种污染物的排污权交易。排污权交易已对产业结构调整、工艺技术进步和环境持续改善起到了不可低估的作用。分析了国内排污权交易实施的现状和存在的问题，并在此基础上从排污权产品交易市场运作模式的概念原理、应用范畴、市场运作的基本要素三个方面对排污权交易产品进行市场运作的交易模式和交易流程进行了研究，提出了具体的交易市场建立方案和运作过程，并提出了一系列的保障措施。在深入研究的基础上，根据总量分配原则和一级市场分配原则，从排污权产品的类型、结构、特点、有效数据、交易范围等方面针对具体交易产品提出构想。

关键词：环境经济政策　排污权交易　产品设计

Design and Research of Emission Trading Product

Abstract: Emission trading is an eco-environmental strategy based on economics theory，and it has a few strong points. At present，some countries have put in practice on multi-pollutant emission trading. Emission trading has operated on industrial structure adjustment，technical progress and environment sustaining improvement. The current states and the existing problems of the present methods of emission trading in China are analyzed in this paper. The market operation pattern and the trading process are researched from three aspects such as the emission trading market operation principle，application areas，and the basic elements of emission trading. The specific establish plan and operation of emission trading market，and a series of safe guard mechanism were proposed. On the basis of the research，it also put forward a conception of product in total quantity assignment principles and basis，the product type，structure，character，virtual value，exchange range and so on.

Key words: Environmental economic policy　Emission trading　Product design

1 排污权交易由来与国内实践现状

1.1 排污权交易由来

排污权制度最早由美国经济学家戴尔斯（J.H.Dales）于 1968 年提出，1970 年代初蒙

本文作者联系方式：天津市环境保护科学研究院，天津：300191。

哥马利利用应用数理经济学的方法，严谨地证明了排污权交易体系具有污染控制的效率成本，即实现污染控制目标最低成本的特征[1]。其主要思想是传统的环境管理除了政府干预外，并没有给企业任何的激励措施去保护环境，如果能建立一个市场，企业就会发现，如果他们有效地减少了污染，他们就能同那些污染排放较多的企业进行排污权的交易从而获得资金。这种市场理念的广泛应用比传统的政府管理模式能更有效地减少污染排放。基本内容是：在满足社会公众对环境质量要求的前提下，确立合法的污染物排污权利即排污权，并允许这种权利在市场上进行交易，以此来进行污染物排放的总量控制。实践中，通常是由政府向企业、事业单位发放排污许可证，排污许可证及其所代表的排污权可以自由转让，企业、事业单位可根据其自身的需要，在市场上买进或卖出排污权[2]。

随着生产力水平的大幅提高、人口的快速增加和环境保护重要性的不断增强，环境资源不同功能开始相互抵触，环境资源难以容纳人类排放的各种污染物的特征逐渐显露，矛盾日益突出。这种环境资源的稀缺性和环境容量资源的稀缺性是排污权交易产生的经济原因。排污权交易运用市场经济的基本原理，在满足环境质量要求的条件下，建立企业的合法排污权，明晰污染者的环境容量资源使用权（即排污权），允许污染者在法律允许的范围内，到市场上交易排污权。通过对环境容量资源的优化配置，实现低成本控制污染物排放的目的。

排污权交易首先于 1970 年代开始被美国环保局（EPA）用于大气污染源及河流污染源的环境管理中，并逐步建立起以气泡（Bubble）、补偿（Offset）、银行（Banking）和容量节余（Netting）为核心内容的排污权交易政策体系。随后德国、澳大利亚、英国等国家相继进行了排污权交易的实践。排污权交易作为一种环境经济政策，具有诸多优点，已经在产业结构调整、工艺技术进步和环境持续改善等方面发挥了不可低估的作用。

1.2 国内实践现状

排污权交易引入中国始于 1980 年代中期，主要是借鉴和学习美国的经验。自那时起，中国在多个城市进行了排污权交易的试验，涉及的污染物包括大气污染物、水污染物以及生产配额等[3]。1988 年在上海、北京、徐州、常州等大约 18 个大、中城市进行水污染物排放许可证试点，进行必要的理论探索，填补了国内关于水污染物排污权交易制度的空白。从 1994 年起国家环保局开始在所有城市推广该制度，截至 1996 年全国地级以上城市普遍实行了排放水污染物许可证制度。在推行排污许可证制度的同时，国家也有选择的在包头、平顶山、开远、上海等 10 个城市进行过排污权交易的试点，取得了一定的经验。此后，上海市闵行区建立了黄浦江流域 COD 排污权交易体系，并取得了显著的治污效果；2002 年初江苏省南通市的水排污权交易体系开始运转[1]。目前，上海市、浙江嘉兴市及江苏省太湖流域水污染物排污权交易正在进行试点工作。1990—1994 年，国家环保局在中国 16 个重点城市进行了“大气污染物排放许可证制度”的试点及在 6 个重点城市进行了大气排污权交易试点[5]。

从 1991 年原国家环保局在部分城市进行排污权交易的尝试，到 2002 年国家环保总局与美国环保协会选取部分省市和企业开展 SO_2 排污权交易的试点以来，至今已有十几个年头，期间已完成了多起交易案例，取得了一定的成绩，但排污权交易市场机制一直未能建立起来[5]。

1.3 国内排污权交易实践存在的问题

国内排污权交易实践中遇到一些问题，集中表现在环境容量测定、法律框架支持、排污权分配公平、市场建设不完备等几个方面。同时，排污权交易机制自身也存在一定的局限性。

（1）环境容量测定。排污权交易是以总量控制为出发点和归宿的。但实际上，环境容量的确定过程是极其复杂而艰巨的，耗资巨大，而且它还需要大量确定地域的环境质量追踪监测数据，这些数据的得来是一个历史的累积过程，要经过几年甚至几十年。另外，还必须对特定污染物在该地域的迁移转化规律进行深入分析，这样才能保证最终确定的环境容量的科学性和客观性。所以理论上的分析过程要付诸实践，还需要我们的环保主管部门和环保科研院所克服重重困难，做大量具体、细致的前期准备工作。

（2）法律框架支持。中国现有环保法律的立法意图主要基于末端治理或分段治理，对于如何减少污染物的产生等立法不够完善。涉及排污权交易的立法存在空白，中国现行法律中没有开展排污权交易的依据，仅在一些规范性文件有所提及。而排污权交易政策的基础是对污染物的排放实行总量控制，因此，关于总量控制的立法是实施总量控制的关键。

目前，有些省市出台了一些地方性排污权交易法规，但国家层面上的法律制度还未建立。中国的排污权交易试点已进行了数年，但排污权交易至今没有写入《环境法》，上升为国家法律。由国家环保部门颁发的排污许可证所确认的排污权，是一种行政性的个人公权，不具有可自由交易的个人私权的性质。中国目前缺乏在全国范围内实行排污权交易的法律基础，排污权交易亟待法律法规的支持规范[3]。

（3）排污权分配公平。目前，排污权交易在同一区域或不同区域的各个污染企业之间进行，这种交易损害了排污指标购买方所在地居民的环境利益，尽管在对购买方所在区域的环境状况进行环境影响评价的前提下进行交易，也存在着污染物的区域转移问题，从而引起地区间的不公平。

另外，排污权交易是建立在排污权的初始分配基础上的交易，排污权初始分配量的确定需要科学依据。目前，国内排污权初始分配的方式方法存在一些问题。

（4）市场建设不完备。企业过于依靠政府的宏观规划和调配，没有建立起市场的主体地位，仅仅把排放交易的初次分配看做是一种获得排放许可的手段，而不是进入市场的启动资源。这些企业在获得一定额度的排放权之后不进行交易，也很少加强污染治理工艺和设备的改造。由于排污费和超标排污费取费过低，企业选择交纳超标排污费的方式保留污染物排放总量以降低生产成本。当排污收费的价格不能与排放权交易价格进行联动时，排放权交易制度就不能达到预测成果，即利用排放权交易市场推动企业自动调整经济结构，或采用清洁生产技术和最新、最佳污染治理技术，减少污染物排放[6]。

（5）排污权交易机制自身的障碍。与任何一种环境政策一样，排污权交易机制既有良好的预期，也具有不可否认的局限性。如排污权交易市场设计比较复杂，要使任意两个污染源之间能够自由交易，而且交易成本控制合理，环境质量又能得到保证，就必须进行精心策划和布局后才能使交易市场得到合理的建立。再如排污权是一种特殊的权利，对它的拥有具有很大的不确定性，它因相关政策而存在也会因其而消失。使人们对其难以形成比较高的预期，从而折扣了人们实施排污权交易的热情和积极性。当然，尽管排污权交易机制存在一些局限性，但其所蕴涵的积极因素不可否认。从整体上看，排污权交易机制是一项非常值得研究和实践的环境经济政策。

2 排污权产品的市场运作

2.1 排污权产品的概念和内涵

由政府环境部门评估某地区的环境容量所允许的最大排污量，然后根据排放总量控制目标将其分解为若干规定的排放份额，即排污权[7]。排污权成为一种成熟的商品进入市场，即排污权产品。排污权产品可以在排污权交易二级市场上被买卖，以此来控制污染物的排放[10]。

通常情况下，企业情况各不相同，削减单位污染物的成本也相差很大，而企业总是追求污染治理总成本最小化的。在这种情况下，排污权交易可使交易双方都受益：一方面边际治理成本低于交易价格的企业，可以多削减、少排放，将剩余的排污权用于出售，在满足环境保护要求的前提下取得额外的经济利益；另一方面边际治理成本高于交易价格的企业，通过购买排污权的方式，可以少削减、多排放，在不违反环境保护要求的情况下，实现污染治理成本的最小化。在总的环境状况没有恶化的前提下，通过排污权交易，治理成本比较高的污染者将买进排污权，而治理成本比较低的污染者将出售排污权，从而达到全社会污染治理总成本的最小化。政府应对环境质量负责，交易市场为保证交易的平稳对市场进行调节，政府可通过控制排污权产品数量来进行市场干预。

2.2 以市场为主题的排污权交易模式

排污权交易制度是建立在科斯定理的经济学理论基础上的，科斯定理强调外部效应的相互性、产权的明晰以及市场的完全作用，激励企业进行排污控制的技术创新，促使企业的目标和社会的总体目标相一致[9]。

本文建议除初次分配外，政府减少以政策手段调控市场，适当减弱指令性总量控制的环境管理方法，使企业在市场的调节下自发地完成污染减排和环境质量改善。为了强化政府环境主管部门和市场对污染排放情况的监督，所有进入市场交易的企业必须安装在线监控设备，加强环境监测能力。由于市场交易以政府下达的环境质量目标为依据，因此可交易的排污权有限，政府同步出台排污收费与交易价格联动机制，促使减排成本低的企业积极减少排污以获取剩余排污权价值，减排成本高的企业也积极加入市场进行购买，即在价格杠杆的驱动下，让有剩余总量企业主动地进入市场交易，极大地丰富市场的供给量，活跃市场，使新建项目容易得到环境资源。这一过程中往往伴随着科技含量较高的先进工艺设备（减排平均成本较低）由先进企业向落后企业（减排成本高的企业）的自发流动。

当排污权交易以市场运作、良性循环时，具有很多优点。例如，可以形成有效的激励机制，实现排污者之间排污权的再分配，同时促使污染治理成本最小化；有利于政府的宏观调控，促进行政效能最大化；有利于促进产业结构调整和资源的优化配置；有利于污染物达标排放并降低排放量；有利于提高企业投资污染治理设施的积极性；有利于非排污者通过参与市场表达意见等[10,11]。

2.3 模式的应用范畴

SO_2 排污权交易制度可应用在小范围、区域、全国乃至全球内。目前较多的是在小区域内进行交易。这一交易要推广到更大的空间区域，需要具备 3 个条件。①降低远距离交易的交易成本和风险，建立一个完善的网上交易系统，做到有据可查，公开透明；②建立大范围的网上数据平台，对交易起到数据支持作用；③加强污染源的影响评估，划分污染源的影响范围，确定可交易层次。低架源、影响范围小的污染源，一般只在小范围内交易排污权产品；可影响到区域环境质量的高架源，允许在区域内交易；污染严重、可能影响到国家或全球空间环境质量的污染源，允许在国家层次上交易。

COD 排污权交易制度可应用在同一收水范围、同一流域及同一区域内，但不适宜在大范围内进行交易，如跨流域、跨区域交易。目前，上海市闵行区已经建立了黄浦江流域化学需氧量排污权交易体系，原国家环境保护总局和财政部已正式批准了太湖区域化学需氧量排污权交易计划。

2.4 排污权产品市场运作的基本要素

可以根据市场的运作模式建立排污权交易市场模型。在这一模型里，包含了使市场得以正常运转的 4 个最基本的要素，即产品提供者（卖方）、产品需求者（买方）、交易市场和监督管理部门（图 1）。

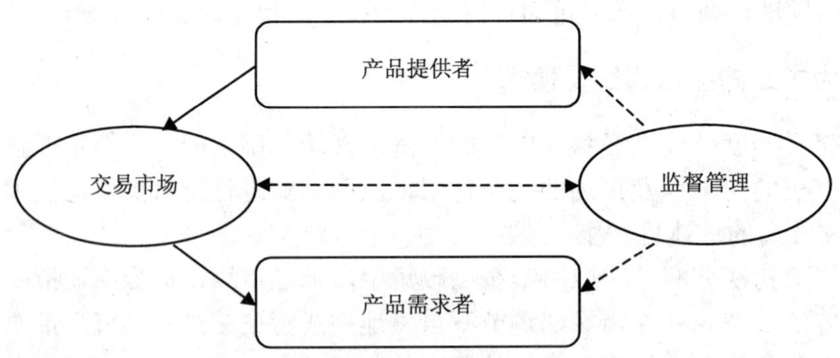

图 1　排污权交易市场运作模型

环境资源具有公共物品的性质，从而容易导致英国环保学者加雷特·哈丁（Garrett Hardin）所描述的“公地的悲剧”这一局面[12]。为了解决这个问题，必须对环境资源的财产所有权和使用权进行明确的界定，对环境进行有偿使用，并明晰环境责任部门。排污权交易是一个经济上可行的制度，是企业将其生产经营活动产生的外部不经济性内部化的具体体现。在这个模型里，监督管理部门的责任包括核查交易双方（可能是企业或政府）可提供和需求的产品的数量，以及评估这一交易的环境可行性，同时它是架在环保行政管理部门和市场间必不可少的桥梁。

2.5 排污权产品交易市场的构成及运作流程

排污权交易是环境经济制度的一种。借鉴金融交易市场的成功经验，排污权的交易市场主要由交易者、交易市场和监督管理机构 3 个主要部门组成，环保行政主管部门向监督管理部门传递市场运作所需要的信息，接受监督机构反馈的信息，从行政管理上对市场运作负责。各部门的作用及交易流程如图 2 所示。

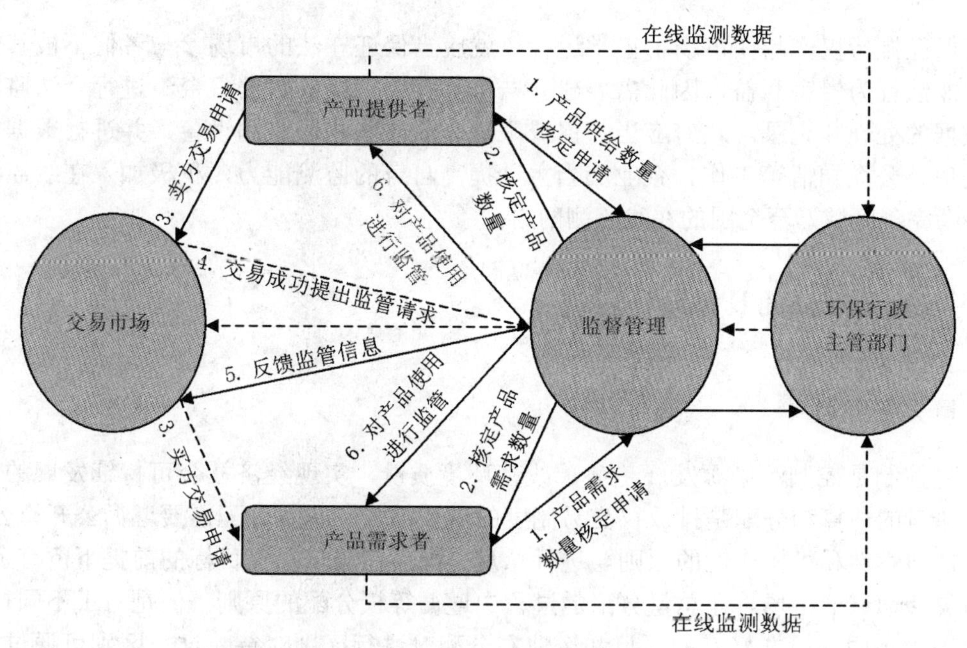

图 2 各部门的作用及交易流程

（1）完善交易市场。由于环境这一商品的特殊性质，要求一个反应灵敏、竞争公平、协调有序、产权明晰的市场作为交易场所。交易市场的具体任务包括处理买卖双方的交易申请；向监督管理部门提供交易的监管请求，以及接受监督部门反馈的排污企业信息。

（2）监察机构对市场进行直接管理。由监察机构主要负责对市场的监督和管理，并及时与环保行政主管部门进行信息交流，形成反馈机制。具体工作程序包括：处理交易双方提出的供给和需求申请，并进行产品数量的核查；对市场交易进行监管，反馈监管信息给市场；对交易后买卖双方产品的提供和使用情况进行监管；向环保行政主管部门提供市场信息。监督机制需要与资源需求方、供给方、市场和政府部门多方联系，在他们之间进行信息调控，寻求工作平衡。

（3）环保行政主管部门通过经济行为间接影响市场。排污权产品进入市场后，由市场提供主要的交易推动力，代替以政府为主的行政手段调控。环保行政主管部门的工作内容包括：接收来自产品提供者和需求者的检测数据并和监督管理机构进行交流。政府不直接干预市场，而是通过一定的经济手段来影响它。

在美国，一些 NGO 组织（不以盈利为目的的非政府组织）曾经向社会募集捐款用于购买排污许可证，并得到了民众的积极响应。因为排污许可证的总量是有限的，这种做法提高了排污许可证的价格，实际上促进了企业加快技术创新，从而达到了推动市场和加强环境保护的双重目的。在中国目前的经济水平和社会情况下，这个行为近期可以由政府来完成。政府可以通过囤积和出售总量有限的排污权产品达到影响市场的目的[12]。

2.6 建立完善的数据在线监测机制

要保证排污权产品在市场中正常运行，就应当保证守法的市场参与者们不被其他污染者的非法行为侵害利益，因此需要建立一个具有公信度的数据平台，进行合法监测，以及数据的处理和记录。政府应当督促或限定企业安装相应监测设备，并进行数据的统计、处理、公众知情等工作。企业应当主动提高自身的监测能力，积极加入在线监测网络，协助完善区域乃至全国的在线监测网络。

3 排污权交易产品的具体设计研究

3.1 总量分配原则

总量控制是控制污染源发展趋势、改善环境质量，实现经济社会可持续发展的重要途径。总量的估算和分配是排放权交易制度的重要部分。总量分配需要遵循公开、公平、公正以及科学性和可操作性的原则。进行总量分配需在服从总量目标的前提下留有余地，可以更灵活地调节市场。在总量分配的过程中遵循等权分配的原则，但是对于不同行业、不同级别、不同环境友好度的项目和企业在分配时进行区别对待，这一区别可通过调节系数来表示。

总量的数据统计和分配标准的数据支持主要有以下来源：环境统计数据、排污申报登记数据、排污收费数据、常规监测数据；参考绩效核定，排污系数。目前主张以环境统计数据为基础落实排污许可证制度，按照排放许可证所规定的排污额度征收排污费。

3.2 初始排污权分配原则

排污权是一种财产权，分配排污权就意味着财产利益的分配，因此为了保证社会公平，排污权的初始配置是进行排污权交易的一个热点问题。同一区域内排污权总量由以往的排放量和区域削减目标共同决定。根据谁污染谁付费的原则，最初的排污权要通过有偿的方式从代表社会和公众的国家和政府手中获得。政府通过公开竞争拍卖、定价出售的方式进行初始排放权的分配。在拍卖或者定价出售中，政府可以筹集资金用于排放权产品的管理，交易的各种利益也能很快发挥作用。

在总量的基础上，初次分配可以要求企业的市场准入门槛，满足一定环境标准的企业方有权购买排污权产品。由于排污权的分配是利益的分配，这就相当于政府对环境友好企业的一种财政补贴，对于新加入这一市场的轻污染企业和项目也具有很大的激励意义，促进环境质量的提升。

4 交易产品构成、结构及特点

4.1 产品构成

目前，中国可以进行排污权交易的产品类型可分为SO_2和COD交易产品。其中，SO_2排污权交易产品依据所属行业排污强度的特点，分为电力行业产品和非电力行业产品；COD排污权交易产品根据不同行业污染源产生COD的特点不同（溶解性、毒性、降解性等），按行业划分，具体产品类型需根据环境统计规范并结合各省市的行业结构特点自行确定。

根据《国务院批转节能减排统计监测及考核实施方案和方法的通知》（国发[2007]36号）和《主要污染物总量减排核算细则（试行）》（环发[2007]183号）等文件要求，将产品来源分为：治理工程型产品（通过排污单位新建污水治理工程和原有污水治理工程进行深度处理得到的产品）、结构调整型产品（通过关停排污单位或排污单位部分生产设施得到的产品）、监督管理型产品（通过加强对原有治污设施的监督管理得到的产品，包括提高排放标准或排放水平、实施清洁生产等情况下形成的削减量）。

4.2 产品结构

排污权交易产品结构的要素包括：持证排放量、实际排放量、可交易排放量。可交易产品量关系式：可交易产品量=持证排放量－实际排放量。

4.3 产品特点

排污权产品具有资源性、可控性、优劣性、时效性和流动性等特点。

资源性指产品资源是有限的，它的总量受环境质量达标和总量控制的约束。可控性是指产品数量可通过实际减排和剩余环境容量获得，企业和政府都可以通过自身的作用对这一产品的数量和流通情况施加影响。优劣性是指产品有质量上的区别，依照其对环境质量的影响程度而定。通过调节系数可以减小产品优劣区别，将产品的数量交易简单化。时效性是指交易与使用之间有时间差距，排污许可证本身也有使用的有效期限。流动性是指这一产品存在企业、市场、区域间的流动。

5 产品的有效数据、交易范围

5.1 产品有效数据

排污权交易产品作用的实质是促进污染物减排，只有实现污染物减排，才能有可交易的产品产生，目前暂以排污许可证和环境统计数据为基础，排污许可证核查数据为校验数据。下一阶段在国家出台在线监测数据有效性的法规后，可以在线监测数据为基础。

5.2 产品交易范围

COD 排污权产品交易就现阶段而言，同一收水范围、同一控制单元、同一流域内的 COD 排污权产品在满足一定条件的情况下可以进行交易，就跨行政区域和跨流域而言，存在诸多管理上的问题，目前交易的条件尚不成熟，还需通过深入研究提出解决办法。

SO_2 排污权产品交易就区域而言，现阶段交易范围为各行政辖区内的交易以及行政辖区之间的交易；就行业而言，可以在电力行业内和非电力行业内进行交易。

参考文献

[1] 徐治雄. 论我国流域水环境排污权交易制度的形成和完善[J]. 科技信息：学术研究，2008，12：343-344.

[2] 李靓. 用市场手段解决污染问题——排污权交易需要跨过几道槛[J]. 环境经济，2007，9（45）：52-54.

[3] 李鑫，唐春根. 我国在排污权交易制度建设中存在的问题与对策[J]. 经济丛刊，2007，4：45-46.

[4] Daniel J. Dudek，秦虎，张建宇.以 SO_2 排放控制和排污权交易为例分析中国环境执政能力[J].环境科学研究，2006，19（1）：44-58.

[5] 张安华. 中国实施排污权交易的阻力和动力[J].环境与可持续发展，2007，1：4-6.

[6] 王辉民，孙炘，黄浩云. SO_2 排放权产权研究[J].城市环境和城市生态，2008，21（3）：38-41.

[7] 胡民. 基于交易成本理论的排污权交易市场运行机制分析[J].理论探讨，2006，5：83-85.

[8] 杜卓，甘永峰，林燕新. 探索排污权交易[J]. 产权市场，2007，11：40-42.

[9] 董玮琳，陈亮，陈东辉. 排污交易权理论与实践探讨[J].中国环保产业，2007，3：5-9.

[10] 张景玲. 我国排污权交易实施和研究进展[N]. 兰州大学学报：社会科学版，2007，35（5）：120-124.

[11] 朱法华，王圣. 我国排污权交易落实的现实要求及有效性分析[J].电力环境保护，2007，23（2）：17-19.

[12] 吴玲. 排污权交易制度研究的理论基础[N]. 中国农学通报，2007，23（4）：497-501.

[13] 付玉萍. 论排污权交易[J]. 生态经济，2007（8）：80-83.

排污权交易中污染源排污核算的地位与技术方法*

冯元群 康 颖 童国璋

摘 要：污染源排污核算是指通过技术手段对一定时间和空间内，排污单位向环境排放污染物的种类、数量进行监测、统计和计算。建立科学、合理、准确的污染源排污核算体系是排污权交易的先决条件之一，是实现污染源定量化管理的核心内容。本文从环境管理实际操作层面出发，总结和分析污染源排污核算现状和存在的问题，提出适合排污权交易的污染源排污核算方法体系，力求准确掌握污染源排污情况和监控排污权使用情况，为科学地建立排污权交易制度、维护公平公正的排污权交易秩序、有效地推进各项环境经济政策提供技术支撑。

关键词：排污权交易 污染源 排污核算 环境监测

Status and Technical Methods of Discharge Accounting System in the Emission Trading

Abstract: Discharge accounting means monitoring and statistical calculate of the quantity of pollutant discharges from a source in a certain period of time and space using technical methods. The establishment of a scientific，rational and accurate discharge accounting system is one of the prerequisites of emission trading and the core content of achieving the quantitative management of pollution sources. In this paper，we summed up the problems in the current discharge accounting on the basis of the actual operation of environmental management. Then the accounting system which fits the emission trading process was put forward，the aim of which was to have accurate knowledge of the pollution discharge and to monitoring the use of emission rights. This work could also provide technical support for the scientifically establishment of emissions trading system，the maintenance of a fair and equitable emissions trading order and the effectively promotion of the economic policy environment.

Key words: Emissions trading Pollution source Sewage accounting Environmental monitoring

1 引言

排污权有偿使用和交易制度，是优化配置环境容量资源，促进产业结构调整和污染减排，推动经济增长方式转变实现环境与经济协调发展的有效市场手段。温家宝总理、曾培炎副总理曾作出“推进环境有偿使用制度改革，实行排污权有偿出让”[1]和“排污权有偿使用和交易制度是筹集治污资金、提高治污效率的一个办法，可以在太湖流域先实

* 基金资助：浙江省环境保护局委托课题“排污权交易机制研究”。

通讯联系人：冯元群 E-mail：fengyuanqun@163.com；sunway9928@163.com，Tel：0571-28972250，28919822。
本文作者联系方式：浙江省环境监测中心，杭州：310027。

行试点”[2]的重要指示。国务院、国家环境保护总局、浙江省委省政府根据指示精神制定了一系列政策。浙江省于 2007 年开始在部分地区开展主要污染物排污权有偿使用交易试点[3]。从江苏、浙江等地的试点情况来看，如何准确核算排污单位排污情况是各地在排污权有偿初始分配和交易试点工作中的难点和重点，也成为保障交易一级市场和二级市场的可靠运作的重要环节，直接关系到排污权交易试点工作的成败。在排污权交易过程中，只有当排污权交易中的政策许可量和实际排污量对应起来，才能使排污权成为可自由交易并提高资源配置效率的要素，而在试点工作阶段，更加需要以准确排污核算方法和高效监管体系为基础的公平的交易平台和稳定的市场运作[4]。同时，污染源排污核算工作也是环境管理的基础，是有效推行各种环境经济政策的工作前提。实施环境管理的过程中环保部门需要与排污单位建立准确的信息沟通，污染源排污核算是以技术手段控制非法排污的有力举措，是实现环境管理者与排污单位之间的信息对称、杜绝环境违法现象的重要手段，是加强环境监管和环境执法的重要依据[5, 6]。

2 污染源排污核算现状及存在问题分析

2.1 污染源排污核算现状

准确了解污染源排污状况一直是环境管理工作的核心内容，污染源排污核算是掌握污染源排污状况的基本手段，也是排污权交易的基础工作[7]。当前，在建设项目环境影响评价（简称项目环评）、“三同时”验收、排污申报、环境统计、污染减排、污染源普查等环境管理活动中均涉及污染源排污核算。表 1 总结了当前各项工作中排污核算的基本状况。

表 1　当前环境管理工作中污染源排污核算现状

工作名称	核算方式	排污核算方法		优　点	缺　点
建设项目环境影响评价	建设单位配合、有资质的社会中介机构负责完成（中介核算）	拟建项目	物料衡算法、类比法	效率高，理论性强	核算及监测成本高、与实际生产情况差别较大
		现有项目、回顾性评价	实测法		
“三同时”验收	建设单位配合、各级环境监测部门负责（中介核算）	实测法		数据可靠、准确性高	只能监测典型工况下排污情况，缺乏全面性
排污申报	排污单位自主核算、环保管理部门核定、抽查（自主核算）	实测法、物料衡算法和类比法		操作简单、效率高	成本低、准确性差、易造成企业谎报数据
环境统计					
污染减排	排污单位按要求提供相关资料，环保管理部门核定（监督核算）	实测法为主，个别行业或企业采用物料衡算法和类比法		结果客观合理	数据量大、无法进行全面实际监测、行政成本高
污染源普查					

可见，由于各项环境管理活动的目的、目标、方式各不相同，所需的污染源排污信息有所不同，所用的排污核算方式、方法也有所不同，造成了排污统计口径混乱。这也

迫切要求建立适合排污权交易的污染源排污核算体系。

2.2 污染源排污核算存在的问题分析

在现行的环境管理工作中，都必须准确、及时掌握污染源排污情况，但从实际情况来看，掌握污染源排污状况一直是环境管理工作的难点。承担污染源排污核算工作有环境监测部门、环境监察部门、环评单位，以及排污单位自身，但排污核算结果并不可靠，存在排污底数不清、排污统计口径混乱、核算方法体系缺乏等问题，这在很大程度上是当前一些现实条件限制所致。

2.2.1 排污核查工作量大、面广、难度大

浙江省民营经济发达，据不完全统计浙江省现有各类企业达 80 万家，列入污染源普查名单的排污企业有 10 多万家，其中列入环境统计名录的规模以上排污企业约 10 000 家。在众多的排污企业中，化工、印染、造纸、纺织、食品与饮料、火电与供热、水泥、电镀等重污染行业的企业占很大一部分，这些行业生产工艺复杂，排污情况复杂多变，排污核查困难，工作量大。以污染源普查为例，全省投入大量工作经费，普查员近 5 万人，技术核查人员约 2 000 人，历时 3 年，而普查的仅是以 2007 年为基准的排污数据。

2.2.2 排污核算的方法体系缺乏

不同环境管理活动中的有关污染源排污核算的方法、标准，范围、程序、内容、要求各不相同，排污统计口径混乱，结果出现同一污染源有多个不同的、甚至相互矛盾的排污数据。这就出现一种非常矛盾的现象，一方面环保部门存在多个污染源信息库，如环境监测部门的企业污染源信息库、环境监察部门的排污申报数据库以及环境管理部门的环境统计信息库，近年还有污染减排数据库和污染源减排数据库，相关技术人员忙于奔命；另一方面由于污染源排污底数不清，排污统计口径混乱，无准确数据可用，既造成了严重的人力物力浪费，也给环境管理工作带来不少困难。

2.2.3 污染源监测能力还不能完全满足环境管理工作的需要

“十五”以来，浙江省投入大量的人力、物力，加强了污染源监测能力建设，取得很大的实效，但还有待于进一步完善，对污染源排污核算的支持力度不够。主要表现在：一些行业如化工，污染源自动监测设施故障率较高，误差较大，技术上有待于进一步完善；环境监测能力不足，人员、实验条件、仪器设备和装备缺乏，难以满足污染源监督性监测要求。

2.2.4 污染源排污核算工作的严肃性及重视程度不够

主要表现在：环保部门从事排污核算的技术力量缺乏，人员缺乏，领导重视程度不够；企业内部尚未建立排污核算机制，人员素质低下，尤其排污数据质量难以保证；对于企业排污申报中弄虚作假、拖延不报的处罚力度不够；一些企业出现多个不同统计口径的排污数据，不能真实反映污染源排污状况。

2.2.5 排污核算工作的责任主体不明确、不到位、不合理

排污企业、中介机构和环保部门三者之间没有明确界定责任主体，对于排污企业在排污申报中不如实申报，在“三同时”验收中弄虚作假，在项目环评中提供虚假信息等不良行为的责任定位不明确，处罚力度不够，导致企业消极对待污染源排污核算工作，甚至出现不正之风。

3 污染源排污核算框架体系设计

污染源一般分为工业污染源、农业污染源、生活污染源和集中式污染治理设施污染源。不同的污染源排污受到多种因素的影响，主要包括管理因素、技术因素、生产因素、资金、人员、外部自然环境和社会因素，使得污染源排污情况变化万千，为科学准确的污染源核算增加了难度。为合理利用资源，更好地为排污权交易制度的实施，需要规范污染源排污核算的内容、技术方法、技术路线、工作程序等，组成初步的污染源排污核算框架体系。

3.1 污染源排污核算内容

3.1.1 参与排污权交易的排污单位应具备的基本要求

参与排污权交易的排污单位应遵纪守法，具有良好的环境行为，具体要求如下：

（1）严格遵守环保法律法规及标准，其生产经营符合环境保护的基本要求，出让排污权的排污单位在出让前 12 个月和出让期间未发生情节严重的污染事故和环境违法行为，无不良环保信用记录。

（2）具有运行良好、系统完备的环保处理设施，污染物排放达到国家或地方规定的排放标准。

（3）依法领取排污许可证，并达到排污许可证的要求。

（4）企业单位主要产品主要污染物排放量达到国内同行业先进水平。

（5）工业固体废物和危险废物安全处置率均达到 100%。

（6）在建和已建项目严格执行“环境影响评价”和“三同时”制度，并经环保部门验收合格。

（7）主要污染物排放满足污染减排要求。

（8）依法如实排污申报登记，按规定足额缴纳排污费。

（9）产品及其生产过程中不含有或使用国家法律、法规、标准中禁用的物质以及我国签署的国际公约中禁用的物质。

（10）属于重污染行业的应通过 ISO14001 体系论证和清洁生产审核。

3.1.2 排污核算内容的确定

现阶段，排污权交易试点的污染物指标是 SO_2 和 COD。由于参与排污权交易的排污单位应遵纪守法，具有良好的环境行为，因此排污核算内容除了掌握污染源排污状况和

影响排污的相关因素外，还需要体现排污单位在环境管理、环境守法等方面的内容，具体如下：

（1）排污单位的基本情况。包括单位名称、地址、法人代表、单位组成、行业类别、产品方案与生产规模、资源消耗量、生产情况、生产工艺简介等。

（2）排污单位的排污情况。主要包括污染物排放的种类、数量、浓度和去向等。

（3）排污绩效。体现排污单位污染物排放控制的水平，根据不同行业特点确定合适的排污绩效指标，主要有单位产品和单位经济指标排污系数，如单位发电量 SO_2 排放系数，万元销售收入或万元税额 COD 排放系数等。

（4）污染防治情况。包括主要环保设施建设和运行情况，排污口规范化建设和管理情况，在线监控设施建设、运维及比对质控情况等。

（5）排污单位环境管理情况。环保管理制度和机构设置落实情况；“环境影响评价”和“三同时”制度执行情况；污染物达标排放情况；排污申报、排污许可、排污收费制度执行情况；总量控制和减排要求执行情况；涉及禁用物质和淘汰工艺执行情况等。

（6）排污单位守法情况。污染事故、公众环境意见投诉及处理情况；限期治理和限期整改及其他环境管理要求整改情况等。

3.2 污染源排污核算方法

3.2.1 排污核算方法简介

现行的污染源排污核算方法名目繁多，概括起来主要有实测法、物料衡算法和类比法 3 种[8, 9]。

（1）实测法。实测法是通过实际监测污染源排污基本参数的方法计算污染源排污情况，代表性方法有在线监测法、定期监测法。主要实测参数有污染物的浓度、流量、时间等，并据此计算污染物的排放量。

$$G=Q\times C\times T \qquad (1)$$

式中：G——废水或废气中某污染物的排放量，kg；

Q——单位时间废水或废气的排放量，m^3/h 或 Nm^3/h；

C——某污染物的实测浓度，mg/L 或 mg/m^3；

T——污染物排放时间，h。

（2）物料衡算法。物料衡算法是用于计算污染物排放量的常规方法，其基本原则是依据质量守恒定律，即在生产过程中投入系统的物料总量必须等于产出的产品量和物料流失量之和。常用的物料衡算有：总物料衡算、有毒有害物料衡算、有毒有害元素物料衡算、水平衡等。其计算通式如下：

$$\sum G\text{投入}=\sum G\text{产品}+\sum\text{流失} \qquad (2)$$

式中：$\sum G$ 投入——投入系统的物料总量；

$\sum G$ 产品——产出产品总量；

$\sum$ 流失——物料流失总量。

当投入的物料在生产过程中发生化学反应时，可按下列总量法公式进行衡算：

$$\sum G\text{排放}=\sum G\text{投入}-\sum G\text{回收}-\sum G\text{处理}-\sum G\text{转化}-\sum G\text{产品} \qquad (3)$$

式中：∑G 投入——投入物料中的某污染物总量；

∑G 产品——进入产品中的某污染物总量；

∑G 回收——进入回收产品中的某污染物总量；

∑G 处理——经净化处理掉的某污染物总量；

∑G 转化——生产过程中被分解、转化的某污染物总量；

∑G 排放——某污染的排放量。

（3）类比法。类比法是参照与污染源类型相同的现有项目的排污资料或实测数据进行排污核算的方法。代表性方法有产排污系数法、类比调研法、经验计算法等。经验排污系数法计算污染源排污量公式如下：

$$A=AD\times M \tag{4}$$

$$AD=BD-(aD+bD+cD+dD) \tag{5}$$

式中：A——某污染物的排放总量；

AD——单位产品某污染物的排放定额；

M——产品总产量；

BD——单位产品投入或生成的污染物量；

aD——单位产品中某污染物的量；

bD——单位产品所生成的副产物、回收品中某污染物的量；

cD——单位产品分解转化的污染物量；

dD——单位产品被净化处理掉的污染物量。

3.2.2 核算方法适用条件分析

（1）实测法。适用条件是监测方法必须正确，监测数据和工况必须具有代表性，这样才能在排污统计反映污染源真实排污状况。代表性实测法有在线监测法和定期监测法。其具体适用条件主要有：

- 在线监测法的基本要求是在线监测设施必须正常运行，通过比对质控要求，从而保证数据准确可靠。
- 定期监测法要求每次监测的数据真实可靠，结果准确，并具有代表性，即每次监测应结合污染源产排污情况、环保设施运行情况、生产设施运行情况进行全面评估，所监测的数据可以全面反映污染源的真实情况。

（2）物料衡算法。适用条件是对产污过程包括生产工艺流程、生产基本原理、原辅材料使用和消耗情况等在内有充分的了解和掌握。这在实际使用过程中造成一定的限制，因此该法多用于生产工艺流程和生产原理简单，或者非综合性测算指标的排污核算场合，如 SO_2 排放核算，很少用于 COD 排放核算。

（3）类比法。适用条件是分析对象与类比对象间的相似性和可比性，实际应用要根据生产规模等工程特征、生产管理及外部因素等实际情况进行修正。

- 工程一般特征的相似性：项目性质、规模、车间组成、产品方案、工艺路线、生产方法、原料燃料成分与消耗量、用水量和设备类型。
- 污染物排放特征的相似性：污染物排放类型、强度、浓度和数量、排放方式与去向、污染方式与途径等。

☞ 环境特征的相似性：气象条件、地貌状况、生态特点、环境功能、区域污染情况。

3.2.3 排污核算方法选择

从上述 3 种排污核算方法基本原理和适用条件分析来看，实测法是对基本排污参数直接监测的一种最基本的方法，所得到的内容最全面、最直接；物料衡算法是根据一些基本生产信息进行排污推算的一种较间接的方法，所得的内容较笼统；类比法是通过比较分析进行排污测算的间接方法，所得的内容缺少实证性。因此，在确定排污核算方法时，应遵循以下原则：

（1）优先使用实测法。在实测法中，优先采用经国家强制检定并经依法定期校验且比对合格、正常运行的在线监测设施的监测数据，其次采用以自动采样和流量监测同步—实验室分析为基础的监测数据，最后采用以手工混合采样—实验室分析为基础的监测数据。

（2）若无监测数据或者监测频次不足，可根据行业特点和排污核算方法的适用条件，选用物料衡算法或类比法。

（3）实测法计算所得的排放量数据必须与物料衡算法或者排放系数法计算所得的排放量数据相互对照验证，对两种方法得出的排放量差距较大的，需分析原因。对无法解释的，按照“取大数”的原则得到污染物的排放量数据。

3.3 排污核算工作程序

3.3.1 现行的排污核算工作程序比较分析

在现行的环境管理工作中，主要有以下 3 种污染源排污核算方式：

（1）中介核算方式。即排污单位提供基础资料，由有资质的中介机构组织实施排污核算，监管部门审核的排污核算方式，现存于建设项目环境影响评价和“三同时”验收之中。

（2）自主核算方式。即由排污单位自行进行排污核算，环保部门根据相关监测数据进行核查或抽查的排污核算方式，现存于排污申报和环境统计之中。

（3）监督核算方式。即排污单位提供基础资料，由环保部门组织相关技术力量实施排污核算的排污核算方式，现存于污染源普查之中，在很大程度上也存在于污染减排之中。

上述 3 种排污核算方式各具特点，其中中介核算方式的技术力量最强、工作程序最复杂、耗时最长、排污单位经济负担重、排污核算结果较可靠；自主核算方式工作程序较简单、耗时最短、各方经济负担轻，但技术力量最薄弱、核算结果不可靠；监督核算方式最客观、工作程序简单、核算结果较可靠，但耗时较长、行政成本高、行政效率低。

3.3.2 排污权交易中排污核算工作程序推荐

鉴于排污权交易中的污染源排污核算时间紧，工作量大，在吸取现有排污核算方式所取得的经验基础上，建议采取强化监督审核的自主排污核算方式。具体工作程序如下：

（1）排污单位建立内部排污核算管理体系，自行开展排污核算，编制排污核算报告。

（2）排污单位委托环境监测部门开展排污审核，环境监测部门出具审核报告。

（3）排污单位向环保部门提交排污核算报告、审核报告及相应的申请资料。

（4）环保管理部门有权在排污权交易前或交易后，对排污单位提交的有关材料进行复核，并根据复核结果调整排污权交易结果。

3.4 质量保证与质量控制

排污核算机构应满足以下质量保证与质量控制要求：建立内部质量保证和质量控制体系；从事污染源监测的监测（检测）机构应通过计量论证；污染源监测应满足国家相关标准、技术规范的要求；排污核算引用的数据资料应准确可靠，符合质量控制要求；在线监控设施应通过计量论证，按照相关技术规范规定定期进行监测比对，结果符合质量控制要求；排污核算结果应通过专家论证和评审，或通过第三方鉴定。

4 开展排污权交易中排污核算工作的对策建议

根据以上排污核算初步框架及实际操作中可能遇到的问题，对今后排污权交易中的排污核算工作提出以下对策建议：

（1）排污核算方式应与排污核算工作量、核算成本挂钩。交易成本是影响排污权交易的关键因素之一，而在交易成本中排污核算成本最难以控制。因此，在排污权交易过程中，应综合考虑参与排污权交易的企业数量、规模、排污权交易价格等实际情况选择事宜的排污核算方式和技术方法。

（2）排污核算是全过程的跟踪核算。污染源排污是一个动态的过程，跟生产负荷、人员操作、管理状态、气象条件等诸多因素相关，经常会出现污染物非正常排放。因此，要准确核算污染源排污情况，必须建立相应的排污台账，记录每一次代表性排污状况，做到全过程的跟踪核算。

（3）排污核算工作中应明确责任主体。在各项环境管理工作中，污染源排污核算是一项基础性工作，是污染源监管的重要内容，需要严肃对待。排污核算工作量大，投入大，直接关系到排污者的利益，现阶段的排污核算工作成效难以满足环境管理工作的需要。究其原因，有排污单位出于利益关系弄虚作假、提供虚假信息等，也有监管体系不完善、监测技术不完备、技术力量不足等，但目前对以上现象的责任主体并未明确，对排污核算过程中出现的不良行为没有任何处罚，导致污染源排污核算工作被消极对待。这是在确定污染源排污核算体系中必须解决的问题。

（4）建立统一的污染源排污核算技术规范，对污染源排污核算的对象、程序、内容、要求、质量控制等方面加以规范；建立污染源监测、排污核算网络，落实责任部门、人员、工作经费，专门从事污染源排污核查工作；整合现有的各类有关污染源信息的环保数据库，建立统一的动态污染源数据库和数据更新机制，及时、全面反映污染源排污情况。

总之，污染排放定量化管理是联系总量控制与排污权交易的纽带，是排污权交易制度实施的重要基础、难点。在加强监测能力建设的同时，建立科学、合理、准确的污染源排污核算体系是污染排放定定量化管理的核心，也是建立经济、高效的污染源监管体系的工作基础。它对排污权交易制度向纵深方向发展完善、今后各项污染源排污核算技术的研究和各项环境监管制度的正确制定和实施具有重要的理论意义；对科学地建立排污权交易制度、维护公平公正的排污权交易实施秩序以及对当前各项环境管理活动的正常开展具有重要的现实意义。

参考文献

[1] 温家宝总理在国务院第六次全国环保大会上的讲话，2006，4.

[2] 曾培炎副总理在太湖水污染防治座谈会上的讲话，2007，6.

[3] 虞锡君. 对《嘉兴市主要污染物排污权交易办法》的思考，环境污染与防治，2008（5）：94-96.

[4] 美国环保局. 排污交易设计和操作指南，2003.

[5] 肖兴志，宋晶. 政府监管理论与政策. 大连：东北财经大学出版社，2006.

[6] 蒋洪强，王金南，等. 中国污染控制政策的评估及展望. 环境保护，2008（12）：15-19.

[7] 中国二氧化硫排放总量控制及排放权交易政策实施示范项目组. 中国酸雨控制战略——二氧化硫排放总量控制及排放权交易政策实施示范. 北京：中国环境科学出版社，2004.

[8] 国家环境保护总局环境工程评估中心. 环境影响评价相关法律法规. 北京：中国环境科学出版社，2005.

[9] 国务院第一次全国污染源普查领导小组办公室. 第一次全国污染源普查工业污染源产排污系数手册，2008，2.

关于排污权的一级市场和二级市场问题

蒋洪强 王金南

摘 要：论文在分析建立和完善排污权市场机制的必要性的基础上，提出了排污权一级市场和二级市场的概念，阐述了参与主体不同、实施手段不同、风险大小不同和作用效果不同是一级市场与二级市场的主要区别；指出排污权一级市场需要解决的核心是公平问题，二级市场需要解决的核心是效率问题，并提出了保证排污权一级市场的公平性和提高二级市场效率的若干重要措施。这对于当前我国实施排污权有偿取得与排污交易，建立排污权市场机制具有重要借鉴意义。

关键词：排污权 一级市场 二级市场 公平 效率

About the Primary Market and Secondary Market of Pollutant Emission Right

Abstract: on the basis of analyzing the necessity to establish and improve the pollutant emission right trading market mechanism，this paper puts forward the concept of the primary market and secondary market for the pollutant emission right and expounds that the main difference between the primary market and the secondary market is the different participating entity，different implementation means，different risk size and different effect. It points out that the core that the primary market for emission right needs to resolve is fairness and the core that the secondary market needs to resolve is efficiency and proposes several important measures to ensure the fairness of the primary market for the emission right and to enhance the efficiency of the secondary market. This is of important reference significance for China to implement the paid emission right obtainment and emission right trading and to establish the market mechanism for emission right at present.

Key words: Pollutant emission right Primary market Secondary market Fairness Efficiency

1 引言

《国民经济与社会发展第十一个五年规划纲要》和国务院《关于落实科学发展观加强环境保护的决定》提出，要实行有利于促进科技进步、资源增长方式、优化经济结构的财税制度，在有条件的地区和行业开展排污交易试点。为改变经济增长方式、促进资源节约型和环境友好型社会的建设、实现“十一五”主要污染物排放量削减 10%的目标，财政部和国家环境保护总局决定联合开展排污权有偿取得和排污交易试点工作。双方希望通过创新机制，建立排污权有偿取得与排污交易制度，发挥市场对环境资源的配置作

本文作者联系方式：环境保护部环境规划院，北京：100012。

用，以达到改善环境质量和提高环境资源配置效率的目的。

排污权交易作为一项重要的环境经济政策，从 1970 年代引入美国以来，在国外取得了重要进展，在我国也有一定的实践基础。但由于相关法规制度还不完善，实行排污权有偿取得与排污交易在我国还处于初步实践阶段，面临着许多问题，其中一个重要“瓶颈”问题就是排污权有偿取得和排污交易的市场机制尚未形成。据调查研究，目前，我国所有排污交易试点都是在当地环保局的协调下完成的，目前没有真正形成完善的排污权交易市场。大部分发生的交易个案严格意义上都是一级市场，没有严格意义上的二级市场产生。环保部门是交易规则的制定者，也是交易实现的中介人，而交易中尚没有部门或企业扮演经纪人角色。正因为如此，排污权交易市场发育缓慢，交易数量极低。

“解铃还需系铃人”，由于“市场失灵”引起的环境问题，必须借助于市场化手段和建立市场机制，才能从根本上得以纠正。因此，排污权有偿取得与交易制度的建立与实施，离不开建立和完善排污权有偿取得与排污交易的市场机制。从美国的经验来看，建立排污权市场是整个排污权有偿取得与交易制度的关键，市场的作用在于提供一种引导环境资源有效配置的机制。没有建立起市场，也就没有价格机制，交易结果只能取决于个案谈判的成果，或者只能靠政府的行政安排来调动和配置资源。排污权市场机制的建立，必须解决公平与效率这两个核心问题，这也是排污权的一级市场与二级市场需要着力解决的问题。

2 何为排污权的一级市场和二级市场

股票、房地产和矿业中都有一级市场与二级市场的问题，排污权市场同样类似，可分为一级市场和二级市场。

排污权的一级市场是指排污者与政府之间进行交易，排污者有偿取得排污权，即排污权的有偿初始分配。一级市场主要由政府控制，以有偿占用排污权的形式向排污单位分配排污指标，一级市场一般不需要固定的交易地点，交易时间也是由政府主管部门临时确定。具体做法是由政府或授权的机构核定出一定区域内满足环境容量的污染物最大排放量，并将最大允许排放量分成若干规定的排放份额，每份排放份额为一份排污权，进行有偿转让或交易的过程。政府就某种污染物排放权每年定期与排污者进行交易，交易形式主要有招标、拍卖、以固定价值出售等。一般来说，对社会公用事业、排污量小且不超过一定排放标准的排污者，可以采取灵活的办法；而对于经营性单位、排污量大的排污者，多采取拍卖或其他市场方式出售。考虑到与主要污染物排放总量控制目标的衔接，有偿取得的排污指标有限期为五年。排污单位可以一次性或者分期缴纳排污权出让的权益金。

排污权的二级市场是指排污者之间的交易场所，是实现排污权优化配置的关键环节，主要由市场主导。排污者在一级市场上购买排污权后，如果排污需求大，就可以在满足区域污染物排放总量不变的情况下在二级市场上花钱买入；相反，如果企业减少排污存在富余的排污指标，则可以在二级市场上售出获利。新建、扩建和改建企业可以从一级市场获得排污指标，也可以通过二级市场获得排污指标。二级市场一般需要有固定场所、固定时间和固定交易方式等。

排污权一级市场和二级市场机制的建立，必须具备几个条件：首先必须坚持排污总量控制为前提，当地的环境要有一定的容量。卖方通过治污必须明显削减总量控制指标，使排污指标有富余；而买方必须在治理污染源的前提下，自己的排污总量控制指标无法满足生产需要时，才有资格到市场上去“买”。通过排污权一级和二级市场的建立和完善，逐步将企业污染防治的被动行为转变成市场驱动的主动行为，从而促进环境资源的有效配置。

3 一级市场和二级市场有何区别

从排污权的一级市场与二级市场的内涵可知，排污权的一级市场即是排污权的初始分配和有偿取得，二级市场即是排污权交易市场。两者相辅相成，排污权初始分配和有偿取得是排污交易的基础，排污权的初始分配并不等于最优分配。只有通过排污交易，即排污权的再分配，才能实现排污权的最优配置。在排污权交易市场中，主要由法律决定排污权的一级市场（初始分配）的公平性，由市场决定排污权的二级市场（再分配）的效率，两者在实施手段、参与主体、风险大小、作用效果等方面表现出较大的差别。

3.1 参与主体不同

一级市场的参与主体是政府与排污者，且主要由政府主导，政府垄断排污权一级市场，也就是说一级市场排污权交易的一方是企业，另一方则是具有强制力的政府。于政府而言，是一个典型的行政行为；于排污企业而言，是获得交易资格的行为。这是一个不完备的市场形态，不可能存在自由的市场交易，但它却是二级市场排污权实现自由交易的前提。

二级市场的参与主体是各个排污者，各个排污者形成排污权交易市场的需求方与供求方。排污权供给者的产生是因为排污权价格大于治理费，激励企业进行污染治理，而一旦治理的成果达到排放标准以下，企业就有了可以用来出售的排污权，于是就产生了排污权交易的供给者。与此同时，治理污染达不到排放标准的企业或新建、扩建的企业就成为排污权交易的需求者。排污者之间的交易在二级市场进行，这是一个完备的自由交易的市场，它的交易价格以及交易规则都应该是市场化的。

3.2 实施手段不同

排污权的一级市场实施手段主要是法律手段。在这种制度安排下，政府制定法律法规、政策和排放标准，并强制征收排污权益出让金，始终处于主动地位，但是，它却不是排污和治污的主体；企业虽是排污和治污的主体，但却处于被动的地位，只要达到政府规定的污染排放标准，就没有激励再进一步治理污染，减少污染物的排放。

排污权的二级市场实施手段主要是市场手段。在这种制度安排下，政府不仅放弃了一些配额交易的权利，部分地退出了交易过程，而且也放弃了借此获得的交易利益。与此同时，企业取得了排污权交易的利益，就有了积极参与污染治理和排污权交易的巨大激励。治理污染就从一种政府的强制行为变成企业自主的市场行为，其交易也从一种政府间交易变成一种真正的市场交易。

3.3 风险大小不同

与股票市场和房地产市场类似，当排污权的市场机制发展比较成熟时，排污者可在排污权一级市场或二级市场上进行投资。在排污权一级市场，排污者并不能直接获取利润，但排污者从政府手中通过一级市场有偿获取的排污权，如果排污指标用不完，经过一定包装后可进入二级市场进行交易，从而获取利润。可以说，初始的排污指标如同一只潜力无穷的“原始股”，对于企业来说，多争取一份排污指标，就等于多争取到一份利益，自己用不了的指标可以卖给别人，保证只赚不亏。因此，排污权一级市场风险较小。在排污权二级市场，排污者根据市场行情也可买入排污权，等到排污权市场价格涨到高于买入价格时，可出售获利。这种投资行为尽管可以获得一定的收益，但风险也较大。政府要通过立法等手段加强排污权一级市场和二级市场的管理，有效制止滥用和非法转让排污权，杜绝蓄意囤积居奇等扰乱市场的买卖行为，通过这些措施确保排污权在二级市场上能够正常交易。

3.4 作用效果不同

排污权一级市场的作用效果主要是通过核定污染物排污总量，进行排污权的有偿分配，以体现环境资源的价值，使环境资源初始价值得以补偿，并刺激排污企业改进技术、减少排污量，确保环境质量目标。另外，有偿取得排污权初次配额还可以防止某些企业滥占排污权。此外，在排污权有偿使用的过程中还拓宽了环保融资的渠道，有利于进一步加大环保投入，推动环保基础设施的建设。通过这种有偿、有限提供环境容量资源的方式，便可以达到控制污染、保护环境的目的。

排污权二级市场主要是通过排污者之间的排污交易，实现环境资源的有效配置。通过市场的灵活调节，允许排污权在不同所有者之间流动，带动了污染治理责任的重新分配，通过达到竞争均衡，实现所有排污边际治理成本的均化，从而带来污染控制效率的改进，这体现了市场配置资源和合理使用环境容量的原则。除了通过污染治理成本最小化实现效率改进以外，排污权二级市场还通过赋予市场主体以污染治理手段的自主决策权，调动多种手段参与污染治理问题的解决，这在命令型的环境政策体系下是无法达到的效果。

4 建立一级市场需要解决的核心问题——公平

排污权初始分配如何进行？如何保证公开、公正、公平？如何防止排污权分配引起的腐败？这是大家非常关心，也是排污权一级市场需要研究和解决的核心问题。为了确保排污权一级市场的公平性，政府部门应发挥重要作用，需要从以下几个方面着手解决。

4.1 统一法律法规

从一级市场来看，相对于土地、矿产等有形资源而言，排污权有偿取得缺乏政策和法律依据，使排污权有偿取得与排污交易实行缓慢。因此，我们建议国家应尽快完善排污权有偿取得与排污交易的法律依据，制定推进排污权有偿取得与交易的政策法规，切实解决目前实施排污权有偿取得与交易的法律依据和规范缺失问题。具体建议是，在修订《环境保护法》《水污染防治法》《大气污染防治法》时，进一步明确环境资源国家所有，排污权属于国家以及排污权有偿取得和排污交易的法律地位；制定有关污染物排放总量控制、排污许可证管理和排污交易等法规。在这些法律和法规中，进一步明确污染物排放总量控制等制度、排污权有偿取得、环境容量有偿使用、排污交易，规范初始排污权的分配、跨区域交易以及排污交易市场管理等。然后通过立法建立排污权的一级市场，规范初始排污权的有偿分配。

4.2 统一分配方法

排污权初始分配（一级市场）的关键在于用统一的分配方法，确保每一个污染企业都取得合理的总量配额。例如，以往 SO_2 的分配是以国家下达的总量控制指标逐级等比例下达，造成了原来排放量大、污染严重的地区或者企业“占便宜”，形成了总量分配的不公平。为此，在排污权初始分配时，所有排放 SO_2 的火力发电企业必须根据国家“十一五”电力行业 SO_2 排放总量指标要求有偿获得 SO_2 排放权。各省、自治区、直辖市环境保护行政主管部门依据国家下达的 SO_2 排放总量指标，采取公正、公平、公开的方式，按照发电排放绩效的方法将 SO_2 排放权核定到每一个电力企业。排放绩效应本着“整体控制、突出重点、分区要求、总量削减”的方针，遵循严格控制新源、分步削减老源的原则确定。

4.3 统一分配方式

在一级市场上，除了通过立法明确排污权有偿取得外，要探索适合我国国情的排污权一级市场交易形式，改变无偿分配或行政授予的做法，采用招标、拍卖或其他市场化方式将排污权卖给企业，以促进企业之间的公平竞争。在分配方式上，最大的困难在于对新老污染源的处理。目前存在着新建污染企业和已建污染企业之间在排污权初始分配方面的不公平，如果是无偿在污染企业之间进行分配，那么对于新建企业有偿取得来说则显得十分不公平，政府也因此损失了一笔财政收入。为此，在排污权一级市场分配方式上，应坚持新老污染源区别对待的原则，新建、扩建和改建企业可以从一级市场获得排污指标，也可以通过二级市场获得排污指标。

4.4 统一分配范围

为了保证排污权有偿取得（一级市场）的公平性，避免企业或行业之间的不公平竞争，排污权有偿取得及交易试点范围应精心考虑，要对排污权的交易范围做出明确的规定。例如，对于电力行业 SO_2 的初始分配范围的确定，可确定为整个火力发电行业。具体要求为装机容量大于（含）6 MW，以煤、油和煤矸石等为主要燃料的火力发电厂（含热电联产、调峰电厂、企业自备发电机组）；装机容量小于 6 MW 的火电机组及以柴油、生活垃圾、危险废物和生物质为燃料的火电机组不纳入分配范围。对于 COD 排污权分配范围，可确定为日排水量在 100 t 以上或 COD 排放量在 60 kg 以上、且直接向水体排放污染物的工业重点污染源和集中式污水处理厂，非重点工业源、面源等不纳入分配范围。总之，排污权初始分配范围的确定应明确、具体，标准要统一，否则无法体现出排污权一级市场的公平性，操作起来也困难重重。

4.5 合理制定有偿取得价格

调查表明，目前排污权有偿取得价格多数是由环境保护部门根据一定的计价方式，提出交易价格后交易双方认可而成交，带有很强的行政干预下的“指导价格”色彩。这些定价方式有一定的科学性，但价格并未与市场机制挂钩，没有反映市场供给平衡的因素，因而也很难反映环境容量资源的稀缺性。由于不同污染物、不同地区的环境容量资源价值有所不同，所以在确定排污权有偿取得价格时，应结合我国目前污染源控制与管理的现状和地方开展排污权有偿取得和排污交易的经验，制定和完善排污权有偿取得的价格形成机制。根据不同污染物特点、不同地区环境容量差异、不同经济发展水平等情况，坚持环境资源稀缺性和企业经济承受力相结合的原则，结合污染物削减成本，研究制定排污权有偿取得的定价方法。

4.6 严格环境执法

要保证排污权一级市场的公平性，使排污权有偿取得顺利进行，除了统一法律法规、统一分配方式方法等措施外，还必须通过严格的环境执法，使得企业严格按照既定的交易规则运作，防止“寻租”行为。要严格环境执法，一项重要的工作就是加强环境监控能力建设，以准确计量和监督污染源的排放，这是推行排污权有偿取得和保证其公平性的基础。针对目前我国污染物排放计量的基础相对薄弱，监督管理能力不足的问题，要扩大要求安装在线监测设备的排污单位范围，保障各类污染物的排放在有效的监控之下；应建立企业污染物排放台账制度，建设污染源基础数据库信息平台、排放指标有偿分配管理平台、污染源排放量监测核定平台、污染源排放交易账户管理平台，全面管理参加有偿分配和排污交易体系的污染源。

5 建立二级市场需要解决的核心问题——效率

从制度安排来看，排污权的二级市场确实包含着很多制度优越性，最重要的是，有利于调动企业治理污染的积极性，对于那些污染治理成本低于排污权价格的企业，出售剩余的排污权可以获利，因而会积极治理污染以获得更大利益；有利于降低政府的管理成本，价值规律会自发调节排污价格，而单纯的“持证排污”需要环境管理机构付出高昂的信息成本费用。由此可见，排污权二级市场的核心是效率问题。为提高排污权的配置效率，政府在二级市场的参与作用应逐渐减弱，主要从有效监管、培育市场，为企业之间的排污权交易创造良好的宏观环境等方面着手。

5.1 有效监管

政府应加强对排污权二级市场的监管。要及时制止滥用转让权，以及非法转让排污权的买卖行为；规范转让过程中可能出现的一些无序现象，以促进环境保护。加强环境监测工作，严格查禁企业超标排污行为，加大处罚力度，促使企业减少排污，积极走向排污权交易市场，实现总量控制和环境保护的总体目标。要杜绝蓄意囤积居奇等扰乱市场的买卖行为，对超标排污企业进行严厉处罚，通过这些措施确保排污权在二级市场上能够正常交易。为了监督指标交易，还要建立跟踪系统，一是为记录指标交易建立指标跟踪系统，二是为收集和确认排放数据而建立排放跟踪系统，这样就便于企业指标的核算，以保证企业的减排与交易的真实性与一致性。

5.2 培育市场

针对目前我国排污交易二级市场信息不充分的问题，政府应积极培育排污权交易市场，提供市场服务信息，调节不合理的价格交易制度，维护市场秩序，在创造市场交易机制和弥补市场失灵方面发挥积极作用，促进外部性内部化；要组建专业的排污权中介机构，建立相关的信息网络系统和管理平台，为交易各方提供中介信息，提高交易的透明度，降低排污权交易的费用。

5.3 创造环境

要创造良好的交易市场环境，首先，应完善市场经济机制。发达的市场经济和完善的体制是顺利实施排污权交易的前提和基础，为此应完善市场经济体制，不断建立、健全市场经济发展的政策法规，使企业能站在一个公平的平台上，按照市场规律自主决定自己的生产和环境行为，从总体上引导和推进环境与经济、社会的协调发展。其次，政府还应建立和完善排污权交易的政策调控体系，利用税收、信贷等手段对排污权市场进行必要的宏观调控。最后，政府部门应建立相应的激励机制，对积极减少排放、积极出售排污权的企业从资金、税收、技术等方面予以扶持，对排污权交易要给予一定的优惠政策，以鼓励企业参与排污权交易，为排污权交易创造必要的宏观环境。

6 结论

通过上述对排污权有偿使用的一级市场与二级市场的分析，今后一段时期我国建立排污权市场机制的要点应该是：

（1）应把环境资源和土地、矿产等自然资源一样看待，将其作为一种重要的生产要素引入市场机制。

（2）应明确排污权属国家所有，可以预见环境资源将成为一项盈利性极高的国有资产，国家除了以环境资源税费的形式获取利益外，作为所有者还应获取出让排污权的权益金。

（3）应逐步建立和完善排污权市场机制。排污权一级市场的核心是公平问题，二级市场的核心是效率问题，公平与效率是建立排污权市场机制最重要的两个方面，也是政府部门需要解决的核心问题。

（4）应根据市场经济规律，建立规范有序的排污权交易市场。要通过建立和完善相关法律法规、政策标准、交易规则、纠纷裁决办法等，加强环境执法，运用市场经济规律，建立规范有序的排污权交易市场，明确政府和企业的职责、管理权限。

（5）应通过不同地区和行业的试点，切实推行排污权有偿取得改革。国家应抓紧选择一些条件好的地区或者行业开展排污权有偿取得和排污交易的试点。通过试点积累排污权有偿取得和交易的管理经验，完善排污权有偿取得和交易的管理机制和方法，为在全国大范围全面推行奠定基础。

参考文献

[1] 平狄克，鲁宾费尔德. 微观经济学[M]. 北京：中国人民大学出版社，1997.

[2] 王金南，杨金田，等. 二氧化硫排放交易——美国的经验与中国的前景[M]. 北京：中国环境科学出版社，2000.

[3] 王金南，杨金田，等. 二氧化硫排放交易——中国的可行性[M]. 北京：中国环境科学出版社，2002.

[4] 吴健. 排污权交易——环境容量管理制度创新[M]. 北京：中国人民大学出版社，2005.

[5] 张建明. 关于排污权有偿使用机制的探讨[OL]. 绿色浙江网，2006-03-15.

[6] 胡春冬，周文和. 环境容量资源的有限性与排污权初始分配的有偿性[N]. 中国环境报，2003-02-10.

[7] 王金南，蒋洪强，等. 关于实行环境资源有偿使用政策框架的思考[J]. 重要环境信息参考，2006-03-22.

[8] 郑君君，杨芳. “排污权交易”的困境与突围[N]. 光明日报，2005-07-19.

中国式分权下的排污交易政策*

卜茂亮

摘　要：排污交易政策的实施依赖于一定的制度条件。本文结合对排污交易政策优势的分析，讨论了制约排污交易政策效果的政府因素，提出中国式分权与排污交易政策的可能冲突。

关键词：排污交易　分权　政府

The Emissions Trading Policy within the Chinese Style Decentralization Framework

Abstract: The enforcement of emissions trading policy relies on certain institutional conditions. Based on the analysis of the advantages of emissions trading policy，this paper studies the governmental factors towards emissions trading policy，and points out the possible collusion between Chinese style decentralization and emissions trading policy.

Key words: Emissions trading policy　Decentralization　Government

Tietenberg 指出“不是所有的排污交易项目都是完全等同，有些项目的设计比另一些好，没有一个普遍适用的标准，应该根据应用的实际情况有针对性地设计”（Tietenberg，2006）。排污交易项目运行的好坏受到许多不同因素影响，其中包括政府行为动机的差异。对于中国而言，地方政府具有垄断性的行政权力，在地区环境治理中扮演着重要的角色。因此，地方政府的行为动机必须在排污交易政策的设计和实施中得到高度关注。本文将结合中国的实际情况，从中国式分权的视角对制约排污交易政策效果的政府因素进行简要的分析。

1 排污交易政策的优势

尽管排污交易政策已在多个国家与地区中运用，但其起源不是实践中的创新而是学术界的探讨。排污交易政策要处理的是环境污染问题，在经济学理论中，环境污染是一种公共物品，具有负的外部效应。这种外部效应导致市场的失灵（即市场本身不能解决这个问题），社会帕累托最优不能实现。理论上首先提出的解决这个问题的方案不是排污交易而是“庇古税”。通过政府对污染企业收取庇古税，市场失灵可以得到有效解决。这

* 基金项目：南京大学研究生科研创新基金的资助，项目编号：2007CW01。

本文作者联系方式：南京大学商学院，南京：210093。

种方案全世界都得到了广泛的运用，有其自身的优点。然而庇古税意味着政府的干涉，政府能够解决问题，但政府本身由于信息、激励等影响也可能带来新的问题。从实际实施的效果来看，还有一个问题需要引起关注：庇古税忽视了企业边际减排成本的差异，带来可能的效率损失。针对市场失灵，科斯定理提供了另一种解决方案。科斯定理认为政府的干涉不是必需的，只要产权明晰，在一定条件下，市场自身就可以解决外部性的问题，从而避免了市场失灵。科斯定理为排污交易提供了理论基础。根据科斯定理，政府可以根据污染控制的目标确定污染的排放额度，然后把排污额度明确为一种特殊的产权，建立相对的市场让污染企业来相会买卖。这样市场失灵就不存在，市场机制可以发挥作用来处理环境污染问题来达到社会的帕累托最优。这种方案不需要政府的干涉，节约了大量的成本。此外，排污交易的一个突出的优势是企业获得了降低减排成本的激励，从而企业加大环保投入，不断提高减排的效率。

2 影响排污交易政策的政府因素

排污交易政策实现社会帕累托最优实际上有个假设：政府是个“仁慈的社会福利最大化追求者”。然而这个假设存在不合理性，在实际中排污交易政策恰恰可能受到政府的影响而受到扭曲，导致政策既定的目标不能实现，社会福利最大化不能达到。对于此研究， Boyer and Laffont（1999）提出两个特征必须引起关注：一个是代理人的私人信息（Private Information），另一个是制度的不完备（Incomplete Contract of Constitutions）。制度的不完备说明了政府官员是实际的剩余权决定者，私人信息说明政府具有公众不具备的信息优势。由于上述特征，政府有激励在政策工具中选择对自己有利的工具，从而可以实现自身利益。上述影响体现在政策的设计中，政策执行过程中也可能受到政府的影响。Oates and Portney（2003）在“环境政策的政治经济学分析”中指出环境规制机构可以通过有选择地测量政策效果来影响政策的执行。毫无疑问，政府是环境规制机构中影响力非常大的。由于政府因素的巨大影响，考察排污交易政策表现的研究必须要面对各国家政府体制的差异，在此基础上具体问题具体分析。

3 中国式分权的特征

中国经过了 30 年的改革，经济建设获得了巨大的成功，被称为世界经济增长史上的奇迹。这种增长的奇迹不仅表现为持续 30 年的高增长，还表现为这种经济增长是在一个法律法规不健全、市场不完善的制度背景下取得的。分析中国经济增长的原因，不可忽视地方政府这个因素。中国地方政府以高度的热情积极投入到经济建设，这是全世界罕见的现象。可以说因为有地方政府这样的积极努力，中国的经济增长的奇迹才得以实现。也正因为如此，在中国的改革过程中，关于分权的讨论引起了众多的关注。讨论集中于这样一些问题：地方政府积极建设经济的激励从何而来？分权式改革有什么成败？

Jin，Qian 和 Weingast（2005）认为通过分权，地方政府获得了财政的激励而积极投入经济建设。Maskin，Qian 和 Xu（2000）从组织形式构架的角度认为，中国经济类似“M”形组织，其优势是便于创造地区之间的竞争，通过竞争带来激励。对中国的政府官员而言，能否晋升影响重大①，为获得晋升他们愿意进行竞争。这种竞争激励的方式类似于团队激励中的锦标赛模式（Lazear，1981），即根据参赛人的相对成绩而不是绝对成绩进行奖励。周黎安（2007）把中国的行政治理的模式定义为“晋升锦标赛”②，并认为晋升锦标赛在中国法制不完善、市场不健全的情况下起到了基础性的制度安排的作用。

从晋升锦标赛的视角出发，地方政府对经济建设的巨大热情则不难理解。因为“以经济建设为中心”，地方GDP非常重要（Chen，Li and Li，2005），为中央以GDP考核地方官员提供了直接的证据。利用竞争的排名来给予奖励，这样的激励方式有明显的优点。首先，这种方式使得地方政府认为中央政府奖励的承诺可信，中央政府不会与某个地方政府勾结而使得比赛结果不公平，因而愿意投入排名比赛③；其次，相对成绩与绝对成绩相比，相对成绩更容易获得，这意味着减少了测量和监督的成本；第三，排名不受到共同的正面或者负面的外部因素的影响，于是奖励也不发生变化。从实施效果来看，这种方式还在一定程度上鼓励了下级政府进行创新。

然而这种方式也有明显的弊端。首先，导致政府直接不愿意合作，甚至导致蓄意破坏性的行为。这样的竞争结果不是上级政府希望通过竞争达到的，但难以避免。其次，竞争是种很强的激励形式（High-Power Incentive）。一旦展开竞争，下级政府将围绕上级政府设定的目标不惜一切代价地投入，其他的重要但不考核目标则被抛弃。第三，这种制度难以打破。因为随着一个个比赛胜利者获得晋升，他们决定着下级政府官员晋升的命运。这种情况下，他们一般没有动力去打破给他们带来胜利的制度，而只会进一步维护这个制度。

4 中国式分权与排污交易政策的可能冲突

Dalmazzone在“分权与环境”一文中指出“环境保护产生的收益落在一定的政府辖区范围内，这要求环境治理的分权。然而，环境问题的出现通常跨越政府辖区的边界，这又需要中央政府的干预”（Dalmazzone，2006）。分权与集权的矛盾意味着环境问题往往需要政府组织内部有效的协调。基于前面对中国式分权特征的考察和排污交易政策的分析，我们在这里讨论中国式分权带来排污交易政策的可能冲突。

从政府结构上来看，中国政府有省、市、县等多个层级，每个层级上的政府间互相竞争（博弈）。环境污染兼有外部性和非排他性（Nonexcludable）的性质④。从实施效果来看，排污交易政策也具有一定的外部性和非排他性。尽管排污交易参与的主体是企业，

---

① 政府官员的职场很封闭，一旦停职或者开除，政府官员很难找到其他工作。他们也不情愿跳槽，因为跳槽后收益落成很大。因此，一旦进入这个行业就被“锁定”（周黎安，2007）。

② 晋升锦标赛是一种行政治理的模式，指上级政府对多个下级政府部门的行政长官设计的一种晋升竞赛，竞赛优胜者将获得晋升，而竞赛标准由上级政府决定，它可以是GDP增长率，也可以是其他可度量的指标（周黎安，2007）。

③ 相对成绩一般难以并且很难被操控。团队激励的委托代理理论指出，委托人没有激励操控锦标赛的结果，因为最后无论谁胜出，他都必须对胜者进行奖励（这意味着，除非委托人能够秘密勾结某个代理人，承诺在决定谁是胜者时对其有利，并能从胜者手中获取一部分剩余，委托人才有操纵的激励）。

④ 非排他性意味着代理人不能够控制谁受影响和谁不受影响（Baliga and Maskin，2003）。环境问题往往出现在一定的流域内，谁受影响难以被准确控制。

但排污交易实效的效果却关系到政府官员晋升的命运。在政府互相博弈的过程中，政策的外部性和非排他性是任何实施和推行排污交易政策的政府都密切关注的问题。科斯定理不能解决具有非排他性的外部性问题。当出现了这类问题，代理人必须被迫使参与到一个机制中才能达到帕累托最优（Baliga and Maskin，2003）。在缺乏这样的机制情况下，各政府都不做选择可能恰恰是政府间博弈的纳什均衡。这在现实中体现为排污交易的实施很难跨地区，政府不愿意推动地区之间的交易。由于排污交易是基于边际减排效率来设计的，有更多的交易机会和选择才能激励企业提高减排效率。上述问题将限制排污交易政策所能发挥的效果。同时，即使不考虑地区间交易，在该地区内实施交易仍然存在该地区下一层级政府间博弈的问题，政策实施效果依然被扭曲。

从晋升锦标赛设置来看，各级政府并无强有力的动机去推行和实施排污交易政策，政府不愿意投入这方面的资源。从 GDP 增长任务在各级政府层层分解时，各级政府往往层层加码，但对削减 COD 排放指标却没有类似加码的现象可以看出政府动机的巨大差别。这主要因为晋升锦标赛下官员政绩考核主要看辖区经济建设的表现。另一方面，即使中央政府高度重视排污交易政策，各级政府也高度重视，都努力、认真地去推行和实施，仍然可能存在一定的问题。例如，如果上级政府由于技术有限，不能有效测量而存在信息不对称，下级政府则有动机对数据造假。即使不造假或不能造假，如果某级政府预计不能达到目标，则可能动用一切资源去影响排污交易，比如替代企业参与交易，从而偏离了排污交易设立的初衷。

5 结语

排污交易的设计和实施都与政府密不可分，不同的政府往往对排污交易政策具有不同的影响。然而从美国排污交易产生的起源得到的直接启示是：寻找适合中国的排污交易政策需要中央政府制订规划，也需要地方政府共同参与政策的设计。

参考文献

[1] Baliga，Sandeep and Eric Maskin，2003. “Mechanism Design for the Environment”， in *Handbook of Environmental Economics*，*Volume 1*. K. G. Maler and J. R. Vincent eds：Elsevier.

[2] Boyer，M and JJ Laffont. 1999. “Toward a Political Theory of the Emergence of Environmental Incentive Regulation” *RAND Journal of Economics*，30：1.

[3] Chen，Ye，Hongbin Li，and Li-An Zhou. 2005. “Relative performance evaluation and the turnover of provincial leaders in China.” *Economics Letters*，88.

[4] Dalmazzone，Silvana. 2006. “Decentralization and the environment”，in *Handbook of Fiscal Federalism*. Ehtisham Ahmad and Giorgio Brosio eds：Edward Elgar Publishing Limited.

[5] Jin，Hehui，Yingyi Qian，and Barry R. Weingast. 2005. “Regional decentralization and fiscal incentives: Federalism，Chinese style.” *Journal of Public Economics*，89.

[6] Lazear，Edward P. and Sherwin Rosen. 1981. “Rank-Order Tournaments as Optimum Labor Contracts.” *Journal of Political Economy*，89：5.

[7] Maskin，Eric，Yingyi Qian，and Chenggang Xu. 2000. "Incentives，Information，and Organizational Form." *Review of Economic Studies*，67：2

[8] Oates，Wallace E. 2008. "On the evolution of fiscal federalism：Theory and institutions." *National Tax Journal*：2.

[9] Oates，Wallace E. and Paul R. Portney. 2003. "The political economy of environmental policy"，in *Handbook of Environmental Economics*，*Volume 1*. K. G. Maler and J. R. Vincent eds：Elsevier.

[10] Tietenberg，T. H. 2006. "Emissions Trading Principles and Practice" Washington，DC：RFF Press.

[11] 周黎安. 中国地方官员的晋升锦标赛模式研究. 经济研究，2007（7）.

第二篇

大气污染物排污权交易

我国二氧化硫排污交易最新进展

严　刚　王金南　杨金田

摘　要：自 1990 年代我国引入排污交易概念并开展系列试点工作以来，历经 10 余年，排污交易在我国已得到广泛探索。本文系统总结了我国当前开展排污交易的宏观背景和战略意义，全面回顾了地方排污交易的发展历程，系统阐述了当前国家和地方开展二氧化硫排污交易的最新动态，并结合当前污染减排新形势和社会经济发展的需要，深入剖析了我国推行电力行业二氧化硫排污交易面临的主要障碍；最后，基于上述分析，提出我国下一阶段二氧化硫排污交易的主要工作建议，为排污交易制度在我国的建立、发展和壮大提供参考。

关键词：二氧化硫　排污交易　进展

Newest Progress of Sulfur Dioxide Emissions Trading in China

Abstract：Since the last century 90's when the concept of emissions trading was introduce in our country and the work was carried out with the series pilot，emissions trading has been widely explored in our country. In this paper，a systematic summary of China's ongoing macro-context of emissions trading and strategic significance are concluded，a comprehensive review of the development of emissions trading system at the national and local level on sulfur dioxide emissions trading is displayed，combined with the current situation and new pollution abatement needs of socio-economic development. In-depth analysis of the major obstacle facing the implementation of the power industry of China's sulfur dioxide emissions trading is put forwarded；Finally，based on the above analysis，the future work of China's sulfur dioxide emissions trading in our country is suggested，which offering experience for advancing emissions trading in China.

Key words：Sulfur dioxide　Emissions trading　Progress

环境是一种重要资源，同时又是一种公共产品。如何创新机制，发挥市场对环境资源的配置作用，是环境保护政策措施的重要内容。排污交易以污染物总量控制为前提，通过完善污染物总量指标的分配方法，建立供求双方交易市场等措施，探索出一条将市场机制引入环境保护的有效途径。随着全国污染防治工作的全面推进，这项制度近年来在我国得到广泛关注和大力推广，是保障我国总量控制目标不断深化、促进经济与环境协调发展的重要手段。在此，将我国二氧化硫排污交易的最近进展作以系统总结和评估，供决策参考。

本文作者联系方式：环境保护部环境规划院，北京：100012。

1 排污交易开展的背景

1.1 总量控制制度成为我国环境管理的核心手段，为排污交易的开展奠定了基础条件

“九五”以前，我国主要实施以污染源达标排放为核心的污染控制制度，但随着污染物排放总量的不断增大，这种环境管理制度在政策上的缺陷逐步暴露出来，其局限性随着社会经济的快速发展愈发突出，国家逐步开始引入总量控制制度。从“九五”开始，我国全面开始实施主要污染物排放总量控制制度。在推行的 10 多年过程中，总量控制制度不断得到完善，其框架下涉及的总量指标分配方法、指标管理考核办法、污染排放跟踪体系、排污许可证制度、排污收费制度以及其他配套经济政策等都在不同程度上得到加强，这为总量控制制度成为我国环境管理的核心奠定了坚实的基础。

不仅如此，随着我国工业化和城市化的加速发展，污染排放压力陡然增加，环境容量对社会经济发展的约束作用越发突出。在这一发展形势下必然使得总量控制制度在我国环境管理中的地位越来越为重要。为此，“十一五”期间，国家将主要污染物排放总量削减 10%确定为“十一五”期间社会经济发展的重要约束性指标，标志着总量控制已成为我国环境管理的核心，是环境管理的基本手段。由于总量管理地位在我国的确立，作为控制污染的“总闸门”，与总量控制制度相配套的排污交易和排污权有偿分配等制度便应运而生，这些制度由于其市场灵活性和激励性等特点将有效弥补完全行政管理条件下总量控制制度的一些缺陷，必将成为我国环境管理的重要选择。

1.2 国务院文件明确提出要开展排污交易试点工作

国内外大量实践经验证明，排污交易是一项有效配置环境容量资源的市场手段。为尽快推动排污交易机制在我国的应用，建立有效激励和约束机制以更好推动全国污染减排工作，国务院《关于落实科学发展观加强环境保护的决定》（国发[2005]39 号）提出，“有条件的地区和单位可实行二氧化硫等排污权交易。”国务院印发的《节能减排综合性工作方案》（国发[2007]15 号）中也强调，要“抓紧完成节能监察管理、重点用能单位节能管理、节约用电管理、二氧化硫排污交易管理等方面行政规章的制定及修订工作”。在党的“十七大”报告关于“完善基本经济制度，健全现代市场体系”中强调：要建立“反映市场供求关系、资源稀缺程度、环境损害成本的生产要素和资源价格形成机制”。这些国家文件为排污交易的开展奠定了法律基础。

2008 年 7 月国务院转发的《关于 2008 年深化经济体制改革工作的意见》中，进一步提出“开展火力发电厂二氧化硫排污权有偿使用和交易试点，在太湖流域开展主要水污染物排污权有偿使用和交易试点，探索建立环境有偿使用制度”。由此可见，试点排污交易已成为我国近期深化经济体制改革的重点工作之一，全面推广、利用排污交易制度势在必行。

1.3 美国利用排污交易机制控制酸雨取得重要成功

SO_2 污染防治是全世界普遍面临的共性问题，为有效控制酸雨污染，美国自 1970 年

代起，开始实施了总量控制与排污交易制度，并取得了巨大成功。归纳总结，美国的排污交易制度的研究和应用主要经历了以下 3 个显著不同的发展阶段。

1.3.1 1970—1990 年：排污交易的探索阶段

在 1970 年代中期美国环保局开始采用基于市场机制的补偿政策，要求新、改、扩建企业应从老排放源的排放削减中获取排放配额，用以保证空气质量不达标地区环境质量逐步得到改善。1977 年补偿政策被列入《清洁空气法》修正案中，并建立了以泡泡（Bubble）、配额储存（Banking）和容量节余（Netting）为核心的排污交易政策体系（Emission Trading Program）。

美国早期的排污交易实践并不是很成功，交易量很少，但通过实践证明了排污交易对刺激企业加强污染深度削减和节省社会治理总成本具有巨大潜力，为美国下一阶段在酸雨计划中成功应用排污交易奠定了坚实的基础和提供了宝贵经验。

1.3.2 1990—2005 年：排污交易的成功应用阶段

1990 年美国在清洁空气法修正案中建立了酸雨计划，正式确立了排污交易的法律地位，提出在全国范围内利用排污交易机制削减 SO_2 排放、降低酸雨污染危害，力图使电力部门 SO_2 排放总量较 1980 年下降 50%。为实现这一目标，美国将酸雨计划划分为两个实施阶段，第一阶段从 1995—1999 年，重点对电力部门中 263 个 SO_2 排放量较高的大型发电厂发放排放许可，推动排污交易制度的实施；第二阶段从 2000—2010 年，对所有装机容量大于 25 MW 的发电厂发放排放许可，利用排污交易机制使全国 SO_2 排放总量控制在 850 万 t。

经过多年的运行，美国的 SO_2 排污交易政策取得了明显的经济、环境和社会效益。统计数据显示，从 1990—2006 年，美国电力行业在发电量增长 37%的情况下，SO_2 排放总量下降了 40%，NO_x 排放总量下降了 48%。主要污染物排放量的大幅度削减，使得美国中西部和东北部大部分地区湿硫酸盐沉降较 1990 年水平下降了 25%～40%。预计，到 2010 年从酸雨计划减排中获得的生态和健康收益将达到 1 420 亿美元。

在酸雨计划取得成功的同时，美国于 1998 年在东部 37 州推行了 NO_x 预算交易项目（NO_x Budget Trading Program，NBP），以期解决东部地区臭氧污染严重的问题（NO_x 的二次生成物）。该计划不仅囊括了电力污染源，而且还涵盖一些工业源，目前参与到 NO_x 预算交易项目的污染源达 2 579 个。通过项目的实施，2006 年东部地区 NO_x 排放量较 1990 年减少了 74%，较 2000 年也减少了 60%，而且由于 NO_x 排放量的削减引起近地面臭氧浓度下降了 5%～8%，较大程度地改善了美国东部地区的大气质量。

1.3.3 2005 年至今：排污交易的延伸和全面推广阶段

为实现未来 15～20 年内 SO_2、NO_x 以及汞等大气污染物排放的进一步削减，并显著降低臭氧和细颗粒二次污染，2005 年美国制定了以清洁空气洲际规划（Clean Air Interstate Rule，CAIR）为核心的综合性规划。计划通过 CAIR 的实施，使美国东部地区 28 个州和哥伦比亚地区到 2015 年 SO_2 排放量较 2003 年减少 70%以上，NO_x 排放减少 60%以上，每年获得的健康和福利收益达到 1 000 亿美元。至此，美国排污交易机制在大气污染控制方面已得到全面应用和推广，为进一步降低臭氧和细颗粒污染等将发挥更大作用。但目前 CAIR 计划由于法律衔接等问题遭到了美国联邦地方法院的否决。

1.4 碳排放贸易已成为全球应对气候变化的重要机制，其应用范围和影响力在不断扩大

排污交易这项制度，以其灵活和高效的特点在国际的应用范围迅速得到了拓展。国际上正在讨论建立总量约束下的碳排放配额交易机制，注重发挥市场定价、成本转移与转换的作用，解决碳排放、总量约束与个量灵活调整的问题。1997 年签订的《京都议定书》中确定了 3 种基于市场的灵活机制，实质就是在不同国家之间进行碳排放交易，通过给予各国在温室气体减排投资上的灵活性，更好地推动全球应对气候变化。在欧盟，碳排放交易体系已经建立，碳减排交易成为欧盟温室气体减排战略的重要机制和手段。综观国际发展趋势，排污交易机制已跃升为环保领域不可或缺的重要经济政策之一。

目前欧盟排放交易体系（EU Emissions Trading Scheme，EUETS）是世界上影响力最大的排放配额交易市场。2003 年欧洲议会达成了温室气体排放贸易的一揽子计划，建立了欧盟排放交易体系（EU Emissions Trading Scheme，EUETS），支持企业进行温室气体的排放指标交易。根据方案要求，欧盟各国政府将从 2005 年开始，向温室气体排放的主要企业颁发排放许可证，提出限制温室气体排放的最高额度，要求超限额排放企业向排放较少的企业以交换物品等形式购买额外排放指标。据世界银行和国家排放贸易协会 2007 年 10 月发布的《2006 年碳市场发展状况与趋势分析》显示，截至 2006 年 9 月底，欧盟排放交易体系的成交额达到 189 亿美元，占全球碳市场总规模的 87%。

美国尽管不是《京都议定书》的签约国，但东部和西部一些州政府建立了联合自愿减排计划，其积累的市场化创新能力使其率先建立了碳减排交易机制，即 2003 年建立的芝加哥气候交易所（CCX），成为全球第一个也是北美地区唯一一个以自愿性参与温室气体减排量交易并对减排量承担法律约束力的先驱组织和市场交易平台。2004 年，CCX 针对欧洲的情况发起设立了欧洲气候交易所（ECX）。2007 年以来两个交易所的交易量非常活跃，2008 年以来更是跳跃式增长。CCX 已经成为全球气候交易的领先者，其会员已由成立之初的 14 名发展到目前的 361 名。

2 我国开展排污交易的目的与意义

2.1 当前减排形势和经济发展需求迫切需要引入交易机制

“十一五”期间，我国 SO_2 污染减排主要依靠火电行业脱硫工程的建设和小火电机组淘汰，火电行业成为“十一五” SO_2 减排的“主战场”。但随着污染减排工作的不断深入、污染减排形势的日益复杂化和减排潜力的不断缩小，总量控制的一些制度性缺陷不断暴露出来，成为影响全国各地 SO_2 持续减排的主要症结和障碍。突出表现为：

（1）我国社会经济正处于高速发展阶段，对电力等能源需求旺盛，未来 10 年火电装机容量必将继续保持高速增长态势。但目前对火电行业实施的“以新带老”的项目审批管理方式，随着小火电机组逐步被淘汰完毕，其管理模式已逐步不适应新形势下的发展需要。火电行业的持续快速发展需求与当前的总量控制管理模式间矛盾越来越突出，势

必需要对当前总量控制管理方法、项目审批方式等进行革新，引入市场机制，通过市场调节等手段优化配置社会资源，实现经济与环境的协调发展。

（2）我国地区之间发展不平衡，不同省份电厂装机容量、燃煤硫分相差迥然，地区之间环境容量资源禀赋更是差异显著，各地污染减排、改善环境、持续发展面临的问题不尽相同。全部采用“一刀切”式的行政命令规定统一的减排标准，而不配套相应的灵活市场调节机制显然不是解决问题的最好方法。

2.2 有利于促进减排长效机制的建立，推动产业结构升级

开展排污交易有利于树立“环境是资源、资源有价值”的理念。与排污收费制度不同，排污交易制度是先确定排放总量后再让市场确定价格。市场确定价格的过程也是优化资源配置的过程。在国家减排政策持续稳定前提下，排放企业会自行比较购买排放配额与建设脱硫工程或利用清洁技术之间的成本差异，从中选择更适宜于企业发展的减排措施，使企业真正成为污染治理的主体。这种市场化的配额交易制度将有利于调动区域和企业的内在积极性，使它们主动地、持续地减少污染排放，便于因地制宜，比政府“一刀切”的行政手段更有生命力。

不仅如此，企业有了积极参与减少排放的积极性，从过去被动的治污行为向主动减排转变，通过加强排放指标的度量及市场监督和核查、完善激励约束机制，将有效刺激企业创新性地采取新的适用性技术和新的控制方式实现削减，推动企业技术革新和行业的产业结构升级，切实实现环境优化经济增长的目的。在总量控制的前提下，通过排污交易，利用市场机制优化配置，让一批高技术、高附加值、污染小、真正有市场竞争力的行业、企业拥有排污指标，而一些高污染、高消耗、低效益的行业、企业被逐步淘汰，从而促进产业结构调整和升级。同时，通过排污权的有效配置，使得环境容量较小区域的排污指标远比环境容量较大的区域昂贵，企业就会顺势流动，生产力布局也将逐步得到优化，有效平衡地区之间的差异。

排污交易的实施也有利于加强政府进行宏观调控的能力，强化环境管理职能实现。把“排污权”推向市场，将使环保部门的管理职能由管理变为监督，工作手段由直接管理变为市场调节，工作方法由堵塞变为疏导，不仅可以提高政府工作效率，减少环境管理的费用，而且还有助于减少对企业生产的干预，更易为企业所接受。污染减排也从一种中央政府强制行为向地方政府和企业的自主市场行为转变，有利于减排长效机制的建立。中央政府的职能转变为排放配额交易市场的监管者和规则制定者。

2.3 有利于推动我国污染减排的定量化管理

污染排放的准确计量与定量化管理是环境保护执法和落实污染减排任务的重要基础。为切实推进减排工作、提高对污染减排的支撑能力，全国各级环保部门积极争取资金，掀起能力建设的高潮。2007 年，中央投入 20 亿元资金，加上地方配套资金，三大体系能力建设总投入达 70 亿元。项目建成后，污染源监测能力将明显增强，现场执法与核查的能力将大幅提高。

但目前实际情况并不容乐观，一些地区在监控平台建设完成后，并没有紧密服务于污染减排和环境执法。原因是监控平台的维护工作量非常大，一些地区并没有专项经费

支持，而且污染排放总量数据和浓度数据并没有实现监测指标间的相互校验。总量减排的数据核算仍主要依靠于物料平衡计算。通过排污交易制度的实施，无疑将为在线监测系统的更好运行注入了新的生命力，有效解决在线监测系统的运行费用问题，推动在线监测系统和企业日常监督性检查不断完善，从而真正实现污染减排的定量化管理。

2.4 市场机制的建立将有效降低污染减排社会总成本

研究结果表明，燃用不同硫分煤炭和采用不同规模机组，电厂 SO_2 边际治理成本差异显著，可达 1 倍以上。成本差异成为在火电行业实行 SO_2 排污交易试点的主要动力。通过实行火电行业 SO_2 排污交易，将有效促使污染削减发生在边际治理成本较低的火电机组上，从而降低火电行业 SO_2 控制成本，达到利用较少投入实现总量控制的目的。

在我国，湿式石灰石（石灰）-石膏法技术是火电行业普遍使用的脱硫技术，以其脱硫效率高、大部分设备国产化、并适宜于各种含硫煤的特点而被广泛采用。在电厂脱硫过程中，单位 SO_2 的平均治理成本（含设备折旧、维修和运行费用等）主要与燃煤含硫量和机组装机容量大小两个主要因素相关。在此，以湿式石灰石（石灰）-石膏法技术为例，分析我国电厂之间去除单位 SO_2 平均治理成本的差异。

2.4.1 同一装机容量下新建机组燃用不同硫分煤炭单位 SO_2 治理成本分析

以装机容量为 30 万 kW 的新建机组、年利用小时数为 5 500 h、发电煤耗为 315 g 标煤/（kW·h）、硫分转换率为 85%、烟气综合脱硫效率为 85%作为基本情景进行分析，当燃煤含硫率从 0.3%增加到 3%时，电厂单位 SO_2 的平均治理成本变化曲线如图 1 所示。

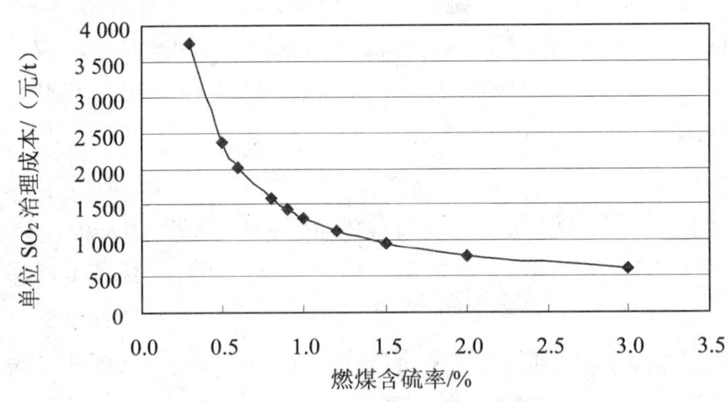

图 1 装机容量为 30 万 kW 的新建机组燃用不同硫分煤炭单位 SO_2 治理成本

从图 1 可以看出，同一装机容量条件下，随着燃煤含硫率的增加，单位 SO_2 治理成本显著降低。按照上述情景进行计算，当含硫率从 0.3%增加到 3.0%时，单位 SO_2 平均治理成本将从 3 756 元/t 降低到 616 元/t，成本差异达 5 倍左右；当含硫率从 0.5%增加到 1.5%时，单位 SO_2 的平均治理成本也将从 2 361 元/t 降低到 965 元/t，成本差异达 1 倍以上。据统计，我国燃煤电厂中，燃煤含硫率在 0.5%以下（含 0.5%）和 1.5%以上的机组容量占燃煤电厂总装机容量的比例为 19.3%和 12.9%。可见，从污染治理的成本经济效益角度分析，火电行业实行 SO_2 排污交易潜力巨大。

2.4.2 同一含硫率下不同装机容量的新建机组单位 SO_2 治理成本分析

情景设定电厂燃煤含硫率为 1%、发电煤耗为 315 g 标煤/（kW·h）、机组年利用小时数为 5 500 h、硫分转换率为 85%、烟气综合脱硫效率为 85%。以机组装机容量为 10 万 kW、20 万 kW、30 万 kW、60 万 kW 和 100 万 kW 分别进行计算，电厂的单位 SO_2 平均治理成本变化曲线见图 2。

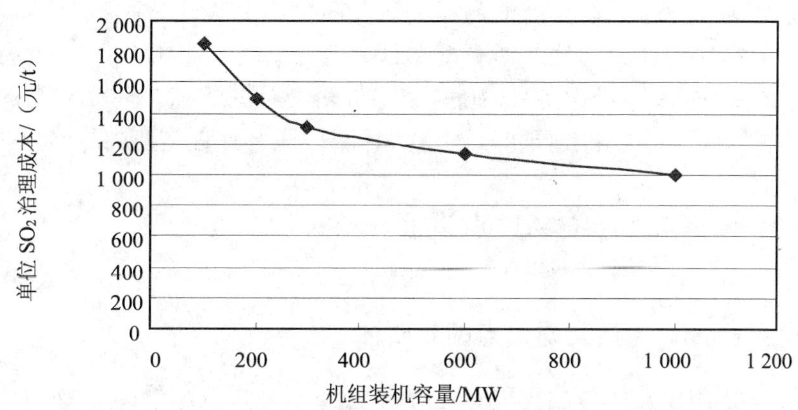

图 2 含硫率 1%下不同装机容量新建机组单位 SO_2 治理成本分析

从图 2 可以看出，在燃煤含硫率一定条件下，随着机组装机容量的增大，其单位 SO_2 治理成本逐渐降低。按照上述情景计算得出，当机组装机容量从 10 万 kW 增加到 60 万 kW，单位 SO_2 治理成本将从 1 849 元/t 降低到 1 130 元/t，成本差异为 60%以上。上述分析充分说明同一硫分条件下，大容量机组配套建设脱硫设施的社会效益将显著好于小容量机组。

2.5 为应对气候变化开展碳排放交易提供技术储备

全球气候变化应对已成为国际社会普遍关注和全球最为热点的环境问题。根据政府间气候变化专门委员会（IPCC）第四次气候变化评估报告的最新研究结果，地球气候正经历一次以全球变暖为主要特征的显著变化，全球气候变暖已是不争的事实。为积极应对气候变化、抑制温室气体排放，国际社会提出了多种政策工具和合作机制以推动温室气体的减排，充分强调市场机制在气候变化应对中的核心作用。在诸多促进温室气体减排的经济政策中，碳排放贸易机制由于其灵活性强、经济刺激作用显著等特点，在欧盟和美国得到广泛应用，并一经推出，其应用范围立即呈现出快速发展态势。相信在未来全球气候变化应对过程中，碳排放贸易机制必将成为落实总量控制目标、促进温室气体减排的重要经济政策之一。

我国是《联合国气候变化框架公约》及其《京都议定书》的缔约方，温室气体排放量目前排在美国之后居世界第二位，并有可能在 2010 年之前超过美国。虽然《京都议定书》对于发展中国家并没有规定必须执行的量化指标，CO_2 也不是目前我国环境保护的主要污染物。但随着我国国际地位的提高，CO_2 排放总量的持续增长以及国际间碳交易需求的增加，我国在温室气体排放控制方面面临着前所未有的压力。根据“巴厘岛路线图”

达成的协议，2012 年后在要求发达国家承担可测量、可报告、可核实的减排义务的同时，也要求发展中国家采取可测量、可报告、可核实的适当减排温室气体行动。这是在国际社会关于全球气候变化的政策文件中首次明确要求发展中国家采取可测量、可报告、可核实的减排行动。我国作为世界第二大温室气体排放国，首当其冲受到影响。面对国际压力和维护负责任的大国形象，我国在抑制温室气体排放方面必须加强研究，加大全球气候变化应对的技术储备。

碳排放贸易机制与污染物排污交易是一脉相承的，其理论依据都是源自科斯定理的产权理论。二者实施的理论方法，对分配方法、管理体系、监测体系、市场体系及监管体系的要求基本上一致。因此，积极开展 SO_2 排污交易的试点，建立完整的适宜于我国国情的排污交易体系，对未来我国落实温室气体减排任务具有重要的战略意义。

3 我国火电行业 SO_2 排污交易试点进展

3.1 开展火电行业 SO_2 排污交易试点的必要性

火电行业是我国 SO_2 排放的主要行业，占全国 SO_2 排放总量的 50%以上，是影响我国酸雨污染的主要来源，也是我国“十一五”期间 SO_2 污染减排的“主战场”。为积极推动火电行业加快污染减排的步伐，盘活排放指标有效解决火电发展与完全行政命令式总量管理之间的突出矛盾，在火电行业优先试点 SO_2 排污交易非常必要。为此，2006 年 5 月，国家财政部和国家环境保护总局联合开展了全国排污权有偿使用和排污交易的调研工作，召开了专家座谈会，征求了上海、江苏、浙江、天津、山西、山东、河南、广东、福建、广西等省、市的财政和环境保护部门，以及国家电网、南方电网、5 大电力公司和部分地方电力公司的意见，认为火电行业排放绩效明确、环境治理技术成熟，可在全国范围率先推行排污交易试点工作。

3.2 火电行业实施 SO_2 排污交易具备的条件

国内外大量实践证明，实行排污交易是一个漫长和复杂的过程，必须以高规格的硬件技术和软件管理作为基础支撑。我国实施 SO_2 总量控制和开展排污交易试点研究已有多年，目前已初步具备了对火电行业实行 SO_2 排污交易的技术条件和管理条件，具体表现为以下 3 方面。

（1）均质影响：火电行业 SO_2 排放主要造成区域酸雨污染，适宜进行总量控制和排污交易。均质影响是实施污染物排放总量控制和进行排污交易的基本前提，即污染物在 A 地排放造成的影响与在 B 地排放造成的影响相同或基本接近。火电行业属高架排放源，排放的 SO_2 通过远距离传输形成区域性酸雨污染，是造成我国酸雨污染严重的主要原因。从全国酸雨污染控制角度考虑，对火电行业的 SO_2 排放控制必须打破行政界限范围，实施统一管理。这种管理需求就决定了需要在国家层面统一组织对火电行业 SO_2 排放实施总量控制，确定单独的行业总量控制目标，并配套实施必要的排污交易经济政策等，以推动火电厂不断加强污染治理，促进火电行业 SO_2 排放量大幅度降低，实现酸雨污染的有效控制。

（2）分配基础："十一五"明确了火电行业 SO_2 排放总量控制目标和分配方法。根据《国家"十一五"环境保护规划》，我国对火电行业的 SO_2 排放总量控制实施"计划单列"，确定 2010 年控制目标为 1 000 万 t 以内。不仅如此，"十一五"期间，国家对火电厂 SO_2 排放总量指标的分配采取了相对科学合理的绩效分配方法，综合考虑了地区经济、环境、燃煤硫分以及机组建设时段等因素的差异，制定出全国统一的火电行业 SO_2 排放总量指标分配方法，从而在排放指标分配上为火电行业实行 SO_2 排污交易奠定了管理基础。

（3）排放计量：具备了对火电行业 SO_2 排放实施定量化管理的初步条件。准确计量污染排放是火电行业实行 SO_2 排污交易的基础。根据环境保护部调查结果显示，2007 年全国燃煤电厂安装脱硫设施的装机容量比例已达 40%以上。根据国务院 2007 年发布的《主要污染物总量减排监测办法》规定，"国控重点污染源必须在 2008 年底前完成污染源自动监测设备的安装和验收；监测数据必须与省级政府环境保护主管部门联网，并直接传输上报国务院环境保护主管部门。"为此，各地正积极推进火电厂锅炉烟气排放连续监测系统的安装、标准化管理和数据联网，这些工作的开展为准确核定火电厂 SO_2 排放数据奠定了坚实的计量基础。

目前，国家已启动了环境保护业务专网系统的建设，共涵盖全国 31 个省和新疆建设兵团，346 个地级城市（含地区、州、盟和兵团 14 个师）、2 860 个县和兵团 175 个团和 6 个国家环境督察中心，计划于 2009 年年底之前完成。2006 年已经建设完成了总局和省级环保部门的联通。目前环保部与 31 个省（区、市）、5 个副省级中心城市和新疆生产建设兵团具备了通过网络渠道实现信息交换的基础条件。

3.3 当前主要工作进展

3.3.1 起草了《火电行业二氧化硫排污交易管理办法》及编制说明

依据国务院《关于落实科学发展观加强环境保护的决定》和国务院印发的《节能减排综合性工作方案》对排污交易工作的具体规定，项目技术组在环境保护部污染控制司的直接领导下起草了《火电行业二氧化硫排污交易管理办法》（以下简称《办法》）及编制说明。目前正在对《办法》作进一步修订和完善。从组织层面来看，《办法》定位于在国家层面统一组织实施火电行业 SO_2 排污交易；从政策定位来看，确定排污交易在实施过程中对其他法规政策不具有排他性；在内容构成方面，《办法》对火电行业 SO_2 排放指标的分配、排污交易程序和条件、排污交易需遵循的原则、各级环保部门的监管职责以及处罚措施等都提出了具体要求和规定，共包括总则、排放指标分配、排放配额管理、排放配额交易、监督与处罚以及附则 6 部分内容。

3.3.2 中美火电行业 SO_2 排污交易合作项目进入实施操作阶段

火电行业 SO_2 排污交易项目是中美第三次战略经济对话（SED）在能源环境领域确定的重要合作项目。项目合作的主要目的为：充分利用中美战略经济对话的工作机制，建立起 SO_2 排污交易技术、方法和应用的交流合作平台；系统学习和借鉴美国有关排污交易管理办法、技术方法、操作平台和排放跟踪系统的构建方法，在此基础上，设计出适合中国国情的火电行业 SO_2 排污交易管理办法，使得排污交易这项经济手段能够在中国扎根实施，全面服务于污染减排工作；制定和完善中国污染排放监控的相关技术标准、方法，开展系列污染排放监控的技术交流和培训活动，显著提高中国污染排放计量的定量化管理水平。

根据合作方案，双方于 2008 年 4 月 14 日在京召开了项目启动会，确认了项目合作的具体目标、活动内容、项目产出和进度安排。在此基础上，中方开展了有关国内 SO_2 排污交易试点情况、各地排污交易形式、存在的主要问题以及火电行业 SO_2 排放监控等方面的调研和评估；美方完成了有关排污交易经验总结的案例研究报告，在中国进行了 3 次环境法规评估方法方面的技术培训。目前该项目已进入实施阶段，进展顺利。

3.3.3 建立了火电行业 SO_2 排放基础数据库

基于全国电力环保数据库（1998—2002 年）、电力行业基础数据库（2003—2006 年）、六大电力集团公司分机组 SO_2 排放数据库（2004—2006 年）、全国 6 000 kW 以上火电机组排污申报登记数据库（2003 年）、国家环境统计数据库（2003—2005 年）以及全国脱硫机组建设情况（2005 年、2006 年）六大数据库，项目技术组系统整合建立了 2004—2006 年全国火电行业 SO_2 排放的基础数据库，包括电厂位置、机组生产情况、机组投产时间、燃料消耗情况、SO_2 排放量等基本信息，为火电行业 SO_2 排放总量指标分配和排污交易的实施奠定了数据基础。目前，该项工作将结合全国污染减排核查进展和污染源普查数据，作进一步修正和完善。

3.3.4 启动了排污交易管理平台开发工作

排污交易管理平台建设是火电行业 SO_2 排污交易试点工作的一项重要内容。该管理平台将承担火电行业 SO_2 排放指标与配额核定、排放计量、交易管理、信息发布等功能。按照制定的《火电行业二氧化硫排污交易平台开发建设方案》，目前管理平台开发建设工作正在有条不紊地推进。交易系统将采用“面向管理者”和“面向交易者”的设计思路，通过 Internet 和政府专网为政府管理部门、企业用户提供服务和综合信息参考。

3.3.5 开展了四大电力集团公司 SO_2 总量平衡方案的研究

环境保护部污染控制司对国电、华能、中电投以及华电四大集团公司，组织开展了集团公司 SO_2 总量平衡的分析研究，完成了四大电力集团公司 SO_2 总量平衡核准方案。工作的基本思路是：系统调查各集团公司现役机组的 SO_2 排放现状，全面分析“十一五”期间现役机组建设脱硫设施和实施关停可能形成的 SO_2 减排量，预测“十一五”期间电力发展新增的 SO_2 排放量；通过分析三者之间的数量关系，依据 2010 年各集团公司 SO_2 排放总量的控制指标要求，结合电厂的布局规划，制定出集团公司内部新源和老源之间、地区和地区之间电厂 SO_2 总量控制的平衡方案，从而在各集团公司层面提出了火电行业 SO_2 排污交易的可行方案，为近期火电行业 SO_2 排污交易的推行提供了重要信息参考。

4 地方 SO_2 排污权有偿使用与交易试点进展

4.1 总体进展

自 1990 年代我国引入排污交易概念并开展系列试点研究以来，历经十余年，排污交易已在我国多个地区开展过试点工作，得到了广泛探索，为我国排污交易制度的建立奠定了重要实践基础。总体而言，我国排污交易试点总体经历了 3 个发展阶段。

4.1.1 1990 年代：排污交易概念引入与初步探索阶段

从 1990 年代初我国就开始讨论和试点排污交易，结合新建项目的管理，在一些地区开展有偿转让的案例。1994 年国家环境保护局在 16 个城市大气排污许可证试点的基础上，在包头、开远、柳州、太原、平顶山、贵阳 6 个城市进行了大气排污交易政策试点。在试点研究过程中，结合中国国情对大气排污交易政策在中国实施的条件、交易的方式、交易的技术步骤和方法、费用、管理和运行机制进行了探索，形成初步的政策、技术、管理框架。交易以指标转让的方式进行，具体包括企业内部转让、企业向环保局交纳环境补偿费取得排污权、企业出资治理面源取得排污权、有多余许可指标的企业将剩余许可指标转让给其他指标不足的污染源或新建企业。这期间重点对排污交易理论和我国开展排污交易的方式进行了积极探索。

4.1.2 2000 年前后：交易案例试点研究阶段

1999 年 4 月，朱镕基总理访问美国期间与美国政府就环保领域的合作达成了“一揽子”协议，国家环境保护总局与美国环保局签署了关于“在我国运用市场机制减少 SO_2 排放的可行性研究”的合作协议，探讨在中国实施排污交易政策的可行性，举办了多次国际研讨会，并先后在江苏、山东、浙江、山西、山东开展了电力行业的 SO_2 排污交易试点研究，为进一步推广排污交易应用打下了基础。

2002 年在亚洲开发银行的协助下和有关研究机构的合作下，山西省太原市开展了 SO_2 排污交易的试点，制定了《太原市二氧化硫排放交易管理办法》。同年 3 月，国家环境保护总局下发了《关于开展“推动中国二氧化硫排放总量控制及排污交易政策实施的研究项目”示范工作的通知》，在山东、山西、江苏、河南、上海、天津、柳州市共 7 省市，开展了 SO_2 排放总量控制及排污交易的试点工作。在这些项目的推动下完成了多项排污交易案例，为我国排污交易制度的推行积累了重要的实践经验。

除了 SO_2 排污权交易试点工作外，我国还积极探索了水污染物排污权交易试点。2001 年，浙江省嘉兴市秀洲区出台了《水污染物排放总量控制和排污权交易暂行办法》，实行了水污染排污初始权的有偿使用，这是我国真正意义上的排污初始权有偿分配和使用的实践。

总体分析，通过积极探索，这段时期形成了几笔在全国范围影响较大的排污交易案例，为“十一五”期间全国各地排污交易的积极探索做了良好铺垫，但形成的交易案例大都是政府部门“拉郎配”，排污权有偿取得和排污交易市场并未形成。

4.1.3 近期：排污交易试点深化阶段

最近两年全国排污交易实践有了新的进展和突破，掀起了排污交易试点浪潮，已有多个省、市全面开展了排污交易的推行工作，并制定出地方排污交易管理办法，寄希望通过这项经济政策的运用为解决当地经济发展和环境保护的矛盾提供一条新的途径。

2007 年 1 月 30 日，广东省环保局和香港特区政府环境保护署发布了《珠江三角洲火力发电厂排污交易试验计划》实施方案，标志着我国跨省际排污交易试点工作的开始。2007 年年底前，江苏省制定了《江苏省二氧化硫排放指标有偿使用收费管理办法（试行）》和《江苏省太湖流域主要水污染物排放指标有偿使用收费管理办法（试行）》，于 2008 年 1 月 1 日开始执行。浙江省则实行自下而上的方式，由杭州、嘉兴、诸暨、桐乡等地出台了《杭州市主要污染物排放权交易管理办法》《嘉兴市主要污染物排污交易办法》《诸暨市污染物排放总量指标有偿使用暂行规定》《桐乡市主要污染物排污权交易暂行办法》等相关文件，分别实施排污交易政策。目前浙江省正在制定全省的《主要污染物排污权有偿使用和交易办法》。

在天津、北京、上海、湖北、湖南等地，目前也启动了相关工作，同时加强了产权交易市场的建立工作。2007 年，湖北省审批通过《湖北省主要污染物排污权交易办法（试行）》，在武汉光谷产权交易所建立排污权交易平台，是我国首次尝试把排污权交易引入产权交易市场。2008 年 8 月，上海环境能源交易所和北京环境交易所相继挂牌成立。2008 年 9 月，天津排放权交易所也于天津滨海新区正式揭牌成立。

总体而言，自“十一五”期间全国加强污染减排和考核以来，各地在积极探索排污交易方式，但交易形式“五花八门”，对排污交易的理解和实施交易的目的也不尽相同，迫切需要国家尽快出台《火电行业二氧化硫排污交易管理办法》以及非电行业 SO_2 排污交易的指导意见，以尽快引导和规范全国对排污交易政策的运用，推动排污交易制度真正服务于全国污染减排工作和协调经济发展与总量控制之间的矛盾。

4.2 江苏省排污权有偿使用与排污交易试点进展

4.2.1 江苏省电力行业 SO_2 排污交易试点

为实现 SO_2 排放总量控制目标，按照国家环保总局（现环境保护部）2002 年下发的关于开展 SO_2 排放总量控制及排放权交易示范工作的总体部署，江苏省在电力行业开展了 SO_2 排放权交易试点工作。2002 年，江苏省环境保护厅、经济贸易委员会联合发布了《江苏省电力行业二氧化硫排污权交易管理暂行办法》。办法对交易参与者、交易方式、配额分配、交易跟踪、监管等方面作出了具体规定。2003 年江苏省又发布了《江苏省电力行业二氧化硫排放控制配额分配方案》，对江苏省统调电厂的 SO_2 排放配额进行了分配。在这些文件的指导下，江苏省完成了南京下关电厂与江苏太仓港环保发电公司等数起交易。但交易的市场并不活跃，部分城市推行排污交易的难度很大。从效果来看，排污交易虽未明显地降低减排成本，却给电力行业的发展提供了环境空间。在此基础上，江苏省计划 2010 年前后推行非电行业的 SO_2 排放交易，加大政府回购力度，促进企业间交易，推进江苏省的环保改革。

4.2.2 江苏省 SO_2 排放指标有偿使用试点

环境资源作为一种公共的、有限的资源，具有价值的观点越来越为人们所认识和重视。然而，我国关于环境资源的产权、占用权和使用权等界定问题一直模糊不清，导致了环境资源的无序占有和过量使用，企业往往热衷于排污总量指标的获得，而缺乏污染治理的积极性。为改革排放指标无偿占用的现状，江苏省率先对电力行业 SO_2 排放指标和太湖流域 COD 排放指标实行有偿分配，出台了《江苏省二氧化硫排放指标有偿使用收费管理办法（试行）》和《江苏省太湖流域主要水污染物排放指标有偿使用收费管理办法（试行）》。

根据办法要求，江苏省先在电力行业开展试行 SO_2 排放指标的有偿使用，要求已运行机组实际排放 SO_2 超过核定指标的差额部分和新投产机组排放 SO_2 需占用排放指标的部分，必须通过有偿取得方式获得排放指标，设定电力行业 SO_2 排放指标有偿使用收费标准为每年 2 240 元/t。

4.3 浙江省排污权有偿使用与排污交易试点进展

近年来，浙江省排污交易工作发展迅速，杭州、嘉兴、诸暨、桐乡等城市都先后出台了排污交易管理办法。但由于各地对排污交易制度的理解、交易的目的及交易推行中遇到的困难不尽相同，实行的排污交易形式也是各有差异。

杭州市重点推行有偿分配与有限无偿分配相结合的方式，以激活排污交易市场，激励老企业加大污染削减为经济发展腾出环境空间。嘉兴市是我国率先探索排污权有偿使用与排污交易试点的城市，历经 5 年多的积极探索，2007 年出台了《嘉兴市主要污染物排污权交易办法（试行）》，并成立了“嘉兴市排污权储备交易中心”。至今，嘉兴市已有 15 家企业与中心签订了排污权转让合同。为积极盘活交易市场，嘉兴市规定“无偿获得排污权的市场主体如发生关闭、破产、迁出等情况，其排污权由储备交易中心无偿收回，特殊情况酌情补助。转让获得的排污权，闲置期（扣除建设期）不得超过 5 年，超过的，环保部门确认后由储备交易中心无偿收回”。桐乡市排污交易程序和形式与嘉兴市较为接近，具体时限和操作要求等略有不同。诸暨市重点试行污染物排放指标的有偿使用，出台了《诸暨市污染物排放总量指标有偿使用暂行规定》和《实施细则》，要求对所有排污单位的指标分配，包括 2006 年年底前的老源和《规定》实施之日起所有新建、改建、扩建和技术改造项目的排污总量指标获取，均采用有偿申购方式，但新源和老源的有偿使用价格有较大差异。

在全省范围内，浙江省为积极推进排污交易的试行，规范各地排污权有偿使用和交易试点的程序、方法，浙江省于 2007 年出台了《浙江省推行排污权有偿使用和交易制度的总体框架》，以规范和引导各地排污交易制度的运行和交易市场的建立。同时要求，各设区市在 2008 年底以前选择 1 个以上县（市、区）开展交易试点工作，保障排污交易制度在浙江省的全面推行。目前《浙江省主要污染物排污权有偿使用和交易办法》和交易中心组建方案正在制定和上报过程中。

5 推行火电行业 SO_2 排污交易面临的主要障碍

排污交易制度在我国研究和试点已有十余年，取得了重要进展和实践经验，目前火电行业已初步具备试行排污交易的基本条件，但在推行过程中仍面临许多障碍，突出表现为以下几个方面。

5.1 排放指标分配不完善影响交易制度的推行

“十一五”期间，我国对火电行业的 SO_2 排放总量控制实施“计划单列”，确定 2010 年控制目标为 1 000 万 t 以内，同时综合考虑了地区经济、环境、燃煤硫分以及机组建设时段等因素的差异，制定出全国统一的火电行业 SO_2 排放总量指标绩效分配方法，这是我国自“九五”实行总量控制制度以来关于排放指标分配的一次重要改革和进步，但由于这是第一个五年规划试行相对科学、公平、合理的绩效分配方法，在确定具体指标分配值和各级政府具体将指标分配到火电企业时，与推行火电行业排污交易制度的高标准要求仍有一定差距，具体体现为：

（1）“十一五”期间制定的“火电机组 SO_2 总量指标分配绩效值”仅是 2010 年的目标指标，而非 2006—2010 年每年的年度指标，这就导致在“十一五”期间对于具体的火电企业而言，并没有一个明确的每年允许 SO_2 排放的总量要求，这样在运火电企业之间 2010 年前并没有交易市场需求。但对于新建企业而言，由于要获取 SO_2 排污权，需要通过与老源之间进行交易获得排污指标。

（2）第一时段绩效分配值不尽公平、合理。“十一五”期间“火电机组 SO_2 总量指标分配绩效值”是综合考虑火电机组分布区域和建设时段两个重要因素制定的。不同时段机组排放绩效值的制定重点参考了《火电厂大气污染物排放标准》。在绩效值制定过程中，由于没有考虑到第一时段机组要在“十一五”时期建设脱硫设施，因此对其排放绩效值要求很松。随着“十一五”期间全国各地在总量减排过程中对火电行业的“从严”要求，许多地区第一时段机组也都配套建设了脱硫设施，使得国家无偿指标过大分配给该类型机组，造成分配不公的问题，不利于排污交易制度的推行。

（3）一些地区仍没有将总量指标具体落实到源。自 2006 年起，国家便将《二氧化硫总量分配指导意见》下发给各地，但由于各种因素，截止到目前仍有许多地区没有按照国家制定的“火电机组二氧化硫总量指标分配绩效值”将总量指标具体分配到火电企业，成为影响排污交易制度推行的重要制约因素之一。

5.2 总量分配政策预期性不强，激活交易市场困难重重

从目前的调研情况来看，江苏和浙江省当前推行的排污交易重点是排污权的有偿使用，排污交易并没有真正意义上的推开。企业对排污交易反应“冷淡”，有富余指标的企业多存在“惜售”心理，从而导致排污权供给严重不足。原因是，在“十一五”严格减排条件下，向社会各界发出了一个明确信号，总量指标意味着“发展权问题”，已成为影响各地经济发展的硬约束条件。因此，大到各级政府、各大电力集团公司，小到具体企业，都不愿意将总量指标转让给他人，即使是有偿行为，这就造成了交易市场非常有限。

追究其深层次原因，主要表现为我国总量控制政策制定预期性不强，政策发展走向不明朗，各类企业、各大电力集团公司，乃至地方各级政府对“十二五”、“十三五”国家污染物总量控制如何发展并不清晰，更不清楚自己未来拥有多大的总量指标，从而导致企业“惜售”心理。宁可不通过交易获得收益，也不愿意因为排放指标的出售失去发展空间，从而导致我国老污染企业挤占过多污染排放指标，影响高效益、低排放新项目的建设发展，进而影响我国产业结构的调整力度。相比而言，美国在制定酸雨计划时，其政策连贯性、预期性都很强，在指标初始分配时，将多年的年度总量指标具体分配到企业，这就使得企业很清晰未来环境保护对企业的发展要求，完全可做到统筹考虑生命周期内污染减排问题，决定企业是通过交易还是通过污染治理方式实现控制目标。

总量分配的政策预期性不强是导致我国交易市场发育缓慢、无法盘活交易市场的重要制约因素。解决这一问题的唯一方式是提前给出未来总量指标的具体分配方法或分配原则。

5.3 在线监控平台的建设尚不足以满足对企业实施污染排放自动监控的要求

自“十一五”我国全面加强“三大体系”能力建设以来，全国各地重点污染源自动监测设备的建设和各级政府污染源在线监控系统的建设得到前所未有的加强，并取得重要进展。但距离实施重点污染源的在线自动监控要求仍有一定差距。

江苏省和浙江省是我国污染源在线监控系统建设较早，也是平台建设较为先进的省份。但根据调研考察的结果，目前这些省份都没有将自动监测数据，尤其是排放总量数据直接应用于污染减排的考核中，仅是使用了其中一些设备脱硫效率、运行时间等数据服务于电厂脱硫电价的管理。原因有多方面，突出体现为：①数据之间的验证、校核工作尚未有效开展，没有形成相互咬合、彼此验证的“数据网”，导致监测的排放数据准确度不足；②监控平台的维护工作量非常大，需要专项经费予以支持；③对监控数据的需求性不强，目前污染减排工作尚未要求各地应用自动监测数据，重点仍是通过物料衡算的方式核算污染减量与增量。

但随着我国环境保护能力建设的加强和环境保护业务专网系统建设的全面铺开，以及污染减排工作对自动监控数据应用的加强，自动监控系统的建设必将得到进一步完善，可满足排污交易对数据定量化管理的需求。

5.4 现行的部分法规政策对排污交易制度的推行有一定“阻力”，需进一步协调和衔接

（1）为加快燃煤机组烟气脱硫设施建设、提高脱硫设施投运率，国家发展改革委会同环境保护部制定了《燃煤发电机组脱硫电价及脱硫设施运行管理办法》。这一《办法》的出台对刺激我国火电厂脱硫设施的建设无疑发挥了重要作用。但同时也对企业间排污交易带上了“紧箍咒”。按照《办法》要求，“安装脱硫设施后，其上网电量执行在现行上网电价基础上每千瓦时加价 1.5 分钱的脱硫电价政策”，并提出“投运率低于 80%的，扣减停运时间所发电量的脱硫电价款并处 5 倍罚款”。从降低污染治理社会总成本角度而言，这一要求将不利于企业采取灵活机制和更低成本实现总量控制指标，在一定程度上影响了交易的市场空间。

（2）“十一五”期间，为加强对各省、自治区、直辖市人民政府主要污染物总量减排

完成情况的考核，国家出台了《主要污染物总量减排考核办法》。但在考核办法中没有规定跨区域交易可计入总量减排考核范畴，这在一定程度上也成为制约区域间企业交易的主要障碍。

为进一步推动排污交易政策的实施，必须加强排污交易与上述政策的有效衔接和协调。

6 下一步工作建议

6.1 完善火电行业SO_2排污交易管理办法

继续加强地方排污交易方式和交易效果的调研与评估，对各地开展的排污交易执行情况、交易体系建设状况及取得的经验教训进行系统总结。加大与环保部总量办、环评司、评估中心、政策法规司等单位的沟通和协调，紧密结合我国当前污染减排新形势和项目审批的要求及面临的主要问题，深入探讨火电行业 SO_2 排放总量指标分配、指标考核、监管措施、监督处罚等核心事项。在此基础上，不断完善《火电行业二氧化硫排污交易管理办法》。并针对火电行业近期发展需求和部分省份重大项目建设需要，组织开展一批电厂间排污交易试点案例，以达到完善排污交易管理办法、细化排污交易实施方法、健全排污交易保障体系的目的。

6.2 制定“十二五”火电行业SO_2总量指标的分配体系

继承“十一五”火电行业 SO_2 总量指标的绩效分配思路，根据“十一五”期间各地火电机组总量指标分配情况和绩效指标值在实际操作中存在的主要问题，加强“十二五”期间火电行业 SO_2 排放总量指标的分配研究，制定出指标分配的基本原则，建立起科学、公平的分配体系。初步设想为：①火电行业 SO_2 排放总量控制全面实行“计划单列”，不再与非电行业一起纳入地方环境指标考核；②结合国家 5 年规划，每 5 年对火电行业 SO_2 排放总量指标进行一次分配；每个 5 年规划期内新审批的火电机组不参加总量指标分配，必须通过交易市场购买获得排放指标，符合政策要求的，在下一个 5 年规划期内参加指标分配；③制定的火电机组 SO_2 总量指标分配绩效值必须为年度指标，即 2011—2015 年每年都有一个对应的指标值要求，而非“十一五”期间仅有一个目标指标值；④火电机组 SO_2 排放总量指标绩效值的制定，要减小不同时段间差异，尤其是对第一时段机组也应有相对严格要求；⑤总量指标分配绩效值的制定，要充分考虑未来煤电的装机容量，确保火电行业总量控制目标的实现。

6.3 注重排放指标有偿分配与排污交易的政策组合

江苏、浙江等地方研究试点证明，排放指标有偿分配是实现市场化排污交易的重要基础。原因在于，实施排放指标有偿分配后，企业将综合考虑各种经济利益因素，不再热衷于总量指标的获得，而会根据自身发展需求和污染减排状况，申购合适的总量指标，从而从源头上杜绝企业“囤积”总量指标的行为，即过去污染重、对环境损害大的企业，用相对较低的成本占据着大量的排污权指标。以此方式有效激活排污交易市场，同时也为污染轻、效益好的企业发展腾出更多环境空间。

6.4 加快排污交易管理平台“硬件”开发

建设交易管理平台是推行排污交易工作的重要内容之一。强大的交易管理平台不仅能保证交易工作的有序开展，同时也将有助于交易市场的扩大、加大对外宣传和促进污染控制定量化管理等。近期将紧密结合火电行业 SO_2 排污交易政策的研究进展，参考美国排污交易管理系统的设计经验，开发出适合我国污染控制和排污交易的管理平台框架和主体业务功能。在此基础上，逐步细化各功能模块。同时，要充分做好与环境保护部其他数据信息系统的衔接。该项工作计划于 2009 年底前初步完成。

6.5 出台非电行业 SO_2 排污交易的指导框架

从实施战略和推进层面角度分析，火电行业 SO_2 排污交易应在国家层面统一组织实施，非电行业 SO_2 排污交易应重点在地方推行。为有效指导地方排污交易的有序开展，规范排污交易方法和程序，减少无谓重复工作，确保交易工作紧密服务于地方经济与环境的协调发展和污染减排工作，建议在国家层面统一组织提出《非电行业二氧化硫排污交易的指导框架》，供各地参考。

参考文献

[1] 王金南，杨金田，马中. 二氧化硫排放交易——美国的经验与中国的前景[M]. 北京：中国环境科学出版社，2000.

[2] 王金南，杨金田，Stephanie Benkovic Gru，等. 二氧化硫排污交易——中国的可行性[M]. 北京：中国环境科学出版社，2002.

[3] 严刚，杨金田，燕丽，等. 中国火电行业二氧化硫排污交易政策研究及框架设计[J]. 环境污染与防治，2008，30：92-96.

[4] Benkovic S，Kruger J. To trade or not to trade? Criteria for applying cap and trade//Proceedings of the 2nd International Nitrogen Conference on Science and Policy. The Scientific World，2001.

[5] 国家环境保护总局. 中国环境统计年报[M]. 北京：中国环境科学出版社，2000—2005.

[6] 邹首民，王金南，洪亚雄，等. 国家“十一五”环境保护规划研究报告[M]. 北京：中国环境科学出版社，2006.

[7] 吴健，马中. 美国排污权交易政策的演进及其对中国的启示[J]. 环境保护，2004，8：59-64.

[8] Burtraw，D.，K. Palmer. The paparazzi take a look at a living legend：the SO_2 cap-and-trade program for power plants in the United States [EB/OL]. http：//www.rff.org/documents/rff-dp-03-15.pdf，2003-03-15/2008-01-05.

[9] U.S. Environmental Protection Agency. Evaluating ozone control programs in the eastern United States：focus on the NO_x budget trading program [EB/OL]. http：//www.epa.gov/airtrends/2005/ ozonenbp/onbpchap2.pdf，2005-10-31/2008-01-05.

[10] 马中，Dan Dudek，吴健，等. 论总量控制与排污权交易[J]. 中国环境科学，2002，22（1）：89-92.

电力行业二氧化硫排污交易制度构建

杨金田　燕　丽　严　刚　陈潇君

摘　要：排污交易机制作为一项环境经济手段，能够调动污染者积极性，促进污染减排，降低污染治理社会总成本。电力行业作为 SO_2 总量控制重点行业，引入排污交易机制，不仅能够有效控制 SO_2 排放总量和酸雨污染、降低减排成本、促进定量化管理，而且能够盘活总量指标促进电力行业可持续发展。在现有管理体制下，推行排污交易制度，在技术层面上要完善总量分配机制，在管理层面上要加强污染排放定量化管理，构建管理平台，创造有利条件启动和激活交易市场，从而构建一套系统的、高效的、可操作性强的交易体系。此外，为了保障排污交易顺利实施，需要尽快制定排污交易管理办法，明确总量目标、指标分配、交易规则和交易管理等内容；建立市场调节为主的价格机制，处理好与其他政策之间的有效衔接，保证排污交易能够在公平、公开的环境中稳定、有序地实施，从而实现电力行业可持续发展。

关键词：电力行业　SO_2　排污交易

Building Sulfur Dioxide Emissions Trading Institution in Power Industry

Abstract: As an environmental economic instrument, emissions trading are able to mobilize the enthusiasm, stimulate pollution abatement and reduce the total cost of the community. As power industry is the of total sulfur dioxide, the introduction of emissions trading mechanisms in power industry can not only effectively control the emissions of sulfur dioxide and acid rain pollution, reduce the emission reduction costs and promote the quantitative management, but also put the power industry aggregates to promote sustainable development. To implement emissions trading in the existing management system, it is necessary to improve the total allocation mechanism at the technical level which is necessary to strengthen the quantitative management, build management platform, create favorable conditions for market start-up and activation and establish a systematic, efficient, easy way to operate the trading system. In addition, in order to safeguard the smooth implementation of emissions trading, it is a must to identify the total clear objectives, targets the distribution, trading rules and transaction management, etc. Only if the policy handles well with other policies effectively, sustainable development could be achieved.

Key words: Sulfur dioxide　Emissions trading　Power industry

排污交易是一项有效配置环境容量资源的市场手段，是促进污染减排的一种重要机制，这种机制能够充分调动污染者的积极性，促进污染控制技术的创新和管理，以较低的社会总成本实现政府确定的总量控制目标。特别是在国家和地方完成污染物排放总量

本文作者联系方式：环境保护部环境规划院，北京：100012。

指标的分配后，排污交易制度可以促进企业采取经济最有效的方式来满足总量控制目标的要求。只要污染源间存在边际治理成本差异，排放配额交易就可能使交易双方都受益。边际治理成本低的企业通过深度治理，获得更多的剩余排放配额，用于出售实现经济利润；边际治理成本高的企业通过购买排放配额达到排放总量控制目标要求。电力行业是 SO_2 排放的大户，排放总量占全国排放总量的 50%，且为高架源排放，是造成区域性酸雨污染和酸沉降问题的主要来源；而且电力行业具有良好的定量管理基础，在电力行业推行排污交易机制有较高经济效率和操作性。

1 推行电力行业 SO_2 排污交易的目标

开展电力行业 SO_2 排污交易主要实现 4 个方面的目标，即促进总量控制目标的落实、降低实现总量控制目标的减排成本、盘活总量指标资源、促进电力行业 SO_2 排放总量的定量化管理。

1.1 有效控制 SO_2 排放总量和酸雨污染

为了有效减排 SO_2 排放总量，降低酸雨的危害，国家酸雨和 SO_2 污染防治“十一五”规划将电力行业作为 SO_2 减排的重点，要求到 2010 年 SO_2 的排放总量控制在 1 000 万 t 以内，单位发电量 SO_2 的排放强度比 2005 年降低 50%。在当前我国电力需求增长旺盛的时期，不仅要削减存量 SO_2 排放量，同时还要抵消电力发展增加的 SO_2 排放量，任务十分艰巨。

在传统的单一指令性控制管理体系中，火电厂在完成总量控制指标后，没有动力挖掘自身潜力进一步加大污染削减，不仅造成火电厂脱硫设施的低效利用，也导致社会资源的极大浪费。通过在火电行业引入 SO_2 排污交易机制，允许火电厂间对 SO_2 排放配额进行交易，将显著推动火电厂提高脱硫设施的运行效率，刺激企业创新性地采取新的适用性技术和新的控制方式实现减排，真正成为污染治理的主体。这一激励作用也将有力地推动企业技术革新和行业的产业结构升级，实现环境优化经济增长的目的。

由于排污交易制度有效地调动了区域和企业的内在积极性，使它们主动地、持续地减少污染排放，有效保障了 SO_2 总量控制目标的落实，缓解酸雨污染加剧趋势。

1.2 降低实现 SO_2 总量控制目标的总成本

研究表明，燃用不同硫分煤炭和使用不同装机容量机组，火电厂 SO_2 边际治理成本差异显著。以湿式石灰石（石灰）-石膏法技术为例①，当含硫率从 0.3%增加到 3.0%时，单位 SO_2 平均治理成本将从 3 800 元/t 降低到 600 元/t，成本差异达 5 倍左右；当含硫率从 0.5%增加到 1.5%时，单位 SO_2 的平均治理成本也将从 2 400 元/t 降低到 1 000 元/t，成本差异达 1 倍以上。据统计，我国现役燃煤电厂中，燃煤含硫率在 0.5%以下（含 0.5%）和 1.5%以上的机组容量占燃煤电厂总装机容量的比例分别为 19.3%和 12.9%。成本差异

① 情景设定为：装机容量为 30 万 kW 的新建机组；机组年利用小时数为 5 500 h；发电煤耗为 315 g 标煤/（kW・h）；燃煤硫分转换率为 85%；烟气综合脱硫效率为 85%。

成为对火电行业实行 SO_2 排污交易的主要推动因素。

同样，在燃煤含硫率一定条件下，随着机组装机容量的增大，其单位 SO_2 治理成本也发生显著变化。研究得出[①]，在燃煤含硫率为 1%前提下，当机组装机容量从 10 万 kW 增加到 60 万 kW 时，单位 SO_2 治理成本将从 1 800 元/t 降低到 1 100 元/t，成本差异为 60%以上。由此可见，燃用同一硫分煤炭、削减等量 SO_2 时，大容量机组的治理成本将明显低于小容量机组。

综上分析，在火电行业实施 SO_2 排放总量控制的基础上，通过实行火电行业 SO_2 排污交易，将有效促使污染削减发生在边际治理成本较低的火电机组上，从而降低火电行业 SO_2 控制成本，达到利用较少投入实现总量控制的目的。

1.3 盘活排放指标资源促进电力行业可持续发展

随着总量控制和污染减排工作的不断深入，污染物排放指标越来越稀缺，成为电力行业发展的紧约束条件。如何强化现役污染源的削减，有效调配排放指标，为电力行业的发展腾出环境空间，排污交易具有潜在市场驱动力。

（1）我国社会经济正处于高速发展阶段，对电力等能源需求旺盛，未来十年火电装机容量必将继续保持高速增长态势。但目前对火电行业实施的“以新带老”的项目审批管理方式，随着小火电机组逐步淘汰完毕，其管理模式已逐步不适应新形势下的发展需要。火电行业的持续快速发展需求与当前的总量控制管理模式间矛盾越来越突出，亟须对当前总量控制管理方法、项目审批方式等进行革新，引入市场机制，通过市场调节等手段优化配置社会资源，实现经济与环境的协调发展。

（2）我国地区之间发展不平衡，不同省份电厂装机容量、燃煤硫分相差迥然，地区之间环境容量资源禀赋更是差异显著，各地污染减排、改善环境、持续发展面临的问题不尽相同。全部采用“一刀切”式的行政命令规定统一的减排标准，而不配套相应的灵活市场调节机制显然不是解决问题的最好方法。经过两年多的减排实践亦表明，部分地区在维持经济持续快速发展的同时通过工程治理、结构调整、加强监督等措施已经使 SO_2 排放量有所减少，但是完成 SO_2 总量减排目标仍然面临不同程度的困难，需要国家制定出灵活性的市场机制，在保障全国总量减排目标落实的前提下，为各地落实减排目标提供灵活手段，保障污染减排工作的持续稳定向前推进。

（3）排污交易的实施也有利于政府宏观调控能力的加强。通过把“排污权”推向市场，将使环保部门的管理职能由管理变为监督，工作手段由直接管理变为市场调节，工作方法由堵塞变为疏导，不仅可以提高政府工作效率，减少环境管理的费用，而且还有助于减少对企业生产的干预，更易为企业所接受。污染减排也从一种中央政府强制行为向地方政府和企业的自主市场行为转变，有利于减排长效机制的建立。

1.4 推动污染减排定量化管理

污染排放的准确计量与定量化管理是环境保护执法和落实污染减排任务的重要基

---

① 情景设定为：电厂燃煤含硫率为 1%；发电煤耗为 315 g 标煤/（kW·h）；机组年利用小时数为 5 500 h；燃煤硫分转换率为 85%；烟气综合脱硫效率为 85%。

础。为切实推进减排工作、提高对污染减排的支撑能力，全国各级环保部门积极争取资金，掀起环保能力建设的高潮。2007 年，中央投入 20 亿元资金，加上地方配套资金，三大体系能力建设总投入达 70 亿元。项目建成后，污染源监测能力得到明显增强，现场执法与核查的能力也大幅提高。

但目前监管设施的运行情况并不容乐观，一些地区在监控平台建设完成后，并没有紧密服务于污染减排和环境执法。原因是监控平台的维护工作量非常大，一些地区缺乏专项经费予以支持，而且污染排放总量数据和浓度数据也没有实现监测指标间的相互校验。总量减排的数据核算仍主要依靠物料平衡方法计算。通过排污交易制度的实施，无疑将为在线监测系统的更好运行注入了新的生命力，有效解决在线监测系统的运行费用问题，推动在线监测系统和企业日常监督性检查不断完善，从而真正实现污染减排的定量化管理。

2 电力行业 SO_2 排污交易制度构建

2.1 构建原则

为了保证电力行业 SO_2 排污制度实施的生命力，排污交易制度的构建要遵循效率原则、可操作性原则和统筹兼顾原则。这是因为排污交易具有配置资源的潜在动力，能够获得较高的经济效率，这是被广泛关注的关键特征，因此在构建排污交易制度时首先应选效率优先原则，没有效率就没有推广应用的前途；其次，任何制度设计必须保证简单容易操作和管理，排污交易制度包括总量目标管理、指标分配和交易实施等重要内容，需要尽可能简单化和明晰化，易于操作，从而降低排污交易管理成本。最后，排污交易制度是实现总量控制目标一项配套性的辅助手段，设计时要统筹兼顾、系统考虑这项手段与其他管理制度之间的有效衔接，避免出现制度上矛盾，形成最有效合力共同促进污染减排。

2.2 总体定位

排污交易作为一项新的管理制度在电力行业全面推行，必须在国家层面统一组织实施，明确排污交易与其他制度的相关性、交易的内容，由国家统一监督管理，才能够得以稳定、有序、高效地推行。

（1）国家层面统一组织实施的排污交易。将火电行业 SO_2 排污交易定位于国家层面统一组织实施，主要是基于以下两方面因素考虑：①火电行业属高架排放源，排放的 SO_2 是导致我国酸雨污染的最主要因素。从全国酸雨污染控制角度考虑，对火电行业的 SO_2 排放控制必须打破行政界限范围，实施统一管理，确定单独的行业总量控制目标，并依据建设时段和所在区域的差异，制定出全国统一的火电行业 SO_2 排放总量指标分配方法。这种管理需求客观条件就决定了对火电行业的 SO_2 排污交易管理也应在国家层面统一组织实施。②国家统一组织实施火电行业的 SO_2 排污交易，有利于提高社会资源配置，降低管理成本；也更有利于交易市场的形成和壮大，促进火电行业 SO_2 减排成本的大幅度降低。

（2）在实施过程中具有不排他性特点。火电厂 SO_2 的排放要受到多因素制约，除满足国家总量控制指标要求外，火电厂同时还要满足各项环境法规的要求，包括污染物排放标准、环境质量标准、地方政府的污染治理计划等，即参与交易的火电厂不免除国家和地方规定的其他环境保护法定义务。通过各项环境法规对火电厂 SO_2 排放的共同作用，可保障企业污染排放不对局部地区产生环境恶化的“热点”问题。同时，这在某种程度上也说明并非有了排污交易制度，企业就可以通过购买排放配额随意排放污染物。

（3）交易内容为排放配额的交易。在已往的排污交易试点中，推行的交易往往是排放权的交易，主要发生在新建项目与现役项目之间的交易。电力行业的排污交易将把指标分配与配额的交易分开来考虑。企业指标分配结合国家的 5 年环境保护规划系统考虑，通过 5 年规划目标的确定和分配形成排污交易一级市场，一级市场的形成将成为建立二级排污交易市场重要条件和基础。火电厂间进行的二级市场排污交易为排放配额交易，计量单位为吨。排放配额的交易使得企业既可对 5 年规划期内所拥有的 SO_2 排放配额进行交易，也可对企业过去所持有富余的 SO_2 排放配额进行交易，从而显著提高了排污交易的灵活性，更有利于排污交易市场的形成和壮大，也从机制设计上保障了火电厂拥有 SO_2 排放配额的使用权和处置权的权利。

2.3 电力行业 SO_2 排污交易的实施操作

国内外大量实践证明，实行排污交易是一个漫长和复杂的过程，必须以高规格的硬件技术和软件管理作为基础支撑条件。我国实施 SO_2 总量控制和开展排污交易试点研究已有多年，目前已初步具备了对火电行业实行 SO_2 排污交易的技术条件和管理条件，在具体实施操作过程中应该从以下几个方面着手：

（1）完善总量分配机制。总量分配是关系排污交易成败的关键环节，只有建立了科学合理、公平透明的分配方法，并将排放指标具体落实到企业的年度上，真正的排污交易才能够进行。“十一五”期间，我国虽然对火电行业的 SO_2 排放总量控制实施“计划单列”，确定 2010 年控制目标为 1 000 万 t 以内。也采取了相对科学合理的绩效分配方法，制定出全国统一的火电行业 SO_2 排放总量指标分配办法，为火电行业实行 SO_2 排污交易奠定了管理基础。但也存在着一些问题：①“十一五”期间对于具体企业而言，并没有一个明确的每年允许排放 SO_2 的总量要求；②第一时段机组绩效分配值过大。而全国各地在总量减排过程中对火电行业的“从严”要求，大多数第一时段机组也都配套建设了脱硫设施，使得国家无偿指标过大分配给该类型机组，造成指标分配不公；③受各种因素影响，一些地区仍没有按照国家制定的“火电机组 SO_2 总量指标分配绩效值”将总量指标具体分配到火电企业，这也成为影响排污交易制度推行的一个重要制约因素。

而在“十一五”严格减排条件下，总量指标似乎意味着“发展权问题”，已经成为影响各地经济发展的硬约束条件。无论政府和电力集团公司还是企业，都不愿意将总量指标转让给他人，影响了交易市场的发展。追究其深层次原因，主要由于我国总量控制政策制定预期性不强，政策发展走向不明朗，各类企业、电力集团公司，乃至地方各级政府对未来国家污染物总量控制如何发展不清晰，更不清楚自己未来拥有多大的总量指标，导致产生“惜售”心理。宁可不通过交易获得经济收益，也不愿意因为排放指标的出售失去发展空间，从而造成我国老污染企业挤占过多污染排放指标，影响高效益、低排放新项目的建设发展，进而影响我国产业结构的调整力度。

总量分配的政策预期性不强是导致我国交易市场发育缓慢、无法盘活交易市场的重要制约因素。解决这一问题的唯一方式是提前给出未来总量指标的具体分配方法或分配原则。

（2）加强 SO_2 排放的定量化管理。准确计量污染排放是火电行业实行 SO_2 排污交易的基础。根据国务院 2007 年发布的《主要污染物总量减排监测办法》规定，"国控重点污染源必须在 2008 年年底前完成污染源自动监测设备的安装和验收；监测数据必须与省级政府环境保护主管部门联网，并直接传输上报国务院环境保护主管部门。"为此，各地正积极推进火电厂锅炉烟气排放连续监测系统的安装、标准化管理和数据联网。根据国家环境保护总局调查结果显示，2007年全国燃煤电厂安装脱硫设施的装机容量比例已达40%以上，具备一定的定量化基础。但在全电力行业推行 SO_2 排污交易，尚需要继续加强烟气排放连续监测系统的安装力度，确保数据传输及时、有效，保障交易的公平性和公正性。

（3）设立全国 SO_2 排污交易管理中心。排污交易属一种市场行为，但与传统的商品又有不同，需要在环境保护部门严格监督之下进行。为了保证排污交易制度顺利有序地开展，建议环境保护部设立全国电力行业 SO_2 排污交易管理中心，目的为：①对火电行业 SO_2 排污交易工作进行统一管理，保证排污交易工作的顺利有序开展；②避免各地重复建设 SO_2 排污交易管理部门和管理平台，减少管理成本。

全国 SO_2 排污交易管理中心的职责为：负责火电行业 SO_2 排污交易管理平台的运行和维护；承办 SO_2 排放配额的登记、交易备案及划转业务；发布 SO_2 排污交易信息，汇总火电厂 SO_2 排放总量指标年度完成情况。

在排放配额管理台账的建设方面，全国 SO_2 排污交易管理中心统一建立火电行业 SO_2 排放配额管理台账，各地政府可根据密级程度不同，查看辖区内火电厂 SO_2 排放配额获得、转让、储存和总量指标完成等基本情况。火电厂也可以查看本企业有关 SO_2 排放配额的基本信息。

（4）启动和激活 SO_2 排污交易市场。排污交易市场的形成取决于排放配额供求关系的存在状况，理论上分析和现实情况的调查，这种关系是存在的，如何将客观存在供求关系转化成市场的交易行为，需要政府创造系列的条件创建和启动这个市场。

政府要编制中长期总量控制规划，对企业的减排和国家的总量控制有长期的规划目标要求。这样企业对各自的环境行为有预期性，企业可根据国家的中远期规划制定相应的控制战略，建立企业内部中长期总量控制目标。

要建立明确的交易规则和办法。国家要尽快制定和颁布排污交易的管理办法，明确配额的分配方法、配额的储存和交易所涉及各类问题，让参与交易企业真正了解政策要求，消除企业对政策变化的顾虑。

为了保障排污交易政策推行，启动排污交易市场，在交易计划实施的初期，国家可从分配排放指标的火电机组中预留一定比例的排放配额，用于拍卖激活交易市场。

3 实施进程与其他有关问题

在电力行业推行 SO_2 的排污交易具有良好的条件和基础，但仍有一些问题需要解决。

如参与交易的企业不清楚如何进入市场、如何进行交易，政府在交易中的职责等，需要管理部门尽快出台排污交易管理办法，为企业提供一部简单、明晰、可操性强的操作指南。此外还有排污权有偿和无偿分配的问题、与其他政策衔接的问题均需要得以妥善解决，才能够确保排污交易制度顺利推行。

3.1 尽快制定颁布电力行业 SO_2 排污交易管理办法

法律和法规的保障是实施 SO_2 排污交易的基础和根本保障。目前一些试点城市或省份已经通过地方立法、颁布管理办法开展排污交易，但是在国家层面上，至今尚没有排污交易的明确法律规定，没有系统的操作规范指导交易实施。SO_2 排污交易是实现总量控制政策的一项具体经济措施，也是一项经济活动，涉及总量目标的确定、排放指标的分配、市场的建立、交易规则、交易程序、交易的监督管理以及违法处罚等诸多方面，如果没有明确的法规规定，这项制度将难以实施。因此当前亟须出台《电力行业 SO_2 排污交易管理办法》，明确排污交易制度的总体定位、指标分配方法、交易方式、各级政府的职责分工、交易条件等内容，通过交易管理办法，指导交易具体实施、规范交易行为、培育交易市场、避免交易的复杂性问题，从而建立起总量控制、指标分配、市场交易、监督管理一体的排污交易体系。

3.2 关于排污交易价格问题

交易价格是启动市场、刺激交易行为发生的关键因素，大多数企业非常关心交易价格，有时希望在设计和制定排污交易的框架时明确给出配额交易的价格。但排污交易作为一种市场手段，其交易行为是市场活动，应该遵循自愿、公平的原则，交易价格应由企业污染治理的边际成本和市场上 SO_2 排放配额的供求关系决定。

然而，在以往的国家和地方试点排污交易实践中，多数交易行为是在政府的指导下进行的，交易的价格带有很强的行政色彩，不能反映污染物的处理成本和配额的供求关系。所以，事实上目前我国并没有真正形成严格意义上的排污权交易市场，这也造成企业对未来污染物排放总量指标的分配以及排污交易价格走向不清楚。SO_2 排污交易价格机制必须是建立在市场供求、资源稀缺程度以及 SO_2 边际削减成本基础上，政府可以通过拍卖方式为市场提供价格信号，引导交易价格的合理性。

3.3 关于排污权有偿分配问题

排污权有偿分配能够体现排放配额的价值和稀缺性，能够起到强化企业责任，促进污染治理的作用；而且企业通过有偿获得排放配额，保证了对排污权占有的公平性，为排污交易创造了公平竞争的平台。但是由于有偿分配与现行管理制度的衔接尚需要继续完善，而且有偿分配将给排污单位造成一定的经济压力，短期来看，不利于排污交易制度充分发挥作用。

从国内外实践经验看，对于老企业，初始排污权基本上是无偿分配的，新企业或新建扩建项目，其排污权是从政府或市场上购买的。国内在以往的排污交易试点中，也是采取无偿分配的方法，近期一些省市的试点采取了有偿分配的方式，取得了一定的效果。总的来讲，无偿分配与现行的规章制度衔接较好，排污单位容易接受。

3.4 与其他政策之间的衔接

排污交易政策作为总量控制的一项配套政策，要纳入当前环境管理体系中，需要从理论上和操作层面上理清排污交易政策与其他政策的关系，实现排污交易政策与现行指令性控制手段、经济手段和有关管理制度有机结合起来，以便对削减 SO_2 产生最有效的合力。目前，推行 SO_2 排污交易制度，重点需要处理好与排污收费制度、脱硫电价管理办法和总量考核机制三者之间的有效衔接。

4 结语

电力行业是我国 SO_2 排放大户，其高架源排放特征是造成酸雨污染的主要原因，优先在电力行业开展 SO_2 排污交易有非常好的示范作用和较高的效率。目前，正值“十一五”向“十二五”过渡的关键时期，结合“十二五”规划的前期准备工作，应将电力行业的 SO_2 控制管理和排污交易制度引入进行系统考虑，克服排污交易推行中存在的一些管理制度、指标分配等方面的一些弊端，建立形成电力行业 SO_2 总量控制与交易制度为一体的高效管理机制。应该抓住当前我国电力行业 SO_2 控制不断深化的有利时机，尽快实施排污交易政策，应该在目前广泛试点经验的基础上，结合学习国外推行排污交易的经验，近期内实现电力行业排污交易大的突破，利用高效的市场手段管理电力行业 SO_2 的排放总量。

参考文献

[1] 王金南，杨金田，马中，等. 二氧化硫排放交易——美国的经验与中国的前景[M]. 北京：中国环境科学出版社，2000.

[2] 王金南，杨金田，Jeremy Schreifels，等. 二氧化硫排放交易——中国的可行性[M]. 北京，中国环境科学出版社，2002.

[3] 严刚，杨金田，燕丽，等. 中国火电行业二氧化硫排污交易政策研究及框架设计[J]. 环境污染与防治，2008，30（7）：92-96.

发电权交易与排污权交易的相互关系探讨

马 莉 蒋莉萍 庄 彦 付 蓉 武亚光 庞 博

摘 要：本文探讨了发电权交易与排污权交易的基本内涵，系统地总结了我国发电权利、发电份额、排污权利、排污份额的获取方式。同时，也对我国开展发电权交易和火电行业 SO_2 排污权交易的情况进行了总结。最后，重点研究了发电权交易与排污权交易之间的关系，探讨了为促进电能交易与排污权交易的协调发展，电能交易机制与排污权交易机制对彼此提出的要求。尤其是在火电行业 SO_2 排污权市场机制设计中，需要结合我国电力行业发展的特点，充分考虑排污权市场与电力市场之间的相互关系。

关键词：发电权交易 排污权交易 电力市场 能减排 SO_2

Study on Relationship between Generation Trading and Emissions Trading

Abstract: The paper studied the basic connotation of generation trading and emissions trading, and the acquirement mode of generation right, generation amount, emission right and emission amount systematically. The development of generation trading and emissions trading in China is summed up. The relationship between generation trading and emissions trading is focused in this paper. In order to promote development of generation trading and emissions trading in line, demand of market mechanism design of generation trading and emissions trading for each other is also analyzed. Especially, the characteristic of electricity industry development should be considered in SO_2 emissions trading mechanism designing.

Key words: Generation trading Emissions trading Power market Energy conservation and emission reduction SO_2

作者简介：
马莉，女，博士，高级工程师，现任国网北京经济技术研究院战略与管理研究所主任经济师，主要从事电力体制改革、电力市场、电力系统方面的工作和研究。E-mail：mali@chinasperi.com.cn.
蒋莉萍，女，高级工程师，现任国网北京经济技术研究院副总工程师，主要从事能源与环保、电力行业规划、体制改革与电力市场等领域的工作和研究。E-mail：jiangliping@chinasperi.com.cn.
庄彦，女，工程师，国网北京经济技术研究院，主要从事电力体制改革、电力市场等领域的工作和研究。E-mail：zhuangyan@chinasperi.com.cn.
付蓉，女，高级工程师，国网北京经济技术研究院，主要从事能源环保、电力规划等领域的工作和研究。E-mail：furong@chinasperi.com.cn.
武亚光，男，高级工程师，现任国家电网电力交易中心处长，主要从事电力市场和电力交易领域的工作和研究。E-mail：yaguang-wu@sgcc.com.cn.
庞博，男，工程师，国家电网电力交易中心，主要从事电力市场和电力交易领域的工作和研究。E-mail：bo-pang@sgcc.com.cn.

1 引言

在国家节约资源和保护环境的基本国策下，电力行业作为我国能源消耗与污染物排放的大户，成为国家实施节能减排的重点领域。据统计，我国电力行业 SO_2 和 CO_2 的排放分别占全国排放总量的50%和25%。

自 2002 年厂网分开以来，我国电力工业进入了市场化改革的新阶段。目前电力市场化改革面临的一大重点问题是如何通过市场化机制促进本行业节能减排目标的落实。发电权交易和排污权交易作为促进节能减排的两种主要的市场手段，在我国已经得到越来越多的关注与实践。目前，针对国家“上大压小”关停小火电政策，各省普遍开展了“以大代小”发电权交易，收到了良好的节能减排效果，部分省份开始对排污权交易进行初步的试点和探索。

对于发电企业，尤其是以化石能源（及生物质能源）为燃料的火力发电企业，“发电”和“排污”是两个相互伴生的因子，在排污约束日益严格的条件下，二者之间的相互制约关系也日益凸显。因此，深入研究发电权交易与排污权交易之间的关系，分析排污权交易对电力行业的影响，建立合理的火电行业排污权交易机制，对于电力工业的持续稳定发展及节能减排任务的有效落实具有重要的现实意义。

本文在研究发电权交易和排污权交易基本内涵的基础上，深入剖析发电权交易与排污权交易之间的关系。为了促进我国发电权交易与排污权交易的相互协调发展，研究探讨我国发电权交易乃至电能交易对火电行业 SO_2 排污权交易机制设计的要求，以及排污权交易对电力交易机制设计的要求，以期为我国节能减排目标的实现以及电力行业的发展提供有益的参考。

2 发电权交易

2.1 发电权交易的内涵探讨

在国外的电力市场中，没有明确提出并界定发电权交易这一品种。发电权交易是我国开展电力市场化改革、贯彻节能减排政策的产物，具有鲜明的中国特色。

所谓发电权交易，是指发生在发电企业之间、以发电权为标的的交易。其中，发电权包含两个层面的含义：①发电企业被许可上网发电的权利（简称发电权利），拥有发电权利，表明发电企业具备了并网发电的资格；②发电企业被许可或者拥有的发电份额。该发电份额表明发电企业在实际运行中可以发多少电的权利，目前我国地方政府每年下达的机组年发电利用小时数（或称年调控电量）即发电份额。

其中，第一层含义的发电权，即“发电权利”是不可交易的；第二层含义的发电权，即“发电份额”是可交易的。因此，发电权交易中的发电权指的是发电份额这层含义，发电权交易可进一步理解为以发电份额为标的的交易。在 2008 年 3 月由国家电力监管委员会颁发的《发电权交易监管暂行办法》中，发电权交易被定义为“以市场方式实现发电机组、发电厂之间电量替代的交易行为，也称替代发电交易”。

2.2 发电权利的获取

发电权利为发电企业被许可上网发电的资格。

2005 年以前，包括《电力法》在内的我国相关法律法规并没有对发电权利的授予进行专门的规定，发电项目只要能够通过国家行政审批，并在建成之后通过验收、并网、试运行等环节，即自然转入商业运营。其中，获得国家行政审批是项目获得发电权利的关键环节。

2007 年 7 月 1 日，国家电监会《新建发电机组进入商业运营管理办法（试行）》实施，该办法规定了新建发电机组进入商业运营应当符合的条件。因此，电力业务许可证（发电类）可视为发电项目拥有发电权利的法定凭证。

2.3 发电份额的获取

对于发电企业来说，发电份额的获取主要通过两种方式，即计划方式和市场方式。在我国电力工业垂直一体化的传统模式时期下，以及目前“厂网分开”后的市场化过渡时期，发电份额的初始获取主要采用计划方式。

当前，政府核定各机组初始发电份额的方法如下：每一年年末，各省发改委或经贸委根据本省下一年年度负荷预测的结果，以及跨省、跨区送受电的初步计划，核定各机组的年度发电利用小时数，该年度发电利用小时数经过折算即为各机组的初始发电份额。不同发电类型的机组利用小时水平不同。同时，随着近两年国家对于节能减排的重视，各省政府主管部门制定各机组年度发电计划时，也在一定程度上考虑了火电机组间能耗及排放水平的差异，普遍推行了年度差别电量计划，削减高能耗、重污染的小容量火电机组的发电利用小时数，分配给低能耗、轻污染的大容量火电机组。

此外，在现阶段部分省份的外送电交易中，也逐步采用了一些招标、拍卖、集中竞价等市场化手段确定机组参与外送交易的发电份额。未来电力市场逐步成熟之后，市场方式将逐步替代计划方式，成为我国发电份额初始获取的主要方式。

2.4 我国发电权交易开展现状

我国发电权交易最早源自 1990 年代末四川二滩水电站的建设投运，并于近两年在节能减排，尤其是“上大压小”关停小火电政策背景下得到了进一步发展。

（1）四川“水火置换”交易。为了优化利用能源资源，充分发挥水电优势，减少弃水，四川省于 1999 年率先推出了水火电合同电量置换市场。参与置换市场交易的市场主体是由四川省电力调度中心直接调度的独立核算发电企业，交易标的是政府分配的发电计划指标。不同发电企业间可进行水火计划合同的买卖，同一发电企业内部可自行组织其所属的水、火电厂间进行合同电量调剂。交易双方通过计算机网络向市场报价，计算机通过集合竞价按规则自动撮合成交，结算电价是统一的也是唯一的市场边际成交价。

四川的水火电合同电量置换是发电权交易的雏形，后来福建、湖南等水电比重较大的省份也开展了水火置换的研究和实践。通过“水火置换”交易，火电厂可低价受让水电厂的富余电量来完成自身的合同电量，并通过价格差获得利益；水电厂通过多发富余电量获得利益。因此，“水火置换”交易充分利用了能源资源，保护了生态环境，实现了水火电厂经济利益的“共赢”，取得了良好的经济和社会效益。

（2）“以大代小”发电权交易。针对我国电力行业高能耗、重污染小火电机组占据较大比重的状况，国务院作出“十一五”期间关停 5 000 万 kW 小火电机组，实施“上大压小、节能减排”的决定。为了保证小火电机组的平稳退出，国务院在《关于加快关停小火电机组若干意见的通知》（国发[2007]2 号）明确规定：“纳入各省‘十一五’小火电关停规划并按期关停的机组在一定期限内（最多不超过 3 年）可享受发电量指标，并通过转让给大机组代发获得一定经济补偿”，以解决机组关停后的人员安置、债务清算等遗留问题。

以关停小火电的保留电量指标为基础，相关省份积极开展了“以大代小”发电权交易，即高能耗、低效率的小火电机组将发电量指标通过市场化方式转让，由低能耗、高效率的大火电机组替代其发电。截至 2007 年年底，国家电网公司经营区域内已有 23 个省（网）开展了“以大代小”发电权交易，其中四川开展的是“水火置换”发电权交易。

“以大代小”发电权交易中，发电权的来源可分为两种：①关停小火电的保留电量指标；②在役小火电的年度电量指标。交易方式主要采用双边协商和集中竞价两种。交易双方可为同一发电企业的机组之间、同一发电集团不同发电企业的机组之间，以及全省范围内任意两台机组之间。

从各省的开展效果来看，“以大代小”发电权交易促进了发电环节的节能减排，实现了关停小火电机组涉及企业的平稳过渡，为电力市场建设积累了宝贵经验。2007 年，国家电网公司系统通过组织“以大代小”发电权交易，实现节约标准煤约 616 万 t，减少 SO_2 排放约 14 万 t。2008 年 1—9 月，国网公司系统累计完成发电权交易电量 539.11 亿 kW·h，同比增长 55%，已超过去年全年 536 亿 kW·h 的交易电量，实现节约标煤 488.8 万 t，减少 SO_2 排放 13.79 万 t，全年预计发电权交易电量突破 800 亿 kW·h，可实现节约标煤 780 万 t，减少 SO_2 排放 18.5 万 t。

3 排污权交易

3.1 排污权交易的内涵探讨

排污权交易的含义从字面上看，即以排污权为标的的交易。与发电权类似，排污权包含两个层面的含义：①排污者被许可排污的权利（简称排污权利）；②排污者被许可或拥有的排污份额。其中，第一层含义的排污权，即“排污权利”是不可交易的；第二层含义的排污权，即“排污份额”是可交易的。因此，通常意义的排污权指的是排污份额这层含义，排污权交易可进一步理解为以排污份额为标的的交易。

对于排污者来说，排污份额的获取可分为两个渠道：①由政府让渡，在排污者与政府之间进行，让渡方式可能采用计划方式或市场方式，其中采用市场方式时称为排污权一级市场交易；②由买方向拥有多余排污份额的卖方购买，一般称为排污权二级市场交易。一般来说，排污权交易市场包括一级市场与二级市场，但有些地方的政府让渡采取的是计划方式，在这些地方，排污权市场仅指排污权二级市场。

3.2 排污权利的获取

对于火电项目来说，发电的过程伴随着排污，因此火电项目要开展发电业务，必须具备排污权利。反过来说，通过环境影响评价的审查，也是发电企业获得发电权利的基本前提之一。由此可认为，火电项目拥有发电权利隐含意味着其拥有排污权利。

在未实施 SO_2 总量控制以前，国家有关主管部门主要根据排污浓度、速度等指标对火电厂的排污行为进行约束。获得了发电权利的火电项目只要不突破排污浓度、速度的限制，就自然地拥有排污权利。

实施了较为严格的 SO_2 总量控制之后，为了避免新建机组导致排污总量增长，国家主管部门要求发电项目必须从已有机组处获取排污指标。如根据 2006 年 11 月 9 日印发的《二氧化硫总量分配指导意见》，国家有关主管部门在审核批准“十一五”期间建成投产的第 III 时段机组时，明确要求其具备 SO_2 排污指标，并且该指标必须从具有总量余额指标的 I 或 II 时段机组获取，并明确具体来源。目前，总量余额指标主要来源于小火电机组关停或被替代所空余出的排污指标，以及安装脱硫装置所削减的排污指标。

由此可见，对于新建机组来说，获得相应的排污份额，是当前国家有关主管部门审核批准火电项目的基本前提，也是火电项目获得排污权利的基本前提。当前，我国各地已经开展的火电行业 SO_2 排污权交易，很多是为了解决新建机组核准前必须获取排污份额的问题。

3.3 排污份额的获取

排污份额的获取分为一级市场和二级市场两个渠道，下文分别对两种渠道进行分析。

在排污权一级市场上，由政府将排污份额让渡给市场上的存量机组。让渡的方式有无偿分配和有偿分配（如招标、拍卖等）。排污权一级市场需要解决的核心问题是公平问题，参与主体是政府与排污者，且由政府主导。政府对于排污权一级市场，制定有关法律法规、政策和排放标准，并征收排污权益出让金。因此，排污权一级市场是一个不完备的市场形态，但它是二级市场实现自由交易的前提。

排污者通过一级市场获取的排污指标，可根据使用情况在二级市场进行买卖。如果排污者的排污量大，排污份额不足，则必须在二级市场上买入排污份额；相反，如果排污者减少排污，排污份额出现节余，则可将多余的排污份额在二级市场上售出获利。排污权二级市场需要解决的核心问题是效率问题，是实现排污份额优化配置的关键环节。这是一个完备的自由交易市场，它的交易价格以及交易规则都应是市场化的。通过合理的市场机制设计，能够有效削减污染物排放总量，降低污染治理的成本。

目前，我国的排污权交易还未全面开展，也还未出台统一的排污份额初始分配办法。对于电力行业，根据“增产不增污”的原则，目前新建、改建、扩建火电机组的排污指标主要来源于小火电机组关停或老机组安装脱硫装置所削减的排污量。一般来说，节余出来的排污指标按照产权关系进行转移，如发生排污量削减的机组属于地方，则其削减出的排污指标仍归地方政府所有；如发生排污量削减的机组属于某发电集团，则其削减出的排污指标仍归该发电集团所有。节余排污指标的所有者可将排污指标用于新的发电项目，也可将其出让。值得注意的是，由于我国环境管理体系实行的是属地管理原则（即地方政府对当地的环境质量负责），目前跨省调剂指标还有一定的难度。

3.4 我国火电行业 SO_2 排污权交易开展现状

目前，我国火电行业 SO_2 排污权交易仍处在研究过程之中，尚未实际地开展。但排污权交易作为一种在国际上广泛采用并取得良好成效的环境经济政策，近几年已经得到了国家层面的高度关注。

2005 年 12 月，国务院《关于落实科学发展观加强环境保护的决定》（国发[2005]39 号）第二十四条提出，“有条件的地区和单位可实行二氧化硫等排污权交易”，首次将 SO_2 排污权交易写入国务院的正式文件之中。2007 年 6 月国务院印发了《节能减排综合性工作方案》（国发[2007]15 号）提出要抓紧制定 SO_2 排污权交易管理办法。2008 年 7 月，国务院转发的《关于 2008 年深化经济体制改革工作的意见》中，将“开展火力发电厂 SO_2 排污权有偿使用和交易试点”作为 2008 年深化经济体制改革的工作之一。

由此可见，火电行业作为污染物排放的大户及节能减排的重点领域，很可能成为我国率先全面推行排污权交易的行业。目前针对我国火电行业的 SO_2 排污权交易问题，国家相关部门也已经开展了很多前期研究与筹备工作。

4 发电权交易与排污权交易之间的关系

对于产生污染物的发电项目，发电的过程与排污的过程是同时进行、相互伴生的，每发一度电，必然要排放一定数量的污染物。因此，发电权交易与排污权交易之间也存在着一定的联系。

发电权交易和电力排污权交易的一大共性是两者的市场主体存在交集（即火电企业），两种交易之间的关系是以其市场主体的发电行为为桥梁联系起来的。

发电行为与发电权交易之间的关系可分两步解读：①由于电力系统发用电瞬时平衡的物理特性，发电企业的发电行为必须具有计划性，因此发电企业在发生实际的发电行为之前必须获得发电份额，并且理论上，实际发电量应等于其最终获得的发电份额。②发电份额的获取包括初始获取和二级市场交易两种渠道，其中二级市场交易即发电权交易，发电份额来源于其他发电企业。

发电行为与排污权交易之间的关系可分三步解读：①火电企业的发电行为同时产生两个物理量，一是发电量，二是排污量。并且对于某个特定的火电项目，其发电量和排污量之间具有相对固定的比例对应关系。②实施排污总量控制后，火电企业在每年的排污考核时必须确保其持有的排污份额大于等于其排污量，否则将受到惩罚。③排污份额的获取包括一级市场和二级市场两种渠道，这两个市场构成了排污权交易体系。

发电权交易与排污权交易的关系如图 1 所示。

由此可见，发电权交易行为与排污权交易之间的关系直接体现在各自的交易结果之间是否满足彼此的约束关系方面，但在交易流程方面通常都是彼此独立的。

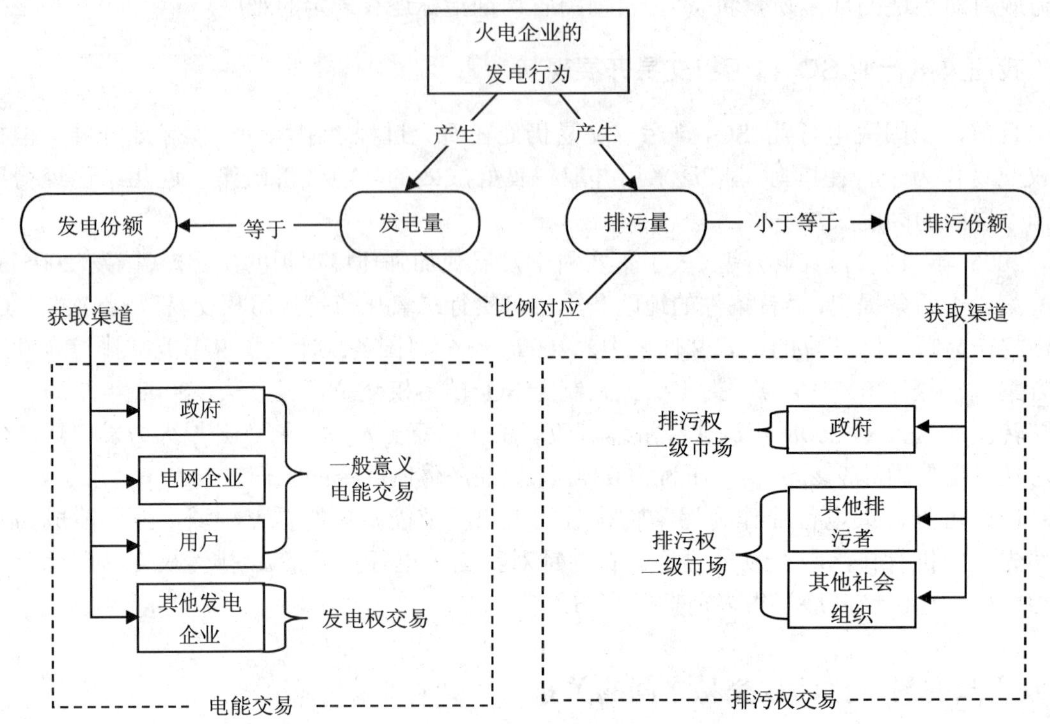

图 1　发电权与排污权交易的关系

（1）发电权交易与排污权交易的联系直接体现在发电权交易的结果必须满足排污份额约束。实际发电的排污量必须小于所拥有的排污份额，而排污份额可以通过排污权交易获得。按照我国现行的环保考核方式，即发电厂在一年中因发电而实际排放的污染物总量是否小于其拥有的污染物排放份额。在考核周期内的实际运行过程中，发电份额与排污份额之间的协调优化由发电企业自行决策，体现其在电能市场与排污权市场上的获利机会、交易成本以及环保管理政策方面的奖惩力度，等等。

（2）发电权交易与排污权交易在交易流程方面通常都是彼此独立的。由于两者在交易流程上的相互独立性，火电行业的排污权交易可以与电能交易设在同一个交易机构开展，也可以设置在电力交易机构之外的其他交易机构开展。从国际上来看，将两者设在同一个交易机构的包括北欧的 Nord Pool 电力交易所、新西兰的 M-co 交易所等。

但是，由于发电和排污是发电机组在发电过程中同时产生的，因此烟气排放的监测系统与发电实时运行系统是密不可分的。例如，在电力系统调度中，应用 SCADA 系统对电厂实时运行数据进行远程监控与采集的技术已经非常成熟；在江苏、京津唐等地区，已经建设了火电企业烟气排放监测系统，火电企业的烟气污染物实时排放数据能够在系统平台上显示。

5 我国电能交易与排污权交易协调发展的相互要求

火电企业的发电和排污两个行为具有伴生性，在严格的污染物排放约束与考核下，火电企业生产受到的制约将日益凸显。因此，火电行业 SO_2 排放总量控制及排污权交易与电能交易之间必然存在一定的相互影响关系，为了促进我国电能交易与排污权交易的协调发展，必须深入挖掘电力市场机制与排污权交易机制之间的相互要求。尤其是在火电行业 SO_2 排污权市场机制的设计中，需要结合我国电力行业发展的特点与基本情况，充分考虑排污权市场与电力市场之间的相互影响乃至制约关系，才能确保排污权交易的顺利实施，并有效促进电力工业的平稳发展。

（1）未来电力市场空间的扩展性与排污权市场空间的收缩性两个不同的趋势，可能影响火电行业排污权交易市场的活跃性。从而对排污权交易机制设计提出了促进流通性和竞争性的要求。

改革开放以来，我国取得了世界瞩目的发展成就，但从整体经济实力和综合水平来看，我国仍然尚处于发展中国家的行列，因此未来几十年内，我国经济社会还将继续保持持续较快发展，对电力的需求也将相应呈不断增长的趋势，因此电力市场上的发电份额总量也将不断增长。而与此同时，社会各界对环境问题的关注度日益提升，对环境质量的要求越来越高，对环保的要求越来越严格，因此，在今后一段时期内，国家环保主管部门对火电行业的污染物排放总量控制目标将呈逐年递减趋势。由此可见，火电行业的发电份额总量与排污份额总量在未来呈现完全相反的发展趋势。在这种一升一降的矛盾格局中，电力行业排污指标的稀缺性愈发凸显。这是与国外排污权市场的极大不同之处。

对发电企业而言，进一步拓展发电市场是首要目标，排污指标无疑成为了十分稀缺的资源，购买指标的要求比卖出指标的要求更强烈。对于发电企业，抓住国内电力市场持续增长的机会进一步拓展装机规模是其最首要的发展目标，因此出于企业自身发展的长远考虑，即使一时拥有富余的排污指标也不愿出售。这样，在相当长一个时期内，电力行业排污权交易市场极有可能成为一个存在着严重“惜售”现象的市场，购买指标的要求比卖出指标的要求更强烈，从而使市场呈现严重的供不应求格局，将影响排污权交易市场的活跃性。

因此，近期我国电力行业发展对火电行业 SO_2 排污权交易机制设计提出的要求就是解决如何保障市场的活跃性的问题，即在进行火电行业 SO_2 排污权市场机制设计的时候，必须高度重视我国电力行业未来发展的市场空间及其面临的环保空间所呈现的这种矛盾格局，尤其要针对“惜售”问题，从机制设计上立足于促进市场的流通性与竞争性。例如初期可考虑强制性将一定比例排污指标拿出来参与竞争。

（2）在排污权交易一级市场提供指标有限、二级市场不活跃的情况下，可能对新的投资者进入发电市场形成制约，反过来影响未来电力市场的充分竞争性。从而对排污权交易机制设计提出了合理设计新建机组初始份额获取机制的要求。

多买-多卖的市场结构才能促进电力市场的充分竞争。如果由于排污指标难以获得而制约了新的发电企业的进入，很容易导致未来电力市场中的垄断市场力，从而影响电力市场的充分竞争。因此，对火电行业 SO_2 排污权交易而言，新建机组的初始份额获取机制尤为重要。例如在每几年进行排污指标分配时，应充分考虑未来几年内电力需求及装机的增长需求，为新机组的发展预留足够的空间，避免因排污权交易市场机制设计不当，而对电力发展产生制约。

（3）开展全国范围的电力行业排污权交易，才能适应我国跨省区电力交易、资源优化配置更大范围的需求，是构建全国电力市场的重要基础。从而对排污权交易设计提出了火电行业 SO_2 排污指标计划单列、并开展全国范围内排污权交易的要求。

我国能源资源分布和电力负荷分布不均衡的国情，决定了我国需要大力开展跨省区电力交易，未来逐步建立全国范围内统一开放的电力市场，从而实现全国范围内的资源优化配置。近年来，随着跨省区输电通道建设的加强，我国跨省区交易电量增长迅速。截至 2007 年年底，国网公司系统跨省区交易电量为 3 386 亿 kW·h。这对火电行业 SO_2 排污权交易提出了在全国范围内开展的要求。相应的，对火电行业 SO_2 的管理和考核方式应采取“计划单列”的分配与考核方式。

6 结论及建议

本文从理论上探讨了发电权交易与排污权交易的基本内涵，并对我国发电权利、发电份额、排污权利、排污份额的获取方式进行了系统地总结。同时也总结了我国开展发电权交易和火电行业 SO_2 排污权交易的情况。在此基础上，重点对发电权交易与排污权交易之间的关系、电能交易与火电行业 SO_2 排污权交易之间协调发展的相互要求进行了研究，并得出如下结论：

（1）对于产生污染物的发电项目，发电的过程与排污的过程是同时进行、相互伴生的，每发一度电，必然要排放一定数量的污染物。因此，发电权交易与排污权交易之间也存在着一定的联系，直接体现在各自的交易结果之间是否满足彼此的约束关系方面。但两者在交易流程方面通常都是彼此独立的。

（2）为了使我国电能交易与排污权交易实现协调发展，在进行电力市场机制设计与排污权交易机制设计时必须考虑彼此的关系和要求。①由于未来电力市场空间的扩展性与排污权市场空间的收缩性是两个不同的趋势，建议在排污权交易机制设计时充分考虑如何保证交易活跃性的问题；②为了保证新的发电投资者的进入，从而形成充分竞争的电力市场结构，建议建立合理的新建机组初始份额获取机制；③为适应我国开展跨省区电力交易、构建全国电力市场以实现全国范围内资源优化配置的要求，建议我国未来逐步实现火电行业 SO_2 排污指标计划单列，在全国范围内开展火电行业 SO_2 排排污权交易。

参考文献

[1] 发电权交易监管暂行办法．电监市场[2008]15 号．

[2] 黎灿兵，康重庆，夏清，等．发电权交易及其机理分析，电力系统自动化，2003，27（6）：13-18.

[3] 中华人民共和国环境影响评价法，2002.

[4] 节能减排综合性工作方案，国发[2007]15 号．

高效、可信的总量控制与交易：来自美国酸雨计划的经验

Jeremy Schreifels and Sam Napolitano
Air Office，US Environmental Protection Agency
王 珂 俞钦钦 译

摘 要：美国酸雨计划（酸雨计划）自 1995 年实施至今已经取得了积极的成效，如 SO_2 和 NO_x 的显著削减、广泛的环境和人类健康收益，以及比预计大为降低的服从成本。本文介绍了美国酸雨计划的排污权交易政策从设计到制定的全过程，为排污权交易在中国的推广提供了经验。
关键词：酸雨计划 排污权交易 总量控制

Efficient，Effective and Credible Cap and Trade：Lessons Learned from the U.S. Acid Rain Program

Abstract: Since 1995，the U.S. Acid Rain Program（Acid Rain Program） has been made positive results，such as a significant reduction of SO_2 and NO_x which contributes to environmental and human health welfare as well as lower compliance costs significantly. The emissions trading policy in U.S. is introduced in detail from the design to the development of the whole process，in order to provide experience for advancing emissions trading in China.
Key words: Acid rain program Emissions trading Cap and trade

1 背景

美国酸雨计划（酸雨计划）自 1995 年实施至今已经取得了积极的成效，如 SO_2 和 NO_x 的显著削减、广泛的环境和人类健康收益，以及比预计大为降低的服从成本。到 2007 年年底，在酸雨计划中受到监管的排放源年度 SO_2 排放量降低了 40%多。而在 NO_x 的排放上，在与其他计划共同作用下降低了 50%多。特别要指出的是，这些削减是在发电量增长 40%以上而电价下降情况下实现的（图 1）。

随着排放量的减少，与之相关的环境问题也随之减少。在美国北部和中部的大片湿硫酸沉积物，作为酸雨的重要组成部分，相比 1990 年的水平减少了 25%～40%（图 2）。而周围的硫酸盐水平，主要细颗粒物（$PM_{2.5}$）平均减少了 30%（图 3）。湿硫酸沉积物的减少有利于许多湖泊和溪流缓冲能力的增强，包括像 Adirondacks 的敏感地区。这种变化表现了在经历几十年的酸雨之后，湖泊和溪流的调节能力开始恢复。

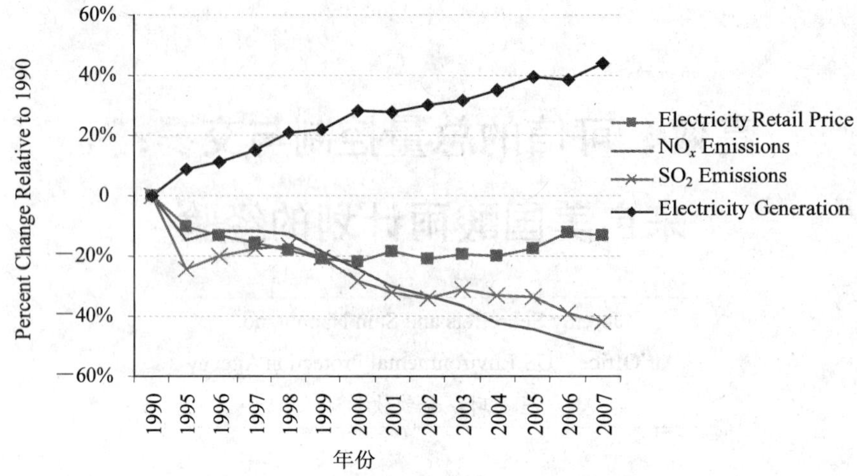

图 1　发电量、化石能源使用和电厂排放趋势（1990—2007）

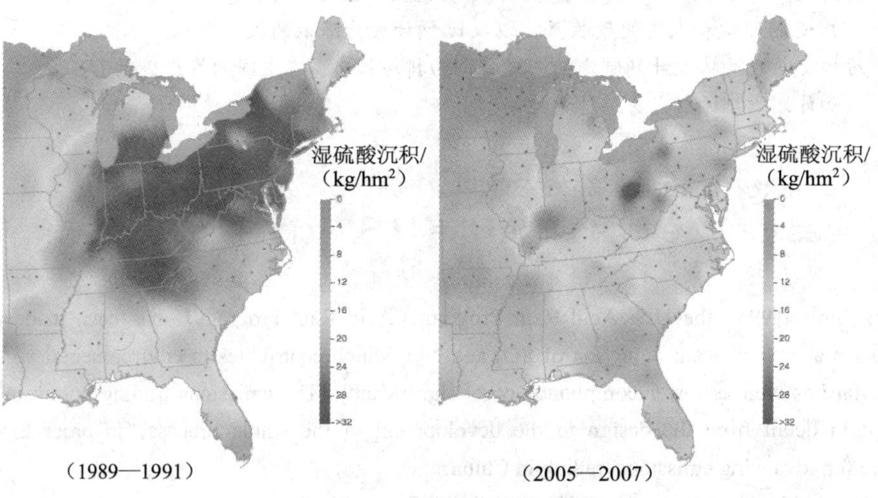

图 2　湿硫酸平均年沉积

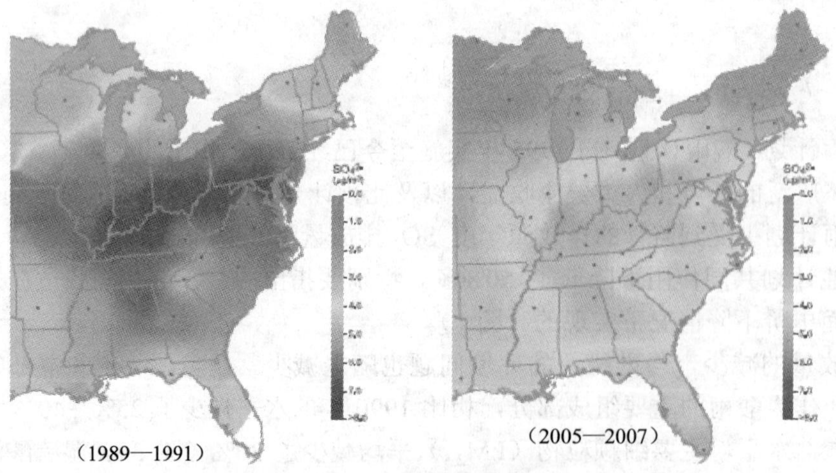

图 3　周围硫酸盐年平均值

由于实施酸雨计划使排放量减少而获得的生态和健康效益预计在2010年将达到1 460亿美元，而与之相比的服从成本为36亿元。[1，2]绝大多数的收益来自于预期避免近19 000人的过早死亡。[2]

酸雨计划的成功和成本有效性引起了各方对总量控制和交易政策来控制污染排放的广泛兴趣。在美国，环境保护局（美国环保局）建立了 SO_2、NO_x 和汞蒸汽排放的总量控制和交易计划；欧盟建立了 CO_2 总量控制和交易计划；其他国家包括澳大利亚、加拿大、智利、中国、日本、韩国和新西兰，都在考虑采取总量控制和交易来应对各自的环境挑战。

美国环保局在设计、实施和评估总量控制与交易计划方面已经积累了20多年的经验。当政府和区域组织设计和实施新的总量控制和交易计划时，来自酸雨计划的经验能够为政策制定者和公众提供新的视角。本文总结了美国环保局在设计、运作和评估酸雨计划过程中的经验。很多观察者也对酸雨计划进行了细致的评估并提出了有价值的参考意见[3~7]。

2 酸雨计划的设计

1990 年的清洁空气法令修正案建立了酸雨计划，这是世界首个为控制大气污染而建立的大规模总量控制与交易计划。这个计划旨在通过全国性的、依靠市场建立的总量控制和交易体系控制 SO_2 排放、基于排放费用计划控制 NO_x 排放，以达到削减电厂排放减轻酸雨不利影响的目的。

2.1 SO_2 计划

总体来说，为实现在更大的区域范围内减少 SO_2 排放和酸沉积的目标，酸雨计划的 SO_2 计划对美国 48 个州的电力部门设立了一个严格的 SO_2 排放总量限制。美国环保局根据政策规定向排放者发放与总量相符的配额，并且每年将对一部分配额（2.8%）进行拍卖。排放者包括新进的和其他市场参与者以及公众都可以进行竞价，随时在活跃的配额交易市场上购买配额。

排放者必须对其 SO_2、NO_x 和 CO_2 的排放进行监测确保合格排放，并将每小时的排放情况向环保局汇报。由于总量控制要求排放量必须在或低于某一特定水平，环保局不需要决定电力部门怎样或在何地削减排放量。排放者可以自主决定和实施自己的服从决策，在买进、卖出或存储配额上有最大的灵活性。因为配额可以交易，所以削减成本低的排放者有削减更多污染排放的动力，将剩余的配额卖给削减成本较高的排放者，从而达到以较低成本实现环境目标的目的。SO_2 计划的关键服从因素在于排放者必须有足够的配额满足其年排放量。如果排放者超过配额排放，每超过 1 t 将被处以每吨 3 273 美元的罚款[8]并从今后的配额中扣除以抵消其环境影响（即维持计划原有的环境目标）。对配额持有规定的服从率平均每年都在99%以上。

SO_2 计划同时包含了一项鼓励提高能源效率和可再生能源项目的特殊条款，通过养护和可再生能源储备——共计 30 万 t 的 SO_2 配额将预留给实施了有效的和可再生能源措施以减少排放的排放者。其他特殊规定包括了“选择加入”计划，为不要求参加酸雨计划计划的排放者提供了自愿加入该计划的机会，但须符合某些要求，并获得 SO_2 配额。

SO_2 计划的实施分两个阶段进行。第一阶段的工作在 1995—1999 年间，包括 263 家最大、最高的发光燃煤发电单位和数量在 135 和 182 之间的替代、补偿和选择加入的单位（每年的数量各不相同）。第二阶段于 2000 年开始，包括剩下的排放者，煤炭，石油和燃气发电超过 25 MW 的单位。第二阶段的排放量上限开始在 2000 年是 997 万个配额，逐步下降到 2010 年的 895 万。2005 年，大约 3 500 家化石燃料发电单位受到了酸雨计划协议的 SO_2 部分的影响。

2.2 NO_x 计划

酸雨计划还要求 48 个州的绝大多数燃煤发电单位减少 NO_x 排放。酸雨计划的 NO_x 计划部分力求通过一种基于费用的规制计划实现将 NO_x 排放从 2000 年起每年减少 200 万 t 的目标。排放费率依据具体的锅炉类型而建立，但为发电企业提供了灵活性，以符合适用的费率排放限制，表示为每百万英国热量单位（英热单位）热输入的 NO_x 排放量的英镑数。如以下 3 种表示：①每个燃烧装置符合标准年度排放费率限制；②在两个或两个以上有共同所有者的单位，采取平均排放费率，从而使公司能够污染控制集中在燃烧方面，这样技术上相对简单而成本也不太昂贵；③如果已采取 NO_x 排放控制技术但未能达到所要求的排放率的限制，可以申请不那么严格的替代排放限制。平均排放量一直是比较受欢迎的规制办法，给予拥有多套装置和不同的排放水平的企业一定的灵活性，使企业在不同情况下仍然达到排放限制要求，这也是遵守 NO_x 计划的关键因素。如果受管制的排放源或公司超过 NO_x 排放率的限制，每一吨的过量排放在 2007 年要被罚款 32 738 美元。对 NO_x 计划部分的服从率平均每年都在 99%以上。

类似 SO_2 计划，NO_x 的计划是逐步进行的。1996 年，排放率限制开始应用于最大的燃煤发电厂。这有助于表现出 NO_x 控制的成本有效性。到 2000 年，NO_x 计划鼓励了先进的 NO_x 燃烧控制装置的安装，如低 NO_x 燃烧器和开发新的火电厂的设计以降低 NO_x 排放率。2007 年，约 1 000 家的燃煤发电厂受到了 NO_x 的计划的影响。

在一个比较典型以费率为基础的框架内，为发电公司提供服从策略的灵活性选择，有助于美国环保局和排放者在连续监测设备方面获得经验，并为今后 NO_x 的总量控制与交易提供一个坚实的基础数据库，包括臭氧运输委员会的 NO_x 的预算计划（ 1999 年）和 NO_x 的国家实施计划下的 NO_x 预算交易计划（2003 年和 2004 年）。

3 酸雨计划经验总结

3.1 健全的法规使得政策更容易执行，减少了不确定性

酸雨计划之所以能较好地执行，健全的法规至关重要。酸雨计划建立了渐进的环境目标，逐步减少排放量。环保局发布的规则比较健全，引发的法律质疑较少，总量-交易的推行也没有被延迟。然而，对法定条文的解释引发了少量诉讼案，这反映出酸雨计划的某些规则过于复杂，不够明确。

一般来说，法律语言是比较明确、易于理解和执行的。例如，第一阶段的 SO_2 排污许可分配规则是用法律的形式确定的，因此不会导致企业对各种分配方法及其结果产生疑惑。为确保第二阶段 SO_2 排污许可分配后排污总量不增加，该法设计了“齿轮”条款，

如果分配后的总量超过了分配前的总量，美国环保局必须按比例削减每个受控排污企业的排污许可配额。该法还明确规定，如果该条款被推迟实施，每一个受控排污企业必须达到特定污染源的排放量限制要求，而且不能选择灵活的交易途径。总之，法律的明确规定使得延误成本变得非常高。[9]

3.2 法规适应性必不可少

立法过程必须采用最新的信息、技术，不断吸收实践经验。例如，自 1990 年以来美国环保局对酸雨计划的项目基金会做出了一些修改，大部分的变更是基于以下考虑；简化程序；提高排放数据的质量；利用先进的信息技术和互联网；尽量减少受控排污企业、市场参与者和政府的负担和费用；明确各方的环境责任，改善计划的实施效果。

3.3 灵活性简化了决策过程，降低了执行成本

酸雨计划的一个重要特点是较以前的命令控制方式，美国环保局和受控污染企业的角色变化为互动的关系。计划实施后，企业可以灵活决定执行策略，作出技术，燃料，运行和投资方面的决定，并且可以随时调整决策，而无须通过政府的审查和批准。政府的工作重点是确定环保目标，收集和检验排放数据，跟踪排污权交易，评估和强制企业执行法规，并公布项目有关信息。

这种用灵活性来提高法规执行率的策略为受控排污企业营造了一个宽松的环境，企业可以寻求个性化的、效益好的减排方法，不会被强迫采取可能不适合他们的规模、业务计划的措施。企业自行决定执行战略，不用经过环保局复杂的审查，自行判断是否符合技术规格的决定，或者污染控制设备是否正常运作。正因为环保局不审查执行战略，该政策消除了监管上的不确定性。[10]无论个体如何选择战略，严格和简洁的排放总量限制可以确保环境效益的实现。总之，政策本身的灵活性不仅让企业可以随时选择低成本的执行策略，而且还能最大限度地减少政府的管理成本。

作为其执行战略的一部分，受控污染企业可以参与排污权交易，购买或出售剩余的排污许可配额。由于总量限制的存在，环保局没有必要审查每笔交易，这样节省了时间，降低了交易成本，管理费用。交易各方可以进入环保局的综合信息系统进行网上交易，交易流程可以在一天内结束；竞争和市场的流动性使私人交易成本低于排污许可配额价格的 0.1 个百分点[11，12]，这意味着，管理数以百万次的排污权交易所需的成本比美国环保局雇用一个职员一年的费用还低。

政策本身的灵活性提供了多样化的策略选择，而且鼓励了创新。例如，铁路运输低硫煤是煤炭成本的重要组成部分，其竞争使得运输成本大大降低；锅炉的适应性，烟气脱硫设备（即洗涤器）的灵活性，加上设计和设备的先进性使得 SO_2 去除效率从 90%增加至 95%，并且在最近达到 98%，同时还降低了约 50%的设备成本。[13]为了寻找更经济的减排方法，人们进行大量试验，混合燃料被人们所认识，并得到了广泛应用。[14，15]燃料市场的创新促成了较低的执行成本，如西部的低高硫煤在中部和东部很有市场，在竞争中很有优势，获得了不错的收益。其他在竞争中降低成本的减排措施包括安装和改进污染控制设备，改善其运营情况和燃烧效率，改用清洁燃料和更清洁的燃烧装置，淘汰关闭不经济的设施，从市场上购买排污许配额等。对于许多企业来说，这些行动是与整

个能源系统联动实施的，目的是在达到负载要求的同时以最有效益的方式执行酸雨计划。

酸雨计划还为受控排污企业提供时间上的灵活选择，银行存储方式可以激励企业积极行动，尽早将排放量降到低于许可配额量，剩余的配额可以储存。这种方式使得人体健康和环境效益得以早日实现。银行提供流动资金，缓解了价格波动造成的影响，并创建了一个保护机制以抵御不可预见的市场风险。尽管总的趋势显示电力行业削减了大量SO_2，银行存储仍然会促使排污许可配额的价格在不久后上升（在某些情况下已经升高了）。在酸雨计划第一阶段的五年内，受控污染企业减少 SO_2 排放量 1 050 万 t 以上，超过了预期目标。这些存储的配额可以缓解企业第二阶段总量下降的压力。

酸雨计划的灵活性不会阻碍各地区达到国家环境空气质量标准。酸雨计划的分析报告表明，交易并不会导致局部污染加剧即“热点”问题[16, 17]。事实上，通过这个项目，SO_2 排放量较大的一些地区完成了较多的减排任务（图 4）。该项目的区域环境效益显著，不仅在受控地区酸沉降明显下降（图 2），一些迫切要求改善环境的周边地区酸沉降也有所减少（图 3）。

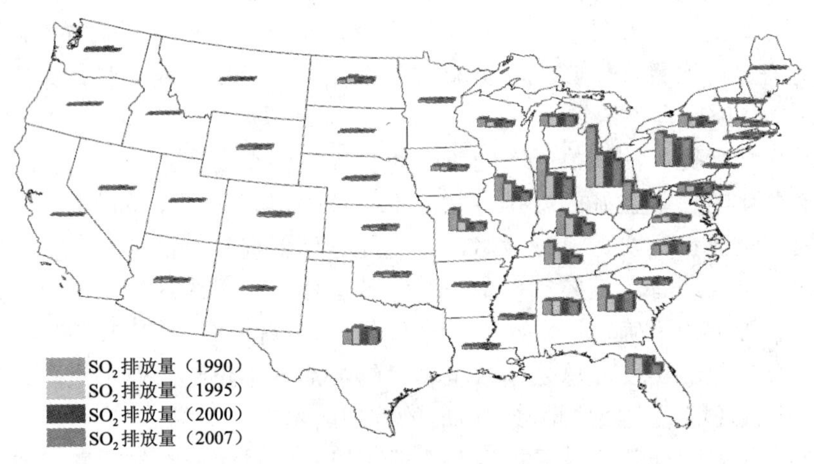

图 4 电力行业 SO_2 排放量（1990，1995，2000，2007）

3.4 履行义务是灵活选择的前提

酸雨计划的总量-交易模式要求提供精确和完整的排污数据。美国环保局认为基础数据包括 SO_2、NO_x 和 CO_2 的排放量，是政府收集到的最准确和最全面的排污数据。为了确保对受控污染企业的控制，环保局需要对排放量进行监测、报告和核查，以确保排放数据的完整性和连续性，并确保数据精确到每吨。监测的质量是决定市场效率、投资者的信心、实现减排目标的重要因素。[18]

受控污染企业必须计算和报告每小时的排污数据，监测技术包括烟气排放连续监测系统（CEMS）和基于燃料的分析，还包括一些较复杂的基于烟囱废气样品测试的排污评估方法。酸雨计划中受控的燃煤企业必须使用 CEMS 系统来计量 SO_2 气体的排放，使用天然气，石油或其他同质燃料的受控污染企业可以选择烟气排放连续监测系统或者燃料分析方法来计算 SO_2 和 CO_2 排放量。由于燃烧中 NO_x 排放量难以预测，酸雨计划中的大多数受控污染企业用烟气排放连续监测系统来计算 NO_x 排放量。

另外一种灵活方法是使用环境保守假设估算排污量，估算结果一般会大于实际排污量，因为这种保守估计考虑了所有的不确定性。一旦企业高估了排污量，没有排放但被高估了的排放量仍然必须交纳补偿金。这种经济手段可以激励企业使用更准确的监测方法，以避免高估排污量。值得注意的是，较准确的监测方法常被使用在较重要，较大的污染源上（图 5）。

受控污染企业和政府对排污数据进行大量的，严格的质量检查，以确保数据的完整性和准确性。政府强制受控污染企业实施综合的现场监测数据“质量保证”（QA）项目。企业的监测系统必须接受日常校准和一系列的检查和测试，之后才能接受环保局认证，并提交季度电子数据报告。美国环保局先通过几个步骤审计报告的数据[19]，随后酌情补充专项分析和数据清理调查。高质量的排污数据为确保企业执行，评估减排目标的实现情况和营造一个可靠的排污权交易市场提供了基础数据。

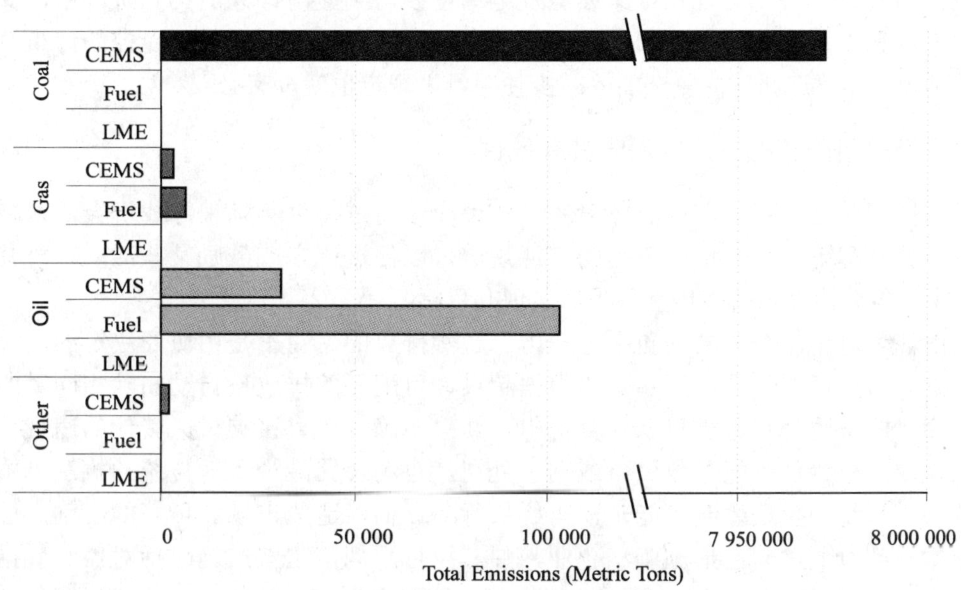

图 5 燃料产生的 SO_2 排放量及其监测方法（2007）

3.5 复杂的规则会增加成本，并产生不确定性

酸雨计划表明，运营程序简单，目标和规则明确的法律条款可以有效节省时间和金钱，对于污染企业和美国环保局均适用 。此外，SO_2 和 NO_x 项目执行率较高（大于 99%）的原因，主要是规则明确、易于执行。相比之下，复杂的规则往往需要更多的决定、辩论和信息的收集工作，造成了不确定性和不必要的负担，可能导致延误时机，成本增加。

简洁化是酸雨计划立法的一个关键目标。一些地区的法规过于复杂，为了争取政府的支持，一些项目还介入了政治程序。这些项目本可以从简单的规则中受益更大，其问题集中在两个方面：分配公式；在第一阶段，受控污染企业只覆盖部分电力部门。这两方面增加了不确定因素，项目成本和行政负担。确定排污许可配额的分配方法对于总量-

交易模式来说是一个极具挑战性的方面。特定的分配方法一般不会对环境效益的好坏或社会总成本产生重大影响，但分配会产生经济影响。与酸雨计划第一阶段以立法确定分配方式不同，第二阶段的分配方式更复杂，设计出了许多不同的公式。分配过程导致的并发症是诉讼，因为企业会积极要求环保局对法规进行解释，以创造出更多的排污许可配额。如果简化分配方式，减少公式，明确数据要求，就可以增强确定性，降低行政负担，并减少或消除分配带来的诉讼。

由于酸雨计划第一阶段仅涵盖了部分发电单位，这就存在“遗漏”的可能 ：企业可能会“改变使用量”，从第一阶段的受控污染企业转型为要到第二阶段才要求参与项目的企业。由于电力部门是相互关联的，从一个燃烧发电单位转型到另一个单位是容易的。为了杜绝“遗漏”的可能性 ，酸雨计划为第一阶段的受控污染企业设计了一个“减少使用量”的规定，如果其减少使用量，必须证明减少的量不会导致不受控污染源的增加。这样就能确保酸雨计划第一阶段受控的污染源总量保持恒定。通过实施这项规定以及其他自愿性的替代方法，又有几百家燃烧发电单位参与到酸雨计划的第一阶段中，其中包括一些石油和天然气的单位。如果酸雨计划在开始就包括了所有应该受控的污染企业的话，就不会产生“遗漏”，复杂的“减少使用量”规定也就没有必要。

3.6 奖惩必须明确和有力，以保障其有效性

就其性质而言，基于市场的环境经济政策应该通过提供奖励来寻找机会，以减少执行成本。虽然酸雨计划包括一系列的奖惩规定，以促进遵守或鼓励某些活动，一些措施非常有力，但其他很多措施仍然不足以实现其目标。

酸雨计划对违法企业的处罚十分严厉。超额排放的惩罚不是由协商决定的，而采用后果明确的自动惩罚。自动惩罚是指根据超过许可配额的排放量自动扣除相同量的排放配额，高额的财政处罚通过自动计算得出，结果明确，可直接支付。其他的违规行为，和超额排放一样，都可能导致民事或刑事处罚。自动惩罚减少了对传统的执法机关和法院的依赖，传统的执法体制可能延误年终执行率评估，造成市场和环境的不确定性，并增加成本。政府通过奖惩措施刺激企业，使其执行法规，这些措施包括对监测数据缺失的阶梯式惩罚；如果设备通过高水平的测试，质量保证（QA）检测频率可以降低；超额排放后果明确等。

酸雨计划还包括促进能源和资源效率的规定。例如，可持续和可再生能源储备专门为节能和再生能源工程提供配额。该政策包括一个标准裁决公式、一个预先核准的名单、合适的测量方法和标准化的测量报告书。[20]然而，要用这个专项配额也需要详细的资料，以验证相关措施的减排效果，并计算具体减排量。最终，偏保守的裁决公式和较低的配额价格给企业提供了充分的激励，催生了更多的节能减排项目。

3.7 信息技术简化了程序运作，并降低了行政成本

为了使酸雨计划考虑环境完整性，保证公众信任度，美国环保局必须收集，核实，维护和传播大量的数据。现有的最有效的处理和传播数据的方法是建立一个综合信息系统。综合信息系统的优势远远超出了处理大量数据的能力，它提高了数据的准确性，减少了行政时间和成本，提高数据准入标准，提高了透明度，加强和改进了数据的一致性

和可比较性。

综合信息系统是酸雨计划基础设施的关键组成部分，为酸雨计划节省了大量的资源，达到了高水平的准确性和一致性。规则简单和明确也是政策的一大优势，环保局能够充分利用综合信息系统，使整个流程只需要不到 30 个雇员。大部分工作人员负责核证和审计监控设备和数据，并为社区团体提供政策执行支持。排污配额的转让只需要极少的环保局工作人员的参与，98%的交易过程由市场参与者在网上完成。

3.8 政府的主要工作是确保实现计划目标

除了以更低的成本降低排放和改善环境质量，酸雨计划的另外一个目的是实现政府和工业界的互动。如前所述，精心设计的总量-交易模式本身要求美国环保局把重点放在环保目标的实现上，而不是对点源进行自上而下的管理。

环保局以协助各受控污染企业参与计划的方式保证政策执行，其工作包括举办讲习班，针对酸雨计划的技术方面、监测和报告的要求与污染企业一对一交流，帮助他们了解计划的要求，并协助其解决可能导致不执行的一些问题。环保局的工作人员致力于在国家特定的区域支持项目运作。这些工作人员可以回答关于监测、报告、核查要求的问题。由于该计划的目标是完全执行，环保局必须协助每个受控污染企业，以确保它们遵守规定，服从项目的要求。

3.9 总量-交易计划旨在保护区域空气质量

总量-交易在较大尺度地区实行效果较好。区域污染物常常是越过国家边界，酸雨计划的总量-交易计划通常能大幅度削减这类污染物，改善区域空气质量。然而，消除局部高浓度的排放量不是该政策的主要目的。为了保护当地的空气质量，总量-交易项目应该作为国家或地方计划的补充，而不与之冲突。

在酸雨计划中，无论企业持有多少排放许可配额，排放行为还必须符合所在地，州，和其他联邦排放要求。这意味着，地方和国家政府可以在必要时另外设定特定污染源的排放量限制，以进一步保护当地的空气质量。

3.10 增强透明度，建立可信度

向公众公开有关数据和信息，是酸雨计划的重要特征。美国环保局收集的 SO_2、NO_x 和 CO_2 的排放量数据，排污权交易信息，以及生态系统的指标等都及时公布在美国环境保护署的网站上。[22]无论是在政策设计，项目运行还是评估环节，透明度对于总量-交易模式的良好运作至关重要。透明化的设计过程可以提高公众的接受度和信任感。公开排污配额信息能增强社会对该计划的信心，并可以为执法提供审查监督以鼓励企业遵守法规。关于公开的内容，环保局不仅评估和宣传计划的进展及取得的成就，也公开有待解决的问题和挑战。

3.11 定期项目评估很重要

为了了解酸雨计划的进展、分析政策产生的所有意料内或者意料外的结果，以及不利后果，环保局定期评估酸雨计划。项目评估结果显示政策效果比之前的政策都要好。

该政策切实可行，而且提前完成了减排目标，实现了广泛的区域环境和健康效益；费用只占预期的1/3而效益远远大于预期。

生态、健康和经济评估结果可以用来判断酸雨计划是否确实能带来进步。然而，尽管计划进展顺利，最近的科学研究表明，仍然需要削减更多的 SO_2 和 NO_x 才能彻底修复环境。此外，还需要进一步改善乡村地区的酸性湖泊和溪流的情况。[23]新增的这些排放削减计划通过以下方法来实现：实施保护臭氧和限制细颗粒的条例，控制机动车汽车和柴油适用的规定，执行国家大气保护计划以达到国家标准。

4 结论

酸雨计划为回答如何有效地设计和运行总量-交易模式提供了宝贵经验。对于该模式的政策设计，美国环保局走在前列，其经验可以为全球的决策者提供参考。其主要经验如下：

- 明确，全面的律法更容易被实施，宜尽量减少法律诉讼程序以避免不确定性，时间延误和额外费用。
- 政策稳定，适应性强。项目基金会是保证适应性的有效措施，可以为适应新信息、实践和技术创造空间，提供支持。
- 执行方法的灵活性简化了决策过程，促进了创新，产生了新的替代方法，各种减排方法互相竞争，形成市场，从而减少执行成本，并降低成本，促使企业主动寻求更大的环境效益。
- 企业享受灵活选择权的先决条件是履行义务。可控污染企业有义务保证准确测量和报告排放量，并执行酸雨计划的规定。
- 明确，简单的规则更加容易操作，成本更低；在某些情况下可能需要复杂的规定，但应尽可能减少。
- 酸雨计划明确和有力的奖惩政策促使污染企业主动提高监测水平和执行率。
- 在使用特殊规定，以及设计多项奖惩措施以实现减排目标时，应该小心谨慎。
- 信息技术可以用非常低的行政开支和行政负担实现数据和资料的收集，维护和传播，综合信息平台可以保证数据和资料的高质量。
- 管理者可以通过实现计划目标和协助可控污染企业达到计划要求，在工业企业间建立良好的合作关系。
- 总量-控制模式可以实现具有成本有效性的，大尺度的，区域性的大气污染物削减。
- 透明化的数据和程序化的实施提供了极其严格的审查监督，以保证政策实施和企业执行。环保局负责向利益相关方包括公众公开该计划的实施结果等信息。
- 评估是评价项目进展和目标达成情况的重要手段。从近15年酸雨计划的结果来看，基于市场的总量-交易模式是改善区域环境质量的一种有效的手段，该计划通过减少区域性的空气污染物排放的和鼓励高效的削减方案来保护环境。对于解决较大尺度的空气污染问题，经验表明精心设计的总量-交易模式是有效率的，灵活而且易于实施，符合可持续发展的要求。

参考文献

[1] All dollar values are expressed in 2007 US$ unless otherwise noted.

[2] Lauraine Chestnut and David Mills, *A Fresh Look at the Benefits and Costs of the U.S. Acid Rain Program*, J. of Environmental Management, Nov 2005.

[3] Robert Stavins, Lessons Learned from SO_2 Allowance Trading, Choices, 2005, 20 (1).

[4] Robert Stavins, What Can We Learn From the Grand Policy Experiment? Lessons from SO_2 Allowance Trading, J. of Econ. Perspectives, Summer 1998.

[5] Denny Ellerman, Richard Schmalensee, Paul Joskow, Juan-Pablo Montero, and Elizabeth Bailey, *Emissions Trading Under the US Acid Rain Program: Evaluation of Compliance Costs and Allowance Market Performance*, MIT Center for Energy and Environmental Policy Research, October 1997.

[6] Curtis Carlson, Dallas Burtraw, Maureen Cropper, and Karen Palmer, *Sulfur Dioxide Control by Electric Utilities: What Are the Gains from Trade?*, J. of Political Economy, December 2000.

[7] Environmental Law Institute, Implementing an Emissions Cap and Allowance Trading System for Greenhouse Gases: Lessons from the Acid Rain Program, September 1997.

[8] The penalty for excess emissions was set at $2, 000 and is indexed to inflation each year.

[9] Brian McLean, Testimony Before the House of Representatives Committee on Energy and Commerce Subcommittee on Energy and Air Quality, 2007, March 29.

[10] Joseph Kruger, *Companies and Regulators in Emissions Trading Programs*, Resources for the Future Discussion Paper 05-03, Feb 2005.

[11] Typical transaction costs are $0.50 per allowance in the SO_2 allowance market. Transaction costs for allowance swaps and loans in the SO_2 allowance market are even lower – $0.25 per allowance.

[12] Personal communication with Gary Hart, ICAP-United, 2007, June 25.

[13] Dallas Burtraw, Cost Savings Sans Allowance Trades? Evaluating the SO_2 Emission Trading Program to Date, Resources for the Future Discussion Paper 95-30-REV, Feb 1996.

[14] Generally, combustion boilers are designed for the characteristics of a specific type of coal. Deviations from those characteristics can not only affect the performance of the boiler, but may damage equipment. Because low-sulfur subbituminous coal from the West has some very different characteristics, combustion engineers used to believe that blending it with bituminous would cause problems in boilers designed for bituminous. The incentive for innovation under the ARP encouraged experiments that led to an improved understanding of the ability to successfully burn blended coals.

[15] Curtis Carlson, Dallas Burtraw, Maureen Cropper, and Karen Palmer, *Sulfur Dioxide Control by Electric Utilities: What Are the Gains from Trade?*, J. of Political Economy, December 2000.

[16] Byron Swift, Allowance Trading and Potential Hotspots: Good News From the Acid Rain Program, Environmental Law Institute Environment Reporter, May 2000.

[17] Joe Kruger and Christian Egenhofer, *Confidence Through Compliance in Emissions Trading Markets*, Centre for European Policy Studies (CEPS), April 2006.

[18] John Schakenbach, Robert Vollaro, Reynaldo Forte, *Fundamentals of Successful Monitoring, Reporting,*

and Verification under a Cap and Trade Program，J. of the Air & Waste Management Association，Nov 2006.

[19] Jeremy Schreifels and Joe Kruger（eds.），Tools of the Trade：A Guide to Designing and Operating a Cap and Trade Program for Pollution Control，EPA430-B-03-002，June 2003.

[20] Jinnan Wang, Jintian Yang, Stephanie Benkovic-Grumet, Jeremy Schreifels, and Zhong Ma, SO_2 *Emissions Trading Program：A Feasibility Study for China*，China Environmental Science Press，2002.

[21] For information about the program，visit EPA's web site：http：//www.epa.gov/airmarkets.

[22] National Acid Precipitation Assessment Program Report to Congress：An Integrated Assessment，2005.

我国 SO_2 排污权交易制度的交易成本分析

陈红枫[①] 肖 莆[①] 张之源[②] 王静雅[①]

摘 要：排污权交易可以实现边际污染治理成本相等的有效率的均衡，带来总污染治理成本的降低，但是在创建排污权交易市场的过程中会产生交易成本。我国 SO_2 排污权交易从 20 世纪 90 年代试点到现在已 10 余年，但是制度和体制原因造成交易成本过高，影响其实施和推广。首先，缺少中介服务使得交易参与者的信息成本很高；其次，缺乏成熟的交易框架导致高昂谈判成本；再者，排污许可证制度作为核心制度尚未建立，强制履行能力不足，导致交易参与者担心强制履行成本过高。根据对 SO_2 排污权交易提出降低我国排污权交易制度的交易成本的建议，政府承担中介职能或者鼓励私人中介以降低信息成本，理顺现有政策手段、建立健全排污许可证制度降低谈判成本和行政审批成本，通过提高司法强制执行能力增加潜在参与者对交易市场的信心。

关键词：排污权交易 交易成本 污染管制 排污许可证

Analysis on Transaction Costs of Tradable Permit Systems for Sulfur Dioxide in China

Abstract: Tradable permit systems allow pollution sources with different marginal abatement costs decide whether to reduce emissions by themselves or to buy permits from other sources, which can achieve efficient equilibrium of equal marginal abatement costs across the sources involved and thus lowering the total abatement costs. However, transaction costs exist in the newly emerged markets. The characteristics of transaction costs in China's tradable permit systems are summarized. First, lack of brokerage fails to lower the information costs of participants; second, absence of formal or widely accepted trading frameworks leads to high negotiation costs; third, the core system of discharge permitting has not been established, and weak enforcement capacity arouses participants' concerns about high enforcement costs. Suggests are made to the government to reduce transaction costs of the tradable permit systems in China. Governments may play their role in brokerage or encourage private brokers to reduce information costs; they need to streamline the current policy instruments and establish legal discharge permitting systems to bring down negotiation and approval costs; finally, they need to improve the capacity of legal prosecution and enforcement to encourage potential participants' confidence in the trading market.

Key words: Emission trading Transaction costs Pollution regulation Emission permits

陈红枫（1971—），安徽省环境科学研究院，高级工程师，从事环境经济学和环境政策研究。联系地址：安徽省合肥长江西路 10 号安徽省环境科学研究院，230061. 电邮：chen_hongfeng@hotmail.com.cn.

本文作者联系方式：① 安徽省环境科学研究院，合肥：230061；② 安徽省环境保护局，合肥：230061。

1 背景

在 1960 年的《社会成本问题》中，科斯引入零交易成本的概念批评庇古关于政府干预污染损害的观点，科斯指出如果没有交易成本，一旦产权被界定，不管产权如何界定，资源配置都将是有效率的[1]。1980 年代，人们对已有的命令控制型污染管制手段的成本有效性感到不满，由此在科斯定理基础上提出排污权交易。排污权交易是政府管制机构通过创建排污权市场，允许企业找到成本最小化的方法来满足总量控制目标的新型管制手段。企业可能拥有多个工厂，有多个排放源，企业之间或者企业内部通过在不同污染源或不同工厂之间重新组合污染控制水平，可以大大降低达到法律规定的排污水平的污染治理成本。

美国广泛实施了可交易的排污许可证制度，包括美国环保局排污交易计划、含铅汽油的分阶段淘汰、水质许可证交易、含氯氟烃类物质排放交易、SO_2 排放交易以及洛杉矶都市区实施的“区域空气净化激励市场”（RECLAIM）项目等。如根据 1990 年《清洁空气法案修正案》设立的“酸雨项目”，取得了巨大成功，SO_2 的减排比预想的还要快。1990—2004，每年 SO_2 排放大约减少了 800 万 t，是 1990 年的 30%以上。项目以低成本高效实现了 SO_2 的减排。美国总核算办公室曾经推算，SO_2 配额交易体制每年可节省 30 亿美元，与命令与控制手段相比，可以节省投资一半以上。

美国 2003 年开始实施 NO_x 排放交易项目，以解决美国东半部近地层臭氧的问题，项目实施后，受项目影响最大的发电行业 NO_x 排放大幅度下降。2004 年发电行业的 NO_x 排放少于项目实施前 2000 年排放数量的一半，比 1990 年降低了 70%以上。从 2003 年到 2004 年，参加 NO_x 排放交易项目的污染源排放量减少了 22.6 万 t[2]。

美国“酸雨项目”和其他类似的市场手段项目取得了很大的成功，表明这种基于市场的污染管制手段是行之有效的。但是，由于是创建一个原先不存在的市场，也会面临很多困难。首先，要通过这种机制促进污染物的减排需要制定合理的、可执行的最大允许排放量，促使污染源能够以低成本有效达到减排目标。其次，必须通过可靠、有效的监测证明污染源是否达到了最大允许排放量的要求。参与市场交易的各个污染源必须开展排放量计算所必需的监测活动，并加以记录。在美国，参加这种市场交易项目的污染源以前在命令与控制性政策下已经多年坚持记录、监测排放量，因此对企业并不是一件难事。而且，美国有强有力的执行机制，对不遵循适用要求的污染源将处以大额罚款。比如，《清洁空气法案》的法定罚款是对每个违规案例处以 27 500 美元的罚款。同时美国为鼓励企业遵循法规还设计了激励措施。

换言之，虽然排污权交易制度带来了总污染治理成本的降低，但是在创建市场的过程中会产生新的交易成本。在交易成本的影响下，传统的效率原则受到了挑战。我国自 1994 年，在包头、开远、柳州、太原、平顶山和贵阳开展了大气排污权交易的试点工作。但是，到目前为止，排放权交易在我国还没有形成一个正式的制度，究其原因主要是排污权交易制度所处的冲突的政策环境以及本身的设计导致了很高的交易成本。

2 排污权交易制度的交易成本

交易成本（Transaction Cost）也被称为交易费用，是新制度经济学的核心范畴，提出了一个不同于新古典研究模式的新范式。因为交易成本为零的世界不存在，在正交易成本的现实世界里，制度、产权、法律、规范等变量在经济运行中起到至关重要的作用[3]。

Dudek 和 Wienner（1996）指出，在联合履约机制下的交易成本有多种形式，其中主要的形式包括搜寻成本、谈判成本、核准成本、监测成本、执行成本和保险成本[4]。徐瑾和万威武（2002）把排污权市场上的交易成本分为 3 部分：①寻求基础信息的直接成本。厂商走向市场需要知道排污权的供给与需求关系、价格水平以及污染控制成本等基础信息。②谈判与决策成本。根据已掌握的基本信息，进行排污权交易的各个厂商还需要进行讨价还价，协商一个各方均可接受的排污权的价格。③监测与执行费用。这部分费用是环境保护部门进行监测等工作时所发生的费用[5]。

为了能更为具体地体现排污权交易中交易成本的类型和构成，这里将交易成本分为信息成本、谈判成本、行政审批成本、监测成本、监督成本和强制履行成本。

2.1 信息成本

可交易的排污权制度是利用市场机制让排污者有选择成本最小化方案的余地，但是，要确定合理的区域允许排污上限，需要掌握环境受体及其污染扩散机理和过程，建立和运行相关模型所需的信息。当在总量分配基础上实施可交易的排污权时，就对交易市场和价格信息有了需求。从这点来看，建立排污权交易制度增加了交易参与者对排污权交易市场信息的需求，会增加交易者相应的信息成本。

洛杉矶地区实行“区域空气净化市场激励计划”（RECLAIM）的早期，包括信息成本在内的交易成本很高。为了降低信息搜寻成本，企业可以雇用中介，但是同样需要支付中介费用。另一种降低搜寻成本的方式是用电子公告系统，参与企业可以在电子公告栏列出交易的条款，这样潜在的交易伙伴可以从公告栏上获得信息[6]。

美国依据《清洁空气法案》（1990 年修订）建立的 SO_2 交易项目实施过程中，中介为帮助电厂获得污染控制方案和寻找潜在交易伙伴提供咨询服务起到重要的作用。中介公司使用计算机模型来预测排污权的需求和供应，为电厂提供预测服务。在地方性的交易项目中，如美国环保局的排污权交易项目，中介还可以通过运行大气质量模型，得出非均匀混合污染物在不相邻的污染源之间交易的情况[7]。

2.2 谈判成本

在可交易的排污权制度下，需要为企业分配最大允许排放限额，交易参与者之间需要达成双方可接受的价格，因此交易参与者与政府之间、交易参与者之间为达成一定的契约会发生谈判成本。如果谈判旷日持久，时间成本可能构成谈判成本的一个重要组成部分。

2.3 行政审批成本

行政审批成本是政府对排污者的排污权发放许可或者批准谈判达成的交易时发生的成本，如发放排污许可证、对排污交易双方的文件进行核准。政府审批过程可能延迟项目建设的时间、延长项目完成的周期、推迟交易完成的时间，因此，审批成本除了实际支付的费用外，也包括审批的时间成本。审批成本可以说是交易成本中很重要的影响因素，因为如果审批的结论是不通过，那么交易就无法进行。此外，如果审批存在多重标准和潜在的冲突，审批成本也会增加。

2.4 监测成本

监测成本往往包括技术、设备和运行成本。有些监测成本由排污者承担，如排污者可以自行安装、使用监测设备，也可以排污者委托有资质的第三方进行监测，这都会发生费用。排污权交易制度并不比传统的命令-控制型政策减少对污染源的监测成本，还有可能为了保证交易的可靠性，需要污染源安装在线监测装置，从而增加排污者的监测成本。如美国的 SO_2 排污交易项目要求参与交易的电厂安装烟气在线自动监测装置 CEMS，虽然增加了监测成本，但是由此可以降低谈判、审批和监督成本。

2.5 监督成本

由于不完全信息，公民、企业和政府管制机构对于企业污染治理成本和实际投入、政府管制投入等信息是不对称的，因此可能出现排污者的逆向选择和道德风险。对于抑制排污者规避责任的倾向，执法者需要投入监督成本，包括现场审核、抽查、验证性监测的费用。

2.6 强制履行成本

交易中的一方做出违背合同的行为，那么另一方可能通过行政、司法等强制手段来保障执行合同中有关的强制条款，如取消交易和获得赔偿。强制履行成本的一个主要形式是司法成本，司法成本包括与诉讼相关的律师、取证、诉讼费等费用和诉讼时间的机会成本。

3 交易成本对排污权交易制度效率的影响

当存在交易成本时，成本有效的排污权交易不再是各个污染源的边际污染治理成本相等，而是各个污染源的边际污染治理成本与边际交易成本之和相等。由于交易成本的存在，买家当其边际治理成本高于排污权价格与交易成本之和时选择购买排污权，而卖方则仅在其边际治理成本低于排污权价格与交易成本之和时出售排污权。

例如，美国铅排放交易是排污权交易市场中最成功的范例之一，企业之间的交易水平远远超出以往环境市场的水平，成功实现了淘汰含铅汽油的环境目标。成功的原因之一是这些企业具有均一性，都是炼化厂，这意味着他们较容易寻找交易伙伴。但是，即使在这样一个看似完美的市场，由于交易成本导致的效率损失仍然很显著，约为10%。

洛杉矶地区实行的“区域空气净化市场激励计划”（RECLAIM）为洛杉矶地区带来相当显著的成本节约，满足环境标准比传统的命令-控制型政策的成本要减少约 42%。但是实际节约的成本还取决于相关的交易成本。当存在交易成本时，一些企业从市场中退出，影响了交易的剩余，因此改变了效率。RECLAIM 与其他的排污权交易计划不同，不像酸雨计划有管制机构组织集中的拍卖，RECLAIM 计划的参与者需要自己寻找交易伙伴，而这些参与者又来自不同的行业，往往不属于同类原料或产品市场，因此搜寻潜在交易伙伴很耗时且花费不菲。在该计划实施的早期，交易成本相当高；搜寻成本和信息成本很高；交易成本的存在使得交易发生的概率减少了约 32%[6]。

由此可见，在环境政策选择的成本-效益分析中，交易成本是一个不可忽视的因素。McCann 和 Easter（1999）总结了相关研究中关于消除外部性的管制制度的交易成本大小的影响因素，包括代理人的数量和多样性，可获得的技术、供考虑的政策方案和污染物削减数量或者交易的规模[8]。交易成本的大小和类型还取决于制度环境，正如外部性本身也取决于制度环境一样。

4 我国 SO_2 排污权交易的交易成本特征

我国自 1994 年，在包头、开远、柳州、太原、平顶山和贵阳开展了大气排污权交易的试点工作。2001 年国家环境保护总局和美国环境保护基金会合作，实施了“利用市场机制控制 SO_2 排放”的中美合作项目，并在江苏南通和辽宁本溪开展试点。2002 年 3 月，国家环境保护总局下发了《关于开展“推动中国二氧化硫排放总量控制及排污交易政策实施的研究项目”示范工作的通知》，在山东、山西、江苏、河南、上海、天津和柳州市开展 SO_2 排放总量控制及排污权交易试点工作。试点地区制定了相应的政策规范，如《江苏省电力行业二氧化硫排污交易管理暂行办法》《太原市二氧化硫排污交易管理办法》[9]。

由于我国的排污许可证制度尚未全面实施，排污权交易还处在试点阶段。实行多年的命令-控制型政策、排污收费政策与排污权交易存在诸多不协调之处，对排污权交易的推行构成阻碍。如 2002 年 9 月 19 日，国务院批复了国家环境保护总局《两控区酸雨和二氧化硫污染防治“十五”计划》，规定要控制火电厂 SO_2 排放，加快建设一批火电厂脱硫设施，新建、扩建和改建火电机组必须同步安装脱硫装置或采取其他脱硫措施。并指明 137 个老火电厂应建设脱硫项目，2005 年年底前应全部完成。2004 年 1 月国家环境保护总局修订了《火电厂大气污染物排放标准》，将排放标准“升级”，分 3 个时段规定了更为严重的火电厂大气污染物排放限值。2005 年年初，国家环境保护总局下发《关于进一步强化〈“两控区”酸雨和二氧化硫污染防治“十五”计划〉重点火电脱硫项目监督管理的通知》，明确要求重点火电脱硫项目在 2005 年 1 月底前完成项目可研审批，在 2005 年 4 月底前开工建设，在 2005 年 12 月底前完成主体工程建设。这种使用强制手段来对老火电实施脱硫的做法显然违背了通过 SO_2 排放交易市场手段实现脱硫成本最小化的思路。

此外，我国已经实施 SO_2 的排污收费。国家环境保护总局、国家发展计划委员会、财政部《关于在杭州等三城市实行总量排污收费试点的通知》（环发[1998]73 号）开始在杭州、郑州、吉林三城市进行总量排污收费试点工作。按每当量 0.6 元计算，每千克 SO_2 收费达 0.632 元。2003 年 7 月 1 日起《排污费征收使用管理条例》取代了《征收排污费暂行办法》，取消了超标收费的规定，所有污染物只要排放就要征收排污费。SO_2 的排污费按当量算，至 2005 年 7 月 1 日起征收标准为每当量 0.6 元[10]。在这种外部环境下，我国大气排污权交易无论是从交易规模上还是参与者数量上都很有限。表 1 列举了我国 SO_2 排放权交易部分案例。

表 1 我国 SO_2 排放权交易部分案例[11]

地区	交易量/（t/a）	买 方	需求原因	卖 方	出售原因	价格/（元/t）	年总交易额/万元
江苏	300	化工公司	扩建需要指标	南通市天生港发电有限公司	技术改造和加强管理	660	20
江苏	1 700	太仓港环保发电有限公司	扩建需要指标	下关发电厂	安装脱硫设备，指标节余	1 000	170
河南	900	义马市煤气公司	扩大生产需要排放指标	三门峡市中原黄金冶炼厂	安装高效烟气脱硫制酸成套设备，SO_2 排放量减少了 80%	600	54
柳州	200	柳州化学工业集团	扩大生产需要指标	柳州木材厂	通过综合利用，淘汰燃煤锅炉，而有富余指标	400	8
天津	1 000	大港发电厂	油改煤，排放增加，需要新指标	天津市石化公司	使用低硫煤	400	40
山西	2 500	大同二电厂	分配指标少，不能按时脱硫	大同新兴环保设备公司	综合治理实施脱硫工程	200	500
山东	900	青岛东亿实业公司		青岛市海晶化工有限公司	脱硫	1 200	108

注：山东省案例是由青岛市青环环保科技服务中心为中介促成的。

资料来源：Dudek 等（2006）。

由于现有环境政策与排污权交易制度存在不协调，交易制度的不完善导致了很高的交易成本。主要表现在以下几个方面：

4.1 缺少中介服务难以降低信息成本

排污权交易制度是建立在区域总量控制基础上的创建市场的过程，必须与其他政策手段相衔接、相补充。由于我国排污许可证制度尚未全面推行，排污权交易市场信息也没有充分公开和交流的渠道，参与排污权交易的试点企业需要投入很高的信息成本。从目前已经签订合同或已经实施的交易案例来看，排放权交易供需两方之间多数是通过环保行政机构来牵线的，通过中介机构或市场来获取供需信息的案例很少。可以看出案例之间的交易价格差异很大，最高的价格为 1 200 元/t，而最低的仅为 200 元/t，这表明市场信息的传递很不通畅。

4.2 缺乏成熟的交易框架导致高昂谈判成本

在我国，排污权交易是新生事物，会发生高昂的谈判成本。排污权交易发生的谈判成本不仅仅是交易各方为达成满意的价格而支付的谈判成本，还包括为形成一个各方接受的交易框架而支付的谈判成本。排污权交易的谈判成本一个典型的案例是香港特区与广东省之间历时 5 年的电厂排污交易谈判。

2002 年，香港特区政府与广东省政府发表了《改善珠江三角洲地区空气质素的联合声明》，双方约定，到 2010 年，两地各自将 SO_2 排放量削减 30%。由于香港脱硫潜力小，而且成本高昂，难以完成预定计划，于是促成了香港提出向广东购买排污权。《珠三角火力发电厂排污交易试验计划》的草案于 2006 年 7 月完成，2007 年 2 月由广东省环保局和香港环保署公布的《珠江三角洲火力发电厂排污交易试验计划》实施方案，主要内容涉及香港火电企业通过购买广东火电企业的污染物指标而实现粤港两地按照《联合声明》"双达标"。但是，直到 2007 年 7 月，中国经济周刊报道广东省环保局透露评判此目标实施进度的"粤港联合治理珠三角大气中期报告"将推迟公布；为落实《联合声明》而出台的排污权交易实施方案也正陷入僵局。

4.3 核心制度缺失增加行政审批成本

排污权交易以污染物排放总量控制为目标，通过行政管理手段发放的排污许可作为交易的基础。虽然自 1991—1994 年国家环保局在 16 个重点城市进行了主要大气污染物排放总量控制和排污许可证管理的试点工作，但是，直到 2004 年，发放许可证的企业数只占申报企业数的 1/3。作为排污许可证制度的前奏，政府对企业的总量分配环节发生在环境影响评价对允许排污总量的核准，并通过考核排污申报的可靠性来掌握实际排污量。但是，由于排污许可证这项核心制度不健全，政府在主导排污权交易时往往需要额外的行政成本对双方的排污量进行核定。

如太原市 2002 年 10 月 4 日发布的《太原市二氧化硫排污交易管理办法》规定，排污单位在使用储存配额时，需填写《太原市二氧化硫储存配额使用申请书》，报市环境保护行政主管部门认可后，储存配额方可使用。各排污单位必须在每季度末和每年 1 月 15 日前如实填写上季度及上一年的 SO_2 排放报表，报市环境保护行政主管部门进行核准。这些行政程序无疑增加了行政主管部门的工作量，导致额外的行政成本。

4.4 现有监测能力不足需要增加监测成本

虽然《火电厂大气污染物排放标准》（GB 13223—1996）已经对火电厂提出装设 CEMS 的要求，但是一直得不到落实。由国家环境保护局、国家经济贸易委员会、科技部联合颁发的《燃煤二氧化硫排放污染防治技术政策》（环发[2002]26 号）再次规定火电机组烟气排放应配备 SO_2 和烟尘等污染物在线连续监测装置，并与环保行政主管部门的管理信息系统联网。《关于贯彻实施新修订〈火电厂大气污染物排放标准〉的通知》（环发[2004]82 号）甚至规定了时限，要求 2008 年 1 月 1 日以前，所有火电机组均应安装符合《火电厂烟气排放连续监测技术规范》（HJPT 75—2001）要求的烟气排放连续监控仪器，并实现与环保部门的联网。在现阶段，这些规定将提高排污企业的监测成本，但是增加这些投入对保障后续的监督和执法起到非常关键的作用。

4.5 强制履行机制不完善参与者顾虑强制履行成本

要保障排污权交易的实现，以排污许可证为依据的后续监督工作极为重要。这不仅仅是通过环境监测和环境监理对排污企业进行监督，而是要对发现的违法行为严格依法进行查处和纠正。现阶段我国排污企业在环境守法方面信用低。环境执法部门在具体的执法过程中多采用行政处罚，通过司法诉讼对违法排污者进行民事及刑事处罚的案件屈指可数。即使是常用的行政处罚手段，也往往由于缺乏强制执行力得不到落实（陆新元等，2006）。如《太原市二氧化硫排污交易管理办法》中规定，排污单位年末 SO_2 实际排放量超过全年所持有排放配额的，每超过一个排放配额由市环境保护行政主管部门处以 3 000 元以上 8 000 元以下的罚款，这虽然高于案例中的交易价格，但是由于监测手段不到位，实际查处的力度受到影响。在缺乏强制履行机制的情况下，排污权交易的双方可能对市场的信心不足。

5 结论与建议

排污权交易通过让边际治理成本不同的排污企业选择自己减排还是购买排污权，可以实现边际污染治理成本相等的有效率的均衡，但是交易成本的存在对排污权交易制度效率的影响不可忽视。尤其是在我国，创建排污权交易市场的过程中发生新的交易成本，政府在设计排污权交易制度时必须考虑降低交易成本的策略。

（1）政府承担或鼓励中介服务以降低信息成本。信息成本是交易成本的一个重要组成部分，因此在排污权交易制度的设计中要特别注意提供交易所需的信息。政府可以采取行动降低政策的不确定性，可以充当中介的角色，以电子公告等低成本的媒介方式即时为买方和卖方提供信息，也可以鼓励市场化的中介服务，以进一步提高市场的透明度，降低市场的不确定性。

（2）理顺现有政策手段、出台明确框架以降低谈判成本和行政审批成本。当存在交易成本时，排污权交易制度设计中初始排污权分配对效率具有显著的影响。通过与现有的政策手段的衔接，以建立和完善排污许可证制度作为排污权交易的基础，将排污许可证的发放作为排污权分配的工具，不再增加不必要的行政程序。

（3）政府应减少对交易活动的行政干预，尤其是对交易价格的干预，而是通过规范监测和监督手段，采用行政和司法手段保障守法，对违法行为制定合理的制裁，维护市场秩序，打消交易参与者对市场的顾虑。

参考文献

[1] Coase，R. The Problem of Social Cost [J]. Journal of Law and Economics，1960，3：1-44.

[2] USEPA（2004）Evaluating Ozone Control Programs in the Eastern United States：Focus on the NO_x Budget Trading Program [R]. 2004，EPA 454-K-05-001，August 2005.

[3] 卢现祥. 西方新制度经济学[M]. 北京：中国发展出版社，2003.

[4] Dudek，D.J. and Wienner，J.B.（1996）Joint Implementation，Transaction Costs and Climate Change [R]. OECD General Distribution. Paris.

[5] 徐瑾，万威武. 交易成本和排污权交易体系的设计[J]. 中国软科学，2002（7）：115-118.

[6] Gangadharan，L. Transaction Costs in Pollution Markets：An Empirical Study [J]. Land Economics，2000，76（4）：601-614.

[7] Stavins，R.N. Transaction Costs and Tradeable Permits [J]. Journal of Environmental Economics and Management，1995，29：133-148.

[8] McCann，L. and Easter，K.W. Transaction Costs of Policies to Reduce Agricultural Phosphorous Pollution in the Minnesota River [J]. Land Economics，1999，75（3）：402-414.

[9] 王金南，等. 关于实行环境资源有偿使用政策框架的思考[C]. //王金南，等. 中国环境政策：第三卷. 北京：中国环境科学出版社，2007：140-152.

[10] 陆新元，等. 中国环境监察执法问题与对策[R]. 中国国际合作和环境发展委员会环境执政专家组报告，2006.

[11] Dudek，D.J.，秦虎，张建宇. 环境治理能力分析：中国二氧化硫控制及排放权交易案例报告[R]. 中国环境与发展国际合作委员会报告，2006，12.

主要污染物总量指标置换机制初探

朱京海

摘　要： 美国的实践表明排污权交易是一种有效且经济的环境管理手段，但良好的排污权交易市场需要有相应的经济、法律、技术等多方面条件做配套方能形成。我国近 20 年的排污权交易试点工作虽然为排污权交易制度的实施奠定了基础，但在完成国家污染减排刚性指标任务日趋严峻的形势下，要建立完善的排污权交易市场将面对诸多在短时期内难以解决的问题。在经济和科技相对欠发达的情况下，机制创新成为解决环境污染问题的关键，本文对我国在当前实施排污权交易存在的主要问题进行了分析，并就如何创新主要污染物总量指标管理方式进行了阐述，为有关方面提供了参考和借鉴。

关键词： 机制　排污交易　总量指标　置换

Primary Grope for Metathesis Mechanism of Gross Index of the Central Contamination

Abstract: American practice makes it clear that emissions trading system is a kind of effective and economical environmental management method，but forming a favorable emissions trading market needs corresponding conditions in economy，law，technology and other aspect. In the grimming posture of completing rigid target to emission reducing，to establish favorable emissions trading market will affront many problems that are difficult to solve in little time， although there has been a foundation to implement emissions trading system by the experimental emissions trading work of our country in the nearest 20 years . On terms of relatively indeveloped economy and technology，mechanism innovating becomes the key to resove environmental pollution. The paper analyzes the primary difficulty when emissions trading has been implemented in our country，further more how to innovate managing methods of gross index of the central contamination has been expounded that can provide some reference for relative aspect.

Key words: Mechanism　Emissions trading　Gross index　Metathesis

1 引言

对于实现整个社会的可持续发展来说，经济增长和环境改善是可以也是必须相互促进的。但在目前的经济发展模式和技术条件下，造成环境保护与经济增长矛盾的最根本因素还是由于排污企业对环境容量资源的无偿使用，排污企业以消耗环境容量资源为代价来获取最大利润，环境污染的后果却由社会来分担，导致其成本外部化，而要改善环

本文作者联系方式：辽宁省环境保护局副局长，沈阳。

境则需要以牺牲经济利益为代价，这就形成了环境保护最根本的阻力。因此，从根本上解决环境问题应从将企业对环境污染的外部成本向内部转化着手。我国目前针对环境保护实行的政策主要是排污收费和污染减排，排污收费政策要求一切向环境排放污染物的单位应当依照政府的规定和标准缴纳排污费用，以促使污染者采取措施治理污染。该项政策的主要功能就是通过提供经济刺激，改变污染者行为。然而实际上，这一功能从未真正实现过。其主要原因是收费标准太低，据统计，现行排污收费标准只有实际治理费用的 50%，有的甚至不足 10%。因此，排污收费实施 20 年来，我国的环境状况虽局部有所改善，但总体仍在恶化，保护环境的初衷并未得到重视和贯彻。而在实施污染减排这一刚性政策下，严格的环境控制措施无疑会对地区经济发展产生约束，所以无论企业还是地方政府，治污的积极性都不高。近年来，借鉴美国等发达国家推行排污权交易所取得的经验，我国部分省市相继开展了排污权交易的探索，积累了大量经验并形成了交易模式的雏形。但是，概览各地排污权交易示范，其“排污权交易”无论在形式和内容上，与真正的市场经济运作模式下的排污权交易还有相当大的距离，而且从通过市场促成社会资源优化配置的意义上讲，我国的排污权交易实际上更是没有实质性的开展。本文对在我国目前实施排污权交易制度存在的主要问题进行了分析，并结合当前形势下的环保工作，提出了在现阶段建立主要污染物总量指标置换机制的设想。

2 我国实施排污权交易制度存在的主要问题

一般认为，排污权交易的主要思想是：在满足环境质量、环境容量要求的前提下，建立排污企业合法的污染物排放权，允许企业对其拥有产权，将其拥有进行治理后所获得的排污富余指标额作为“有价资源”在市场上被买入或卖出，即通过发挥市场对环境资源的配置作用，提高治理污染费用的效率，减少污染物排放总量，加快污染物达标排放的速度。但以市场化形式配置环境资源，排污权交易作为一项环境经济政策却需要一定的条件：①必须确立排污权的法律地位；②必须实施与地区环境质量挂钩的污染物总量控制制度；③必须具备与实施排污交易制度相关的环境管理、经济运作的技术和手段。从我国目前的相关的法规、政策、环境管理水平和部分省市实施的排污权交易案例等情况看，距离实施真正的排污权交易尚有较大差距，主要存在以下 3 个问题：

2.1 缺乏法律保障，排污权尚未确立

排污权是指其拥有者可以对排污指标依法占有、利用、收益和处置的权利，其法律地位的确立是实施排污权交易制度的前提条件。美国开展排污权交易就是以现行法律为依据的，大气的排污交易是以《清洁空气法》为基础，水的排污交易则以《清洁水法》为基础。而我国目前尚未确立排污权的法律地位，仅在国务院发布的《关于落实科学发展观加强环境保护的决定》可以找到“有条件的地区和单位可实行 SO_2 等排污权交易”这样关于排污权交易的描述。根据我国现行法律法规：一切单位和个人只有保护和改善环境、防止环境污染和被破坏的义务，而没有向环境排放污染物的权利，即使向环境保护行政主管部门申领了排污许可证，其排污指标也仅是一种行政许可，不具有自由转让或者交易的性质。虽然目前部分省市已经出台了一些地方性的排污权交易政策，并实现

了一些交易，但是并不能说明排污权交易制度的推行不需要实行法制先行的程序。实际上，正是因为不能依法确定企业的环境产权概念，造成了企业经营者与政府管理者的无所适从，使排污权交易经济激励作用无法得到实现，这也是当前排污权交易的规模得不到迅速扩大的重要因素之一。

2.2 基于总量控制下的环境政策体系尚不完善

构建排污权交易体系是必须以实施与地区环境质量挂钩的污染物总量控制制度为前提的。要将企业的排污总量与区域环境质量挂钩，根据地区环境质量控制目标，核定企业最大允许排放总量指标，在此基础上，企业有富裕的排污量，才能进行排污交易，且其交易能够促进环境质量的改善。我国目前总量控制的主要政策就是实施污染减排，作为一种刚性的约束性政策，它强制性推动各地方政府在环境保护方面有所作为，虽然取得了较为显著的成效，但是这一政策又恰恰给予实施排污权交易强大的反作用力，因为排污权交易制度正是通过利用市场的作用、减少政府的干预来实现促进总量控制的。事实上，当前的污染减排政策的具体体现就是进一步强化了政府的干预能力，一方面忽视了对企业来自法律的约束，造成行政指令相对法规、标准过于超前，产生了不稳定因素；另一方面为完成减排指标这一刚性任务，各地政府已无暇考虑地区环境质量的合理改善，就更谈不上企业排污与地区环境质量挂钩的问题了。我国尚处在经济高速发展工业化进程当中，经济的迅速发展将给环境保护和污染减排带来更大的压力，无视这些国情的差别而以美国等西方国家的方式组建排污权交易市场，排污权交易体系很难建立，即使勉强建立，也可能不仅促不成环境管理的高效化，还将为管理者带来新的更加难以解决的问题。

2.3 支持环境管理的技术尚不完备

构建排污权交易体系是一项综合、复杂的系统工程。从当前的环境管理现状看，有如下几方面相对落后，难以支持该体系的建立。①环境容量难以测定。如何科学、准确地测算一个区域的环境容量，是进行整个交易的首要问题，而这一问题的研究在我国尚处于初始阶段。②排污权初始分配存在障碍。环境容量确定后，如何把允许的最大排放量公平、公正的分配给企业也是一个无法回避的难题。如将排污权无偿分配给现有排污单位，则新建企业有偿取得排污权则显得不公平，更为重要的是，将环境资源这一有“价值”的公众型资源无偿分配给企业，对于真正应该享有该资源的公众则显得不公平。如将排污权无偿分配给现有排污单位，则无论从有偿取得的价格制定还是有偿取得的方式在现阶段都缺少更好的办法。③交易的环境效益评估难以完成。排污权交易之所以成为可能，在于治理环境的边际成本的差异，但是如果仅仅如此还不能成为交易的充分条件，还要看此项交易能否促进区域环境质量的改善，至少不能使环境恶化，这就需要对交易的环境效益进行科学的评估，而此项研究在我国也还处于起步阶段。④环境监控能力明显不足。排污权交易必须以真实的排污数据为基础，才能保证其作为环境管理手段的可靠性，因此必须有一套统一完善的环境监测体系。尽管在污染减排政策的强力推进下，污染源在线监测安装率大幅提高，但是由于这项工作刚刚起步，不论企业还是环境管理部门的信息化管理水平都处于初级阶段，远不能满足排污权交易体系的需要。

3 建立主要污染物总量控制指标置换机制是推进污染减排的有效途径

在我国目前实施污染物总量控制的大形势下，必须寻找更加有效手段来促进污染减排。建立真正市场化的排污权交易体系还有很长的路要走，而由政府管制与市场相结合的排污权交易的方法，既主要污染物总量控制指标置换很可能是一种易于实施，又比较有效的方法。实际上，类似的方法在美国正式实施排污权交易前就已经有过很好的应用。这种方法的主要思想就是：在政府部门的统一管理下，针对新改扩建项目，实施主要污染物总量指标确认和替代制度，在完成区域总量减排的前提下，其富裕的减排指标可以进行限期储存或交易，储存的指标可以在一定时期内，优先用于本地区和本企业的扩大再生产，交易指标的收入则统一上收财政，作为减排专项治理资金、区域环境综合整治资金和推进淘汰落后产能的补助资金。

事实上，目前地方片面追求经济发展的粗放型经济增长方式仍未从根本上得到改变，经济高速增长与环境总量控制的矛盾越发难以调和，一方面为保证经济增长，总量控制的底线不断被突破，污染减排任务难以完成；另一方面地方政府和企业即使有了可以用于交易的排污量，也会将之用于本地区或者本企业扩大再生产，跨地区的交易难以实现，整个排污权交易体系非常脆弱。而总量指标置换机制的建立，不仅可以在现阶段回避了对排污权进行法律界定的难题，同时又弱化了对老污染源的污染物总量的初始分配，更是对地方政府产生了一种落实科学发展观的正向激励，为今后实施排污权交易奠定了基础。这种方法的主要优势还表现在其他几个方面：①通过实施总量指标确认制度，明确了总量指标的重要性，地方政府和企业要发展，必须先腾出环境空间；②通过实施总量指标替代制度，为地方政府和企业指明了既发展经济又保护环境的方向，只有加强技术革新、推进产业结构调整、加大淘汰落后产能的力度、更多引进占用环境资源少的项目，才能不断发展地方经济；③通过富裕减排指标的限期储存的方式，使该总量指标可以在短期内优先用于本地方或本企业，但又不能被其长期占有，这样既保证了总量指标的流动性，使交易成为可能，环境资源配置得到优化，又能在一定程度减少地方和企业的抵触情绪；④通过将交易收入统一上收财政，为推进污染减排等环保工作提供了大量资金，同时又在某种程度上真正体现了环境资源作为公众资源的属性。

4 建立污染物总量控制指标置换体系的设想

4.1 出台相关政策，明确置换规则

在省域范围内，由省政府印发“主要污染物总量指标置换管理办法”，明确总量指标置换的法律地位，设定置换规则，明确相关各部门的职责。其中，置换规则应明确以下几点：

（1）实施总量指标确认制度，即所有新改扩建项目，必须获得相应总量指标方能建设，将总量指标作为建设项目审批的前置条件。

（2）实施总量指标替代制度，即只有在排污单位采取技术改造、设备更新、治理工

程等减排措施下超额完成减排任务后富余总量指标，方可作为置换指标。

（3）实施总量指标限期暂存制度，即排污单位完成减排任务的富余指标可以暂存置换中心账户，优先用于本单位扩大再生产或本地区置换。超过储存期限则由省级政府收回，用于跨区域置换。因淘汰落后工艺、被依法关闭、停产或自行倒闭、破产的排污单位，其总量指标由市级政府收回，用于保障完成区域污染减排任务，余量定期移交置换中心。

（4）实施总量减排核查制度。对于上一年度未完成污染减排任务、未实现排放总量下降的地区，所有新、改、扩建项目总量指标均须通过跨地区 SO_2 排放指标交易解决。

（5）实施总量指标预留制度，即省级政府在下达年度总量减排目标时，可在完成国家减排任务的基础上，预留一定比例总量指标，用于宏观调控或支持经济不发达地区。

4.2 搭建置换平台，合理指导置换

由省级环境行政主管部门负责建立主要污染物排放指标置换中心，该中心主要具有以下职能：

（1）具体承办 SO_2 排放指标置换的登记、评估、划转等工作。

（2）负责建立全省总量指标置换管理系统，设立总量指标账户，定期发布可供置换的总量指标信息。

（3）依据污染治理设施建设和运行成本、有关产业政策和污染减排政策，在省环保、财政等有关部门的指导下，适时调整总量指标置换价格。

4.3 建立专项治理资金，明确使用通途

制定“主要污染物总量指标置换资金征收使用管理办法”，将总量指标置换所获得的收入建立污染减排专项资金，均由省级财政部门统一管理，负责资金收取、划转、拨付。该笔资金应主要用于以下 3 个方面：①用于污染治理工程补助；②用于区域环境综合整治；③用于推进淘汰落后产能的补助。通过资金的投入，引导污染治理走上良性循环。

4.4 加强排污监控，保证市场秩序

结合《主要污染物总量核查办法》，制定“污染源在线数据管理办法”，加强污染源在线监控，提高环保部门信息化管理水平，科学核定和跟踪排污单位污染物排放总量变化情况，依法征收排污费和超总量排污费，保证总量指标置换的市场秩序。

5 小结与建议

排污权交易制度是在生态环境日益恶化的背景下发展起来的环境经济学手段，其最终目的是实现有效的环境管理。欧美国家的实践表明排污权交易制度具有显著的经济效益和环境效益。而在我国现阶段，由于国情所决定，建立真正市场化下的排污权交易体系存在着诸多问题，无视这些国情的差别而以欧美国家的方式组建排污权交易市场，排污权交易体系很难建立，即使勉强建立，也可能不仅促不成环境管理的高效化，还将为

管理者带来新的更加难以解决的问题。但是，我们又必须寻找更为有效的手段来促进污染减排。因此，本文提出了由政府管制与市场相结合的排污权交易的方法，为其他研究者们提供参考和借鉴。另外，在这里建议政府加大排污收费力度，排污费是对环境资源价值的体现，让环境资源价格正确反映其价值是促进排污者珍惜环境资源的必要措施，也是推进排污权交易顺利开展的重要条件之一。

层次分析法在 SO_2 排污权初始分配中的应用

——以湖北省火电行业为例

刘巧玲[①] 彭善枝[②] 章 玲[②]

摘 要：排污权交易制度作为一种新型的面向市场的环境管理经济手段，综合考虑了环境保护和经济发展因素，是控制 SO_2 排放的一种有效环境经济政策。本文提出一种基于层次分析法（AHP）的配额分配法。该方法考虑了社会、经济、环境和技术管理综合因素，更具有公平性和效益性，是一种较优的分配方法。为了体现研究的现实意义，本文还针对湖北省电力行业 SO_2 排放环境现状，选取 13 家火力发电厂，运用层次分析法进行排污权的初始分配。

关键词：SO_2 排放 电力行业 排污权初始分配 湖北省

Application of AHP for Initial Allocation of SO_2 Emission Permits

——Power Industries in Hubei Province as an Example

Abstract: Emission trading system，as a new-style market-oriented environmental managing economic measure，synthetically considering the factors of environmental protection and economic development，is regarded as an effective environmental policy to control SO_2 emissions. Considering fairness and effectiveness，Analytic Hierarchy Process，which takes into account factors about society，economy，environment，technology and management，is proposed as a better allocation method. In order to reflect the practical significance of this study, this article, on the ground of the environmental reality conditions of Hubei Province，selects 13 thermal power plants，uses AHP for the initial allocation of emission permits.

Key words: SO_2 emissions Power industries Initial allocation Hubei province

1 前言

随着现代经济理论的发展和排污交易的不断实践，经济学家们已经认识到实施排污权交易制度，在理论和实践中首先要解决的一个关键问题是初始排污权的分配问题。当前，我国初始排污权分配主要采用的是免费分配方式，该法具有易于操作的特点，而其难点在于如何达到经济效益和公平性的目标。现在常用的分配模式——绩效分配法能反映企业生产过程中能源利用效率和污染物排放情况，在一定程度上体现公平性和公正性，但却忽略了企业所在不同区域的环境容量和发展状况。由于排放源所属区域间在综

本文作者联系方式：① 北京大学，北京：100871；② 武汉大学，武汉：430079。

合经济、社会、环境和技术等方面存在着差异性，污染物治理能力也就不同。忽视这方面的影响，所制定的污染物分配方案可能难以为人们所接受，当然也就不可能达到预期效果。因此，在分配过程中，在公平与效率原则下，兼顾区域间存在的差异性和不平衡性也是一个极为重要的基本准则，设计新的更加有效的模型仍然是一个重要的研究课题[1]。

本文的主要目的是构建一个新的初始排污权免费分配模型——层次分析法（Analytic Hierarchy Process，AHP），并对此模型进行详细的讨论，研究模型中分配权重的确定方案。该模型从社会、经济、环境和技术等整体效益出发，更贴近实际情况，对政策制定具有参考价值。

2 层次分析法概述

层次分析法是一种定性与定量分析相结合的多准则决策方法，它是将决策问题的有关元素分解成目标、准则、方案等层次，在此基础上进行定性分析和定量分析，为求解多准则的复杂决策问题提供一种简便的决策方法[2]。运用层次分析法一般包括评价指标的选取、构造层次结构模型、构造判断矩阵、进行层次单排序和进行层次总排序等步骤，从而确定各方案的最终权重。

2.1 评价指标筛选方法和原则

筛选指标遵循如下原则：①完整性原则。指标系统应尽可能全面地反映各电厂所在供电地区环境—经济系统状况。②简明性原则。指标概念明确、数据易测易得，可操作性强。③主要性原则。指标应是诸领域内的重要指标，通过减少指标总数，使调查度量经济可行。④层次性原则。评价指标体系应当能够反映各电厂所在供电地区环境—社会经济系统的内在结构，因此其本身必须具有一定的层次性。⑤可比性原则。指要求评价指标具有时间和空间上的可比性。

2.2 评价指标体系层次结构模型

根据上述原则，对我国电力行业（针对火力发电）的初始排污权分配，分别从社会、经济、环境和技术等因素的角度，筛选合适的评价指标。

建立具有层次结构的区域初始排污权分配层次结构模型，即评价指标体系，如图 1 所示。

2.3 评价指标的选择

（1）目标层 A 根据研究的目的、要求，选择待分配的属于电力行业 SO_2 可排放总量作为评价指标体系的最高层。

（2）准则层 B 反映了大气环境—社会经济系统中与电力行业排放 SO_2 初始分配密切相关的主要影响因素，分别由社会因素 B_1、经济状况 B_2、环境条件 B_3 和技术、管理水平 B_4 等几个方面构成。每个因素又都包含了若干个具体评价指标，分别从不同侧面描述了大气环境—社会经济系统的特征、状态，反映不同电厂所负责供电地区在排污活动和污染治理能力等方面的实际状况。

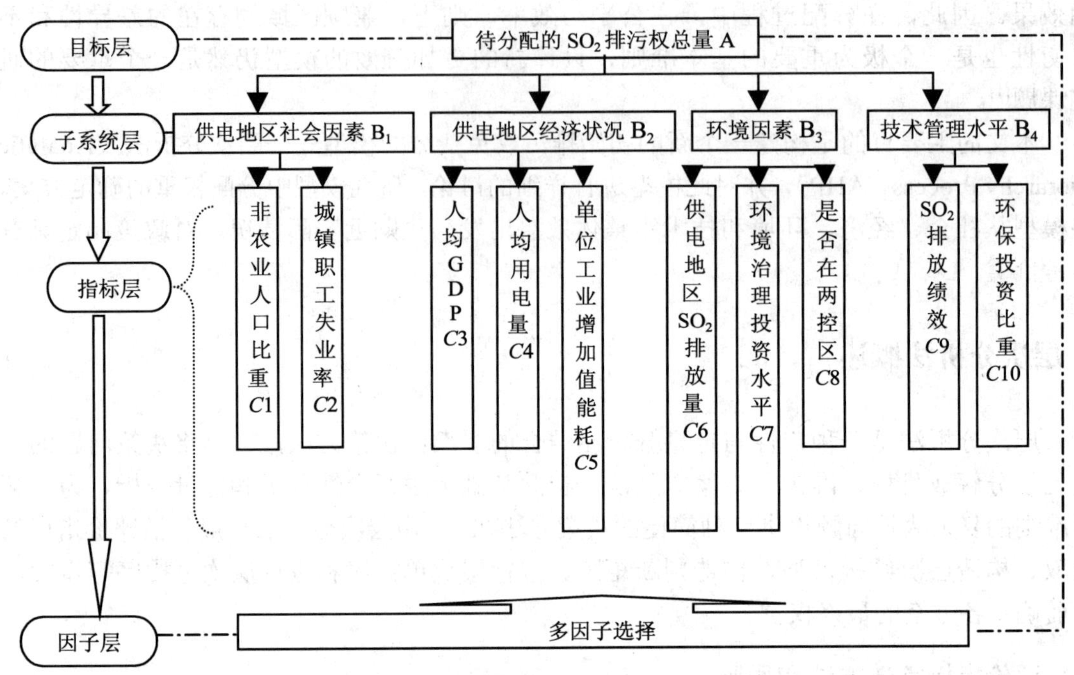

图1 SO_2排污权初始分配评价指标层次结构模型

（3）指标层 *C* 表达准则层的具体内容，由 10 个单项指标组成，内容如下：

社会因素 $B_1=\{C1, C2\}$中，指标 *C*1 反映了研究不同电厂所负责供电地区城市化水平和产业结构现状。指标 *C*2 是影响社会秩序和稳定的一个重要因子。在电力行业 SO_2 污染总量控制管理工作中，在 SO_2 允许排放总量指标的限制下，一批污染严重而又无力治理的火力发电厂面临倒闭或停产，这将带来大批工人下岗、失业，同时该电厂负责供电地区的用电必将受到影响，不利于地区工农业生产，对整体经济发展造成影响，进而影响到社会的稳定。

经济状况 $B_2=\{C3, C4, C5\}$中，*C*3 是反映研究电厂供电地区经济效益的重要指标，而指标 *C*4 则反映了该区域居民用电需求和生活质量水平，指标 *C*5 反映了该区域经济环境综合效益。

环境条件 $B_3=\{C6, C7, C8\}$中，考虑各电厂在大气环境开发利用和环境控制目标这些方面的情况。*C*6 表示各电厂所在地区 SO_2 排放量，是对大气环境容量的间接反映，SO_2 排放量越大，对大气环境容量的消耗也越大。指标 *C*7 反映了地区治理环境的力度和水平，治理水平高的地区应给予其鼓励继续提高治污水平。*C*8 间接反映国家环保部门对各电厂所在区域制定的当前 SO_2 排放总量目标。

技术、管理水平 $B_4=\{C9, C10\}$中，各个指标在一定程度上，可以反映各电厂在污染治理工作上的投入情况和取得的成效。SO_2 排污总量分配过程中，如果忽视这方面因素，就可能使总量分配有失公允，从而挫伤企业治理污染的积极性。科技进步对促进经济发展和减少排污的意义是显然的，这些指标还可以反映各个电厂发展的潜力。

2.4 构造判断矩阵

建立层次结构模型之后，就可以在各层元素中进行两两比较，构造出比较判断矩阵。应用 AHP 主要是对每一层次中各元素相对重要性给出判断，这些判断可以通过引入合适的标度（1～9 标度）用数值表示出来，写成判断矩阵。一般来说，构造的判断矩阵形式如表 1 所示，其相应的重要性通过 1～9 标度法赋予一定的数值。具体赋值如表 2。

对于所建立的判断矩阵，保持它的一致性是很重要的，从而不致使矩阵出现相互矛盾的结果。因此，在 AHP 中引入判断矩阵的一致性指标 $CI=(\lambda_{\max}-n)/(n-1)$ 及同阶平均随机一致性指标 RI 来检查决策者判断思维的一致性。判断矩阵的一致性指标 CI 与同阶平均随机一致性指标 RI 之比称为随机一致性比率，记作 CR。当 $n<3$ 时，判断矩阵永远具有完全一致性；当 $n>3$，且 $CR<0.10$ 时，认为判断矩阵具有满意的一致性。否则，就需要调整判断矩阵，使其满足 $CR<0.10$，从而使其具有满意的一致性。

表 1　两两比较判断矩阵

B_k	C_1	C_2	…	C_n
C_1	C_{11}	C_{12}	…	C_{1n}
C_2	C_{21}	C_{22}	…	C_{2n}
…	…	…	…	…
C_n	C_{n1}	C_{n2}	…	C_{nn}

其中：（1）$C_{ij}>0$；（2）$C_{ij}=1/C_{ji}$（$i\neq j$）；（3）$C_{ii}=1$（i，$j=1$，2，…，n）。

表 2　判断矩阵标度及其含义

序号	重要性等级	C_{ij}赋值
1	i，j 两元素同等重要	1
2	i 元素比 j 元素稍重要	3
3	i 元素比 j 元素明显重要	5
4	i 元素比 j 元素强烈重要	7
5	i 元素比 j 元素极端重要	9

C_{ij}={2，4，6，8}表示重要性等级介于 C_{ij}={1，3，5，7，9}之间。

2.5 进行层次单排序

根据所构造的判断矩阵，计算对于上一层某元素而言本层次与之有联系的元素的重要性次序。这里采用方根法来确定各项的排序。计算步骤为：

（1）计算判断矩阵每一行元素的乘积：$M_i=\prod_{j=1}^{n}a_{ij}$，$i=1$，2，…，$n$

（2）计算 M_i 的 n 次方根：$\overline{W_i}=\sqrt[n]{M_i}$

（3）对向量 $\overline{W}=\left[\overline{W_1},\overline{W_2},\cdots,\overline{W_n}\right]^T$ 进行正规化处理 $W_i=\overline{W_i}/\sum_{j=1}^{n}\overline{W_j}$，则 $W=[W_1, W_2, \cdots, W_n]^T$ 即为所求的各项的权重向量。

2.6 进行层次总排序

经过上述两两比较评判，即可计算出最低层因素对于最高层（总目标）的相对重要性的排序权值，从而进行层次总排序。层次总排序权值见表 3。

表 3 层次总排序权值

	C_1	C_2	…	C_m	D 层总排序权值
	a_1	a_2	…	a_m	
D_1	b_{11}	b_{12}	…	b_{1m}	$\sum_{j=1}^{m}a_jb_{1j}$
D_2	b_{21}	b_{22}	…	b_{2m}	$\sum_{j=1}^{m}a_jb_{2j}$
…	…	…	…	…	…
D_n	b_{n1}	b_{n2}	…	b_{nm}	$\sum_{j=1}^{m}a_jb_{nj}$

表 4 目标层—准则层判断矩阵 A—B

A	B_1	B_2	B_3	B_4	W_i
B_1	1	1/7	1/7	1/7	0.090 7
B_2	7	1	1/2	1/2	0.272 7
B_3	7	2	1	1/3	0.286 6
B_4	7	2	3	1	0.350 0
CR=0.009 4<0.1					

2.7 结果

根据以上层次结构模型和分析步骤计算电力行业排污权分配各评价指标权值，判断矩阵如表 4、表 5、表 6、表 7、表 8 所示，层次总排序如表 9。

表 5 准则层—指标层判断矩阵 B_1—C

B_1	$C1$	$C2$	W_i
$C1$	1	1/4	0.354 3
$C2$	4	1	0.645 7
CR=0.000 0<0.1			

表 6　准则层—指标层判断矩阵 B_2—C

B_2	$C3$	$C4$	$C5$	W_i
$C3$	1	1/3	1/4	0.231 8
$C4$	3	1	1/2	0.345 8
$C5$	4	2	1	0.422 4
CR=0.000 0＜0.1				

表 7　准则层—指标层判断矩阵 B_3—C

B_3	$C6$	$C7$	$C8$	W_i
$C6$	1	1	1/3	0.286 4
$C7$	1	1	1/3	0.286 4
$C8$	3	3	1	0.427 2
CR = 0.000 0＜0.1				

表 8　准则层—指标层判断矩阵 B_4—C

B_4	$C9$	$C10$	W_i
$C9$	1	5	0.690 0
$C10$	1/5	1	0.310 0
CR = 0.000 0＜0.1			

表 9　评价指标综合权重

准则层	指标层（单层权重）	因子层（组合权重）
社会因素 B_1（0.090 7）	$C1$（0.354 3）	0.032 1
	$C2$（0.645 7）	0.058 6
经济状况 B_2（0.272 7）	$C3$（0.231 8）	0.063 2
	$C4$（0.345 8）	0.094 3
	$C5$（0.422 4）	0.115 2
环境条件 B_3（0.286 6）	$C6$（0.286 4）	0.082 1
	$C7$（0.286 4）	0.082 1
	$C8$（0.427 2）	0.122 4
技术管理水平 B_4（0.350 0）	$C9$（0.690 0）	0.241 5
	$C10$（0.310 0）	0.108 5

3 湖北省电力行业 SO_2 排污权的初始分配

3.1 排污权配额的确定

根据国家“十一五”总量控制目标，到 2010 年湖北省电力行业 SO_2 控制在 31.0 万 t 以内。基于选取的 13 家电力企业装机容量之和占全省总装机容量的 83.7%，确定排污权配额为 31.0×0.84＝26.04 万 t。拟参与排污权交易的 13 家电力企业信息见表 10。

表 10 拟参与排污权交易的电力企业信息

编号	名 称	地区	装机容量/MW	环保投资/%	状态
D1	华润电力蒲圻电厂	咸宁	2×300+2×1 000	9.23	已建
D2	鄂州发电有限责任公司	鄂州	2×300 2×600 2×1 000	11.45	已建 在建 拟建
D3	湖北汉新发电有限公司 （原湖北省汉川电厂）	孝感	4×300 1×1 000	10.55	已建 在建
D4	华电西塞山发电公司	黄石	2×330 2×680	10.13	已建 在建
D5	华电黄石电厂	黄石	1×300	11.02	已建
D6	湖北襄樊电厂	襄樊	4×600	13.7	已建
D7	国电长源荆门发电有限公司	荆门	2×100+2×220+2×600	12.5	已建
D8	国电长源荆州热电有限公司	荆州	2×300	10.12	在建
D9	华润湖北荆沙火电厂	荆州	2×600 2×600	10.32	已建 拟建
D10	华能阳逻电厂	武汉	4×300+2×600 2×1000	10.5	在建 拟建
D11	武汉钢电股份	武汉	2×200	10.24	已建
D12	国电长源第一发电有限责任公司	武汉	1×300+1×220	9.28	已建
D13	湖北大别山电厂	黄冈	2×600 2×600	9.91	已建 拟建
	总 计		23 980		

资料来源：我国建设工程项目数据库——火电厂项目。

3.2 SO_2排污权的初始分配

初始排污权分配中 95%采取免费发放方式，预留 5%进行拍卖，主要用于新建企业的审批。具体分配方式采用前述的层次分析法。

3.2.1 企业 SO_2 排放绩效值 G 的确定

3.2.1.1 分配时段

依据《火电厂大气污染物排放标准 GB 13223—2003》，将企业划分为以下时段：1996 年 12 月 31 日前建成投产或通过环境影响报告书审批的新建、扩建、改建火电厂建设项目，为第 I 时段机组；1997 年 1 月 1 日起至 2004 年 1 月 1 日之前通过环境影响报告书审批的新建、扩建、改建火电厂建设项目，为第Ⅱ时段机组；自 2004 年 1 月 1 日起，通过环境影响报告书审批的新建、扩建、改建火电厂建设项目（含在第Ⅱ时段中通过环境影响报告书审批的新建、扩建、改建火电厂建设项目，自批准之日起满 5 年，在 2004 年 1 月 1 日之前尚未开工建设者），为第Ⅲ时段机组。

3.2.1.2 机组容量系数

根据全省现有电力企业不同规模机组的实际排放绩效，将各机组 SO_2 排放绩效值的容量系数 K 进行修正[3]，如表 11。

表 11 各机组容量系数 *K*

机组类型	容量系数 *K*
大于等于 60 万 kW 机组	0.75
大于等于 30 万 kW 小于 60 万 kW 机组	0.90
大于 10 万 kW 小于 30 万 kW 机组	1.00
10 万 kW 及以下热电联产机组	0.80

3.2.1.3 分配标准

根据国家环境保护总局确定的火电机组 SO_2 排放总量指标分配绩效标准[4]（表 12），结合机组容量系数 *K* 确定实际排放绩效 G1，即在国家规定值 G 的基础上乘以容量系数 *K*。

表 12 火电机组 SO_2 排放总量指标分配绩效值表

时 段	排放绩效指标值 G/[g/（kW·h）]			
	2008 年	2010 年	2015 年	2020 年
第Ⅰ时段机组	5.5	4.5	3.5	2.0
第Ⅱ时段机组	4.0	1.6	1.6	1.6
第Ⅲ时段机组	0.7			

3.2.2 企业 SO_2 排污权的初始分配

对于选取的 13 个企业（D1～D13），确定其评价指标 *C*1～*C*10 的值（表 13）。其中：

- 单位工业增加值能耗＝单位工业增加值/工业能源消耗量。
- 环境治理投资水平＝企业所在地区环境污染治理投资/所在地区 GDP。
- 环保投资比重＝企业环保投资/工程总投资。

由于“两控区”内外减排目标不一致，因此需要进行区分。针对企业是否在两控区，设计指标 *C*8。若企业在两控区，则 *C*8 取 0.8，否则取 0.9。

表 13 各电厂 SO_2 配额分配评价指标统计值

编号	*C*1/%	*C*2/%	*C*3/（元/a）	*C*4/（kW·h）	*C*5/（t/万元）	*C*6/t	*C*7/%	*C*8/%	*C*9/[g/（kW·h）]	*C*10/%
D1	47.17	2.08	8 662	176.9	0.79	27 458	0.89	0.8	13.2	9.23
D2	31.56	2.49	13 908	211.3	6.98	36 566	1.42	0.8	8.25	11.45
D3	27.14	0.42	8 569	228.4	3.32	38 491	1.58	0.9	14.93	10.55
D4	90.55	2.87	29 998	451.0	3.97	79 216	0.86	0.8	8.25	10.13
D5	90.55	2.87	29 998	451.0	3.97	79 216	0.86	0.8	3.6	11.02
D6	83.14	0.98	16 966	215.2	2.39	81 277	0.25	0.9	12	13.7
D7	53.76	1.3	17 860	272.9	7.2	54 925	0.93	0.8	6	12.5
D8	55.84	2.27	10 278	275.5	4.3	35 002	0.15	0.8	1.26	10.12
D9	55.84	2.27	10 278	275.5	4.3	35 002	0.15	0.8	7.05	10.32
D10	59.2	1.40	26 238	487.6	3.83	133 442	0.59	0.8	21.45	10.5
D11	59.2	1.40	26 238	487.6	3.83	133 442	0.59	0.8	8	10.24
D12	59.2	1.40	26 238	487.6	3.83	133 442	0.59	0.8	7.6	9.28
D13	62.29	0.66	10 937	319.7	1.93	9 964	1.74	0.9	6	9.91

资料来源：我国建设工程项目数据库——火电厂项目，湖北统计年鉴（2006）。

表 13 中，对每一个指标进行归一化，最终将每个企业 10 个指标的和作为企业所得配额的权值，再根据配额总量确定各企业应得 SO_2 排污配额。由于拟将 5%的配额进行拍卖，故分配给这 13 个电厂的配额总量为：26.04 万 t×0.95=247 380 t。最终分配结果如表 14 所示。

表 14 各电厂目标层总权重和初始配额分配结果

编号	C1	C2	C3	C4	C5	C6	C7	C8	C9	C10	权值	配额/
	0.032 1	0.058 6	0.063 2	0.094 3	0.115 2	0.082 1	0.082 1	0.122 4	0.241 5	0.108 5	W_i	t
D1	0.061	0.093	0.037	0.041	0.016	0.031	0.084	0.075	0.112	0.066	0.068 3	16 893
D2	0.041	0.111	0.059	0.049	0.138	0.042	0.134	0.075	0.07	0.082	0.081 5	20 161
D3	0.035	0.019	0.036	0.053	0.066	0.044	0.149	0.084	0.127	0.076	0.082 2	20 324
D4	0.117	0.128	0.127	0.104	0.078	0.09	0.081	0.075	0.07	0.073	0.086 1	21 304
D5	0.117	0.128	0.127	0.104	0.078	0.09	0.081	0.075	0.031	0.08	0.079 5	19 672
D6	0.107	0.044	0.072	0.05	0.047	0.093	0.024	0.084	0.102	0.099	0.075	18 548
D7	0.069	0.058	0.076	0.063	0.142	0.063	0.088	0.075	0.051	0.09	0.074 5	18 437
D8	0.072	0.101	0.044	0.064	0.085	0.04	0.014	0.075	0.011	0.073	0.051 1	12 650
D9	0.072	0.101	0.044	0.064	0.085	0.04	0.014	0.075	0.06	0.074	0.063 2	15 631
D10	0.076	0.062	0.111	0.112	0.076	0.152	0.056	0.075	0.182	0.076	0.110 6	27 371
D11	0.076	0.062	0.111	0.112	0.076	0.152	0.056	0.075	0.068	0.074	0.082 4	20 373
D12	0.076	0.062	0.111	0.112	0.076	0.152	0.056	0.075	0.065	0.067	0.082 1	20 301
D13	0.08	0.029	0.046	0.074	0.038	0.011	0.164	0.084	0.051	0.071	0.055 5	13 729

至此，完成电力行业 SO_2 排污权的初始分配。从分配结果可看出：①相同规模机组的电厂，所在地区不同分配结果不同。如 D9 华润湖北荆沙火电厂和 D13 湖北大别山电厂同为 2×600 MW 机组，排放绩效相同，但由于分别处于荆州和黄冈，两地工业能耗水平、环境容量以及环境污染治理力度明显不同，导致所得配额相差 1 902 t。②同一地区不同规模的机组，装机容量大、环保投资水平高的机组所得配额多，如 D10 华能阳逻电厂与 D11 武汉钢电股份，这与我省“上大压小”的政策一致，可在一定程度上鼓励发展大型机组，促进企业治污。③分配结果与历史排放法、绩效分配法不同，不是历史排放量大所得配额就多，也不是电厂单位发电量排放多所得配额就多，而是综合考虑不同地区社会、经济发展和环境容量的差异，结合企业本身技术、管理水平得出的分配结果。可见，运用层次分析法进行排污权的初始分配，考虑了社会、经济、环境和技术管理综合因素，更有利于排污权交易的执行，是一种较优的分配方式，符合湖北省的实情。

4 结语

通过本论文的研究，得到如下主要结果：

（1）选择电力行业作为 SO_2 排污权交易研究中的重点行业。电力行业是 SO_2 排放的第一大户，超过 80%的发电量由火电机组发出，从长远看，我国电力行业 SO_2 排放量还将继续增长。同时，电力行业具备实施 SO_2 排污权交易的条件。

（2）构建 SO_2 排污权初始分配模型——层次分析法（AHP）。该方法是一种基于社会、经济、环境和技术管理综合因素的多准则决策方法，在公平和效率原则下兼顾区域间的差异性和不平衡性，更贴近实际，可操作性强，对政策制定具有参考价值。

（3）湖北省电力行业实施 SO_2 排污权交易。选择 13 家火力发电厂，装机容量占总可分配装机容量的 83.7%，根据“十一五” SO_2 总量控制目标，确定 SO_2 排污配额为 26.04 万 t，采用层次分析法进行各电厂 SO_2 排污权的初始分配，分配结果表明，相同规模机组的电厂，因所在地区工业能耗水平、环境容量以及环境治理力度不同分配结果不同；同一地区不同规模机组的电厂，装机容量大、环保投资水平高者所得配额多，符合我省“上大压小”的政策；分配结果与历史排放法、绩效分配法不同，综合考虑不同地区社会、经济发展和环境容量的差异，更具公平性。

参考文献

[1] 邱志辉. 排污权交易解析[D]. 吉林：吉林大学，2007.

[2] 张亮亮，石振武. 层次分析法在寒冷地区道路路线方案比选中的应用[J]. 森林工程，2007，23（6）.

[3] 马遥遥. 湖北建成排污权交易平台，可开展排污权交易[N]. 我国环境报，2008-03-21.

[4] 许赛源. 福建省开展 SO_2 排污权交易的设想[J]. 发展研究，2007：4.

[5] 湖北省“十一五”主要污染物总量减排行动计划（鄂政发[2008]1 号）.

第三篇

水环境管理和排污交易

中国水污染物有偿使用和交易政策框架研究

李云生[①] 吴悦颖[①] 叶维丽[①,②] 顾 培[①,③]

摘 要：水污染物有偿使用和交易在国内外经过研究实施，对污染物的总量控制行之有效。本文设计了中国水污染物有偿使用和交易的政策框架，涵盖了污染物有偿使用初始分配的方式、对象、污染物类型和价格的制定，以及交易的内容、范围和程序，并对相应的监管体制作了阐述。

关键词：排污权 排污许可证 排污收费 总量控制

Policy Framework on Paid Use and Discharge Permit Trading of Water Pollutants in China

Abstract: Paid use and discharge permit trading of water pollutants are effective to pollutants control aggregate，which was proved at home and abroad. Policy framework on paid use and discharge permit of China is designed in this paper，including discharge permit distributing and discharge permit trading. Distributing mode，objects，pollutants and price of discharge permit are discussed，while the content，time and space bound，procedure of discharge permit trading are framed. Supervise and management system is introduced accordingly.

Key words: Discharge credit Discharge permit Pollution charge Aggregate control

1 引言

水污染物有偿使用和交易是通过市场手段配置、保护水环境资源的重要经济政策之一。我国水污染物有偿使用和交易的主要思路是：以保障水污染物排放总量持续削减、水环境质量持续改善为目标，设立一定数量的水污染物排放指标（或称排放信用、排污权）允许排污单位进行有偿购买与市场转让，以市场方式提高水污染防治效率。排污权通常以排污许可证的形式表现，根据排污许可证向特定地点排放限定数量的污染物。需要特别指出的是：排污权不是排污者的权利，而是企业按照规则与程序从政府获得的合法排污行为，政府可根据需要通过合理方式进行调整甚至收回。

水污染物排污权有偿使用和排放权交易紧密相关。水污染物排放权的有偿使用，是政府把向水环境容量资源作为“有价资源”，排污单位须通过付费的方式有偿取得排放许可。水污染物排污权的交易是排污单位把有偿取得的排污权在交易市场上按规则进行买

本文作者联系方式：① 环境保护部环境规划院水环境规划部，北京：100012；② 南京大学环境学院，南京：210093；③ 中国科学院地理科学与资源研究所，北京：100101。

卖，利用市场机制调节起到资源优化配置作用，总体上降低全社会的污染治理成本[1]。

2 国内外研究进展

2.1 美国的研究及实施状况

美国环境保护局（EPA）认为水质交易等市场方式可以推动“每日最大污染负荷（TMDL）”政策的执行，降低达到《清洁水法》要求的成本。迄今已有点源—点源、点源—非点源和厂内排污口之间的交易几大类，涉及非点源的交易以营养物为主，点源—非点源之间的交易对象有BOD，厂内排污口之间的交易对象有油脂和重金属等。

（1）点源—点源交易。在美国威斯康星州的福克斯（FOX）河上有21家排污者（15家工业源，6家城市生活源），废水中的BOD使河流每年很长时间内处于厌氧状态。1981年，州自然资源厅（WDNR）采取BOD总负荷分配，对各点源排污实施严格限制，并允许点源之间在一定条件下交易排污权。由于交易市场狭小，而且多数工业源因为拟扩大生产而存储多余的排污权，从而限制了交易的可能，至今仅1982年发生一笔排污权买卖，但它开创了水污染物排放交易的先例。到目前为止，美国已有12个流域或水体进行过点源—点源排污许可交易的研究（包括实现环境目标的最低费用途径研究），这些案例大多是针对控制BOD排放的。

（2）点源—非点源交易。随着城市非点源废水排放量的日益增长，为控制磷的负荷，1984年美国科罗拉多州Dillon水库流域进行了点源—非点源营养物交易，允许流域内的4家公共污水处理厂投资控制城市非点源的磷负荷，以此换取自身磷的排放许可。这是美国第一个营养物交易案例，也是至今最成功的点源—非点源的交易。但到1990年，公共污水处理厂以通过提高运行效率而大大降低了总磷的排放量，而且远远小于年运行排放量，因而也就没有必要再购买非点源的排污许可了。此外，1989年，经过北卡罗来纳州环境管理委员会批准，在该州Tar-Pamlico流域（面积11.65 km^2）运行新的点源—非点源之间就营养物的排放许可进行交易；丹佛附近Chatifield流域正在研究总磷的排放许可交易制度。

（3）厂内排污口交易。美国环保局于1983年发布钢铁工业厂内交易法规，允许钢铁企业通过厂内交易满足许可证要求。厂内交易是在同一个厂矿企业的多个废水排放口之间调剂污染物的排放量，这种交易通常都涉及一个以上的污染物，包括铅、油脂、TSS和锌等。由于钢铁工业废水处理的实用技术已相当成熟，污染物的去除率可达97%～99%，因而只有少量的污染物需进一步控制，排污许可的交易机会也就不多。在443个企业中，仅有10家进行过厂内交易[2]。

2.2 国内的研究及试点状况

国家环保局最早在上海进行了工业废水排放权交易试点。上海市环境保护局基于对黄浦江上游地区的纳污能力分析确定了允许排污总量，1986年把总量指标分配给区域内404家企业并核发了排污许可证，1987年闵行区进行了中国第一例排污指标有偿转让。

2001年浙江省嘉兴市秀洲区出台了《水污染物排放总量控制和排污权交易暂行办

法》，施行水污染物排放权有偿使用。2002 年 6 月，嘉兴市在秀洲区进行区内企业排污权有偿使用和交易制度的试点。2005 年前全区所有排污指标初次分配实现有偿使用。至 2005 年年底，秀洲区所有企业的排污权改制基本结束，回收废水排污指标初次有偿使用费 700 多万元。2007 年嘉兴市制定了《嘉兴市主要污染物排污权交易办法（试行）》，成立了“嘉兴市排污权储备交易中心”。至 2007 年年底，嘉兴市已有 15 家企业与中心签订了排污权转让合同，排污权交易取得了初步成效。

江苏省率先通过地方法规确定排污权有偿使用和交易的法律地位。在 2007 年制定的《江苏省太湖水污染防治条例》中明确，“太湖流域在科学确定区域排污总量、完成削减目标的基础上，通过试点逐步推行区域主要水污染物排放总量指标初始有偿分配和交易制度。”

3 水污染物有偿使用和交易政策框架设计

3.1 排污权分配与使用状况

我国环境作为资源管理的理念尚未确立，环境容量的利用普遍认为是免费的。排污权有偿使用与交易的理论前提是环境资源的稀缺性，由稀缺产生市场需求。在完全竞争的市场条件下，根据科斯定理的理论，初始分配并不重要，但由于现实中完全竞争不可能实现，交易成本也不可能为零，市场手段只能尽量降低交易成本。因此排污权初始分配是否公平、有效，便成为排污交易政策能否顺利实施的前提。排污权管理的现状包括以下 4 个方面：

（1）分配方法。从中国目前的水污染物排放现状来看，污染物排放量已经远远超过了环境容量，导致水体环境质量恶化。在此前提下的排污权初始分配必然要通过政府强制性的手段执行与实施，排污权的初始分配往往是依据现状按比例削减。目前减排目标分配主要是这一思路，在治污设施大量欠缺阶段能快速推进治污设施建设，带来的弊端是难以保障治污高效率。

（2）分配对象。工业与城镇集中生活污染源是目前排污总量削减的主体，重点工业企业和城镇污水处理厂是作为排污指标分配对象。排污收费是调控排污总量的主要经济手段。部分分散工业企业、所有的非点源污染尚未纳入总量减排体系。

（3）主要指标。目前国家对水污染物总量控制的指标是 COD，全国 COD 排放量控制已经取得了一定的成效，2007 年开始下降。但与此同时，我国的水环境质量并没有得到显著的改观，污染超标指标由综合指标转向氨氮、石油类等其他指标。对于湖库主要控制性指标是氮和磷。因地制宜选择总量控制指标是污染控制趋势。

（4）排污费用。目前的排污经济手段，主要是排污收费。目前的排污收费标准，并没有真正体现污染治理的全成本。要实现排污者全成本付费，一个途径是大幅提高排污收费标准，另一个途径启动有偿使用。

3.2 政策试点的总体思路

水污染物有偿使用和交易政策的总体思路是以流域为管理单元，根据总量减排管理设定的阶段水质管理目标，限定水污染物排放总量，对流域内各排污单位进行初次分配，各排污单位间可以通过市场进行污染物排放权的再分配。达到污染物总量控制的目的，提高管理效率。从政策试点可大致分为 3 个层次：国家层面提供政策框架和技术指导、省级层面提供立法支持和监管体系、区县市开展政策实践。

水污染物排污权的有偿使用，是在收费标准制度基础上，根据水环境资源价值（以污染治理成本内部化等原则确定）征收排污权有偿使用费，收取的有偿使用费用于环境污染的治理设施的建设、运行和其他相关用途。

水污染物排污权的排污交易，是在总量控制与排污许可证制度基础上，以排污指标有价交易促进排污单位企业提高治理效率，交易的预期效果是促进排污单位实行清洁生产减污、促进有能力的治污设施提高效率治污、提高新改扩建建设项目的环境经济成本门槛促进防污。

3.3 排污权有偿使用技术路线

环境资源属于国家所有，排污权可实行无偿分配和有偿使用。

区域总量指标有偿使用。国家或省级行政区在制定总量削减方案时，可考虑预留一部分指标有偿使用，各地可按一定条件申请购买有偿使用指标。可用下式表达：

$$L_{\text{i 区域}}=L_{\text{无偿}}+L_{\text{有偿}}$$

式中：$L_{\text{i 区域}}$——某地区的总量控制目标；

$L_{\text{无偿}}$——某地区无偿分配获得的总量；

$L_{\text{有偿}}$——某地区有偿取得的总量。

当 $L_{\text{无偿}}=0$ 时，即区域环境资源完全有偿使用；当 $L_{\text{有偿}}=0$ 时，即区域环境资源计划分配。

企业总量指标有偿使用。区域在把总量控制指标分解给各个排污单位时，可考虑按严格的控制条件无偿分配部分总量指标，按有偿的许可条件有偿使用部分指标。可用下式表达：

$$P_{\text{i 企业}}=P_{\text{无偿}}+P_{\text{有偿}}$$

式中：$P_{\text{i 企业}}$——某企业的总量排放许可指标；

$P_{\text{无偿}}$——某企业无偿分配获得的排放量许可指标；

$P_{\text{有偿}}$——某地区有偿取得的排放量许可指标。

当 $P_{\text{无偿}}=0$ 时，即企业排污许可完全有偿使用；当 $P_{\text{有偿}}=0$ 时，即企业排污许可计划分配。总量分配时即收取有偿使用费，会增加一定的企业成本，但获得了排污许可。排污权初始价格有较强的地域性，因此初始价格的制定应以流域与区域为主。

3.4 排污权交易技术路线

排污权交易以排污许可证为载体，以政府认证的排污权交易中心或交易平台为中介，建立流域、区域为主导的排污权交易市场。无论总量指标有偿使用还是无偿分配，均可开展排污权交易。

排污权市场。建立排污权市场需要政府的行政推动，更重要的是依赖于企业的交易意愿与选择。当企业具有交易意愿并拥有交易资格时，才能通过公布交易信息寻找交易对象，而这个对象必须是在相同流域内才有交易的空间与现实意义。从这个角度看，排污权交易是个地域性、灵活性较强的政策。

交易中介机构。从市场角度来看，交易中介机构是独立机构，负责管理交易信息，推动交易流程。从管理角度来看，交易中介对排污单位的管理能力不足，而在发布数据方面也可能存在争议。因此，试点过程中交易中介可定位于政府指导下的事业性单位，其性质为非营利机构，在我国现有的体制中保证交易中介机构的公正、有效和一定程度的独立性。形成成熟规范的排污交易市场后，政府干预应当逐步退出，令交易中介机构成为真正独立的第三方机构。

交易信息平台。排污交易政策实施，需要一个流域区域排污指标管理、水环境监测、排污单位环境信息及时发布的信息平台，数据来源于政府、环保部门和各排污单位。平台系统应建立污染源基础数据库、污染源在线监测系统、带有指标跟踪等分析工具包的技术支持系统。

3.5 排污交易的利益相关方

（1）交易者。参与交易的买卖双方在整个过程中成为交易者。交易者在交易过程中获取初始排污权、缴纳有偿使用费、参与交易、产生环境效益、获取经济效益。交易者在政策试点初期主要是重点工业企业和污水处理厂等排污量较大的对象，非重点工业企业、非点源具备条件也可参与。

（2）管理者。提供监督和管理手段、发布官方信息、处罚和奖励交易的角色，主要是政府和相关部门。国家层次主要进行政策设计和技术支持，流域和省级层次主要提供立法保障和监管平台建设，市县层次主要是具体开展实践，并直接监管排污对象。

（3）交易中介。按规范程序组织或主持交易，发布交易信息，提供交易信息咨询。

（4）社会公众。对实行的交易政策、交易实例、交易效果进行广泛客观评价，起到监督的作用。

3.6 排污交易指标与范围

（1）排污交易指标。与总量控制的指标相同，或根据流域水污染控制需要增加水质控制指标。各种控制指标所代表的污染物不同，对水体的影响也不同，交易时不宜在不同污染指标间相互交易。例如 COD 只能和 COD 交易，而不能和氨氮、总磷等进行交易。

（2）排污交易空间。排污交易的目的是为了改善流域水质，因此交易主要应在流域范围内进行，一般不跨流域交易。由于总量指标是以行政区域和流域管理相结合，因此在同流域、同一行政区内交易相对更容易一些，跨行政区间的交易需要上级行政部门参与协调。

（3）排污交易时限。排污权是在一定时间段内的有效量，具有时效限制。例如，贮存的指标不能集中到某一时段使用，当年的排污权只能在当年被用来交易等。我国的总量控制计划一般是以 5 年作为周期，总量减排是以年度为基本时间单元考核，因此，排污权可以做 5 年的指标交易方案，但交易评估应以年度为限。

（4）排污交易价格。排污权的交易价格应以市场经济规律为基础，受市场供求关系的影响而波动。由于我国大部分地区的排污总量指标有限且逐步削减，交易价格一般会逐步提高。为防止投机囤积等不利于可持续发展因素的影响，管理者可预留或购买一定比例的排污指标来调控市场价格。

4 与相关政策制度的衔接

排污权有偿使用与排污交易是在现有政策和制度框架下的一种补充型经济政策，与排污收费、总量控制、排污许可证等政策有紧密联系。

4.1 与排污收费政策的衔接

排污收费是对排污企业使用环境资源进行的事后收费，即在核定排污量之后收费。排污权有偿使用是环境资源需求的占有费用，收费性质属前置收费。两者都能集中污染治理资金，可并列收费。实行水污染物有偿使用和交易政策后，可以考虑把排污收费和有偿使用费合并征收。

4.2 与排污许可证制度的关系

排污权的有偿使用与交易与排污许可证是密不可分，排污许可证是排污权有偿使用与交易的载体和必要工具，二者是相辅相成的政策。通过在排污许可证上记录企业有偿使用数量、减排情况及实际排放量，可以直接反馈给信息平台，从而建立起排污单位的环境档案，针对个体案例进行分析与管理。

有偿使用是以许可证为约束工具的。我国的排污许可证管理条例正在制定过程中，可体现与有偿使用与排污交易的衔接，通过在许可证中对污染治理方式、污染排放总量和排污口形式、排放水体水质等提出要求，促进有偿使用与排污交易政策发挥作用。

4.3 与总量控制制度的关系

排污权有偿使用与交易政策是总量控制政策的促进与补充方式之一。从总量控制的角度来说，有偿使用和排污交易是对行政性总量控制制度有效补充与完善。

有偿使用费的征收能够促进总量削减。由于排污权的有价增加了企业的排污成本，企业便会在排污与减排之间进行权衡，对污染排放产生经济压力，从而促进总量减排。

排污权交易一定程度上弥补了政府总量指标分配方式上可能的不合理性。通过提供规范的交易市场，可促进排污指标在合理范围内流动，推动基于污染减排效率的产业优化。

4.4 与环境监管执法的关系

水污染物有偿使用和交易必须以环境监测作为依据，在有偿使用和交易的全过程中都要接受管理者的监管和执法。环境监测是水污染物有偿使用和交易的前提和基础，在排污权初始分配和交易之前需要以环境监测来确定污染物排放量，在初始分配和交易之后也需要以环境监测来衡量排污者排放的污染物总量是否超过排放权的限额。水污染物有偿使用和交易是通过环境监测来监管的，如果排污者在使用污染物和交易中出现偷排污染物、违反环境监测规定等行为时，管理者将通过执法予以惩罚。

5 结论

根据以上分析，认为我国积极开展水污染物有偿使用和交易政策试点具有较大理论研究价值和与实践探索意义，概括起来有3个方面的主要结论：

（1）排污权有偿使用是在目前的总量控制制度与减排管理框架下，通过构建合理的价格形成机制，在无偿指标分配基础上利用市场手段优化区域流域水污染物总量指标配置，能在排污收费政策的基础上增加治污筹集渠道，具有管理可行性和经济必要性。

（2）排污权交易政策能在一定程度上提高点源污染治理效率，在改善水域水环境质量的约束目标条件下将非重点污染源、非点源逐步量化纳入环境管理，促进由下而上筛选水质超标指标实施总量控制，有效弥补命令与控制型管理政策的不足，创新污染防治模式。

（3）排污权有偿使用和排污交易政策实施受到流域区域环境立法、管理制度与监管水平等多方面条件的制约与影响，具体情况复杂多变。建议在国家的指导政策框架基础上，因地制宜、广泛深入地开展政策实践试点，在有偿使用优化配置总量控制指标、排污权价格体系、排污权交易市场建立与监管等方面重点加强科学研究。

参考文献

[1] 袁志彬，王占生. 从排污权交易到用水定额交易. 中国人口·资源与环境，2001，11（4）：62-63.

[2] 马建福. 美国的水排污权交易对我国的启示. 科技情报开发与经济，2006，16（18）：109-110.

美国水质交易制度的分析与启示

吴悦颖[①] 李云生[①] 徐 敏[①] 叶维丽[①,②]

摘 要：排污权交易是一种在符合国家环境保护法律法规体系和一系列管理制度的基础上，有市场推动力的条件下，应用市场机制和经济手段实现污染控制目标的环境政策。在美国，为了解决点源以外的污染治理问题，美国联邦环保署提出了“水质交易”的概念，并在 12 个区域进行了试点。本文概述了美国水质交易的理论与实际应用情况，分析了水质交易在美国的应用前景和与我国排污权交易试点的对比分析，为水污染物排放权交易在我国的推行提供了启示和借鉴。

关键词：水质交易 排放权交易 启示

U.S. Water Quality Trading Institution Analysis and Enlightenment

Abstract: Based on national laws，regulations and a series of management system，emission trading is a market-driven instrument to achieve the environmental objectives. In the United States，in order to solve non-point source pollution control problems，the U.S. Federal Environmental Protection proposed the “water trade” concept，and implemented it in 12 pilot areas. This article provides an overview of practical application of theory on emission trading in the aspect of water quality in the United States and comparative analysis of emissions trading pilot scheme for the water pollutant emissions trading in China，thus providing the inspiration to implement the emission trading policy.

Key words: Water quality trading Emissions trading Enlightenment

1 建立水质交易管理体制的背景与理论

1.1 建立水质交易管理体制的背景

1972 年，美国的《联邦水污染防治法》（简称《清洁水法》、CWA），2002 年修订，以下简称《清洁水法》）建立了通过许可证制度减少污染物排放的国家政策，提出了保护鱼类、野生生物及休闲用途的中期目标，以及保持国家水体的化学、物理和生物完整性的长期目标。但是许可证的应用在改善国家水体水质方面仍有不足，这主要由于许可证管理范畴内的点源污染排放仅占全国污染物排放的一半左右，城市雨水、农田径流和大气沉降等污染源依然威胁着水体安全。

解决这些复杂的水质问题，需要采取创新的方法。美国水质交易的初衷即是建立一项能使水域达到水质目标的有效方法。它允许一个污染源使用其他治污成本较低的污染

本文作者联系方式：① 环境保护部环境规划院，北京：100012；② 南京大学环境学院，南京：210000。

源产生的多余污染物减排量来达到要求的水质目标。

美国联邦环保局认为，水质交易等市场方式与传统的行政管理方式相比，在达到水质目标和取得经济效益的过程中会提供更多的弹性。例如，经估算，康涅狄格公共污水处理厂间的营养物质交易比未交易前节省了 20 亿美元成本。这项政策的目的即是通过鼓励自主交易项目，来推动"每日最大负荷政策（下称 TMDL）"政策的执行，降低达到《清洁水法》要求的成本，建立自主减少污染的激励机制。

1.2 开展交易的法律基础、制度条件和主要驱动力

（1）法律基础。开展排污权交易最基础的要求是：对排污控制对象——污染源——按照法律条款规范其排污行为。在美国的环境法律体系中，《清洁水法》对点污染源的污水排放行为提出了明确的法律要求。

在《清洁水法》中，与水质交易有关的条款包括：获得许可证的要求、反倒退规定，反退化政策的水质标准、联邦污染物排放削减系统（以下简称 NPDES）许可证规定、TMDL 和水质管理计划等。这也就说明，当美国环境保护局制定交易条款时，所采用的许可证、TMDL、水质标准或者水质管理计划等相关措施都基于《清洁水法》及其相关法规的要求。

其中，NPDES 许可证是美国对点污染源的重要管理手段，参与水质交易的点污染源均应取得排污许可证。联邦环保局也要求在交易确认后必须将交易细节纳入许可证的内容，许可证授权机构有权力和义务审核和批准与许可证相关的交易项目。因此，许可证管理是美国尝试开展水污染物排污交易的根本基础。

（2）制度条件。联邦环保局依法建立了完善的污染源排污信息系统，形成了完备的环境质量信息公开制度和执法监督体系，保障了污染源的环境信用度足够高，环境行为能够得到监控，这是排污交易市场形成的重要条件。其中，联邦和州各司其职，联邦以制定法律、发布信息、政策引导为主，各州按照联邦要求发放许可证、制定水体 TMDL、监督和管理污染源，从而达到环境质量改善的目标。

（3）主要驱动力。美国实行水质交易有一定的市场驱动力，主要驱动力来自于两个方面：①来自于环境质量持续改善的要求，强制性排放标准的制定与修订需要大量的时间，从而使水环境改善的成果相对滞后，因此需要采用更灵活的市场机制，利用现有的被闲置的处理能力；②来自于降低污染治理成本的驱动，区域间、行业间乃至企业间都会存在很大的污染治理费用差异，导致企业与企业之间存在协调治理、优化削减能力的潜力。

1.3 水质交易的基本理论

美国联邦环保局规定，水质交易是基于各交易方的基线值而定。基线值是未进行交易时点源可应用的 NPDES 许可证限值或非点源的最佳管理措施（BMP）的排放限值（图 1）。

当一个点源的排放量比基线值低时，就可以产生信用；对于非点源卖方来说，基线值可由流域 TMDL 计划中针对非点源制定的负荷分配来决定。当流域未实施 TMDL 计划时，美国联邦环保局认为应根据联邦和地方的规定或已有的政策来决定非点源的基线值（图 2）。

当一个点源的排放量比基线值高时，就必须通过购买的方式达到基线水平，买方点源的基线值即为其基于水质的排放标准，其值可以来自于 TMDL 计划中的污染物负荷，当没有实施 TMDL 计划时可由许可证授权方的专业评估决定。

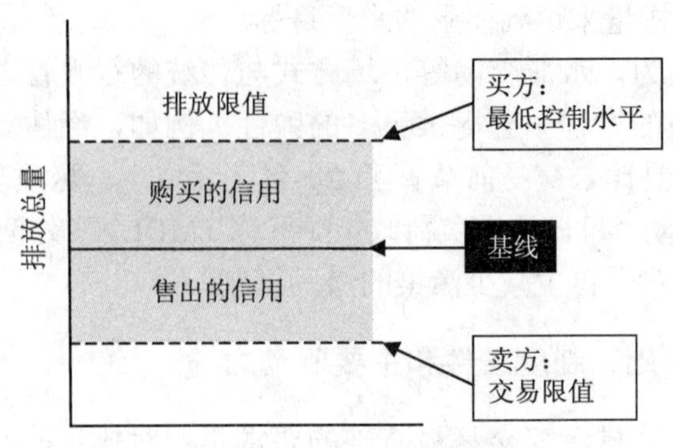

图 1 排放限值示意

最小控制水平则是针对买方而言，是买方通过自身治理能力所达到的控制水平，见图 3。对城镇污水处理设施来说，最小控制水平应是其达到二级处理标准时的控制水平；对工业点源而言，最小控制水平可以是点源基于技术的排放限值（TBEL），也可以是现有排放水平（当现有水平低于基于技术的排放限值时）。当排污者通过处理达到最小控制水平后，它可以购买信用来满足基线值要求。

要成为卖方，排污者要将其污染物排放量控制至低于基线值水平。卖方可以选择污染物排放限值水平（以要执行的技术或 BMP 为基础），该水平就是交易限值。如果没有达到交易限值，就不能执行交易协议，买方可不执行许可证的要求。产生的交易数量可由卖方的基线值与其交易限值之差乘以交易比率算出。

有 TMDL 的非点源卖家	没有 TMDL 的非点源卖家
负荷分配	州/地方的要求或已有的惯例

图 2 非点源卖家交易基线

POTW 买家	工业买家
二级处理*	基于技术的排放限值*

* 必须足够严厉以避免超过水质标准

图 3 点源买家最低控制水平

2 水质交易类型

美国目前的水质交易主要分为三类，分别是：点源—点源交易、点源—非点源交易和非点源—非点源交易。以下分别就这三类交易进行简要阐述。

2.1 点源—点源的交易

点源间的交易是最基本的水质交易类型。点源—点源间的交易相对简单，容易衡量，且可直接实施。由于所有的污染源都有排污许可证，去除技术的效果也容易预测。污染源之间还需要签订监测协议，所以点源间的交易最容易被实施和监督。

（1）两个点源间的交易。单一的点源—点源间的交易（图 4）中，其中一方是信用产生者，另一方是信用购买者。联邦环保局通过签发一份包括两者交易协议的单一许可证，或在各自的许可证中包含交易条例来认可这份交易。

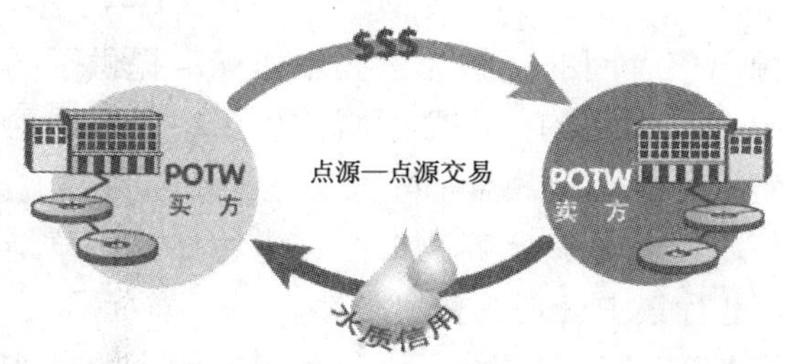

图 4　点源与点源交易

（2）多个点源交易。多点源间的交易包含在单一交易协议下运作的一组点源（图 5）。这份交易协议为这些点源进行交易建立需要的基本规则，对参与水质交易的点源、地理范围（如水域）和排放者的类型提出详细的要求，并允许合格的点源参与排污交易。协议通过总量限制条款来规范所有的交易，该条款要写在各参与方的许可证中。多点源交易经常由一个特定的组织来推动和监督成员间的交易。

（3）点源信用交易。另一类多点源交易包含一组为了达到个体排放限值而购买信用的点源（图 6），与上一类交易不同，点源所购信用不是来自其他点源，而是来自中央交易机构，即信用交易所。信用交易所由单独的实体构成，它可能是一个州代理、一个区域或其他类型组织。交易的信用由比排放限值更加严格控制排放的点源产生。交易协议具体说明如何产生和购买信用，如何计算交易比率，个体或组织达到排放限值或总排污量的义务。在这里，交易的信用交易所持有信用的时间不会超过信用的有效期（由排放限值的类型决定）。例如，那些要达到月平均磷排放限值的交易的有效期就是一个月。每一个有效期内，新的用于购买的信用都会产生。这些信用交易所由州管理机构运行或授权，并被监督。

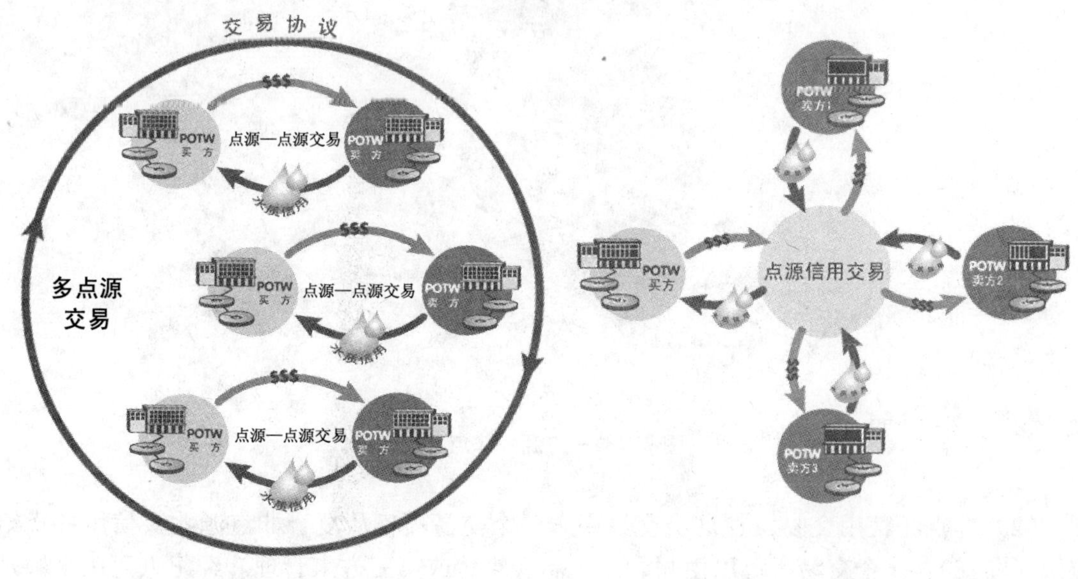

图 5　多点源交易　　　　图 6　点源信用交易

2.2 点源—非点源的交易

点源购买者与非点源出售者间的交易为达到水质标准提供了另一种机会。在成功的点源—非点源交易项目中，点源从购买需要削减的信用中受益，而非点源则从更好的管理和水质改善中受益。交易的另一个效益是降低了达到水质目标的成本。以表 1 的事例所示，使用改进的农业技术，在削减营养物方面、土壤保持、草地缓冲和加强的动物废物管理等方面，比对点源进行集中处理花费更少。

点源—非点源间的交易方式有许多种。这包括了单一点源—非点源交易，多点源—非点源交易，和多个排放源间的信用交易。

表 1　切萨皮克湾案例的磷、氮削减费用

最佳管理措施	磷（美元/磅）	氮（美元/磅）
市政污水处理	4.78～105.67	5.73～10.78
耕地保护	7.39	1.59
牧草缓冲带	20.69	1.03
牲畜排泄物管理/径流控制	30.55	3.93

注：1 磅=0.453 592 37 kg。

（1）单一点源—非点源的交易。单一点源—非点源的交易包含了单一点源与一个或多个非点源间的交易协议（图 7）。在这类交易下，设定基准之下的非点源多削减的污染物负荷成为信用，而这些信用被点源购买。单一点源—非点源间的交易要体现在点源的个体许可证中。

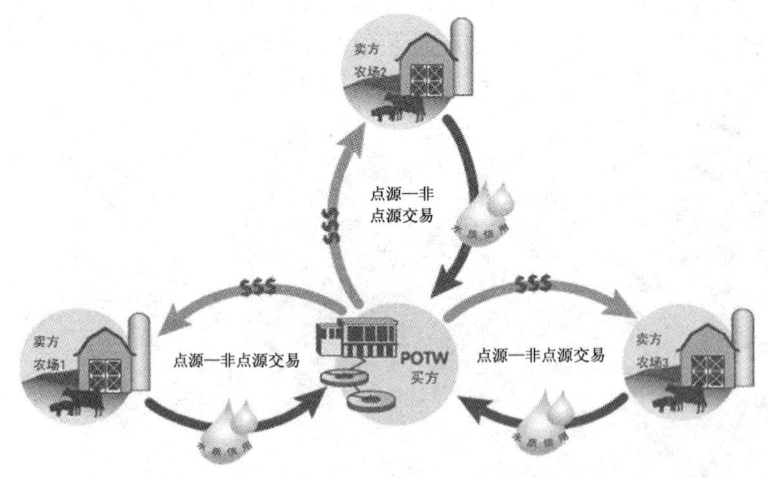

图 7　单一点源—非点源的交易

（2）非点源信用交易。在这类交易中，一个交易项目从复合非点源购买信用并卖给点源（图 8）。一个交易所可以由州、区、私人实体或第三方来管理。经纪人可用来鉴别交易伙伴并促进交易。存在两种交易所的类型：①以经纪人推动的交易所。在那里经纪人将所有的团体聚集到一起让他们直接同彼此进行交易。②中央交易所。点源不直接与非点源进行交易，非点源作为信用的出售者，会采用各种最佳管理措施（BMPs）产生污染物削减负荷来卖给信用交易所。点源则从交易所购买信用而不是直接从非点源购买信用。这就可以为点源节省交易费用并减少管理成本。

3 交易的其他事项

3.1 交易指标

美国的水质交易指标分为主要针对点源的 8 类指标和主要针对面源的 4 类主要指标，它们是针对点源水质交易的指标总氮、总磷、钙、铜、铅、汞、镍、锌，以及针对非点源水质交易的指标硒、碳 BOD、沉淀物、温度（热负荷）。

3.2 交易比率

多数情况下，污染物排放不是建立在“1 磅污染物等于 1 磅污染信用”的基础上，即由于流域上下游关系、污染物类型不同、卖方自身情况等原因，买方购买了一磅污染信用后，未必能够按一磅的质量排放污染物。因此需要引入交易比率用以折算买卖双方的污染物量。例如，交易比率为 4∶1 的交易项目要求购买方购买 4 磅的污染信用来达到其 1 磅污染物削减的目标。交易比率没有限值。

交易比率根据水域的特点制定，决定交易比率的因素与自然环境、污染物或阶段性目标相关。尽管交易项目使用各种各样类型的交易比率和不同的条款来描述它们，交易比率的基本种类是传输、位置、等价、回收及不确定性。特定交易的交易比率可能包含一个或多个比率，这取决于交易的类型。交易项目设计应允许调整交易比率，从而调整不确定性与期望值之间的差距。

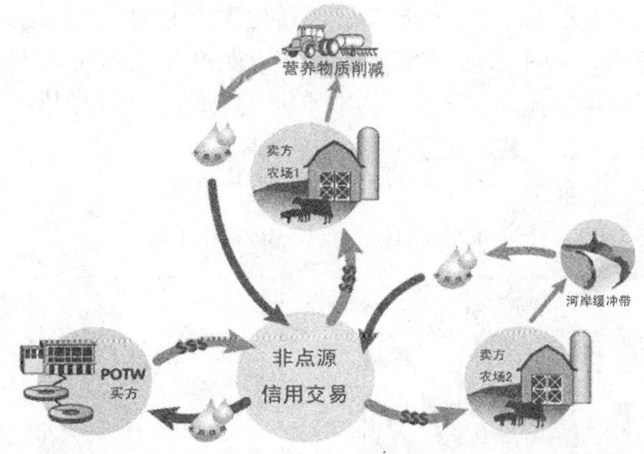

图 8　非点源信用交易

（1）传输比率和位置比率。传输或位置比率被计算出来作为一组污染源间污染衰减总体交易比率的一部分。这类比率考虑了上游排放的污染物到下游某一点时有所变化的情况。

传输比率在污染物直接向水体排放的情况下使用。该比率考虑了交易伙伴间会影响污染物传送的距离及独特水域特征（如水文条件）。以图 9 为例，上游的点源和下游几英里的点源进行交易。由于两者间的距离，模型显示在两者之间应该使用 5∶1 的传输比率。这就意味着下游的点源要购买 5 磅的污染物信用来达到相当自身排放 1 磅的污染物削减量。距离很近、水文特点差别很小的点源间的传输比率相对较小。

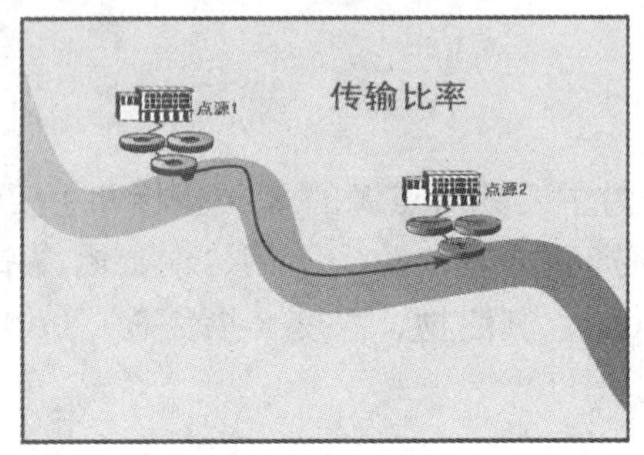

图 9 传输比率示意

在点源位于特定水体上游时要使用位置比率。这时需要说明交易范围内点源与下游水体间的距离及水体独特的流域特征（如海湾、河口、湖泊、水库）。靠近水体下游的污染源的位置比率要小于上游的污染源的位置比率。以图 10 为例，更靠近下游相关水体的点源比上游非点源的交易比率低，如果两个污染源意欲交易，就需要考虑位置比率。假设点源的位置比率是 2∶1（意即在点源处排放 2 磅的污染物导致相关水体产生 1 磅的污染），而非点源的位置比率是 3∶1。那两者的交易比率中就要包含两个位置比率的因素，而成为 3∶2。

（2）等价比率。在两个污染源排放不同形式的同种污染物的情况下，就需要用到等价比率，如排放总氮和排放氨氮的污染源。不同形式的污染物需要通过某种方式换算成同种影响才能进行交易，这个方式就是等价比率。等价比率可能大于 1∶1，也可能小于 1∶1。

（3）不确定性比率。由于很难准确地测算非点源产生的信用，因此需要在点源和非点源的交易中加入不确定性比率（图 11）。非点源采取的最佳管理措施（BMP）的置信度水平在于其 BMP 的设计、安装、维护和运行方式合理与否，以上因素共同影响了不确定性的结果。不确定比率一般大于 1∶1，因为非点源（卖方）比点源（买方）不确定性大。降低不确定比率最典型的方法是加强监测、模型和效用评估。

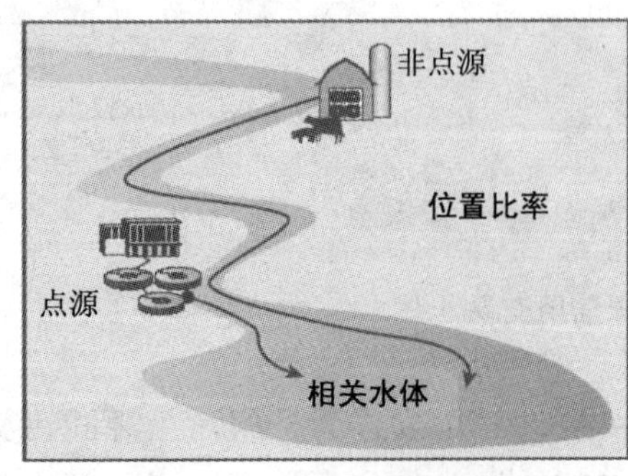

图 10 位置比率示意

图 11 不确定性比率示意

（4）回收比率。当交易项目的目标是加速达到水质标准的进程时，可以使用回收比率。这种比率会回收已产生的信用的一定比例，而这些信用不能再被出售。因此，每个交易都会产生水质的改善，从而使水体的整体负荷得到削减。这类比率对于未建立 TMDL 的受污染水体非常有用。回收比率永远大于 1∶1，因其目的是为了加速水质改善进程。

3.3 联邦环保局支持与不支持的交易

联邦环保局提出了 6 种支持的交易和两种不支持的交易，作为许可证授权机构批准交易的依据。

（1）支持的交易。联邦环保局支持在实施了 TMDL 计划的水体中发展水质交易项目，交易必须与 TMDL 的假定及要求相一致，如点源的基线值应与 TMDL 中的污染负荷分配值（WLA）相一致，而不能仅仅满足基于技术的排放限值。在 TMDL、排污许可证、流域规划及连续的规划程序中也可以写入交易条款。

联邦环保局也支持在未实施 TMDL 计划的受污染水体中发展交易项目，交易可以是个体之间或全流域级别的。通过交易减少污染物的排放也可以对将来要制定的 TMDL 提供依据，并减少 TMDL 所要求的削减任务。这类交易应注意不能违反《清洁水法》中的反恶化政策。

在未受污染的水体中，美国联邦法规允许在两种情况下增加一定的排放量，分别是：①新增排放不会导致水质下降；②水质的降低是为满足当地社会经济的发展所必需。因此，联邦环保局要求在这样的水体内交易时，新增污染物排放不能导致向水体排放的污染物净排放量增加，或不应导致局部水质恶化。

联邦环保局支持在同一个工厂内或公共设施内的交易。这种交易能够在单一的许可证中实现，因此可以不作为正式交易项目。在有多个排污口的工厂或公共设施内，许可证授权机构可以给厂家一个总的负荷限值，然后让厂家自行管理整个系统，以期在技术和经济方面得到最佳效果。厂家同时也可以与其他排污者交易后再在内部进行分配，前提是这样的分配不会造成其自身与其他排污者所排放水体的水质恶化。

雨季径流点源，包括合流下水道（CSOS）、市政雨水管网（MS4），以及经雨水冲刷的工业点源排放，都由许可证政策负责管理，也都由联邦环保局授权可进行交易。其要求是必须先达到基于技术的排放限值（TBEL），其余要求均与工业点源的交易项目类似。

联邦环保局支持接收工业废水的市政设施（POTW）在工业用户间进行预处理交易。在交易项目中，POTW 可自行制定、执行交易项目并管理预处理项目，且应将预处理交易项目的说明纳入其许可证。

（2）不支持的交易。联邦环保局的交易政策不支持通过交易来达到基于技术的排放限值（TBEL），而是要求排污者通过自身治理达到这项污染物控制的最基本要求。

联邦环保局不支持任何可能会导致水质恶化或损害其用途的交易行为，不允许交易行为影响饮用水源地取水口的水体水质，或超出由 TMDL 制定的排放总量，也不允许可能影响饮用水水质而增加需要增加饮用水处理环节的交易。

3.4 交易文件

交易双方必须填写一系列交易文件，用于各级环境机构监管交易行为的依据。主要交易文件包括如下：

（1）交易报告表。每次交易均必须填写交易报告表，用于记录交易、削减信用额度转移和排放限额调整等情况。

（2）削减信用证明书。该证明用于记录非点源的削减量并得出可用于点源—非点源交易的信用。通过签署和遵守削减信用证明书，点源可以使用非点源生产出的削减信用。

（3）排放监测报告。作为交易的参与者，点源要提供排放监测报告，给出交易相关的信息，包括了其实际月平均排放量、所购买或售出的削减信用以及调整后的排放量。

（4）交易摘要报告。该报告由非营利组织连同排放监测报告一起发出，用以考察参与交易的污染源是否遵守联邦环保局规定。

3.5 利益相关方

在水质交易中，需要考虑的利益相关方包括持证者、其他参与交易者、政府代理人、公众等。因此，需要规定各利益相关方的权利及义务。

（1）持证者。持证者可以是排污信用的买方或卖方，持证者的首要责任是履行许可证中的条例；此外，持证者还可以参与制定自己的许可证的详细交易条款，主要包括制定交易协议条例和恰当的许可证条件等。在撰写许可证时，授权者还需要考虑持证者的责任，对未完成交易责任的持证者制定处罚措施。

（2）未受约束的交易行为人。在交易行为中，非点源或污染物信用经纪人是不受许可证约束的。因此，同意交易的授权机构必须考虑到当这些交易参与者不能完成交易任务时的情形，并设计相关的备用方案。

（3）咨询机构。联邦和州均有很多研究、教育、推广等服务机构，在制定非点源交易相关的许可证时，这些机构能够提供很多关于交易比率和监测要求等相关的技术服务，以及相关的法律咨询服务等。

（4）地方政府。地方政府同样可以在交易项目管理中扮演重要角色。作为一个利益相关者，它可以提出 TMDL、评价相关的许可证、成为流域内的点源排污者，或者管理和推进交易的进行。

（5）公众。感兴趣的公众是监督交易的重要力量，交易中相关的技术细节和执行情况应由授权机构公开，并结合其他许可证信息，鼓励公众参与交易评估、制定交易项目和对交易文件提出质疑。

4 水质交易发展状况及存在问题

4.1 水质交易制度开展现状及展望

（1）水质交易开展的地区和规模。美国目前已开展的水质交易主要分布在沿海地区及五大湖地区，见表 2 和附图 1。

表 2 美国水质交易项目分布表

环保局分区	州 名	排污交易项目	交易类型	交易的污染物
1	康涅狄格	长岛的氮信用交易计划	点源—点源	总氮
2	新泽西	巴赛克县流域委员会的污水预处理交易计划	点源—点源	钙、铜、铅、汞、镍、锌
3	弗吉尼亚	弗吉尼亚营养物质信用交易计划	点源—点源； 点源—非点源	总氮、总磷
4	北卡罗来纳	纽斯河流域营养物质敏感水域的管理策略	点源—点源； 点源—非点源	总氮
5	明尼苏达	Rahr 麦芽公司许可证	点源—非点源	沉淀物、氮、碳 BOD
		南明尼苏达合作许可证	点源—非点源	总磷（TP）
	威斯康星	红杉河流域营养物质的交易试点项目	点源—非点源	磷
	俄亥俄	大迈阿密河流域交易试点	点源—非点源	氮、磷
9	加利福尼亚	牧场间的负荷交易	非点源—非点源	硒
	内华达	特拉基河	点源—点源； 点源—非点源	总氮、总磷、总溶解性固体
10	俄勒冈	清洁水服务	点源—点源； 点源—非点源	碳 BOD、氨、温度（热负荷）
	爱达荷	博伊河的排污交易示范项目	点源—点源；点源—非点源	总磷

其中，前 4 区的交易项目分布于东海岸，第 5 区的项目分布于五大湖地区，第 9 和第 10 区的项目分布于西海岸。这些地区的水资源丰富且经济发展水平要高于内陆地区。由于经济发展较快，随之而带来的环境污染问题也会较内陆地区更加突出，而较高的经济发展水平又为开展水质交易提供了一定的物质和技术基础。

大多数交易项目中的交易数量还比较有限，而且多是在政府的干预下进行。因此，美国的水质交易也还处于探索阶段，还没有完全将理论上升为实践，也谈不上形成任何市场规模。各州开展的水质交易规模情况详见表 3。

表 3 水质交易规模统计表

排污交易项目	交易规模
1. 长岛的氮信用交易计划	2002 年，38 个城市购买了信用额度，39 个城市出售了信用额度 2003 年，40 个城市购买了信用额度，37 个城市出售了信用额度 2004 年，44 个城市购买了信用额度，35 个城市出售了信用额度 2005 年，50 个城市购买了信用额度，28 个城市出售了信用额度
2. 牧场牧民间的负荷交易	39 次正式交易
	非正式交易的次数不详
3. 博伊河的排污交易示范项目	尚未开始交易
4. Rahr 麦芽公司许可证	四个非点源 BMP 执行项目
5. 南明尼苏达合作许可证	有签订合同，但由于意见不一致而未执行
6. 特拉基河	尚未开始交易

排污交易项目	交易规模
7. 巴赛克县流域委员会的污水预处理交易计划	两个交易，第一笔交易是关于两个有机化学物制造商之间的铜交易，买者最终歇业了。第二笔交易涉及一个制药公司从一个有机化合物制造商购买锌和铜的排放量（卖者属于初次交易）
8. 纽斯河流域营养物质敏感水域的管理策略	交易发生在集体组织间，然而交易的数量未统计
9. 大迈阿密河流域交易试点	到2007年为止，两种相反的拍卖已经发生了，导致300余万磅的营养物质削减。五个NPDES许可证经过修改以使其参与进项目
10. 清洁水服务	无点源与点源间的交易，有17个2007年登记的河岸种植土地所有者补偿热负荷（点源—非点源）
11. 弗吉尼亚营养物质信用交易计划	尚未开始交易
12. 红杉河流域营养物质的交易试点项目	超过60个非点源进行了买卖

（2）政策开展前景。2006 年，联邦环保局已开始组织对水污染物排放许可的交易进行总结性研究。联邦环保局的有关研究表明，在近期，营养物排污许可交易最有前景；从长远来看，病原体和氯化物存在着交易的可能，但有毒物质交易的可能性很小。

联邦环保局污染物排放削减制度办公室制定了点源—非点源交易的试点计划，将与农业局协调，资助点源—非点源交易试验项目，总结、改进现有的交易制度，协助管理人员识别潜在的交易机会。联邦环保局利用全国性数据库“水体系统”，结合交易的限制条件，已识别出有潜在交易机会的水体。结果表明，943 个水体具有点源—非点源交易的潜力。因此，尽管美国的水质交易还处在初级阶段（成功案例主要还限于小水域），但随着污染源 TMDL 确定工作的展开，水污染物排放许可交易的开展前景看好。

4.2 水质交易制度的问题分析

虽然在联邦环保局实施一系列水质排污贸易政策 5 年后，民众开始对水质改进产生谨慎乐观态度，环境管理人员也认为水质交易在理论上有不少优势，尤其是营养物交易已比较成功，但仍有很多问题有待深入研究。

（1）非点源控制方案。由于非点源控制能否作为点源控制的有效替代方案还值得探讨。非点源散布于整个流域，具有分散性和随机性，在很大程度上依赖于气候和地形条件；另外，非点源控制的效果存在较大的不确定性和不稳定性，且难以跟踪监测。相对而言，点源控制虽然成本较高，但容易监督管理。因此，非点源的交易方案是否能够达到预期的目标，还需要进行深入研究其环境效益。

（2）信用的初始分配形式。可交易许可证的初始分配形式较难确定。如果无偿分配，排污者就有了缓冲机会，即便不进行污染治理也可以继续生存；且往往是工艺落后或缺少治理设施的污染大户得到的排污权高，将来在交易中的可能收益也高，这不符合市场经济条件下的公平原则。若拍卖或定价出售，政府可从中筹集资金用于可交易的排污许可证的管理，也可将资金用于其他污染治理的费用。交易的各种效益也能很快发挥，但首次购买排污权给企业造成一定的经济压力，而且拍卖会有被大企业垄断的可能。

（3）潜在买卖方的识别。排污者如何才能识别谁是潜在的排污权买方或卖方？这关系到可交易排污许可证制度的成功运作，但又是一个很棘手的问题。另外，企业有可能存储多余的排污权，以便将来扩大生产，也有可能用来打击竞争对手，从而不能使交易制度充分发挥作用。

（4）多方关系的协调。推广交易项目时，要协调州环保部门与联邦环保局的地区办公室之间的关系，在必要的时候还要修改既定的交易框架。例如，在博伊河的排污交易示范项目中，博伊河下游的交易框架需要修改以适应刚经过审核的 Anake 河 Hells 溪谷 TMDL 的要求，从而造成该项目的进程延迟。参与交易的点源必须提供繁多的证明与交易文件。

除了协调与联邦环保局的关系，在推广项目时，还需要考虑信用买卖双方的利益问题，地方团体及其他利益相关方在交易中的扮演的角色也需要慎重考虑。

交易所的建立也是提出交易所需要考虑的问题，交易所的功能包括：为买卖双方提供为交易建立标准，组织监测，为流域内的非点源产生信用设定最大可行负荷，制定信用价格，决定信用是否合格，建立信用的储备以保证为购买者提供稳定的信用来源，修正 BMPs 的操作和维护，跟踪所有参与者的重要交易信息。交易所由州的机构运营或授权并受州机构的监督。

（5）交易的恰当地理范围。在联邦环保局交易政策中，指明所有的水质交易都必须发生在建立了 TMDL 的指定区域或流域。如何准确定义“流域范围内的交易”则很难，如水域范围如何确定？在同一水域向不同河流排放污染物的排放者进行交易是否恰当？如果交易伙伴距离过近是否影响交易？

一般来说，地理范围的确定与 TMDL 的确定范围是一致的，即根据同一个流域的 TMDL 计划制订交易方案。因此，联邦环保局鼓励有 TMDL 规定的实体进行交易。

联邦环保局认为，交易只能发生在一个恰当定义的水域单元中，以确保交易不使水质恶化，只有当排污者间接或直接向同一需要改善水质的水体排放污染物时，交易才可能发生。在不适当的范围内的交易不能改善水质，甚至会使信用购买者下游的水质恶化。因此，水质交易要以不牺牲其他水域水质为前提。以下是在选择地理范围时需要考虑的一些因素：

- ☞ 排放源与控制断面的不同距离。
- ☞ 买卖双方的污染削减情况和上下游关系。
- ☞ 非点源信用出售者产生信用的来源。
- ☞ 交易伙伴间存在的角色转换、从属关系、共有水域、许可证认证条件。
- ☞ 涉及水库、饮用水源地或其他收水设施的敏感条件。
- ☞ 污染物对水质的影响及传输特征。
- ☞ 交易伙伴间的交易比率换算。
- ☞ 水体内是否存在其他水质交易行为，几个交易之间会产生怎样的影响？

（6）排污的时效限值。排污交易需要确定信用产生和结束的准确时间，即信用交易的时效限值。例如，对信用出让方的要求是基于每年的削减量时，地方环境保护部门颁发交易许可证的前提就是“污染源安装了排放控制设施，且具有一年的监测数据来证明总的年污染物削减量确实符合事实”；同样，对排污权购买方，也应基于年度进行购买。

排污权是在一定时间段内产生的有效量，因此，排污权具有时效限制。不管是否进行了交易，过了规定的时间段排污权也要失效。例如，当年产生的排污权只能在当年被用来交易，第二年及之后只有新上报并被批准的排污权才能被用来交易。

5 水质交易制度对中国水污染物排放权交易试点的启示与借鉴

5.1 理论借鉴

美国的水质交易制度中，可用于中国水污染物排放权政策的技术和理论主要包括以下几个部分：

（1）交易原则。美国水质交易提出，所有点源至少要达到基于技术的排放限值（TBEL）后才能作为买家参与交易。这项基本的原则杜绝了部分排污者试图通过购买排污信用而不事治理的行为。如果将这项原则移植到我国的水环境管理体系中，所体现的思想，即是所有排污者均应首先通过自身治理达到排放标准，再采用交易的方式达到更加严格的排放要求。而根据我国水污染防治法规定，需要实施总量控制制度的地方政府“可以根据本行政区域水环境质量状况和水污染防治工作的需要，确定本行政区域实施总量削减和控制的重点水污染物”，也就是说，总量控制是一种在污染物达标排放基础之上的制度。由于总量控制制度最终的落实是各工业点源和污水处理厂的污染物削减任务，因此，当工业点源和污水处理厂无法通过自身能力达到总量控制削减任务时，可以采用交易形式，购买其他排放源通过深度治理方式富余的排放总量，从而达到目标要求。

（2）交易类型。美国在对水质交易进行分类时，按其买卖双方的性质与交易方式分别分为 5 类。由于我国在排污权交易开展过程中，非点源尚未纳入交易范畴，因此很大程度上缺失一部分潜在的交易对象。根据美国经验，则完全可以通过最佳管理措施（BMP）的实施，将非点源的污染控制作为潜在的交易信用（我国称排污权）富余，从而推动交易进行。

美国对交易的分类也可以启发我国排污权交易中对于各利益相关者在交易中的角色。例如，信用交易所可以成为交易的中介者，也可以不直接参与交易，而是作为向买卖双方提供信息的咨询方，让买卖双方自行交易。交易的合法性则应由签发许可证的机构（在中国即为地区政府的环境保护部门）负责审核和评估，通过评估的交易才能实施。

（3）交易比率。交易比率是美国水质交易中的技术特点之一，其中位置比率、等价比率和不确定性比率都属于由于水污染物排放的特殊性导致的自然属性，其制定方式可通过对实例的研究得出。

回收比率则代表了一种思想，即水质交易不仅仅是作为市场性行为降低削减污染负荷成本的一种手段，还可以作为政府强制性解决区域水质问题的方法。对于中国的水污染问题的解决，排污权交易则可以利用回收比率与总量减排政策相结合，共同成为改善水环境的手段。其结合方法可以如下：在排污权交易的同时，使所有企业的出售与购买的排污权（或称排污指标、排污信用）均按照区域总量减排要求附带减排任务，如某企业因深度治理超额完成了减排任务，产生了 1 t 的富余污染物排放指标，无论该企业是否出让此富余指标，此指标每年均根据区域总量减排需求 2%递减，至 5 年后此项富余指标仅存 0.904 t，从而达到了削减污染物的目的。同理，某企业因无力深度治理而至市场购买排放指标 1 t，该 1 t 指标附带每年 2%的递减任务，至 5 年后仅存 0.904 t，则该企业之后仍需继续购买指标，从而达到了削减目的。当然，实际的交易项目可以采取更为简单易操作的方法，避免为买卖双方带来不必要的负担。

5.2 问题分析

（1）鼓励性措施的驱动力差。美国的水质交易目前仍是鼓励性措施，即由联邦环保局制定了相关政策后，各州和区域自行实施。由于法律里没有相关规定要求，且交易的经济效益和环境效益并不突出，故地方实施该政策的驱动力不足。根据前文 4.1 节表 3 所述，尚有若干已有交易意向的州和地区并未开展交易，说明地方政府和企业的交易意愿均不强。而在美国的 50 个州中，只有不到 1/4 的州有交易意向，分析了可能的交易案例，说明多数地区并不看好这种非强制性的政策的优势。另外，美国的点源污染管理已达到相当完善的程度，因此，采用市场行为对点源再进行更严格的治理是否仍有迫切需求也是很值得商榷的。

（2）水环境管理制度基础复杂，技术问题纷繁。众所周知，美国的水环境管理体系全面而严谨，相关制度复杂而严格。NPDES 许可证制度和 TMDL 制度的执行基本保证了点源污染受到全面的控制；环境标准、环境监测水平为管理提供了科学的依据；环境执法水平则保证了排污者没有可能通过交易降低污染治理水平或污染水体水质。如此全面的管理体系是水质交易成功的基础和前提。

同样，由于管理体系的繁复导致产生了大量的技术问题，如污染物初始分配方法、信用时效认定、交易的地理和水域范围确定等，这些问题在美国的水质交易发展中并未完全解决，而水质交易的原则又要求必须解决相关问题，因此造成了交易项目的难以推动。

对比我国目前的水环境管理水平，尚与美国差距较大，因此在短期内很难作为排污交易的基础和依据，必须在现有条件下根据中国国情提出交易方案技术和管理问题的解决方法。

（3）未形成大规模交易，无法进行市场分析。根据美国水质交易的发展情况可以看出，这项政策并未成为主流的水环境管理方式，因此很难全面分析潜在的有意向的交易者的来源，也就无法建立起有规模的、成熟的交易市场。这决定了美国的水质交易在现阶段不可能像 SO_2 的交易那样繁荣而有效，而只能在局部区域或水域解决有限的环境问题。

5.3 中国排污权交易与美国水质交易制度的对比分析

中国的排污权交易政策（试点）与美国水质交易制度有类似之处，但从政策的实施上也有很大的不同。现就两种政策的异同进行对比分析。

两种政策都是针对水污染物的排放进行的市场性的行为，其最终目标都是降低水体污染物的排放量，提高水体水质，同时通过市场行为降低总体污染治理成本。两种政策都提出，进行交易的并非一种“权利”，而是一种“许可”，这也正说明了两国都对“排污权”这种属于国家并由国家进行分配的资源的认识是一致的。两种政策采用了类似的方法进行交易：建立交易所，通过交易所寻找交易资源，通过监测、保证书等强制措施保证交易的效果。

两种政策的不同之处在于，美国水质交易制度是对目前的排污许可证制度的一种补充，目的主要是为控制目前难以控制的非点源污染以及部分难以达到标准的点源污染而提出。这种政策并非强制性政策，美国联邦环保局仅仅是鼓励各州进行交易，提出了一些有关交易的原则性认定，如交易限值、基准值、与 TMDL 和 NPDES 排污许可证的关系、交易文件、评估方法等，而并未规范交易和评估的程序。各州在实际操作时，需要自行制定交易方案，这使得交易项目多种多样五花八门。另外，由于很多技术问题尚未明确得以解决，如非点源的减排量确认、初始排污权的分配等。在没有明确的经济利益和社会效益的前提下，州政府和企业并没有产生相应的驱动力来推动交易的实施，相反，很多州仅仅是进行了交易政策的制定，也存在着即使是进行了交易案例的地区也因各式各样的理由而并未得以持续进行的情况。

中国的排污权交易试点最终的目的是建立一种类似美国 SO_2 交易和全球 CO_2 减排交易的政策：有完备的、普适性强的交易制度和文件，有买卖资源相对丰富的交易市场，能够对其进行严密的监督和控制。另外更重要的作用是，通过排污权的有偿使用，确立排污权的法律地位，使企业认识到排污权是一种非常稀缺的、珍贵的、由国家严格控制的资源，从而规范自身排污行为。因此这种交易是建立在强制执行有偿使用（即使初期并未执行有偿，也将在交易的过程中逐步有偿）政策的基础上的，交易市场的繁荣与否取决于有偿使用政策的成功与否。因此，从制度建立的初衷来看就完全不同，必将导致制度本身的巨大差异。

6 结论

美国的水质交易是在水介质污染物排放权交易政策类试行中起步较早的制度，这项政策的设计与实施仍处于初级阶段，很多技术细节仍不完美，其应用案例也没有成熟的经验和技术可遵循，因此制度的开展并不乐观。但这项政策的设计仍有许多值得借鉴的地方，如排污信用的定义、水质交易的原则、交易分类、交易比率的设定等。这些设计是我国在进行水污染物排放权有偿使用和交易试点的过程中很好的借鉴。

但是，由于我国的水污染物排放有偿使用和交易试点的设计框架与美国水质交易制度不完全一致，它不是一项意欲在部分区域、部分流域解决部分污染问题的鼓励性政策，而是一项意欲从根本上解决中国水污染物排放未得到区域和流域环境资源约束的局面的政策，带有一定程度的强制性。因此两项制度从根本上说并不能够相提并论。

另外，美国的水质交易具有其特殊的管理背景，美国的排污许可证制度对点源的管理已达到非常成熟和全面的程度，监督和执法手段已满足点源污染治理的需求，TMDL 的建设对流域的水质改善和具体点源的排放限值提出了明确的目标，最佳管理措施也对非点源的治理提出规范化的治理方式。水质交易正是建设在这些完备制度的基础上，有了这样的基础，才有交易的基本原则、买卖双方的交易额度计算、交易评估和交易制度的改进等项目核心问题的相关依据。而中国在目前的情况下，排污许可证、污染物总量控制、环境监测和监察等制度都还不够完善和成熟，也不足以支持一个需要建立在多种制度之上的经济手段，因此也无法完全按美国的发展轨迹对排污权交易制度的发展进行设计，而是需要另辟蹊径，利用交易制度本身的优越性，促进上述各项环境管理基本制度的不断改进。

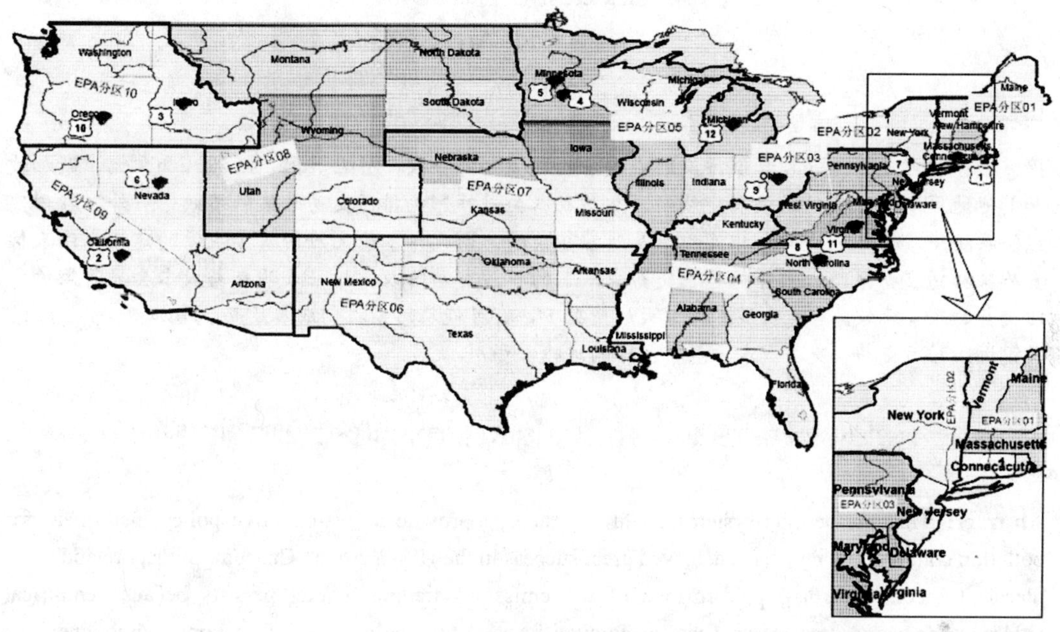

附图 1　美国水质交易项目分布图

交易成本对排污交易市场的影响

Bing ZHANG　Jun BI[①]
俞钦钦　译

摘　要：排污交易是一种降低污染削减成本的环境经济手段，并在美国、欧洲、加拿大、新加坡和其他地区取得了明显的效果。然而，交易成本会显著影响排污交易政策的绩效。另外，在现实经济系统中，企业的决策和相互作用是非常复杂的。因此，本论文应用基于主体的建模方法来仿真模拟排污交易系统，来分析存在交易成本下的排污交易绩效。结果表明交易成本会显著影响排污交易的政策绩效，当交易成本足够大的情况下，有可能总污染控制成本反而会增加。
关键词：排污交易　交易成本　基于主体的建模　费用-效益

The Role of Transaction Costs in Emissions Trading Market

Abstract: Tradable permits systems could, in theory, provide a cost-effective policy instrument for pollution control, and they have achieved great success in the US, Europe, Canada, Singapore and other places. Concern regarding performance of the emissions trading market persists because empirical evidence has shown transaction costs to be significant. Additionally, in real economic situations, the dynamic behavior and interactions between firms in an emission trading system are very complicated and may often seem irrational. In this paper, we introduce a simple framework for agent-based simulation to simulate an emission trading market in presence of transaction costs, and identify the dynamic influence of transactions on the cost-effectiveness of the emission trading market. The results show that transaction costs significantly reduce the cost-effectiveness of the emission trading market, and the total costs also rise if the transaction costs are large enough to offset the abatement cost savings.
Key words: Emissions trading　Transaction costs　Agent-based model　Cost-effectiveness

1 背景

40 多年前，Crocker（Crocker，1966）和 Dales（Dales，1968）提出了使用可转让的排放许可证来分配企业或个体间污染控制任务的想法；而 Montgomery （Montgomery，1972）提供了一个严格的证明，即从理论上讲，排污交易是一种降低污染削减成本的政策手段。此后，经济学家将可交易的许可证推为一种政策选择，但这个想法却被认为缺乏可操作性。直到 1980 年代，可交易的许可证才主要在美国陆续开始实施并被宣布取得

① 毕军，通讯作者。电话：86-25-83592841，传真：86-25-83595207，邮箱：jbi@nju.edu.cn.
本文作者张炳、毕军联系方式：污染控制与资源化研究国家重点实验室，南京大学环境学院，南京：210093。

成功。迄今为止，这种类型的激励机制在美国和欧洲已经有许多应用实例，如美国环保局的排污交易计划（Tietenberg，1985）；水质许可证交易（Hahn and McGartland，1989）；氟氯化碳交易（Hahn and McGartland，1989）；在洛杉矶城市的 RECLAIM 计划（Harrison，1999）；以及可交易的土地使用发展权（Weber and Adamowicz，2002）。1997 年京都议定书第 17 条将温室气体国际排放交易制度作为达到 2008—2012 年间温室气体削减目标的四项合作机制之一，引起了各方对排污交易更广泛的兴趣（Dewees，2001；Soleille，2006；Weber and Matthews，2007）。

虽然排污交易政策及其实践已经在美国、欧洲、加拿大、新加坡和其他地方取得了巨大的成功，但是，一些因素可能对可交易许可证制度的绩效产生不利的影响，其中包括排污许可的集中（Stavins，1995），产品的集中，非利润最大化决策例如销售或员工最大化，原有的监管环境，以及监测和执法的程度等。交易成本，在广泛的意义上，可以视为影响排污交易政策的一个主要障碍。不少研究者都对交易成本对排污交易市场中的潜在重要性作了评述，并预计交易成本（如寻找交易对象所产生的成本）可能会降低它们的成本效益（Woerdman，2001）。

交易成本是在市场交易过程中所产生的费用。Mullins 和 Baron 将交易成本细分为直接成本（例如为开展和完成交易所花的费用）和机会成本（例如为此所耗费的时间和资源）（Mullins and Baron，1997）。Furubotn 和 Richter 将交易成本细分成固定成本和可变成本，其中只有后者与交易量多少有关（Furubotn and Richter，1997）。Stavins 将交易成本界定为某一商品在特定的市场中买入价与卖出价之间的差额。他认为，交易成本在市场经济状态下普遍存在，因为各方（如财产权中的可交易许可证）必须寻找沟通和交换信息的对象（Stavins，1995）。排污交易市场中的交易成本通常包括搜寻成本，谈判成本，审批成本，监测成本，执行成本和保险费用（Dudek and Wiener，1996）。

许多学者都在排污交易模型中考虑了交易成本的存在（Tschirhart，1984）。Stavins 提供了一个理论框架将交易成本纳入许可证交易模型。他用常用的交易成本曲线和边际控制成本连续曲线来说明交易成本是如何影响交易水平和增加削减成本的，以及许可证的初始分配是如何影响政策效率的（Stavins，1995）。Montero 将交易成本和不确定性纳入数学模型，以表现其对市场绩效（即许可证的均衡价格和交易量）和总成本控制的影响（Montero，1997）。Gu 和 Li 分析了交易成本对排污市场均衡的影响（Gu and Li，2006）。

还有大量的实例表明在排污交易市场中普遍存在客观的交易成本。Hahn 和 Hester 认为福克斯流域水污染物交易计划的失败是由于高昂的交易成本造成，以执行成本形式存在的交易成本基本上抵消了交易的潜在收益（Hahn and Hester，1989b）。Erica 分析了美国 1990 年清洁空气法案修正案第四条款的有效性，发现高额的交易成本尤其是监测的相关费用阻碍了潜在的参与者加入酸雨计划（Erica，1997）。Wara 分析了清洁发展机制（CDM）针对几个产生小批量特殊温室气体的行业所提出的经济激励办法。结果表明，交易成本对小型清洁发展机制项目会产生更为实质性的障碍（Wara，2006）。

在一个交易成本高而显著削减这些成本又不可行的市场中，任何一种交易制度都没有优势（Solomon，1999）。因此，分析交易成本对排污交易市场的影响是至关重要的。但是，在现实经济系统中，企业的行为和相互作用是非常复杂的，而且往往可能是非理性的（Mizuta and Yamagata，2001b）。传统的经济理论只考虑在均衡状态下的理想化参与主体（Tesfatsion，2006）。使用静态和同质方法来分析在动态环境下的异质主体是十分困难的。在过去 10 年中，许多研究人员，包括物理学家和计算机科学家，开始采用新的方法来研究此类复杂的动态环境。其中一个办法是基于主体的仿真方法。

基于主体的建模是模拟在一个复杂的系统中，基于简单的准则，主体之间的相互作用以及和周围环境的作用的一种方法。基于主体的建模方法正日益普及并在许多领域获得广泛应用（Bonabeau，2002）。基于主体的建模方法也被称为研究方法中的“第三条道路”（“third way”）（Gilbert，2000）。Axelrod 认为基于主体的建模方法不同于归纳与演绎法（Axelrod，1997），而 Epstein 和 Axtell 将其比喻为由生产力的社会科学（Epstein and Axtell，1996）。基于主体的建模方法为探索复杂适应系统提供了有益的途径。在过去 20 年里，基于主体的建模方法已经在许多领域内成为一个重要工具（Axtell et al.，2001；Santos et al.，2006；Silveira et al.，2006）。

在本文中，我们将提出这样一个理论模型：市场上存在大量的以利润最大化为目标的主体，没有人行使市场力量，完善的监测和执法可用于环境监管。假设主体想要进行交易就必须进入市场，找到另一方，彼此沟通（谈判价格和数量），并签署相应的法律合同。正如在任何市场交易一样，一定程度的交易成本始终是可能存在的。本文将建立一个简单的基于主体的模型框架以模拟一个存在交易成本的排污交易市场，并识别交易成本对排污交易政策成本有效性的影响。本文以下部分分别是：第二部分介绍排污交易市场基于主体的建模。基于该模型，我们在第三部分中使用在我国武进获得的实证数据的以识别在不同的交易成本下排污交易政策的成本有效性。第四部分将对本研究的结果和方法进行讨论，并指出今后需要进一步加强研究的领域。

2 排污交易市场基于主体的建模框架

早先对排污交易市场的分析是在新古典经济学的框架下进行的。一般情况下，研究者会尝试使用瓦尔拉斯一般均衡理论，从单个市场和主体开始，用“自下而上”的方法来理解整个经济系统（Takayama，1985；Katzner，1989）。然而，要达到均衡有很多途径（Tesfatsion，2005）。Clower（Clower，1960；1965）认为这种方法不重视市场的进展，这应该是由诸如企业、客户和政府等单个主体共同形成的。基于主体的建模是一种用来模拟一个网络或市场中自由主体行为和相互作用的计算模型，并能够展现他们对系统的总体影响。为有效地进行基于主体的经济和社会的模拟，本文为排污交易市场制定了一个简单的框架。这个框架提供了简单和基本的功能以进行排污交易市场模拟。我们将通过交易主体和行为规则来介绍基于主体的仿真模型对排污交易市场的模拟。

2.1 主体

企业是这个排污交易模型中的主体。企业可以自由地同彼此交易许可证，并可以通过污染控制措施和/或持有许可证使剩余排放满足政府标准。他们将被定义为一系列参数，包括主体自身属性和追求目标。

2.2 行为规则

行为规则描述行为何时发生以及如何发生。这些规则都是在已有文献和排污交易市场的实例的基础上制定的。因此，它们是从现实世界的研究中抽象而来的。在本文中，我们考虑一种在完全竞争市场上的“面对面”交易模式，没有任何交易平台或系统。企业通过减少污染排放或购买排放许可证以符合排放标准。拥有多余排放许可证的企业可以出售其许可证。因此，在排污交易市场，企业首先必须寻找交易信息和交易对象。其次，当企业发现他们的交易对象，他们将进行交易价格的谈判。如果成交，他们将进行排放许可证交易。否则，他们将决定是否继续寻找另一交易对象。图 1 表现了排污交易的流程。

（1）寻找。企业将根据自己的社会网络、对排污交易的态度和自身规模等因素寻求交易对象。企业究竟如何寻找交易对象是很难说明。在模型中，我们假设企业随机寻找交易对象。

（2）谈判与交易。当企业寻找到其交易对象时，如果他们污染控制的边际成本不同，他们可能会进行许可证交易。

（3）学习。在这里，我们假设企业能够从以前的交易中学习经验。如果之前的交易可以减少他们的污染控制成本，企业将继续寻找更多的排污交易机会。相反的，如果之前的交易不能减少污染控制成本，企业将停止寻找交易信息和交易对象。

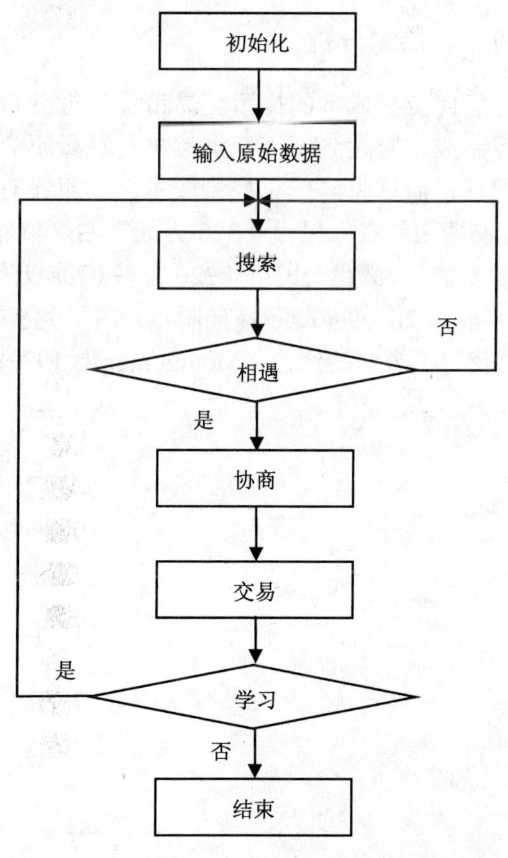

图 1　基于主体的建模框架

3 武进地区 COD 排污交易市场的主体建模

3.1 研究区域与数据收集

本文选择我国江苏武进县作为案例研究的地区。武进县是国家环境保护总局（现环境保护部）批准的我国最早开展排污交易和许可证有偿使用的试点之一。

根据之前的分析，我们应该知道无约束排放量、污染削减、排放许可证数量、边际排放削减成本和交易成本的函数。但由于排污交易制度尚未建立，我们不能获得所有的函数。因此，我们的模型是建立在现实数据和模型假设基础上的。

从调查或行政记录得到的变量为无约束排放量、污染削减量和污染控制的成本。这些数据是从调查的 63 个主要污染制造企业以及排污申报和登记中获得的。企业名单由当地环保局根据排污申报系统（EDRS）提供。

3.2 结果分析

模型用 NetLogo 进行模拟（Wilensky，1999）。NetLogo 是一个特别适用于采用 MAS/CA 方法模拟在空间上由逻辑驱动的系统。通过简易的改变参数和实时更新系统图像及关键变量的变化趋势使实验顺利进行。

3.3 不存在交易成本条件下的结果分析

首先，我们对不存在任何交易成本的排污交易市场进行分析。武进的企业将充分交易并在具有相同的边际控制成本时达到平衡。虽然排污总量不会减少，排放交易市场将促进许可证资源的合理配置，而这将降低总控制成本。如果没有这样的交易市场，企业必须减少自身排放，总控制费用将在人民币 4 320 万元左右。然而，排污交易市场将减少污染排放控制总成本的 13.5%，大概在人民币 4 320 万～3 740 万元之间（图 2）。相应地，平均污染控制成本将减少到 11.28～9.76 元/kg（图 3）。排污交易可以明显减少污染控制总成本，其他研究人员也获得了类似的结论（Montgomery，1972；Rubin，1996）。

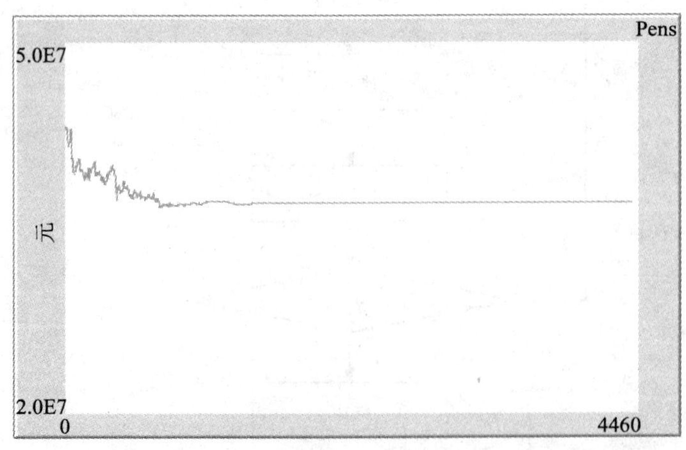

图 2　不存在交易成本条件下的武进县污染控制总成本

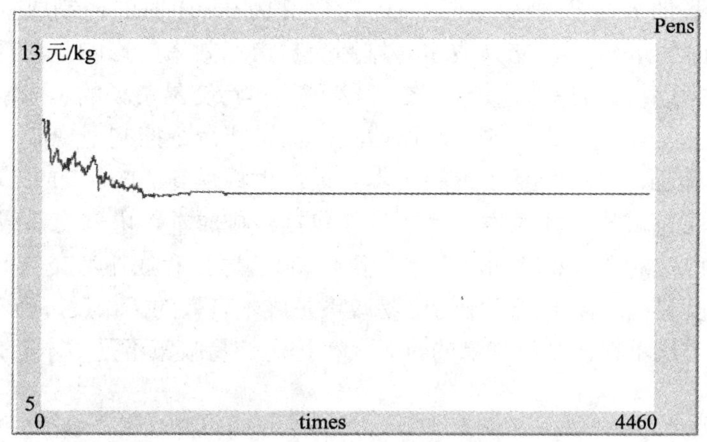

图 3 不存在交易成本条件下的平均污染控制成本变化

3.4 存在交易成本条件下的结果分析

然而，在现实的排污交易系统中，交易成本是不可避免的，并可能减少交易系统的成本有效性。我们通过选择不同的内部交易成本参数（λ）来分析其对排污交易市场的影响。

如前所述，我们无法知道内部交易成本的确切函数。我们将参数λ固定在介于 1×10^{-5} 和 1×10^{-3} 之间随机分布的某个数。结果显示，交易成本随着λ的增加而增加（图 4）。交易成本与λ之间的关系符合以下函数：

$$总的内部交易成本=47\ 314\times\ln（\lambda）+5.21\times10^{0.6} \quad (1.1)$$

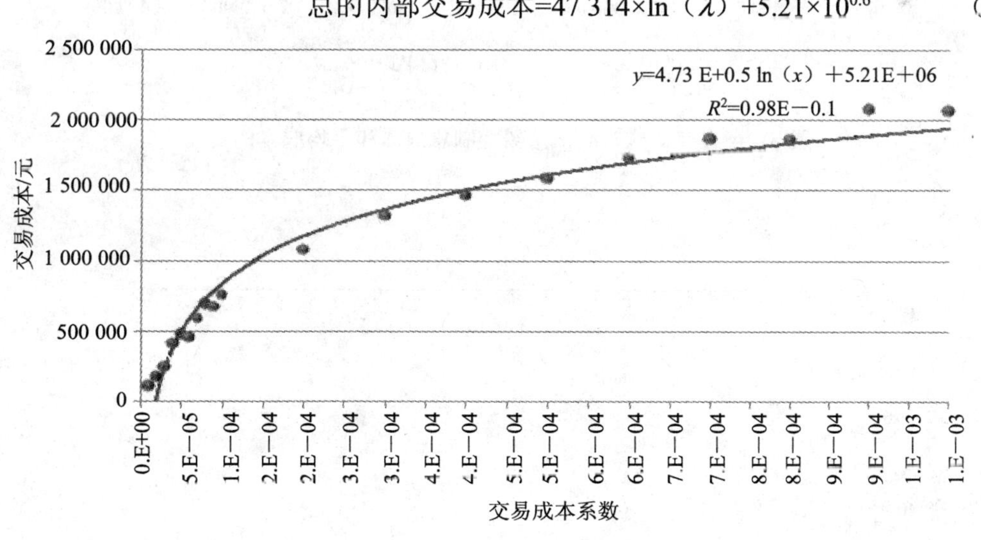

图 4 不同 λ 下的交易成本

一方面，当λ为 0.001 的时候总的内部交易成本是λ为 0.000 01 的 20 倍。另一方面，交易成本将降低武进县排污交易市场的成本有效性。交易成本的增加会使污染控制的总成本和平均成本都上升（图 5）。交易成本每增加 100 万元，总控制成本将增加 105 万元，而平均控制成本将增加 0.3 元。当λ等于 0.001，污染控制的总成本将增加至人民币 3 930

万元，而交易市场的节约成本将下降到 9.0%。当λ为 0.001 时的控制成本和平均控制成本是λ为 0.000 01 时的 1.06 倍。交易成本对排污交易市场效率的影响是显而易见的。

最后，我们考虑执行成本的影响。图 6 表现了排污交易市场的总成本控制变化。结果表明，总控制成本会随交易成本的增加而增加。如果从命令控制型规制向排污交易政策的转变使执行成本增加，排污交易政策的成本有效性也将受到影响。如果执行成本的差别是正的且大到足以抵消减排节约成本，总成本（包括减排成本，内部交易成本及执行成本）将因为排污交易政策的实施而增加。当λ小于 0.000 6 时，存在排污交易的社会控制总成本将比不存在排污交易的时候小，即排污交易政策是成本有效的。相反，当λ大于 0.000 9 时，社会控制总成本将比不存在排污交易的时候大，排污交易政策不是成本有效的。

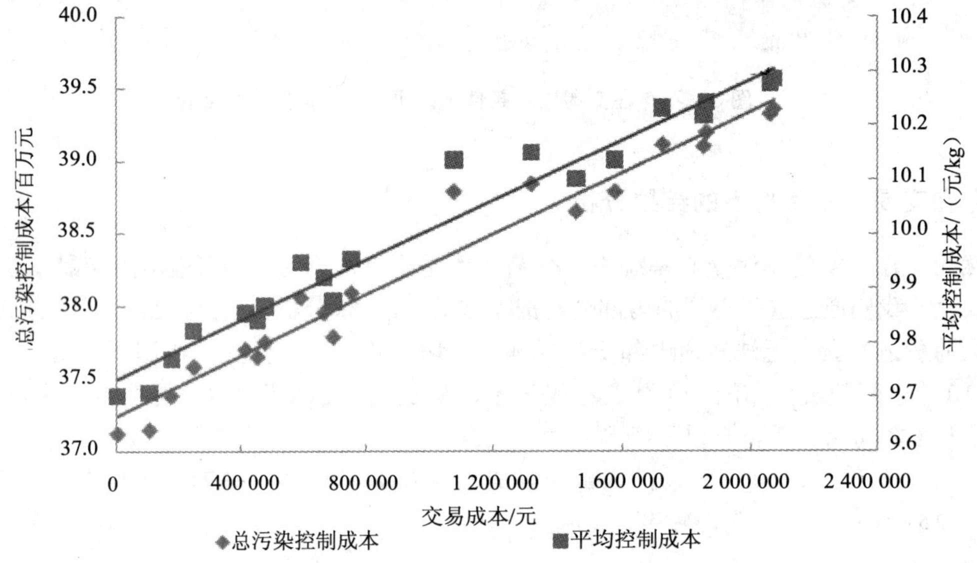

图 5 存在交易成本时，污染控制总成本和平均成本的变化

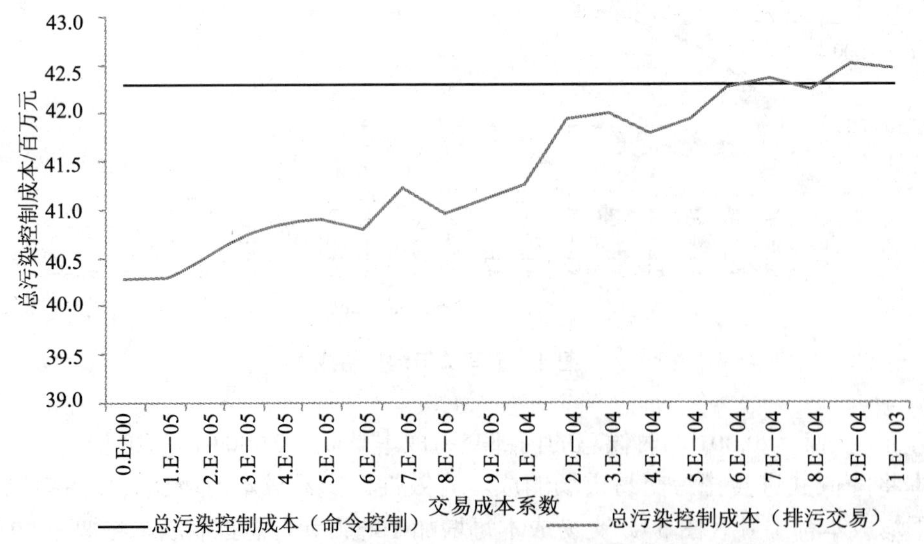

图 6 在排污交易市场下的污染控制总成本与在传统命令控制型规制环境中的比较

4 讨论

排污交易政策已被广泛认为能够以较低的成本达到相同的环境质量。然而，以下作者（Hahn and Hester，1989a；Grubb et al.，1998；Heller，1999）认为，交易成本对于排污交易的成功至关重要。交易成本的存在，将导致排污交易相比于传统的命令控制政策，不一定会达到最低成本的均衡，真实的成本节约会小于潜在的成本节约。（Bressers and Huitema，1999；Krutilla，1999）。本文基于主体的模拟框架，刻画了水污染物交易中，交易成本对效率的影响。为在此框架中更易实施不同的系统本文作了简化。结果表明，交易成本对于排污控制成本有显著影响。尽管这一结果已被其他作者归纳出来，本研究描述了不同交易成本对于市场效率的影响。在计算了总成本以及交易政策的成本效用，以及为削减交易成本的成本效率。另外，本文也发现如果执行成本差异为正且高到抵消排污成本节约的程度，总成本（包括减排成本，内部交易成本及执行成本）可能上升，排污交易政策可能不一定成本有效。当然，大多数实证研究表明，现在正在执行的排污交易项目是成本有效的（Ellerman et al.，1997；Montero，1997；Burtraw et al.，2005）。因此，排污交易市场的总成本很可能在传统命令控制成本之下。

由于降低交易成本对于区域排污交易市场是至关重要的，本文将交易成本分为三部分，定义了内部交易成本函数和外面交易成本（执行成本）。然而，我们没有仔细地考虑交易成本的构成。实际上，交易成本会受到排污交易政策设计各方面的影响，例如交易模式，规模及规则的影响。

本文的模式是基于总量控制与交易（cap and trade）的。所有污染源的总量是确定的，所有源可以自由交易，并自由决定排放量。另一种很不一样的模式是基准-信用模式（Tietenberg and Johnstone，2004）。这种模式规定了污染者可以通过削减排放到基准以下来获得“信用”。某一污染源在规定的排放限制中，可以购买信用。很多对于排污交易的批评是针对这种模式的。因为这样的模式比总量控制与交易模式交易成本高（Woerdman，2001）。

在本文中，交易规则也在部分假设下被简化。在现实的排污交易政策下，交易主体更加智能，规则更加复杂。每个主体拥有自己的信息网络，并不是随机地寻找交易对象。此外，我们没有设置其他类型的主体尤其是中介机构。由于不对称信息是导致交易成本的主要原因，由私人代理或机构提供的中介服务对于排污交易市场至关重要。中介机构可以提供咨询服务，提供排污交易信息，促进交易。尽管如此，这些机构也会给企业带来交易成本，但他们的参与将降低市场的总交易成本。期货市场是另一个降低交易成本增加交易量的方式（Mizuta and Yamagata，2001a）。中介机构与期货市场对于市场的运行将有重要作用，而企业进入市场也会相比容易，交易成本也会较低。美国“酸雨计划”的成功也得益于第三方机构的充分参加，例如中介商，拍卖公司，期货市场等（Burtraw，1996）。因此，进一步的研究将会考虑加入其他类型的主体，并改变企业交易规则以优化模型。

另外，部分研究者认为排污交易将带来所谓的“热点”问题，如部分地区的SO_2、NO_x或汞含量会上升（Kosobud et al.，2004；Gao and Ikeda，2005）。因此，政府往往会设定一些法规以避免热点问题。本文的模型中没有考虑空间变量与地方环境质量的约束，因此，企业只要可以节省成本就会与其他企业交易。因此，进一步的研究会将 GIS 与 污染扩散模型嵌入主体模型中。

最后，本文还有一些不足。在本阶段，我们没有考虑主体的智能方程或关系方程，也没有考虑更细致的排污交易模型与区域环境质量限制。然而，我们认为未来可以通过拓展主体模型来弥补。此外，对于排污交易政策的评估研究及分析也有待未来开展。本文认为初步的工作有助于建立有效的国际市场，而主体模型方法也会在不久的将来有更重要的应用。

参考文献

[1] Axelrod R. 1997. The Complexity of Cooperation: Agent-Based Models of Competition and Collaboration. Princeton University Press，Princeton NJ.

[2] Axtell R L，Andrews C J and Small M J. 2001. Agent-based modeling and industrial ecology. Journal of Industrial Ecology，5：10-13.

[3] Bonabeau E. 2002. Agent-based modeling：methods and techniques for simulating human systems. Proc. National Academy of Sciences，99：7280-7287.

[4] Bressers H T A and Huitema D. 1999. Economic instruments for environmental protection: can we trust the “magic carpet”？ International Political Science Review 20：175-196.

[5] Burtraw D. 1996. The SO_2 emission trading program：cost savings without allowance trade. Contemporary Economic Policy，14：79-94 .

[6] Burtraw D，Evans D A，Krupnick A，Palmer K and Toth R. 2005. Economics of pollution trading for SO_2 and NO_x. Annual Review of Environment and Resource，30：253-289.

[7] Clower R W. 1960. Keynes and the classics：a dynamical perspective. Quarterly Journal of Economics，74：318-323.

[8] Clower R W. 1965. The Keynesian counter-revolution：A theoretical appraisal. In：R W. Clower（Editor），The Theory of Interest Rates，London.

[9] Crocker T D. 1966. The structuring of atmospheric pollution control system. In：H. Wolozin（Editor），The Economics of Air Pollution. Norton，New York.

[10] Dates J. 1968. Pollution，Property and Prices. University Press，Toronto.

[11] Dewees D N. 2001. Emissions Trading：ERCs or Allowances？ Land Economics，77：513-526

[12] Dudek D J and Wiener J B. 1996. Joint Implementation and Transaction Costs Under the Climate Change Convention，OECD，Paris.

[13] Ellerman A D. 2005. A Note on Tradeable Permits. Environmental & Resource Economics，31：123-131.

[14] Ellerman A D，Schmalensee R，Paul L. Joskow，Montero J P and Bailey E M. 1997. Emissions trading under the U.S. Acid Rain Program：Evaluation of compliance costs and allowance market performance，MIT Center for Energy and Environmental Policy Research.

[15] Epstein J M and Axtell R. 1996. Growing Artificial Societies：Social Science from the Bottom Up. Brookings Institution Press，Washington DC.

[16] Erica A. 1997. Joint implementation：Lessons from Title IV's voluntary compliance programs. Working Paper 97-003. MIT Center for Energy and Environmental Policy Research（CEEPR）.

[17] Furubotn E G and Richter R. 1997. Institutions and Economic Theory：The Contribution of the New Institutional Economics. The University of Michigan Press，Ann Arbor.

[18] Gao H B and Ikeda A. 2005. Inter-zonal Tradable Discharge Permit System to Control Water Pollution in Tianjin，China. Environmental Science & Technology 39：4692-4699.

[19] Gilbert N T P. 2000. How to Build and Use Agent-Based Models in Social Science. Mind and Society，1：57-72.

[20] Grubb M，Michaelowa A，Swift B，Tietenberg T and Zhang Z X. 1998. Greenhouse Gas Emissions Trading，UNCTAD，Geneva.

[21] Gu M D and Li S D. 2006. Research the Influences of Transaction Cost on the Equilibrium of Emission Permits Market，Allocation Efficiency of Initial Permits and Firm Behavior. Mathematics in Practice and Theory，36：48-53.

[22] Hahn R W and Hester G L. 1989a. Marketable permits：lessons for theory and practice. Ecology Law Quarterly，16：361-406.

[23] Hahn R W and Hester G L. 1989b. Marketable permits：lessons from theory and practice Ecology La w Quarterly，16：361-406.

[24] Heller T C. 1999. Additionality，transactional barriers and the political economy of climate change. In：C.J. Jepma and W.P.v.d. Gaast（Editor），On the Compatibility of Flexible Instruments. Kluwer Academic Publishers，Dordrecht，pp. 77-89.

[25] Katzner D. 1989. TheWalrasian Vision of the Microeconomy：An Elementary Exposition of the Structure of Modern General Equilibrium Theory. University of Michigan Press，Ann Arbor，MI.

[26] Kosobud R F，Stokes H H and Tallarico C D. 2004. Does emissions trading lead to air pollution hot spots？Evidence from an urban ozone control programme. International Journal of Environmental Technology and Management 4：137-156.

[27] Krutilla K. 1999. Environmental policy and transactions costs. In：J.C.J.M. van den Bergh（Editor），Handbook of Environmental and Resource Economics. Edward Elgar，Cheltenham，pp. 249-264.

[28] Mizuta H and Yamagata Y. 2001a. Agent- Based Simulation for Economic and Environmental Studies. In：T. Terano（Editor），JSAI 2001 Workshops，LNAI 2253. Springer- Verlag，Berlin Heidelberg，pp. 142-152.

[29] Mizuta H and Yamagata Y. 2001b. Agent-based simulation and greenhouse gas emission trading. Proceedings of the 2001 Winter Simulation Conference.

[30] Montero J P. 1997. Marketable pollution permits with uncertainty and transaction costs. Resource and Energy Economies，20：27-50.

[31] Montgomery W D. 1972. Markets in licenses and efficient pollution control programs. Journal of Economic Theory 5：395-418

[32] Mullins F and Baron R. 1997. International GHG emission trading. Policies and Measures for Common Action，OECD/IEA，Paris.

[33] Rubin J D. 1996. A Model of Intertemporal Emission Trading，Banking，and Borrowing. Journal of

Environmental Economics and Management，31：269-286.

[34] Santos J I，Galan J M and del Olmo R. 2006. An agent-based model of personal web communities. Intelligent Data Engineering and Automated Learning - Ideal 2006，Proceedings，pp. 1242-1249.

[35] Silveira J J，Espindola A L and Penna T J P. 2006. Agent-based model to rural-urban migration analysis. Physica a-Statistical Mechanics and Its Applications，364：445-456.

[36] Soleille S. 2006. Greenhouse gas emission trading schemes：a new tool for the environmental regulator's kit. Energy Policy，34：1473-1477.

[37] Solomon B D. 1999. New directions in emissions trading：the potential contribution of new institutional economics. Ecological Economics，30：371-387.

[38] Stavins R N. 1995. Transaction Cost and Tradable Permits. Journal of Environmental Economic and Management，29：133-148.

[39] Takayama A. 1985. Mathematical Economics. Cambridge University Press，Cambridge，UK.

[40] Tesfatsion L. 2006. Agent-Based Computational Economics：A Constructive Approach to Economic Theory// Judd K L and Tesfatsion L.（Editor）Handbook of Computational Economics：831-880.

[41] Tesfatsion L S. 2005. Agent-Based Computational Modeling And Macroeconomics，Staff General Research Papers 12402，Iowa State University.

[42] Tietenberg T and Johnstone N. 2004. ExPost Evaluation of Tradeable Permits：Methodological Issues and Literature Review. Organisation for Economic Co-Operation and Development，Tradeable Permits：Policy Evaluation，Design And Reform.

[43] Tietenberg T H. 1985. Emissions trading：an exercise in reforming pollution policy. Resources for the Future，Washington DC.

[44] Tschirhart J T. 1984. Transferable discharge permits and profit-maximizing behavior. In：T.D. Crocker（Editor），Economic Perspectives on Acid Deposition Control. Butterworth，Boston.

[45] Wara M. 2006. Measuring the Clean Development Mechanism's Performance and Potential. Working Paper #56，Program on Energy and Sustainable Development，Stanford University.

[46] Weber C L and Matthews H S. 2007. Embodied Environmental Emissions in U.S. International Trade，1997-2004. Environmental Science & Technology，41：4875-4881.

[47] Weber M and Adamowicz W. 2002. Tradable Land-Use Rights for Cumulative Environmental Effects Management. Canadian Public Policy，28：581-595.

[48] Wilensky U. 1999. NetLogo. Center for Connected Learning and Computer–Based Modeling，Northwestern University，Evanston，IL.（http：//ccl.northwestern.edu/netlogo/）.

[49] Woerdman E. 2001. Emissions trading and transaction costs：analyzing the flaws in the discussion. Ecological Economics，38：293-304.

排污权有偿使用及排污交易政策设计的初步设想

毕　军　张　炳　刘蓓蓓　葛俊杰　叶维丽
于　洋　方　强　王　仕　俞钦钦

摘　要：在资源环境压力不断增大的今天，实践已经证明环境保护已经远远超出技术革新和行政命令的范畴，植根于经济增长的环境问题需要从根本上探究其产生和解决的本质。深化资源价格改革是完善社会主义市场经济体制的重要内容，也是促进经济增长方式转变，建设资源节约型和环境友好型社会，实现又好又快发展的重要举措。本文以水污染物 COD 为例，通过理论的探讨和实践的调查对江苏省排污权有偿使用及交易办法进行了研究。并在此基础上设计了 COD 的有偿分配及交易体系，包括初始分配、交易方法、交易管理及监管等，从而为江苏省及其他省市开展类似研究和实践提供了宝贵的参考。

关键词：排污权　有偿使用　交易　政策设计

Principle Design on Paid Use of Emission Permit and Permit Trade-off Policy

Abstract: With growing environment and resources pressure in China，it is insufficient for technologies and policies to solve these problems. Reform on price system of resources is fundamental ingredient in the amelioration of market economy system. It also gives help to the transaction of economy growth and construction of environment-friendly society. In this paper，taking the example of COD emission permit，paid use of emission permit and its trade-off policy are exploited. Based on the previews research，the whole system including initial allocation，trading rules，supervision and penalization is design for Jiangsu Province.

Key words: Emission permit　Paid use　Trade-off　Policy design

1 前言

排污权交易是许多国家通过市场手段配置、保护环境资源的重要经济政策之一。排污权交易的主要思想是：在满足环境要求的前提下，设立合法的污染物排放权利即排污权（通常以排污许可证的形式表现），并允许这种权利像商品那样被买卖，以此进行污染物的排放控制[1]。企业节约下来的污染排放指标，将成为一种可以用于交易的“有价资源”，既可在企业与企业间进行商业交易，也可“储存”起来以备自身扩大发展之需。而那些无力或忽视使用减少排污手段、导致手中缺乏排放指标的企业，将不得不按照市场价格，

本文作者联系方式：排污权有偿使用与排污交易政策研究组成员。南京大学环境学院，南京：210093。

向市场或其他企业购买污染指标[2]。

江苏省环境排污权有偿使用及排污交易的政策目标是：通过主要污染物（COD）排污权有偿取得和排放交易，达到削减总量及提高减排效率的双重目标。具体做法包括：①通过改革主要水污染物排放指标分配和有偿取得办法以及排污权使用方式，建立排污权交易的一级市场；②在建立一级市场的基础上，利用市场配置功能，开展排污权交易，逐步形成排污权交易的二级市场；③以排污权有偿取得和交易为核心，构建江苏省排污权交易所。

2 江苏省排污权有偿使用及交易政策设计

要建立合理、稳定的一级市场，并逐步培育有效、繁荣的二级市场，达到水环境容量资源的优化配置，必须解决好以下 5 个重要环节：初始价格的设定、初始配额分配、二级市场的交易成本控制、交易所管理模式设计、监管与处罚规则等。下文将以江苏省为例，阐述政策设计中对此 5 个环节的一些构思。

2.1 初始价格的设定

初始价格的设定对于一级市场的稳定建立有决定性影响，对于二级市场是否能够形成、二级市场上 COD 排污权的交易价格也将产生深远影响。

2.1.1 目前污染物市场定价方式

（1）美国 SO_2 定价方法。在一级市场的价格确定方面，美国 SO_2 交易采用了“继承”出让的方式，即让现有排污的企业免费拥有使用权[3]。

这一做法在推行初期获得了现有企业的支持，但是在我国并不合适。主要原因是我国的排污费征收一直处于较低水平，大略占实际污染控制费用的 1/10，排污收费水平远远低于企业污染控制需要投入的水平，不能鼓励企业改善自己的环境行为，造成环境公共资本的损失。其次，环境容量价格一直是被忽略或低估的，要弥补已有的污染损失，进行生态修复需要大量资金。此外，本政策的进一步推广也需要大量资金用于在线监测装备与监测能力的加强，这些也需要大量资金。更加重要的是，美国的免费初始权的一个重要基础是他们拥有剩余的环境容量，政策目标是进一步改善环境质量。而我国水环境容量资源是处于赤字状态，需要政府以较大力度更加有效管理环境容量资源，免费获取环境资源不符合目前的现状。

（2）拍卖方式。另一种被广泛使用的方法是“拍卖”，旨在通过良好设计的拍卖市场自动反映出企业达到排放标准时的边际减排成本。由于目前对于环境能源市场拍卖设计的不娴熟，加之现有监测能力无法准确判别排放量及企业是否达标，极可能在拍卖过程中引发低报价格、企业同谋等问题，因此，拍卖这一方案也只能暂时搁置。

（3）江苏省目前采取的优化定价措施。第三种方式是在“继承”方式上变化而来，但是做了两个调整。其一是初始权赋予价格，其二是不纯粹认可企业现有的排污权，而是根据各地总量控制目标对企业的有偿取得量进行一定的优化调控。这也是目前江苏省采取的方式。

其核心是初始价格的确定。关于如何设置初始价格的问题，最主要的是初始价格的设计要基本反映“达到排放标准时的企业平均边际减排成本”，这样的价格才能对企业的减排产生刺激。

2.1.2 排污权初始有偿使用费的制定原则

（1）排污权初始有偿使用费的内涵。排污权初始有偿使用费与排污收费、污水处理费虽然比较相似，但三者之间有着本质的区别。排污权初始有偿使用费购买的是排污权的使用权限；排污收费则是对排污企业使用环境资源进行的收费，两者是并列关系，不属于重复收费范围。污水处理费则属于排污企业与污水处理厂之间协议产生的费用，属于排污企业的排污成本或者说生产成本，与排污权初始有偿使用费也不是同一概念。排污权初始有偿使用费的定价是基于排污企业的污染治理成本的。

结合我国现有的排污收费制度，对比现有的排污收费价格水平，排污权初始价格可以作如下界定：在污染物排放总量控制指标确定的条件下，国家出售环境容量的使用权，企业购买排污权指标的费用，是企业占用排污权指标资源的价格。同时，在总量控制的前提下，某一污染企业多排放一单位污染物，就要相应净化掉与其他企业相应的一单位污染物，因此企业占用环境容量资源的价格即边际生产成本（MPC）。

（2）影响排污权初始有偿使用价格制定的因素。根据以上定义，排污权有偿使用的初始价格应该在污染治理成本的基础上，充分地考虑行业差别与地域差别，进行一定程度的调整。其中，主要考虑的成本因素应当包括：

*污染治理成本：*污染治理成本指污染源通过改进生产工艺、增加污水处理设施减少污染物排放量等措施来满足地方对该污染源执行的污染物排放标准或要求，所要花费的成本，它是有偿使用价格确定的基础与依据。该成本反映到有偿使用价格体系中，即高污染行业的有偿使用价格应高于低污染行业，这样就可以通过不同行业之间的治理成本差价，达到控制高污染行业规模，促进低污染行业发展，从而调整产业结构的宏观调控目标。由于太湖流域目前普遍推广的标准高于现有的标准体系，应计算在水质需求下达到更高的排放要求时污染治理的成本。

*生态恢复成本：*在有条件的前提下，排污权有偿使用费的定价应该考虑该地区通过采取各种治理手段对生态环境进行恢复的成本，例如水质改善成本等，并通过收费的方式将生态修复的外部成本内部化。

（3）排污权初始有偿使用价格制定原则。排污权初始价格的制定，应当在成本计算的前提下，综合考虑试点地区物价指数和经济、环境和公共政策目标等因素。可以通过确定排污权初始价格制定体系，建立实时动态的初始价格，即每单位排放指标的收费标准。同时考虑到地区、行业等的差异，排污权指标初始价格需要根据地区社会经济发展状况进行相应的调整。另外还应该根据各地区不同发展状况与试点工作开展的模式，在定价时考虑对现有污染与新、改、扩污染源之间的差别等因素。综上所述，初始价格制定时主要应当遵循以下原则：

*刺激性原则：*排污权有偿使用要刺激排污单位改善环境行为，减少污染排放量，因此，排污权的价格不能过低。

*区别对待原则：*针对不同地区和行业技术水平、污染处理成本、经济环境可承受力

等方面存在的差异，分行业制定排污权初始价格。

*适度原则：*环境容量有偿使用使得企业在生产之初，必须购买相应的排污权，增加了企业成本。因此，在制定初始价格时，须考虑到企业的承受能力。

2.1.3 江苏省行业间 COD 排污权初始价格研究

在政策设计的实际研究过程中，采用的主要方法是成本调查法，企业调查与专家调查相结合。在调查了我省超过 50 家企业与工业园区之后，获得了表 1 中的数据。

表 1 不同行业 COD 的减排成本比较

		化工	印染	造纸	酒精
	最大值	16.21	11.29	1.06	3.02
企业调查	平均值	5.42	3.35	0.55	1.68
	最小值	1.92	1.35	0.38	0.87
	最大值	8.08	3.33	1.27	0.13
专家调查	平均值	3.67	2.10	0.99	0.10
	最小值	1.01	1.07	0.70	0.06
工业园区调查	最大值	平均值	最小值		
	6.95	2.80	1.25		

表 1 基本反映了各个行业减污成本的巨大差异。因此，是否应该根据行业收费，行业之间如何交易，甚至地区的差异问题都是政策设计中需要进一步研究的议题。此外，不同行业的污水其性质不同，地区之间标准、发展程度、环境容量的不同也的确存在。因此不同的政策取舍各有理由。

目前，以 COD 的削减为目标，在政策执行的初期考虑到政策的可操作性、简易性，江苏省在执行中通过取均值的方式，确定了一个统一的标准：4 500 元/t。这基本能反映目前排放标准下，企业平均的边际减排成本。这一价格是目前国家规定的 COD 排污收费价格的 6 倍多，是太湖流域规定的 COD 排污收费价格的 5 倍。

笔者认为，在政策实施初期，采用平均的价格有利于政策的推行，但是从提高减排效率和总量控制的角度，特别是从未来公平的交易来看，分行业、分地区的初始价格应该得到实行。能否在政策试点的前两年采用均价，然后逐步过渡到分类价格值得探讨。

2.2 排污权初始配额分配

2.2.1 初始分配的原则

初始分配不仅仅是一个单纯的环境问题，还是一个政治和经济问题，因为初始权的多少和分布方式决定了一个区域未来发展可能的制约因素。与此同时，初始权分配过程也是一个地区总量削减和产业结构调整的有效手段。目前国内已开展的初始排污权分配主要是以各排污企业现状排放负荷量为依据，由管理部门参照区域污染负荷控制目标确定。这种方法存在以下几个方面的不足：①目前排污权的初始分配更多的是以现在排污量进行分配，尚缺乏充足的理论支撑；②目前排污权的初始分配没有充分考虑污染物的治理成本，而不同污染源污染物治理成本的差异是排污权交易的基础；③目前排污权分配对社会发展的公平性和可持续性考虑较少，如果仅以现状排污量分配，则可能出现部分对经济社会贡献小的重污染企业因现状排污量大而占用较多的排污权，不利于高产值低污染企业的发展，也不利于地区产业结构的调整。

笔者认为，排污权初始分配需要综合考虑各方因素，主要应当坚持以下五点原则：

（1）一定要与许可证制度结合起来，这样无论在法律层面还是在未来与其他政策的整合方面均有利于有偿使用政策的实施，反过来有偿使用政策的落实一定是排放许可证制度最有力的保障。有偿的排污许可证制度将成为我国基础性的、串联性的环境管理制度。

（2）环保部门留出 10%～15%的指标不参与分配。这些指标有 3 个作用。①总量控制目标的调节；②地区特需招商引资的需要，避免政策实施后个别地区经济发展可能面临压力；③交易市场出现异常行为时可能的调控。

（3）新建和扩建企业必须从二级市场取得排污权。

（4）把总量控制目标考虑进去。分配给企业的排污权是一个递减的数字，也就是说第一年 100 t 的 COD，到了第二个年度可能为 95 t，考虑到 5%减排要求。

（5）未来（“十二五”起）要考虑不同行业和地区的减排绩效，分行业和地区分配初始排污权。

在实际操作中应当从两个层次研究水污染物排放权的初始分配方法，首先以行政区为单位建立排放权初始分配方法，将区域污染负荷控制目标分配到行政区（市、县）；在此基础上，进行以排污企业为单元的分配，根据该区域范围内的污染负荷控制目标，采用相应的方法分配到排污企业。这种分配方法可以兼顾效率和公平，在实行的初期不失为一种可行的过渡方法。

2.2.2 初始分配的设计方法

排污权初始分配可以考虑两种方法：①以各地区“十一五”减排计划来分配初始排污权；②以综合考虑环境容量和减排计划，建立排放权分配的优化模型。优化分配模型将综合考虑现状排放量、污染负荷控制目标、各企业治理成本以及区域可持续发展等因素，并且将考虑现有分配方法的延续性，从而建立具有理论依据、并且现实可行的分配方法。

在进行区域的初始排污权时，要充分考虑国家的环境政策，污染物的排放量应是逐年递减，以达到节能减排的目标。因此，在进行区域初始排放权的分配时，应留有一定量的环境容量不参加污染物初始排放权的分配。此外，在我国水环境污染中，除了点源外，非点源也占有相当的比重。由于非点源核算的不确定性，暂不考虑其分配问题。但是在太湖流域的“十二五”应该加以考虑。

（1）方法一：以地区减排目标分配初始排污权。江苏省已制定“十一五”减排计划，且报环境保护部批准，具有一定的强制性和可操作性。减排计划经过层层分解，可分解到市县和企业。因此，可将“十一五”减排计划作为初始排污权的分配方案。对于层层分解到县市和企业的减排计划，可直接参照减排计划分配初始排污权；对于尚未分解到县市和企业的减排计划，可参照下一部分的优化模型进行将减排计划分解到县市和企业。

（2）方法二：区域排污权分配的优化模型方法。区域污染物排放权的分配需要全面反映污染物现状排放、水污染控制和污染治理成本等多种因素，还要考虑到减排的总体目标，并且兼顾公平性原则，是一个多目标的优化问题，需要建立多目标优化分配模型。模型基本方法为：

目标函数

*经济最优目标；*以污染负荷综合治理费用最低为目标，可以采用研究地区已有的污水处理厂的投资费用数据及有关函数，建立污染负荷综合治理费用函数表达式：

$$\min EP = f(Q,k,\alpha)$$

式中：EP——污染负荷综合治理费用；

Q——某种污染物的排放量；

k——处理规模系数；

α——单位污染物去除费用。

以上参数需根据各地区排污情况和污染物处理技术水平而定。

*水质最优目标；*以河流水环境结余容量最大为目标，尽可能多地结余环境容量，实现污染物减排的要求，并且满足水资源可持续利用的要求：

$$\max WEC = W - \sum_{i=1}^{n} W_i$$

式中：WEC——河流水环境结余容量；

W——实施交易范围内按照阶段控制的水环境容量；

W_i——单个排污者的排放权；

n——排污者个数。

考虑到水污染控制目标的可行性，水环境容量采用阶段控制目标条件下的环境容量，该量值是综合规划水环境容量与现状污染负荷的阶段控制目标。

约束条件

*总量控制约束；*交易范围内各排污者的排放权总量控制在水环境容量范围内：

$$\sum_{i=1}^{n} W_i \leqslant W$$

*浓度控制约束；*控制断面的水体污染物浓度应该控制在功能区规划水质目标范围以内：

$$B_0 + \sum_{i=1}^{n} W_i f_i \leqslant C$$

式中：B_0——交易河段上游对下游控制断面的影响值；

f_i——某个排放者对下游控制断面的影响系数，需要采用水质模型的方法确定；

C——下游控制断面的阶段性水质目标。与阶段环境容量的控制目标相对应，水体水质控制目标也采用阶段控制目标。

*公平性约束；*排放权分配应该贯彻公平性原则，这种原则可以通过两方面内容进行综合体现，一方面是以排污者对当地经济的贡献为依据，另一方面是以排污者当前排污量为依据，可以描述为：

$$(W_i - W_{ei})^2 + (W_i - \overline{W_i})^2 \leqslant (\lambda W_i^0)^2$$

式中：W_{ei}——反映排污者对经济的贡献，为某排污者对当地经济发展的贡献率乘以功能区水环境容量；

$\overline{W_i}$——某排污者近几年平均的排污量；

W_i^0——排污者的现状排污量。

以上参数均需在具体地区调研分析后取值。

在排放权优化分配模型中，可以采用一维输入响应模型对污染物输移转化过程进行描述。

模型基本方程为：

$$\frac{\partial^2 C}{\partial x^2} - \frac{u}{D_x}\frac{\partial C}{\partial x} - \frac{K}{D_x}C = 0$$

均匀流条件下的解析解为：

$$C = \frac{W}{Q_0 + Q_E}\exp[\frac{u}{2D_x}(1 - \sqrt{1 + 4KD_x / u^2})x]$$

由该式可以确定浓度约束条件中的影响系数。

（3）排污企业的排放权分配。对于以排污企业为单位的排放权分配，其分配的原则和方法与区域排污权分配基本一致。在进行污染源的排放权分配时，亦采用区域排污权分配中的优化模型，其中总量控制约束中的约束条件为区域的总排污权。

排污使用权的期限也是政策设计中必须考虑的重要因素。在使用期限内，使用权有一定的产权性质，企业可以根据自身的情况通过改进技术、调整规模等方法进行排污控制，对使用权进行一定程度的处置。如果使用权期限过短，产权性质不稳定，企业决策风险变大，企业应对政策会采取比较短线、比较保守的方式，频繁变更会导致企业无法优化安排自己的减排方案，这对于二级市场的培育是致命的。同时也对政府部门对排污量、配额的核定、分配带来过于繁重的任务。

反之，使用权期限过长，会导致既有企业对于减排不够敏感，占用了本已稀缺的使用权，而后进入的企业（尤其是技术较先进的企业）获得排污权的门槛过高，不利于使用权的优化分配，对于区域竞争力、产业结构调整都形成反面影响。而转型过程中，我国不断严格的减排目标也决定了使用权期限不可能过长。例如“十二五”期间的减排目标必然严于“十一五”期间，一旦减排目标确定，代表着新的环境容量基数产生，其配额分配、初始价格都会发生变化。

因此，考虑到政策推行的实际需要，我们建议分为两个阶段：

第一阶段是 2009—2010 年。主要是考虑到五年计划、一级“十二五”总量控制的目标和内容（太湖流域应该将 N、P 等纳入）。

第二阶段是采用“3+2”的模式。先给予 3 年的初始权，但是这个初始权具有另外 2 年的优先延续权（要考虑总量减排要求以及这 3 年之间企业减排的实际情况）。这样既保证了在使用期间内产权性质的相对稳定，方便企业进行技术革新或规模调整的规划，又保证了该期限内对拥有排污权企业的减排激励。

2.3 二级市场交易成本

研究表明，在二级市场的培养过程中，交易成本的高低在很大程度上影响二级市场能否形成，以及二级市场的繁荣程度。

在政策设计中，排污交易的所有流程均可以通过“排污指标交易平台（交易中心）”实现，主要环节包括企业的出让与购买申请，管理中心核准，洽谈价格与数量，交易申请，审核与核准及公示与批准等。

每一个环节都将引入交易成本。将交易成本降低为零并不现实。但是如何在满足环境目标的前提下降低交易成本是值得考虑的。交易过程中涉及的主体，除了买卖双方企业外，还有排污权管理中心、环保部门及第三方核查。其中，排污权管理中心负责流程的正常运转，如基本条件的审核、排污总量核查与排污许可证的变更等。环保部门则主要对交易双方企业的排放情况、企业行为、交易后水质影响进行判断或核实。第三方核查部门将逐步接手企业排放情况的部分核查工作，并受环保部门的监督。这些步骤都将引入交易成本，但都是非常关键、非常必需的。其准确性越高，越有利于健康的二级市场形成。交易过程必须为这些服务付费。

为了鼓励交易，应尽可能减少企业为交易过程付出的成本。我们建议应该由两部分费用来服务于整个交易过程。第一部分由交易本身产生，类似于印花税形式，交易中心从每笔交易中获得一定的付费。另一部分则从初始权有偿取得费用中提取 10%～20%的管理费用。所有这些费用由交易管理中心统一使用，用于有偿取得和排污交易中的各种活动。

在管理机制上，环保部门充分放权，首先，由交易管理中心统筹协调整个过程；其次，鼓励第三方参与相关的核查等过程，形成一个竞争的第三方服务市场，降低相关成本，提高核查质量等；再次，放开交易价格，除非出现十分异常，影响到经济活动、总量控制和减排的交易活动（如恶意囤积等），政府不干涉交易市场；最后，良好交易平台设计是降低交易成本的重要途径，充分发挥现代信息技术的作用，是降低交易成本的重要手段。

2.4 交易所（中心）管理模式

交易所作为利用经济手段解决环境问题的公共平台，是重要的环境金融衍生品市场。目前，已有北京环境交易所、上海环境能源交易所挂牌，天津排放权交易所总体方案通过了专家论证。各所根据自身情况，工作重点有所不同。北京环境交易所计划分 4 个梯次展开工作，目前主要停留在节能环保技术交易上①，上海交易所的工作范围则很庞杂②。相比较而言，目前正在设计中的江苏省的交易所以排污权有偿取得和交易为核心，更接近排污权交易所的本质。

交易所首先要解决的是单位的性质问题，既是作为政府部门的直属机构，还是作为企业挂牌。虽然作为政府的直属机构在起步时可能会带来某些便捷，但长远看来，交易

① http：//www.cbeex.com.cn/.

② http：//www.cneeex.com/index.html.

所的企业性质对排污权交易市场的运作与构建很有帮助，因此交易所必须与环保部门权责分明。它的主要任务有 4 个：①给获得有偿使用排污权的企业以及有交易意向的企业提供标准化的流程服务；②提供信息的集散、梳理与优化的平台，增大交易规模，降低交易成本；③开发不同类型的环境交易产品；④对于需要“裁决”、鉴定、核定、监管的内容，联合环保部门及第三方完成相关任务。因此，交易所必须做到：①标准、清晰的流程设置，以及快速处理流程的能力；②对信息的快速集散、分类、优化的能力；③开发更多的与节能减排相关的技术交易、咨询服务及碳交易等产品；④与监管部门等的协作能力。

在目前有限的政策环境下，建议开发更多的交易产品。就 COD 而言，可以包括：两个直排点源之间的交易；直排点源与污水处理厂之间的交易；接管点源与污水处理厂之间的交易；多点源之间的交易；以及单一点源与非点源之间的交易，以及这些交易的衍生产品。

2.5 监管与罚则

有偿使用是否能顺利执行、排污交易能否达到预期的减排效果，对于企业实际排污量的监管控制非常关键。我国多项环保政策长期无法取得良好效果，与我国监管能力的薄弱有直接关系[4]。不能掌握企业的排污信息，就失去了执行法律与政策的基础，就不可能控制好总量。

在本次设计中，建议采用“三核定系统”（包括自动监控、监测比对以及物料衡算），以增强企业排污信息判别的真实性。尽管短期成本可能比较高，但是在目前信息获取能力较差的情况下还是十分必要的，另外“三核定系统”也可以有力推动污染源自动监控系统、环境监测规范化以及第三方运营等一系列重要的环境能力建设，这些也是总量控制、排放许可证制度落实所必需的。

另外，在政策设计中对于以往一向不够重视的罚则需要进行考虑。我国一直采用了低费率、低罚款率的政策，主要是考虑了国家发展初期企业的承受能力。然而，从政策执行的角度讲，低罚款率意味着低服从率。在新古典经济学模型中，企业对于一个政策的服从取决于服从时带来的成本与不服从时被监测出来的概率与所受处罚的积。企业希望最小化自己的服从成本。那么，他对罚款的期望（不服从时被监测出来的概率与所受处罚的积）就会影响企业的服从选择。这也是造成“执法成本高、违法成本低”的主要原因。在美国等国家，基本上采纳了“低监管频率、高处罚力度”的手段，效果显著。

我们建立的新古典模型研究表明：

（1）在监测能力与罚则都不变的条件下，相比目前实行的排污收费政策，交易政策执行后，企业更加有不服从（偷排）的激励。

（2）市场价格越高，企业越有不服从的激励。

（3）如果处罚函数不满足“边际递增的增函数”这一条件，那么企业被查到的概率越高，企业越有不服从的激励。

前两个结论指出，引入市场化政策有企业服从率进一步下降的危险，这对于服从率本来就偏低的国情而言是很严重的。必须通过监测能力和处罚力度的增大进行弥补。第三个结论则更明确地指出，处罚函数的一阶导数和二阶导数都要大于 0，否则，在监测能力增加，监测频率上升的时候，偷排越多对企业越划算。这一结论对于罚则设计非常重要。操作时可以通过设置二次函数或梯级罚款的形式来达成，使企业偷排不划算，偷排越多越不划算。拟设计的罚款方程为：

对于普通的超标排放

$$p_c = P_0 v(0.1v + 3)$$

对于不易检测到的暗管排放

$$p_h = P_0 v(0.1v + 5)$$

式中：p ——表罚款量；

P_0——表初始价格；

v ——表违法排放量。

这样，处罚基数提高到初始价格的 3～5 倍。违法排放量越高，基数越高，采纳梯级处罚方案。对于企业可以产生有效的震慑作用。因此，目前方案中的处罚力度还有待进一步加强。

3 结论

本文以江苏省的排污权有偿使用及排污交易政策系统设计入手，认为排污权初始价格的制定应当遵循市场和政府管制相结合的定价方式，定价的原则则应充分体现刺激性、区别对待和适度原则。而排污权初始配额的分配需要综合考虑总量控制、市场优化、区域差异和行业差异等原则，并对江苏省排污权的初始分配进行了模型构建和解析。在二级市场交易的设计方面，本文认为应当充分引入市场机制，通过支持市场机制和强化政府监管两个角度最大限度地释放市场的优化作用，而对于未来的交易所管理模式以及后续的监管和处罚机制方面，本文也进行了有益的探讨。希望通过江苏省的系统设计和研究，推动我国排污权有偿使用和排污交易研究实践进度，从而为我国形成更好的污染物调控机制作出贡献。

参考文献

[1] Dales J H. Pollution，Property and Prices[M]. University of Toronto Press，1968.

[2] 毕军，周国梅，张炳，等. 排污权有偿使用的初始分配价格研究[J]. 经济政策，2007，7：51-55.

[3] 王金南，杨金田，Stephanie Benkovic Grumet，等. 二氧化硫排污交易——中国的可行性[M]. 北京：中国环境科学出版社，2002.

[4] 陆新元，Daniel J. Dudek，秦虎，等. 中国环境行政执法能力建设现状调查与问题分析[J]. 环境科学研究，2006，S1（19）：1-11.

基于制度变迁理论的排污权交易分析
——以江苏省太湖流域排污交易试点为例

于 洋 毕 军* 刘蓓蓓 俞钦钦

摘 要：中国江苏省太湖流域从 2008 年起开始实施水污染物排污权有偿获得和交易政策试点。如何解释这一新制度的产生和独特的设计成为一个有趣的问题。本文通过运用制度变迁理论框架，运用成本效益分析，解释了制度创新的动力和原因；通过分析不同激励，解释了推动制度创新的主体构成的原因。然后，根据路径依赖理论，分析了这一政策独特的初始分配模式的成因。

关键词：制度变迁理论 排污权交易 太湖流域

An Observation of Tradable Emission Permit Program in Jiangsu Province Based Institution Innovation Theory

Abstract: From 2008，COD Tradable Emission Permit Program began to conduct in Taihu Basin，Jiangsu Province. In this work，we analyze the incentive of this institution innovation based on cost-benefit analysis. Also，we use Path Dependent theory to explain the design of this new mechanism.

Key words: Institution innovation theory Tradable emission permit program Tailake basin

1 引言

作为发展中国家，中国的水污染物控制面临许多特殊的问题，针对这些问题，中国政府也采取了相应的具有特色的政策工具。2007 年 7 月，中国政府在江苏省太湖流域开始试点 COD 排放许可证的有偿获得和排污交易试点。2008 年 8 月起太湖周边 138 家国控、省控重点企业将以每吨 COD 指标 4 500 元的价格购买 COD 排污指标，并于 2009 年起允许交易。

这是中国政府第一次实行跨行政区域的流域水污染物排污交易尝试。这一政策设计具有鲜明的转型性发展中国家的特色。同时，这项新制度形成的过程中，主要的推动力除了主管水质、监测的环保部门外，还有财政部门和地方政府。中国国家财政部会同江苏省政府，将投资 5 000 万元推动这一新制度的建设。

中国政府为什么不把这笔投入用于原有的税收政策或是标准控制政策的执行和改善上，而是投入一项新的制度的建设上呢？这项政策的设计又体现了整个制度变迁中的什

* 通讯作者：毕军，南京大学环境学院，教授，博导，E-mail：jbi@nju.edu.cn.
本文作者联系方式：南京大学环境学院，南京：210093。

么内在逻辑呢？本文将运用制度变迁理论，对这个问题进行初步探讨。以下部分分别是：第二部分，简要介绍排污交易政策的理论依据与实践，简要介绍江苏省太湖流域水污染物有偿取得与排污交易政策的设计；第三部分，简要介绍制度变迁理论；第四部分通过“制度变迁的成本收益”分析，解释这一制度变迁产生的原因；第五部分，通过“路径依赖”理论解释“有偿初始分配”这一看似多余的政策设计；第六部分是小结。

2 排污交易理论实践与新制度简介

因此，排污交易政策就引起了中国政府的极大兴趣。这是因为，作为一种以信息收集为基础的市场化管理政策手段，可交易的许可证制度在 1970 年代被蒙哥马利在理论上证明可以提高减排效率，随后这种政策的高效性在美国的 SO_2 排污交易政策中也被得到了证实。它可以降低相同数量污染物减排的成本。[1，4，6]

2007 年开始在太湖流域开始设计和推进的排污权有偿使用和交易政策实践，可以说是一种独特的“鸡尾酒”式的政策设计和尝试。整个政策分为 3 个大部分：初始排污权的分配、排污权的交易、配套的监测和罚款政策。

初始权分配部分，程序如下：首先，企业申购许可证。申购排污的数量由企业决定，每申购一顿 COD 排放量，企业须缴纳 4 500 元。企业购得的许可证可用于排放、储存和交易。

排污交易部分，程序如下：首先，企业间达成交易协议，并由买方提交申请，在审核通过后，完成交易。

监测和罚款部分，除去布设的在线监测设备外，同时，改变了处罚方式。新制度采用了阶梯式处罚方式。原有的处罚方式是规定罚款上下限的处罚方式。

3 制度变迁理论简介

制度，“是一系列被制定出来的规则、服从程序和道德、伦理的行为规范”，诺斯称之为“制度安排”。制度安排指的是支配经济单位之间可能合作与竞争的方式的一种安排。

1970 年代前后，旨在解释经济增长的研究受到长期经济史研究的巨大推动，最终把制度因素纳入解释经济增长中来。诺斯是这方面的代表人物。美国著名经济学家道格拉斯・C・诺斯（Douglass C. North）在研究中重新发现了制度因素的重要作用。

制度变迁理论认为：制度是一种由个人和组织生产的公共产品，成为制度的供给。新制度的产生源于人们对于新制度的需求。这种需求是因为外部条件和自身知识程度的变化引起的。这些变化使得人们需要新制度的产生以实现期望收益的增加。同时制度是稀缺的，制度稳定的必要条件是：

维持制度的边际成本=改善制度的边际收益

诺斯等认为：制度变迁的成本与收益之比对于促进或推迟制度变迁起着关键作用，只有在预期收益大于预期成本的情形下，行为主体才会去推动直至最终实现制度的变迁。

同时诺斯等研究认为，路径依赖对于制度变迁具有极强的约束作用，这是由于不完全市场和报酬递增效应造成的。通过对于技术变迁理论和制度变迁理论的对比，诺斯认为，制度变迁过程与技术变迁过程一样，存在着报酬递增和自我强化的机制。这种机制使制度变迁一旦走上了某一路径，它的既定方向会在以后的发展过程中得到自我强化。所以，人们过去做出的选择对他们现在可能的选择会产生很大的影响。[7, 10]

4 太湖流域新制度产生的原因解析

新制度的产生，根本的原因是知识存量的扩张和新条件的产生改变了人们的策略集，从而改变了博弈的均衡解。

拉坦认为："环境从农业与工业及工业生产中吸收了残余，这一需求与对环境服务和舒适的需求产生了激烈冲突。这一竞争导致了原来被视为免费品的公共资源的经济价值的显著上升。相对于这些价值日益增加的公共资源，其结果是形成了一些用于区分个人、企业和共同体产权的新制度。"[8]

在中国，特别是在经济高速发展、人口密度本就极高且不断膨胀的太湖流域，环境作为资源的稀缺性由于人口的增加，被赋予的压力不断增加。这就使得执行环境资源的产权的需求越来越高。这成为新制度产生的最根本动力。

同时，随着 30 多年来排污交易理论的完善和实践的经验，特别是 10 多年来在中国各地进行的多次排污交易经验，使得执行环境资源产权的知识得到了扩充。

这项制度创新是所谓"自上而下"的制度变迁，是指由政府充当第一行动集团，以政府命令和法律形式引入和实行的制度变迁，又称为强制性制度变迁。得出这样的结论是根据制度设计者们的陈述，他们在阐述这项政策的设计时称"对于排污权交易这项全新的政策……江苏省环保厅在政策执行之初完成了大量基础性工作，也确定了带有江苏特点的"自上而下、政府主导型的推行模式"[11]。这项制度创新是"从上到下"模式的原因，一方面是环境资源的公共产品属性，使得环境资源的产权执行是政府的天然职责，另一方面是环境状况的恶化和民众对环境需求的上升，给政府以巨大的政治压力。因此，我们下面分析激励政府推动制度创新的成本效益原因[7]。

但是，中国政府仍然有多种选择，特别是加强已有的环境收费制度和标准控制制度。为什么中国政府选择制度创新来实现产权的执行呢？

表 1 制度成本与预期收益表

<table>
<tr><td>策略选择</td><td colspan="2">完善已有制度</td><td>制度创新</td></tr>
<tr><td>制度选项</td><td>排污收费制度</td><td>标准控制制度</td><td>排污权有偿获取与交易政策</td></tr>
<tr><td rowspan="5">投入成本</td><td colspan="3">监测设备投入</td></tr>
<tr><td colspan="3">太湖流域水环境容量核算投入</td></tr>
<tr><td colspan="2">企业减排能力
普查投入</td><td>有偿获取和交易政策设计投入</td></tr>
<tr><td>新税率设计投入</td><td>标准设计投入</td><td></td></tr>
<tr><td>新税收制度设计</td><td></td><td></td></tr>
<tr><td rowspan="2">预期产出</td><td>刺激企业减排至边际减排成本
等于税率</td><td>规制企业
达标排放</td><td>刺激总体排放降低至平均减排
能力</td></tr>
<tr><td></td><td></td><td>降低总体减排成本</td></tr>
<tr><td>风险</td><td colspan="3">企业偷排降低政策效果</td></tr>
</table>

从表 1 中可知完善已有制度和制度创新的成本和收益的情况。除去共同需要投入的成本外，排污收费制度和标准控制制度都需要政府进行企业减排能力普查。这是因为，政府需要通过减排能力的普查，获得平均减排成本的信息用以确定收费标准或是排放标准，以达到刺激企业减排的目的。同时也要通过普查的信息避免标准的制定超过企业的承受限制。但是，这样的信息普查，面对对象庞大，信息收集、整理难度大，投入巨大，同时，企业存在的瞒报、虚报的可能，使得数据的真实性成为问题。因此这项投入的成本非常高昂。

而新制度的执行，避免了这样的信息搜索成本。新制度所需的不同于加强就制度的成本，只有新制度的相关设计成本。由于这样的设计不需要大量的准确企业数据，同时，在过去近 30 年中较多的排污交易政策设计先例，使得这个成本非常低廉。此外，由于旧制度的加强也需要重新设计税收方案或是标准执行方案，因此，新制度的机会成本就更低。

预期收益方面，在得到有效执行的前提下，三种政策都可以达到总量控制的要求，但是新制度可以降低总体减排成本，因此创新制度的预期收益大于维持旧制度。

此外，加强旧制度和创新制度都面临企业偷排降低政策效果的风险。综上所述：

创新制度机会成本＜加强旧制度机会成本

创新制度预期收益＞加强旧制度预期收益

创新制度风险 ＝ 加强旧制度风险

上述原因激励政府创新制度。同时，创新制度对政府的总体收益体现在 3 个方面，①相形加强旧制度，创新制度的资金投入小得多，因此激励了财政部门推动制度创新；②节省了环境部门进行信息普查的行政投入和资源投入，因此，激励了财政部门推动制度创新；③创新制度降低了总体减排的成本，因此激励地方政府推动制度创新，这就解释了产生制度变迁的原因。如图 1 所示。

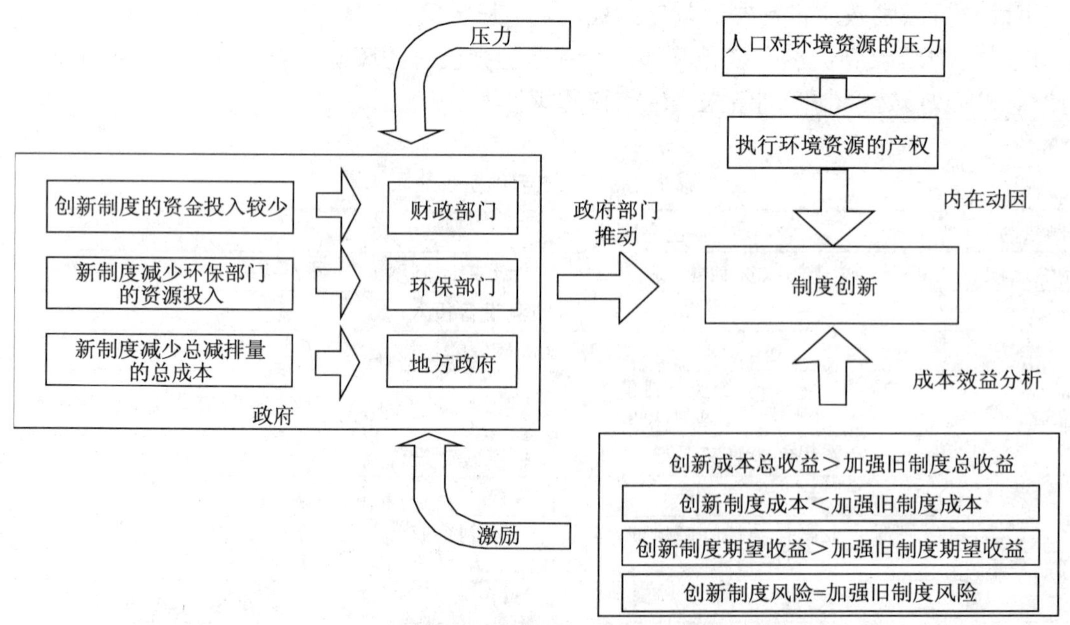

图 1　制度变迁原因分析

5 初始分配的独特设计——路径依赖的典型体现

在这项制度创新中，一项独特的设计是初始排污权的分配方式。过去 30 年中的排污交易试验中，主要采取两种初始分配方式，一种是拍卖的模式；另一种是“继承”（Grander Father）的模式。但是江苏省的这次试验，采用了一种新的方式，通过设定一个初始价格，让企业在总量要求和历史排放情况的前提下选择购买的量，并以初始价格购买。这笔资金用于监测能力的加强。为什么这次试验不直接采用已有模式呢？

诺斯认为，国家提供的基本服务是博弈的基本规则。国家的目的有两个：①界定形成产权结构的竞争与合作的基本规则，使统治者的租金最大化；②降低交易费用以使社会产出最大化，从而使国家税收最大化[10]。

而如果采用“继承”，现行的排污收费制度下政府获得的收入将不复存在，还要另外投入资金进行监管设备、人力等的投入，这是财政部门不愿意看到的，而免费获取了排污权的企业缺少减排的激励，这是环保部门不愿意看到的；如果采用拍卖模式，政府需要对企业实际排放情况有准确的掌握。中国的事实是有可能存在普遍而大量的违法排放，而政府无法证实或证否。在这样的情况下拍卖，大大地增大了制度创新后执行的不确定性。如果违法排放大量存在的话，导致拍卖价格低于应有价格，降低了财政部门的收入，也使得财政部门对于监测的投入高于这样单纯提高排污收费标准；而如果要保证拍卖的有效性，则需要在短时间内投入不少成本完善监管企业的设备。

“路径依赖”理论指出，现有制度的选择受到之前选择的决定性影响。以执行 20 余年的排污收费制度已为企业和政府适应，企业和政府都非常熟悉这项制度的规则和细节。为在当新制度执行后，特别是转型阶段，尽量降低新制度初始设置成本，江苏省这次的试验采用了这种有很浓厚排污收费色彩的初始分配设计。

这种设计与原有制度间有了很大的连续性，这种制度安排，使得政府和企业对于新制度的适应成本较低，学习效率较高。因此降低了创新制度的交易成本。

而在历史数据基础上的购买，也保证了财政部门的税收收入不会大幅降低，甚至促使了财政部门的税收收入提高；也保证了对企业保持一定程度的减排压力，满足了环保部门的关切。

6 小结

本文通过成本-效益分析，用制度变迁的框架分析了江苏省太湖流域水污染物排污权有偿获得与取得这一新制度产生的原因。并通过路径依赖原理揭示了新制度设计中独特的部分。

参考文献

[1] Conrad K，Kohn R E. 1996. The US market for SO_2 permits：policy implications of the low price and trading volume. Energy Policy 24，1051-1059.

[2] Council of Jiangsu Province，1996. Water Pollution Prevention Statute of Taihu Lake（WPPSTL）in Jiangsu Province.

[3] Council of Jiangsu Province，2007. Water Pollution Prevention Statute of Taihu Lake（WPPSTL）in Jiangsu Province（Revised）.

[4] Cropper M，Oates W E. 1992. Environmental Economics：a survey. Journal of Economic Literature，30（2），675-740.

[5] Dasgupta S，Laplante B，Mamingi N，Wang H. 2001. Inspections，pollution prices，and environmental performance：evidence from China. Ecological Economics 36：487-498.

[6] Hansjurgens B. 1998. The Sulfur Dioxide Allowance-trading Program in the USA：recent developments and lessons to be learned. Environmental and Planning C：Government and Policy 16：341-361.

[7] D·诺斯，R·托马斯. 西方世界的兴起. 北京：华夏出版社，1988.

[8] V·奥斯特罗姆，等. 制度分析与发展的反思. 北京：商务印书馆，1992.

[9] 柯武刚，史漫飞. 制度经济学. 北京：商务印书馆，2000.

[10] D·诺斯. 经济史中的结构与变迁. 上海：上海三联书店，1991.

[11] 毕军，等. 排污权交易.江苏行进，http：//www.xinlicai.com.cn/zf/disport. asp?id=973.

浅议排污交易政策的执行策略：以江苏太湖流域试点为例

刘蓓蓓[①]　金浩波[②]　毕　军[①,*]　于　洋[①]　俞钦钦[①]

摘　要：本文以前期理论研究结果为基础，以提高企业对政策的服从率为目标，通过分析江苏太湖流域的排污交易政策执行案例，提出了政策制定者在监测能力与处罚函数设置方面工作的建议，包括：设置数据测定与仪器校正标准以增强数据的精确性，采用统一平台提供的数据增强数据之间的可比度，采用“三核定系统”增强数据的可靠性；设置高次函数或梯级函数减少企业违法，加重对恶劣违法（暗管排放）的处罚对企业形成震慑等。

关键词：排污交易　执行　监测策略　处罚策略

Preliminary Study on Enforcement Strategy for Emission Trading Program：A Case from Tai Lake Watershed in Jiangsu Province

Abstract: Aiming at raising the corporate compliance rate in emission trading program，this paper provided suggestions on monitoring and penalty strategies for policymakers based on the results which we have gained in previous researches. The suggestions are 1）to establish data and instrument calibration standards to enhance the accuracy，2）to collect monitoring data from a uniform data platform to enhance the comparability，3）to construct the tri-checking management system for data reliability，4）to change the linear penalty function to the higher-order coherence or step-up ones and，5）to deter execrable violation by exerting much higher penalties.

Key words: Emission trading program　Enforcement　Monitoring strategy　Penalty strategy

1 引言

我国的排污权交易可行性研究始于 20 世纪末[1]。其后，SO_2 排污权交易在太原、南通等地陆续展开。自 2007 年起，水污染物排污权交易在江苏太湖流域与浙江嘉兴展开试点。目前，排污权交易已经成为诸多地区环境经济政策试点中重点考虑的项目之一。

无论具体的制度安排如何，排污权交易政策都含有（或隐含着）总量控制目标。这

基金项目：国家水体污染控制与治理科技重大专项（2008ZX07633-04）；国家环境保护部环保公益性行业科研专项（200809074）；国家社科基金重大项目（06&ZD025）。

* 通讯作者：毕军，南京大学环境学院，教授，博导，E-mail：jbi@nju.edu.cn.

本文作者联系方式：① 污染控制与资源化研究国家重点实验室，南京大学环境学院，南京：210093；② 江苏省环境监测中心，南京：210036。

使政策制定者不能回避企业违法与政策服从率的问题。如果服从率过低，政府所掌握的信息与实际情况相差过大，不仅会严重影响总量控制的效果，而且会影响政府对整体执行效果的判断，从而影响环境政策的进一步制定。事实上，我国在环境政策的监测执行能力偏弱，工业企业的排污数据一直存在“说不清”的问题。环境统计数据、申报数据与新近的污染源统计数据范畴不同、数据差别很大就是明证。然而，相对准确的排放数据是排污交易政策执行的技术基础。否则，排污交易政策不可能发挥出预期效果。正因此，排污权交易政策的执行问题一直被业内专家与政府工作者高度重视。王金南等[1]在《二氧化硫排放交易：中国可行性》一书中指出：“监管能力是实施排放总量控制与交易的巨大障碍。”

在理论上，Keeler（1991）与 Malik（1992）通过研究分别证明：“相比于标准控制，排污交易政策由于存在市场价格的刺激，将导致更严重的环境违法或更高的执行成本”[2，3]。基于江苏省太湖流域的排污交易政策框架，本研究组之前的工作在理论上也证明了：“在监管条件、处罚策略不发生变化的条件下，相比于早先的排污收费政策，排污交易政策将导致更严重的违法行为。且市场价格越高，违法行为越严重。”[4]这些理论研究进一步指出了排污交易政策执行过程中可能面临的困难。

本文将在沿用理论研究结果的基础上，结合江苏太湖流域排污交易的试点实践，从监测能力、处罚力度两个方面提出政策执行建议供政策制定者考虑。

2 关于监测能力的讨论

监测的主要目的是获得准确的数据。在本组前期的理论研究中[4]，监测能力越强，代表着能准确探测到违法量的频率越大，会导致企业违法量越低。这一理论结论符合实践者的常识。

具体到江苏太湖流域的实践中，政策设计者充分认识到监测能力建设的重要。借助“十一五”期间太湖流域监测能力建设这一契机，不仅为所有参加该试点政策的企业配备自动监控系统，而且还加强了断面自动水质监控系统的建设。

仅有自动监控系统硬件设备是不够的。几百套数据仪器设备不尽相同，测量方法不统一，检测限与灵敏度未经校准，诸多技术问题悬而未决，会带来严重影响效率的误差。因此，江苏太湖流域的案例中已经开始考虑由省级监测部门建立监测数据测量与仪器校正标准，从而保证数据标准化。同时，江苏实践中采用了一套动态数据平台来收集数据，对于保证数据的可比性是有必要的。

即使这些技术问题得以解决，如何保证自动监控设备正常运行、妥善维护也很重要。管理不严格同样会带来政策执行的效率低下。在目前的条件下，为了通过管理能力的增强尽可能掌握真实数据，提高企业服从率，江苏实践中还采用了“三核定系统”（包括自动监控、监测比对以及物料衡算），以增强企业排污信息判别的真实性。在目前信息获取口径不够统一、精度较差的情况下，这种管理方式是十分必要的。其中，自动监控系统是基础，提供企业排污的一手数据。监测比对系统则是用环境质量测定的数据与企业排污数据相比对，如果前者出现异常而后者没有显示出相应的变化，则要临时提高实地调查的力度，查出异常原因。物料衡算系统则采用行业排污系数对相应企业监控系统中的数据进行核对。如果相差较大，也要临时提高实地调查的力度，查出存在差异的原因。三种系统带有较强的相互检验作用，促进企业为证明自身守法，主动维持与维护自动监控系统的正常运转。这将降低政策执行中对于监控设备的管理成本。

另外，“三核定系统”将带来许多必要的，新增的监控工作，这将有力地推动第三方运营市场的形成。建议政府应及早开展第三方的资质认证与管理的准备工作。

3 关于处罚力度的讨论

相比于政策制定的其他具体内容，如税率设定、污染物种类设定等，我国在环境政策的制定与执行过程中，处罚一向不够受重视。罚则语焉不详[5]，处罚力度严重不够。我国一直采用了低费率、低罚款率的政策，可能主要考虑到我国发展初期时的企业承受能力[6]。

然而，从政策执行的角度讲，低罚款率必须意味着低服从率。在部分经济学模型中，企业对于一个政策的服从取决于服从时带来的成本与不服从时被监测出来的概率与所受处罚所构成的处罚期望。企业希望最小化自己的服从成本。那么，他对罚款的期望就会影响企业的服从选择。处罚期望过低，会导致企业的服从意愿偏低。这也是造成“执法成本高、违法成本低”的主要原因。本组前期的研究表明[4]，处罚函数及边际处罚函数都必须是增函数，否则，在监测能力增加，监测频率上升的时候，偷排越多对企业而言越经济。而对于形式恶劣的违法，采取更严格的处罚措施是有效的。这些结论对于罚则设计非常重要，却在以往的实践中没有获得政策制定者的重视。本文建议了一种处罚方式供政策制定者参考。

鉴于江苏实践中，参与排污交易政策试点的企业，COD 的年排放量为 10～100 t，初始价格约为 4 500 元/（t • a）（暂定），设置以下二次函数，

对于普通的超标排放，$p_c = P_0 v(0.1v + 3)$

对丁不易检测到的暗管排放，$p_h = P_0 v(0.2v + 5)$

式中：p ——罚款量；

P_0——政府确定的 COD 的初始价格；

v ——违法排放量。

这样，处罚基数为初始价格的 3～5 倍，企业基本可以承受。违法排放量越高，基数越高。或根据此两次函数，改写为相应的梯级处罚方程方便操作与企业识记。例如：

对于普通的超标排放，偷排 1 t 以下：$p_c = 3P_0 v$；1～5 t：$p_c = 3.5P_0 v$；5～10 t：$p_c = 4P_0 v$；10 t 以上：$p_c = 3P_0 v$。

对于不易检测到的暗管排放，偷排 1 t 以下：$p_h = 5P_0 v$；1～5 t：$p_h = 6P_0 v$；5～10 t：$p_h = 7P_0 v$；10 t 以上：$p_h = 8P_0 v$。

这样的设计可对企业违法产生有效的震慑作用。

4 结论

本文在前期理论研究结论的基础上，结合江苏太湖流域的排污交易政策执行的实例，

提供了减少企业违法、提高企业服从率的建议。关于增强监测力能力的建议主要包括：

（1）加强监测数据与自动监测仪器的标准化建议，增强数据来源的精确度。

（2）采用统一的申报与交易平台，增强数据的统一性与可比度。

（3）建设“三核定系统”，采用数据相互比照的方式增强数据的可信度。

关于处罚函数设置的建议主要包括：

（1）设置高次函数或梯级函数减少企业违法。

（2）对恶劣违法（暗管排放）的处罚采用重罚形式，增加对企业恶劣违法行为的震慑力。

参考文献

[1] 王金南，杨金田，Grumet S B，等. 二氧化硫排放交易：中国的可行性. 北京：中国环境科学出版社，2002.

[2] Keeler A. 1991. Noncompliant firms in transferable discharge permit markets：Some extensions. Journal of Environmental Economics and Management 21，180-189.

[3] Malik A S. 1992，Enforcement costs and the choice of policy instruments for pollution control. Economic Inquiry 30，714-721.

[4] Beibei Liu，Yang Yu，Jun Bi. 2008. Setting incentives for compliance and abatement：the mechanism design of the COD emission tradable permits system in Taihu Lake Basin，第二届全国博士生学术会议论文集. 清华大学，北京.

[5] 国务院，2003. 排污费征收使用管理条例，第 5 章 21-24 条.

[6] Sterner T. 2002. Policy Instrument for Environmental and Natural Resource Management. Resources for the Future. Washington，DC.

中国推行水排污权交易的模式及问题分析

——基于太湖流域试点的初步结论

叶维丽[①]　毕　军[①]　于　洋[①]　刘蓓蓓[①]　张　炳[①]　李云生[②]　吴悦颖[②]

摘　要：排污权交易是在“总量控制”前提下，政府将排污权出让给排污者，并允许排污权在二级市场上进行交易，建立和完善排污权交易政策框架是近期我国环境经济政策中的热点与难点。本文基于各地区开展排污权有偿使用与交易试点的进展情况，比较分析了江苏和浙江两省的实践模式，指出排污交易政策在定位、框架、技术与监督管理等方面存在的缺陷，并从政策理论体系建设、能力建设以及技术支撑三个角度提出相应的政策建议。

关键词：排污权交易　排污权有偿使用　许可证　比较分析

Analysis of China's Water Emissions Trading Model and Issue: Preliminary Conclusions of Tai Lake Basin Pilot

Abstract: Emissions trading is that on the premise of total amount control, government sell the emission permits to polluters and allow the trading of permits in secondary market. The hot spot and difficulty of the environmental economic policy in China is to establish and modify an emission trading policy framework. Based on the progress of pilot programs of emission right paid use and trading, we comparative analysis the practice mode of Jiangsu and Zhejiang province, and indicate the drawbacks of emission trading in orientation, framework, technology, supervision, management and some other respects. After that, we raise some policy suggestions on construction of policy theoretical system, capacity building and technical support.

Key words: Emissions trading　Payable emission right　Permit　Comparative analysis

1 前言

中国的排污权交易大约从 2001 年开始蓬勃发展，早期开展的是 SO_2 的排污权交易。在水污染物排污权交易方面中国的实践案例稀少，主要针对排污许可证制度开展了试点，但并未大范围推广。

真正意义上的水污染物排污权交易早期仅限于城市中的小范围区域。其中最著名的

* 本文作者联系方式：① 污染控制与资源化研究国家重点实验室，南京大学环境学院，南京：210093；② 环境保护部环境规划院水环境部，北京：100012。

是从 1987 年至今，上海市闵行区开展的水污染物排污交易。闵行区的排污权交易至今已实施 44 笔，共转让 COD 排污权 1 389 kg/d，累计交易金额 1 549.5 万元，交易价格也从每日每公斤 COD 0.7 万～0.8 万元上扬至 1.5 万～2 万元。一些经济效益差、污染严重的企业从经济成本考虑，逐渐让出排污指标，退出水源保护区，而效益好的企业则获得了进一步的发展机会。2007 年 11 月 1 日，浙江省嘉兴市实施《嘉兴市主要污染物排污权交易办法（试行）》，规定今后该市所有包含 COD 和 SO_2 两项主要污染物排放的新建项目，其排污指标必须通过嘉兴市排污权储备交易中心的交易平台购买。当月，国内首家排污权储备交易中心在嘉兴正式挂牌成立，15 家企业的排污权交易当场签约。从 2008 年起，江苏省首先在太湖流域开展化学需氧量（COD）排污权有偿使用试点，旨在确定太湖流域主要水污染物排污权初始价格，将排污指标作为资源实行初始有偿分配；建立化学需氧量排污权一级市场，逐步建成排污权动态数字交易平台，形成太湖流域主要水污染物排污权交易市场。

2 水污染物排污权交易的一般模式

在中国，成型的排污权交易根据目的与实践方式分为两种模式，“总量控制与交易”模式以及“污染削减与交易”模式。

2.1 “总量控制与交易”模式

“总量控制与交易”模式的一般思路是通过总量核定、有偿使用为特定区域或流域中的污染排放者提供排放的总体限额以及每个污染企业的排放限额，并要求企业必须在达到环境标准的前提下满足排放总量不超过该限额。由此污染削减水平较高的企业可以通过直接污染削减达到要求，与限额的差值可在市场上出售。而污染排放量较大或削减成本较高的企业则需要向其他主体购买排污权以达到总量限制要求。这种模式的真正目的在于总量控制，排污权交易政策定位为总量削减的补充政策；其意义在于通过“交易”这个选择为排污者提供污染削减意外的选择；其技术关键在于交易之前的排污权初始分配与定价程序；其法律依据在于需要通过排污权有偿使用的相关法律，给予其法律地位。该模式的目的与定位决定了其推行方式，推进力是“自上而下”的递进关系，在某个层面上形成了政府强制力下的倒压力金字塔（图 1）。

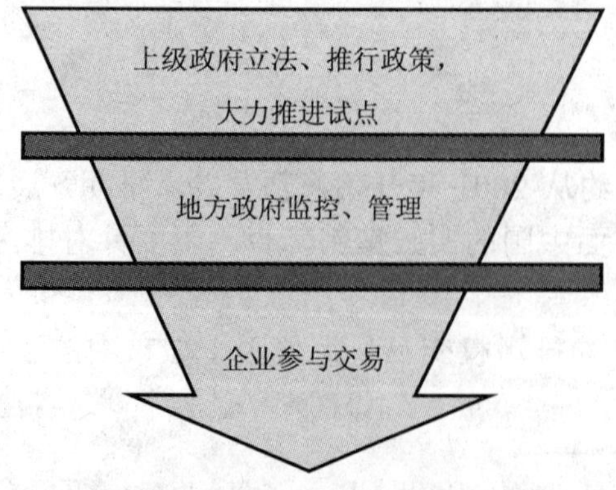

图 1 “自上而下”的总量控制与交易模式

采取该模式推进排污权交易政策，优势在于与总量控制政策的密切结合，可达到环境质量改善的目标。在政策开展的初期可以快速有效地推进法律法规、管理制度与信息平台的建设，能够建立起较为规范的有偿使用制度与交易市场，完整实践排污权从初始定价、有偿分配到交易的理论框架。而其缺陷则在于其与总量控制等命令控制型政策太过紧密，因此并未跳出传统政策管理的政府强制思路，真正发挥市场能动性。这可能造成有偿使用政策成功执行后，企业有可能因为对政府政策不确定性的担忧以及囤积稀缺排污权资源的心理从而出现惜售排污权的行为，使得二级市场交易难以良性开展。

2.2 “信用削减与交易”模式

“信用削减与交易”模式则是截然不同的另一种思路。它的一般思路是当某一排污企业通过自身污水处理能力提升而削减了污染物排放量时，可在限度内出售削减的那部分排污权，以此获得盈利空间，激励企业进行污染削减。这种模式下企业污染削减的积极性比较高，政府的角色更偏向于督导者而非强制执行者，交易中介以及信息的重要性在这个模式中起到主导作用。这种相对较为自主化的排污权交易模式，推进力是“自下而上”的，在某个层面上是排污企业自身的盈利追求与地方政府的积极主动在推进排污权实践前行（图 2）。

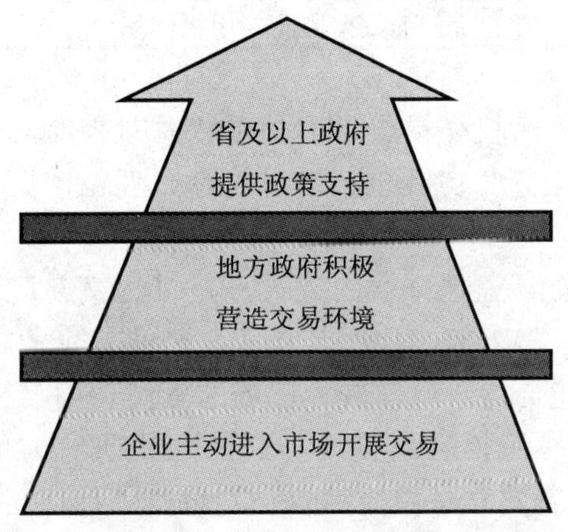

图 2 “自下而上”的信用削减与交易模式

该模式无疑更具有市场自主性与效率，使得政策实施更加灵活与多样，能够直接快速地建立排污权交易二级市场，在有偿使用理论与实践均不成熟的情况下暂时回避技术问题直接开展排污权交易。一方面，由于企业有盈利的动力，该模式可以持续保持交易市场的活跃。但追求效率的同时，这个模式存在的最大问题是建立了成熟的交易市场之后，环境质量可能并没有太大改善；另一方面，由于这类政策缺乏更强的组织性，在排污权交易实践过程中回避了排污权定价、排污权有效年限、排污权是否可以质押等关键技术问题，建立的市场可能导致先天不足。

2.3 两种模式的比较分析及实践

2.3.1 影响因素分析

这两种模式各有利弊，在推行排污权政策时究竟选择哪种模式，取决于试点地区的客观条件及一些影响因素（表 1）。江苏省与浙江省嘉兴市由于条件不同而选择了不同的推行模式。

表 1 影响推行模式选择的因素

影响要素	“总量控制与交易”模式	“信用削减与交易”模式
典型区域	江苏省太湖流域	浙江省嘉兴市太湖流域
政策目的	减排	效率
实施范围	与总量控制政策同范围推广	小范围试点，随后逐步扩大范围
法律基础	总量控制层面的法律支持	许可与交易层面的法律支持
参与意愿	政府因减排需求较为主动	企业因经济激励较为主动
理论建设	排污权有偿使用与初始分配	排污权交易
监测技术	大规模区域在线监测体系铺设	基于交易案例的企业级监控系统
数据基础	统一的数据监测与申报体系	多重数据之间的不统一

江苏省在水污染物排污权交易上采取的是“总量控制与交易”模式，其政策目的主要是与总量减排挂钩。江苏的实践包括信息平台、理论研究、法律保障与监管能力等方面内容。

排污权有偿使用与交易虚拟平台的建设，是排污交易政策的信息与数据载体。该平台是政策执行过程中上级与下级，政府与企业、企业与企业之间的沟通媒介。它将申报、审批、监测、管理等功能合为一体，成为江苏的有偿使用与交易计划中最有特色的部分。江苏省在省级层面上的排污权有偿使用与交易理论研究方面完成了大量基础性制度建设。2003 年以来，江苏省建立了由排污权初始价格、排污付费价格、治污收费价格和环保服务价格组成的环境价格体系理论。2007 年底出台的《江苏省太湖流域主要水污染物排放指标有偿使用收费办法》确定了针对排放企业的主要污染物 COD 初始排放指标收费价格为 4 500 元/（t·a），针对污水处理厂的排放价格则酌量降低。排污权有偿使用与交易的法律体系，是排污交易政策的基本框架。《江苏省太湖水污染防治条例（修订）》的出台，以立法形式规定了太湖流域通过试点逐步推行主要水污染物排放指标初始有偿分配和交易制度，将排污权交易试点合法化，为该政策的进一步推行提供必需的法律授权。同时出台的太湖流域“十一五”污染防治规划则保障排污权交易政策的实施，积极促成排污权交易的市场条件。排污权有偿使用与交易的监督管理，是排污交易政策执行保障。对排污权交易政策的许多质疑来自于对监管系统准确性的不信任，而硬件条件落后是重要因素。通过在太湖主要出入湖河流和市界河流建设 103 个水质自动监测站，在 186 家国控、省控污染源安装在线监控装置，建成太湖湖体蓝藻预警监测系统等巨额监测投入，江苏省力图通过环境监测硬件能力提升为排污权交易监管执行创造良好条件。

浙江省主要采取自下而上的“污染削减与交易”模式，典型区域是嘉兴。2007 年 6

月嘉兴起草了《嘉兴市主要污染物排污权交易办法（试行）》和与之配套的《嘉兴市主要污染物排污权交易办法实施细则（试行）》，从政策法规上规范了交易程序、交易方式及交易内容。2007 年 11 月 1 日起嘉兴市全面实行排污权交易制度，并成立了嘉兴市排污权储备交易中心，以具有交易管理权的中介形式开展排污权交易。该中心目前已成功交易 41 笔，总交易额达到 3 590 万元。嘉兴市选择这种模式作为试点，主要是受到其交易需求、监测条件以及具体管理、技术限制的影响。

由于具有交易需求，嘉兴市的排污权交易先于有偿使用开展起来，二级市场交易较为活跃。在管理上采取了成立嘉兴市排污权储备交易中心这一国有独资企业的形式为管理与运行带来灵活性。而嘉兴市在排污权交易方面也体现了几个特点：根据实际情况回避排污权初始分配问题，直接开展二级市场交易活动；充分发挥储备交易中心的储蓄功能，通过对闲置排污权的技术性规定充实主要污染物排污权储备量；开展年内短期出租业务，灵活利用当年环境资源；对已经实行交易企业购买方颁发《排污权证》，与现有的其他环境经济手段相结合，试图增加企业交易动力；探索以工业资金治理农业面源污染的可行性，从而获取排放指标用于新建项目。

2.3.2 关键技术分析

分解整个排污交易政策，可以更清晰地看出两种模式各自的优势与问题所在。排污交易关键技术主要包括：排污权初始分配、排污权有偿取得与排污权交易。

（1）排污权初始分配。完全竞争市场条件下，根据科斯定理的理论，初始分配并不重要，因为交易成本为零，当达到帕累托最优时资源的分配也应当达到最优。但这仅是理想状态，在现实中交易成本不可能为零，一般的市场手段只能尽量降低交易成本，使结果逼近帕累托最优状态。因此排污权初始分配是否公平、有效，便成为排污交易政策能否顺利实施的前提。

在中国，环境是资源要素的理念并没有完全确立，大部分地区的环境容量被认为“可免费获得”，认同排放权免费。而排污交易的前提则是环境资源的稀缺性，它认为允许的污染排放量是稀缺的，由稀缺产生市场需求。因此在排污交易政策实现之前，应当对排污权进行初始分配。从中国目前的水污染排放现状来看，污染物排放量已经远远超过了环境容量，导致水体环境质量恶化。在此前提下的排污权初始分配必然带有政府调控的色彩，与总量控制政策关系密不可分，通过政府行政命令的手段强制执行。将排污权交易与总量控制挂钩的模式能够快速推进政策实施，但难以保障分配的公平性。而以提高效率为目的的另一种模式暂时回避初始分配的做法，终将在交易进行到后期的时候面临与总量减排之间的矛盾。

（2）排污权有偿使用。排污权的有偿使用并非是排污权交易政策中必须实行的步骤，但是否有偿却将极大地影响政策的执行效果。由于排污权作为环境资本具有难以货币化的特点，环境资源定价目前也并没有统一的标准，因此初始价格的制定很难做到完全的公平，只能通过政府的干预与指导在一定限度内保证其公平性。结合我国现有的排污收费制度，对比现有的排污收费价格水平，排污权初始价格应在污染源的达标治理成本基础上适当考虑生态恢复成本，从而形成较能被接受的价格水平。由于不同污染行业不同污染物的污染治理成本与生态恢复成本均有差异，甚至不同地区的污染治理成本也有所不同，因此初始价格的制定因考虑地区差别与行业差别，而制定本身应以地方政府为主，国家层面上，应提供一定的理论与技术支撑，而省级政府则应该通过制定规章赋予法律地位。从这个层面上看，排污权的初始定价与收费还是以政府的命令控制性管理方式为主。

（3）排污权交易。在完成排污权的初始分配，并制定了有偿取得的价格之后，排污权交易工作便可以开展。排污权交易，从结构上分，包括排污权市场建立、交易中介机构建立、交易平台建立 3 个方面的内容。在排污权交易阶段，“信用削减与交易”的模式为政策提供了丰富的实践经验，也率先指出了交易过程中遇到的种种障碍。

首先，排污权市场的建立需要借助于政府的行政意志力，但更重要的是依赖于企业的交易意愿与选择。当企业具有交易意愿并拥有交易资格时，才能通过公布交易信息寻找交易对象，而这个对象必须是在相同流域内才有交易的空间与现实意义——从这个角度来看，排污交易是个地域性较强，不适合大范围推广的政策，主要解决的是区域污染排放效率低下与主动性不足的问题。而赋予排污权市场以充分的自主性，是市场成熟之后的必然途径。

其次，要明确排污权交易中介机构的归属问题。从市场角度来说，交易中介机构是独立机构，负责管理交易信息，推动交易流程。但是从管理角度来说，交易中介如果单独作为中介机构，对排污企业的管理能力不足，而在调用数据方面也存在问题。因此，试点初期各地区对交易中介的定位大同小异，都是政府指导或者掌控下的企业，其本质是为了在中国现有的体制状况下保证交易过程的执行力与监察力，同时又保证其一定程度的独立性。当形成较为成熟的排污交易市场之后，政府干预应当逐步退出，令交易中介机构成为真正独立的第三方机构。

最后，排污交易政策需要一个信息畅通的交易平台作为沟通与执行载体，该交易平台应当是一个集硬件支持系统与软件决策系统于一体的大型虚拟系统。其规模决定了初期建设与运转必须由政府筹资，那么管理与系统决策、审批权限也归属政府，这虽然便于掌控交易信息，但容易造成政府对市场干预力过大的局面，不利于交易市场的良性发展。

3 中国推行排污权交易存在的问题

不论是总量控制与削减模式还是信用削减与交易模式，推行时都存在一定程度缺陷，有些问题甚至可能直接影响政策执行效果。这些问题主要集中于政策、技术、监管 3 个层面：

3.1 政策层面

3.1.1 政策定位

首先，排污权交易政策仅是环境经济政策的一个部分，其实行依托于政策范围内市场的成熟程度与管理的完善程度。以目前中国国情来看，市场制度与行政干预之间存在定位矛盾。过度的行政干预是否会影响经济政策本身的实施效果不得而知。其次，排污权交易政策是否能够成功，能够对总量减排与污染排放产生怎样的影响，还是一个无人能够解答的问题。而成功的标准为何，如何进行绩效评估和效果评价，也不得而知。再次，排污权交易政策适用范围究竟多广还是个待研究的课题。它对政策环境要求高，对实施地区的监测能力、环境管理部门执行能力以及企业经济实力都是挑战，并不是适用于所有地区所有行业的政策。盲目大面积推行可能导致认知误区与政策失败。最后，排污权交易政策与现有的环境管理政策之间的相互影响关系，还需要更进一步的整合。排污收费、污水处理费、排污许可证等必然会对排污交易产生影响，但目前还没有形成从环境管理整体政策体系上评价排污权交易政策地位与作用的视角。

3.1.2 政策框架

首先，排污权交易政策在国家层面上的政策框架没有完全形成，交易程序、监测体系建设、交易平台建设、税费优惠等具体执行没有落实实施方案，无法指导各省、市、地区的排污权交易工作。其次，排污权交易的法律授权问题没有完全解决。大部分试点地区排污权交易的实践工作缺乏法律基础，执法行为也没有法律保障，甚至遭受较大抵触。最后，排污权交易政策相关规章制度滞后，不能解答排污者拥有的权利、可交易排污权的具体规定、持有排污权者合法权益的保障、排污交易过程中的纠纷裁决等问题，为地方试点工作开展带来盲目性。

3.2 技术层面

在环境容量稀缺的太湖流域开展排污权交易，初始排污权有偿分配技术势在必行。然而至今没有存在能被统一认可的分配方案。不论是基于环境容量的、基于现状的或者似乎基于国家总量分配减排计划的方案，都存在理论上的不严密与操作上的实现难度。许多地区采取回避初始分配的方法推进交易，这为交易市场的规范制造了难以逾越的障碍。作为政策前提的初始价格形成机制也面临同样问题，如何定价成为实践过程中争议最大的内容。定价的过高或者过低都会导致政策失败。

另外，排污权二级交易市场还很不成熟。最为明显的是企业“惜售”排污权问题有待解决：随着环境资源的越发稀缺，许多企业不愿意出售排污权，而是储存起来，造成市场上只有买方没有卖方的情况，这种情况在部分试点地区已经发生，当地政府采取了多种手段来盘活排污权资源，但收效并不明显，手段的合法性也遭受质疑。此外，排污权资产是有形还是无形，试点交易中心如何进行计税、纳税，排污权可否进行财产抵押，排污权折旧等都是亟待解决的技术问题。

3.3 监管层面

排污交易政策一方面对政府监管能力要求较高的政策，需要强有力的监管体系保障运转。这种保障力体现在环境监测、机构管理与机构人员能力建设上。各省目前的数据调查显示，许多地区不能达到该项政策所需的监测条件，断面监测、污染源监测等技术薄弱，在线监测设备精度不足、具有较大争议的是监测系统以及现行的监测方法是否能够真实反映企业的污染排放和削减情况。另一方面，排污权交易政策对现有政府部门的管理体制产生较大冲击。管理部门一味期待依靠严刑峻罚规范企业的排污行为，却又面临着环境法规中处罚力度过轻的现实，造成政策实施的两难局面，迫切需要政策创新。

有关部门职员的能力建设也并未跟上，政策创新的原动力难以保证，执法不严的问题还给政策执行带来了高风险。

4 结论与建议

迄今为止的水污染物排污权交易理论与初步实践，体现出了政策、技术、管理等各方面均存在薄弱环节，同时也为排污权交易政策的进一步推进指出了方向。在中国，要推行水污染物排污权交易只能在自然环境与经济实力都允许的地区。重点应注意政策体系的理论建设、管理部门能力建设以及关键技术开发等几个方面。

4.1 加强政策体系理论建设

尽快建成国家层面上的交易平台与技术指南，形成国家层面上的政策框架，规范与指导各地区试点工作。加快排污权使用办法与相关税费减免政策的研究。尽快出台有法律效力的排污权有偿使用与交易相关文件，使地方政府在政策实施过程中有法可依，提升政策手段的执行力与效果。

4.2 增进政策协调，加强能力建设

该政策应在国家层面上加强统一指导，组织各部门开展政策平台研究，加强合作，形成强有力的领导组与资金组，引导试点地区工作开展。同时应加大对地方的支持力度，积极组织地方调研，加强地方与中央政府，地方政府之间的沟通协调。研究并调查地方的特异性，及时总结各地方工作经验，进行信息共享与交流。应推进政策相关的各级管理部门的能力建设，加强各部门联系，推进部门间的合作，提高管理能力，降低政策实施的管理风险。

4.3 推进政策保障技术开发

应加快关键技术开发，包括有偿使用初始分配制度、初始排污权价格形成机制，交易比率计算等关键技术。应统一初始排放量计算口径，以污染源普查为契机，解决排污权初始分配中遇到的计算依据问题。应研究提高污染源违法行为成本的方案。通过严格执法提高污染企业的违法成本，促进企业自主守法。应解决排污权交易过程中可能触及的税收问题。例如交易中介的“企业性质”、对交易中介征收的增值税等，以及排污权的主体界定、财政税收政策界定等问题。应积极开发点源与非点源交易的理论与技术，为降低农业面源污染，解决工业排污权来源问题做出有益尝试。

参考文献

[1] 马中，Dan Dudek，吴健，等. 论总量控制与排污权交易[J]. 中国环境科学，2002，22（1）：89-92.

[2] 张顺. 多重视角中的公共政策与公共政策分析[J]. 理论探讨，2004，3：84-88.

[3] 包秀华. 浅论我国水排污权交易相关的法律制度构建[J]. 法制与社会，2007（11）：823-824.

[4] 杨姝影. 中国组建排污权交易市场的背景与现状分析[J]. 环境保护，2004，11：48-52.

[5] 邓海峰，罗丽. 排污权制度论纲[N]. 西北政法学院学报，2007，6：76-83.

[6] 何延军，李霞. 论排污权的法律属性[N]. 西安交通大学学报：社会科学版，2003，23（3）：77-80.

[7] 高利红，余耀军. 论排污权的法律性质[N]. 郑州大学学报：哲学社会科学版，2003，36（3）：83-85.

[8] 唐惠子，刘俊肖. 从物权法的视角看我国的排污权交易制度[J]. 资源与产业，2007，9.

[9] 李霞，狄琼，楼晓. 排污权用益物权性质的探讨[J]. 生态经济，2006，6：31-33.

美国加州控制点源排放的经济措施

Charles Cheng
（加州/环保局，圣地亚哥区域水质控制委员会）
吴悦颖 译

摘　要：控制点源排放在水质保护中至关重要，在美国，对于点源排放的控制机制主要是通过规章和强制措施，强有力的法规程序是控制点源排放的一个关键，同时也是其他非规章手段的基础。在这一规章制度之下，可以采用经济手段来确立排污者的经济责任，确保企业遵守适用的法律、规章、政策、规划及各种许可文件，通过环境缓解来补充规章程序，并且提供水质信用交易机会。本文主要介绍了一些在加州实施的经济措施，这些措施主要用于补充和加强对污染防治、减排和水质保护的监管行为，具体进行了如下讨论：①各种点源排放许可程序需要的费用，以及收费的依据和构成；②加州对于违规行为及污染环境的排污者的强制措施政策和经济处罚，以及处罚额度确定应考虑的各种因素，并通过一个案例来辅助讨论；③补偿和抵消不可避免的环境负面影响的环境缓解程序，讨论中提供了具体事例；④当一个水体的水质需要受保护以满足某种特定用途时，在最大日负荷量（TMDL）计划下的水质信用交易机会。最后本文得出结论：规章是污染控制和水资源保护中的基础机制，但是适当的经济措施对于实施和加强法规程序必不可少。

关键词：加州　点源控制　规章制度　经济措施

Economic Measures Under Regulatory Framework for Point-Source Discharges in California，USA

Abstract: Control of point source discharge is a critical component in water quality protection. In the United States，the primary control mechanism for point source discharges is through regulation and enforcement. Strong regulatory programs are vital to control point source discharges，and are the foundations for other non-regulatory alternatives. Under this regulatory framework，economic measures are used to establish the financial responsibility of dischargers，to enforce compliance with laws，regulations，policies，plans and various permitting instruments，to supplement regulatory programs with environmental mitigations，and to provide opportunities for water quality credit trading. This paper presents some economic measures exercised in California that supplement and enhance regulatory activities in achieving effective pollution control，waste reduction，and water quality protection. Specifically，the paper provides following discussions; ①fee requirements of various permitting programs for point source discharge，and the rational and structure for the mandatory fees; ②California enforcement policy and monetary assessment for non-compliance and environmental damages caused by dischargers，and the various factors in assessing the dollar amount; a case study is provided to aid the discussion; ③ environmental mitigation programs for compensating and offsetting unavoidable adverse environmental impacts，examples are provided in the discussion; ④water quality credit trading opportunities under the Total Maximum Daily Load（TMDL） program when the water quality for a water body is protected for its designated uses. The paper concludes that regulation is a fundamental mechanism in pollution control and water resource protection; while proper economic measures are necessary to implement and enhance regulatory programs in achieving the goals.

Key words: California　Control of point source　Regulatory framework　Economic measures

引言

在加州以及美国的其他地方，对于点源排放的主要控制机制是通过联邦政府的《清洁水法》和州政府的水法下的各种规章，如加州的《波特科隆水质法》，这一规章制度具有一系列的经济手段，用于确定排污者的经济责任，完善各种规章程序的实施，并鼓励污染减排及同水质管理计划合作。强有力的规章和政策是美国点源排放控制的基础，这些法规是实施地表水和地下水保护性水质标准、规范污染物不当排放管理实践、控制和减少污染源，以及恢复受污染水体的关键。同时，适当的经济手段也是实施、补充和强化监管行为所必须的。本文旨在介绍一些在加州适用的经济手段，这些手段在作者看来对于补充和完善污染控制、水资源保护和恢复的规章程序十分有效。

1 年费——排污者付费

在加州，根据加州法律规章汇编第 23 卷第 3 部分第 9 章第 1 篇，任何排污者都要向州政府缴纳年费，这些排污者的污染排放要求，已经在各种文件中作了规定（如 NPDES 许可证、WDR 许可证、豁免政策等）。这一费用确定了排污者在向州水体计划和实际排放污染物的合法经济责任，同时收缴的费用可以用以资助各种水污染防治计划。直接而言就是：谁污染，谁付费。

这一收费制度高度体制化，且由一系列因素来决定，其中包括：排污者的类别、大小、环境影响及排污者的污染管理实践和过往历史，此外，还可能收取一些附加费用用以帮助监测环境水质并防止和减少水质威胁。

为了确定年费金额，需要按照下列定义来考虑和评估水质的威胁以及排放的复杂性：

1.1 水质威胁

*类别 1：*污染排放会导致受纳水体特定有益用途的长期损失，如饮用水供应用途的损失，水体接触性休闲用途的损失，贝类和洄游鱼类产卵和生长的损失。

*类别 2：*污染排放会导致短期的水质超标，损害受纳水体的特定用途，如违反二级饮用水标准，孳生蚊蝇。

*类别 3：*污染排放虽然没有超过水质标准，但是仍然导致水质下降，或者导致特定有益用途的较轻的损害。

1.2 污染排放的复杂性

*种类 A：*包括有毒污染物，具有多个排放点，要求地下水监测，具有 I 类（危险）污染物管理单元的任务排放。

种类 B: 具有物理、化学，或者生物处理系统，或者具有Ⅱ类（非危险）或Ⅲ类污染物管理单元的任何排放。

种类 C: 没有包括在类别 A 和 B 内的，没有污水处理系统但有被动式处理系统，没有污染物管理单元但有污染物储存系统。

具有类别 1 和种类 A 的污染排放，相对于具有类别 3 和种类C的污染排放，需要交纳更多的年费，这是因为，如果类别 1A 没有遵守规定的要求违反了排放许可限制，那么它导致的环境污染要远比类别 3C 严重。因此，较高风险的污染排污者需要交纳较高的费用；同理，高风险的污染排污者也需要交纳更多的附加费用，如Ⅰ类污染物管理单元和工业污染排污者。此外，具有政府核准的质量保证计划证书的污染排污者，可以获得费用减免，对于具有违规排放历史的污染排污者，则不能享受这一优惠，除非它重新获得了证书并且完成了相关手续。

这一收费政策可以用于确定污染排污者的状况和责任，也可以作为一项经济机制来阻止违规排放，并鼓励有益的环境管理实践。

2 环境责任——污染者付费

加州的波特科隆水质控制法案《加州水法典》规定：“州政府必须准备动用自己的力量和司法权来保护州内的水体免遭污染”，并且授予水质管理委员会权力，来实施和执行水质法律、规章、政策和规划，以保护州内的地表水和地下水。为了履行这一责任，州委员会已经颁发了一个强制执行政策，以及时、公平、坚决且始终如一地对违规行为采取强制措施，来实现环境收益最大化。

强制措施有许多目的：①它帮助保护州的水质，快速和坚决的强制措施可以防止水污染，并且鼓励对已有污染问题的及时补救；②它可以帮助建立一个公平的商业环境，企业不应因遵守法规而导致相对于违规者竞争劣势；③它可以防止潜在的违规，从而保护环境；④它确保污染者不能通过违反水质法律来获得经济优势；⑤经济处罚，作为强制措施政策的重要组成部分，提供了对环境造成污染的补偿措施。补充环境项目采用了一些经济处罚来加强当地和全州范围的环境保护、恢复和缓解项目。

强制措施政策采用了一个渐进式的系统以保证有效的执行和资源的高效实用，对于一些违规者，一个非正式通知已经可以足够告诉企业，并且鼓励其停止违规排放。对于较严重的违规，则需要一个相对正式的通知。如果违规状况仍得不到解决，就应该采取更加正式的并且严厉的措施使企业停止违规，非正式的强制措施成本比较低，被最多使用，正式的强制措施的费用相对较高，应主要针对最高优先级的违规行为。在 10 个法令认可的正式强制措施中，《行政民事处罚》是第二高层次的措施，仅次于《转呈首席检察官和地方检察官》《行政民事处罚》，是水质管理委员会依照《加州水法典》采取的经济处罚，表 1 归纳总结了法规主体、违规类型和处罚金额的法律限值。

表 1　同征收行政民事罚款相关的加州水法条概要

加州水法条	覆盖范围
§ 13261	对于没有汇报污染排放情况或者没有交纳年费的企业，可以处以最高每天 1 000 美元的罚款。（对于非 NPDES 排放，如果其中涉及危险污染物并且蓄意违规排放的，罚款最高可以到 5 000 美元/d）
§ 13265	对于无证排放，处以最高每天 1 000 美元的罚款。（对于非 NPDES 排放，如果其中涉及危险污染物并且蓄意违规的，罚款最高可以到 5 000 美元/d）
§ 13268	对于没有或者拒绝安装监测设备，或者伪造数据的企业处以最高每天 1 000 美元的罚款。（对于非 NPDES 排放，如果其中涉及危险污染物并且蓄意违规的，罚款最高可以到 5 000 美元/d）
§ 13271	如果废水中的危险物质超过可汇报量或者污水超过了 3 785 L，而没有及时通知紧急服务处，处以最高 20 000 美元罚款
§ 13272 局限：不适用于政府法规§8670.3（f）中所定义的向海水中的油污泄漏	对于向加州水体中排放任何油类污染物，没有通知紧急服务处的，处以最少 500 美元/d、最多 5 000 美元/d 的罚款
§ 13308	对于违反时间安排的，处以最多 10 000 美元/d 的罚款，具体数额在制定日程安排的时候确定
§ 13350	对于违规者，每排放 3 L 废水最多处罚 10 美元，或者最多 5 000 美元/d 的罚款 区域委员会需要具体裁决，如果没有排放，是否对于违规者处以每天最多 100 美元的民事罚款，如果有排放并且获签发了准许行政命令（CAO），是否对于违规者处以每天最多 500 美元的罚款
§ 13385（a）	对于违反 NPDES 许可证计划的或者向地表水排污污染物的企业：最多 10 000 美元/d，外加对于排放量超过 3 785 L 的部分处以每 3 L 10 美元的附加处罚。在本节中提到的“排放”包括：任何点源向美国境内的可航水道中进行的排放，向公共污水处理厂中排放的任何污染物，或者使用或处置污水污泥
§ 13385（h） and（i）	13385（h）（1）……对于法规中所定义的第一次违规，以及在任何连续的 6 个月中的再次违规，应该处以最低 3 000 美元的强制处罚。以下情况除外，SWRCB 或者 RWQCB 可能要求排污者花费同第一次违规的罚款相当金额，来改善环境项目或者发展污染防治计划。 13385（i）如果有人在任何连续的 6 个月中出现下列情况超过 4 次，那么对于每次违规都应该处以最低 3 000 美元的强制处罚，除非最低处罚要求对于前 3 次违规不适用，这 4 种情况是： （1）超过污水排放要求限值 （2）没有依照 13 260 节编制报告 （3）依照 13 260 节编制了一个不完备的报告 （4）超过包含在适用的污染物排放要求中的有毒污染物排放的某一限值，要求中没有包括对于具体有毒污染物的排放限制
§ 13399.33	如果故意没有提交雨水许可证要求的通知，处以最多每天 5 000 美元的罚款 对于没有提交雨水计划要求的非适用性通知、年报或建设证书的，处以最多每年 1 000 美元的罚款

确定行政民事罚款的金额需要考虑许多因素。根据污染排放相关的因素，确定一个初始罚款额，这些因素包括：违规的性质、情况、程度和严重性，排放的污染物的毒性，还有清除污染的难易程度。需要考虑的信息包括：污水中的污染物、污水量、受纳水体的敏感性及其用途，对水质和水生生物的威胁，对人类健康的威胁，还有同污染排放相关的受纳水体水量，等等。污染排放影响到受纳水体的有益用途，应首先处以有益用途罚款。另外，排污者的一些行为也要考虑在内，包括排污者过失程度，任何自愿的清理污染的工作，还有排污者的历史违规行为。好的行为有助于减少对其处罚的金额，而坏的行为就会增加处罚金额，比如伪造数据和故意违规都会导致增加处罚金额。

确定行政民事处罚额度时的另一重要因素是违规行为的经济得益。如果违规行为并非排污者的过错，那么可能并没有经济利益，如果由于排污者推迟改善污水处理系统，或者没有采用足够的控制措施而导致的违规，那么可能就要估计这里面的经济得益。应该考虑两类费用，延迟费用和回避费用。经济利益等于回避费用的现值加上延迟费用上的“利息”。政府防止以及处罚违规的成本也应考虑在内。

最终确定的金额，即使已经符合了违规的程度和严重性，以及排污者的经济利益和过往行为，也要根据排污者的支付能力作适当的调整，如果处罚会影响到排放企业的正常业务，水质管理委员会可以考虑适当降低处罚额度，对于有些企业如果处罚的金额不足以阻止企业的违规行为，那么可以考虑适当增加处罚额度。

案例研究：Buena Vista 湖污水排放的行政民事处罚

从 2007 年 3 月 31 号到 4 月 3 号，Vista 市和 Carlsbad 市共有的污水干管，向位于圣地亚哥的 Buena Vista 湖总共排放了 2 763 342 L 的未经处理的污水。Buena Vista 湖规划的用途包括人体接触和不接触的水上休闲、河口栖息地、野生生物、珍稀濒危物种、海洋生物和温水生物等。由于 Buena Vista 湖拥有独特高价值的海岸野生生物，而被划为生态保护区。

圣地亚哥区域水质管理委员会依照《清洁水法》第 13350 节做出了处罚决定，处罚可以基于每升（最高每 3 L 10 美元）或每天（最多每天 5 000 美元）进行计算。对于污水排污者的法定最高行政民事罚款金额是 730 万美元。实际的行政民事处罚金额基于以下因素来确定：

（1）污水排放的性质、程度和严重性。污水管道出问题可能是由于外部的腐蚀，排放出来的污水对于水质和水体的用途都有短期影响，污染杀死了大约 1 700 多条鱼、一些鸟、牛蛙和淡水蟹，并且影响到了一种联邦和州保护的濒危物种长嘴秧鸡。公众同水的接触变得不安全，人体接触和非接触的休闲功能丧失，在美国鱼类和野生动物服务处和加州渔猎局指导下，该次污染对 Buena Vista 湖潜在的长期影响仍在评估之中。

（2）过失程度。排污者没有监测到污水的流量或者压力，如果及早发现，应该会减少外泄污水的量。排污者没有进行每天的检查和观察，并且对于泄漏没能做出及时的反应，结果导致污水流入 Buena Vista 湖。

尽管过去在该地区曾有类似事件发生，但是排污者还是没有采取足够的防范措施。

（3）对于污染事故的应对。排污者的初始反应有些迟缓，2007 年 3 月 30 号发生的泄漏，2007 年 4 月 3 号才修理了管道并恢复正常。

虽然第一反应比较迟缓，但是之后，排污者采取了一系列措施来阻止、评估和清理污染，排污者立即对 Buena Vista 湖的溶解氧和菌类进行了监测，以确定污染范围，此外，排污者马上开始向 Buena Vista 湖中曝气以增加湖水中的溶解氧以保护水中生物，从 4 月 3 号到 4 月 10 号，超过 1 514 L 的湖水和污水的混合液被用泵抽取至污水处理系统中进行处理，排污者的这些清理污染的措施都起到了积极作用。

（4）过往违规历史。在 1994 年，排放了 475 万 t 的未经处理污水，被处以 142 302 元的行政民事罚款；在 1997 年，排放了 175 万 t 未经处理的污水，由于渗漏出来的污水被及时清理，并没有被处罚；从 2006 年 4 月—2007 年 4 月，包括这次在内，排污者共发生了 21 次污水泄漏事故。

（5）经济得益。当时，水质管理委员会无法确定不采取防治措施的经济得益。

（6）支付能力和继续运营能力。水质管理委员会没有信息表明排污者没有能力支付或者支付以后无法进行正常运营。

民事处罚的金额为 1 095 000 美元，它是以每加仑 0.15 美元计算得来的，并且远低于法定最高值，这一金额的确定基于以下因素：

- 污染严重影响了水质，包括对水体用途的短期和潜在的长期影响，以及对联邦和州保护的濒危物种长嘴秧鸡的潜在影响。
- 排污者没有对污水管道采取有效的监测和检查措施，如果进行足够的监测，就有可能防止此次事故的发生，至少也可以减少排放出去的污水的量。
- 排污者没有采取有效的预防措施，比如更换污水管道和安装被用系统，这些措施就算不能杜绝此类事件的发生，也可以减少排放出去的污水的量。
- 排污者之前就曾经发生过此类事件，由其污水传送系统向 Buena Vista 湖排放未经处理的污水。
- 在得知事故发生后，排污者积极应对，采取了一系列污染清理措施，从而降低了污染事故对 Buena Vista 湖的影响。
- 民事处罚足以补偿税委员会的费用。

3 环境缓解

环境缓解计划是一种当其他环境标准（如位置、布局、工艺和运行）不能够充分控制有害环境影响时，用于补偿和抵消这些不可避免的有害环境影响的必要法规。下面是两个同环境缓解计划相关的研究实例。

在南部加州有几个发电站用海水作为冷却水，包括一座每天每单位消耗 4 871 L 海水的核电站，另外一座拟建的海水淡化厂将每天通过淡化海水产生 18 927 万 L 饮用水，这些设施将热能、盐类等污染物排入太平洋，并作为点源排放受 NPDES 许可证约束。

大量采集海水会通过进水口夹带和冲击水生生物从而导致大量水生生物死亡。这些水生生物包括鱼、鱼苗、鱼卵、甲壳纲动物、贝类、海龟、海洋哺乳动物及很多其他形式的水生生物。影响主要是对早期的鱼类和贝类。清洁水法 316（b）节规定美国环保局必须确保冷却水进水构筑物的位置、布局、建造以及能力是能够将有害环境影响最小化的最优工艺。加州法规同时也规定：“对于每一个新建或者扩建的需要将海水用于冷却、加热或者工业处理的海岸电厂或者其他的工业设施，将尽可能地采用最佳位置、布局、工艺和缓解措施已到达进水量和各种海洋生物死亡率最小化。联邦和州立法规都强调预防和控制缓解或者修复措施，并且排污者必须说明其他技术是不可行、不经济或者相对修复措施是非环境友好的。

环境缓解被认为是一种环境信贷制度，然而牺牲环境的代价和缓解项目的潜在收益是很难评估的，因为生态系统和自然资源相当复杂，它们会随着时间而改变，并且我们对于什么是对环境有利的、什么是对环境有害的还缺乏充分的认识。环境缓解项目不能由于失败或无效的缓解工作而产生更大环境损失或者成为一个允许合法的环境破坏的“漏洞”，这点非常关键。

4 信用交易与最大日负荷量

最大日负荷量（TMDL）是通过计算得到的水体在能满足水质标准的前提下，所能接受的某种污染物的最大负荷量。水质标准和最大日负荷量计划是通过清洁水法 303 节确定的。一个最大日负荷量是包括所有点源和非点源的单一污染物的允许负荷总量。计算时必须包括以下元素：①校准和核实选择模型，该模型需要收集环境水层和负荷数据；②评估污染物减排方案，包括点源减排（调整）和潜在非点源减排（管理）；③确定满足水质标准的最大日负荷量；④分配单个点源和聚集的非点源的允许最大日负荷量；⑤对季节波动和临界条件的说明；⑥安全边际及为今后增长所做的预留。

当基于工艺的污水限值不能满足水质要求并且特定的有益用途受污染物影响时，采用最大日负荷量是必须的。清洁水法 303（d）节要求州政府需鉴定并列出受损害和威胁的水体，通过对点源实行排污许可证和对非点源采取最佳管理实践来发展和完善最大日负荷量计划。一个最大日负荷量必须将总量分配到所有的污染源，包括点源和非点源。

在进行分配时必须考虑以下因素：①污染源（点源或者径流）；②污染物的可控性（如大气的）；③控制污染物的法规效力；④每个配额的价格；⑤水质受影响的必然性；⑥实现分配的合理担保；⑦利益相关者的目标。向某一水体的污染物排放不应超过最大日负荷量，并且实现特定用途，在这些规章制度下，这一污染排放分配过程将会制造出水质信用交易的机会。理论上，交易可以在点源之间、非点源之间以及点源—非点源之间针对同一种污染物进行，一个点源可以通过从其他点源或者非点源购买他们剩余的污染物配额来满足自身污染物负荷配额需求。

5 结论

在美国，对于点源的控制机制主要通过规章和强制措施进行，在规章制度下，同时采取了经济手段来确定排污者的经济责任，以促使企业更加遵守法律、规章、政策、规划和许可文件，从而通过替代环境缓解措施来完善规章制度，并提供水质交易的机会。强有力的规章计划对于控制点源和非点源污染至关重要，是补充和替代措施的基础，同时，为了达到污染控制、减排和水质保护的目标，有必要采取适当的经济手段，以促进监管行为的实施和完善。

参考文献

[1] Federal Water Pollution Control Act，1972（and all amendments thereto）.（Clean Water Act）

[2] California Porter-Cologne Water Quality Act，1969（and all amendments thereto）.（California Water Code）

[3] California Code of Regulations Title 23 Division 3 Chapter 9 Waste Discharge Reports and Require -ments Article 1 Fees.

[4] Water Quality Enforcement Policy，February 19，2002，State Water Resources Control Board，Califor -nia Environmental Protection Agency.

[5] Staff Report，Proposed Administrative Civil Liability for Buena Vista Lagoon Sewage Discharge，Sep - tember，2007.

[6] NPDES Permit No. CA0108073，316（b）Proposal，San Onofre Nuclear Generation Station，2006.

[7] NPDES Permit No. CA0109223，Carlsbad Desalination Project，2006.

[8] San Dieguito Wetland Restoration Project，Final Restoration Plan，Southern California Edison，Nove - mber 2005.

[9] Coastal Habitat Restoration and Enhancement Project，Poseidon Resources，October 2007.

[10] Total maximum daily loads（TMDL）and individual water quality-based effluent limitations. Title 40，Part 130.7 Code of Federal Regulations.

TMDL 计划在排污权交易“热点”风险管理中的应用*

曲常胜 毕 军 李凤英 黄 蕾 宛文博

摘 要：排污权交易在满足区域总量控制要求的同时，可能在局部区域或某特定时间段内造成污染的集中化，即形成“热点”问题。“热点”风险包含空间性及时间性两种，这种现象的存在将威胁局部区域或时间内的环境质量安全，影响排污权交易的效用。本文在分析排污权交易“热点”风险性质及 TMDL 计划特点的基础上，提出建立基于 TMDL 计划的排污权交易“热点”风险管理体系，通过制定区域下各局部区域及典型时间段内的最大日负荷总量来规避“热点”风险，使排污交易在满足区域总量控制要求的同时，也达到局部区域短时期内的环境质量要求。

关键词：排污权交易 “热点” TMDL 风险管理

Application of TMDL Program in the Risk Management of Hot Spots in Emission Trading Programs

Abstract: Emission trading, as an economic measure of environmental protection, is useful to limit the total pollutant emissions. But at the same time, some emission trading programs have had problems with hot spots, both spatial and temporal, are drawing more and more attention. Based on the analysis of the potential environmental risk caused by hot spots and the features of Total Maximum Daily Loads Program (TMDL), this paper develops a framework of risk management system of hot spots in emission trading programs. This system is built on the establishment and development of TMDL, which will not only be able to control the total pollutant emissions, but also can achieve the local or episodic environmental protection goals.

Key words: Emission trading Hot spots TMDL Risk management

1 排污权交易

随着经济社会的快速发展，环境问题已经成为制约人类社会发展的主要“瓶颈”之一。传统的命令控制手段已不能完全满足新阶段环境保护工作的需要，国际上普遍认为应当更多地采用市场激励机制保护环境。排污权交易作为一种市场化的环境管理手段而逐渐在世界范围内受到重视。

排污权交易又称排污指标交易，其思想是 1960 年代末由美国经济学家戴尔斯（J. H.

* 基金项目：国家社会科学基金重大项目（06&ZD025）； 江苏省自然科学基金项目（BK2006132）。

作者简介：曲常胜，硕士研究生，研究方向为环境风险分析与管理；毕军（通讯作者），教授，从事环境风险研究、产业生态学研究、环境政策分析，联系方式：E-mail：jbi@nju.edu.cn.

本文作者联系方式：污染控制与资源研究国家重点实验室，南京大学环境学院，南京：210093。

Dales）首先提出，指在特定区域内根据该区域环境质量的要求，确定一定时期内污染物的排放总量，在此基础上，通过颁发许可证的方式分配排污指标，并允许指标在市场上交易。1970 年代初蒙哥马利利用应用数理经济学的方法，严谨地证明了排污权交易体系具有污染控制的效率成本，即实现污染控制目标最低成本的特征。从 1970 年代开始，美国环保局尝试将排污权交易用于大气和水污染源管理，并逐步建立起一整套排污权交易政策体系。随后德国、澳大利亚、英国等国家相继进行了排污权交易的实践。

环境保护部副部长潘岳撰文指出我国需要在环境保护方面推行环境经济政策。作为市场创建手段的排污交易是七大先行环境政策之一，即建立排污权交易市场，利用市场力量实现环境保护目标、优化环境容量资源配置，既能降低污染控制的总成本，又能调动污染者治污的积极性，环保部门还可以通过逐年压缩发放的排污权份额来达到“减排”目标。此外，排污权交易政策还为公众参与提供了一个新的途径[1]。

在我国，完整意义上的排污权交易 1999 年由美国环保协会引入中国，南通与本溪被确定为首批试点城市。2002 年 3 月，国家环境保护总局和美国环保协会开始在中国实施排污权交易项目的第二阶段实验，选取江苏省、山东省、河南省、山西省、上海市、天津市、柳州市、华能发电集团作为试点，简称为 4+3+1。现阶段这项实验已经进入第三阶段，试点由点状分布转向江苏省、上海市、浙江省 3 个地区的长三角区域合作实验[2]。我国的一些排污权交易项目也取得较好的效果，如上海市闵行区建立了黄浦江流域 COD 排污权交易体系，并取得了显著的治污效果；2002 年初江苏省南通市的水排污权交易体系也已经开始运转[3]。经财政部与国家环境保护总局批复，江苏省已于 2008 年 1 月 1 日起，在太湖流域率先开展 COD 排污权有偿使用和交易的试点，标志着我国开始尝试流域排污权交易[4]。

2 排污权交易中的“热点”风险

排污权交易一般的做法是：首先由政府部门确定出一定区域的环境质量目标，并据此评估该地区的环境容量；然后推算出污染物的最大允许排放量，并将最大允许排放量分割成若干规定的排放量，即若干排污权；政府可以选择不同的方式分配这些权利，如公开竞价拍卖，定价出售或无偿分配等，并通过建立排污权交易市场使这种权利能合法地买卖；在排污权市场上，排污者从其利益出发，自主决定其污染程度，从而买入或卖出排污权[5]。因此，可以说总量控制是排污权交易的基础，总量控制明确指明消纳、净化污染物的环境容量资源是有限的。这种市场化的 C/T（Cap-Trade）模式环境管理手段，保证了政策实施区域在交易执行期内的污染总量不超过环境容量，以最具效率的成本实现污染控制和减排的目标，保护区域环境质量安全。实施排污权交易后，区域整体环境质量安全并不意味着区域内各部分在全部时间内均符合环境保护要求，仍然存在污染集中化的风险，称为排污权交易中的“热点”风险。

2.1 空间性“热点”风险（Spatial Hot Spots）

“热点”风险的定义表明了在排污权交易理论上存在区域内局部地区的污染集中化的可能性，即空间性“热点”风险。在排污交易中，某一区域内排污单位的边际治理成本都普遍偏高，因此它们会从其他区域大量购买排污权，由于这些污染源比较集中，在该区域内大量排放该类污染物质超过环境容量，造成该区域严重的环境污染问题[6]。

排污交易政策允许企业排污余额在市场上交易，价格主要由市场决定。因此，根据经济学理论分析，假设所有参与排污交易的企业都是理性人，则当排污交易价格高于企业的边际治理成本时，这些企业就会积极削减污染物质，使其排放量低于其排污配额，排污余额便可以在市场上出售，企业获得收益；而对另外一些企业来说，交易价格若低于其边际治理成本，它们则更愿意以市场价格购买排污权，而不去以较高的成本削减污染物排放，这些企业同样获得利益。那么，如果这些治理成本较高的企业相对集中于某一区域，而且都从其他区域购买配额，则对于该区域来说，所有排污单位配额的总和不断增加。这些企业污染的增加，并没有该区域其他企业的减少污染来补偿，而是另一区域的污染减少，虽然在总体交易范围内排污总量符合控制要求，但具体到特定区域，大量污染源排放的污染物质可能会超过局部的环境容量，造成该区域的环境破坏[6]。空间性"热点"问题形成机理如图 1 所示。

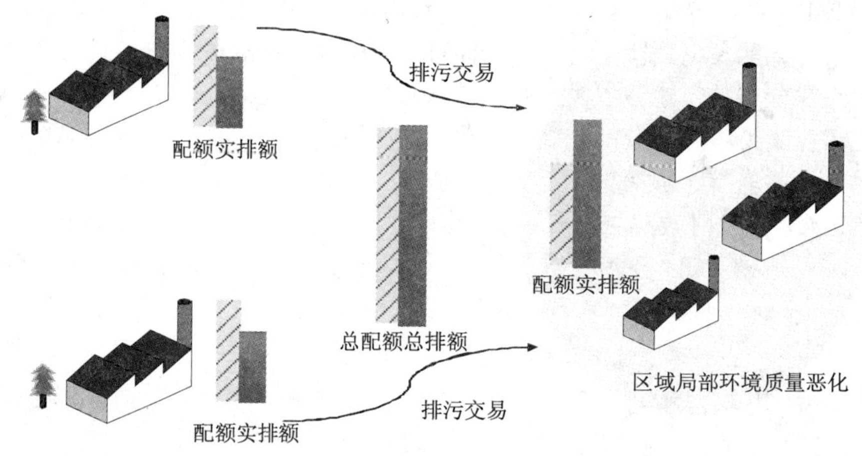

图 1　空间性"热点"问题形成机理示意图

2.2 时间性"热点"风险（Temporal Hot Spots）

人们对于空间性"热点"风险的关注多于时间性"热点"风险[7]，但事实上，时间性热点风险存在着使实施排污交易的区域在特定时间段内污染物排放增多，进而导致环境质量恶化的可能性。时间性"热点"风险主要包括 3 种情形：

（1）因企业生产变化而产生的时间性"热点"风险。排污权交易中按总量控制要求将排污配额分配给企业，企业对于配额的使用则按其自身计划进行，这意味着，如果某区域内的企业在特定时间段内都相对较多地使用了排污配额，则将导致污染物排放总量增加，环境质量下降，形成时间性"热点"风险。例如，在年度用电高峰期，发电企业自然会扩大生产，从而较多地使用 SO_2 排放配额，导致用电高峰期间发电企业的 SO_2 排放总量增加，造成大气环境质量下降，尽管在整个排污期内（如一年）满足总量控制要求。

（2）因区域气象条件或流域水文条件变化而导致的时间性"热点"风险。随着季节变化大气环境容量不同，或随丰水期、枯水期更替等水文条件变化而引起流域水体纳污能力的变化，因而，在不利气象或水文条件下，尽管企业平稳、有序地使用排污配额，仍会导致这一时间段内环境系统中污染内浓度升高，引发环境质量下降，从而形成时间性“热点”风险。

（3）因排污许可期末企业集中使用配额而引发的时间性“热点”风险。在排污交易中，排污配额多数需要年度重新分配，企业上一年度未使用的排污配额不可转移到下一年度，因此，这就导致在某一排污许可期末期，企业存在急于交易或使用剩余排污配额的倾向，而忽视污染物的处理与削减，从而造成这一期间内污染物排放总量增加，区域环境质量下降，形成时间性“热点”风险。

时间性“热点”风险逐渐受到研究者的重视。Alexander E. Farrell 以美国 OTC（Ozone Transport Commission）在东北部九州实施的 NO_x 排污交易为例，探讨了排污交易中的时间性“热点”风险问题[7]。研究表明，产能 25 MW 以上的发电企业或类似工业设施在 5—9 月间实施总量控制与排污交易，随着发电量的不断增长，NO_x 排放总量呈逐年下降趋势，NO_x 平均排放强度也不断降低，显现了这项环境管理政策的效用；但值得注意的是，NO_x 排放峰值从 1999 年开始仍呈上升趋势（如表 1 及图 2），且有数据表明 1998 年和 1999 年出现为期 4 天的臭氧重污染期，2000 年和 2001 年出现为期 3 天的重污染期，臭氧浓度峰值在 $0.142\times10^{-6}\sim0.171\times10^{-6}$ 间，而健康标准为 0.120×10^{-6}。这项研究证实了排污交易中时间性“热点”的存在，尽管研究指出这种现象由发电量造成，并非由排污交易政策本身所致。

表 1　控制期内 NO_x 排放与电力生产统计[7]

年份	排放总量/t	NO_x 平均排放率/（lb/h）	NO_x 排放峰值/（lb/h）	发电量/（GW·h）
1998	156 484	83 310	134 947	108 779
1999	120 048	63 082	115 628	118 107
2000	117 025	60 640	124 125	134 390
2001	111 043	57 223	126 556	131 521

注：1 lb（磅）=0.453 592 37kg。

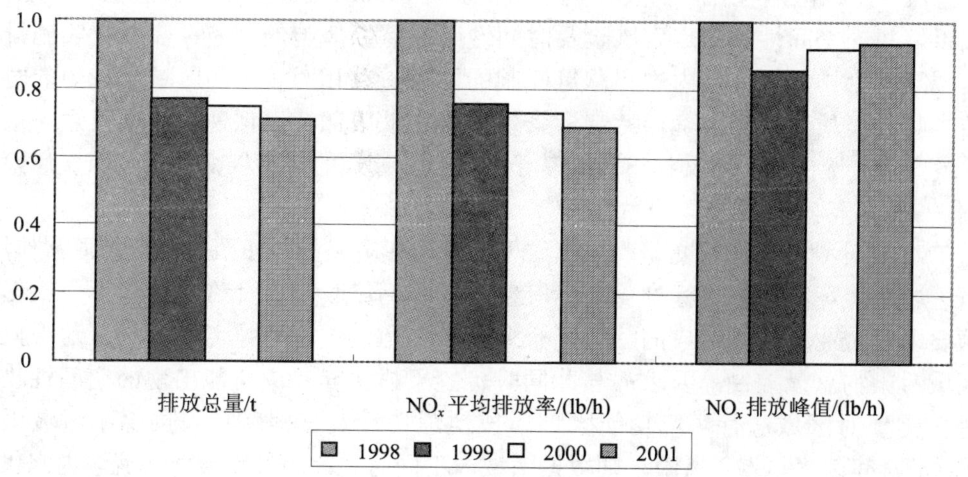

图 2　NO_x 年际排放的标准化对比

3 TMDL 计划

TMDL（Total Maximum Daily Loads）为最大日负荷总量，是指在满足水质标准的条件下，水体能够接受某种污染物的最大日负荷量。该计划由美国环保局于 1972 年《清洁水法》中提出，其总目标识别系统可以识别全国受损和受到威胁的水体以及引起损害的污染物，将可分配的污染负荷分配到各污染源（包括点源、非点源），同时考虑安全临界值和季节性变化等因素，采取适当的污染控制措施来保证目标水体达到相应的水质标准[8]。污染负荷分配依据的公式为：

$$TMDL=WLA+LA+BL+MOS$$

式中：TMDL——最大日负荷总量；

WLA——允许的现存和未来点源的污染负荷；

LA——允许的现存和未来非点源的污染负荷；

BL——水体自然背景负荷；

MOS——安全边际（margin of safety， MOS），指关于污染物负荷与受纳水体水质之间的不确定数量关系[9]。

美国已对水体的营养物、沉积物、病原菌等实施了 TMDL 计划，对点源和非点源污染采取了有效的控制措施，极大地改善了水体质量，保障了受污染的水体能够实现其制定用途。美国环保局为进一步提高国家的水体质量，不断积极改善 TMDL 计划，在 2001—2002 年间，被批准或实施的 TMDL 计划超过 5 000 个，并且该计划每年都以稳定的速度上升，例如从 1999 年的 500 个上升到 2002 年的约 3 000 个，预计 2010 年左右美联邦或州要完成约 21 000 项 TMDL 分析[10, 11]。一些案例表明，TMDL 计划对于改善水体质量是行之有效的[10]。

4 基于 TMDL 计划的“热点”风险管理

由于“热点”风险的存在，需要在建立排污交易体系时要慎重考虑其发生的可能性，并及时加以解决。空间性“热点”风险及时间性“热点”风险的规避，需要在实施排污交易的区域及整个排污许可期内进行总量控制的同时，在相对较小的区域及较短的时间段内，结合其环境质量目标，确定特定污染物质的排放限额，以保证小区域及短时期内的环境质量安全。鉴于此，本文提出建立基于 TMDL 计划的排污权交易“热点”风险管理模型（图 3）。

基于 TMDL 计划的排污权交易“热点”风险管理模型是指：按照排污交易通常作法，即在根据区域总体环境质量目标推算环境容量，计算污染物最大允许排放量后，根据总量控制的要求对企业进行排污权的分配，企业可以在市场中进行排污权交易，这一操作满足了区域污染物总量控制的要求；与此同时，鉴于排污交易中可能出现的空间性“热点”问题，需要对区域进行环境功能区划，按地理特性及其他特点对局部小区域限定 TMDL；对于时间性“热点”风险，则根据区域内不同时间段的气象条件或流域内水体不同时间下的典型水文条件等因素，设定特定典型时间段内的 TMDL。TMDL 的设定，保证了各局部区域在各较短时期内环境质量的稳定。综上，这种基于 TMDL 计划的排污权交易既满足了区域特定污染物质总量控制的要求，以最低的成本实现了区域层面的污染物控制与治理，同时，也规避了“热点”风险的影响，保障了局部各短时期内的环境安全。对“热点”风险的管理优化了排污权交易，提升了这种市场化的环境管理政策的效用。

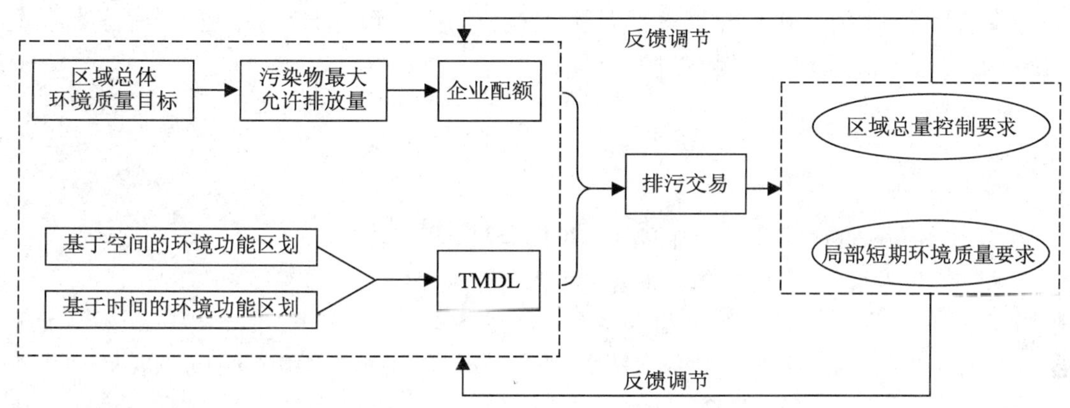

图 3 基于 TMDL 的排污交易“热点”风险管理示意

在美国，虽未有明确规定通过 TMDL 计划规避排污权交易过程中的“热点”风险，但实际操作中，二者的共同效用却一定程度上发挥了类似作用。美国规定在 EPA 已核准制定了 TMDL 的水体的交易项目应与建立 TMDL 的假定及要求保持一致；EPA 支持鼓励具体的排污交易条款包含于 TMDL 中，TMDL 所设定的排污限值也成为点源参与排污交易的驱动力；而对于未建立 TMDL 的水体的污染物排放，要求排污交易不应与清洁水法中反倒退的规定抵触[12]。但美国进行水质交易的水体并未全部制定 TMDL 计划；同时，TMDL 计划的对象也仅为水体，对于大气污染控制及大气排污交易尚无 TMDL 计划的应用。在我国，排污权交易被提倡作为七大先进环境政策之一，排污权的交易实践也在重点区域及重点流域逐渐深入开展，而这些区域如太湖流域经济活动强度大、污染严重，累积性风险已较大，若在实施排污交易的过程中出现“热点”风险，则势必加重区域累积性风险。这种风险虽并不立刻显现，但对人类健康、生态环境却具有长远的影响[13]。因此，我国需要高度重视排污权交易中的“热点”问题，探讨通过 TMDL 计划规避排污权交易过程中的“热点”风险，保障排污交易政策在我国的成功实践，保障区域环境安全。

5 结语与讨论

（1）目前学术界对于排污权交易中的“热点”风险问题还存有争议，部分学者认为“热点”风险并不显著，也有学者认为所谓的“热点”风险并不是排污交易政策本身的缺陷。因此，对于排污交易中的“热点”风险的研究还需要更多理论的探讨与实践层面上的检验。

（2）排污权交易中的“热点”风险具有不确定性、复杂性、动态性，涉及庞大的自然环境系统和社会经济系统，这给“热点”风险的识别、检测、评价、规避和管理带来极大的难度。

（3）TMDL 计划本身也是一项庞大的系统工程，所涉及的模型选用、参数系数厘定、安全边际估算、污染负荷分配等均十分复杂，因此，可以预见，应用 TMDL 计划规避排污交易中的“热点”风险的难度及工作量均较大。

（4）TMDL 计划在美国目前也仅应用于水质管理中，尚未涉及大气环境管理问题，因此，本文关于利用 TMDL 计划进行大气“热点”风险管理的论述还是一个大胆的构想，需要更为深入的理论研究及实践检验。

参考文献

[1] 潘岳. 七项环境经济政策当先行[J]. 瞭望，2007（37）：34-35.

[2] 刘建辉. 排污权交易的中国困境[J]. 决策，2006（1）：30-31.

[3] 徐治雄. 科技信息（学术研究） [J]. 2008（12）：343-344.

[4] 国家发改委地区司环境处. 太湖流域排污权有偿使用和交易试点启动[EB/OL]. http：//www.sdpc.gov.cn/dqjj/zhdt/t20080827_233256.htm.

[5] 王金南，杨金田，马中，等. 二氧化硫排放交易：美国的经验与中国的前景[M]. 北京：中国环境科学出版社，2000.

[6] 逯元堂. 浅析排污交易中的“热点”问题[J]. 环境保护，2004（1）：51-53.

[7] Alexander E. Farrell. Temporal Hotspots in Emission Trading Programs：Evidence From the Ozone Transport Commission's NO_x Budget [A] Market Mechanisms and Incentives：Applications to Environmental Policy[C]. 2003.

[8] Donald J Brady. Managing the water program [J]. Journal of Environment Engineering，2004（6）：591.

[9] 杨龙，王晓燕，孟庆义. 美国 TMDL 计划的研究现状及其发展趋势[J]. 环境科学与技术，2008，31（9）：72-76.

[10] 叶兴平，张玉超. TMDL 计划在污染物总量控制中的应用初探[J]. 环境科学与技术，2008，33（8）：13-16.

[11] James R Karr，Chris O Yoder. Biological assessment and criteria improve total maximum daily load decision making[J]. Journal of Environment Engineering，2004（6）：594- 604.

[12] USEPA. Water Quality Trading Toolkit for Permit Writers [EB/OL]. EPA 833-R-07-004. Available on- line at http：//www.epa.gov/waterqualitytrading/WQTToolkit.html.

[13] 毕军，杨洁，李其亮. 环境风险分析和管理[M]. 北京：中国环境科学出版社，2006.

江苏省太湖流域排污权交易试点工作路径探析

朱 玫

摘 要：本文从公共管理的角度，提出了江苏省太湖流域以排污权交易政策作为改善政府环境管理手段的需求。阐述了政府职能定位和市场化手段的应用相对于传统的命令控制手段的作用，介绍了江苏省排污权交易试点工作的整体思路。

关键词：政府职能 市场手段 环境管理 排污交易

The Path of Emissions Trading Pilot in Taihu Basin，Jiangsu Province

Abstract: This article explains the needs that the Taihu Lake Basin of Jiangsu Province is to use the emissions trading policy as a means of environmental management from the perspective of the public governance. The trend of role of government and advantage of market-based instrument compared with traditional comment and control policy are put forwarded. The whole policy design of emissions trading pilot project in Jiangsu Province is introduced.

Key words : Government functions Market-based instruments Environmental management Emissions trading

“为增长而增长乃癌细胞生存之道”，这是美国作家兼自然环境保护学家爱德华·艾比 20 世纪就发出的警告，对今天的中国仍有警示意义。2005 年，全国七大水系的 411 个地表水监测断面中有 27%为劣Ⅴ类水质，基本丧失使用功能，流经城市的河段普遍受到污染，一些地区已经出现了“有河皆干、有水皆污”的现象。2007 年夏，蓝藻水华这一生态灾害在全国多个湖泊接连暴发，甚至引发了城市的饮用水危机。沉重的现实再次警示我们该重新审视经济发展和环境保护之间的关系，该重新分析政府、市场和流域污染防治的关系，片面追求经济发展会导致生态灾难，单纯依靠政府治污会产生市场失灵和政府失灵。解决之道在于重视环境保护在经济社会中的作用，在污染防治工作中，探索新路径，让政府之手和市场之手握手，弥补市场失灵和政府失灵。国家环境保护总局副局长潘岳多次表示，环境保护是中国政治社会改革的最好试验田。因为：①它已非专业技术问题，而是一个植根于政治、法律、社会、文化层面的综合问题；②作为公共事务的重要组成部分，环保代表了广泛的社会和公共利益，较少涉及政治意识形态等特殊敏感问题，相对于其他领域的改革，在环保领域内最容易达成社会共识与“共赢”。因此，笔者认为国家环境保护总局和财政部选择“十一五”期间在太湖流域开展排污权交易试

本文作者联系方式：江苏省环境保护厅污控处，南京：210096。

点，不仅是要在流域污染防治领域更多地发挥市场机制的作用，而且是要进一步探索市场经济条件下，政府职能在水污染防治领域的转变，通过市场手段和政府手段的结合，实现环境资源最优配置，有效改善环境质量。只有深刻认识到这一点，才能避免就事论事、流于形式的过场式的运动，避免浅尝辄止的尝鲜行为，而是踏实地研究如何转变政府环境管理职能、如何为市场手段开山铺路，真正将排污权交易制度这一他山之石形神俱备地移植成功。

西方有句谚语：上帝的归上帝，恺撒的归恺撒。职责明确才有可能避免种种失灵现象。市场机制实现的前提是政府对市场较少的干预和限制。因此，排污权交易试点工作从宏观上考虑，是要重新定位政府和市场的职能，解决政府的越位、缺位和错位，将部分职能让位于市场，向社会适度分权。政府要将排污权交易过程中排污权的定价权利及买卖行为等让给市场、治污还是买卖排污权的自由选择权让给企业、微观的管理服务职能让给社会中介机构，知情权、参与权让给公众，政府立足于市场规则的制定者、裁判者和监管者，有关排污权交易的其他工作均可交给市场去做，让市场机制充分发挥调节作用。通过政府之手和市场之手的结合，共同推进环境和经济的可持续发展。从微观上着手，则是要周密制定具体的工作方案。本文主要从进一步理清政府和市场的职能在排污权交易工作中关系上，着手探讨江苏省排污权交易试点工作路径。

1 合理定位政府职能

亚伯拉罕·林肯曾经说过，政府应当“为人们做那些他们想做，但仅凭个人力量又无法做到或做好的事情”。国家权力的介入是排污权交易形成的必要保障。政府要大力培育和发展排污权交易市场，制定有关法律法规政策，健全市场规则，加强市场监管，促进统一开放、竞争有序的市场体系。笔者认为要从三个方面定位政府职能：一是规划性职能，主要包括构架四大体系，即试点工作目标体系、总量控制目标体系、地区初始排污权核定体系和分区排污权交易体系；二是服务性职能，制定企业初始权分配办法，建立委托监测、信息公开等制度，做好基础服务工作；三是保障监督性职能，建立有效的法律体系、科学的环境监测体系，制定一套具体规定，保障交易市场的稳定与安全。

1.1 规划性职能

（1）建立分阶段工作目标体系。遵循由点及面、解剖麻雀、循序渐进的原则，先开展以行业为单位的试点，选择太湖流域污染较重的印染或化工行业，为期 1 年，主要目标是摸索一套推行排污权交易所需的行政、法律、宣传、经济等措施制度，为太湖流域全面推行打好前站。同时，利用这 1 年时间在太湖流域做好环境容量科学测算、全面监测、企业关停、总量核定分配、法律配套等基础工作。1 年后开展在太湖流域主要地区推开，用 3～5 年时间，构建流域排污权交易的工作体系，为全国推行积累经验。

（2）确定总量控制目标体系。总量控制目标体系包括总量控制指标和分阶段总量目标。针对太湖流域已严重富营养化，主要污染因子是氮磷的现状，在试点期间，总量控制指标除了常规 COD 指标，还要包括总磷、总氮（或氨氮）。根据环境容量、现状排污量及地区水环境质量等情况，确定分阶段的地区总量控制目标，可以以 3～5 年为一个阶段，第二个 3～5 年就可以以水环境容量为总量控制目标。

（3）构建初始排污权核定体系。政府是环境容量资源当然的代理人和管理者，地区初始排污权总量应由政府相关部门核定。综合考虑，流域各地区初始排污权核定要建立三级核定体系，先由省级政府部门根据环境容量、环境质量现状、排污现状、总量控制目标等，核定全流域参与交易的初始排污权总量和时效要求并分到各省辖市，然后各市再综合考虑上述因素，分配到各县级市，最后分配到控制区域，初始排污权总量不能超出地区总量控制目标要求。

（4）建立排污权交易分区体系。因为各地区水环境质量情况、水体功能用途等情况各不相同，因此不同的区域能否交易和如何交易要区别对待。要根据水体环境功能类别、水体污染现状、行政交界区域、总量存量等因素将太湖流域划分若干个区域，禁止交易区、限制交易区和鼓励交易区，对不同区域有不同的要求，建立排污权交易分区体系。

1.2 服务性职能

（1）构建工作体系。排污权交易并非是一项独立的工作，是和排污申报、监测、总量控制、排污许可证等工作紧密联系、环环相套，还涉及跨行政区域的管理问题，政府有关部门必须要按照排污权交易的流程和各项工作间的逻辑关系设计一个统一的排污权交易工作体系，串联各项工作，打通异地交易渠道，做好服务工作。

（2）推进委托监测及信息公开等制度。政府要制定有关积极推进委托监测和第三方设施运营等制度，允许更多的社会机构加入到监测领域，确保说清企业排污总量，为排污权交易提供更真实全面的信息。同时，建设排污权交易数据动态管理信息库，建立信息公开制度，使得企业能够以尽可能低的成本准确、及时获得有关排污权价格、排污权需求量和供给量等信息，能在合适的场所进行规范化交易。

1.3 保障监督性职能

（1）建立法律法规体系。市场经济是法治经济，必须建立完善有关排污权交易的法律法规体系，应该包括以下关键内容：首先，必须从法律上确认排污权的合法性，是明确、可让渡的产权，这是交易的先决条件，一个完整的产权应包括使用权、收益权和转让权。由于排污权不同于一般的产权，存在差异性，如环境资源的难以分割性、空间差异性、时间差异性以及对环境资源配置的代际公正的需求等，因此排污权是环境容量资源的有限的使用权、收益权和转让权，只能在规定的总量控制和排污标准等范围内使用、转让和获取正当利益。其次，要制定有关监测、总量控制、排污许可证监督管理的一系列规章制度办法，包括排污申报、审核、人工或在线监测、社会化运营、总量监测、总量分配与跟踪体系、排污许可证的核发以及登记、年审、注销等规定。再次，要明确市场监管，做到违规行为被查出的概率足够大，惩罚足够严厉。对企业违法排污、私下交易、谎报信息、程序违规等行为，政府可处以高额罚款或控制许可证发放，一旦违规就可能得不到下一期许可证。另外，排污权交易工作，将使政府有关部门和中介机构有关人员拥有很大的权力，如不加制约就会产生“寻租”行为，也要进行有效监督防范。最后，要有程序约束，按程序参与原则、程序公开原则和程序法定原则来合理制定各项程序。只有完善排污权交易的法律体系，才能使市场主体趋于理性化，提高排污权交易制度的公信力，建立排污者参与交易的信心。

（2）建立完善监控跟踪体系。要建立完善水环境质量监控体系、排污企业自动在线监控体系、自动在线设施运营社会化管理体系、排污许可证跟踪监控体系等，实现在线实时监控和动态管理。

（3）制定规范市场行为的办法。出台有关规范污染源监测市场、污染治理设施及自动在线监测运营市场、受政府委托行使政府权力的中介单位的行为等办法，保障除政府、污染企业外的第三方中介市场能合法有序的运作。

2 充分发挥市场功能

较完全市场应该至少具备以下条件：完备的法律法规、众多的买卖双方、自由出入市场、提供完全信息、可预测未来等。因此，除了完备的法律法规外，还必须借鉴房地产交易市场的成功实践，建立地区排污权交易市场，培育一系列中介机构，充分发挥市场机制的调节作用。

2.1 建立排污权交易市场

各省辖市均要建立一个统一的交易市场（类似于房地产交易市场），在这个市场内，有众多的买者和卖者，买卖双方能自由进出，有关排污权交易的动态信息随时公布，有专门的咨询服务及交易机构，还有规范的交易流程等。要遵循公开、公平、透明、程序化原则，按市场规则运行。

2.2 培育排污权交易中介机构

排污权交易开展前就需要收集大量信息，包括地区水环境质量状况、环境管理各项政策要求、地区行业和企业的排污状况、排污权总量的需求和供给情况、买者和卖者的基本情况、交易价格动态情况、预期的价格走势等，这些信息需要及时收集和公开，才能保证交易市场信息充分，交易过程本身也要遵循法律、法规政策等约束，如果靠政府或参与交易的企业去收集信息、寻找交易对象、安排交易行为，将会出现信息不全和失真、效率低下现象，无法保证正常的工作次序。在美国，排污权交易是通过专门的控污银行或环保银行进行的，这种交易中介机构是完全市场化的，具有较高的运作效率。因此，试点工作要培育专门中介机构承担信息收集公开、交易双方牵线搭桥、交易行为合法有序开展等工作。

2.3 培育监测和治理设施社会化运作机构

及时准确掌握企业动态排污信息，是排污权初始分配、交易和日常监督的关键。由于政府部门人力、技术受限，对不在重点污染源范围内、未安装自动在线监测的企业，要委托有资质的社会机构开展定期监测，污染治理设施要实现社会化运营，确保说清企业排污状况、总量控制水平。

2.4 培育排污申报登记等中介机构

要建立地区企业排污情况动态数据库，重点源由环保部门负责排污申报登记工作，而面广量大的非重点源企业逐家逐户的登记工作则委托给中介机构开展，确保摸清地区企业排污总体情况。

2.5 培育技术创新市场

产权与技术、技术创新与资源管理现代比较优势理论指出，通过市场交易生产并出售自己具有比较优势的产品或劳务，购买自己不具有比较优势的产品或劳务，各方都可以获益。在排污权交易中，这种比较优势来源于对生产工艺和治污技术的创新和运用。当排污权不可交易时，很多企业宁愿付排污费而不愿治污。然而一旦排污权可以交易，就意味着治污可以使排污权升值，这就激发起企业对技术创新的主动追求。同时，技术创新又导致边际污染治理成本的持续下降，而边际污染治理成本的下降又将导致排污权交易市场需求规模的进一步扩大，这将进一步刺激技术创新。因此，市场机制能培育出较发达的技术创新市场，也从根本上解决了企业惜售的心理，激活排污权市场，形成技术创新与排污权交易良性互动关系。

3 试点工作方案设计思路

笔者设想试点工作方案整体可设计为 3 个阶段：基础准备、排污权交易实施与监督、排污权交易试点工作评估。

3.1 基础准备阶段（2007 年 6 月至 2008 年年底）

基础准备阶段是整个试点工作的关键环节，大量工作要在这一阶段完成，共有 9 个方面：

（1）明确试点工作机构和人员。鉴于该项工作是国家环境保护总局和财政部组织开展，因此，江苏省的工作机构应主要依托省环保厅负责太湖流域污染控制工作的具体业务部门，江苏省财政厅和江苏环保厅抽调相关人员组成工作班子，具体负责工作方案的制订和组织落实。太湖流域各省辖市也对应成立相应机构。

（2）明确试点范围、时间和分阶段工作目标。为了实现公平和可持续，试点范围应包括地理位置相邻、经济发展程度相近、环境管理水平相当的苏锡常三市，时间以 3～5 年为一个实施周期，2007—2008 年为基础准备时期，2009—2010 年进入实质性交易阶段，2010 年开展中期评估，进入下一调整实施阶段，到 2012 年初步健全排污权交易工作体系。

（3）建立健全水环境质量和污染源监测网络体系。①要完善水环境质量监控体系建设，在太湖流域所有主要出入湖河流、跨市县交界河流及排污大户下游的控制断面上设立水质自动监测站，随时掌握水质变化情况；②要完善排污企业自动在线监控体系建设，规定达到一定排污规模的企业必须安装自动在线监控设施，及时跟踪企业排污情况；③要建立完善自动在线设施运营社会化管理，保证在线设施发挥正常监控作用；④所有自动监控设备均要具备监测 COD、氨氮、总磷、总氮的能力，并与当地和上级环保部门联网，实现实时在线监控。

（4）完成环境容量、摸清现状排污量，建立总量控制目标体系。目前江苏省环保和水利部门均已基本算出 COD、氨氮环境容量数据，但是总磷、总氮还未测算，要在 1 年时间内加紧开展研究，科学测算出主要污染物的环境容量，为总量控制目标确定提供依据。同时，在试点的第 1 年要通过全面监测和安装在线监控装置，说清楚地区排污总量情况。分两个阶段提地区总量控制目标，以 2010 年为界，2010 年前以地区排污总量为依据按照国家削减率要求，执行目标总量控制，2010 年后进入容量总量控制阶段，以水环境容量为总量控制目标。

（5）完成排污权地区分配工作，建立排污权交易分区体系。地区初始排污权总量分配，除了要根据区域的环境容量、环境质量现状、排污状况、总量控制目标等因素外，还要全盘考虑下列情况：①进一步调整和压缩地区排污总量。据环境统计数据和环境容量初步测算结果，仅 COD、氨氮两项指标，太湖流域重点污染源和生活污染排放总量之和就已大大超过了环境容量，初始排污权分配很难和环境容量挂钩，因此，要想方设法压减排污总量。②慎重确定初始排污权总量。地区排污权总量直接影响着排污权交易价格。总量过大，会使排污权交易价格偏低，不能反映应有的治理成本；总量过小，会使排污权交易价格偏高，可能使得治理负担超出社会实际的经济、技术能力，或环境容量未被充分利用。③合理确定排污权的时效。排污权是有限的产权，具有时效性，可以根据环境质量等情况定期下调，这样能促进总的排污量不断减少，从而起到真正改善环境质量的效果。关键是时间范围和调整的比例需要认真研究，时间过长不利于新兴企业的进入和环境质量的改善，时间过短又会使企业产生短期行为，下调比例过高会使企业产生惜售心理，比例过低会使企业失去进一步削减总量的动力。应该和分阶段总量控制目标相一致。

划分不同的交易区域，体现不同的政策要求。饮用水水源一二级保护区、水质严重超标的水域就是禁止区，目的是要减少区域内排污总量，严禁有新增企业进入，但区域内鼓励排污权卖出，可以卖给企业或政府部门，通过经济手段鼓励企业关停搬迁，弥补强制性手段不足。饮用水水源准保护区、行政交界区域等就是限制区，限制区是要实现区域内总量平衡或减少，本区内落户的新增企业排污权只能在本区内购买，行政交界区域开展排污权交易必须要得到上下游环保行政主管部门批准，以不恶化交界断面水质为最基本条件。鼓励区就是区域内污水处理厂实际处理能力还未满足设计要求，通过健全管网，切实削减生活污染能腾出容量发展工业。鼓励区内企业间排污权可以跨区买卖，跨行政区的要得到上下游环保行政主管部门批准。

（6）完成初始排污权有偿分配工作。初始排污权如何分配是排污权交易关注的重点，因此，着重探讨如下：科斯定律告诉我们，在交易费用大于零的世界里，不同的权利界定，会带来不同效率的资源配置。交易成本存在的普遍性使初始分配成为决定市场交易效率的重要因素。地区初始排污权总量通过排污许可证认可分配到各个企业，必须要考虑初始分配公平和效率的统一。首先，要遵循公平原则。要实现公开、公平和公正，考虑到环境容量要求、接纳水体功能类别、环境质量现状、企业规模、生产工艺水平、发展后劲、污染排放现状、治理技术和进一步削减污染物可能性等情况，进行初始排污权分配，实现地区间公平、行业内公平和代际间公平。其次，要考虑效率。效率主要从初始排污权取得是否有偿角度出发。1990 年美国在《清洁空气法》修正案中，提出了三类初始分配方案：公开拍卖、固定价格出售和无偿分配。公开拍卖对政府而言，其管理和交易成本都不高，但是对企业来说，存在价格风险。因而公开拍卖尽管有理论上的优势，但在实际中却很少被采用。标价出售在实践中的阻力主要来自两个方面：①政府因为缺乏足够的信息而不能合理标价；②企业以及一些利益集团反对这种收费的做法，而且会和排污费混淆，增加对政府乱收费的误解。固定价格出售也会面临同样的合理标价困难，同时会引发惜售心理。免费分送的排污权可能更容易被接受。例如，智利的经验证明，免费发放的排污权可以让企业更坦率地报告如何测量排污以及排污量以取得有限的排污权。但目前，各级政府更倾向于有偿分配，能促进企业和社会认识到环境资源的有价性，同时可以筹得专项资金，集中用于污染治理。但是，初始分配定价不易太高，门槛高对市场推进不利，应考虑到企业在经济上的承受能力，排污权价格在地域上的差异，等等。

（7）建立健全配套法律法规体系。①从国家层面上考虑，国务院应尽快出台有关排污权有偿使用与交易的法规性文件作为试点工作的根本依据；国家环境保护总局与国家财政部需以国务院文件为依据出台关于开展排污权有偿使用和交易工作的规章性文件。②从省级层面上考虑，江苏省政府依据国家有关法律法规要出台开展试点的地方法规规章，包括 7 个方面：监测管理办法，进一步规范监测的形式、内容、时效等要求；排污申报登记管理办法，进一步明确规定排污量计算和核算方法、申报要求、审核、工作程序、罚则等；总量控制管理办法，进一步细化国家关于总量控制制度的有关规定；排污许可证管理办法，明确规定许可证申领、审核、转让、吊销等内容和方式、时间和程序等要求以及罚则等；企业初始排污权分配办法，规定如何将地区可交易的排污权总量合理分配到污染源；排污权交易管理办法，明确排污权是有限产权，明确规定有关中请、审核、交易的内容和方式、时间和程序等要求以及罚则等；排污权有偿取得资金使用管理办法，明确规定政府征收的初始排污权有偿资金和市场交易获取的资金的使用方向、方法和程序等管理要求。③从试点城市层面上考虑，试点市人民政府要出台关于开展有关排污权交易的实施细则，具体指导基层部门开展试点。

（8）构建排污权交易工作体系。工作体系主要包括以下内容和环节：企业排污申报登记和环保部门审核是首要环节；根据申报和审核情况汇总地区排污总量，提出分区总量控制目标是第二环节；第三环节是初始排污权分配，将总量控制等要求通过排污许可证落实到每个企业；第四环节是排污权交易的申请和审核，跨行政区交易必须通过两地环保部门审核；第五环节就是市场交易；第六环节是排污许可证跟踪年审，超许可证许可范围排污要处罚，节余量可以用于交易。监测工作则贯穿于排污申报、总量控制、初始排污权分配和排污权交易始终，通过监测工作核实企业排污量、节余量，排污许可证则是排污权交易的载体，通过许可证或许可量的转让实现交易。

（9）建立健全委托监测、社会化运营、信息公开等制度。要制定委托监测制度，实现中小型企业监测的常规化、程序化、社会化，即将隶属于政府的环境监测部门从繁重的监测任务中部分解放出来，让他们集中精力抓监测市场的规范化管理、集中力量做好水环境质量监测和重点排污大户的监测工作，也保证了说清区域企业排污现状；要进一步推行企业治污设施及在线监控设施的社会化专业化运营，交给专业部门去管理和维护，保证设施运行的正常高效；要制定信息公开制度，保证信息能及时收集、整理、审核、公开，接受社会监督。

3.2 排污权交易实施与监督（2009 年 1 月至 2010 年 6 月）

实施与监督工作是基础工作的落实和延伸，共有 6 个方面：①确定排污权交易方式，应该有 3 种：企业间交易、企业和政府间交易、社会团体和企业间交易，并制定相应规定。②建立排污权交易市场，每个试点城市都要有一个交易市场。③培植一批排污申报、信息收集、排污权交易等中介机构。④建立排污权交易信息管理系统，包括省、市联网的实时信息管理、企业排污监控管理、排污申报管理、总量控制管理、排污许可证管理、排污权征收金管理、排污交易管理、信息管理维护等信息子系统。⑤加强执法监督工作，一方面坚决查处违法违规行为，并充分发挥舆论引导和监督作用，建立曝光制度，公开披露违法违规的企业和政府部门以及中介机构，另一方面建立审计制度，对政府部门有关排污权征收金的开征使用等方面加强审计。⑥鼓励公众参与，加强宣传教育，不断增强各级干部和广大群众的环境意识和法制观念。扩大公众环境知情权，建立环境信息共享与公开制度，推行政务公开，完善并强化政府环保门户网站，公开发布环境质量、环境管理、排污权交易等信息，对水污染重点行业开展企业排放绩效公开。利用公众对污染排放企业进行监督，对污染企业形成强大的监督压力。开放排污权交易市场，社会团体和个人出于保护环境的需要可以购买一部分排污权，让排污权交易成为公众实质性介入污染控制工作的一个有效途径。

3.3 排污权交易试点工作评估（2010 年 6 月至 2010 年 9 月）

排污权交易试点工作目标可以分解为 3 个层次：①通过开展试点，探索排污权交易所需的软硬件条件，寻求江苏环境管理制度突破，为其他流域的环境管理提供新途径；②研究如何进一步理清政府、市场在水污染防治领域各自职责；③推进水环境改善根本目标的实现。江苏省太湖流域排污权交易试点是否能达到上述目标，要由国家环境保护总局、财政部及江苏省有关部门及专家联合组成工作组开展评估。可以从以下四个方面进行评估：公平、效率、弹性和效能。

（1）公平。反映的是排污权交易引起的不同社会群体之间的利益分配，主要评估是否能更好地兼顾新老排污者、技术进步与落后者、不同所有制不同资产性质的排污者、生产企业与普通居民等不同主体之间对环境容量的利益需求以及调节政府与市场、上下游地区、发展与保护等关系，是否比传统的命令控制型手段更具有公平性。

（2）效率。衡量的是排污权交易试点的成本和收益。主要评估是否给企业以治污和购买排污权的选择权，能否通过市场之手使企业既能以最低的成本实现既定的环境目标，又能谋得新的资金用于治理改善环境；同时，评估能否提高污染控制的效率，使政府从繁忙的事务中脱身，更好地做好规划、服务、监督等工作，提高了政府的行政效率。

（3）弹性。成功的环境经济手段应当能够适应市场、技术、社会以及环境状况的变化，必须有足够的调节余地，由于经济、技术和通货膨胀等因素的变化会影响参与交易的排污企业的排污决策，排污权的价格能够迅速地对这些变化做出反应。主要评估排污权交易手段是否较排污收费具有更大的弹性。

（4）效能。指的是通过排污权交易实现环境质量改善的能力。主要评估排污权交易能否保证总量控制工作从纸上谈兵变成真抓实干，逐步使地区污染排放总量达到或接近环境容量要求，从而促进水环境质量改善。

中国经济高速增长创造了巨大的物质财富，同时也带来了严重的环境污染。在市场经济时代，以行政命令为主的流域治污模式已不适应发展需要，急需新的突破。期待着排污权交易试点工作能在江苏省太湖流域生根开花，他山之石可以攻玉，希望能成为中国环境管理体制改革的一块试验田，为今后其他改革积累成功经验。

论排污交易市场的监管问题

俞钦钦　毕　军*　刘蓓蓓　张　炳

摘　要：有效监管企业排污行为是排污交易政策得以持续、有效实施的重要保障。本文分析了排污交易市场监管中存在的问题，结合江苏太湖流域排污交易试点的实例，阐述了太湖流域水污染物交易政策制定过程中对监督机制的设计与创新，并提出加强排污交易市场监管措施的建议。

关键词：排污交易　监管

An Observation of Supervision in Emission Trading Program

Abstract: Effective supervision of polluting enterprises plays an important role in the successful implementation of emission trading program. In this paper, several key issues for supervision in emission trading program was analyzed. Then, taking the case from Taihu Lake Basin in Jiangsu Province as an example, the design and innovation of inspection mechanism was observed, and measures to strengthen supervision were proposed.

Key words: Emission trading　Supervision

1 引言

排污交易政策自引入中国以来，已经在江苏、浙江、上海、天津等多个地区开展试点。排污交易政策将市场机制引入环境保护，是实现“总量控制”的有效手段，已成为我国重要的环境经济政策之一。

同其他环境政策一样，排污交易政策的实施需要有效的执法监管作为保障。Stranlund 和 Chavez 的研究指出，在排污交易制度中，如果管理者对企业除了设置违反排污量的惩罚外，也设置对不真实的排污申报的惩罚的话，那么，要求企业提供自身排污信息能够节省监测成本，提高服从率[1]。Dasgupta 等人对中国镇江的实证研究显示，监察频率的变化对企业环境绩效的影响比由于排污收费的变化对其产生的影响更大，若要达到环境政策的预设目标，企业的行为必须被监测[2]。监管力度的加大能够提高企业的服从率[3]。

本文首先将分析我国对排污交易市场的监管中存在的问题，再结合江苏太湖流域的实例分析其在政策制定过程中对监督机制的设计与创新，最后对加强排污交易市场监管的措施提出建议。

* 通讯作者：毕军，南京大学环境学院，教授，博导，E-mail: jbi@nju.edu.cn.
本文作者联系方式：污染控制与资源化研究国家重点实验室，南京大学环境学院，南京：210093。

2 排污交易中的监管问题

排污交易政策的制定和实施对管理者有较高的要求。这种要求不仅体现在排污总量的确定和初始排污权的分配上，在排污交易市场建立以后，如何对排污企业实施有效的监管以切实控制污染物的排放总量、确保交易市场正常有序是政策执行者必须考虑的问题。

政府对排污交易市场的监管主要包括对企业实际排污量的监测、对企业间排污交易的管理、对企业违法行为的处罚等方面。在以上方面的监管不足都可能导致排污交易政策的低效率。

2.1 对企业实际排污量的监测

政府必须对企业实际排污量进行监测以获得其真实的排污信息。政府根据监测获得的数据决定企业是否具备交易资格。目前太湖流域广泛使用的监控方法是在企业排污口安装污染物自动监测仪，但对于自动监测仪的校准、正常运转等问题还没有得到标准化的解决。同时，这种方法也无法检测到非正规渠道排放（如暗沟排放）的污染物。

由于我国在环境监管体系建设方面起步较晚，加之资金投入有限，尚未建立起完善的环境监管体系。现行环境监管体系中存在环境监察监管力量薄弱、监察装备缺乏、经费投入严重不足、监测网络体系不全、监测数据地方行政干预、监测市场不规范等诸多问题[4, 5]。对企业污染物排放监管能力的不足使环保部门难以掌握企业的真实排放数据，对交易情况的跟踪记录和核实难以全面、有效开展。若这种情况不能加以改善，将严重影响排污交易政策的有效实施。

2.2 对企业间排污交易的管理

政府必须对每一次的排污交易进行审核与登记。当企业递交交易申请后，首先要对企业的资格、排污权限进行审核，核定供求双方的具体排污交易数额，并确认是否同意该笔交易。如果该笔交易通过了合法验证，环保部门要对供求双方的排污配额做变更登记。此后，对发生交易的双方的排污情况进行跟踪，监控交易企业是否按照交易后的新配额合法排放。

这一系列过程的实现需要一个运转良好的平台作为依托，否则数据频繁更替极有可能引起混乱。另外，排污交易存在使污染物在区域分布的热点问题，即实施排污权交易后，可能使区域内的某部分地区存在污染集中化的风险。若没有完善的预警预测系统进行模拟和评估，很可能使地区的环境质量恶化。

2.3 对企业违法行为的处罚

任何一项环境政策在执行过程中都不可避免地会遇到企业的不服从问题。在排污交易体系下，制定违规罚则尤其重要，它是排污权交易体系能否正常运转的一个重要前提。实践中，违规情况有以下几种：超标排污、出售非减排许可证、不按规定安装监测设备、拒绝或谎报监测结果等，其中，最常见的是超标排污行为。根据经济学原理，企业在是否超标排污的决策上，存在着预期费用效益分析。超标排污的预期效益就是所减少的许可证购买支出或污染治理成本，预期费用则是违法的处罚期望，即企业被检查到的概率与罚款数额的乘积。只有当企业的预期费用高于预期效益时，政府制定的罚则才能发挥其应有的作用。在监测水平一定的情况下，增加企业的预期费用的通常做法是提高处罚力度。

目前，我国环境法律法规的处罚力度不够，导致企业违法成本低，守法成本高。根据 2005 年 3 月环监局与美国环保协会共同启动的“中国环境执法效能研究”项目的调查显示，在我国最有效最具威慑性的处罚手段是停产停业。但停产停业由于其处罚后果的严重性，我国法律给出了严格的适用规定。因此，无法成为执法机构常用的手段。相比之下，罚款的处罚弹性大、适用范围广，是最常用的处罚手段。但是我国法律法规对罚款设置了不合理的上限限制，罚款数额对很多违法企业都起不到威慑作用[6]。

3 排污交易市场的监管设计：以江苏太湖流域水污染物排污交易为例

对企业排污行为的有效监管是排污交易政策持续、有效实施的重要保障。江苏省在充分吸收国内外已有的经验和做法的基础上，在太湖流域 COD 的有偿分配和交易体系中，加强了对监管机制的设计。

3.1 分级监管

为提高排污交易政策在各地区的实施效率，执行过程拟采用“省管县”的扁平化模式。“省管县”指对县的管理由原来的“省管市—市管县”模式转变为市、县都归省直管。“省管县”模式减少了行政层级，有利于明确各级政府责任，简化程序，提高政策效率。

监管采取属地管理与上级监管相结合的方式，即各市、县监管属地内企业的排污交易，江苏省环境保护厅对政策的执行情况仅进行监管，而对于区域间的排污交易才进行管理与协调。

3.2 违法行为的发现机制与处罚机制

为尽可能地获得企业真实的排污信息，江苏太湖流域水污染物排污交易政策设计中采取了“三核定系统”，包括自动监控、监测比对以及物料衡算。自动监控系统是基础，系统通过实时的污染源监控设备所获取的数据，通过网络进入数据库，并通过比对相应企业的配额，对企业是否依法排污进行监控。由此获得的企业排污数据将和环境监测数据以及通过物料衡算得到的理论数据进行对比，若相差较大，该企业受到实地监察的频率和力度将增加。

为加强对排污交易的管理，环保部门还将建立排污配额跟踪系统。配额跟踪系统在整个交易过程中发挥着重要作用，是一套用来收集、确认和维护财务数据以及可交易配额所有权和交易记录的综合系统。通过配额跟踪系统可以核对账户间的交易情况，以确保其合法性，同时也有利于环境主管部门掌握配额的流动情况。在企业提交交易申请后，管理部门将参考模拟系统得出的交易可能产生的环境影响，综合考虑指标用途、总量控制要求与产业结构调整等相关内容，决定交易是否可行，确定交易数量是否需要调整。在某笔交易通过合法验证以后，配额跟踪系统将转让状态下的排放配额扣除并转入接受人的账户下。此后，基于排放检测系统，对发生交易的双方的排污情况进行跟踪，监控交易企业，是否按照交易后的新配额合法排放。

在处罚机制方面，江苏太湖流域水污染物排污交易政策设计中通过设立梯级处罚方案，以期对企业产生有效的震慑作用。例如，对超标排放行为，3 倍收取有偿使用费；对偷排行为，偷排部分将被征收 5 倍于市场价格的有偿使用费。同时违法排放量越高，基数越高。随着排污交易市场的逐步形成，处罚基准将逐步与市场价格相连。

4 结论与建议

综上所述，加强排污交易市场的监管主要从监管体系的合理建设、提高环境监测准确度和加强处罚力度三方面进行。具体可以采取的措施有：

（1）建立简洁有效、责任明确的层级监管体系，确保排污交易的执行绩效在各级地方政府责任明确。

（2）促进交易监管系统的开发，提高监测结果的实时性，准确度和可信性。

（3）增加违法惩罚力度，将处罚基准与初始配额价格相连。提高企业的环境违法成本，促进企业遵守法律法规规定，减少污染物的排放。

参考文献

[1] Stranlund J K and Chavez C A. Effective Enforcement of a Transferable Emissions Permit System with a Self-Reporting Requirement. Journal of Regulatory Economics，2000（18）：113-131.

[2] Dasgupta S，et al. Inspections，pollution prices，and environmental performance：evidence from China. Ecological Economics，2001（36）：487-498.

[3] Cohen M A. Monitoring and Enforcement of Environmental Policy. in：T. Tietenberg，and H. Folmer，（Eds.），International Yearbook of Environmental and Resource Economics，Edward Elgar，1999.

[4] 冯南平，等. 我国环境政策效率流失分析及变革思路. 中国科技论坛，2008（3）：100-104.

[5] 柏仇勇，等. 创新我国环境监测体制和机制的构想. 中国环境监测， 2007（23）：1-4.

[6] 陆新元，等. 中国环境行政执法能力建设现状调查与问题分析. 环境科学研究，2006（19）：1-11.

流域排污权初始分配模型构建及应用研究
——以淮河流域为例*

于术桐[①] 黄贤金[①] 郑通汉[②] 程绪水[③] 万 一[③] 马天旗[③]

摘 要：流域排污权初始分配受环境现状、经济发展、社会公平、科技水平等多种因素的影响，将各因素细化成污染物入河排放量、河段长度、人均 GDP、地区开发指数、非农人口比例、贫困地区倾斜指数、人口总量、出境断面水质达标率等指标，通过层次分析法确定指标权重，然后建立了流域排污权初始分配的综合模型。最后以淮河流域限排总量意见（COD、氨氮）为目标总量，以流域内各行政单元为主体，进行了初始分配模型的应用。淮河流域排污权初始分配中环境现状、经济发展因素权重较大，而社会公平、科技水平权重较小。模型的分配结果既弥补了以往分配模型中片面强调某些原则的缺点，具有综合全面的特点，同时又通过指标权重的方式区分了影响大小不同的因素的作用差异。

关键词：排污权 初始分配 模型 淮河流域

An Allocation Model of Valley Initial Emission Permits and Its Application：A Case of Huaihe River Valley

Abstract: Initial allocation of emission permits is influenced by the environment status，economic development，social equity，technological level and some other factors. These factors can be signified by the amount of pollutants emissions into the river，reach length，and the per capita GDP，regional development index，nonagricultural proportion of the population，tilt index in poverty-stricken areas，the total population，the standard rate of water quality in exit section and so on. Index weights are calculated through the AHP method and are used to establish a comprehensive model about initial allocation of emission permits. Finally, considering the suggestion on emission-restriction in Huaihe River valley(COD and NH_3-H) as the total control target，using the administrative unit in the valley as the main body，the model is applied. In initial allocation of emission permits in Huaihe River valley，the environment status and economic development weigh higher while social equity and technological level weigh less. The results of the model not only make up for the faults in previous models which emphasized some principles one-sidedly but also distinguish the role differences of the factors that have different effects by the way of index weight .

Key words: Emission permits Initial allocation Model Huaihe river valley

---

* 基金项目：国家自然科学基金资助项目（70373029）；水利部“淮河流域水污染物排污权政策研究”项目；霍英东基金优选项目（94001）。

作者简介：于术桐（1981—），男，天津宁河人，博士生，主要从事土地利用与生态环境研究，E-mail: yushutong@126.com.

本文作者联系方式：① 南京大学国土资源与旅游学系，南京：210093；② 水利部财务经济司，北京：100053；③ 淮河水利委员会，蚌埠：233001。

1 引言

排污权交易制度是目前备受国外关注的环境经济政策之一[1]。它在协调经济发展与污染控制方面的作用越来越重要，我国也开始了排污权交易的试点研究与示范，但是在应用中还有很多技术问题有待解决。排污权初始分配问题是排污权交易制度推行的基础，是排污权交易中需要解决的关键问题。有学者认为初始排污权的分配问题是形成和制定政策的最大壁垒[2, 3]。因此研究适合我国国情的流域排污权初始分配模型对顺利开展排污权交易制度至关重要。

水污染物排放权是水权的重要组成部分，排污权来源于水资源的环境容量，而环境容量的所有权是属于全社会的公共权力，当排污权分配给各排污主体的时候，环境资源的使用权由公共权力变为私人权利，产权得到了明晰。产权明晰后，由市场去承担资源的优化配置，排污权初始分配的过程就是明晰产权的过程。对管理部门来说，排污权的初始分配是排污权交易最重要的环节。

2 相关研究进展

目前排污权初始分配方式主要有免费分配、公开拍卖和标价出售[4]，前两种方式最为常见。免费分配方式的参照基础可分为成本效率分配、现时经济活动（排污、投入、产出）量分配和非经济因子分配[5]。李寿德在 Stavins 关于排污权交易成本函数假定的基础上[6]，建立了使社会期望福利最大化的初始排污权免费分配模型，分析了免费分配的决策机制[7]，并且基于经济最优性、公平性和生产连续性原则构建了免费分配的多目标决策模型[5]。宋玉柱等在公平性和经济效率优先的原则下给出了一个排污权免费分配的决策模型[8]。蒋秋静等则提出了产值法和利税法的分配模型[9]。许多研究者认为如果拍卖所得用来削减以前存在的税收扭曲，则拍卖方式的费用有效性（cost-efficient）要大于其他分配方式，同时拍卖可以增加成本分配的弹性、提高排污者进行污染治理技术革新的积极性、减少关于租金分配的政治观点的差异并具有公平性① [10-13]，但是公开拍卖和标价出售方式在实践中遇到的阻力比较大。也有学者提出混合分配模式，所谓混合分配模式，是指将部分排污权免费分配，剩余的排污权对外拍卖，事实上，即使是主张实行完全拍卖的研究者们也认为，完全拍卖需要一段时间的过渡[14, 15]。由于流域水污染物扩散的复杂性，水污染物排污权交易进展缓慢，因此研究流域水污染物排污权初始分配更具理论与现实意义。在我国水污染物排污权交易制度建立初期，完全采用有偿分配方式不太现实，学术界和实践中均认为免费分配更具有可操作性[16]。无论采用免费分配还是混合分配方式，都要解决一部分初始配额的无常分配问题。流域排污权初始分配涉及各方面的因素，目前的免费分配模型往往考虑的因素都各有侧重点，而没有一个综合的模型，影响了流域排污权初始分配的合理性。

---

① 博士学位论文：总量控制下排污权交易制度若干机制的研究. 作者：吴亚琼. 华中科技大学，2004.

3 初始分配模型构建

3.1 初始分配的基本原则

流域排污权初始分配是一项意义非凡的工作，其分配方法的适当与否关系到各方面之间的利益协调，关系到能否有效、有力地实现总量控制目标。根据现有的实践经验，考虑到流域水资源环境容量、汇流区居民数量、经济社会发展水平、技术进步、国家和区域发展总体规划等因素，以流域内各地方政府为排污权交易的主体，本着尊重历史、经济优化、微观协调、公平合理的原则，进行排污权初始分配模型的构建。

3.2 初始分配重要影响因素分析

3.2.1 现状因素

在实践中，总量的分配是一个重要的环节，决策者往往首先考虑的是如何提高政策的可行性，这就需要尊重区域的排污现状，使政策的波动性降低到允许的最低水平。一个地区的实际排放量往往是事实上的允许排放量，它是历史上各种复杂排污因素综合作用的结果，有其存在的合理性，在一定程度上反映了各种力量的平衡。因此排污权的初始分配要与现在正在进行的排污收费制度较好地衔接，政策波动不能太大。因此，排污权的初始分配应充分考虑排污现状因素。

3.2.2 社会经济贡献因素

不同地区供养的人口规模有很大区别，同时不同地区单位污染物排放所创造的产值和利税可能存在一定的差异。即单位污染物排放的社会经济贡献率是不同的。因此为提高污染物排放效率，激励区域削减污染物排放量，提高其排放效率，排污权的初始分配还必须考虑社会经济贡献因素。

3.2.3 产业结构因素

排污权的初始分配应充分考虑地区的产业结构，产业发展方向，国家主体功能区的布局等。同时以促进产业结构的调整，实现排污权从低排放效率产业或地区向高排放效率产业或地区的流转。产业结构的不同在一定程度上影响排污权的需求量。

3.2.4 发展阶段因素

由于流域范围较大，所涉及的地区经济发展阶段与科技水平存在一定的差异，如果要求相对欠发达地区执行与较发达地区同样的标准，则有失公平的原则。因此，排污权的初始分配应根据地区经济发展阶段与科技水平的差异，进行一定的调整。

3.2.5 环境容量

环境容量应该是影响排污权分配的一个非常重要的因素。排污权的初始分配应参考地区的纳污能力，如果某地区有足够的环境容量，其他因素甚至可以不用考虑，而相反若一个地区没有或环境容量很小，则其排污将对下游造成比较直接的影响。因此，排污权的初始分配应考虑地区环境容量因素。

3.3 初始分配模型

排污权的初始分配往往是多因素共同作用的结果，因此排污权的初始分配应充分考虑对其产生影响的各种力量，合理地进行分配。

3.3.1 指标选取

根据流域排污权初始分配的基本原则和影响因素分析，排污权初始分配的指标可分为环境现状、经济发展、社会公平和科技水平四个层次。对各层次的因素进行细化，得到如表 1 所示的指标体系。

表 1 流域排污权初始分配影响因素及相应指标

目标层	准则层	指标层
排污权在各统计单元的初始分配	环境现状	污染物入河排放量
		河段长度
	经济发展	人均 GDP
		地区开发指数
		非农人口比例
	社会公平	贫困地区倾斜指数
		人口总量
	科技水平	出境断面水质达标率

3.3.2 指标权重确定的方法

采用层次分析（AHP）法确定各指标的权重。层次分析法（analytical hierarchy process，AHP）是 1970 年代由美国运筹学家 Saaty 提出的，经过多年的发展现已成为一种较为成熟的资源分配方法。首先把复杂问题分解成各个组成因素，又将这些因素按支配关系分组形成递阶层次结构，通过两两比较的方法确定层次中诸因素的相对重要性，并结合决策者的判断，决定决策方案相对重要性的总的排序[17]。在对复杂的决策问题的本质、影响因素及其内在关系等进行深入分析的基础上，利用较少的定量信息把决策者的决策思维过程数学化，从而为多目标、多准则或无结构特性的复杂决策问题提供简便的决策手段[18]。

（1）方案评价的目标是流域排污权初始分配指标的权重，所依据的准则以及评价指标体系如前文所述。

（2）建立评价模型。该评价模型包括目标层、准则层、指标层、方案层。各层均由若干因素构成。各层次间的递阶结构及各因素的从属关系可用框图的形式来表述，该框图称为层次结构图，如图 1 所示。

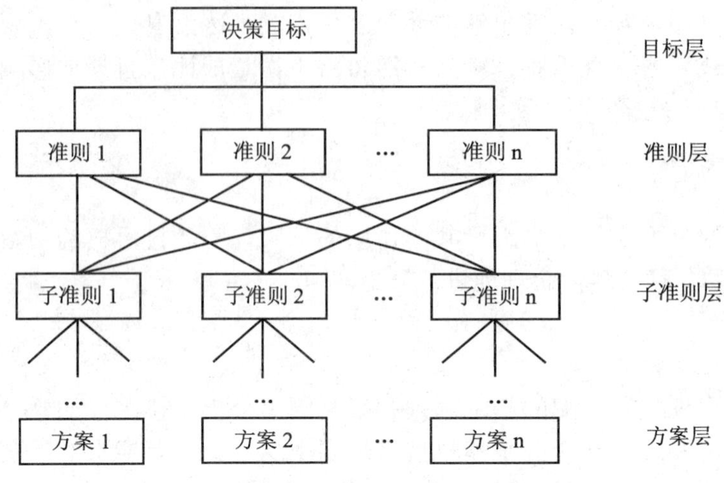

图 1　递阶层次结构示意图

（3）构造比较判断矩阵。在上述评价模型中，每一层次所含各因素均可用上一层次的一个因素作为比较准则来做相互比较，为方便起见，往往采用两两比较的形式进行。当以上一层次某因素作为比较准则时，可用一个比较标准（a_{ij}）来表述某一层次中第 i 个元素与第 j 个元素的相对重要性（或偏好优劣）的认识。a_{ij} 的取值一般取正整数 1～9 及其倒数。这样的 a_{ij} 构成的矩阵称为比较判断矩阵 $A=[a_{ij}]$。有关 a_{ij} 取值的规则如下：

$$a_{ij}=\begin{cases}1,\ \text{以上一层次某因素为准则，本层次因素}i\text{与因素}j\text{相比，具有同样重要性；}\\3,\ \text{以上一层次某因素为准则，本层次因素}i\text{与因素}j\text{相比，}i\text{比}j\text{稍微重要；}\\5,\ \text{以上一层次某因素为准则，本层次因素}i\text{与因素}j\text{相比，}i\text{比}j\text{明显重要；}\\7,\ \text{以上一层次某因素为准则，本层次因素}i\text{与因素}j\text{相比，}i\text{比}j\text{强烈重要；}\\9,\ \text{以上一层次某因素为准则，本层次因素}i\text{与因素}j\text{相比，}i\text{比}j\text{极端重要。}\end{cases}$$

a_{ij} 取值也可取上述各数的中值 2，4，6，8 及其倒数。此外若因素 i 与因素 j 比较得 a_{ij}，则因素 j 与 i 相比较可得 $a_{ij}=1/a_{ij}$。当相互比较的因素之重要性可用具有实际意义的比值来说明时，a_{ij} 的取值即可取这个比值。

（4）层次单排序及其一致性检验。对于每一个比较判断矩阵 A，显然可对应一个特征方程

$$AW=\lambda W$$

求解特征方程得解向量 W 并归一化后，此向量即可认为是同一层次各因素以上一层次因素为比较准则时，作相互比较后的相对重要性标度。这一过程称为层次单排序。设有 $n\times n$ 矩阵 $A=[a_{ij}]$，用方根法求矩阵的最大特征值及其对应特征向量：

1）计算判别矩阵 A 的每一行元素的积 M_i：

$$M_i=\prod_{j=1}^{n}a_{ij},\quad i=1,2,3,\cdots,n$$

2）计算各行 M_i 的 n 次方根值 $\overline{W_i}$：

$$\overline{W_i}=\sqrt[n]{M_i}$$

式中：n——矩阵阶数。

3）将向量$\overline{W}=[\overline{W_1},\overline{W_2},\cdots,\overline{W_n}]^T$归一化，得到特征向量$W=[W_1,W_2,\cdots,W_n]^T$

$$其中：W_i=\frac{\overline{W_i}}{\sum_{j=1}^{n}\overline{W_j}} \qquad (i,j=1,2,\cdots,n)$$

向量W即为所求之特征向量。

4）计算判别矩阵A最大特征值λ_{max}

$$\lambda_{max}=\sum_{i=1}^{n}\frac{(AW)_i}{nW_i}$$

式中：

$$A\cdot W=\begin{bmatrix} a_{11} & a_{12} & \cdots & a_{1n} \\ a_{21} & a_{22} & \cdots & a_{2n} \\ \vdots & \vdots & \cdots & \vdots \\ a_{n1} & a_{n2} & \cdots & a_{nn} \end{bmatrix}\cdot\begin{bmatrix} W_1 \\ W_2 \\ \vdots \\ W_n \end{bmatrix}$$

$$(A\cdot W)=a_{i1}W_1+a_{i2}W_2+\cdots+a_{i2}W_n$$

考虑到人们在对同一层次上的各因素作两两比较时，很可能出现所用的比较尺度前后不一致的现象，当这种不一致的程度较大时，就可能得出错误的计算结果。为此，在对每一层次作单排序时，均需作一致性检验。进行一致性检验可通过计算一致性比例CR来决定。

$$CR=\frac{CI}{RI}$$

$$CI=\frac{\lambda_{max}-n}{n-1}$$

式中：CR——计算一致性比例；

CI——一致性指标；

RI——平均随机一致性指标；

λ_{max}——特征方程$AW=\lambda W$的最大特征根；

n——比较判断矩阵A的阶数，也即该层次所含的因素个数。

RI的取值见表2。

表2　平均随机一致性指标

维数	1	2	3	4	5	6	7	8	9
RI	0.00	0.00	0.58	0.90	1.12	1.24	1.32	1.41	1.45

注：若$CR<0.1$，则认为该层次单排序的结果有满意的一致性，否则需要调整A的元素取值，即重新进行两两比较。

（5）层次总排序。计算同一层次中所有元素对于最高层（总目标）的相对重要性标度（又称排序权重向量）称为层次总排序。这一过程是从最高层次向最低层次逐层进行的。设已计算出 k-1 层相对于总目标的排序权重向量 $a^{k-1}=(a_1^{k-1},a_2^{k-1},\cdots,a_m^{k-1})$，$m$ 为 k-1 层次所含的因素个数，而以第 k-1 层第 j 个因素作为比较准则时，第 k 层各因素的相对重要性标度为 $b_j=\left[b_j^k(1),b_j^k(2),\cdots,b_j^k(n)\right]^T$，$n$ 为第 k 层所含因素个数，$b_j^k(i)$ 为第 k 层第 i 个元素的相对重要性标度。另 $B^k=\left(b_1^k,\ b_2^k,\cdots,\ b_m^k\right)$，则第 k 层各因素相对于总目标的排序权向量 a^k 由下式给出：

$$a^k=B^k a^{k-1}$$

一般地，有排序权重公式

$$a_k=B^k B^{k-1}\cdots B^3 a^2,\qquad 3\leqslant k\leqslant h$$

式中：a^2——第二层因素的排序权重向量；

h——层次数。

（6）层次总排序的一致性检验。考虑到人们在对各层元素作比较时，尽管每一层中所用的比较尺度可能基本一致，但各层之间仍可能有所差异，而这种差异将随着层次总排序的逐层计算而累积起来，为此需从评价模型的总体上来检验这种差异程度的累积是否显著，上述检验过程称为层次总排序的一致性检验。这一工作也是从高到低层进行的。设已得到以 $k-1$ 层第 j 个因素为比较准则时，第 k 层各因素两两比较的层次单排序一致性指标为 CIj^{k-1}，平均随机一致性指标为 RIj^{k-1}，则第 k 层次的一致性检验指标有：

$$\begin{cases}CI^k=CI^{k-1}a^{k-1}=\left(CI_1^{k-1},CI_2^{k-1},\cdots,CI_m^{k-1}\right)a^{k-1}\\RI^k=RI^{k-1}a^{k-1}=\left(RI_1^{k-1},RI_2^{k-1},\cdots,RI_m^{k-1}\right)a^{k-1}\\CR^k=CR^{k-1}+\dfrac{CI^k}{RI^k},3\leqslant k\leqslant h\end{cases}$$

当 $CR^k<0.1$ 时，可认为评价模型在第 k 层水平上整个判断达到了局部满意一致性。若上述检验过程一直完成到第 h 层次（最低层次），并有 $CR^h<0.1$，则可认为该评价模型在作逐层比较时，对所有层次和所有因素作比较时，所用的尺度达到了总体上的满意一致性，因而所得到的层次总排序权重向量 $W=a^h$ 是可信的，可以用来做排序与选优之用。

3.3.3 分配模型

在一确定的因素下，首先求出该因素下各地区的指标值，然后将这些指标值归一化，即为该因素条件下各地区该指标的比例。计算公式为：

$$P_{ik}=\frac{v_{ik}}{\sum_{i=1}^{m}v_{ik}}\qquad 且\quad \sum_{i=1}^{m}P_{ik}=1$$

流域排污权初始分配比例公式为：

$$P_i = \sum_{k=1}^{n} w_k P_{ik} \qquad 且 \qquad \sum_{k=1}^{n} w_k = 1$$

$$Q_i = P_i Q_1$$

式中：Q_i——第 i 个地区的排污权初始分配量，t；

Q_1——目标控制总量，t；

P_i——第 i 个地区初始排污权比例，i=1,2,…,m；

P_{ik}——第 k 个因素条件下第 i 个地区指标值在全流域所占的比重；

w_k——第 k 个因素的权重，k=1,2,…,n；

v_{ik}——第 k 个因素条件下第 i 个地区的指标值。

4 实证研究

4.1 数据来源及处理

（1）总量的确定。以淮河流域委员会根据各水功能区纳污能力及现状排污量提出的限制排放总量意见（COD 38.20×10^4 t/a，氨氮 2.66×10^4 t/a）作为目标总量，以 COD、氨氮为排污权初始分配的对象，以淮河流域各省为排污权初始分配的主体，进行流域排污权初始分配的应用。

（2）各指标数据。污染物入河排放量、河段长度、人均 GDP、非农人口比例、人口总量、出境断面水质达标率数据来源于水质监测、流域水文和社会经济统计数据。地区开发指数和贫困地区倾斜指数由以下方法确定。

地区开发指数主要是反映一个地区工业发展水平的指标，是经济发展因素层的重要指标[19]。这里综合考虑工业增加值，排污效率等指标。

地区开发指数内部因素采用层次分析法确定出因素权重，将两个内部因素通过归一化处理后，按照权重向量确定地区开发指数。

表 3　淮河流域界内各省 2005 年工业增加值和排污效率

地区	工业增加值/×10^8 元	单位污水排放量创造的 GDP/（元/t）
河南	2 796.3	434.80
安徽	797.1	272.24
江苏	2 476.4	522.64
山东	2 516.4	587.69
合计	8 586.2	453.02

贫困地区倾斜指数是社会公平层次所需要考虑的因素，赋予各地区以平等的发展权。其衡量主要是通过城镇居民人均可支配收入和农村居民人均纯收入按照 2005 年国家平均城镇人口和农村人口的比例 41.76∶58.24 所得到的加权平均值作为数量指标。假设第 i 个区域的人均收入为 x_i，则第 i 个区域的贫困地区倾斜指数为：

$$I_6 = \frac{\overline{x}}{x_i}$$

从计算公式便可看出，指标值越大越需要倾斜，当 $I_6>1$ 时，表示该地区需要倾斜，当 $I_6<1$ 时，表示该地区不需要倾斜。

表 4　淮河流域界内各省 2005 年排污权初始分配影响因素指标值

指　标	河南	安徽	江苏	山东
污水入河排放量/（$\times10^8$ t/a）	15.28	9.60	11.36	9.08
河段长度/km	10 157.9	4 473.0	20 810.3	11 421.4
人均 GDP/元	8 359.77	4 885.15	11 313.63	9 651.77
地区开发指数	0.297	0.112	0.288	0.303
非农人口比例/%	18.98	16.07	23.48	24.61
贫困地区倾斜指数	1.17	1.17	0.84	0.91
总人口/万人	5 805.78	3 790.67	3 985.82	3 341.49
出境断面水质达标率/%	80.0	75.0	33.3	62.5

（3）指标权重的确定。首先以专家咨询（问卷调查）的方式进行调查，被调查对象主要包括从事环境经济政策研究的学者、淮河流域水资源保护局专家、各地区环保部门及各地区发改委（局）的工作人员、普通居民等；然后通过层次分析法确定各指标权重。

4.2 分配结果

经过计算，淮河流域排污权初始分配模型指标权重如表 5 所示。

将表 4 中的各指标值归一化，通过模型预算得到淮河流域各省 COD、氨氮的排污权初始分配量（表 6）。

分配结果综合考虑了环境现状、经济发展、社会公平、科技水平等因素。根据各指标的权重赋值，最终得到一个综合的分配方案。方案中河南的综合得分最高，因而分配到最多的排污权；其次是江苏，安徽得到最少的初始排污权。该模型的分配结果既弥补了以往分配模型中片面强调某些原则的缺点，具有综合全面的特点，同时又通过指标权重的方式区分了影响大小不同的因素的作用差异，是一种较合理的流域排污权初始分配模型。

表 5　淮河流域排污权初始分配模型指标权重

准则层	准则层权重	指标层	指标层权重	最终权重/%
环境现状	0.377 8	污水入河排放量	0.523 8	19.788
		河段长度	0.476 2	17.989
经济发展	0.241 1	人均 GDP	0.489 0	11.789
		地区开发指数	0.325 4	7.844
		非农人口比例	0.185 6	4.474
社会公平	0.186 7	贫困地区倾斜指数	0.444 4	8.296
		人口总量	0.555 6	10.370
科技水平	0.194 5	出境断面水质达标率	1.000 0	19.451

表 6 淮河流域排污权初始分配量 单位：t/a

地区	COD	NH_3-N
河南	110 543	7 698
安徽	75 819	5 280
江苏	103 514	7 208
山东	92 123	6 415
合计	382 000	26 600

5 结论与讨论

我国市场经济体制还不完善，同时由于排污权问题与拍卖问题所具有的复杂性，拍卖方式实行起来具有一定的困难。即使是主张实行完全拍卖的研究者们也认为，完全拍卖需要一段时间的过渡。因此，在我国水污染物排污权交易制度建立初期，完全采用拍卖等有偿分配方式不太现实，而无论采用免费分配还是混合分配方式，都要解决一部分初始配额的无常分配问题。

排污权初始分配方法的适当与否关系到各方面之间的利益协调，关系到能否有效、有力地实现总量控制目标。根据现有的实践经验，考虑到流域水资源环境容量、汇流区居民数量、经济社会发展水平、技术进步、国家和区域发展总体规划等因素，本文建立了基于各地区环境现状、经济发展、社会公平及科技水平等因素的分配模型，该模型的分配结果具有综合全面的特点，同时又通过指标权重的方式区分了影响大小不同的因素的作用差异，是一种较合理的流域排污权初始分配模型，能较好地协调各地区之间以及环境保护与社会经济发展之间的关系。

引入排污权交易制度是降低政府环境监管成本、提高污染治理效率的重要途径。自 2000 年以来淮河流域水污染开始反弹，这与这一时期极端经济发展主义以及地方保护主义盛行有密切关系，也与行政主导的污染治理方式存在制度缺陷有关系，为此，需要在国家水权制度建设的框架下，依法引入排污权交易制度，通过与行政、法规、技术等措施的共同作用，进一步强化对企业、区域以及流域单元进行污染治理的经济激励，促进污染治理技术进步，提高排污权资源配置效率，积极促进淮河流域水环境治理，实现淮河流域人水和谐。

参考文献

[1] Zhang Y，Wang Y. A study on initial allocation of emission permits in China. Ecological Economy，2005（8）：50-52.

[2] Woerdman E. Implementing the Kyoto Protocol：why JI and CDM show more promise than international emissions trading. Energy Policy，2000，28（1）：29-38.

[3] Barde J P. Environmental policy and policy instrument，In：Folmer，H. ，Principals of Environmental and Resource Economics. Edward Elgar，Aldershot，1995.

[4] Tietenberg T H，author，Cui W G，translator. Initial emission trading—reform in pollution control policy.

Beijing Sanlian Publishing House，1992.

[5] Li S D，Huang T C. A multi-objectives decision model of initial emission permits allocation. Chinese Journal of Management Science，2003，11（6）：40-44.

[6] Stavins R N. Transaction costs and tradeable permits. Journal of Environmental Economics and management，1995，29（2）：133-148.

[7] Li S D，Huang T C. Free allocation mechanism of initial emissions permits in the condition of transaction cost. Systems Engineering—Theory Methodology Applications，2006，15（4）：318-322.

[8] Song Y Z，Gao Y，Song Y C. A free allocation model for the initial emission permits with related pollution. Journal of Shanghai Second Polytechnic University，2006，23（3）：194-199.

[9] Jiang Q J，Li Y Y. Study on the allocation of allowance for SO_2 emission trding program in Taiyuan. Journal of Taiyuan University of Technology，2007，38（1）：63-66.

[10] Goulder L，Parry I，Williams R，et al. The cost-effectiveness of alternative instruments for environmental protection in a second-best setting. Journal of Public Economics，1999，72（3）：329-360.

[11] Fullerton D，Metcalf G. Environmental controls，scarcity rents，and pre-existing distortions. Journal of Public Economics，2001，80（2）：249-267.

[12] Fischer C，Parry I W H，Pizer W A. Instrument choice for environmental protection when technological innovation is endogenous. Journal of Environmental Economics and Managment，2003，45（3）：523-545.

[13] Van Dyke B. Emissions trading to reduce acid deposition. Yale Law Journal，1991，100：2707-2726.

[14] Lu W，Cui L Q. Analysis of Initial Allocation Model of Tradable Emission Permits. China Environmental Management，2003，22（5）：8-9.

[15] King C L，Zhao J H. On the long-run efficiency of auctioned vs. free permits. Economics Letters，2000，69（2）：235-238.

[16] Li S D，Huang T C. Allocation model of initial emission permits in the condition of economy optimization and fair principles. Systems Engineering—Theory Methodology Applications，2004，13（3）：282-285.

[17] Sun J L，Kang Y L，etc. Comprehensive evaluation on rolling oil by analytic of hierarchy process（AHP）（Ⅰ）—introduction to AHP. Lubrication Engineering，2000（6）：59-60.

[18] Tang X Q. Application of analytic hierarchy process in assessment of logistics finance management. China Science and Technology Information，2007（7）：56-60.

[19] Zheng T H，Xu C X，Xu C. Studies on initial allocation of water rights and water rights trading system in the Yellow River Basin. Nanjing：Hohai University Press，2006：120-122.

论环境监测是太湖流域排污权交易的“瓶颈”

尹常庆

摘　要：排污权交易是一种市场激励机制。本文通过对太湖流域排污权交易进行理论及存在环境监测问题分析和探讨，在此基础上，提出排污权交易关键要建立排污权交易法规和实施垂直统一的环境监测体系，为我国排污权交易实施提供借鉴。

关键词：环境监测　排污交易　瓶颈

Environmental Monitoring：the Bottleneck of Emissions Trading in Taihu Lake

Abstract: The emissions trading market is an incentive mechanism. Based on the Taihu Lake Basin pilot, the theory of emissions trading is analyzed and the problem exists in environmental monitoring is explored. The solution is to establish emissions trading legislation and to implement vertical unified environmental monitoring system in order to provide lessons for emissions trading in China.

Key words: Environmental monitoring　Emissions trading　Bottleneck

为建立完善环境资源有偿使用制度，健全环境价费体系，积极运用价费经济政策促进污染治理和环境保护，形成“排污者付费、治污者赚钱”的利益导向，财政部与国家环境保护总局于 2007 年底批复江苏省在太湖流域开展以水污染物排污指标为主要内容的排污权有偿使用和交易试点。江苏省从 2008 年 1 月施行《江苏省太湖流域主要水污染物排放指标有偿使用收费管理办法（试行）》并建立排污权交易平台，这是江苏省推进节能减排工作的重大举措，本文就太湖流域排污权有偿使用和交易中环境监测等问题进行探讨。

1 排污权交易

排污权交易是指在一定的区域内，在污染物排放总量不超过允许环境容量的前提下，内部各污染源之间通过货币交换的方式相互调剂排污量，从而达到减少排污量、保护环境的目的[1]。排污权交易的路线图为：容量（总量）—资源—产权—市场—交易—制度。

作者简介：尹常庆，男，1954 年出生，1980 年毕业于南京大学化学系，高级工程师，从事环境保护工作 20 年，致力于环境监测、环境法学的研究，曾在国家级、省级刊物上发表二十余篇。通讯地址：江苏省镇江市润州山路，江苏省镇江市环境监测中心站，E-mail：yincq100@yahoo.com.cn；邮 编：212004；电 话：13952922919，0511—85995212（单位）。

排污权交易的做法是：政府机构评估出一定区域内满足环境容量的污染物最大排放量，并将最大允许排放量分成若干规定的排放份额，每份排放份额为一份排污权。政府在排污权一级市场上，采取一定方式，如招标、拍卖等，将排污权有偿出让给排污者。排污者购买到排污权后，可根据使用情况，在二级市场上进行排污权买入或卖出。

排污权交易最早是由美国经济学家戴尔斯于 1970 年代初提出的，排污权交易为美国带来了巨大经济效益和社会效益[2]。排污权交易制度体现的是一种“总量控制”的污染控制策略。即无论排污权在排污者之间如何交易，区域内排污总量是不会增加的，区域内环境质量不会有恶化的危险。我国开展排污权交易的试点及建立排污权交易制度，将促使企业走出“付费即排”的老路，取而代之的是须向政府按量购买的“排放指标”，方可排放污染物。

近些年来，我国进行了排污权交易试点，获得了一定经验。2007 年 11 月 10 日国内首个排污权交易平台——浙江省嘉兴市排污权储备交易中心揭牌，在嘉兴市环保局授权和指导下从事主要污染物排污权交易的专门机构，是排污权可转让方和需求方交易的指定平台。该平台的建立，意味着国内在一定的区域内排污权交易开始实现规模化、制度化。

2 太湖流域排污权交易

排污权可以像股票一样“买卖”。排污权的初始分配是一个国际性环境经济的难题。2008 年起在太湖流域开始 COD 排污权有偿使用试点，将成为国内最大的排污权交易平台。根据国家省“十一五”减排和总量控制要求，无论是现有的企业还是新增的企业，都在一个起跑线上，排污企业以“掏钱购买”方式取得排放权。从而，建立 COD 排污权一级市场，即“初始有偿出让”。排污企业购买 COD 排污权的初始价格比企业治理成本高出近一倍。这意味着所进行试点的排污权交易，既给企业污染减排增加了压力，又实现了排污权使用的有偿化，真正体现出“占用多少环境资源，就得支付多少成本”的环境价格理念。

在 2008—2010 年江苏省将逐步建成排污权动态数字交易平台，形成太湖流域主要水污染物排污交易二级市场，即企业与企业之间的交易市场。在二级市场上，排污企业节约下来的污染排放指标，可以成为一种“有价资源”用来交易；那些因无力或忽视使用减排手段而导致手中没有排放指标的企业，将不得不按照商业价格，向市场或其他企业购买指标。

3 排污权交易存在“瓶颈”问题

3.1 排污权交易法规

排污权交易在我国尚不具体全面实施，仅在一些地区进行试点。其重要原因是我国建立排污权交易制度及交易监管制度的法律基础未构建。回顾我国整个排污制度的演变过程，从 1984 年的《水污染防治法》中规定，排放污染物的企事业单位排污申报登记，到 1989 年国务院批准了污染排放许可证制度，直到《排污费征收使用管理条例》施行的是所有排污企业都需缴纳一定数额的排污费，改变了只有超标排放污染物的企业才需交纳排污费。2008 年 2 月 28 日修订后《中华人民共和国水污染防治法》进一步规定国家对重点水污染物排放实施总量控制制度、排污许可制度和排污收费制度。由此可见，我国整个排污制度经历申报登记、排放许可、超标排放收费、排污收费及总量控制的过程[3]。

目前，进行试点的排污许可交易是在总量控制制度和排污许可证制度的基础上建立。在总量控制的前提下，政府将排污权以货币形式有偿出让给排污者，排污者获得排污指标（排污权）并允许节约下来的排放污染指标在二级市场交易，排放指标的成交价格是由买卖双方依据市场情况决定[3]。

近年来，我国尝试采取环境经济政策和环境经济市场规律解决环境问题，排污权交易仅在一些地区和区域进行试点，国家环境保护总局在 2005 年初曾经透露，正在酝酿制定“排污权交易条例”，但是，该条例由于各个利益主体难以达成统一，未能列入立法议程，排污权交易法律的缺失成为排污权交易制度化的“瓶颈”。从法律角度讲，要实行排污权交易、必须建立排污权交易市场，并从制定排污权交易市场规则和排污权交易监督管理规则。

如何保障排污权初始分配的公正性，如果由政府统一掌控排污权的初始分配，如何确定排污权初始定价的公平性？职、权、利、钱会不会导致政府有关部门操纵初始分配权牟取部门利益，甚至权、钱交易？排污权的交易监督管理涉及环境管理与环境经济，由谁实施排污权交易中监督管理？如果排污权交易不能做到真正的“公平、公正、公开”，这就会使排污权交易失去市场本质意义。

3.2 环境监测问题

（1）环境监测体制。确保排污交易中环境监测数据的真实性、客观性和准确性，维护监测数据的法定权威。坚持把污染源监测数据作为排污交易统计的基础，把强化对在线监控设备的监督性监测作为排污交易监测工作的重中之重。目前，我国环境监测未建立垂直统一的监测体系，就难以实施全国范围内排污权交易。太湖流域开始 COD 排污权有偿使用试点存在区域环境利益再分配所涉及环境监测问题，准确的排污监测是有效实现排污交易的关键。只有确保排污权与每吨排放量的对应关系，排污权作为可交易商品的属性才能存在。如同“股票价格”一级市场排污权的初始价格由政府确定，二级市场排污权的价格由市场确定；而“股票的数量”则由监测数据所确定，监测数据的准确性是排污权交易的基础。要使太湖流域开始 COD 排污权交易公平，就必须垂直建立统一的太湖流域污染源监测体系，确保买卖双方 COD 年排放量以真实数据为基础“股票的数量”准确性，在各自为政的环境监测体制下，排污权交易就可能变得有名无实。

（2）污染源监测能力。太湖流域省辖市环境监测站监测能力建设处于较高水平，监测站均通过了计量认证和实验室认可，在不少饮用水源地、交界断面、重点河段建设了水质自动监测站，对重点污染源开展了每月监督监测，部分重点污染源企业安装 COD 等污染因子在线监控设备，并实现与市监察支队联网，为排污权交易监测能力提供基础。

由于太湖流域各省辖市交界段面水质存在“地方政府负责制”，如由地市级环境监测站分段监测就可能出现“行政干预”的现象，实施由省监测中心或分中心统一密码采样，实验室间比对及实行严密质控措施，确保数据的准确性，但需投入相当大的人力和物力。

太湖流域排污权交易的企业污染源监测依照太湖流域各省辖市交界段面水质监测方案实施，按现有监测站的能力难以实施。排污量的监测对于排污权交易制度成败相当重要，由于排污企业分散且排污工况变化，难以获得准确的结果。为此，在线排污连续监测系统是每个参加排污权企业必须具备的基本硬件设施，且必须处于连续运作状态。在线排污连续监测系统存在造假比较容易，存在“全天候监视监测”与突击抽查监测需要，同时必须进行检测的数据准确性的比对试验，也需提高监测站的能力。

（3）处罚排污权监测违法行为。对排污权交易监测中企业“造假”行为，如弄虚作假、未按规定安装自动监测设备或未联网、未按规定进行监测并保存原始监测记录的，应依照新修订后的《水污染防治法》第七十条、第七十二条规定处罚。

严肃查处在排污权交易中环境监测人员在监测工作中弄虚作假、修改数据和谎报瞒报的失职渎职行为，对造成后果的，应当给予一定期间内或终身不得从事“环境监测”处罚以及行政处分，构成犯罪的移交司法机关。

排污权交易事关环保管理制度的一次重大改革，国家环境保护总局应尽快制定《排污权交易条例》，要创新排污权交易的监管模式，积极探索适合排污交易的垂直统一的监测体系、监测管理体制和灵敏、快捷、高效的运行机制。在此基础上建立起来的排污权交易制度才能调动起污染者治污的积极性，对深化环境价格体系改革，强化环保调控手段，优化产业结构，促进生态文明建设，全面建设更高水平的小康社会将起到积极的作用。

参考文献

[1] 程远. 排污权市场交易理论研究[J]. 环境保护，1998.3.

[2] 蔡守秋. 论排污权交易的法律问题[J]. 河南大学学报：社会科学版，2003，143（5）：101.

[3] 宋国君. 总量控制与排污权交易[J]. 上海环境科学，2000（4）：146.

第四篇

气候变化与碳排放交易

中国可再生能源发电 CDM 项目的社会经济影响研究

刘兰翠[①]　王金南　曹　东

摘　要： 清洁发展机制是目前发展中国家参与全球温室气体减排的主要机制。本文分析了目前中国的 CDM 项目交易现状，并建立了可计算的一般均衡模型（CEPAM），定量研究了中国生物质发电、风电、水电 CDM 项目对社会经济的影响。研究表明：生物质发电 CDM 项目、风电 CDM 项目、水电 CDM 项目在不同 CERs 价格水平下都会导致总投资的减少，总消费的增加，由于对总投资的负向拉动影响高于对总消费的正向拉动作用，所以导致实际 GDP 的损失。从部门的角度分析，可再生能源发电 CDM 项目将导致能源密集部门产出下降和产品价格上涨，以生物质发电 CDM 项目对各部门产出和产品价格影响最大。

关键词： 可再生能源发电　CDM 项目　社会经济影响

The Socio-Economic Impact Analysis of Renewable Power CDM Projects in China

Abstract: The Clean Development Mechanism（CDM）under the Kyoto Protocol is considered a key instrument to encourage developing countries' participation in the mitigation of global climate change, and China has become the biggest participants in this market. This paper develops a static multi-sector general equilibrium model（CEPAM）to analyze the socio-economic impact of renewable power CDM projects in China. The results shows that the CDM projects of biomass, wind and hydro generation at the different CERs price will cause the decrease of total investment and the increase of total consumption. Because the negative impact of investment is more than the positive impact of consumption, the CDM projects will cause GDP loss expected to be short-lived. Moreover, CDM projects of biomass, wind and hydro generation will decrease the products and increase products price of energy-intensive sectors, and the impact of CDM projects of biomass generation was the largest.

Key words: Renewable power　CDM projects　Socio-economic impact

1 引言

全球气候变暖已经成为 21 世纪人类面临的最严重的挑战之一，减少温室气体的人为排放以减缓全球气候变化成为全人类共同而迫切的责任和义务。2005 年 2 月 16 日《京都议定书》正式生效，这意味着工业化发达国家的温室气体减排目标和责任具有了法律约

① 刘兰翠. 环境保护部环境规划院战略规划部，E-mail：liulc@caep.org.cn.
本文作者联系方式：环境保护部环境规划院，北京：100012。

束力。在《京都议定书》的约束下，每个国家的碳排放权成为一种稀缺的资源，使碳排放权具有了商品的属性。由于 CO_2 对环境的影响是全球性的、长期性的，因此在世界上任何地方排放的 CO_2 具有相同的增温效果，温室气体的排放地和减排地也就有了可替代性。同时由于每个国家的减排成本存在明显差异，所以碳排放权就具有了价值，于是在减缓气候变化领域就产生了以 CO_2 排放为商品的市场。碳市场的形成对 CO_2 减排、降低减排成本、传导减排政策、碳融资以及推动低碳发展具有重要作用。

目前全球碳市场已初步形成，分为基于配额的碳市场和基于项目的碳市场。基于配额的碳市场以欧盟的碳排放权交易市场（EU ETS）为代表，而基于项目的碳市场以清洁发展机制项目市场和联合履约项目市场为主。目前全球碳排放市场交易活跃，2005 年全球碳交易量为 710 $MtCO_2$ 当量，2006 年为 1 745 $MtCO_2$ 当量，2007 年为 2 983 $MtCO_2$ 当量，是 2005 年交易量的 4 倍，以欧盟碳排放权交易市场和 CDM 项目市场产生的交易量最多。

中国已成为世界上最主要的 CDM 项目东道国，在全球碳市场中发挥着重要的作用。截至 2008 年 10 月 8 日，在 EB（Executive Board）已经有 519 个国家参与了 CDM 项目合作，共注册了 1 180 个 CDM 项目，这些项目的减排量为 22 763 万 t CO_2 当量/a，其中中国的 CDM 项目数量为 280 个，已注册的 CDM 项目的 CERs 为 12 007 万 t CO_2 当量/a，其中水电 CDM 项目 102 个，风电 CDM 项目 70 个，生物质发电 CDM 项目 10 个，占中国已注册 CDM 项目数量的一半以上。

因此，当前我们亟待解决的科学问题是：如何科学客观地评价这些项目对经济、社会发展和环境改善的影响与作用？在未来的 CDM 项目开发与项目选择中，如何衡量其对实现可持续发展的作用？我国作为最大的发展中国家，拥有巨大的 CDM 市场，如何通过开展 CDM 项目，科学地利用国际资金和技术促进本国的可持续发展？这些问题已成为决策者关注的重要问题。

可计算的一般均衡模型（computable general equilibrium，CGE）一般多用于政策模拟分析环境政策或措施、税收、外贸政策等对国家或地区（国内或跨国的）的 GDP、居民福利、产业结构、劳动力市场、环境状况、收入分配等的影响，所以采用 CGE 模型可以有效地解决上述问题。因此，利用可计算一般均衡模型研究 CDM 项目对我国经济-社会-环境的影响，具有非常重要的理论意义和实际价值。

2 研究方法：可计算的一般均衡模型

目前，利用一般均衡模型分析温室气体减排政策的影响受到国外许多学者和研究团队的青睐，这些模型包括 MIT-EPPA、WorldScan、MS-MRT、GTEM、GEM-E3 等全球一般均衡模型。Springer（2003）总结了大量的相关研究，1999 年 Energy Journal 专刊专门讨论了《京都议定书》减排机制的影响。

Manne 和 Richels（1999）、Bernstein 等（1999）、Ellerman 等（1998）、Pan（2005）、Bollen 等（1999）、Böhringer 等（2003）、Bréchet 和 Lussis（2006）的研究假设清洁发展机制是一种有约束条件的交易体系，交易价格基于市场得到。事实上清洁发展机制不同于排放交易体系，清洁发展机制是基于项目开展的。一般来说，单个项目对宏观经济的影响很微小，不可能提供任何的政策建议，而且清洁发展机制项目和碳税、碳排放权交易体系不同，后者可以通过商品价格，尤其是能源价格与宏观经济发生有直接关系；前者和商品价格没有任何直接的关系（Timilsina and Lefevre，2000）。而且清洁发展机制项目多是双边项目，CERs 价格一般通过谈判达成。因此，相对碳排放权交易市场来说，这是一个扭曲的市场，价格不能反映市场的供求关系，所以上述模型中将清洁发展机制等同于排放权交易市场将很难客观地反映清洁发展机制项目对发达国家和发展中国家的影响。Timilsina 和 Shrestha（2006）的研究不同于上述研究，他们利用 CGE 模型，从能源供给的角度出发，以水电替代煤电的形式将 CDM 项目模型化，分析了开展 CDM 项目合作对泰国宏观经济的影响。他们分析了小水电项目所获得的不同价格的 CERs 对泰国宏观经济、部门发展的影响。结果发现小水电对化石能源发电的替代会减少 GDP。

本文借鉴 Timilsina 和 Shrestha（2006）的研究方法，从能源供给的角度建立了可计算的一般均衡模型（Chinese environmental policy analysis model，CEPAM），针对生物质发电、水电和风电的 CDM 项目开发所导致的宏观经济影响进行了分析。本模型包括 20 个部门（农业、林业、畜牧业、其他农业、钢铁工业、建材工业、化学工业、有色金属工业、其他重工业、造纸印刷业、其他轻工业、建筑业、交通运输业、服务业、煤炭采选业、石油开采业、天然气开采业、石油加工业、电力生产和供应业、热力生产和供应业），两类居民（城镇居民和农村居民），以及政府的经济行为，包括生产模块，收入模块、支出模块、投资模块、外贸模块，环境模块 6 个基本模块。

本文假设生物质发电、水电和风电的 CDM 项目分别替代火力发电量的 1%。根据马拉喀什协定，总 CERs 的 2%是国际适应性费用，除此之外，CDM 项目还有注册费、核查和核证费用等交易成本。因此，我们假设全部 CERs 的 25%用于交易成本和适应性基金，其余 75%为盈余。

CDM 项目盈利：$\mathrm{CDMREV}=\mathrm{CERp}\times\left(\mathrm{TPOL}^{0}_{\mathrm{CO_2}}-\mathrm{TPOL}_{\mathrm{CO_2}}\right)$，这里 CERp 是经核实减排量（CER）的价格，$\mathrm{TPOL}^{0}_{\mathrm{CO_2}}$ 和 $\mathrm{TPOL}_{\mathrm{CO_2}}$ 分别是基准情景和政策模拟情景的 CO_2 排放。

CERs 的价格是一个重要的变量，由于目前在全球水平上还没有统一定价，目前在 EB 注册成功的 CDM 项目中，一般 CERs 为 3～5 美元/t CO_2。本节为了分析 CERs 价格对社会经济的影响，我们假设 CERs 价格为 3～50 美元/t CO_2，以反映 CDM 项目的 CERs 价格是由交易双方确定的本质。

CDM 项目增加的盈利（75%）将增加政府收入，为了保持政府收入不变，在本研究中将其返还给居民。

3 可再生能源发电 CDM 项目的宏观影响分析与讨论

根据 CEPAM 模型，我们得到了以下研究结果。

3.1 可再生能源发电 CDM 项目对 GDP 的影响分析

由图 1，我们发现生物质发电、风电、水电 CDM 项目对实际 GDP 的影响是负向的，其中水电 CDM 项目引起的实际 GDP 损失明显低于风电和生物质发电 CDM 项目，生物质发电 CDM 项目导致的实际 GDP 损失最大，风电 CDM 项目介于生物质发电和水电 CDM 项目之间。而且随着 CERs 价格的升高，GDP 损失增大，这和 Timilsina and Shrestha 关于泰国水电 CDM 项目对社会经济影响分析的研究结论一致（Timilsina and Shrestha，2006）。由于本研究分析的 GDP 是用支出法描述的实际 GDP，由总消费、总投资、净出口构成，而且模型在国际贸易平衡中采用的是国外储蓄外生给定的闭合法则，因此净出口值是固定不变的，所以实际上总消费和总投资主要影响 GDP。因此我们重点分析对总投资和总消费的影响。

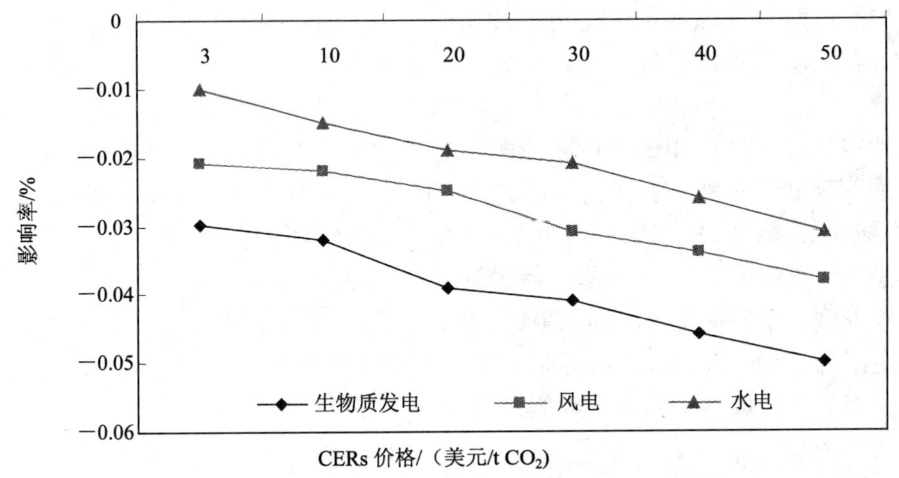

图 1　可再生能源发电 CDM 项目对 GDP 的影响

3.2 可再生能源发电 CDM 项目对总投资的影响分析

根据图 2，我们可以看出生物质发电、风电、水电 CDM 项目的总投资相对基准情景都明显降低，以水电 CDM 项目降低最少，生物质发电 CDM 项目降低最多，风电 CDM 项目介于两者之间。而且随着 CERs 价格的升高而减少。这主要是由于本模型的总投资完全由总储蓄内生转化得到。总储蓄的主要组成部分为企业储蓄、居民储蓄和政府储蓄。由于可再生能源发电是资本密集型技术，可再生能源发电替代火力发电意味着电力部门对资本需求的增加，所以会使得平均资本回报率和劳动需求量相对于基准情景有所降低，进而使得企业总利润相对于基准情景也有所降低，由此导致企业储蓄的减少。

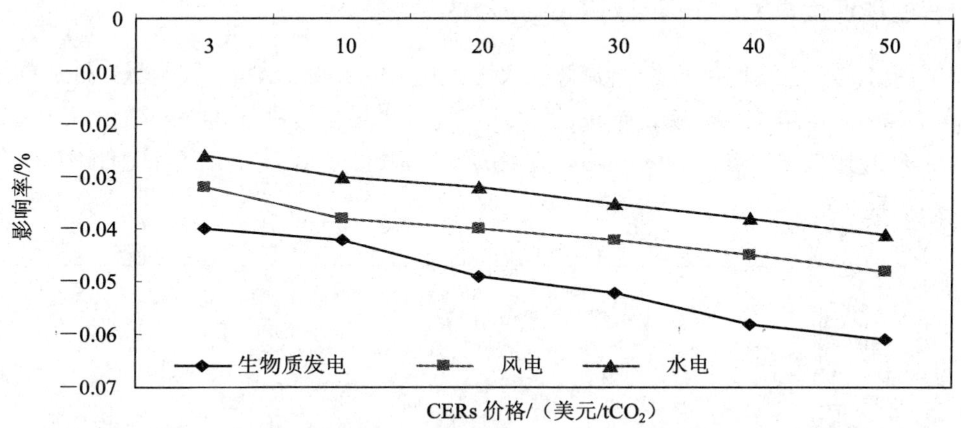

图 2 可再生能源发电 CDM 项目对总投资的影响

3.3 可再生能源发电 CDM 项目对总消费的影响分析

根据图 3，可以看出生物质发电、风电、水电 CDM 项目的总消费相对基准情景都明显增加。生物质发电和水电 CDM 项目导致的总消费增加较多，而且随着 CERs 价格增加而增加，这主要是由于本模型采用的是政府消费量外生的闭合法则，总消费主要是受居民消费的影响。居民消费在总消费中占据主导地位。由于居民一方面可以获得 CDM 项目盈利的补贴，增加了居民的收入，另一方面，由于农村居民由于生物质发电而获得收入，所以居民消费相对基准情景是增加的，而且随 CERs 价格的升高而增加。

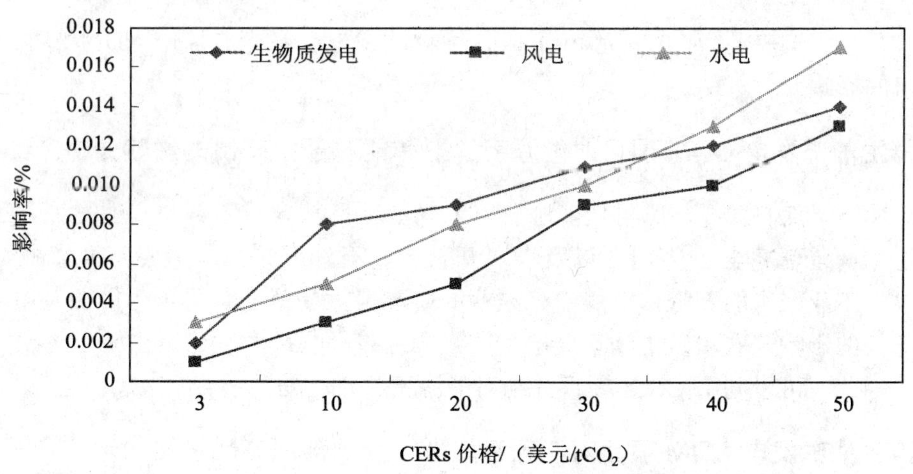

图 3 可再生能源发电 CDM 项目对总消费的影响

由于总投资的负向拉动作用，明显高于总消费的正向拉动作用，所以导致实际 GDP 比基准情景降低了，在 CERs 为 50 美元/t CO_2 时，生物质发电、风电、水电 CDM 项目导致的实际 GDP 损失分别为 0.05%，0.038%和 0.031%。

3.4 可再生能源发电 CDM 项目对 CO_2 排放的影响分析

根据图 4，我们发现可再生能源替代火力发电 1%的 CDM 项目对 CO_2 排放的影响在 0.96%～1.04%，水电 CDM 项目导致的 CO_2 排放减少最多，在 1.04%左右，风电 CDM 项目导致的 CO_2 排放减少了 1.02%左右，生物质发电减少了 0.97%左右。而且 CERs 价格变化对其影响较小。

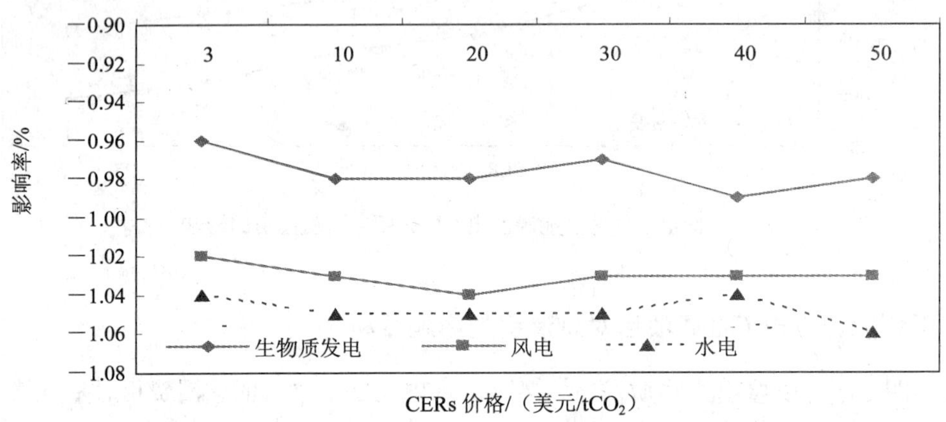

图 4　可再生能源发电 CDM 项目对 CO_2 排放的影响

4 可再生能源发电 CDM 项目对能源密集型和能源部门的影响

本节分析了 CERs 为 20 美元/tCO_2 时，生物质发电、水电、风电 CDM 对能源密集和能源部门的影响。

4.1 可再生能源发电 CDM 项目对能源密集型和能源部门产出的影响分析

根据图 5，我们发现，可再生能源发电 CDM 项目都导致了钢铁、建材、化工、有色金属、造纸等能源密集型部门，以及煤炭开采业、石油开采业、天然气开采业、石油加工业、电力工业产出的下降，对煤炭开采业的影响最大。就三种可再生能源发电 CDM 项目对各部门的影响来看，以生物质发电 CDM 项目的影响最大，这是由于生物质发电的成本较高。因此，可以利用 CDM 项目盈利对能源密集部门进行补贴。

4.2 可再生能源发电 CDM 项目对能源密集型和能源部门产品价格的影响分析

根据图 6，可以看出可再生能源发电 CDM 项目都导致了钢铁、建材、化工、有色金属、造纸等能源密集型部门产品价格的上涨，以钢铁部门和化工部门产品价格增加最多。对能源部门的影响是不一样的，但影响较小。水电 CDM 项目将导致煤炭开采部门、石油开采、天然气开采和石油加工部门的价格下降，分别下降 0.010%、0.001%、0.001%和 0.001%，电力部门价格上涨 0.18%。风电 CDM 项目导致煤炭开采业价格下降 0.02%，其他能源部门能源价格分别上涨 0.001%、0.001%、0.002%和 0.200%。生物质发电 CDM 项目导致煤炭开采部门、石油开采、天然气开采、石油加工部门和电力部门的价格上涨 0.001%、0.002%、0.004%、0.002%和 0.250%。

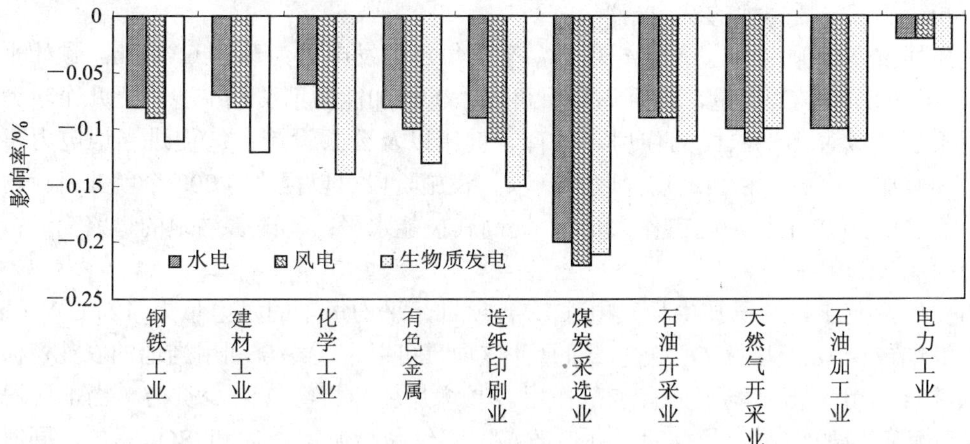

图 5　可再生能源发电 CDM 项目对能源密集型和能源部门产出的影响

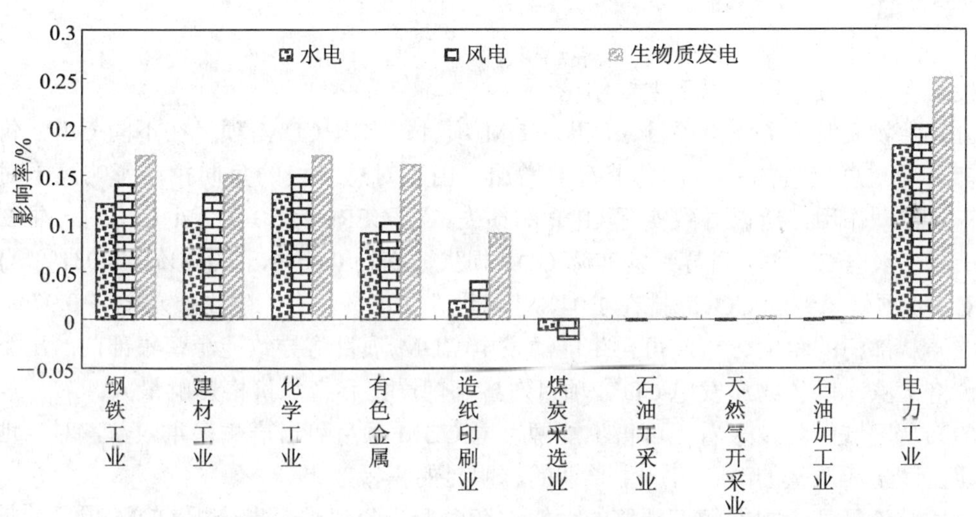

图 6　可再生能源发电 CDM 项目对能源密集型和能源部门产品价格的影响

5 CDM 项目的地区性影响分析

根据中国可再生能源项目的项目涉及文件（PDD），可以看出 CDM 项目可以通过技术转化增加当地税收，创造新的就业机会，促进当地经济，培养地方的能力；可以更有效地使用能源以及利用废物发电，提高资源利用效率；也可以减少空气污染物排放如 SO_2、NO_x 和灰尘等，提高水质并减少有机氧需求，保护自然和森林植被。

例如宁夏银仪风电 CDM 项目，平均每年的发电量为 104 GW・h，预计每年可以节省 3.46 万 t（标煤），这意味着可以减少 352 t SO_2、400 t NO_x、480 t 颗粒物和 9 000 t 煤渣。而且，此项目可以：①预计每年减少 9.82 万 t CO_2 当量；②有助于宁夏回族自治区乃至中国风电的发展；③减少火力发电的其他污染物排放；④项目建设和维护增加了就业机会；⑤缓解了宁夏当地的贫穷情况。

例如甘肃省小孤山水电 CDM 项目，平均每年的发电量为 357 GW·h，预计平均每年减少 312.9 万 t CO_2 当量，而且该项目可以：①增加能源消费和减少附近几个较穷村庄的用电限制，改善当地农民的住房、教育、健康以及公共设施；②促进当地电力事业的发展；③增加就业机会和当地居民收入（项目设施阶段可以提供 3 000 个就业机会，项目运行阶段需要 100 个长期的工作人员），提高其技能水平；④改善当地的道路交通；⑤提高当地的能效利用水平。

再例如黑龙江省汤原县生物发电 CDM 项目，平均每年的发电量为 124 GW·h，预计平均每年减少 18.4 万 t CO_2 当量，而且，该项目可以：①综合利用当地的农业资源，对于中国综合利用生物质能源具有示范作用。②增加就业机会，减少贫穷。当地居民通过出售秸秆从而增加收入。③有助于环境改善，不仅减少温室气体和 SO_2 排放，同时还可以避免农作物废弃物的燃烧，减少空气污染。

6 主要结论

根据上述研究，得到以下主要结论：

（1）生物质发电 CDM 项目、风电 CDM 项目、水电 CDM 项目在不同 CERs 价格水平下都会导致总投资的减少，总消费的增加，由于对总投资的负向拉动影响高于对总消费的正向拉动作用，所以导致实际 GDP 的损失。在 CERs 为 50 美元/t CO_2 时，生物质发电、风电、水电 CDM 项目导致的实际 GDP 损失分别为 0.05%，0.038%和 0.031%。但是，水电 CDM 项目导致的 CO_2 减排在 1.04%，风电在 1.02%左右，生物质发电在 0.97%左右。

（2）从部门的角度分析，可再生能源发电 CDM 项目将导致能源密集部门产出下降和产品价格上涨，以生物质发电 CDM 项目对各部门产出和产品价格影响最大。

（3）从区域的角度来看，可再生能源发电 CDM 项目可以产生多重效益，对当地经济增长和人民生活质量的改善将产生长期的、明显的积极效果。

上述结论是基于静态的可计算的一般均衡模型，为了进一步分析 CDM 项目的长期影响，将建立动态一般均衡模型，从长期的角度分析可再生能源发电、能效提高以及其他项目 CDM 项目的社会-经济影响。

参考文献

[1] Bernstein P M，Montomery W D，Rutherford T F，Yang G F. Effects on restrictions on international permit trading：the MS-MRT model. The Energy Journal，Special Issue，1999：221-256.

[2] Bollen J，Gielen A，Timmer H. Clubs，ceilings and CDM：Macroeconomics of the compliance with the Kyoto Protocol. The Energy Journal，Special Issue，1999：177-206.

[3] Bréchet T，Lussis B. The contribution of the clean development mechanism to national climate policies. Journal of Policy Modeling，2006，28：981-994.

[4] Böhringer C，Conrad K，Löschel A. Carbon taxes and joint implementation. Environmental and Resource Economics，2003，24：49-76.

[5] Manne A，Richels R. The Kyoto Protocol：a cost effective strategy for meeting environmental objectives? The Energy Journal，Special Issue，1999：1-24.

[6] Pan H. The cost efficiency of Kyoto flexible mechanisms：a top-down study with the GEM-E3 world model. Environmental Modelling & Software，2005，20：1401-1411.

[7] Springer U. The market for tradable GHG permits under the Kyoto Protocol：a survey of model studies. Energy Economics，2003，25：527-551.

[8] Timilsina G R，Lefevre T. Analyzing the impacts of the clean development mechanism in Non-Annex I Economies：a general equilibrium framework. EMF，IIASA，IEA Joint International Conference，2000.

[9] Timilsina G R，Shrestha R M. General equilibrium effects of a supply side GHG mitigation option under the clean development mechanism. Journal of Environmental Management，2006，80：327-341.

应对气候变化的国家战略选择及反思*

王仕 毕军[①] 张炳

摘　要：我国一直以来积极参与国际间气候问题的谈判，然而长期以来缺乏基础理论的研究和远景的规划，使得我国在《京都议定书》框架下一直处于一种积极参与、被动接受的尴尬局面，在一定程度上损害了我国的国家利益，尤其是大量CDM项目的开展并没有对我国的可持续发展起到应有的作用。本文对不同国家间战略决策进行分析，认为碳减排量也是一种重要的国家资源，应当在国际谈判中坚持我国坚定的立场，发展更加多样化的机制，重点关注技术转让和开发，并积极参与国际市场，化被动为主动，才能在应对气候变化的国际框架下最大限度地实现国家利益。

关键词：气候变化　清洁发展机制　战略决策

Introspections on the National Strategies about Climate Change

Abstract: On going with the negotiations on international climate problems for long time，China haven't built a perspective as well as basic theories research about climate change. Until now，national profits were harmed under "KP" structure with an active participator but passive acceptor role. Especially sustainable progress was not contributed by plenty of CDM projects which were exploited recent years in China. In this paper，different strategy，rules and regulation choices by different nations are analyzed. And for maximizing national profit，China government should insist his standpoint while taking part in the international negotiation，develop various reducing mechanism，focus on technique transforming and developing，and participate into the global carbon market more actively.

Key words: Climate change　Cleaner development mechanism　Strategy making

1 前言

1972年，中国参加了在斯德哥尔摩召开的联合国环境大会，开始正式参与国际间环境问题的讨论和谈判。国家气候变化协调小组在1990年成立，由国务院直接领导，并随后建立工作组，负责进行国际间关于气候变化的谈判、对气候变化的影响进行评价和对联合国气候变化框架公约做出策略回应。1992年中国批准《联合国气候变化框架公约》，是世界上较早批准该协议的国家。中国也是《京都议定书》的参与者、起草者和较早签

* 基金项目：国家水体污染控制与治理科技重大专项（2008ZX07633-04）；国家环境保护部环保公益性行业科研专项（200809074）；国家社科基金重大项目（06&ZD025）。

① 通讯作者，E-mail：jbi@nju.edu.cn.

本文作者联系方式：污染控制与资源化研究国家重点实验室，南京大学环境学院；南京大学-江苏省环境保护厅环境管理与政策研究中心，南京：21009。

署的国家之一。

我国在气候变化国际谈判中一直扮演着积极主动、活跃度高的参与者，我国通常与发展中国家集团（77 国集团+中国）协调，采取一致的行动，以最大限度地表达发展中国家立场，实现集团利益。中国在谈判前通常准备充分，秉持基于独立和集体（77 国集团）利益坚定的立场，常常被看做是精明的谈判者，由此得到许多国家的尊重[1]。

我国人口众多，经济发展水平不高，能源结构主要以煤为主，国内自然环境复杂多变，这些特性决定了我国在应对气候变化方面的矛盾立场：一方面必须积极采取措施应对气候变化，减轻因全球变暖和气候变化给我国带来的损失；另一方面又不能过度降低能源消费，防止由此带来的经济增长受损，国民福利降低等负面影响。然而在国内，由于可观的经济效益和日益开放的经济市场，近年来清洁发展机制（CDM）项目大量涌现，中国被核准的 CERs 数量急剧攀升，目前已经超过印度居全球第一位，如图 1 所示。

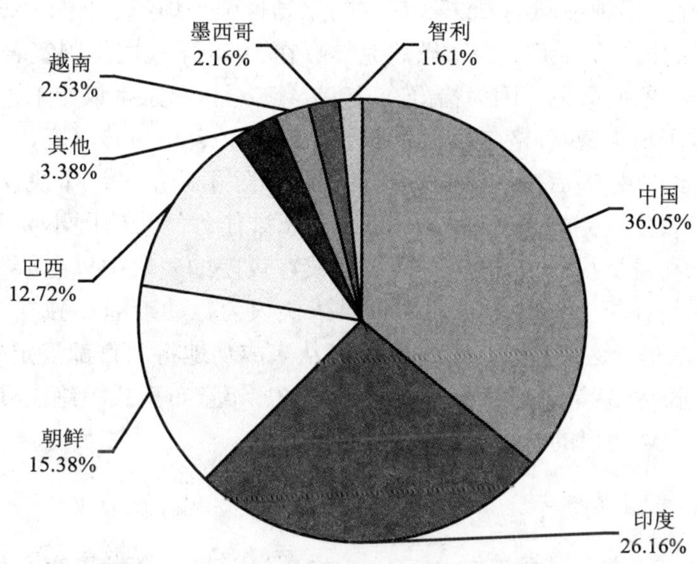

图 1　截至 2008 年 8 月联合国批准的 CERs 签发量比例

资料来源：联合国气候变化委员会网站 http：//cdm.unfccc.int.

快速增长的 CDM 项目并未对我国的国家利益造成较大的正面影响，主要表现在：①没有对我国国际减排压力造成正面效应，相反，欧盟、日本等原本认可中国等发展中国家观点的国家也开始纷纷调整自身的立场，开始不断对中国施加更多的压力，力争促使中国等发展中国家加入义务减排的行列中来[2]；②由于我国 CDM 项目绝大多数为双边项目，且国内有实力的咨询机构较少，缺乏国内市场和国际交易经验等，造成我国 CERs 价格远低于国际市场，客观上造成了资源浪费和经济损失。在这样的形势下，有必要重新审视我国目前国内国际的政策选择，力争在应对气候变化问题上做到在国家利益和国际责任间寻求最佳的平衡点。

2 应对气候变化的国家战略决策

气候变化议题已经成为国际关系的重要组成部分，当今世界国与国之间的谈判几乎全部涉及应对全球气候变化的议题。而随着国际形势的不断变化，各国的立场和策略也在发生着不同程度的调整。

2.1 美国的战略选择

2.1.1 坚持国家利益是美国政策的核心

美国长期以来积极关注和参与气候变化谈判，但由于其国家战略思维的特征决定了其更多的是从国家安全和全球利益角度去考虑气候变化问题。因此，其国内一直对签署《京都议定书》存在多种不同的看法，官方的立场也强烈地趋于保守，即使是在气候变化问题上较为积极的民主党执政时期，虽然克林顿在 1998 年代表美国签署了《京都议定书》，但更多的只是一种象征意义，因为恰好在 1997 年 7 月，《京都议定书》谈判的关键时刻，美国参议院通过了伯瑞德-海格尔决议（Byrd-Hagel Resolution），表达了美国关于气候变化的基本立场，给克林顿后来的“国际政治秀”做好了铺垫。这个决议的核心内容就是：①美国不会接受将发展中国家排除在外的义务减排任务；②美国不会因为承担任何减排义务而承担国家利益受损。伯瑞德-海格尔决议在议院的表决中以全票赞成、0 票反对通过，标志着美国将在相当长一个时期内将以该决议为行动准绳，独立于《联合国气候变化框架》之外[3]。基于这条决议，克林顿政府从未成功地将《京都议定书》递交参议院表决，并且在拖了长达 3 年之后，布什政府于 2001 年宣布正式拒绝接受《京都议定书》，依据的理由正是上述决议的两条核心内容。

2.1.2 消极减排，积极参与

美国是一个高消费、高能耗的国家，人均碳消耗量居全世界第一位，要想维系其国内高能耗的生活方式，必然要采取能源安全的全球性战略，也必然导致其在全球碳减排问题上采取消极的态度。长期以来美国在全世界范围内广泛寻求能源合作，甚至插手国际事务也往往与能源有关，如数次发动中东地区的战争，直接或间接支持部分拉美国家反政府势力推翻反美政府等。同时，作为全球最大的经济体和最强势的政治体，美国又必须维护其承担国际责任的形象，因此美国积极参与气候变化的各项谈判，并通过其国内的私人组织、机构参与全球碳减排活动。如美国芝加哥碳交易市场（CCX）及其旗下的欧洲碳交易市场（ECX）已经分别成为全球第二[4]和第一大碳交易市场[5]。

2.1.3 政策变化将基于技术的进步

美国的《能源政策法》中有这样 3 条规定：美国应当采取主动措施促使发展中国家采取减少温室气体排放的行动；美国国会在今后制定与温室气体排放有关的国家纲领时应当考虑“促进美国的主要贸易伙伴和世界上主要的温室气体排放国家采取类似的行动”；美国将在能源部下设一个气候信贷委员会，选择该委员会将选择能够“在全国或者

区域范围内对能源安全作出贡献”和拥有能够显著改善美国能源经济安全的“先进气候技术或制度”的一批重点工程和项目予以财政支持。从这 3 条规定中不难看出美国的国家战略思维，即：在能源替代技术取得突破性进展之前，美国不会采取损害国家利益的行动实施减排计划。反之，一旦取得技术上的突破（而作为科技和经济实力最为强大的美国，首先取得这样的突破并且通过专利进行保护的可能性非常大），美国将立刻转变立场，转而对发展中国家提出强烈的要求，使其参与到义务减排的行列中来。

2.2 欧盟和日本的选择和立场

2.2.1 欧盟的态度转变及其行动

研究国际关系的专家普遍认为，随着欧盟一体化进程的不断推进，欧洲意识形态逐渐膨胀，1990 年代初期欧盟对中国相对友好的外交战略已经被怀疑、质疑和敌视所取代，主要表现在政治上不赞同中国的价值观、经济上将中国看成危险的对手、安全问题上向美国靠拢等[2]。

在气候变化和环境保护领域，欧盟的立场同样具有两面性。首先，欧盟是《联合国气候变化框架》及《京都议定书》的积极倡导者和推动者，欧盟屡次单方面承诺实施减排，并在欧盟内部制订了高于京都目标的减排计划，如欧盟计划要在 2020 年前将温室气体排放量在 1990 年的基础上减少 20%，这比《京都议定书》中规定的从 1990—2012 年缩减 2%～8%的目标要高出许多；欧盟还计划在 2020 年前使可再生的清洁能源在全部能耗中的比例升至 20%，交通运输使用的生物燃料至少达到燃料使用总量的 10%等。欧盟还采取了宽容的方针，同意中国及 77 国集团关于发展中国家的原则，同时赞成美国关于引入私人机构、改进交易体系的建议，从而将世界上大多数国家成功纳入《京都议定书》体系，使其走出漫长的谈判，开始正式进入实施阶段。而另一方面，欧盟也有着自身的利益考虑，制订了发展新能源的战略目标，希望在欧盟内部统一思想和行动，重点放在联合行动和新技术的开发领域，保持其对新兴市场的压制地位。同时，欧盟还认为，自身的行动不能解决所有问题，希望所有国家（包括发展中国家）能够共同采取行动[6]。这些变化表明欧盟的立场在悄然发生变化，不管这些变化是否更加理性和务实，对中国来说，必须有一个清醒的认识。

2.2.2 日本政府的立场和观点

日本在《京都议定书》的谈判中一直采取积极态度，一方面与日本一直以来积极参与各种国际事务，展现自身国际价值和地位的愿望有关；另一方面，日本是一个岛国，受到气候变化的影响较为剧烈和直接，且日本一直以来就有投入巨资用于削减自然灾害造成损失的传统，因此，日本积极参与和履行议定书所规定的目标。由于日本一直以来就是资源匮乏型国家，由此尤其重视资源利用效率，加之较为发达的经济发展水平，日本的资源利用效率在世界上一直处于领先地位，然而这也造成了日本在履行《京都议定书》目标时的困难和挑战。因此，日本政府采取了着手继续加强国内减排措施，兼以积极寻求海外贸易的形式力争完成减排目标。此外，日本还在《京都议定书》实施细则谈判时，积极主张将碳汇项目、核电项目纳入减排份额，主张不限制 ODA 用于清洁发展机制项目，反对对海外减排比例设定上限，反对制定未完成指标情况下的惩罚措施等[7]。通过日本政府的一系列观点和措施可以看出，日本高度重视本国能源转型计划，高度重视海外市场带来的弥补效应，并通过在国际间谈判中的一系列主张将自身的能源战略和国际立场表露无遗。

2.3 我国目前的立场、角色和行动

2.3.1 积极联合国际力量，坚持发展中国家立场

在联合国气候变化框架下的谈判中，我国始终坚持发展中国家的立场，即：发展中国家目前的首要任务是发展经济，提高人民生活水平，发达国家人均碳排放量和总排放量均远高于发展中国家且目前大气层中的 CO_2 主要是由于发达国家造成的，因此必须执行“共同但有区别的责任”。中国的立场同 77 国集团较为一致，并且由于中国国力较强，国际地位较高，并且由于中国已经充分认识并将气候变化谈判看做重要的外交谈判，因此在谈判中表现出较高的谈判水准，因此被某种程度上认为是发展中国家的领军者和代言人。根据目前的谈判进展来看，我国在国际谈判中的立场较为坚定，也为气候变化谈判的推动作出了重要贡献。

2.3.2 认知逐步提高，态度和行动更为主动

我国很早就开始参与国际间气候变化的谈判，但早期我国一直单纯以“参与”和“谈判”为主，行动上主要以表达我国立场，团结发展中国家，统一观点，形成发展中国家联盟为主。对于各国提出的如联合履约等机制持怀疑态度。然而随着谈判进程的深入，也随着我国经济快速增长下带来的资源环境压力越来越凸显，我国也开始积极研究、积极应对，在国际谈判中态度发生一定的转变，虽然在京都会议中对清洁发展机制仍然持有怀疑态度，但最后还是接受了一揽子方案，从而使《京都议定书》的生效成为可能。随着议定书的生效和我国环境领域的研究进一步深入，我国开始赞同优先制定清洁发展机制的规则和程序，并且积极参与其中。

在国内，我国也进一步采取措施为减排作出努力，包括进一步提供能源利用效率、出台气候变化国家评估报告、出台应对气候变化国家方案等。尤其值得注意的是，清洁发展机制项目在我国取得了爆发式的增长，从 2005 年我国第一个项目在联合国成功注册以来，已有 254 个项目得到成功注册，共有 62 个项目获得 CERs 签发，签发总量超过 6 400 万 t CO_2 减排当量（截至 2008 年 8 月 11 日）。此外，获得国家发改委批准的项目超过 1 400 个，并预计还会保持继续快速的增长。清洁发展机制能够产生较为客观的经济效益，同时也可以促进我国节能减排项目的增长，这也是我国在国际谈判中赞成并参与相关规则和实施细则制定的重要原因。

3 资源化的碳减排量

碳排放量作为能源消耗的另一种表述形式，几乎等同于使用能源的权力。作为美国这样的经济强国，始终不放弃既得利益，始终坚持保护本国经济发展不受损害的立场，

虽然就全球共同行动的立场来看确实有失风度，然而从中我们不难看出碳排放量已经被看做是一种重要的战略资源。

3.1 碳减排量资源化的内涵

作为承载经济发展和人民生活水平提高的载体，环境容量被认为是一种资源已经被一些学者所认可[8]，然而将碳减排量看做是一种资源却还没有得到广泛的认同。碳减排量主要是指通过国家或私人机构行为，通过提高能源利用效率、减少能源消耗量、采取更为环保的生产生活方式等行动所削减的本应产生的 CO_2 排放量，在《京都议定书》的框架下标准化为 CERs（经核证的碳减排量），此外，如 CCX 等一些国际机构也发展了一些其他的认证体系，如 VERs（自愿碳减排量）等。

将碳减排量看做是一种资源，源于其产生机制。不管是通过一次能源消耗还是通过消费、流通等环节间接产生的能源消耗，均会最终产生 CO_2 的排放，从而影响全球气候。碳减排量则是通过某些行为削减原本通过其他行为或方式“应当”产生的 CO_2 量，也就是说，产生碳减排量需要通过特定的形式，甚至付出额外的代价才能够产生。这种碳减排量具有稀缺性，即并不是无限制产生的，其产生取决于经济能力、技术进步、生产或消费的行为方式等因素，而且碳减排量成本具有明显的边际递增效应[9]。

美国在国际谈判中始终不愿签订《京都议定书》，实际上就是其将碳减排量作为一种重要资源看待，认为让美国承担这种责任，强制本国开发这种“资源”，会极大地损害美国的国家利益，通过美国的测算，气候变化给美国造成的损失合每年 600 亿～700 亿美元，而要达到《京都议定书》的减排目标，即开发相应的碳减排量，美国需要为此付出近 400 亿美元，而且会带来国内生产和消费萎缩，从而造成失业等其他损失，因此，美国以气候变化对人类的影响并未明确为由拒绝加入[10]。欧盟和日本虽然积极推动减排，但依然引入了诸多灵活机制，目的就是削减本国减排成本，变相将减排义务转嫁给发展中国家和其他减排资源富余的国家，这与发达国家一贯的海外寻求资源能源战略一脉相承。

3.2 我国特定发展阶段碳减排量的战略价值

我国是全球最大的发展中国家，虽然经济总量较大，碳排放总量也居全球第二位，但人均经济实力仍排名全球靠后，人均碳排放量在 1985 年以来的 20 年里更是只有美国的 1/9[11]，因此我国政府一贯的立场就是发达国家率先承担减排义务，这一观点从来没有改变过，在将来较长的一个时期内也不应该改变。

有学者通过“可计算的一般均衡”模型预测，中国 2010 年的减排率（以 1997 年为基准年）在 0～40%之间时，GDP 的损失率为 0～3.9%。相对于基准情景减排 10%的减碳边际成本约为 100 元/t，减排 30%的减碳边际成本约为 470 元/t。每增加 1 t CO_2 的减排还将造成约两倍于上述减排技术投资边际成本的社会成本[9]。也就是说，在一个可以接受的经济损失范围内，我国的减排率为 20%～30%甚至更低，如果更高，我国将承担经济增长较明显放缓的压力。

随着我国经济实力增强，技术水平不断进步，能源利用效率不断提高，1990 年中国单位 GDP 化石燃料燃烧 CO_2 排放强度为 5.47 kg CO_2/美元（2000 年价），2004 年下降为 2.76 kg CO_2/美元，下降了 49.5%。虽然与世界发达国家仍有差距，但随着我国经济高速发展，人民生活水平不断提高，能源消费总量不断增加，CO_2排放绝对量仍然处于增加状态，1994 年中国温室气体排放总量为 40.6 亿 t CO_2当量（扣除碳汇后的净排放量为 36.5 亿 t CO_2当量），2004 年中国温室气体排放总量约为 61 亿 t CO_2当量（扣除碳汇后的净排放量约为 56 亿 t CO_2当量）[12]。从以上的数据可以看出，我国一方面在积极努力地进行减排，这种减排表现为“质”上的减排，而另一方面由于我国经济发展的需要，我国确实也需要增加 CO_2的排放，这种排放表现为“量”上的增加。值得注意的是，通过上面的数据我们可以看出，我国经济增长的速度远远超过碳排放增长的速度，这充分表明，我国已经在全球气候变化问题上作出了自己的贡献。

可以说我国的经济增长所带来的碳排放增加不可避免，因此，碳减排尤其是绝对量的减排在目前阶段并不适合中国这样一个年均 GDP 增长 10%左右的发展中国家。反过来说，我国必须坚持保护自身的碳减排量资源，因为这就等于保护我国经济的增长空间，保护人民生活水平持续提高的空间。

3.3 未来我国面临的压力和挑战

检讨目前我国在参与气候变化谈判和国内应对气候变化的措施中可以发现，目前我国的处境并不乐观，一方面国际压力越来越大，另一方面国内相关资源重视不够，国家和地方协同机制不足，导致国内相关资源大量流失，必然对我国未来整体能源安全战略构成一定威胁。主要表现在以下几个方面：

（1）国际压力日益增大。国际谈判中美国一直拒绝加入《京都议定书》并承担减排义务，很重要的理由就是中国等发展中国家的不加入，相信美国未来继续会以此为借口坚持己方观点。欧盟等其他国家为了将更多的经济体纳入议定书范畴，可能会通过各种方式开展妥协斡旋，力争通过某种形式达成共识或阶段性共识。而无论如何，作为即将成为世界第一大温室气体排放国的中国，在未来的 10～20 年内，继续完全不承担任何减排义务，会变得越来越困难，尤其是随着我国经济实力的增强、政治崛起的愿望和“负责任大国形象”的建立等，可以预见，气候变化问题终将服从整体外交博弈，我国也终将无法承担日益增大的国际压力及其带来的负面效应。

（2）国际合作规则制定权缺失。我国虽然积极参与国际间各种关于气候变化的谈判，但长期以来都是以外交谈判的技巧去被动应对，虽然博得了良好的谈判声望，取得了发展中国家代言人的地位，但这种参与仍然停留在“参与”和“补充”阶段，气候变化框架的设计者和各种灵活机制的建立者都是欧美等发达国家，联合履约、清洁发展等机制的设计和运作也是基于西方经济体系的基础下运行，甚至我国还没有建立起自己的碳排放交易市场，国内开展得如火如荼的 CDM 项目参与国际竞争的能力分散而低下，大大降低了欧盟等国的减排成本，并给大量国际金融机构带来了本属于国内企业业主的丰厚的利润。

相比之下，美国等其他国家纷纷开展多边外交，建立起多种减排规则、形成不同的减排机制框架和联合行动体，如美国等国家为了减缓未加入《京都议定书》而产生的巨大压力下提出成立的“亚太清洁发展和气候伙伴计划”；美国试图用经济手段形成实际减排而发起成立的“国际甲烷市场化合作计划”等。

（3）技术落后导致未来减排风险增大。清洁发展机制规定，发达国家应当通过资金或技术的转让，帮助发展中国家实现减排，实现的减排量可以计入发达国家的规定减排量。从目前我国实施清洁发展机制的实践来看，还没有产生一起成功的技术转让的案例，这不得不让人反思：我们转让了这么多宝贵的减排资源，仅仅是为了得到每年 10 亿美元的转让收益吗[1]？发达国家对发展中国家的技术壁垒、绿色贸易壁垒和技术封锁并没有因为应对气候变化的共同努力而消除，相反发达国家利用发展中国家相对廉价的减排量资源成本实现自身的减排目标，并且制订了发展清洁能源技术的目标并计划继续对发展中国家保持全面压制。

大量开发 CDM 项目而得不到相应的经济、技术收益，最终结果就是耗尽本国减排潜力，在将来可能承担减排义务的阶段负担更高的减排成本。这无疑是一种寅吃卯粮，杀鸡取卵的短视行为。

4 应对国内外挑战的建议

4.1 坚持谈判风格和立场不动摇

截至目前，我国在参与谈判方面表现较好，主要源于我国充分认识到气候变化问题已经成为国际政治、外交问题的一部分，因此极其重视谈判人员的选择和技巧的把握。另外，中国坚持发展中国家观点不动摇并在某种程度上领导 77 国集团开展谈判的立场也必须继续一以贯之。此外，我国应当更加积极主动地在谈判中发挥主观作用，通过对环境、能源、安全等问题的全面研究增强对气候问题的主观认识，形成对目前气候变化框架的独立、创新认知，从而在气候变化谈判中争取更多的主动权。

4.2 积极寻求多边合作形式

多边外交关系是当今世界国际关系发展的潮流，在气候变化问题上，我国同样应当积极寻求多方合作，建立多种合作体系和框架，通过官方或民间组织的运作，开发更多减排的评价标准，通过这些方式可以在联合国框架之外实现独立的、相对公允的减排，同时可以降低减排成本，保护国内减排量资源，大大降低国际压力，为我国未来发展争取更多的空间和时间。

4.3 在国际合作中坚持技术转移和创新

技术转移是目前清洁发展机制的规则中所鼓励的，但也是实际执行中效果最不理想的手段。我国将于今年 11 月在北京召开重要会议，专门就清洁发展机制中的技术转让问题进行讨论，说明国家已经一定程度上意识到了这个问题。我国应当抓住这次机遇，尽量能够通过国际谈判、商业运作等手段推动技术转让，为我国技术进步和革新提供机遇。此外，还应当大力加强相关技术开发的扶持力度，在清洁发展机制基金中专门开辟技术奖励基金。可以预见，未来的气候变化问题谈判将由技术先进者掌握主动权，我国一定要加强这一领域的开发力度，避免在国际竞争中被发达国家压制和要挟。

4.4 强化自身基础能力建设、采取积极而审慎的态度参与国际合作

根据我国目前 CDM 项目爆发式增长的实际情况，有必要抓紧建立国内清洁发展机制项目进一步的管理办法和实施指导标准；在有条件的地方建立省一级的主管审核机构；引入金融机构参与，抓紧研究和建立我国的国家交易市场；同时强化相关领域的基础研究，指导国家相关部门采取措施，有序、可持续地开发减排量资源。

此外，我国已经成为全球最大的 CERs 提供国，在这种情况下，应当主动参与目前框架下的国际市场，而不是仅仅作为原始资料的提供者。2007 年，欧洲市场 EU-ETS 交易量已经超过 200 亿欧元，标准化后的期货价格也超过国内初始售价的 50%以上，大量的附加价值被需要承担减排责任的国家获取，大大降低了其国家减排成本。因此，我国应当尽早着手准备，建立自己的市场，并采取积极而审慎的态度参与国际市场竞争，维护本国的国家利益。

参考文献

[1] 唐更克，何秀珍，本约朗. 中国参与全球气候变化国际协议的立场与挑战[J]. 环境政治与国际关系，2002（8）：34-40.

[2] 张健. 欧盟对华认知变化及政策调整[J]. 现代国际关系，2007（7）：6-12.

[3] http：//www.whitehouse.gov/news/releases/2001/06/20010611-2.htm.l，President Bush Discusses Global Climate Chang. In 2001.

[4] Kollmuss A，Zink H，Polycarp C. Making Sense of the Voluntary Carbon Market：A Comparison of Carbon Offset Standards；WWF Germany：Germany，March，2008；pp. 6，7，12.

[5] Capoor K，Ambrosi P. State and Trends of the Carbon Market 2008；World Bank：Washington，D.C.，May，2008；pp. 7-15.

[6] AN ENERGY POLICY FOR EUROPE//FINAL ed.；COMMISSION OF THE EUROPEAN COMMUNITIES：2007.

[7] 庄贵阳. 清洁发展机制与中日合作前景：中国的视角[J]. 世界经济，2002（2）：68-75.

[8] 邹骥. 资本积累阶段中国环保的战略选择[J]. 绿叶，2008（4）：60-64.

[9] 王灿，陈吉宁，邹骥. 基于 CGE 模型的 CO_2 减排对中国经济的影响[N]. 清华大学学报：自然科学版，2005，45（12）：1621-1624.

[10] 邹骥，陈吉宁，张俊杰. 对布什政府取消控制二氧化碳排放承诺的分析[J]. 环境保护，2001（5）：36-38.

[11] http：//www.sciencenet.cn/blog/user_content.aspx?id=38400，世界各国的碳排放量. 中国科学院政策与管理科学研究所，2008.

[12] 中国国家发展和改革委员会. 中国应对气候变化国家方案. 北京：2007：6-7.

美国东北部区域温室气体行动：拍卖排放权

能源基金会（The Energy Foundation）

绪论和概述

区域温室气体行动（RGGI）是由美国东北部 10 个州[①]共同合作的一个项目，其目标是到 2018 年 12 月 31 日前将电力部门温室气体排放在 2000—2004 年基准线排放情景上降低 10%。各州参与的 RGGI 计划的一个主要原则是不会将 GHG 许可额度免费地分配给排放机构，这与之前的酸雨（SO_2）和 NO_x 预算计划、欧盟排放交易体系（ETS）的第一阶段不同。RGGI 各参与州一致同意拍卖大部分的排放权，从而使各州能够获得资金来进行能效与其他减碳方案的投资。各州可自行拍卖其 60%～100%的排放权，然后拿出 74%的平均拍卖收入，投入到能效与清洁能源活动方面的项目。首次拍卖已于 2008 年 9 月 29 日举行，10 个州中有 6 个州参加了这次拍卖会，成交额达 3 850 万美元。以后将每季度举行一次拍卖，届时 10 个州都将参与，预计拍卖年成交额将高达 10 亿美元。因为大多数拍卖所得也是将回用于能效与清洁能源方面的项目，所以预计各州对上述项目领域的投资将翻一倍。因此，希望 RGGI 大部分的 CO_2 减排目标是通过上述的投资利用来实现的，而不是直接通过限制电力部门排放总量或将碳成本纳入到电价的作法来实现的。

本文首先将介绍 RGGI 计划的背景原则，然后说明排放权的拍卖过程。

The Regional Greenhouse Gas Initiative in the Northeastern United States：Auctioning Emissions Allowances

Introduction and Overview

The Regional Greenhouse Gas Initiative（RGGI）is the cooperative endeavor of ten Northeastern U.S. states[②] that will reduce greenhouse gas emissions from the electric power sector by 10% by December 31, 2018, relative to a baseline of emissions in the period of 2000 to 2004. One key principle adopted by the RGGI states is that GHG allowances should *not* be

① 这 10 个州的 GDP 总值约占美国 GDP 总值的 20%，它们是康涅狄格州、特拉华州、缅因州、马里兰州、马萨诸塞州、新罕布什尔州、新泽西州、纽约州、罗得岛州和佛蒙特州。

② These ten states, which constitute approximately 20% of the U.S. GDP, are Connecticut, Delaware, Maine, Maryland, Massachusetts, New Hampshire, New Jersey, New York, Rhode Island, and Vermont.

distributed to emitters for free，as was previously done in the Acid Rain（SO_2） and NO_x Budget programs，and the first phase of the European Union Emission Trading Scheme（ETS）. Instead，the RGGI states agreed to auction most of the allowances，thereby generating revenue for the states to invest energy efficiency and other carbon reducing options. The states independently decided to auction between 60%～100% of their allowances，and use an average of 74% of the revenue generated from the auction sales for energy efficiency and clean energy activities. The first auction，which occurred on September 29，2008，involved six of the ten states and generated \$38.5 million dollars. Future auctions will be quarterly and，with the full participation of all ten states，are estimated to generate as much as a billion dollars per year. Because most of this revenue will be recycled into energy efficiency and clean energy，state investments in these program areas are expected to double. The majority of the CO_2 emission reductions from RGGI are expected to occur through these investments，rather than directly through the cap on emissions from the power sector or the effect of internalizing the cost of carbon in electricity prices.

This article will firstly describe the background principles of the RGGI program，and secondly it will explain the auction process by which emissions allowances are allocated.

背景

在讨论 RGGI 计划细节与其拍卖排放权之前，需理清几个问题，认识 RGGI 计划是如何制订的。

- RGGI 的宗旨是尽快推动限制温室气体排放措施在全美范围的实施。
- RGGI 参与州设定减排目标，这个目标符合联合国 IPCC 第三次评估的标准。IPCC 第三次评估报告中建议到 2050 年能达到目前排放总量的 80%的减排量，相当于每年达到 2%～3%的减排量。
- RGGI 制订者很清楚，受约束的 RGGI 区域与附近未受约束的区域之间的差别可能导致预期减排的总体纯度的稀释，因此希望制订一个强制性，而不是自愿性的计划来限制 GHG 的排放总量。
- RGGI 实施区域几乎全部由电力市场经过重组的州组成。
- 限制和减少 GHG（温室气体）排放与限制和减少 NO_x 和 SO_x 的排放截然不同。GHG 减排主要是通过减少能源需求的措施来实现的，而这些措施与烟囱设备技术的改进没有关系。
- 政治问题。

RGGI 的初衷是推动类似政策措施能够在联邦政府一级实施。RGGI 制订过程始于 2005 年，当时纽约州州长 Pataki 先生向位于美国东北部与中大西洋地区的其他 10 个州发出邀请函，邀请它们与纽约州一道解决气候变化问题。Pataki 州长在信中明确表示他正采取果断措施，这些措施与同是共和党的布什总统的措施截然不同，而且是背道而驰。Pataki 州长与同意加入他的行列的其他州长都认为，美国必须向国家制定 GHG 限额减排的方向发展。

RGGI 参与州在制定具体的实施规则之前就制定了减排目标。得到两党支持的集团——美国国家能源政策委员会（NCE）研究公布了这一决定：NCEP 采取慢而稳的方式：先减缓 GHG 排放增长，然后平稳排放，最后实现 GHG 排放负增长。RGGI 参与州一致同意在 6 年内将排放控制在当前水平（假设年用电量增长为 1%～1.5%，经济正常运行即表示减排），然后 4 年每年保持 2.5%的减排量。尽管每年 2.5%的减排量幅度远远不够，但它与联合国政府间气候变化委员会（IPCC）、世界资源研究所（WRI）及美国气候行动伙伴组织（U.S. Climate Action Partnership）的建议的水平相符。

RGGI 制订者首先要吸取各州电力部门 NO_x 与 SO_x 的限制及减排经验，确定类似的 GHG 排放限制目标。事实证实，一些自愿性的计划措施，如私营部门芝加哥气候交易所（CCX）与美国能源部温室气体自愿报告计划①等，非常有助于检验新体系及碳价格发现等重要方面的进展。不过，尽管 RGGI 成果可能被附近未受约束地区所稀释，但 RGGI 参与州从一开始便寻求制订强制性的计划。10 个州同意建立强制性计划，主要是因为要借鉴酸雨与 NO_x 预算计划设计与成功实施的经验。

RGGI 的设计和考虑采用了之前的两个排放交易计划的核心原则。这两个核心原则包括减排量必须是：现实的、有剩余、可核证、持续性与可强制实施。②这些原则导致了 RGGI 在对财政与法规方面需具有“额外性”的要求。额外性原则指：如果各州已有法规规定的减排量或预计通过各州资金可达到减排的减排目标，那么这些减排量就不能够成为 RGGI 规定的减排量。举例来说，根据已有的措施：可再生能源配额制（RPS）与针对能效与可再生能源投资的系统效益收费基金，由于 RPS 已由州法令确定，通过系统效益收费的能效投资水平也已知，上述根据已有的财政或法规下产生的减排量就不能计为在区域 GHG 减排计划投资下所产生减排量。因此，所有与 RGGI 相关的减排量必须是额外的。

尽管许多 RGGI 设计原则都参考过各州的酸雨与 NO_x 预算计划的经验，但 RGGI 与之前的这些计划仍存在着两个方面。

- ☞ 之前的两个市场主导型的计划都是在电力业还是一个受控的、垂直一体化的垄断行业的时期实施的。然而，基于按边际发电单位计入的小时清算电价，RGGI 的设计预期则是在电力市场重组后实施。
- ☞ NO_x 预算与酸雨计划按行政方式分配许可额度，这样发电厂可出售许可额度，将所得收入用于支付安装排放控制设备与相关工厂改造费用。而 RGGI 规定的大部分 GHG 减排任务将与烟囱等设备的技术改进没有关系。

在 RGGI 实施区域，电力市场的发电主要由天然气、石油、煤与核能发电所组成。在新英格兰市场，天然气装置通常规定按小时清算的电价，而在新泽西州、特拉华州与马里兰州，煤与天然气装置均规定边际清算电价。为所有在某个时刻运行的装置支付相同电价，这样，较清洁而成本较高的天然气装置相对于成本较低而较脏的煤装置，劣势明显。根据 NO_x 预算与酸雨计划，按行政方式免费分配排放许可额度。不过，对于重组

① 该计划被视为美国 1992 年《能源政策法》的 1605 条 b 款。

② 现实的就是说实际上存在的。有剩余意味着是不需要为遵守任何其他程序的。可核证意味着，为证实可以利用标准，承认和推广的协议。持续性是不言自明的，在任何情况下，最少 10 年，而且常常是 20 年，30 年或以上。可强制实施就是说一些公认的权威监督或责任，并可以采取相应的纠正措施，以确保发生的削减和（或）可评估的惩罚不这样做。

后的行业，这种方法会为发电厂带来超额利润。

一项为 RGGI 拟定的研究预测表明，按过往排放量计算，发电厂因 100%免费分配获得的总意外利润可能达到每年 10 亿美元或以上。①更为普遍的是，美国国会预算办公室发现，就整个美国而言，“发电商只需拿到少量的许可额度，就可补偿碳排放限额的支出。”②在欧盟排放交易计划第一阶段开始还在过往基础上免费向发电商分配许可额度的欧洲国家政府现也采用拍卖方法。上述经验使 RGGI 参与州决定实施拍卖排放权措施，相关详情将在后面部分加以叙述。

拍卖许可权的决定与另一个重要的原则有关，这个原则是：RGGI 许可权拍卖所得收入应直接用于各州所计划的，可用于在减少 GHG 排放措施方面的投资。减少 GHG 排放与减少 NO_x 和 SO_x 排放有很大不同。GHG 减排主要是通过减少能源需求方面的措施来实现，与烟囱等设备技术的改进没有关系。通过大量的 RGGI 模型试验发现，要实现预期的减排水平，现有的州一级的能效与可再生能源投资基金需要增加一倍或两倍。通过对 RGGI 许可权拍卖可筹集的收入额度的估测结果表明，10%～30%或更多的拍卖收入可用于各州一级的能效与可再生能源计划。

与其他所有的政府计划一样，RGGI 计划的最后一点是政治问题。RGGI 基准线设置程序、向各州分配的许可权额度、拍卖的许可权数量及哪些项目有资格获得补偿等都需要经过长期、深入的谈判。如果像 NO_x 预算及酸雨计划一样，能够有联邦政府在背后推动和负责，RGGI 计划将会得到进一步落实。当然，如果 RGGI 是在 2008 年而不是在 2004 年设计，可能又是另一番景象。

尽管 RGGI 计划可能还不够完善，在过去 3 年中这也让国会与联邦政府感到很大压力。没有 RGGI，利伯曼- 华纳议案（Lieberman-Warner bill）不可能列入拍卖许可权条款，也不可能拥有要求州政府实施能效计划的条款。RGGI 还使其他区域启动实施它们自己的区域计划，西部气候倡议与中西部州州长倡议（Midwestern Governors' Initiative）都是在 RGGI 迈出至关重要的第一步的基础上发展和壮大起来的：要求强制减少 GHG 排放。

RGGI 许可权拍卖

在 12 月 20 日签署的谅解备忘录（MOU）中，RGGI 参与州一致同意：至少要拍卖 25%的 RGGI 许可权。随后，几个州需要通过 100%拍卖的 RGGI 许可权的立法。有几个州还通过了从消费者利益出发，将拍卖收入主要投入到能效与可再生能源的法律的项目上。③

---

① Dallas Burtraw 等著的《区域温室气体总量管制与排放交易计划中的 CO_2 排放许可额度分配》（Allocation of CO_2 Emissions Allowances in the Regional Greenhouse Gas Cap-and-Trade Program），52 表 19（2005） 可在 http：/www.rff.org/documents/RFF-DP-05-55.pdf 找到。

② 国会预算办公室编的《设计碳排放总量管制与排放交易计划过程中的问题》（Issues in the Design of a Cap-and-Trade Program for Carbon Emission） 4（2003） 可在 http：//www.cbo.gov/doc.cfm？index=4861&type=0 找到。还有人发现，发电厂只需要 11% 的许可额度就可收回总量管制与排放交易计划的成本：Dallas Burtraw 与 Karen Palmer 合著发表于 Resources for the Future 的《电力行业气候政策补偿规则》（Compensation Rules for Climate Policy in the Electric Sector） 41（2007） 可在 http：//www.rff.org/rff/Documents/RFF-DP-07-41.pdf 找到。

③ 康涅狄格州、缅因州、马里兰州、马萨诸塞州、新泽西州、罗得岛州和佛蒙特州都通过了该立法。其他州也已表示拍卖所有或可能所有的许可额度，并将所得收入用于能效、其他清洁能源投资的意向，通常是用于确保消费者利益方面。

拍卖许可权不是无偿地按行政方式进行分配的原因在于，发电装置不能直接减少其 GHG 的排放，也就是说，目前还不存在可排除燃烧排放流中 GHG 的烟囱控制技术。相反，根据酸雨与 NO_x 预算计划，免费向发电厂分配许可额度。这样，发电厂要么在必要时收回许可额度，要么出售许可额度，将收益投入到购买直接减少烟囱处的氧化硫与氧化氮排放的控制设备。而目前减少 CO_2 排放最具成本收益的方法是间接地向能效与可再生能源的方面投资。RGGI 拍卖所得收入从而直接用于减少能耗，建立可减少火力发电厂产量的可再生能源发电，鼓励建造更清洁、更低碳的发电站。

RGGI 聘请了一位顾问，他能够在拍卖设计、市场监控及其他对于执行透明、可信拍卖等重要方面为 RGGI 参与州献计献策。纽约州能源研究开发中心（new york state energy research and development authority，NYSERDA）代表 RGGI 还聘请了多位来自弗吉尼亚大学与 Resources for the Future（RFF）的代表，就参与州如何设计、完善与实施 GHG 许可额度拍卖工作等方面向 RGGI 提出建议。

UVA/RFF 报告包括制定价格发现、确保透明、避免市场操纵的方法等方面的 16 条建议。①报告建议 RGGI 采用统一价格、密封投标与单轮拍卖方式。这种拍卖方式要求投标以其价格降序“排序”，即从最高价到最低价排列。同时，与投标相关的许可权数量累积（见表 1）。当投标数量等于出售的许可额度数量时，那么市场清算，最后一个（即“边际”）投标的价格成为市场清算电价。所有许可额度按同一个清算电价出售。这样，所有出价为清算电价或以上的人员将获得许可额度。这种单轮、统一价格的拍卖方式的内在性质在于，出价低于清算价格的竞标者不能够得到许可权，不过这些出价低于清算价格的投标者可以在今后的投标拍卖中继续投标。这种拍卖方式能够鼓励投标者无论在什么样的清算价格下都可以成功地得到许可权而采取不同的投标价格进行投标。

表 1　单一价格拍卖示例

投标人（按时间先后顺序排列）	出价/美元	许可额度招标数量	累积投标
E	5.00	20 000	20 000
A	4.50	10 000	30 000
（B）	4.10	10 000	40 000
D	4.05	20 000	60 000
E	4.00	10 000	70 000
（A）	3.95	10 000	80 000
（C）	3.85	10 000	90 000
E	3.80	10 000	100 000
D	3.75	5 000	125 000

资料来源：区域温室气体倡议，拍卖投标人网络研讨会，2008 年 7 月 24 日。

① 这 16 条建议可在报告的执行摘要简介中找到，详述见第三部分。Resources for the Future、加州理工学院与弗吉尼亚大学于 2007 年 10 月合作发表的“根据区域温室气体倡议出售 CO_2 排放许可额度拍卖筹划（Auction Design for Selling CO_2 Emission Allowances Under the Regional Greenhouse Gas Initiative）”可在 http：//www.rff.org/rff/News/Features/upload/31135_1.pdf 下载（自 2008 年 12 月 2 日开始）。

在表 1 示例中，拍卖 100 000 个许可权额度。拍卖清算价为 3.75 美元，在该层级的电价是在许可权累计招标数量超过待出售的许可权额度数量时的出价价格。

UVA/RFF 报告还在市场监控与信用方面提议了几项措施，这些措施也已被 RGGI 参与州采纳。由于每次拍卖的许可权额度数量有限，因此拍卖会将每季度举行一次。RGGI 有为期 3 年的合规阶段，第一阶段于 2009 年 1 月 1 日开始，2011 年 12 月 31 日结束。各合规阶段将举行 12 次拍卖会，一年 4 次。为在计划生效日期之前能够建立市场和获取经验，6 个州[①]希望在 2009 年 1 月 1 日之前出售许可权，届时会举行两次这样的初步拍卖会，6 个州只出售少量的 2009 年许可额度。所有的 10 个 RGGI 参与州同意确定了每个许可额度为 1.86 美元的保留价。许可权的价格不可以低于保留出售价格，如果没有收到足够的投标数量，任何剩余的许可权将被打包，在以后的拍卖会上出售。

RGGI 参与州所采纳的其他运作原则中有一条：在任何一次拍卖会中，任何个人或实体不得购买 25%以上的许可权额度。投标人必须公开受益者，确定已超过该限值。[②]投标人还必须出示信用证，证明其拥有足够的资金来支付投标费用。投标人还必须在 CO_2 许可额度跟踪系统（Carbon Dioxide Allowance Tracking System，CDATS）中建立账户。

RGGI 参与州在发现不当操纵行为时有保留改变拍卖规则的权利。由于可通过 COATS 进行跟踪所有许可权额度，因此 RGGI 参与州可根据任何二级市场的性质与程度，采取一些措施来解决投机买卖行为。如果统一价格、暗标及单轮拍卖方式仍无法满足预期目标，或必须改善拍卖的可信性与透明度，RGGI 参与州可改变采取的拍卖类型。

还可在预定的基础上出售许可权额度。从 2009 年开始，投标人将可购买 2012 年、2013 年与 2014 年的部分许可权额度。允许存储许可权，即可将未使用的许可额度结转至下一个 3 年合规阶段。不过，反之则不然，也就是说，分配于 2012 年使用的许可额度不可在 2009 年使用。RGGI 参与州还限制提前出售条款，这意味着，在一年开始前，参与州将不会出售当年 50%以上的许可权额度。换言之，举例来说，在 2010 年 1 月 1 之前，不可以拍卖 2010 年 50%以上的许可额度。

RGGI 参与州还未正式通过第二份关于拍卖与其流程的 MOU（谅解备忘录）。各州均已制订参与拍卖的管理规定。例如，马萨诸塞州与康涅狄格州已通过立法和制订了相关规则，相反，佛蒙特州是经过之前批准的行政程序的确定才得以参与。如表 2 显示，10 个参与州中有 6 个州已确定在计划初期拍卖 90%以上的许可权额度，它们是缅因州、马萨诸塞州、新泽西州、纽约州、罗得岛州和佛蒙特州。所有 RGGI 参与州将拍卖加权平均值为 91%的许可额度。表 2（H）列是各州将用于能效改善方面的拍卖所得收入。2009 年各州的支出从特拉华州与马里兰州的 39%到佛蒙特州的 99%。加权平均值为 74%的 RGGI 拍卖收入将直接用于能效活动，随着时间的推移这一数字必将持续上升。

① 康涅狄格州、缅因州、马里兰州、马萨诸塞州、罗得岛州和佛蒙特州。

② “受益者”是指拍卖参与者必须说明他们为谁购买许可额度。

表 2　RGGI 参与州政策现状

(A) 参与州	(B) 人口 (2007 年) /百万 [ε]	(C) 州国内生产总值(2007 年) /10 亿美元 [ε]	(D) 耗电 (2006)年/Wh[μ]	(E) 年分配/ 短 t	(F) 拍卖的 许可额度 所占比例/%	(G) 指定用于能效方面的拍卖收入所占比例/%	(H) 指定用于能效方面的净 RGGI 资金/[ψ]%
康涅狄格州	3.5	216.3	31.667	10 695 036	77	69.5	53.5%至 5 美元 [λ]
特拉华州	0.9	60.1	11.555	7 559 787	60(到 2014 年增长至 100%)	不超过 65[*]	2009 年为 39%，到 2014 年上升至 65%[*]
缅因州	1.3	48.1	12.285	5 984 902	100	不超过 88[α]	不超过 88%，最高为 5 美元 [λ]
马里兰州	5.6	268.7	63.173	37 503 983	85	46	39
马萨诸塞州	6.4	351.5	55.850	26 660 204	98	不低于 80	不低于 78.4
新罕布什尔州	1.3	57.3	11.094	8 620 460	到 2011 年至少达到 71%，2011 年以后达到 83%	不超过 90	到 2011 年不超过 63%，2011 年以后达到 75%
新泽西州	8.7	465.5	79.681	22 892 730	不超过 99%(留出 2 美元许可额度用于 CHP，直接分配至联产)[δ]	不超过 80	不超过 79
纽约州	19.3	1 103.0	142.238	64 310 805	97	不超过 100[*]	不超过 97[*]
罗得岛	1.1	46.9	7.799	2 659 239	99	不超过 95[ρ]	不超过 94[ρ]
佛蒙特州	0.6	24.5	5.795	1 225 830	99	100[θ]	99[θ]
RGGI 合计	48.7	2 641.9	421.137	188 112 976			
RGGI 加权平均值 [π]					91	80	74

[ε] 资料来源：EIA http: //tonto.eia.doe.gov/state/index.cfm。

[μ] 资料来源：EIA 2006 年电力销售、收入与平均电价；表 2：2006 年零售电力销售。
http: //www.eia.doe.gov/cneaf/electricity/esr/esr_sum.html。

[ψ] (F)列内容，拍卖的许可额度所占比例与(G)列指定用于能效方面的拍卖收入所占比例。

[λ] 通过超过 5 美元的拍卖价筹得的收入必须作为退还款返回给地方税纳税人。

[*] 指能效是包括可再生资源与其他清洁能源投资的列表上的一个选项，还未制订详细的收入分配方案。

[α] 在缅因州，10% 的许可额度将用于激励热电联产(CHP)设备在一体化制造工厂的应用，2% 的许可额度将用于 VREC。

[ρ] 罗得岛州的 RGGI 拍卖收入已存入受限的收入账户，可从该账户取出 10% 的资金用于普通基金。

[θ] 在佛蒙特州，扣除与佛蒙特州参与 RGGI 相关的行政成本及向州机构发放的创新型减碳技术奖金后的净收入指定用于能效方面。

[δ] NJSA 26：TC-52 要求制定两方面的规则；第一，DEP 将公布优先顺序指引；第二，DEP、BPU 与 EDA 将制订基金规则。

[ω] 可给予新罕布什尔州的公共服务部门的减排许可额度为 2009 年至 2011 年开始不超过 250 万 t，2011 年后不超过 150 万 t。

[π] 加权平均值基于分配的许可额度，并假设在最初的百分率下任意一个州获得最大收入。

首个 RGGI 拍卖会结果

美国首个 GHG 许可额度拍卖会于 2008 年 9 月 25 日举行，拍卖结果在 4 天后的 9 月

29 日公布。共拍卖 1 250 多万个许可权，而投标人投标近 5 200 万个许可额度。59 个来自于能源、环境与财政部门的实体参与了投标，而大部分买家为公用事业部门。拍卖清算价为每个许可额度 3.07 美元，为州计划共筹集 3 850 万美元。二级市场的价格一直比较高，该市场目前由民营企业芝加哥气候交易所独立经营。从 2008 年 12 月 1 日开始，2009 年许可权定价为 4.40 美元。

第二个拍卖会将于 2008 年 12 月 17 日举行。所有 10 个 RGGI 参与州都将参与这次拍卖会，将拍卖 3 150 万许可权额度。

清洁发展机制（CDM）中的法律问题探析

张孟衡 张懋麒 陆根法

摘 要：清洁发展机制为中国提供了在应对气候变化同时发展自身的宝贵机会，改善当地环境，实现中国的可持续发展，但是CDM在实践过程中也暴露出一些问题。目前对清洁发展机制的研究主要集中于经济学领域，而在法律上对其探讨的甚少。本文根据清洁发展机制的内在经济学原理，分析了清洁发展机制中的产权、合同和国际法因素，指出目前清洁发展机制中存在的，核证减排量（CERs）的产权属性不明确、合同效力无法保障、国际法的局限性三方面问题，并提出了大体的解决方案。清洁发展机制中的法律问题关系到中国自身利益，还需要我们更进一步的深入研究。

关键词：清洁发展机制 产权 合同 国际法

Initial Study on Legal Issues in Clean Development Mechanism

Abstract: Clean Development Mechanism（CDM）provides a precious opportunity for China to achieve the target of sustainable development in parallel with combat the climate change，and it can help us to improve local environment. However，there are still some problems revealed in the practice of CDM. By far，most of the researches of CDM focus on the economic area while the correlative legal issues are ignored more or less. Through the assessment of property right factor，contract factor and international law factor based on economic theories in CDM，this paper points out three existing legal problems: the legal property right of Certified Emission Reductions（CERs）is not clear，the validity of contacts cannot be ensured and the limitation of international law system. The initial approaches of dealing with each problem are also offered in this paper respectively. These legal issues are highly concerned with country benefit of China，thus further research and analysis are needed in the following days.

Key words: Clean development mechanism（CDM） Property right Contract International law

清洁发展机制（Clean development mechanism，CDM）是《京都议定书》中的3种市场机制之一，其产生是基于经典的排污权交易的思想，将全球的气候变化问题纳入到一个可以交易的框架之下，这是《京都议定书》的一大创新。这种创新不仅是将环境问题通过经济手段解决，而且也是排污权交易理论的国际化和现实化。在《京都议定书》的3种市场机制中，清洁发展机制（CDM）与发展中国家直接相关，使得发展中国家也得以直接参与全球的温室气体减排活动，CDM也是京都三机制中在国际上开展的最为广泛的一项机制。中国是CDM项目潜力最大的国家之一，通过参与CDM，中国企业可以获得一定资金和环境友好技术，因此对CDM的研究直接关系到了中国自身的利益，极具现实意义。

本文作者联系方式：南京大学环境学院污染控制与资源化研究国家重点实验室，南京：210093。

1 CDM 相关问题的研究综述

在 CDM 项目迅速发展的形势之下，CDM 项目实施过程中涉及的各项问题也日益凸显。目前 CDM 不断地在经济学的原理上有所突破，但是在法律上对其的探讨甚少。由于 CDM 在近两年才刚刚兴起，目前国内学者对其的研究主要集中在环境效益和经济效益的讨论上。

段茂盛（2006）研究了 CDM 项目的现状，指出目前 CDM 项目存在开发交易成本较高、对国际技术转让的促进作用不显著以及 CDM 项目的直接可持续发展效益不明显等问题，认为必须改革 CDM 的国际制度。刘兰翠、吴刚（2007）对比分析了中国、印度、巴西、墨西哥的 CDM 项目开展情况，指出我国未来 CDM 项目合作还需政策的进一步引导，以提高 CDM 项目对促进可持续发展的作用。周捷（2006）认为清洁发展机制和由此带来的减排贸易带给了中国巨大的融资机会，但是，CERs 在 2012 年后交易规则和价格的不确定也会给项目的开发者带来一定程度的风险。温武瑞、肖学智（2007）分析了清洁发展机制的实践经验，认为清洁发展机制有利于提高能效并筹集减排资金，为中国实现节能减排目标带来了历史性机遇。杨圣明、韩冬筠（2007）则分析了清洁发展机制的市场前景，认为在第二承诺期延续 CDM 前景乐观，同时指出如果就第二承诺期未能达成协议，CDM 的市场容量会受到影响，但是由于欧盟对减排温室气体的坚定立场以及京都机制外的温室气体减排计划对减排额度的需求，CDM 市场的发展仍存在相当的空间。

这些分析主要从经济和环境效益着眼，从整体上分析了清洁发展机制的发展现状和存在的问题，对于 CDM 项目实际实施中涉及的法律问题并没有进行研究和讨论。随着 CDM 项目的蓬勃开展，各种法律问题也日益凸显，部分学者也开始就实际项目开展中的具体问题进行了研究。

范世汶等（2006）作为专业代理 CDM 法律事务的律师，对清洁发展机制中与中国相关的法律问题进行了初步探讨，包括法律规范、项目参与方、CERs 价格、CDM 项目股本结构以及项目产生的收益分配等，从专业的角度对 CDM 项目中涉及的法律问题进行了全面的分析。但由于当时 CDM 项目在中国才刚刚起步，许多企业都抱着观望的态度，所以该文主要分析了 CDM 开发的障碍，提出了完善鼓励 CDM 法律政策的措施，并没有进行深层次的剖析，对 CDM 项目实际实施过程中会遇到的法律问题也没有提出明确的应对方案。

郭慧东（2006）在对一些可再生能源项目进行 CDM 运作的基础上，论述了编写项目设计文件的关键，并且强调了与国际买家进行商务谈判时应当注意的问题，包括交易模式的种类及其对交易风险的影响、价格谈判、交易合同中的罚则条款的制定以及前期费用的争取。这些研究对相关的法律问题作了一定深入的探讨，但是其只是结合其他问题从运作 CDM 的角度进行了阐述，并没有从法律的角度进行系统的分析。

朱谦（2007）则从立法的角度探讨了清洁发展机制中的法律问题，指出清洁发展机制的运用对于我国的能源有效利用以及可再生能源的开发有极大的促进作用。但是，由于我国缺乏能源基本法对这项制度的确立，致使在制定清洁发展机制国内规则的过程中，作为一种行政许可事项没有相应的法律依据。

2 CDM 中存在的法律问题

由前述可以看出，目前国内有关 CDM 的研究主要集中在经济和环境方面，随着 CDM 项目的迅速发展，相关的法律问题也已经引起了一定的重视，但是目前的研究还比较浅显和片面，没有全面的分析和系统的理论。

CDM 以产权经济学、环境经济学、国际经济学（因涉及了国际贸易）中相关理论知识作为制度建立的基础。所以相对应地，在对 CDM 的法律问题探讨时，必定会涉及财产权、合同、国际法等层面的法律因素。由于涉及国际层面的交易，目前 CDM 项目大多被认定作为一项国际贸易进行开展，其中买卖双方分别是发达国家的实体（如国际货币基金组织等）和发展中国家的项目业主，交易的产品为项目产生的核证减排量（Certified Emission Reductions，CERs），双方签订的合同称为减排量购买协议（Emission Reduction Purchase Agreement，ERPA）。不同于一般的国际贸易，CDM 项目交易中涉及的法律问题更为复杂，包括购买合同的生效条件和违约责任、CERs 产生过程中的责任和权利归属以及相关国家和国际政策的影响等。

2.1 产权因素

产权理论是用经济学方法研究外部效应问题制度根源的一条重要思路，而环境问题正是经济活动外部不经济性的具体体现。因此，环境问题是产权理论研究的起点和重要的应用领域，而产权理论又为分析导致环境破坏的权利安排过程提供了理论基础。

CDM 中，附件——国家与非附件——国家最后进行交易的是经核证减排量（CERs），其实质进行交易的是一种权利，是基于环境容量而来的对向大气中排放温室气体的权利，相当于排污权交易。排污权交易的基本思想最早由 Dales 在 1968 年提出，20 世纪 70 年代末开始在美国推行，而后推广到全球。排污权交易是通过将权利实体化并在交易过程中实现环境容量资源的合理配置，最终达到保护环境的目的。这是典型的产权经济学和环境经济学的原理体现。经济学关注于资源的合理配置，资源合理配置的前提是产权明晰，确认和保障权利是法律关注的重要问题。

（1）CERs 的产权属性不明确。作为 CDM 项目交易中的产品，CERs 其实并非一项具体的实物，而是需要经过核证的减排量，类似于排放权交易。随着环境经济学理论的发展，欧盟等发达国家在排放权交易方面已经形成了一套比较成熟的市场运行模式，具有一定的参考借鉴价值。然而 CERs 的买卖却与典型的排放权指标交易不同，CERs 交易的买卖双方有着严格的限制（分别是发达国家机构和发展中国家项目业主），并不能进行完全的市场流通；另外，CERs 的产生并不是基于政策的指定，而是与具体的项目直接相关，项目的实施与运行对 CERs 的产生有着决定性影响。CERs 的这些特殊属性使得其权利属性的定义极为复杂，目前国际上还没有赋予其具体的法律性质的定义，因此在 CDM 项目的开展过程中极有可能导致权利纠纷，因此研究讨论一个各方都能接受的法律意义上的界定显得尤为重要。

（2）原因分析。由于 CERs 是基于环境容量而来的对向大气中排放温室气体的权利，通过行使该权利可以实现本国经济更多的增长，因此，目前国际上普遍认同 CERs 是一种财产。可是将 CERs 作为一种财产权归属的讨论过于泛泛，需要将 CERs 的权利属性进一步明晰。但是，这种权利的进一步明晰在现实中遇到了法律技术层面的障碍，这主要是因为从立法技术上分类，世界可以分为两个基本法系，即英美法系与大陆法系，英美法系中是财产法，而在大陆法系中是物权法。虽然由于全球经济一体化，两大法系的某些部门法之间，在技术层面和内容层面都发生着融合。可是关于财产法律层面上，更多地体现了不同法系的历史传统与技术特点，存在着十分大的差异，而且是从法理到立法技术的差异，是无法在短期内融合的差异，所以这种法律技术障碍成为了我们对 CERs 的权利属性定位不明确的主要原因。

另外，CERs 的产生过程比一般的排污权复杂很多，首先它涉及更多的参与机构，包括政府、企业、审核机构和咨询方；其次它的交易并不是像一般的排污权交易在同一类型的企业之间进行，而是严格限定买方和卖方的条件，并且 CERs 不能完全自由地进行市场流通。这些都给 CERs 属性的界定带来很大的困难。

（3）解决办法。中国是参与 CDM 的最重要的一个发展中国家，CERs 的权利属性除了涉及如何将其纳入我国的法律体系，对其进行规范之外，还涉及倘若一旦发生贸易纠纷，如何进行民事诉讼，如何适用冲突规范等现实问题，中国的企业通过采纳先进的、环境友好技术，进行了较大的前期投入，如此巨大的投入换来的 CERs 竟没有确定其权利属性，这种做法无疑使得我国企业面临着很大的投资风险。另外，CERs 价值数额巨大，这就更加需要我们对其性质加以明确。所以，CERs 的权利属性如何定位是十分需要进行深入讨论的。这种讨论应当是能够结合两大法系的特点将其权利属性进行确认。

在此，提出 3 种可能的方案：①从现有的法律概念中寻找，通过扩充法律概念的内涵的方式，利用现有的概念达到既能够满足英美法系，又能够满足大陆法系的目的，这种方案有利于维护法律的稳定性；②创造出一个新的权利类型，以满足两大法系的不同特点，并将这个权利类型纳入到现有的法律框架，这种做法更加具有针对性，调整更加有力；③分开讨论，对于 CERs 从不同的法系的要求进行讨论，不强调共通性，这种做法更加有利于结合不同国情，走本土化的路线。

2.2 合同因素

2.2.1 CDM 的合同效力无法保障

合同的效力是指依法成立的合同在当事人之间的法律拘束力。合同的效力是在双方当事人之间建立起来的一个联系，但是这个联系确是强制的，是一种相互牵制的联系。正如古罗马法中将契约称为“法锁”，即是体现了合同对双方当事人的强制力。但是合同的效力不只限于此。合同的效力不但具有拘束力性，还具有对抗性（尹田，1995）。因此合同的效力分为对内约束交易当事人和对外防止他人侵犯的两部分。虽然现在强调合同的相对性原则，但是现在的社会是个高危社会，为了保障交易的顺利进行，所以合同的对外效力也是应当有所体现的。所以，CDM 中的合同也应体现这两方面的效力。

CDM 项目的合同主要是减排量购买协议（ERPA），通常在 ERPA 签订后项目需要很长的一段时间（1 年左右）才能获得 CDM 的注册从而获得产生 CERs 的资格，在注册之后又需要经过至少 3 个月甚至 1 年的周期才能做出核证，核证完成后才能产生相应数量的 CERs。因此在合同签订到 CERs 交付中间需要一段漫长的时期，而每一次的 CERs 交付都要经过严格的核证，CDM 的合同期往往又都比较长（10 年或者 21 年），在这样一个漫长的合同期内如何预见各个阶段可能影响合同效力的各种问题是制定合同时需要慎重考虑的事项。一旦在 CERs 交付出现问题时，买卖双方如何协调解决、相关利益如何保障以及可能涉及的民事诉讼等都会成为亟待解决的重要问题。就目前 CDM 的实行情况来看，这些问题业已显现。

2.2.2 原因分析

合同并不是天然具有生效的可能。合同的生效是一个动态的过程，是从合同的成立到合同具有法律约束力的过程；合同的生效是从单纯的合意到对双方发生法律约束力的一个动态过程。合同的生效需要一定的生效要件。合同的成立是一个事实的判断过程，而合同的生效是一个价值的判断过程，合同的成立只要双方能够达成合意并且相关主体适合即可，但是价值判断的过程比较复杂。在 CDM 中，这种价值判断要涉及环境的保护、技术的转让、经济的发展等多方面，这时合同的生效问题十分复杂，即使合同涉及利益相关主体比较多，即使对其进行讨论会很复杂，但是这种多方面的价值判断仍是需要的，而且也是对 CDM 的负责，对国际环境负责。因为如前所述，CDM 中的合同已经超出了单纯的商业含义，成为了一种保障 CDM 顺利运行的纽带。然而目前的 CDM 法律制度还很不完善，在项目运行过程中可能遇到的问题都没有明确的法律规范来进行约束，这就使得 CDM 的合同效力缺乏有效的法律保障，双发的利益极有可能遭受损害。

同时，前面提到 CDM 项目属于远期交易，因此合同的法律效力显得尤为重要。然而，在 CDM 发展的现阶段，CERs 买方一般是西方国家财务实力强大的组织，他们在国际贸易特别是合同制作方面经验丰富，而卖方是发展中国家的企业，在规模上和财力上与之差别很大，并且大多缺乏国际贸易的经验。因此，目前大多数的 ERPA 为买方文本，因此合同在约束力和生效条件以及可能涉及的合同纠纷方面都侧重于保护买方利益。例如 CERUPT，就单方面赋予买方优先拒买选择权，从而把 CER 价格波动的风险全部转嫁给卖方。作为卖方的中国企业，如何在合同中保护自己的利益，是开展 CDM 项目急需解决的问题。

2.2.3 解决办法

（1）对于作为卖方的中国企业，必须尽快熟悉国际贸易规则以及 CDM 相关制度，否则在合同的谈判中始终没有话语权。另外，必须尽快建设和完善 CDM 相关的法律法规。

（2）一个比较可行的解决办法是将 CDM 涉及的合同采用要件登记生效方式。一方面由于开发 CDM 项目的潜力很大，但同时也会有很大的开发风险（如无法成功注册或者注册后无法成功签发 CERs），通过登记，第三方可以赋予合同以更强的对内的约束力和对外的对抗力，保障交易的顺利进行。另一方面，通过对合同相关要件的审查，保证合同体现 CDM 的内在价值预设，只有满足必需的要件才予以登记，这体现了对环境保护、经济发展、国际合作的价值思考。

2.3 国际法因素

CDM 是在国际层面实行的政策机制，必然会涉及国际法层面相关内容。国际法主要包括两个层面：国际经济法和国际公法（狭义意义上的国际法）。国际经济法是调整不同国家的自然人、法人及其他经济实体之间，国家和国际组织之间以及它们相互之间的经济关系，是表现为一国范围内的涉及经济立法、国际公约和国际惯例中的法律规范总称。在前部分的合同法的讨论中，因为合同主体来自不同国家，从该角度看前述的合同法的讨论已经涵盖了国际经济法的问题，所以此处的国际法主要指国际公法（狭义意义上的国际法）。

2.3.1 CDM 涉及的国际法存在局限性

CDM 项目所依据的程序规则包括国际和国内政策两方面。在国际法层面，最主要的依据是《联合国气候变化框架公约》及其《京都议定书》中相关的规定，其对 CDM 的具体实施规则做了比较详细的规定，《京都议定书》正式生效的近两年来，随着国际上 CDM 项目的大量开展，相关的程序规则也在不断完善中，然而即便如此，目前的国际程序仍然存在有待改进之处。作为全球性的国际法规，《京都议定书》是各方谈判利益折中的结果，因此必然存在覆盖面、制裁力以及适用性等方面的局限。而中国作为参与 CDM 最重要的一个发展中国家，目前已经颁布了《清洁发展机制项目运行管理办法》指导 CDM 项目的具体开发，然而在实际运行中仍然有许多问题亟待解决。例如在 CDM 项目的开发中如何将其涉及的国际法问题进一步平稳纳入我国的法律体系，如何争取参与制定相应的国际规则最大限度地保证国家利益，如何根据不断完善的国际政策调整相应的国家政策等，这些在我国的 CDM 发展过程中都需要深入研究。

2.3.2 原因分析

国际法主要是国家之间的法律，或者说，它是主要调整国家之间关系的、有法律拘束力的原则、规则和制度的总体。CDM 是“气候政治”产物，是以《京都议定书》作为其法律效力来源，这样背景下，CDM 当然可以视为一种国际法律机制，同时 CDM 也就面临着国际法在实施中存在的普遍尴尬。

（1）法律覆盖范围及效力的有限性。国际法的效力来源于参与国的认可，如果某个国家不认可该法律，那么该法律对该国没有强制性，这使得国家法覆盖的范围存在着局限性。同时，法律的制裁是法律效力的重要保障，在国际法层面由于缺少一个凌驾于各个国家之上的强力机构，所以法律的制裁不存在，法律实施的保障也就不存在。这种局限性为某些国家凭借自身实力超越国际法提供了可能。例如美国，由于拒不参加《京都议定书》，所以《京都议定书》也就对于美国不存在法律效力，而此时出于对主权的尊重我们也不能强制其参加。

（2）国际法是国际政治的延伸，因此在制定过程中具有突出国家利益倾向，这也是为什么现有的某些国际法律体制使 CDM 的实施效果打折扣的原因。例如，CDM 中的技术转移。CDM 的主要目的有二：帮助发达国家减排和帮助发展中国家可持续发展。在现行的 CDM 框架下，CDM 最吸引东道国的方面在于技术或设备的转移。这是“授之以鱼”

和“授之以渔”的区别。技术的可扩散性是决定 CDM 东道国长远收益以及全球环境收益的重要因素。技术扩散速度越快，扩散范围越广，扩散程度越深，全球环境收益越大，东道国的经济收益和其他收益也越大。但是技术的转移遭遇了现有国际知识产权法的阻力。目前国际知识产权法主要是由发达国家制定的，法律的倾向性也比较鲜明。知识产权是基于创造性智力成果和工商业标记依法产生的权利的统称。知识产权的保护目的在于通过对技术保护而达到促进技术发明的，并非是为了保护而保护，更不是以保护为名进行技术垄断。

（3）国际法的制定是各个国家谈判妥协的结果，所以在形式上国际法为了保证一定的普适性，必然会在某些环节上与具体国家的国情不甚相符，这样在具体实施时必定会遭遇一定的阻力，这就需要各个国家制定相应的具体法规与其融合和适应。

2.3.3 解决办法

气候变化既是环境问题，也是发展问题，但归根到底是发展问题。中国作为一个发展中国家，同时也是一个温室气体排放的大国，气候变化对中国现有发展模式、能源结构、能源技术自主创新、森林资源保护和发展、农业领域适应性、水资源开发和保护领域适应性、沿海地区均提出了极大的挑战。中国需要在发展中不断解决和克服这些问题，但是中国的发展离不开良好的、和谐的国际环境，CDM 给中国提供了一个宝贵的在解决气候变化过程中不断发展自身的机会，因此为 CDM 建立一个和谐的国际法律环境对于中国以及其他发展中国家都是必要的。

CDM 虽然是一项国际法律政策，但是由于国际法的局限性，使得 CDM 在实施中存在着“瓶颈”。如何突破这种“瓶颈”，除了制订一项要所有的国家都能接受的国际法原则之外，还更应当有一些切实可行的激励措施，这样才能保证国家参与的积极性和保障国家法律的有效实施。

3 结论

CDM 为中国提供了在应对气候变化同时发展自身的宝贵机会，改善当地环境，实现中国的可持续发展。根据 CDM 的内在经济学原理，从财产法、合同法和国际法的角度我们得出了现存的三方面问题以及可能的相应对策：

（1）经核证减排量权利属性定位不明确。这主要是由于两大法系的法律传统上的差异造成。为此 3 种可能的应对方案：①通过扩充现有法律概念的内涵，满足两大法系的不同特点；②创造出新的权利类型，以满足两大法系的不同特点；③根据不同法系设立不同的法律概念。

（2）合同效力问题。建议应当采取要件登记生效方式。赋予合同以更强的对内的约束力和对外的对抗力，同时通过对合同相关要件的审查实现 CDM 的内在价值。

（3）国际法效力的局限性。除了制订一项要所有的国家都能接受的国际法原则之外，还更应当有一些切实可行的激励措施，这样才能保证国家参与的积极性和法律实施的有效性。

CDM 中的法律问题十分复杂，需要综合考虑涉及的主体和相关环节。由于 CDM 还在不断的发展，这又增加了研究的难度。不过对于 CDM 中的法律问题还是应当针对不同的环节进行分别研究，这样才能更加深入和准确地把握 CDM 中的法律问题。

参考文献

[1] 王金南，葛察忠，张勇，等. 中国水污染防治体制与政策[M]. 北京：中国环境科学出版社，2003.

[2] 毛显强，钟瑜，张胜. 生态补偿的理论探讨[J]. 中国人口•资源与环境，2002，12（4）：38-41.

[3] Sandler. Global and regional Public goods：a prognosis for collective action [J]. Fiscal Studies，1998，19（3）：221-247.

[4] [美] 保罗•R•伯特尼，罗伯特•N•史蒂文斯. 环境保护的公共政策[M]. 穆贤清，方志伟，译. 上海：上海三联书店/上海人民出版社，2004.

[5] 王金南，庄国泰，等. 生态补偿机制与政策设计[C]. 北京：中国环境科学出版社，2006.

[6] 孙新章，谢高地，张其仔，等. 中国生态补偿的实践及其政策取向[J]. 资源科学，2006，28（4）：25-30.

[7] 庄国泰，王学军. 中国生态环境补偿费的理论与实践[J]. 中国环境科学，1995（6）：313-418.

[8] 章铮. 生态环境补偿费的若干基本问题[A]//国家环境保护局自然保护司. 中国生态环境补偿费的理论与实践[C]. 北京：中国环境科学出版社，1995：81-87.

[9] 陈瑞莲，胡熠. 我国流域区际生态补偿：依据、模式与机制[J]. 学术研究，2005（9）：71-74.

[10] 秦鹏. 论我国区际生态补偿机制之构建[J]. 生态经济，2005（12）：51-53.

[11] 建立横向转移支付制度实现生态补偿[J]. 宏观经济研究，2004（9）：51-54.

[12] H.Van Egteren and Jianmin Tang. Maximum Victim Benefit：A Fair Division Process in Transboundary Pollution Problems [J]. Environmental and Resource Economics，1997（10）：363-386.

[13] 孙泽生. 加总技术视角的公共物品自愿供给理论：研究进展[J]. 河南社会科学，2005（3）：61-65.

[14] Sandler. Global and regional Public goods：a prognosis for collective action [J]. Fiscal Studies，1998，19（3）：221-247.

[15] 孙泽生. 加总技术视角的公共物品自愿供给理论：研究进展[J]. 河南社会科学，2005（3）：61-66.

市场机制在 GHG 减排中的应用分析

张懋麒[*] 张孟衡 陆根法

摘 要：温室气体（GHG）减排由于涉及范围广并且需要充分的国际合作，因此市场机制是实现 GHG 减排的必要手段。本文分析了 GHG 减排方案下碳市场的形成，包括规范市场和自愿市场两种类型，同时研究了目前全球碳市场的发展状况以及其展现出来的金融化特征，指出国际 GHG 减排协议极大地促进了全球碳市场的发展，并且依托现代商品市场，碳市场也已经日益发展成一种成熟的市场化机制。本文进一步分析了中国在未来参与全球碳市场的前景，认为自愿市场是一种十分良好的借鉴形式，但是促进碳市场、建立碳交易所等还存在诸多问题。

关键词：市场机制 GHG 减排 碳市场 自愿市场

Study on Application of Market-based Mechanism in GHG Abatement

Abstract: As GHG abatement involves a wide range of international cooperation, the market-based mechanism is one of the necessary means to achieve the emission target. According to assessment of formation and recent situation of global carbon market, including compliance market and voluntary market, also considering its financial character -ristic, this paper concludes that the international GHG abatement agreements are the most incentive factor for the increasingly development of global carbon market, and the carbon market has become a mature market-based mechanism relied on modern commodity markets. In addition, this paper focuses on the future prospect of China's participation into global carbon market, and points that we should consider the voluntary carbon market as a better mean of participation, however, there are many problems in establishing a carbon exchange and promoting carbon markets.

Key words: Market-based mechanism GHG abatement Carbon market Voluntary market

1 GHG 减排方案下市场机制的形成

一直以来，环境领域寻求经济发展与环境保护共赢的呼声很高却收效甚微，而应对气候变化则为实践市场机制在环保领域的充分应用打开了一个突破口。由于温室气体（GHG）减排涉及的范围十分广泛，并且需要充分的国际合作，因而市场机制是实现 GHG 减排的必要手段。市场手段在环境领域的应用最典型的就是排污权交易制度，体现在气

* 张懋麒，E-mail：maoqizhang@yahoo.com。

本文作者联系方式：南京大学环境学院污染控制与资源化研究国家重点实验室，南京：210093。

候变化领域，则是 GHG 的排放权交易。CO_2 是最广为熟知的一种温室气体，目前对于其他温室气体的计量也都统一换算成 CO_2 当量，所以在 GHG 减排方案中，排污权交易的市场机制俗称“碳市场”。

在所有的碳交易市场中，其中大部分碳指标购买的最终目的是为了满足国际、国内或者区域性的强制法规（例如《京都议定书》、欧盟排放贸易体系等）要求，这部分交易行为称为规范市场（Compliance Market）。除此之外，出于自愿目的而进行碳指标购买的交易行为被看做是自愿市场（Voluntary Market）。二者并存于目前的碳市场上，相互间有一定的区别和联系。

1.1 规范市场

对于规范性市场，首先必须处在一个强制法规或协议的管束下，目前最主要的国际协议就是《京都议定书》。《京都议定书》为附件——国家（发达国家）规定了第一承诺期（2008—2012 年）GHG 减排目标，减排目标表现为在承诺期内的最大允许排放量，称为该缔约方的分配数量（Assigned Amount），以分配数量单位（Assigned Amount Units，AAUs）来计量。附件——国家主要通过国内的各种减排活动来完成减排目标，同时，为了使减排更加经济，《京都议定书》还提出了 3 种市场机制来帮助附件——国家实现目标，即排放贸易（Emissions Trading，ET）、联合履约（Joint Implementation，JI）和清洁发展机制（Clean Development Mechanism，CDM）。

其中排放贸易（ET）允许附件——国家向比较难达到排放目标的其他附件——国家出售其自身分配数量中未被使用的排放单位（emission units），同时，由土地利用、土地利用变化和森林（Land use，land use change and forest，LULUF）项目所获得的排放移除单位（Removal units，RMUs）、通过 JI 项目获得的减排单位（Emission Reduction Units，ERUs）以及通过 CDM 项目获得的核证减排量（Certified Emission Reductions，CERs）都可以用于排放贸易机制下的交易。

除此之外，排放贸易机制还可以适用于国家和地区层面，其中在欧盟成员国之间实行的欧盟排放贸易体系（European Union Emissions Trading Scheme，EU ETS）是现行的最大的排放贸易机制。

欧盟国家在《京都议定书中》约定以整体减排的方式进行履约，即欧盟 15 国作为一个整体（EU Bubble）共同完成在第一承诺期（2008—2012 年）比基准年（1990 年）的 GHG 排放量减少 8%的承诺。欧盟立法委员会于 2003 年通过法规决定自 2005 年 1 月 1 日起开始实行欧盟排放贸易体系（EU ETS），在该体系下，欧盟各成员国政府通过国家分配计划（National Allocation Plan，NAP）将 GHG 减排量配额分配给体系管制下的企业（这些企业的排放量占欧盟总排放量的 46%），大约 95%的配额是由各国政府免费发放的，另外 5%的配额可以拍卖给业主，核定的配额可以在市场上进行交易。因此在 EU ETS 下的交易对象称为欧盟配额（European Union Allowances，EUAs）。2004 年欧盟通过“连接指令（Linking Directive，LD）”规定了 EU ETS 与《京都议定书》的对接，其中 2005 年 1 月 1 日起与 CDM 对接，2008 年 1 月 1 日起与 JI 对接，也就是说《京都议定书》下的 CERs 和 ERUs 可以在 EU ETS 下转换成 EUAs，这使得碳交易的形式更为灵活。

虽然美国联邦政府退出了《京都议定书》，但是美国一些州政府却制定了区域性的强制 GHG 减排法规，形成了除《京都议定书》和 EU ETS 之外的碳市场。例如美国东北部十州签订的“区域温室气体行动（Regional Greenhouse Gas Initiative，RGGI）”，该行动同样采用“限值-贸易”的方法进行 GHG 的减排，行动的目标是 2009—2014 年将碳排放维持在与现有排放大致相当的水平上（最终的排放上限为 1.88 亿短吨①，大约比 2002—2004 年间的平均水平高 4%），在 2015—2018 年间每年削减 2.5%，这样在 2018 年的排放量将会比 2009 年时减少 10%。

1.2 自愿市场

除了上述的规范市场外，自愿市场的交易环境相对来说比较自由，因为它们完全是出于自身的道德要求或者成员间的自发组织而进行碳交易的，由于没有强制性的购买需求，自愿市场的交易自然没有规范市场活跃，但是其相对较低的交易成本还是吸引了不少参与者。

自愿市场的交易行为包括一些个人或者企业对特定的一些 GHG 排放活动（如航空和工业加工）进行补偿或者出于“碳中和（Carbon Neutral）”②的考虑购买各种排放指标，其中也包括在像芝加哥气候交易（Chicago Climate Exchange，CCX）所这样的交易平台上进行的交易。

CCX 现有会员接近 300 个，分别来自全球范围内的航空、汽车、电力、环境、交通等数十个不同行业，它是全球唯一一个同时开展涉及 CO_2、甲烷、氧化亚氮、氢氟碳化物、全氟化物、六氟化硫等《京都议定书》中要求控制排放的 6 种 GHG 减排交易的交易所。CCX 要求会员实现减排目标，即要求每位会员通过自身的减排行为或购买补偿项目（Offset Projects）的减排量，做到在第一阶段（2003—2006 年）实现排放比基准线减少 4%，在第二阶段（2007—2010 年）所有会员将实现 6%的减排量。其中基准线的定义是 1998—2001 年的年平均排放量（新的 CCX 第二阶段的成员可以使用 2000 年的排放量）。在 CCX 进行交易的对象称为碳金融证券（Carbon Financial Instrument，CFI），同 ECX 等规范市场的交易所一样，可以同时进行现货和期货的交易。

除了在交易所的交易，自愿市场还有多种场外交易方式，由于没有规范市场中强制法规的束缚，可供交易的碳信用更加广泛，包括经核实的减排量（Verified Emission Reductions，VERs）、未经核实的减排量（Non-verified Emission Reduction，ER）以及预期的减排量（Prospective Emission Reduction）等。同时，在规范市场中交易的 CERs、EUAs、ERUs 以及其他形式的碳信用和配额都可以在自愿市场上进行交易。规范市场与自愿市场的交易种类如图 1 所示。

1.3 碳市场的发展状况

随着《京都议定书》的生效到现在第一计入期的开始，全球碳市场的发展异常迅速，根据点碳公司 2008 年的年度市场报告，2007 年全球碳市场交易总量从 2006 年的 1.6 Gt CO_2 当量增加到 2007 年的 2.7 Gt，增长了 64%（图 2）。在全球的碳交易中，绝大多数为规范

---

① 注：1 短吨=2 000 磅≈907 kg。

② “碳中和”是基于应对气候变化提出的一种理念，其核心思想是一个实体或个人排放了多少 CO_2，就通过植树、捐资等方式弥补，以达到排放的“中和”。

市场下的交易(包括EU ETS、初级和二级CDM以及JI)，其百分比超过98%。其中EU ETS是最大的碳市场，交易量占到了总量的62%；包括初级CDM和二级CDM在内的CDM市场占35%。而由于自愿市场中碳价远低于规范市场，因此自愿市场在全球碳市场的金融比重更低（见图3）。

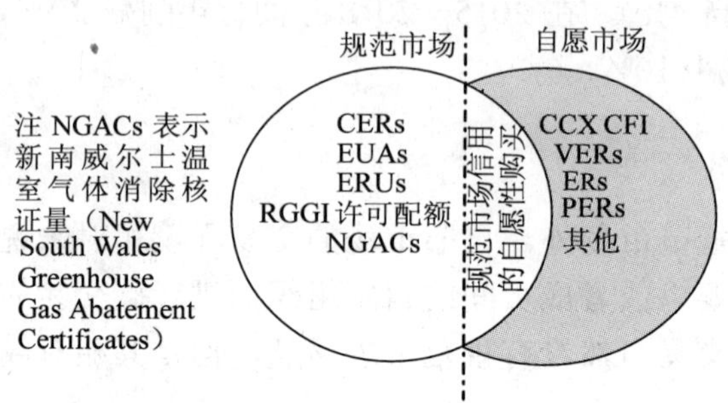

图1　碳交易规范市场与自愿市场示意图

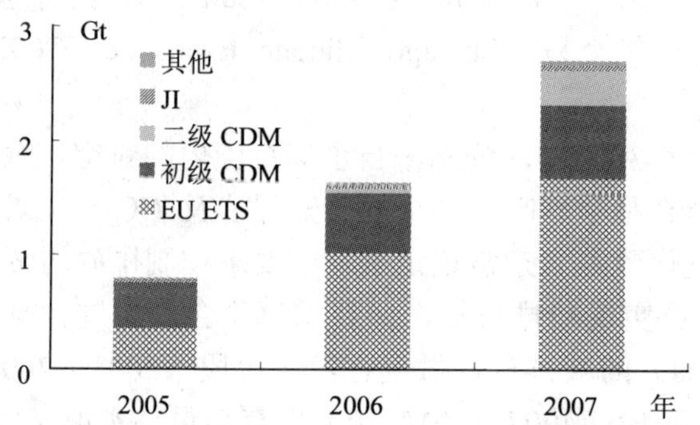

图2　2005—2007年全球碳市场的增长状况

数据来源：Point Carbon（2008）

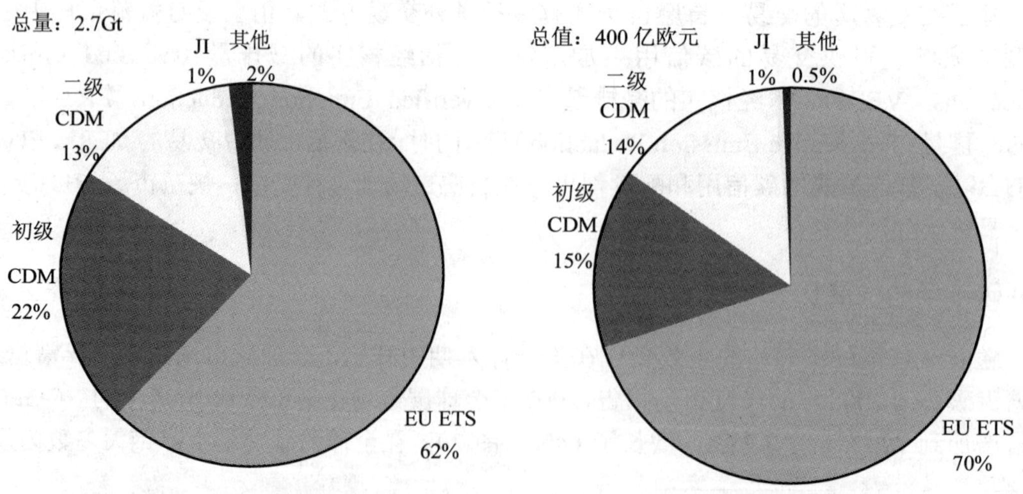

图3　2007年全球碳市场的总量（左图）及总价值（右图）构成

数据来源：Point Carbon（2008）

可以看出，尽管自愿市场的发展也很迅速，全球碳市场主要还是强制法规制约下的规范市场。显然，有法律约束力的碳信用需求远远大于仅仅出于自愿目的的需求，这也是各国在严峻的谈判形势下仍然要努力达成国际 GHG 减排协议的原因。虽然在多方利益博弈下，碳市场能否达到最终 GHG 减排的环境效益仍存在很大争议，但是无论是国际范围、国家范围甚至区域范围内的减排协议，相对于不作为，都是一个很大的进步。

以《京都议定书》和 EU ETS 为代表的国际 GHG 减排协议为全球碳市场的发展提供了重要的指导作用。《京都议定书》下的 CDM 执行理事会在开始运行至今的 3 年时间内已经批准了来自全球 49 个国家 1 000 多个项目成功注册为 CDM 项目，到 2012 年预期一共产生的 CERs 能达到 10 亿 t 以上，目前已经签发的 CERs 也已经超过了 1 亿 t。而 EU ETS 的运行则极大地促进了减排量更为市场化的交易，2007 年 EU ETS 市场上碳交易总额已经达到了 280 亿欧元，占全球碳市场交易总额的 70%。

同时，在美国，联邦和州政府层面的排放贸易行动也正在逐步实施。前文提到的东北部 10 个州的“区域温室气体行动（RGGI）”计划在 2009 年开始实施，而实际在 2008 年就已经开始了前期的活动，其第一笔成交额于 2008 年 3 月兑现，分析人士指出，碳交易的初步成交预示着 10 亿美元以上的美国地区性碳交易市场。目前，美国两位联邦政府议员也已经向参议院递交了一份提案，建议成立覆盖全美 75%GHG 排放的排放贸易体系，设定排放限额，预计到 2050 年每年能减少大约 1 亿 t 的排放，如果此项提案成为现实，这将成为全球最大的排放贸易体系。这些 GHG 减排法规预示了全球碳市场的良好前景，也对未来的国际气候变化谈判起到了一定的促进作用。

1.4 碳市场的金融化特征

事实上，在 2005 年《京都议定书》生效之前，以碳交易形式为核心的 GHG 减排市场就已经在全球范围内开展了。目前国际上的碳交易市场发展势头迅猛，在市场化成熟的西方国家，碳信用（Carbon Credit）已经迅速成为一种新兴的衍生商品，交易活跃。所谓的碳信用其实是一种泛指，包含了在碳市场上进行交易的各类产品形式，如 CERs、EUAs 以及 VERs 等都可以被称作碳信用。信用一词来自于商品市场，随着商品经济的产生和发展，商业信用应运而生，在以商业信用的方式买卖商品时，买方不立即支付现金，而是承诺在一定时期后再支付。在碳市场中，由于减排的实际发生往往在交易之后，这种交易的形式与商业信用十分类似，因此碳信用的概念就被引入其中，在目前的碳市场交易中也已经被普遍接受。虽然碳信用存在如前所述的各种不同形式，但是其根本的含义却是相同的，都反映了实现的 GHG 减排量，而在大部分情况下，这种 GHG 减排量都被量化成 CO_2 当量进行计算。

2003 年建立的芝加哥气候交易所（CCX）是全球第一个也是北美地区唯一的一个自愿性参与 GHG 减排量交易并对减排量承担法律约束力的专业市场交易平台。2005 年，CCX 成立了分支公司欧洲气候交易所（European Climate Exchange，ECX），该气候交易所目前是欧盟排放贸易体系（EU ETS）中最大的交易所，另外还有欧洲能源交易所（European Energy Exchange，EEX）、北欧电力池（Nord Poor）以及法国的 Powernext Carbon。这几大交易所构成了全球主要的碳市场交易平台。

碳交易所能够保证交易价格的公开透明，还能同时进行现货和期货的交易，这对于碳信用这种属于远期交易的交易类型具有非常重要的作用。首先，在碳交易所进行公开交易的形式能够使产生的碳信用充分市场化，在最大限度上减少信息不对称可能带来的价格损失和交易风险。同时，利用碳交易所还能进行排放信用的期货交易，期货交易的性质决定无论是买方还是卖方都能够通过套期保值这一手段来保证价格波动下自身利润的相对稳定。这一交易模式在市场化比较完善的国家被广泛应用于能源、金融以及新兴的碳交易系统中，这在很大程度上为交易系统的安全提供了更多的安全备用保障，可以更好地应对各种突发事件，更有效地稳定市场价格。

但是由于交易所设定十分严格的准入制度，因此为了节约交易成本，目前碳市场交易大部分还是通过有中介参与的场外柜台交易（Over The Counter，OTC）完成的，而 OTC 交易形式也是欧美商品和证券交易中普遍采用的一种成熟市场化模式，与直接的双边交易相比，OTC 交易的价格也比较公开透明，并且操作更加灵活。

可以看出，碳信用作为一种新兴的环境金融产品，虽然历史很短，但是已经依托全球的商品和金融市场得到了迅速的发展，全球碳市场也在日益繁荣的交易活动中日趋成熟。

2 中国参与碳市场的前景分析

虽然发展中国家在《京都议定书》规定的第一承诺期内并没有承担减排义务，但是在气候变化谈判中面临的减排压力仍然很大。有些发达国家提出以征收“碳税”来代替现行的碳交易制度。如 2006 年 10 月，一个专门为欧盟委员会高层讨论小组撰写的报告草案建议，对来自未采取减排行动国家的能源密集型进口产品征税。同年 11 月 13 日，在可持续发展部际委员会会议上，时任法国总理德维尔潘强调“欧洲应该竭尽全力反对环境倾销”，并表示准备与其他欧盟国家协商，自 2012 年起对来自非《京都议定书》缔约国的进口工业产品征收 CO_2 排放税。对于发展中国家来说，这种“碳税”实际上就是发达国家实行贸易保护主义的“绿色壁垒”，发展中国家在谈判中一直坚决反对。

从目前碳交易的自愿市场来看，没有法定约束力的条件下这种转型也完全可行，从芝加哥气候交易所（CCX）模式到 VERs 甚至 CERs 的自愿购买协议，自愿市场提供了与规范市场一样全面的交易模式。对发展中国家来说，这些有益的尝试使得在保证可持续发展的前提下主动进行 GHG 减排的设想不会成为空谈，在目前越来越大的减排压力下，以自愿市场的方式参与到全球的碳市场交易中无疑是一种十分值得借鉴的 GHG 减排方式。

考虑到我国在国际上努力树立的大国形象以及未来可能承担的减排义务，积极参与全球 GHG 减排的行动和碳市场交易具有重要的意义。但是，妨碍了 CDM 从双边贸易转向更成熟的市场交易（交易所或者 OTC 交易）的进程的主要因素有以下 3 点：

（1）东道国过度干预。现行的碳交易形式特别是发展中国家参与的 CDM 确实存在不成熟的设计因素，而在现实条件下，东道国在批准过程中过多地干预 CDM 的交易价格，在某种程度上影响了正常的市场化运作程序，使交易价格不能反映国际碳市场价格的变动；同时，限制控股的中外合资企业参与 CDM 项目，不利于鼓励节能减排投资，有违国际贸易原则。

（2）企业信用缺乏度量和监管。CDM 往往是双边项目，买卖双方的业务由于竞争激烈，市场化程度高，透明度高，因此，买卖双方的信用基础是保障交易和市场秩序的关键。但是市场中鱼龙混杂，信用等级不同的企业都可以同等地进入碳交易市场，而没有对其信用的合理度量和有效监管，以至于国内企业（卖方）的低信用度的行为可能给自身带来损失，而随着我国碳交易额的增加和批准项目的增多，信用度差的国外买家则可能给碳交易市场带来风险以致金融风险。

（3）建立碳市场交易所缺乏基础。目前国内尚没有气候交易所这样的碳交易平台，但是许多学者已经对建立中国碳交易所进行了讨论。有学者认为建立碳交易所不仅能够对未来我国更大程度地参与全球碳交易提供有力的平台，也能够对当前广泛开展的 CDM 项目起到十分有益的影响。但是，目前国家已经批准的 CDM 项目一般多是双边项目，在进入碳交易所前已经基本完成了交易，而在 CDM 项目有效期 2012 年前已经没有足够的可用于交易的标的；如果在后京都时代仍然能够延续碳交易，也需要有足够的资金支持，如可利用清洁发展机制基金（CDF）资金的支持，同时，交易机制、企业信用和监管的缺失，都需要在建立碳交易所前得到有效解决。

参考文献

[1] 黄山枫，姜冬梅，张孟衡，等. 多边基金机制与清洁发展机制的比较研究. 环境保护，2008，5B：14-17.

[2] 侯万善. 欧盟碳排放交易机制. 能源报道，2007，12.

[3] Official Journal of the European Union（OFEU）. Directive 2003/87/EC of the European Parliament and of the Council，2003：33-46.

[4] RGGI. Overview of RGGI CO_2 Budget Trading Program. 2007.11.

[5] CCX. http：//www.chicagoclimatex.com/.

我国小型 CDM 项目开发现状及对策分析

陈磊山[①] 陆根法

摘　要：我国是仅次于美国的世界温室气体第二大排放国，《京都议定书》生效以来，我国在 CDM 开发方面取得显著成就，根据已注册的项目统计，减排量占全球的 40%以上。但是由于信息流通、项目规模以及市场因素的影响，注册数量仅占全球的 10%多，在小型 CDM 项目开发范围和深度方面都存在显著不足。在小型 CDM 项目开发上，本文认为采取多个小项目打包开发、以地区为单位整体开发以及促进 CDM 信息交流等方法可以解决以上阻碍小项目开发的因素，促进我国 CDM 健康发展。

关键词：小型 CDM 项目　障碍　对策

Analysis of Development situation and Countermeasures of Small Scale CDM Projects in China

Abstract: China has always been one of the most important CDM developing countries since the Kyoto Protocol came into force in 2005 and CDM is developing smoothly in China. However, due to information circulation, project scale and market influence, development of small scale projects in China is significantly insufficient in scope and depth. On the basis of analysis on reasons above, this text proposed that measures of bundling smaller projects, developing CDM projects from a entire area and facilitating CDM information circulation to solve the blocking factors of small scale projects above and accelerate CDM development in our country.

Key words: CDM　Small scale CDM projects　Bundling　Area CDM

1 引言

自 2005 年《京都议定书》生效以来，清洁发展机制（Clean Development Mechanism，CDM）已经成为国际温室气体减排的重要方式，而且在发展中国家正得到顺利开展。截至 2008 年 9 月 29 日，全球共有 1 170 个 CDM 项目通过 CDM 执行委员会（Executive Board，EB）注册，其中中小型 CDM 项目 540 个，其他的 630 个，小项目占所有注册项目比例的 46.15%。

我国 CDM 开展迅速，至 2008 年 9 月 10 日，通过国家发展与改革委员会批准的 1 551

① 作者简介：陈磊山，男，高级工程师，南京大学博士研究生，从事环境规划及管理领域的研究。E-mail：cls@hualanbio.com。

本文作者联系方式：南京大学环境学院污染控制与资源化研究国家重点实验室，南京大学环境学院，南京：210093。

个项目中，1 157 个为新能源与可再生能源项目，具体点说基本是水电和生物质能，占国内所有审批项目的 74.5%，节能与提高能效、化学分解、甲烷回收利用、燃料替代以及造林和再造林 5 类项目总数只有 394 个，只占所有项目的 25.5%。其中 271 个已经在《京都议定书》执行委员会（Executive Board，EB）得到注册[2]。而且由于我国大部分开发项目规模较大，我国自 2005 年以来一直占据全球最大的 CDM 市场份额。但即使在我国 CDM 顺利开展的情况下，我国小型 CDM 项目开发仍然存在严重不足，我国 271 个已注册项目中只有 14 个为小型项目，只占我国经批准项目的 13.5%，明显低于国际平均小项目比例，而且，经国家发展与改革委员会批准的其他项目中小型项目也较少。

本文将就目前我国小型 CDM 项目发展的现状与“瓶颈”进行探讨，并分析可能的解决方案并提出发展建议。

2 我国小型 CDM 项目现状

2.1 我国小型 CDM 项目开发潜力较大

我国在可再生能源利用、能源效率提高、农业和沼气回收利用以及造林与再造林等领域都具有较大小项目潜力，因为，首先我国水能、风能及生物质能等可再生能源丰富，具有广阔的利用潜力；其次，我国目前能源利用效率较低，据统计，我国电力、钢铁等八大行业单位能耗比国际先进水平高 40%[4]，具有较大通过技术进步提高能效的潜力；最后，我国是农业大国，种植业和养殖业等产生的面源污染是造成我国水体富营养化的重要原因之一，开发该类型 CDM 对解决农村面源污染具有重要推动作用。

2.2 我国小型 CDM 项目开发不足

至 2008 年 9 月 10 日，我国经过 EB 注册的 CDM 项目有 271 个，但其中只有 14 个为小型项目[5]。我国小项目比例明显少于其他主要的 CDM 开发国家，如印度与我国同为 CDM 主要开发国家及发展中人口大国，但印度 358 个已注册项目中，小项目为 164 个，其比例明显高于我国；而且我国小项目比例明显低于全球 46.9%的小项目比例；同时，以上 14 个小项目全部是可再生能源利用项目类型，更具体说只有水电和风电项目，提高能效、农业、甲烷收集利用等更大可开发范围内我国则没有小项目注册。

3 我国小型 CDM 项目开发障碍探讨

我国小型 CDM 项目开发不足是由多方面因素造成的，概括起来，主要包括规模因素、信息流通因素以及市场因素，如下所述：

3.1 “规模”因素

小型 CDM 项目方法学对小项目的规模和减排量等都有严格的限制，如可再生能源并网发电方法学（AMS-ⅠD）规定相关新建项目装机容量不超过 15 MW，扩建项目的扩建部分不超过 15 MW 以及年减排量不超过 6 万 t 的要求①。由于小项目出售的减排量低，出售所得收益也较低，可能影响到部分业主及项目开发方的参与积极性，成为阻碍小项目发展的关键因素。

3.1.1 部分企业对开发小项目的积极性不高

由于复杂的开发与审批程序，包括小型 CDM 项目在内，项目开发都需要高额的成本，而且小项目同样具有审批风险以及更多的实施风险。一方面，小项目与一般项目一样，需要经过国际和国内两步审批程序、承担项目开发、DOE 审核以及注册等费用，虽然小项目具有简化的审批程序而且其注册费用较低，但仍存在注册风险；另一方面，多数小项目业主为小型企业，其经营不确定性较高，抵抗风险的能力较低，即使项目成功注册，其经营的任何变动都可能影响其减排收益；而且小型企业技术水平偏低，CDM 项目运行与监测的风险较大。

考虑到项目开发、运行的风险和不确定因素，以及项目的成本与收益，部分企业小型企业可能选择不开发 CDM 项目。

3.1.2 CDM 开发机构“抓大放小”

目前存在多家专门负责代替企业完成 CDM 项目的开发和申报工作机构或组织，并按照项目规模收取一定的咨询费用。在多数企业缺少 CDM 开发专业人员的现状下，开发机构代替企业完成项目开发的方式具有一定的必要性，而且已经成为目前最重要的开发方式，目前多数已开发项目是通过该方式开发。

与开发大项目一样，项目开发方开发小项目同样需要完成项目前期筛选、上报文本制作以及国际、国内两步审批程序。我国对 CDM 开发咨询收费标准和范围作了明确说明[6]，避免了 CDM 开发机构对小项目收取更高比例费用的可能。在收益低的情况下，开发小型 CDM 项目将承担与开发大项目类似的风险，随着可开发项目数量增多，开发机构可能“抓大放小”，拒绝开发小项目而选择收益更高的大项目来扩大项目开发收益。

3.2 信息流通因素

信息不对称是指一部分相关方了解相关信息而其他相关方不了解该信息。信息不对称在 CDM 开发过程中较突出，尤其在更具有小项目开发潜力的小型企业和农村地区，已成为阻碍小 CDM 项目开发的主要因素之一。主要表现在如下两方面。

3.2.1 小型企业对 CDM 的陌生

由于获得 CDM 相关信息渠道的限制，大量小型企业对 CDM 还比较陌生，主要表现在以下方面。①对 CDM 的不信任，因为项目业主可出售其额外的温室气体减排量而提高项目收益，部分企业对其信任度不足；②CDM 项目开发技术的缺乏，多数小型企业缺少 CDM 开发和实施的技术人员，增大了其申报和实施风险；③部分项目没有得到及时开发，CDM

① CDM-Executive Board. Indicative simplified baseline and monitoring methodologies for selected small-scale CDM project activity categories , Type Ⅰ D. http ://cdm.unfccc.int/UserManagement/FileStorage/CDMWF_AM_LPQNF2IC0HM1LAZCQGJPWLSGCP5BB8.

项目要求是在建或计划中的项目，由于信息原因导致错过开发时机的实例已不在少数。

3.2.2 农村信息和技术人员的缺乏

农村地区种植业以及养殖业是开发小型 CDM 项目的重要来源，但同样受到信息不对称因素的制约。与小型企业一样，农村地区获得 CDM 信息的渠道较少；再加上我国农村地区人口受教育水平偏低，即使能够接触到的信息也不一定能够接受，更加剧了信息障碍；而且我国农村地区更加缺乏熟知 CDM 的技术人员，项目开发和申报难度较大。

3.3 市场因素

未来 CDM 市场的变化、小型企业自身生产经营的不确定性以及市场中出现的部分不合理现象等市场因素也是阻碍小型 CDM 项目发展的重要因素。

3.3.1 CDM 市场的不确定性

目前的国际气候政策只规定了 2012 年之前的减排政策，2012 年后的“后京都时代”如果实施减排目前仍然是国际间谈判的热点话题[7]，未来国际采取什么方式抑制气候变化仍然没有确定。为减少购买 CDM 减排量的风险，国际买家会采取选择减排效率更高、技术相对简单的大型项目，或者压低价格等措施，给小项目开发带来一定的不利因素。

3.3.2 小型企业经营的不确定性

CDM 项目注册成功后，项目业主只有达到预期的发展目标、将相关数据和资料按规定的方法监测和收集，并且经过国际独立机构审核通过才能获得预计的减排收益。

但小型企业在资金、规模等方面都较小，抵抗风险能力较弱，其经营的不确定性大。如上文所述，小项目同样需要承担高额的开发费用以及各种风险。考虑到相关风险和经营的不确定性，部分企业将选择不开发 CDM。

3.3.3 市场经济中的“不合理”因素

开发 CDM 项目将为企业带来“额外”的收益，提高其竞争力。但是由于目前市场中存在的欺诈等不和谐的现象，再加上以上信息不对称因素造成业主对 CDM 的陌生，部分小型企业对 CDM 的真实性存在怀疑，这样可能影响 CDM 的开发进度甚至导致项目错过开发时机。

4 促进我国小型 CDM 项目开发的对策研究

我国小型 CDM 项目开发处于劣势地位，为了促进我国小型 CDM 项目开发，本文提出如下发展建议借此打破以上因素给我国小项目带来的“瓶颈”，促进小型 CDM 项目顺利开发。

4.1 “打包”开发小型 CDM 项目

《京都议定书》执委会规定，符合条件的小项目可以打包开发，即将多个小项目作为一个项目开发，共同完成 CDM 上报程序。针对以上小型项目“规模小”的问题，可以采取小项目“打包”的方法解决。一方面，“打包”可以使多个业主承担一个项目的开发成本完成多个小项目开发，可大大降低项目开发风险；另一方面，打包开发还可以促进企业间 CDM 信息和开发技术的交流，对提高项目开发质量和打破 CDM 的信息不对称有一定的促进作用。

4.2 采取“地区 CDM”开发模式

对某地区的项目进行整体开发也可以作为解决以上小项目开发问题的方式。当地政府可以邀请有经验的 CDM 开发机构对辖区内筛选出符合要求的所有项目，由企业自身开发或邀请开发机构代替其完成该地区项目的整体开发。该方式：①可以解决 CDM 信息的不对称为题，可以保证符合要求项目及时得到开发，减少项目遗漏；②可以避免开发机构对项目开发的“抓大放小”；③该方式还可以提高业主对 CDM 的信任度、降低各种市场因素带来的风险。

4.3 促进 CDM 信息流通

打破 CDM 信息的不对称是促进包括小项目在内各种项目开发的必要因素。可以采取增加对 CDM 信息的流通渠道、扩大对已开发项目宣传等措施，保证相关企业及时获得所需信息，保证满足条件项目开发。

5 结论

目前我国小型 CDM 项目开发范围和深度明显不足，究其原因，主要是应为其“规模小”的影响、信息不对称以及市场因素的影响。对此，本文认为应对小型项目进行打包开发，具有条件的地区可以考虑以地区为单位整体开发，另外还需要打破 CDM 信息流通的障碍，这样，既可以解决小项目规模小的问题，又解决了信息不对称问题，对减少市场因素带来的风险也具有促进作用。

参考文献

[1] http：//cdm.ccchina.gov.cn/WebSite/CDM/UpFile/File1347.pdf.

[2] http：//cdm.ccchina.gov.cn/WebSite/CDM/UpFile/File1380.pdf.

[3] http：//cdm.unfccc.int/methodologies/PAmethodologies/approved.html?searchon=1&searchmode=advanced .

[4] 何建昆，刘滨，陈迎，等. 气候变化国家评估报告（III）：中国应对气候变化政策的综合评价. 气候变化研究进展，2006，2（4）：147-153.

[5] http：//cdm.unfccc.int/Projects/projsearch.html.

[6] 中华人民共和国国家发展与改革委员会. 关于规范中国 CDM 项目咨询服务及评估工作的重要公告. http：//cdm.ccchina.gov.cn/UpFile/File630.PDF，2005.

[7] 刘兰翠，吴刚. 我国 CDM 项目的现状与思考. 能源与环境，2007，29（3）：34-41.

EIRR 在 CDM 项目额外性验证投资分析中的应用

Kai Li.① Robert Tiong L. K.② Maria Balatbat③ David Carmichael④

摘　要：额外性的验证在清洁发展机制的项目开发中是至关重要的。而其中极为重要的一个步骤是投资分析。根据 UNFCCC 的指导原则，投资金融指数如 IRR，NPV，DSCR 常常被用于选择II和选择III。虽然经济参数如 EIRR（Economic Internal Rate of Return），即可用于选择III，在有些情况下更适合额外性的验证，但常常被忽视了。主要原因还是在经济分析的复杂性。虽然亚洲发展银行（ADB）发表了关于经济分析的指导原则，在具体工作中还是需要做大量关于经济、财政、社会以及环境方面的收益定量评估。本文就近期越南中部一个 16MW 水电站 CDM 项目的发展，对 EIRR 估算的各个因素，如 WTP（Willingness to Pay），Shadow Price 等做出分析，同时对于碳融资的成效也加以分析。

关键词：清洁发展机制　经济内部回收率　支付意愿

Investment Analysis in CDM Project Using Economic Internal Rate of Return（EIRR）

Abstract：The verification of additionality in the clean development mechanism in project development is essential especially investment analysis. In accordance with the guiding principles of UNFCCC，investment financial index，such as IRR，NPV，DSCR has often been used to select options II and III. Despite the economic parameters such as EIRR（Economic Internal Rate of Return），which can be used to select III and in some cases are more suitable for of additional verification，are often ignored. The main reason is the complexity of economic analysis. Although the Asian Development Bank（ADB） issued a statement on the guiding principles of economic analysis，much specific work is to be done on the economic，financial，social and environmental aspects of the quantitative assessment of the proceeds. Based on a recent central Vietnam 16MW Hydropower Station CDM project，the various factors estimated in EIRR，such as WTP（Willingness to Pay），Shadow Price Analysis，etc are analyzed. At the same time，also the effectiveness of carbon finance for analysis.

Key words: Clean development mechanism　Economic internal rate of return　Willingness to pay

① School of CEE，Nanyang Technological University，Nanyang Avenue，Singapore PhD Research Student，E-mail：141053776@ntu.edu.sg Tel：0065-96757027.

② School of CEE，Nanyang Technological University，Nanyang Avenue，Singapore Associate Professor，E-mail：clktiong@ntu.edu.sg Tel：0065- 67905253.

③ Senior Lecturer，School of Accounting，University of New South Wales，Australia.

④ Professor，Department of Engineering Construction and Management，University of New South Wales，Australia.

本文译者：Kai Li（也是作者）。

1 简介

额外性的验证对 CDM 项目的成功申报是极为重要的。而在额外性的评估验证中，投资分析又比其他步骤更具有挑战性。在大多数的 CDM 项目中，简单成本分析（选择Ⅰ）一般不常遇到。这主要是由于 CDM 的项目多由私人融资，如果项目本身不带来任何金融上的直接收益是不会引起投资者的兴趣。所以大部分的项目多是选用投资对比分析（选择Ⅱ）或者基准分析（选择Ⅲ）。

在选择Ⅱ和Ⅲ中，金融指数如 IRR，NPV，DSCR 等常常被用以证明本来不可行的项目由于 CDM 的收益变的可行，即额外性。原因多是由于对项目投资者而言，金融指数只需要从原有的投资分析中加以少量工作就可获得，而经济分析则需要大量的工作。另一个原因应该是项目投资者对于投资收益的估计数据等相对大的主动性。

但是值得注意的是在选择Ⅲ中，经济指数如 EIRR（经济内部收益率）也可验证项目的额外性，虽然这常常被忽视。实际上，金融分析与经济分析是紧密相连的。而单一的依赖金融指数会造成有些项目可以以经济指数验证额外性的却没有成功审批。尤其在公共基础设施中，项目的主要收益是在经济上的。同时亚洲发展银行也是以 EIRR 作为投资标准。

本文将根据近期在越南北部的一个 16 MW 水电站 CDM 项目来讨论在 EIRR 计算中的各项系数，如支付意愿梯度、隐蔽价格，等等。同时也运用金融指数和经济指数来验证额外性。

2 经济分析与经济内部收益率（EIRR）

经济分析主要是评估项目对东道主国民经济上的福利。主要是在国家经济层面上的考量而非局限项目本身。

经济分析包括对社会各阶层的分析。主要是测量项目对支付意愿梯度的冲击。使用支付意愿梯度主要原因有以下几点：

- ☞ 很多项目的影响是不具备市场性的，如对生物品种的保护。有些则不能够全部以市场价值衡量，如供水和排污的收益。所以这些不具备市场性的收益也要估算进来。
- ☞ 有些项目的影响是具备市场性但却在市场中以扭曲的价格买卖。影响来源与政府的干预，宏观经济的政策或是不完善的竞争。

隐蔽价格常常在没有市场或不完善的市场中用以估计支付意愿梯度。隐蔽价格也可用于对项目的经济价值不等同于金融价值的考量。在发展中国家，有些项目支付与收入的价格是在相对完整的市场中进行的，而重要的影响则发生在买卖双方，由价格本身反映。

在经济分析中最重要的是要确定经济收益和经济成本。这二者决定了经济内部收益率（EIRR）。

经济成本包括两个部分，可交易和非可交易的商品。对于可交易商品，只要将边境价格配合相应外汇兑换率便可决定其价值。对于不可交易商品，其价值则要通过隐蔽价格配合相应的产业转换系数。但要注意的是经济成本在一年中是固定的价格。

电力项目最主要的经济效益是满足消费者的需求。但在电力需求模型中，支付意愿梯度往往不被使用，主要是由于缺少足够的历史数据，尤其在发展中国家。通常采用以线性电力需求函数来计算消费者的过剩（CS）。

$$CS=[1/(c+1)](P_A-P_B)(Q_A-Q_B) \tag{1}$$

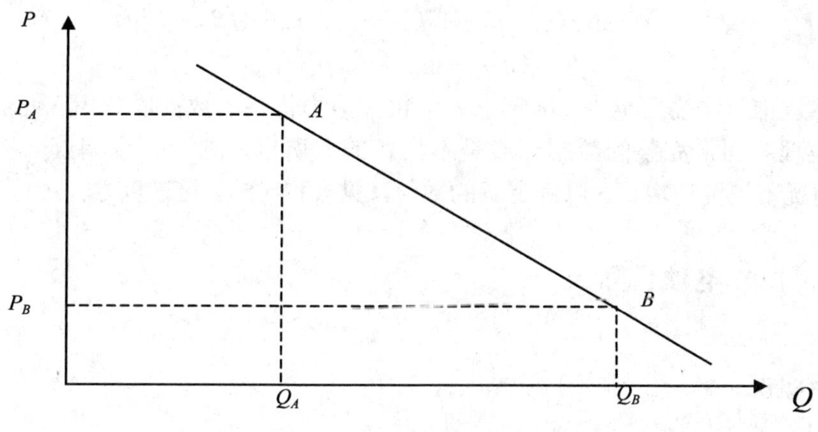

图 1 电力线性需求函数

但这种方法在衡量支付意愿梯度有两个显著的缺点。①在理论上缺乏线性电力需求函数的依据，采用线性函数只是出于方便；②参数 c 的值往往是主观的，这就造成 CS 值也是主观的。

亚洲发展银行推荐使用半对数需求函数来衡量支付意愿梯度。见公式（2）。

$$\ln q^e=\alpha+\beta p^e \tag{2}$$

上限是由 e^α界定。β是价格对与需求的半弹性。该函数有一个显著的优点就是支付意愿梯度是指数级的增长相对与需求的减低，这点也由经济理论证实。参数α则由收入，替换能源的价格以及其他变量决定。

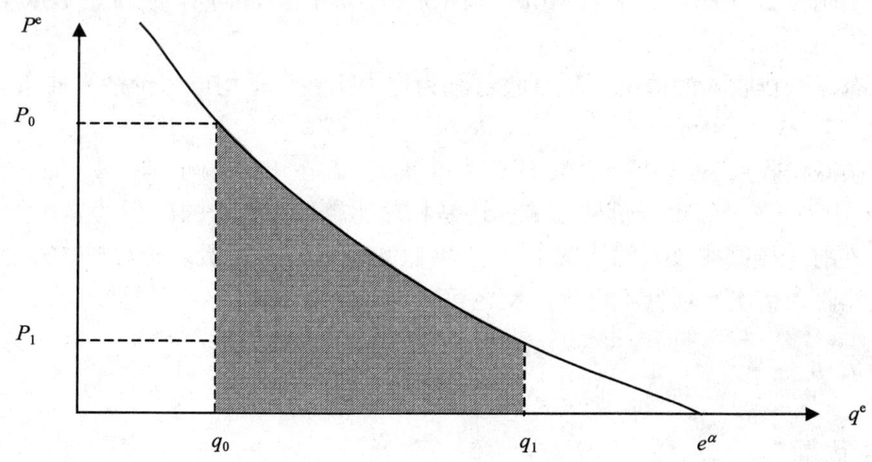

图 2 Semilog 电力需求函数

函数（2）可以继续用于计算电力的经济收益，只需要计算出图（2）阴影部分的面积即可，见函数（3）。经过积分可推导出经济收益为函数（4）

$$EB=\int_{q_0}^{q_1} p^e \mathrm{d}q^e \tag{3}$$

根据 q^e 积分的 EB：

$$EB=q_1（p_1-1/\beta）-q_0（p_0-1/\beta） \tag{4}$$

$$\beta=（\ln q_1-\ln q_0）/（p_1-p_0） \tag{5}$$

虽然该推算法需要至少 20 年电力销售，电力价格的数据以及相应经济数据如收入、天气及地理方面，完整的数据一般是不具备的。所以，通常使用调查分析法来确定有和没有的情况下消费的增长，以确定 β 的数值，见方程（5）。接连以方程（4）确定经济收益。

3 Nam Chim 电项目

3.1 项目概况

Nam Chim 水电站是在越南 Son La 省的一个 CDM 项目。装机容量为 16 MW 包括两个 8 MW 的发电机组。估计全年发电量为 5 830 万 kW·h，其中 5 779 万 kW·h 将输送到国家电网。

该项目的主要目的是为了发展水力可再生能源并将电力售卖给越南电力集团。

该项目也将加速可再生能源的发展从而减少温室气体的排放，进而保护国家资源。尤其在越南的电力需求急速增长的情况下。保证了国家经济可持续发展性。该项目也符合越南能源政策，所以这是一个 DNA 批准的 CDM 项目。

3.2 财务分析

该项目于 2006 年开始施工，预计 2009 年竣工。30 年使用期。全投资额为 1 586 万美元。资债比为 20∶80。利率为 10%，竣工后分 10 年偿还本利。年度营运成本为投资额的 1.5%。

在没有碳减排收入的情况下项目收益纯为电力出售。平均电力价格为 4 美分/kW·h。平均年收入为 231 万美元。

在有碳减排收入下，项目 CER 估计为 8 美元/t。在 10 年确认期中，额外年平均收入为 26.8 万美元。该一级市场价格 8 美元还是相对比较保守估计的。

IRR 在有无碳减排收入的情况下分别为 11.4%和 9.6%。所以相对与 10%的利率，在没有碳减排收入情况下项目不可行，反之可行。

3.3 经济分析

3.3.1 成本估算

经济成本以 2006 年本国货币固定价格估算。在估算中，资本成本简化起见以越南重工业的隐蔽价格系数 1.09 计算。资本成本也经过对通货膨胀、税务等的调整。

3.3.2 效益估算

该项目主要经济收益为满足用户的电力需求。在估计实际收益中还是采取保守的估计，如电站本身使用1%的电量，输送损耗为20%。增量的收益还是以支付意愿梯度来定量的。

经济收益（EB）还是通过半对数电力需求函数来计算的。消费者的过剩（CS）－消费者愿意支付的价格和实际支付的价格可通过半对数方程确定为 5.1 美分/kW·h。扣除输电损耗 20%，4.1 美分/kW·h 用以计算 EB。

3.3.3 经济内部收益率的估算

项目的评估基准是对比有无减碳排放收入的情况。项目分析时间为 33 年，包括建设期 3 年，营运期 30 年。EIRR 在无减碳排放收入情况下为 10.1%明显低于亚洲发展银行的标准 12%。

由于时间和资源的限制，全部经济收益分析没有开展。所以这里的经济收益分析还是相对保守的估计。其他收益如环境收益、居民健康水准的提高、生活福利的提高、污染的减少等。但碳减排收入还是最主要的，CER 的收入使 EIRR 提高到 12.1%。

4 结论

碳融资对于项目融资分析及可行性有巨大的影响。CER 的收入将在项目初期带来额外的收入。对 NPV 有巨大的影响。碳额度的收入通常占总投资额的 10%～15%。其作用不容忽视。

除了金融方面的收益，碳融资也鼓励东道主国家清洁能源的发展。对国家的社会及经济方面带来收获。其中一个重要的参数是 EIRR。EIRR 衡量国家经济层面的收益，同时也可以用来证明 CDM 项目的额外性。但在确定 EIRR 的经济分析中，准确的国家经济参数是必需的。这包括了隐蔽价格，支付意愿梯度，商品的转换系数以及对经济收益（EB）正确的分析方法。

气候变化：中国的抉择：为什么，怎么办

苗　波

张秀丽　译

摘　要：根据最近出台的IPCC第四次评估报告指出，人类对气候变化的影响证据已是“确凿的”。尽管科学界对怀疑论者提出的对这个国际社会面临的环境问题采取强有力的回应的说法还留有少量余地，《斯特恩评论》从经济角度估计的解决气候变化的成本又上升了一个数量级。就中国来说，中央政府表明它越来越认识到气候变化带来的严重的生态和经济损失。最近，中国不仅对气候变化贡献较多的能源和工业实施了一系列的政策，还在积极寻求国际合作，来帮助其转型为更加有利于气候的能源结构。同时，尽管中国是绝对排放值最高的国家，由于低人均排放值、碳强度的改善及其发展中国家的位置等原因，中国声称在目前阶段不承担任何温室气体减排的强制性义务。根据我们的经验，愿意解决气候变化问题的国家，只有它们相信符合它们的利益才会这么做，本文探讨什么因素可以促进中国更积极地参与气候变化的努力。据研究（感谢香港城市大学的研究支持，#961055项目，环境最佳实践：一个比较研究），随着温室气体排放的增加和收入的提高，根据其国际贸易的成本收益估算分析，不仅是其经济的进步，也许更重要的是政治的提高，中国势必将采取有效措施控制其温室气体排放：从柔性的、不具约束力的义务到更加严格的承诺。事实上，尽管就目前阶段来说，自愿的方法是中国对抗气候变化现实的选择，然而这些对缓解中国温室气体排放增加的严峻局面是不够的。为保证中国能够实现其对抗气候变化的承诺所持续实施的无气候影响能源政策，其带来的辅助的气候收益也是不可能产生的。事实上，一旦美国也采取措施，中国很可能面临巨大的国际压力，需要承担某些有约束力的承诺。这些承诺是否将采取强制的减排项目的形式是个重要的问题，然而对中国和国际社会来说更重要的是，中国的诚意和能力，以确保这些承诺的可信度。考虑到实际中，环境管理者的能力常常被质疑，现存的管理体系也很难提供电力行业充分的激励来踊跃地参与气候相关的项目，所以，非常有必要引进如排污权交易等新的方法来帮助实现中国能源效率提升和可持续能源的巨大目标。

根据IPCC第四次评估报告指出，人类对气候变化的影响证据已是“确凿的”。[①]尽管科学界对怀疑论者提出的对这个国际社会面临的环境问题采取强有力的回应的说法还留有少量余地[②]，《斯特恩评论》从经济角度估计的解决气候变化的成本又上升了一个数量级[③]。事实上，美国的有些州正在采取行动，如“区域温室气体行动”（RGGI），美国国会也已在讨论一系列关于如何建立强制交易的方案来减少温室气体排放。尽管布什政府一直拒绝认真对待温室气体减排的意见，但两位总统候选人都对设立温室气体强制减排目标表达了不同程度的支持。同时，欧盟在跨区排放权交易经验方面取得了新的突破，为将来全球制度的发展提供了宝贵的参考。

关键词：气候变化　CDM　中国

作者联系方式：香港城市大学亚洲与国际研究院，博士、研究员。

① 见政府间气候变化专门委员会（IPCC）第四次评估报告（2007年），见：http：//www.ipcc.ch/SPM040507.pdf（上次访问于2008年7月6日）。

② 中国政府以解决气候变化的最新尝试，见国家发展和改革委员会（NDRC），“中国应对气候变化国家方案”，国家发展和改革委员会主持编写，中华人民共和国2007年6月。

③《斯特恩评论报告》，见：http：//www.hm- treasury.gov.uk/independent_reviews/stern_review_economics_climate_change/stern_review_report.cfm（上次访问于2008年6月4日）。

Climate Change：A Dilemma for China：from why to how

Abstract: According to the recently-issued Fourth Assessment Report of the IPCC, the evidence of human impact on climate change is "unequivocal". While the science has left little room for sceptics to argue against the need to take meaningful action to combat this unprecedented environmental problem faced by the international community, the Stern Review raises the estimated costs of unmitigated climate change by an order of magnitude from an economic perspective. For China, the Central Government is demonstrating its increasing awareness of the severe ecological and economic damages associated with climate change. China has recently not only implemented a broad array of energy and industrial policies that contribute to climate efforts, but has also been actively seeking international collaboration which would help it shift to a more climate-friendly energy structure. Meanwhile, low per capita emissions, improved carbon intensity, and the developing country status have combined together to justify China, even as the largest emitter in absolute terms, arguing not to bear any mandatory obligation to reduce its GHG emissions at the current stage. As experience tells us that states are likely to address climate change only if they believe it is in their interest to do so, the paper explores what would motivate China to get more actively involved in climate efforts. It is argued that as GHG emissions and income grow, it will(*I would like to acknowledge research support from City University of Hong Kong. (Project # 961055: *Environmental Best Practice: a Comparative Study*) .) be imperative for China to take meaningful action to control its GHG emissions: from soft, non-binding obligations to more demanding commitments by evaluating the benefits and costs in the context of international trade, along with its economic and perhaps more importantly, political progress. Indeed, although voluntary approaches could be considered the realistic option that China could adopt to combat climate change at the current stage, alone they are not adequate for the purpose of moderating the soaring growth of China's GHG emissions. Neither can the ancillary climate benefits produced by the non-climate driven energy policies be continually sustained so that China is able to fulfil its promise of combating climate change. The fact is, once the US is on board, China is very likely to face enormous international pressure to bear some type of binding commitments. Whether such commitments would take the form of a mandatory reduction program or not is an important issue; but what matters more for China and the international community is China's sincerity and capacity to ensure the credibility of its commitments. In view of the fact that the environmental regulators' capability is often called into question and the existing regulatory framework is hardly able to offer the power industry sufficient incentives to actively participate in climate-related programs, it thus creates the great need to introduce new approaches such as emissions trading to help achieve the ambitious energy efficiency and renewable energies goals in China.

According to the Fourth Assessment Report of the IPCC, the evidence of human impact on climate change is "unequivocal".[①] While the science has left little room for sceptics to argue against the need to take meaningful action to combat this unprecedented environmental problem faced by the international community, [②] the Stern Review raises the estimated costs of unmitigated climate change by an order of

① See Intergovernmental Panel on Climate Change (IPCC), Fourth Assessment Report (2007), available at: http://www.ipcc.ch/SPM040507.pdf (last visited on 6 July 2008) .

② For the Chinese Government's latest attempt to address climate change, see National Development and Reform Commission (NDRC), 'China's National Climate Change Programme', Prepared under the Auspices of National Development and Reform Commission, People's Republic of China, June 2007.

magnitude from an economic perspective.① In fact，some states in the US are taking initiatives such as Regional Greenhouse Gas Initiative（RGGI） and the Congress has been discussing a bunch of bills regarding how to establish a mandatory trading scheme to reduce GHG emissions.② Although the Bush administration has been consistently refusing the idea of tackling climate change seriously，both the presidential candidates have expressed various degrees of support for a mandatory greenhouse gas reduction target. Meanwhile，the EU ETS has broken new ground in the experience with emissions trading across multiple jurisdictions and provided valuable evidence for the evolution of a future global regime.③

Key words: Climate change CDM China

1 为什么中国应关注气候变化

就中国来说，中央政府表明它越来越认识到气候变化带来的严重的生态和经济损失。从开始到现在的 10 年中，中国一直积极参与国际解决气候变化问题的努力。它签署了联合国气候变化框架公约（UNFCCC）和京都议定书，并将气候变化因素综合考虑进其发展目标中。

在过去的几年中，中国不仅就对气候变化贡献较多的能源和工业实施了一系列的政策，还在积极寻求国际合作，来帮助其转型为更加有利于气候的能源结构。例如，作为亚太清洁发展和气候伙伴关系（AP6）的一个合作伙伴，中国正与国际伙伴在煤炭和碳捕获和存储技术（CCS）上共同努力。华能集团，中国最大的以煤炭为基础的发电公司，在行政当局的认可和支持下正在参与美国“未来发电”“清洁煤”研究项目，并试图成为世界上第一个集成的碳和氢的生产研究电厂。中国也是“固碳领导论坛”成员之一。“固

---

① The Stern Review Report，available at：http：//www.hm-treasury.gov.uk/independent_reviews/stern_review_ economics_climate_change/stern_review_report.cfm（last visited on 4 June 2008）.

② These Senate Bills include Sander-Boxer，Kerry-Snowe，McCain-Lieberman，Bingaman-Specter，Udall-Petri，Waxman，Alexander-Lieberman，Stark and Feinstein-Carper. While the last restricts the emissions from the power industry，all the others set caps on economy-wide GHG emissions. See，e.g.，Ray Kopp and Billy Pizer，‘Five Recent Senate Bills Propose Mandatory Greenhouse Gas Caps：Side-by-Side Comparison and Analysis’（2007），available at：http：//www.rff.org/rff/News/Features/FiveRecentSenateBills.cfm（last visited on 4 April 2007）. Latest development about RGGI can be obtained from http：//www.rggi.org/home. In addition，many US corporations have adopted voluntary GHG reduction targets. The most prominent corporate initiative is the Chicago Climate Exchange（CCX），which is a GHG emissions reduction and trading pilot program for emissions sources and offset projects in the US，Canada，and Mexico. For more discussions about why corporations would take voluntary targets and its impact on future trading regimes，see，e.g.，Joseph Kruger，‘From SO_2 to Greenhouse Gases：Trends and Events Shaping Future Emissions Trading Programs in the United States’（Discussion Paper 05-20，Resource for the Future，2005）；Andrew J. Hoffman，‘Climate Change Strategy：The Business Logic behind Voluntary Greenhouse Gas Reductions’（2005） 47（3） California Management Review 21-46；and Mark J. Akhurst，Morgheim，and R. Lewis. ‘Greenhouse Gas Emissions Trading in BP’（2003）31（7）Energy Policy 657-663. For more information about CCX，see，e.g.，Sandor R.，‘Statement to the US Senate Committee on Environment and Public Works，Subcommittee on Clean Air，Wetlands，and Climate Change’ 29 January 2002；more information can also be obtained at the website：http//www.chicagoclimatex.com.

③ For information about EU ETS，see e.g. Joseph Kruger and William A. Pizer，‘The EU Emissions Trading Directive：Opportunities and Potential Pitfalls’（Discussion Paper：04-24，Resource for the Future，2004），see also Markus Ahman，Dasllas Burtraw，Joseph Kruger and Lars Zetterberg，‘A Ten-Year Rule to Guide the Allocation of EU Emission Allowances’（Discussion Paper 05-30，Resource for the Future，2005）.

碳领导论坛”是一个国际团体，它向 2008 年八国峰会提供了在可见的未来 CSS 技术如何得到增强的建议。

记住中国为气候作出的努力，然而，中国的情况与发达国家是不同的。一方面，尽管中国历史上在全球温室气体排放累积量中仅仅占了较少的份额（7.3%，1850—2000），但它在过去的 10 年中比例不断上升，到 2003 年占到了 14.8%，成为世界上绝对排放第二大国，其中 GDP 和人口起了决定性的作用。其增长的趋势还在继续，一些研究人员认为，中国年温室气体排放量已超过美国，成为全球第一排放国。另一方面，与巨大的总量形成强烈对比的是，中国温室气体排放量，就人均来看的话，呈现完全另外一种图景，在 2004 年全球人均排放量排名中中国占第 97 位，只稍高于发展中国家平均水平，低于世界平均水平。这里可能形成争议，认为排名数字可能具有欺骗性，因为虽然跨国家排名差异可能会很大，绝对差异可能是相当小。但是，对比 2004 年美国人均碳排放 6.6 t 与中国人均 1.1 t，可以肯定，在这个问题上没有讨论的余地。

当中国在国际协商中被要求承担减少温室气体排放义务时，还有一个指标经常用来反驳该提议：碳强度——单位经济输出的 CO_2 输出水平。作为一个广泛接受的变量，碳强度不仅是一国总排放的强有力的表征，还反映出能源强度和碳相关工业中的燃料混合度。在过去的 10 年中，在这一点上，中国是一个引人注目的案例，从 1990—2000 年 GDP 增长了 162%，而碳强度降低了 47%。一些不乐观的预测仍然存在，如“这些趋势是否是特殊情况下的一次反常转变还有待观察……中国经济开放对市场力量的……或者他们是否暗示了一项更长期的经济解耦和排放的增长”。一些观察家认为，中国由于石油安全受到威胁而转向煤炭，碳强度近期可能会增加。然而，普遍认为中国已在提高能源效率方面取得显著的进步，从而对气候起到了很好的辅助作用。

尽管在绝对量上是一个巨大的排放者，低人均排放值、改善的碳强度以及发展中国家的位置结合在一起，某种程度上证明，中国在当前阶段要求不承担任何温室气体减排的强制性义务是正当的。此外，正如后面将要说明的，公平议题也是任何可能的对中国的攻击的有力防护。中国声明，在应对气候变化时假设要中国立即采取成比例的减排任务是不公平的，因为工业化集团是历史上造成大气中温室气体累积的主要贡献者，而中国不属于工业化集团。在美国都不带头采取措施的情况下，却期望中国采取措施更是不现实的。

将这些告诫都记在脑中，问题是，为什么如何应对气候变化吸引着中国大量的利益相关者甚至政策制定者越来越多的注意力呢？经验告诉我们“国家愿意解决气候变换问题，只有当他们认为其有利可图时才会这么做”。因此，分析如下因素可能阐明促使中国参与《京都议定书》及其他的动机。

（1）由于中国还生活在一个煤炭主导的世界，尽管对全国的发展还有相当大的不确定性，由于其快速的增长，人口和能源消耗还将继续剧烈增加。在这种情况下，虽然低人均排放值某种程度上还能提供一些支持，中国在国内和国际上，在控制其温室气体的排放方面还将面临巨大的压力。

（2）中国是最易受气候变化影响的国家之一。这就是说，当论及管制系统、贫困水平、水和卫生设施获得途径、农业和渔业的变化时，中国更加敏感，而且有可能没有足够的能力应对气候变化对上述领域的不利影响。气候变化不是发生在别的地区的某件事情，如果在可见的未来不采取认真的努力，它将是对中国人民切实的威胁。中国自身有利益驱动其促进应对气候变化的环境进展，所以它不可避免地应在全球温室气体减排中贡献一定份额也是合理的预期。

（3）从历史的和公平的角度来看，是工业化国家造成了气候变化的问题，所以他们应该首先采取行动，承担更多的责任来处理这个问题。中方一直强调其发展中国家地位来使得其远离任何形式的强制性减排责任，这迄今已证明是成功的。然而，最近中国政府政策的一些变化，可能会表明在国际贸易的领域，中国现在似乎不再满足于被归类为“发展中国家”，因为这种分类通常是指，中方将不会被当作一个市场经济国家来对待。这就使“中国制造”成为一个明显的竞争劣势，并给经济带来其他的负面影响。通过中国在最近与澳大利亚谈判一项自由贸易协定的坚定立场，以及欧盟在 2007 年年初决定不把中国看做一个市场经济国家时中国表示出的巨大的失望，可以看出这种变化。

那么，这些变化表明了什么？有人可能会说，他们发现，从某种程度上我国正在试图阻止被认为是“非市场经济国家”这个常用作等同于“发展中国家”的称法，并享受被承认为一个“市场经济”国家肥美的实际好处。这种假设可能是从另一个侧面表明我国的狡猾，不愿意提及其不采取强制性的气候计划是由于其无能，却更多地强调公平性问题来支持其论点。尽管如此，确定我国是否符合被界定为市场经济的要求的一套客观的标准确实存在，但尚未在国际意义上得到正式同意——仍以非正式的方式检测。更重要的是，不需要很多讨论中央政府也应认识到，伴随着成为一个更广泛的社会团体的一部分，不仅有巨大的经济利益，积极带头引领气候变化运动的责任也落到它身上。

（4）随着京都议定书的生效实施，中国正积极试图有效利用京都议定书所提供的灵活机制——清洁发展机制（CDM），这种机制可给投资国和东道国双方都带来经济收益。据报道，中国已是 CDM 信誉最大贷方国，已占目前总数的 40%。据主办方注册项目（更新至 2008/10/10）显示，在 CERs 平均年度数据中，中国有望占更高的份额（52.75%）。尽管这些项目的长期效果还有待检验，深入参与如 CDM 之类的国际商业协作和努力实现相关目标，可以帮助中央政府考虑继续参与更多的市场导向的方法的可能性。

毕竟，随着后京都时代的临近，中国只剩很短的时间诉诸发展中国家的地位的支持（尽管某些情况下，中国不愿意这么做）。将所有这些讨论考虑在一起，可以有把握地说，在下一步的双边、区域或多边谈判中，不管中国选择同意还是不同意，它都一定会扮演越来越重要的角色。

2 产权的重新界定

促进中国参与气候变化的另一个因素是“公平”问题的丰富内涵，“公平”是讨论一国在国际气候努力中公正的贡献份额。生活在一个煤炭为主导能源又是制约能源的社会，中国常常面临选择经济增长还是气候保护的难题，此时诉诸公平问题就成为中央政府传统又安全的方法来优先考虑经济发展而将环境保护置于次重要的位置。

然而，尽管公平说法的采用在中国实现反对强制性减排的目标起到了重要的作用，这个概念，不管从全球来看还是全国来看，现在都已成为中国处理这件事情中的一把“双刃剑”。

公平，作为一个争取一方利益的有力武器，在气候问题的谈判中已得到了广泛的和深入的利用。目前已取得的两个主要的协议——《联合国气候变化框架公约》和《京都议定书》——都明确体现的公平的内涵：对具有不同利益考虑的人民都公平地对待，或者至少，没有任何集体被证明与另一方不公平，每个人都得到了一些东西。

在这个原则上中国显然也不是例外，而且，中国对气候变化不承担强制性义务或多或少是由于对怎样公平地分配的有力强调。然而，正如前面提到的，碳强度的提高意味着中国现在可能处于经济解耦合气体排放增长的初期，在公平问题上已不是 100%地赞成中国。问题是，由于后京都时代的临近，下一阶段应对气候变化的国际协商已迫在眉睫，在这个问题上公平还能承载什么意义呢？中国在反对承担任何强制性减排任务上强调公平问题已经没有什么余地了，这是真的吗？

如果公平还是可以预期的，可能有助于像后面这样回答这些问题。

首先，在许多情况下，提到公平人们首先想到的是责任：要求人们，个人地或集体地，为由于他们的行为带来的危害负责，这也是广泛接受的“污染者付费”的理念的由来。这种看法有效地将中国从为历史污染国名单上去除，也因此已作为中国在以前的谈判中申明无责任的有力工具。

但是，如果将其他方面也考虑进来，就会发现责任原则的应用并不像假设的这么简单。例如，人们会说：如果污染者当时并不知道自己行为后果的危害性，或者，他们这样做了以后国际社会才认识到人类行为影响了气候，要求他们为此负责合理吗？再加上人类行为对气候的反作用即使到最近也还没有被广泛接受，责怪工业化国家及其自工业革命以来的“故意”污染行为并将其作为唯一该为此负责的对象确实是牵强的。

另一个方面考虑应如何确定具体的负责期限，因为很难确定污染者有认识的确切时刻。此外，不可否认的是，发达国家在累计排放量中贡献了绝大多数，如果目前的排放量与历史数据相比将呈现明显的差异。

以英国为例。其历史份额近 3 倍于目前的份额。即使是美国，2003 年温室气体排放量已经由 29.8%下降至 20.6%，但是它仍是最大的排放源。此外，如果由于土地利用的变化导致的 CO_2 变化也算，贡献评估似乎有更明显的差异，美国 2003 年的排放量将进一步下降到 15.8%。虽然据传闻同年中国的排放量从 14.8%下降到 11.9%，煤炭使用的飙升和在许多农村地区发生的毁林现象可能不允许任何乐观的预测。

另外，时间段的选取也影响历史贡献量的计算并可能导致截然不同的结果。如果将 1850—2000 年的温室气体排放量与 1990—2000 年的相对照，欧盟和美国的下降趋势将与中国的上升趋势形成明显的对比。据说尽管人均排放量可能还有利于中国，它已可大大缩短在不久的将来中国超过美国成为最大排放国的时间。所以，中国快速增长的温室气体排放速度，加上巨大的绝对排放值，将把要求不承担强制减排任务的中国逼上尴尬的境地。

进一步说，那些自行决定其发展道路的国家——并因此导致其将来的温室气体排量很可能最迅速地增加——应该承担一定的气候后果责任吗，特别是当气候变化的潜在危害已不容置疑时？在这种考虑下，我国可能会受到严厉批评，也应该在躲避声称责任原则时采取谨慎的态度。

另外，作为对气候变化影响最脆弱的国家，中国还没有配备足够的有害气候相关的危害发生时的必需资源。更具体地说，当面对可能产生的后果，包括“受灾地区的移民，饮用水和卫生设施的严重短缺，农业和渔业的破坏，农业病虫害和人类的疾病的增加的威胁，这些和其他压力及其相互关系可能引起的冲突”，不幸的是，中央政府缺乏足够的财力、人力和政治资源来部署安排，这表明它几乎不能履行其对中国人民应尽的职责。在这种情况下，也非常难以确定谁应为不利影响负责或应负责的确切程度，因为我国对不利影响作出的贡献的部分是无法准确地计算出来的。上述责任角度的讨论很重要，但不切实用。

公平的第二个层面的理解与分配问题有关——如何在人们间分配享有大气的权利。人均排放量仍然是任何有关气候和公平的讨论的中心。大气是一种特定的公共物品，它的权利是否应该在人们间按比例平等的形式分配，以及它们的各种不同的情况是否应考虑，这个问题成为公平问题的关键。

包括中国在内的发展中国家的想法是一般趋向国家，有时更含蓄地说，对这种公共物品所有人应享有同等权利，不管他们处于什么情况。从理论上说，这听起来像在恳求平均，因为人类已经历了如何建立对抽象的公共物品的平等权利“像自由、安全、获得公平正义、发展的机会并从中受益……如果不幸并非总能如此，每个人都至少在理论上具有平等享受这些的权利。”

但当涉及更稀缺的公共物品时这件事就有点不同了，如矿产资源、水、土地和大气。像这些问题就会出现：分配应该就按这代人来确定吗？从代际公平考虑，应该也包括后代吗？让已人口众多并准备保持高人口增长率的国家只享受已分配的资源及其将产生的潜在好处，这公平吗？那些人口最多的国家，如中国不应该为它们以前不控制人口的选择负责（这与西方国家是相似的逻辑，它们声明是由于历史的限制，不知道工业化给气候带来的不利影响）吗？

对这些问题，不同集团的人可能会给出截然不同的答案。当代际公平被国际社会广泛认同，看来在大气的权利应该按世界人口公平分配的说法上就不可能达成共识。实际上，有了所有这些讨论，将对大气权利的公平简单定义为绝对数字而不考虑不同人各异的生存情况看来可能是不够务实的。也许对公平的权利一种更为人接受的理解不应该只基于各个国家的绝对人口数，而应该更实际地，将已存在的平均能耗水平或者当地人民过去习惯的温室气体排放量也考虑在内。

然后就引出对公平的第三层意义的讨论，这与公平权利——人民的基本需求密切相关。无论是基于什么方面的考虑，剥夺人的基本需求无疑都是不人道的，基本需求就是生存的或在最不发达国家生活的必需品。满足这种基本的需求，是开展任何关于环境保护国际谈判的前提。但如果基本需求以没有考虑到不同人群的广泛不同的生活环境的方式定义，也可能被视为是欠妥的。

举例来说，那些享有相对较高生活水准的人（尽管他们实际上可能并不认为他们是享受，而只是习惯和认为理所当然）的基本需求，与那些仍在为生存苦苦挣扎的人的基本需求，应该以绝对相同的方式确定吗？如果前者的生活条件被大幅度降低，如电力供应只有 12 个小时（这在中国许多农村地方是相当普遍的），他们不会认为是被剥夺了一些基本需求吗？看来，用一个相对的和比较的方法来评估这些方面可能更为合适，更切合实际。问题的关键就转为这种方法可以适用的程度。

就中国而言，如果将基本需求和平等权利的期望相结合，中央政府必须决定的是如何界定“基本需求”的含义——应该与发达国家标准比较还是发展中国家的？选择将在很大程度上取决于我国的自我界定，以及中国是否会按照常规的做法来区分不同的社会群体，来不平等地分配平等的权利。

实践还告诉我们，对自然资源的获取进行平等的分配，即使在民族内通常都是不现实的，更不用说在一个多民族国家。因此，如果中国试图以满足所有人民的基本需要作为采取强制性削减的承诺的防御将是非常困难的。此外，我国巨大的经济增长速度和其希望被承认为市场经济国家明确的渴望，共同说明了其脱离发展中国家队伍的强烈愿望。

公平的第四层意义是能力，无论是绝对还是相对意义上的能力。“共同但有区别的责任”原则反映出，一个国家与气候变化斗争的努力应符合其能力：资本、人力资源、管理系统和现有技术。人们普遍认识到，能者多劳，工业化国家具有较好的基础设施，对解决这个问题必要的资源有更多的获得途径。此外，努力还应是相对的，这就是说条件类似的国家承担相似的责任是公平的。

我国应如何处理能力问题对决策者来说变得至关重要。如上所述，尽管仍很珍视发展中国家的地位，中国正试图证明其应被视为市场经济国家。鉴于其蓬勃发展的经济和人们对环境问题日益增加的认识，毫无疑问，中国越来越有能力投入更多的资源来解决气候变化问题。据报道，一些在外来投资支持下的可再生能源项目已经开始运作，并为未来更大规模的发展积累了宝贵的经验。

另一方面，我国正处在转型（过渡）阶段，因此，很难找到自己的位置。如果它打算界定应对气候变化的相对能力，中国应同谁进行比较——以发达国家、先进的发展中国家、过渡时期的欧盟成员国还是发展中国家？属于任何集团都有利有弊。事实上，在这种情况下如何确定实际的选择，可能考虑的是优先次序——哪个最好。

此外，鉴于较弱的环境机构、有缺陷的管理制度、有限的人力资源，在准备根据其能力采取某种形式的强制性责任之前，中国仍然有很长的路要走，无论是绝对的还是相对的。然而，这对不使我国开始实践限制温室气体排放构不成任何理由，因为经验告诉我们，能力只能在竭力发展所缺的部分中逐渐地、持续地培育而成。它不会忽然出现，也不可能意外到达。

所有这些论点组合在一起，使我们对气候变化中的公平有了一些了解。通常情况下，一国的累计排放量份额越大（这可能会由于不同评估时间段有所不同），一个国家的人均排放量越高，人均国内生产总值越高，一国越富裕，应该承担的责任越高。

对于中国，尽管声称公平在一定的时间内仍可作为其优势，中央政府有必要以一种更加谨慎的方式采用它。鉴于我国急切地想在世界贸易组织（WTO）中发挥关键作用，将气候问题与国际框架内的贸易和投资联系起来的新兴的趋势，敦促中国决策者仔细考虑他们对气候问题的立场。诚然，随着温室气体排放量和收入的增长，我国必须采取有意义的行动，来控制其温室气体排放量：从柔性的、不具约束力的义务，到更严格的与评估国际贸易中的效益和成本相称的承诺，促进其经济进步，更重要的是，政治进步。

3 一个强制性温室气体减排计划或有约束力的承诺是一种可行之道

前几节表明，以一种更有意义的方式解决气候变化——这个人类社会面临的最困难和最深远的环境问题，于中国自身是有利的。然而，目前还没有编制专门针对 CO_2 和其他温室气体的国家政策。也没有规定任何针对中国企业的强制性义务，以减轻他们的温室气体排放量。2000 年 APPCL 没有列出在其控制温室气体的议程，反映了中国没有足够的财政和政治激励的同时，不愿意积极控制其排放。

然而，过去几年中，在是否真正投入努力与气候变化作斗争上，中国的态度出现了一些变化。实际上，中央政府已对国际社会的迫切要求作出回应，推行了一系列有关减缓气候变化的措施，特别是最新发布了《中国应对气候变化国家方案》。一般来说，这些与气候有关的政策和措施分为两类：灵活的政策手段和原因其他缘故采取的措施。

第一类主要采取的形式是研究和发展政策，技术援助和宣传活动，如公众教育和信息公开。第二类是指为其他环境和能源的原因颁布的措施，如提高能源效率和可再生能源，但可以大大减少温室气体排放量。例如，中央政府制定了一个宏伟的目标，到 2010 年，能源强度（单位 GDP 能源消耗）在 2005 年的水平上降低 20%；还宣布一个目标，到 2020 年，初级能源的 16%和发电能力的 20%来自可再生能源。由于这些可再生能源基本是零碳排放能源，随着它们在整个能源供应中占的份额越来越大，以及能源强度的改善，无疑将大大减少我国的温室气体排放量。为减少 SO_2 的排放量，将发电由煤炭改为天然气的转变，也是其他的环境政策如何辅助带来了气候效益的一个例子。

诚然，第一类措施的自愿性质和第二类措施的非气候驱动的特点在很大程度上限制了对气候的积极作用，它们对温室气体排放量的削减还是有用的。事实上，与美国采用的这些措施类似，他们是目前我国采用的与气候变化作斗争的主要手段。问题是：只有这些自愿的办法够不够？这些能源政策给气候带来的好处可不可以不断持续，来满足我国控制其温室气体排放量的需求？或换句话说，一旦某些条件得到满足，中国会不会赞成强制性削减计划？

这些问题的答案可能可以从以下讨论中得出。

（1）经验告诉我们，在没有利润激励的情况下，企业在与气候有关的项目中投资大量资源是不现实的。虽然气候政策的投资组合提供某种形式的财政刺激，使工业，特别是电力部门，采取有利于气候的行动可以获得潜在的经济优势，但控制成本和监管执法的不确定性使之减色不少。

例如，虽然为使用某些类型的可再生能源（如风力发电）保证最低价格可为发电方提供一些财务保证，但这种保证很容易被转向这种可再生资源时固有的财务和管理成本中巨大的不确定性所淹没。此外，在目前的电力监管制度下，这种保证是否有效值得严重怀疑。满足环境目标的计划相比实行强制计划，留给监管的时间表不那么紧凑，标准更灵活。尽管有这些优势，自愿措施却不能给工业发出一个充分强烈的信号，促使他们的行为向更有益气候的方法改变。

（2）同样重要的是现实情况是，自愿的办法是目前中方可以接受的直接应对气候变化的务实的选择，而且可能在短期到中期都会继续如此。正如中央政府一再表示的，中国将不会签署任何强制性温室气体排放量的上限，因为这样一个上限，一般被视为是对经济增长不公平的限制，而我国的首要优先事项仍然是“保持经济、社会发展和消除贫困”。与此同时，值得注意的是，虽然一些学者呼吁“需要中国许多强有力的行动”，这个发展中的大国已经异常表明它愿意采取这样的行动。尽管这些行动往往不是气候变化问题推动的，并主要是自愿性质，但它们将有助于缓解中国的温室气体排放量的增长，如促进提高能源效率和发展可再生能源。

毫无疑问，为实现预定的环境结果，强制性程序应更可合意。然而，经验证据表明，主要还是政治意愿确定一个国家将采取什么样的气候的努力，而且迄今为止，国际社会一直未能拿出足够的推动力，促使我国实施自愿性办法或非约束力的承诺以外的其他措施。此外，由于目前美国总统在减少其温室气体排放量时，仍然拒绝上限与贸易原则而偏爱自愿目标，我国对气候领域目前的政策的坚持似乎是一个合理的和正当的选择。

然而，美国的气候战略现在有新的趋势。目前，国会正在积极讨论一些参议院法案，很有可能，不迟于 2010 年，美国就将制定好一项强制性的排放控制计划，由于这个计划全球气候变化的政治将彻底转变。由于担心对经济有不利影响，如与那些没有相同的排放控制的早期行动者，尤其是中国，担心失去竞争优势，美国将有强劲的动力拖动中国融入全球气候的努力，并要求中国也履行其责任。

此外，一旦美国带头并承诺强制性的减排量，中国一直以来躲藏其后的挡箭牌就消失了。经验证明，当美国准备牵头，其他国家，也往往更能够拿出必要的政治意愿。在那个时候，中国可能不需要像发达国家那样承担量化的温室气体排放量，但它可能也不得不表现出诚意，以作出具有约束力的承诺等形式来承担其为国际气候作出努力的公平份额。有人建议，一个基于政策的承诺，可能是中国作为发展中国家的一个适当的选择，即中国可能最初承诺，加强其现有的效率和可再生能源，以及如果它能够提供可靠的证据证明它可以超过目标实现进一步的减排，要求减排信誉。

实际上，我国现有的能源效率和可再生能源的政策，如果能够有效地实施，可能是朝这个方向的最初的一步。通过加强这些政策和措施，中国有可能在其试图控制其温室气体排放量上产生有说服力的结果。

同时，应该指出的是，这些能源政策酷似布什政府提出的强度指标。通过提高能源效率和以非碳可再生能源替代碳密集的煤，我国经济温室气体强度（单位实际经济产出的温室气体排放量）论理上会减少。有人建议，强度目标有一定的优点，如它没有惩罚一国的经济增长，还有它减少了控制排放的成本的不确定性。这些优点对中国是特别有益的，因为阻止我国签署京都之类上限的主要关注之一，就是这种上限会阻碍经济增长。解耦由温室气体强度的经济增长大大地减轻了这方面的关注。

但是，中央政府的环保承诺的信誉，无论他们采取的形式是基于政策的承诺，或强度目标，或以其他方式，长期以来一直因其无能力履行这些承诺，而备受怀疑。实际上，国内糟糕的环境状况不断重复这一批评，气候变化制度中的努力也不能幸免于这样的批评。

以降低能源强度项目为例，2006 年强度仅下降 1.23%，2007 年 3.27%，比当年目标少了 4%，其导致了对我国 2010 年能否完成 20%的削减目标的严重怀疑。正如所有的环境承诺必须是可信的，具有约束力的，如果它们希望完全确保还应密切监视，中国的管理者未能交付项目的预定结果，这就提出了一个问题：如何为管理机制提供目前不存在的强有力的激励，以期完全的遵守。

这一问题将讨论引入第三个层面，探讨了我国气候有关的政策的实际效果以及作出有约束力的承诺或采取强制性的温室气体的计划的前景：新形式的激励。正如能源削减目标的例子中阐明的，非气候驱动的政策产生的辅助气候效益是有限的，难以继续维持下去。也不足以放缓、阻止和扭转我国的温室气体排放量的增长迅速。为了使加强现有的能源效率和可再生能源的政策由一个空洞的口号变成现实的工作，必须提供给工业新形式的激励，在这种情况下，一个有力的市场激励似乎是一个理想的选择。

4 排放交易：一种理想的选择

使用排放权交易控制温室气体是当前的热点问题。许多专家建议，在气候计划中，排放权交易似乎特别适合作为其中的一个组成部分。因为温室气体排放后在大气中均匀混合，而且不易降解，其造成的环境影响具有累积性和全球性的特点。温室气体排污权交易的可行性分析简述如下：

（1）温室气体排放到大气中后均匀混合，这使得管理者可以将排污权交易项目的范围扩大到他们认为合适的程度，没有必要对交易进行限制以防止“热点”问题。

（2）碳交易计划中的受控企业得到了很好的机会，即通过交易来降低成本，因为从理论上说，减少温室气体排放的成本在各企业，各个国家之间的差别很大。

（3）在碳交易计划中，昂贵的 CEM 不是必须具备的监测装置，相对廉价的方法如燃油消耗和排放系数也可以被用于衡量温室气体排放量。

（4）由于温室气体是可存储的污染物，相比较于常规的空气污染物，其减排的时间不是很重要。存储机制使得交易可以跨越较长的时间，进一步节约了成本。

（5）碳交易计划可以提供具体的奖励办法，促进低成本的削减方法被应用到计划中去。

除了这些理论上的好处，引入温室气体排放权交易的想法正在实践中接受考验。欧盟 ETS 作为最令人瞩目的温室气体交易计划，将要发展到新的阶段，这也为设计中国未来的碳排放交易制度提供了宝贵的经验。

尽管总量-交易模式的成本效益及其他优势被广泛讨论，其在中国的应用仍然需要进一步探讨，特别是排放权交易是否有可能帮助中国实现其提高能源效率和可再生能源使用率的目标。排污权交易的一个突出的特点是，政策以排污许可配额交易的形式，创造经济激励。对于能够有效地以低成本减排的企业，允许其采取和应用各种方法进行减排，从而获得经济效益。不幸的是我国现行针对能源效率和可再生能源项目主要采用命令-控制手段，缺乏经济手段。

诚然，如果因为中央政府没有建立基于市场的政策工具来完成其能源政策的目标，就对其进行指责是不现实的，因为常规的命令-控制手段在中国的环境领域占据主导地位，而且政府管理机构对于基于市场的工具经验有限。但在能源计划的目标决策中增加一项有效的经济激励措施，使得计划的目标可以更好地实现，这个可能性值得认真分析。

具体而言，发电厂削减常规污染物如 SO_2 和 CO_2 的主要的区别在于末端治理技术不同。虽然脱硫设备已逐渐在我国大型火电机组中运行，并不意味着会使电价明显提高。当前 CSS 技术的成本高于社会愿意承担的成本。因此，电厂排放的 CO_2 是否应该纳入排污许可证制度，对于受控企业来说，较现实的选择可能是提高能源利用效率或改变能源结构，即从碳密集的煤转变为低碳的天然气或零碳的可再生能源。

当然，各种要求如严格的总量限制，是使碳交易计划有效地开展所必需的。对于中国来说，要达到这些要求绝不容易。然而，在同等条件下，如果确定碳的价格并允许发电厂减少排放量，交易剩余的配额，电厂将有机会利用其减少 CO_2 排放量获得经济效益。因此有充分理由认为这项激励措施提供了一个很好的机会，值得深入探索。

事实上中国控制 CO_2 排放量的政策中，能源效率和可再生能源政策很可能仍然是占主导地位的措施。现有的管理工具已经证明了其在实现目标上的低效率。所以某些以市场为基础的工具，特别是排放权交易，应该被认真考虑。因为它们有很大的潜力，可以为受控企业提供必要的财政奖励，并帮助企业通过一个真正的和可持续的方式进行减排。如果以政策为基础的承诺被中国所认可，排放权交易很可能成为其确保承诺兑现的一种有效的手段。

排放权交易的应用一开始不一定会采取总量-交易模式。基于项目的绿色信贷计划似乎更为合适，为命令-控制手段注入了更多的灵活性。它保留了行政权力对个体交易的预先审核，根据中国的现行情况，监管机构认为这点是必不可少的。

这一拟议的基于项目的系统可以通过以下方式实现：例如，一个发电单位可被视为一个单一的项目。如果一个单位将其能源效率高于规定值，或可再生能源使用量比监管者要求的还要多，应该得到与在某一时期的减排量同等数额的排放信用配额。一旦官方承认减少的排污量的真实性，排污许可配额会被确定，各方就可以在监管者的管理下进行交易。

中国 SO_2 交易试点为如何有效设计基于信用的制度提供了宝贵实践经验。随着时间的推移，当市场成熟了，其他条件例如强有力的执行力也具备了，这样的基于信用的制度可能演变成总量-交易制度。事实上，虽然排污权交易在中国发展的时间相对较短，地方的试点项目充满艰难，但是如果中国承诺改善气候变化，并希望展示其诚意和信誉，这个政策值得认真考虑。

此外，从基于政策的承诺过渡到具有约束力的强制性气候计划有可能实现。一旦总量目标被认为非常迫切，而且监管机构和受控企业都相信，基于市场的办法是最有效的成本最低的减排方式，就会有大量减排的需求。如上所述，中国不可阻挡的经济增长和能源部门的惊人扩张正在缩小中国的人均温室气体排放量和美国之间的差距。可以设想，如果美国承诺采用强制性手段应对气候变化，对中国提出类似的强制性要求是不可避免，当中美排放量差距变得越来越小。中国的决策者们更多地了解先进的科学，经济的影响，技术的发展，和其他国家的行动特别是美国，决策者们迫切需要认真考虑强制性的气候计划。

因此，随着国内利益相关者对排放权交易越来越熟悉，政治意愿更容易被激发，以建立一个气候政策架构，其中包括严格的总量限制，采用排放权交易作为管理工具，特别是当前排污权交易在帮助中国实现能源效率和可再生能源的目标方面的潜力被广泛认可。

5 结论

气候变化是一个中方不能避免的议题。中方现在的立场和在下一轮国际谈判（哥本哈根，2009）中即将采取的立场已深刻影响到中美两国和世界其他地区。国际社会不会轻易让中国这个超大的温室气体排放国继续用常规的办法来处理温室气体。公平是一把“双刃剑”，不利于中国的新解释可能会出台。中国以某种形式承担责任将不可避免，控制温室气体排放量势在必行，可能会从软的，不具约束力的承诺转变为以政策为基础的，甚至是强制性的排放权交易制度。

与此同时，目前的中央政府对气候变化所作的努力正在生产辅助效益。尽管自愿性方法在现阶段可能被看做是中方可以采取的对付气候变化的现实选择，但仅仅这些是不够的，不能缓解高速发展中温室气体大量排放的问题。中国现有的能源政策不是根据气候变化制定的，其产生的辅助性的气候改善不可能持续有效并使中国能够履行其诺言积极应对气候变化。事实上，一旦美国加入国际谈判，中国很可能会面临着巨大的国际压力，被要求做出有约束力的承诺。这种承诺是否会采取强制削减的形式是一个重要的问题；但对于中国和国际社会来说，更重要的是中方确保其承诺可信的诚意和能力。

不幸的是，有人对上述能源措施的监管机构的能力提出质疑，并证明了现行的监管机构几乎很难提供足够的激励，使业界积极参与这些与气候有关的项目。因此，引进新的办法非常必要，如排放权交易，以帮助提高能源效率，应用再生能源，并确保我国积极应对气候变化的承诺得以兑现。排放权交易的应用成果是显著的，然而必须注意的是，我国的情况不同于排污权交易的诞生地美国；要在我国实现将排污权交易由理念转化为现实，还将有很长的路要走。

参考文献

[1] Barbara Buchner，Carlo Carraro and A. Denny. Ellerman，'The Allocation of European Union Allowances：Lessons，Unifying Themes and General Principles'（2007） In Buchner Barbara，Carlo Carraro and A. Denny. Ellerman（ed），*Rights，Rents and Fairness：Allocation in the European Emissions Trading Scheme*，（Cambr idge，Cambridge University Press，2006）.

[2] BBC，'China Gas Emissions May Pass US' 24 April 2007，available at http：//news.bbc.co.uk/ 2/hi/asia - pacific/6587493.stm（last visited on 2 May 2007）.

[3] Bert Metz，Ogunlade Davidson，Rob Swart，and Jiahua Pan（ed），Climate Change 2001：Contribution of Working Group Ⅲ to the Third Assessment Report of Working Group Ⅱ（Cambridge，Cambridge University Press，2001）.

[4] China Central Television（CCTV），'EU Refused to Recognized China as a Market-Economy Country' 14 June 2007，available at：http：//news.cctv.com/financial/20070614/100081.shtml（last visited on 2 July 2007）.

[5] Eileen Claussen，'Statement by Eileen Claussen，President，Pew Climate on Global Climate Change' 4 June 2007，available at：http：//www.pewclimate.org/policy_center/international_policy/ecchinasta teme

nt.cf m（last visited on 18 June 2007）.

[6] Ellerman，A. Denny，Richard Schmalensee，Paul L. Joskow，Juan Pablo Montero and Elizabeth Bailey，*Market for Clean Air：The US Acid Rain Program*（Cambridge，UK，Cambridge University Press，2000.

[7] Elliot Diringer，'Overview：Climate Crossroad' in *Beyond Kyoto：Advancing the International Effort Agai nst Climate Change*，（Working paper prepared for Pew Center on Global Climate Change，2003）.

[8] Global Commons Institute，*'Contraction and Convergence proposal'*，available at：http：//www. gci. Or g .uk/contconv/protweb.html（last visited on 3 May 2006）.

[9] Hoffman A.，'Climate Change Strategy：The Business Logic behind Voluntary Greenhouse Gas Reduc tions'（2005） 47（3） *California Management Review* 21-46.

[10] Intergovernmental Panel on Climate Change（IPCC），Fourth Assessment Report（2007），available at：http：//www.ipcc.ch/SPM040507.pdf（last visited on 6 July 2007）.

[11] James J. McCarthy et al.（ed），Climate Change 2001：Impacts，Adaptation and Vulnerability：Contributi ng of working Group II to the Third Assessment Report of the IPCC（Cambridge，Cambridge University Pre ss，2001）.

[12] Jeffery Logan，Joanna Lewis and Michael B. Cummings，'For China，to Shift to Climate-Friendly Energy Depends on International Collaboration'（2007） Jan/Feb *Boston Review*，available at：http：//www.pew clima te .org/press_room/discussions/jlbostonreview.cfm（last visited on 4 June 2007）.

[13] John Ashton and Xueman Wang，'Equity and Climate：In Principle and Practice' In *Beyond Kyoto：Advancing the International Effort against Climate Change*（Working paper prepared for Pew Center on Global Climate Change，2003）.

[14] Kevin Baumert，Pershing Jonathan，Timothy Herzog and Matthew Markoff.，'Climate Data：Insights and Observations'（Policy report，prepared for the Pew Center on Global Climate Change，2004），available at：http：//www.pewclimate.org/docUploads/Climate%20Data%20new.pdf（last visited on 23 May 2005）.

[15] Kruger Joseph，'From SO_2 to Greenhouse Gases：Trends and Events Shaping Future Emissions Trading Programs in the United States'（Discussion Paper 05-20，Resource for the Future，2005）.

[16] National Development and Reform Commission（NDRC），"China's National Climate Change Programme"，Prepared under the Auspices of National Development and Reform Commission，People's Republic of China，June 2007.

[17] New York Times，'China Roars，Pollution Reaches Deadly Extremes' 26 August 2007，available at：http：//www.nytimes.com/2007/08/26/world/asia/26china.html ? pagewanted=6（last visited on 26 August 2007）.

[18] Niklas Hohne，Dian Phylipsen，and Sara Moltman，'Factors Underpinning Future Action'，Prepared for the Department for Environment Food and Rural Affairs（DEFRA），United Kingdom，23 October 2006，available at：http：//www.ecofys.com/com/publications/documents/Ecofys_Factors_underpinning_future_actionOct2006.pdf（last visited on 2 May 2007）.

[19] Peter Zapfel，'Greenhouse Gas Emissions Trading in the EU：Building the World's Largest Cap- and -Trade Scheme' in Bernd Hansjurgens（ed），Emissions Trading for Climate Policy：US and *European Perspectives*，（Cambridge，Cambridge University Press，2005） pp.163-176.

[20] Pew Center on Global Climate Change，'Climate Change Mitigation Measures in the People's Republic of

China' 9 April 2007，available at：http：//www.pewclimate.org/docUploads/International%20 Brief%20-%20 China.pdf（last visited on 2 May 2007）.

[21] Philip R. Sharp，'Testimony of Philip R. Sharp，Congressional Chair，National Commission on Energy Policy'，Prepared for the United States House of Representatives Energy and Commerce Subcommittee on Energy and Air Quality. February 2007.

[22] Robert R. Nordhaus and Kyle W. Danish，'Designing a Mandatory Greenhouse Gas Reduction Program for the US'（Working paper prepared for the Pew Center on Global Climate Change，2003）.

[23] Robert T. Watson.，Zinyoewra，M. C.，and Moss，R. H.（ed），The Regional Impacts of Climate Change：An Assessment of Vulnerability：A Special Report of Working Group Ⅱ.（Cambridge，Cambridge University Press，1997）.

[24] Robert Page，'Kyoto and Emissions Trading：Challenges for the NAFTA Family'（2002） 28 *Canada-United States Law Journal* 5563-64.

[25] Rose Adam，Brandt Stevens，Jae Edmonds，and Marshall Wise，'International Equity and Differentiation in Global Warming Policy：An Application to Tradable Emission Permits'（1998） 12（1） *Environmental and Resource Economics* 25-51.

[26] Stavins. Robert N.，'What Can We Learn from the Grand Policy Experiment？ Lessons from SO_2 Allowance Trading'（1998） 12（3） *Journal of Economic Perspective* 69-88.

[27] Stavins Robert N.，'Experience with Market-Based Environmental Policy Instruments'，In Karl Goran Maler and Jeffery R. Vincent（ed），*Handbook of Environmental Economics Vol.1，Environmental Degradation and Institutional Responses*（Amsterdam：Elsevier Science，2003.

[28] Tietenberg，Tom H.，'Tradable Permits in Principle and Practice'（2006） 14 *Penn State Environmental Law Review* 251.

[29] Tietenberg，Thomas H. *Emissions Trading：Principles and Practice*（Washington D.C，Resource for the Future Inc.，2006）.

[30] Thomas H. Tietenberg，'The Tradable-Permits Approach to Protecting the Commons：Lessons for Climate Change'（2003） 19（3） *Oxford Review of Economic Policy.*

[31] The Stern Review Report，available at： economics_climate_change/stern_review_report.cfm（last visited on 4 June 2007）.

[32] Tsinghua Univerisity of China and Center for Clean Air Policy（CCAP），'Greenhouse Gas Mitigation in China：Scenarios and Opportunities Through 2030'（Policy report prepared for the Center for Clean Air Policy，2006）.

[33] United Nations Conference on Environment and Development. 'Declaration of Principles'（1992） Rio De Janeiro，3-14 June，available at：http：//www.oceanlaw.net/texts/uncedrio.htm（last visited on 4 May 2005）.

[34] Xin Hua Net，'China a Leading Investor in Renewable Energy，' May 17 2006，China Daily，available at：http：//www.chinadaily.com.cn/china/2006-05/17/content_592759.htm（last visited on 4 May 2007）.

中国应对气候变化战略与碳税理论分析框架

李　斌[①]

摘　要： 由于目前中国面临着严重的环境污染与资源能源短缺问题，节能减排已提上议程。作为气候变化战略的一种政策工具组合，本研究提出运用市场手段在中国实施碳税。建立了具有生态意识的社会经济框架模式，以评估实施碳税带来的全面影响。其结果有助于理解国际温室气体排放交易和清洁发展机制（CDM）在中国的发展前景。

关键词： 气候变化　碳排放　碳税

Climate Change Strategy and Theoretical Framework for Carbon Tax in China

Abstract: Due to current China faced with seriously polluted environmental pollution and resources & energy shortage，energy-conservation & emissions-reduction has been proposed. In this research，a policy mix as a kind of climate change strategy is proposed，imposing a kind of market-based tools，namely carbon tax in China. An eco-conscious socioeconomic framework model is built and carbon tax rate is endogenously derived in order to evaluate comprehensively the effect of carbon tax on CO_2 emission curtailment，and the result helps to think international progress of greenhouse gases emission trading and prospects of CDM programs in China.

Key words: Climate change　CO_2 emission　Carbon tax

1 前言

全球气候变暖将是人类在 21 世纪共同面对的一个课题。第三次缔约方大会的联合国气候变化框架公约（简称 COP3）1997 年在日本京都举行，与会者的 161 个参加国同意按照联合国气候变化框架公约下的京都议定书尽全力在 2008—2012 年期间遏制全球气候变暖气体的排放。通常认为二氧化碳（CO_2）为导致全球气候变暖的首要温室气体（GHGs；见图 1）。

中国属于发展中国家。一般说来在一个发展中国家，如果为了减少空气污染采取了改进能源效率的政策，那么也就意味着采取了削减 CO_2 的政策。

本研究由 5 章构成。在第 1 章简要介绍了研究目的，第 2 章为中国能源部门和 CO_2

① Ph.D. Associate professor，Jiaxing University，Jiaxing，Zhejiang，China，Email：lilv963@126.com. Jiaxing Association for Science and Technology（http：//www.jxast org）.

排放水平，第 3 章介绍模型，第 4、5 章为仿真模拟及其结论。

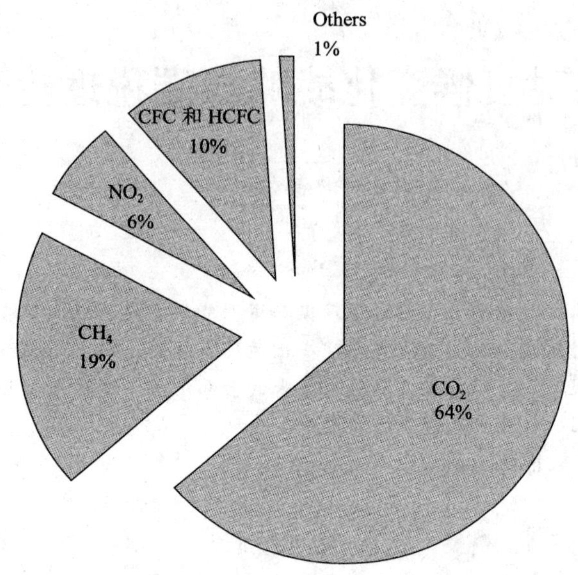

图 1　自工业革命以来至 1992 年间各种温室气体对气候变暖的贡献率

资料来源：Intergovernmental Panel for Climate Change（IPCC），1996a.

2 背景

全球气候变暖是与全球环境和能源问题密切相关的。本研究从中国国家层次导入环境税来综合评估该对策的影响。

2.1 中国的 CO_2 排放

自从 1999 年以来中国的 CO_2 排放量一直位于世界第二位。中国政府认识到全球气候变暖问题的严重性；中国是在世界上首批出台 21 世纪议程的国家之一，并批准京都议定书。

2.2 环境税

环境税和排污权交易系统可以作为有效的政策工具，有助于取得环境规划目标并实施污染者付费原则，也有助于不同经济实体以应对复杂系统的全球气候变暖挑战。很多国家已经导入了环境税。人们往往误认为环境和环境税系统是两个完全不同的世界。广义的环境税问题包括其在具体环境问题如能源消费的应用、环境税制度设计及具体操作、实施环境税范围程度的综合评价问题等。

3 具有生态意识的社会经济框架模型

3.1 模型结构

模型的假定条件包括：中国经济方有足够数量的劳动可以代替资本；存在 36 个商品市场，36 个资本市场和 33 个消费市场，且它们自 1997 年起处于平衡状态；不考虑碳泄漏等。模型由 13 组方程式构成。

3.1.1 商品平衡与价值平衡

碳税在模型中可以内生模拟确定。

3.1.2 能源竞争

太阳能和风力发电依据其价格具有能源竞争性。社会经济结构中包括家庭。

3.2 产业部门分类

中国经济包含通常的 32 个部门；能源部门分为 2 部分；另外追加太阳能和风力发电部门，以及环境修复部门，共计 36 个部门（表 1）。

表 1　产业部门分类

编号	产业	编号	产业
1	农业	19	水
2	采矿	20	批发及零售服务
3	食品	21	金融及保险
4	纺织及服装	22	房地产
5	纸张及木制品	23	运输
6	化工品	24	通信
7	煤及石油制品	25	公共工程
8	非金属矿业制品	26	教育及科研服务
9	钢铁	27	医疗保健及社会保险服务
10	有色金属	28	其他公共服务
11	金属制品	29	商业服务
12	通用机械	30	个人服务
13	电子机械	31	办公用品
14	运输设备及汽车	32	未分类
15	精密仪器	33	电力
16	其他制品	34	太阳能发电
17	建筑制造业	35	风力发电
18	气体	36	减排

3.3 包含 I-O 的多部门模型框架

模型由 13 组的方程式组成，包括通常部门与环境修复部门的商品流平衡等。

4 未来不同排放的想定情景设计、仿真模拟结果及讨论

4.1 未来不同排放的想定情景设计

仿真的重点在于模拟起因于人类使用能源活动所排放的 CO_2。根据中国第十个五年计划，将改进结构性污染，工业污染物总量在 2005 年将比 2000 年缩减 10%以上。动态仿真的基准年为 1997 年，3 年一期。

基准情景：可以依据 1997 年修正的投入产出表模拟中国经济发展和 CO_2 排放趋势。

Case-0 和 Case-10 想定情景设计：运用碳税政策工具促进新能源的发展；想定在最后一期 CO_2 排放总量将比基准情景设定值分别减少 0%和 10%。

4.2 模拟结果：导入碳税所带来的影响

4.2.1 最优碳税税率

为了取得所定减排目标，得到最优碳税税率为 85.25 元/t CO_2（表 2）。

表 2　最优碳税税率

设定情景	最优碳税税率/（元/t-CO_2）	GNP/亿元		太阳能发电/（10 000 kW·h）		风力发电/（10 000 kW·h）	
		第一期	第二期	第一期	第二期	第一期	第二期
基准情景	0	75 704	102 398	0.45	0.60	16.5	27.0
Case-0 情景	85.25	75 246	103 418	0.50	0.65	23.6	46.7
Case-10 情景	100.00	74 867	104 419	0.52	0.86	36.2	75.3

4.2.2 导入环境税对经济的影响

表 3 显示了导入环境税对经济福利的影响。

表 3　导入环境税对于产业部门的影响　　单位：万元

产业	基准情景	Case-0 情景		Case-10 情景	
No.		第一期	第二期	第一期	第二期
1	250 373 327	250 373 327	250 489 294	250 373 327	235 085 904
2	68 283 887	68 283 887	62 629 902	55 880 548	39 855 379
3	137 925 948	151 718 558	183 414 077	151 718 558	178 431 721
4	131 451 437	131 451 437	151 048 147	131 451 437	151 048 147
5	46 787 245	46 522 346	50 778 057	46 197 844	48 685 532

产业	基准情景	Case-0 情景		Case-10 情景	
6	110 069 221	110 069 221	119 022 723	110 069 221	118 162 452
7	30 981 911	30 952 310	36 971 637	29 962 384	32 220 191
8	88 074 034	86 633 232	93 208 108	85 823 206	88 255 864
9	54 067 064	53 506 716	52 683 595	54 175 862	50 764 996
10	23 683 242	24 186 982	21 039 063	23 516 977	19 255 452
11	49 832 738	49 316 292	52 983 748	49 088 059	51 802 146
12	82 266 501	80 082 016	78 296 959	74 045 882	68 921 750
13	104 564 055	104 564 074	108 747 575	104 564 074	108 101 446
14	53 138 393	58 415 482	56 627 595	58 415 482	56 627 595
15	5 773 251	5 773 251	6 215 866	5 773 251	6 215 866
16	107 159 365	107 159 365	120 957 574	107 159 365	118 264 094
17	173 855 000	173 855 000	183 633 281	172 904 521	182 384 057
18	2 745 749	2 769 478	3 111 198	2 442 452	2 535 390
19	9 169 614	10 027 649	10 480 637	9 845 504	9 614 949
20	110 485 707	110 485 707	131 604 864	110 485 707	131 604 864
21	35 952 759	35 952 759	46 516 014	35 952 759	46 516 014
22	18 553 568	18 553 568	24 004 786	18 553 568	24 004 786
23	50 662 699	55 625 923	64 309 940	55 625 923	57 339 326
24	19 589 200	19 589 200	21 652 501	19 589 200	22 212 504
25	49 751 546	47 461 508	34 826 086	45 019 284	34 826 086
26	25 783 142	26 405 303	20 445 477	25 747 531	20 445 477
27	17 977 638	19 775 402	19 775 402	19 775 402	19 775 402
28	18 112 972	18 112 972	17 496 872	18 112 972	17 496 872
29	7 193 965	7 193 965	8 026 824	7 138 874	7 813 933
30	50 102 387	50 102 387	64 822 946	50 102 387	64 822 946
31	2 529 125	2 560 493	2 826 991	2 549 080	2 782 365
32	23 808 482	24 026 779	23 125 157	23 892 999	22 417 609
33	37 736 318	38 062 439	42 758 878	33 567 939	34 845 241

4.3 讨论

假定 1997 年的汇率为 1 日元=0.066 2 元；1 美元=8.289 8 元等，可以认为所得到的最优碳税税率为世界上最低的碳税税率。一些欧洲国家，例如瑞典及丹麦等已经实施绿色税制改革。世界上第一个导入碳税的国家为芬兰。其正面的实践经验可以认为包括有助于非产业部门，如区域住宅供暖等领域的 CO_2 减排。

5 结论

作为气候变化战略的一种政策工具组合，本研究提出运用市场手段在中国实施碳税。导入碳税对于高能耗能源产业部门，如发电、矿业及制造业等来说其影响是巨大的；却能够促进新能源的开发。在排污权交易系统基础上实施环境税可以加速新能源的进展。通过动态仿真模拟推导得出的内生最优碳税税率虽然是世界最低的，但是由于种种原因可以认为作为全球气候变暖的策略之一，中国作为发展中国家，建立国家层面的环境征税系统仍然是任重而道远。

参考文献

[1] Agnolucci P and Ekins P. 2004. The Announcement Effect and Environmental Taxation. Tyndall Centre for Climate Change Research Working Paper 53， 1-24 pp. Via Internet： *http：//www.tyndall.ac.uk/publications/working_papers/wp53.pdf*，Read on 4，November，2004.

[2] Amano A. 1997. *Economics of Global Warming*. Nihon Keizai Shimbun Press，Tokyo，Japan，228 pp.（in Japanese）.

[3] Amano A. 2003a. Research on Environmental Economics：For the Integration of Environment and the Economy. Yuhikaku Press，Tokyo，Japan，266 pp.（in Japanese）.

[4] Amano A. 2003b. *Perspective on Environmental Problems*. Kwansei Gakuin University Press，Kobe，Japan，197 pp.（in Japanese）.

[5] Argent R M and Grayson R B. 2003. A Modelling Shell for Participatory Assessment and Management of Natural Resources. *Environmental Modelling & Software*，18（6），541-551.

[6] Brown L R，Flavin C and French H. 2000. State of the World：A Worldwatch Institute Report on Progress Toward a Sustainable Society. W.W. Norton & Company，New York，USA，422 pp.

[7] Bye B. 2002. Taxation，Unemployment，and Growth：Dynamic Welfare Effects of 'Green' Policies. *Journal of Environmental Economics and Management*，43（1），1-19.

[8] Chae Y and Hope C. 2003. Integrated Assessment of CO_2 and SO_2 Policies in North East Asia. *Climate Policy*，3（1） Supplement，S57-S79.

[9] Chen Z L. 1999. Studies on the Energy Demand/Supply in China's Economy. A Doctoral Dissertation Presented to the Graduate School of Environment and Life Engineering，Toyohashi University of Technology，Japan，171 pp.（in Japanese）.

[10] China Renewable Energy Power Generation and Heat Use Research Item Group of State Economic and Trade Commission，1999. *China Renewable Energy Technical Evaluation.* China Environmental Science Press，Beijing，China，78 pp.（in Chinese）.

[11] China National Bureau of Statistic（NBS），1996. *China Energy Statistical Yearbook.* China Statistics Press，Beijing，China，478 pp.（in Chinese）.

[12] China National Bureau of Statistic（NBS），1999a. *China Energy Statistical Yearbook*. China Statistics Press，Beijing，China，554 pp.（in Chinese）.

[13] China National Bureau of Statistic（NBS），1999b. *China Statistical Yearbook 1999.* China Statistics Press，Beijing，China，909 pp.（in Chinese）.

[14] China National Bureau of Statistic（NBS），1999c. *Input-Output Table of China 1997.* China Statistics Press，Beijing，China，480 pp.（in Chinese）.

[15] China National Bureau of Statistic（NBS），2003. *China Statistical Yearbook 2003*. China Statistics Press，Beijing，China，977 pp.（in Chinese）.

[16] China National Bureau of Statistic（NBS），2007. *China Statistical Yearbook 2006*. China Statistics Press，

Beijing，China，414 pp.（in Chinese）.

[17] China State Development Planning Commission（SDPC），2000. *China Alternative Energy and Renewable Energy 1999 White Paper*. China Planning Press，Beijing，China，161 pp.（in Chinese）.

[18] Edit Committee of China Farm Village Energy Yearbook，1997. *China Farm Village Energy Yearbook*. China Agriculture Press，Beijing，China，137 pp.（in Chinese）.

[19] Encyclopedia Britannica，2004. Alternative Energy. Via Internet：*http：//www.britannica.com*，Read on 16，October，2004.

[20] Energy Information Administration（EIA），China Country Analysis Briefs. Via Internet：*http：//www.eia.doe.gov/emeu/cabs/china.html*，Read on 30，April 2003.

[21] Forestry Planning Research Group，1987. Long-term Vision of New Forestry：Long-range Outlook for the Forestry Product Supply and Demand Based on Conversions of the Forest Maintenance Policy and a Supply-and-demand Equilibrium Model. Chikyu-Sha Press，Tokyo，Japan，415 pp.（in Japanese）.

[22] Fujita K. 2001. *Research of Ecological Tax Reform：Expense Burden in Environment Policies*. Minerva Shobo Press，Tokyo，Japan，209 pp.（in Japanese）.

[23] Fujita M and Krugman P. 2003. The New Economic Geography：Past，Present and the Future. *Papers in Regional Science*，83（1），139-164.

[24] Gao G L. 2003. Regional Redistribution：Western Region Development in China. Discussion Paper Read at *the 18th Pacific Conference of the Regional Science Association International*（PRSCO），Acapulco，Mexico，July，CD-ROM.

[25] Gielen D and Moriguchi Y. 2002. Modelling CO_2 Policies for the Japanese Iron and Steel Industry. *Environmental Modelling & Software*，17（5），481-495.

[26] Hannon B. 2001. Ecological Pricing and Economic Efficiency. *Ecological Economics*，36（1），19-30.

[27] Hashimoto K. 2003. *Introduction to Finance*. Zeimukeiri Kyokai Co.，LTD.，Tokyo，Japan，309 pp.（in Japanese）.

[28] Hayano T and Tutiya H. 1990. Modelling the Cost of Alternative Energy and Simulation. *Energy and Resource*，11（2），142-149.（in Japanese）.

[29] Hideyuki I，Junnitiro T，Masaaki T and Kuniaki M. 2000. Hazard estimation of possible pyroclastic flow disasters using numerical simulation related to the 1994 activity at Merapi Volcano. *Journal of Volcanology and Geothermal Research*，100，503-516.

[30] Higano Y. 1987. Control of the Environment through Quasi Markets. *Papers in Regional Science*，63，43-58.

[31] Higano Y. 1996. Distribution of the Value Added to the Input of the Environmental Goods based on the Materials Balance Principle. *Studies in Regional Science*，26（1），181-187.（in Japanese）.

[32] Higano Y. 1997. Optimal Taxes on the Emission of Air Pollutants in Japan. Discussion Paper Read at Session in Honor of Professor Hirotada Kohno：Environmental Policy and Sustainability of *the 15th Pacific Regional Science Conference*，December，Wellington.

[33] Higano Y and Shibusawa H. 1999. Agglomeration Diseconomies of Traffic Congestion and Agglomeration Economies of Interaction in the Information-oriented City. *Journal of Regional Science*，39，21-49.

[34] Honma T. 1980. *Wind Power Reader*. Ohm Press，Tokyo，Japan，236 pp.（in Japanese）.

[35] Ianchovichina，E. and Walmsley，T，2003. The Impact of China's WTO Accession on East Asia. World Bank Policy Research Working Paper 3 109，1-28 pp. Via Internet：*http：//econ.worldbank.org/files/28992_wps3109.pdf*，Read on 15，November，2004.

[36] Ikeda S，Sakai Y and Tawada M. 2004. *Risk，Environment and Economy*. Keiso-Shobo Press，Tokyo，Japan，234 pp.（in Japanese）.

[37] Intergovernmental Panel for Climate Change（IPCC），1996a. *Climate Change 1995：The Science of Climate Change*.（Eds.）Houghton，J.T.，et al.，IPCC，WG I，Cambridge University Press，Cambridge，UK，584 pp.

[38] Intergovernmental Panel for Climate Change（IPCC），1996b. *Climate Change 1995：Economic and Social Dimensions of Climate Change*.（Eds.）James，P. B.，et al.，IPCC，WG III，Cambridge University Press，Cambridge，UK，458 pp.

[39] Intergovernmental Panel for Climate Change（IPCC），2001a. *Climate Change 2001：Impacts，Adaptation，and Vulnerability*.（Eds.）McCarthy，J.，et al.，IPCC，WG II，Cambridge University Press，Cambridge，UK，1 042 pp.

[40] Intergovernmental Panel for Climate Change（IPCC），2001b. *Climate Change 2001：Mitigation*.（Eds.）Metz B.，et al.，IPCC，WG III，Cambridge University Press，Cambridge，UK，702 pp.

[41] Intergovernmental Panel for Climate Change（IPCC），2002. *Climate Change 2001：Synthesis Report*.（Eds.）Watson，R.T.，IPCC，Cambridge University Press，Cambridge，UK，408 pp.

[42] International Energy Agency（IEA）and Organization for Economic Co-operation and Development（OECD），1999. *World Energy Outlook：Looking at Energy Subsidies：Getting the Prices Right*. OECD，Paris，224 pp.

[43] International Energy Agency（IEA）and Organization for Economic Co-operation and Development（OECD），2000. *World Energy Outlook*. OECD，Paris，457 pp.

[44] International Energy Agency（IEA）and Organization for Economic Co-operation and Development（OECD），2001. *World Energy Outlook：Insights：Assessing Today's Supplies to Fuel Tomorrow's Growth*. OECD，Paris，421 pp.

[45] International Energy Agency（IEA）and Organization for Economic Co-operation and Development（OECD），2004. *World Energy Outlook 2004*. OECD，Paris，576 pp.

[46] Isard W. 2003. History of Regional Science and the Regional Science Association International：The Beginnings and Early History. Springer-Verlag：Berlin-Heidelberg-New York，267 pp.

[47] Ishikura T，Tansei K and Sugimura Y. 2003. Analysis of Nationwide Economic Impacts by Airport Development：Computable General Equilibrium Model Approach（Series：No.96，Technical Note of National Institute for Land and Infrastructure Management）. National Institute for Land and Infrastructure Management，Tsukuba，Ibaraki，Japan，13 pp.（in Japanese）.

[48] Jiyu Kokumin-Sha. 2002. *Basic Knowledge of Contemporary Term*. Jiyu Kokumin-Sha Press，Tokyo，Japan，524 pp.（in Japanese）.

[49] Jorgenson D W. 1998. *Econometric General Equilibrium Modeling*. MIT Press，Cambridge，Massachusetts，USA，448 pp.

[50] Kashima S，Hayes W J，Yamauti K，Tanisita M and Hasuike K，et al.，2003. *Automobile-tax System in*

the Century of Global Environment. Keiso-Shobo Press，Tokyo，Japan，189 pp.（in Japanese）.

[51] Koike M. 2000. Efficiency-Measuring DEA Model for Production System with k Independent Subsystems. *The Journal of the Operations Research Society of Japan*，43（3），343-354.

[52] Kojima T. 1998. *The Carbon Dioxide Problem：Integrated Energy and Environmental Policies for the 21st Century*. Translated from the Japanese edition，（Eds.） Harrison，B.，Gordon and Breach Science，Amsterdam，the Netherlands，226 pp.

[53] Kratena K. 2004. 'Ecological Value Added' in An Integrated Ecosystem–economy Model：An Indicator for Sustainability. *Ecological Economics*，48（2），189-200.

[54] Leontief W W. 1951. The Structure of American Economy，1 919-1 939：An Empirical Application of Equilibrium Analysis（2nd Edition）. Oxford University Press，New York，USA，264 pp.

[55] Li B and Higano Y. 2001b. The Energy Policy and Environment Policy in China toward the Sustainable Growth. *The Proceedings of the 38th Annual Meeting of Japan Section of the Regional Science Association International*（JSRSAI）.（in Japanese）.

[56] Li B and Higano Y. 2002a. The Anthropogenic Carbon Emission Management Policy in China That the Alternative Energy Was Taken into Consideration. *The Proceedings of the 39th Annual Meeting of Japan Section of the Regional Science Association International*（JSRSAI）.（in Japanese）.

[57] Li B and Higano Y. 2002b. Greening of the Energy System by Carbon Tax in China. Discussion Paper Read at *the 7th Summer Institute of Pacific Regional Science Conference Organization*（PRSCO），Bali，Indonesia，June，CD-ROM.

[58] Li B and Higano Y. 2003a. Countermeasures against Global Warming in China Known as a Developing Country：In the View of the Development of Green Energy Industry. *The Proceedings of the 40th Annual Meeting of Japan Section of the Regional Science Association International*（JSRSAI）.（in Japanese）.

[59] Li B and Higano Y. 2003b. An Eco-Model to Introduce Technology of Alternative Energy and to Establish Symbiosis Taxation System in China. *The Proceedings of the 6th Annual Meeting of Japan Association for Human and Environment Symbiosis*（JAHES）.（in Japanese）.

[60] Li B and Higano Y. 2003c. An Eco-conscious Socioeconomic Framework Model for Reducing Global Warming in China. Discussion Paper Read at *the 18th Pacific Conference of the Regional Science Association International*（PRSCO），Acapulco，Mexico，July，CD-ROM.

[61] Li B and Higano Y. 2003d. Derivation of an Optimal Carbon Tax Rate and Its Influence on Industrial Sectors Regarding Global Warming Prevention in China：Aiming the Encouragement of Alternative Energy Industry. Discussion Paper Read at *the 50th Anniversary Meeting of the Regional Science Association International*（RSAI），Philadelphia，America，November.

[62] Li B and Higano Y. 2004a. Countermeasures against Global Warming in China：From the View of Point of Encouragement of Green Energy. *Studies in Regional Science*，34（1），117-138.（in Japanese）.

[63] Li B and Higano Y. 2004b. An Eco-Model to Introduce Technology of Alternative Energy and to Establish Symbiosis Taxation System in China. Forthcoming，*Journal of Japan Association for Human and Environment Symbiosis*，10.（in Japanese）.

[64] Li B and Higano Y. 2004c. Integrated Evaluation of Optimal Carbon Tax Policy by Means of Environmental Value-added in China. Forthcoming，*Studies in Regional Science*，34（2）.

[65] Li B and Higano Y. 2004d. Simulation Analysis of the Effect of Introducing Carbon Tax：Considering an Alternative Energy in China. *The Proceedings of the 41th Annual Meeting of Japan Section of the Regional Science Association International*（JSRSAI），CD-ROM.（in Japanese）.

[66] Li B and Higano Y. 2004e. The Anthropogenic Carbon Emission Management System and Environmental Partnership for the Sustainable Development in China. *The Proceedings of the 27th Annual Meeting of Japan Association for Planning Administration*（JAPA）.（in Japanese）.

[67] Li B and Higano Y. 2004f. An Environmental Socioeconomic Framework Model for Adapting Climate Change in China. Discussion Paper Read at *the World Conference 2004 of the Regional Science Association International*（RSAI），Port Elizabeth，South Africa，April.

[68] Li D. 2003. An Econometric Study on China's Economy，Energy and Environment to the Year 2030. *Energy Policy*，31（11），1 137-1 150.

[69] Lin Y H. 2001. Measures to Conserve Energy in China：In Line with that in Japan. *Research on Policy Sciences of Doshisha University*，3，277-292.（in Japanese）.

[70] Liu W Q，Ganb L and Zhang X L. 2002. Cost-competitive Incentives for Wind Energy Development in China：Institutional Dynamics and Policy Changes. *Energy Policy*，30（9），753-765.

[71] Martin W. 1993. Modeling the Post-reform Chinese Economy. *Journal of Policy Modeling*，15（5/6），545-579.

[72] Matsui K. 2000. *Energy Economy and Policy Theory*. Sagano Press，Tokyo，Japan，122 pp.（in Japanese）.

[73] Ministry of the Environment in Japan，2004. Proceedings Summary and Minutes of Comprehensive Policy and an Earth Environment Joint Section of the Central Environment Council. Via Internet：*http：//www.env.go.jp/council/16pol-ear/yoshi16.html*，Read on 14，November 2004.（in Japanese）.

[74] Miyazawa K. 1995. *Guide to Input-output Analysis*. Japan Economical Newspaper Press，Tokyo，Japan，216 pp.（in Japanese）.

[75] Moffat I and Hanley N. 2001. Modeling Sustainable Development：Systems Dynamic and Input-Output Approaches. *Environmental Modeling & Software*，16（6），545-557.

[76] Mori S. 1992. *Earth Environment and Resources Problem*. Iwanami Press，Tokyo，Japan，157 pp.（in Japanese）.

[77] Morotomi T. 2000. *Theory and Practice of Environmental Taxes*. Yuhikaku Press，Tokyo，Japan，325 pp.（in Japanese）.

[78] Muto S，Morisugi H and Ueda T. 2003. Measuring Market Damage of Automobile Related Carbon Tax by Dynamic Computable General Equilibrium Model. *The Proceedings of the 43th Congress of European Regional Science Association*（ERSA），CD-ROM.

[79] National Research Council，Chinese Academy of Sciences and Chinese Academy of Engineering，2000. *Cooperation in the Energy Futures of China and the United States*. National Academy Press，Washington，DC，USA，108 pp.

[80] Ng C T. A Learning-by-doing Energy Model Based on Dynamic Programming. International Institute for Applied Systems Analysis，Interim Report IR-03-048，1-21 pp. Via Internet：*http：//www.iiasa.ac.at/Publications/Documents/IR-03-048.pdf*，Read on 30，March 2004.

[81] Nishiyama T. 2001. *An Earth Energy Theory*. Ohm Press，Tokyo，Japan，151 pp.（in Japanese）.

[82] Nijkamp P. 1977. *Theory and Application of Environmental Economics*. North Holland Publishing Company，Amsterdam，Holland，332 pp.

[83] Nordhaus D W. 1979. *The Efficient Use of Energy Resources*. Yale University Press，New Haven，Connecticut，USA，161 pp.

[84] Organization for Economic Co-operation and Development（OECD），1999. *Environmental Taxes: Recent Developments in China and OECD Countries*. OECD，Paris，327 pp.

[85] Organization for Economic Co-operation and Development（OECD），2002. *Environmentally Related Taxation System: The Evaluation and Strategies*. Translated from the English Edition of 'Environmentally Related Taxes in OECD Countries: Issues and Strategies', Translated by Environmental Taxes Study Group of Synthesis Environment Policy Department of Ministry of Environment in Japan，（Eds.） Amano，A.，Yuhikaku Press，Tokyo，Japan，225 pp.（in Japanese）.

[86] Patlis，J.M.，2002. A Rough Guide to Developing Local Laws for Natural Resource Management. Discussion Paper Read at *the 7th Summer Institute of Pacific Regional Science Conference Organization* (PRSCO)，Bali，Indonesia，June，CD-ROM.

[87] Research Institute for Development and Finance of Japan Bank for International Cooperation，2000. *Energy Balance Simulations to 2010 for China and Japan*. Research Institute for Development and Finance of Japan Bank for International Cooperation，Tokyo，Japan，117 pp.（in Japanese）.

[88] Rufin C，Rangan U S and Kumar R. 2003. The Changing Role of the State in the Electricity Industry in Brazil，China，and India. *American Journal of Economics and Sociology*，62（4），649-676.

[89] Shaw D G，Farrington J W，Connor M S，Tripp B W and Schubel J R. 2000. The Role of Environmental Scientists in Public Policy：A Lesson from Georges Bank. *Marine Pollution Bulletin*，40（9），727-730.

[90] Sinton E J and Fridley G D. 2000. What Goes up：Recent Trends in China's Energy Consumption? *Energy Policy*，28（10），671-687.

[91] Suh S. 2004. Functions，Commodities and Environmental Impacts in an Ecological-economic Model. *Ecological Economics*，48（4），451-467.

[92] Suzuki M and Fukuchi T. 2004. The Estimation of the Divide Urban-Rural Population Migration，and Coss-classified by Formal and Informal Sector，Laber Force，GDP and Capital Stock in China - The Case of Three Regions Model Analysis. *The Proceedings of the 41th Annual Meeting of Japan Section of the Regional Science Association International* (JSRSAI)，CD-ROM.（in Japanese）.

[93] Takahashi K. 1999. *Correspondence to Globalization*. Foundation for Advanced Studies on International Development，Tokyo，Japan，169 pp.（in Japanese）.

[94] Tao K. 2001. *Interindustry Study on the Chinese Economy*. Keisuisha Co.，Ltd，Hiroshima，Japan，609 pp.（in Japanese）.

[95] Tangen K and Heggelund G. 2003. Will the Clean Development Mechanism Be Effectively Implemented in China? *Climate Policy*，3（3），303-307.

[96] Toyoda T. 2003. *Agricultural Policy*. Nihon Keizai Hyoronsha Press，Tokyo，Japan，211 pp.（in Japanese）.

[97] Wang S Q，Zhou C H，Liu J Y，Tian H Q，Li K R and Yang X M. 2002. Carbon Storage in Northeast China as Estimated from Vegetation and Soil Inventories. *Environmental Pollution*，116（1） Supplement，S157-S165.

[98] Webster M，Forest C，Reilly J，Babiker M，Kicklighter D，Mayer M，Prinn R，Sarofim M，Sokolov A，Stone P and Wang C. 2003. Uncertainty Analysis of Climate Change and Policy Response. *Climate Change*，61（3），295-320.

[99] Xu Z M，Cheng G D，Chen D J and Templet H P. 2002. Economic Diversity，Development Capacity and Sustainable Development of China. *Ecological Economics*，40（3），369-378.

[100] Yagita H，Kondo Y，Kobayashi M and Inaba A. 2000. A Comparative Evaluation of CO_2 Mitigation Options for Japan Using the NICE Model. *Japan Energy Society*，79（2），118-128.（in Japanese）.

[101] Yan C L.（Eds.），2002. *China Energy Development Report 2001*. China Jiliang Press，Beijing，China，314 pp.（in Chinese）.

[102] Yao H T and Nobukuni M. 2002. China's Long-term Economic Development and Demand of Energy. Studies in Regional Science，32（1），45-61.（in Japanese）.

[103] Zbaracki M J，Ritson M，Levy D，Dutta S and Bergen M. 2004. Managerial and Customer Costs of Price Adjustment：Direct Evidence from Industrial Markets. *The Review of Economics and Statistics*，86（2），514-533.

[104] Zhang Z X. 2000. Decoupling China's Carbon Emissions Increase from Economic Growth：An Economic Analysis and Policy Implications. *World Development*，28（4），739-752.

[105] Zhu R Z. 2001. *Formation and Distribution of Wind Power Resources in China*. China Meteorological Press，Beijing，China，38 pp.（in Chinese）.

借鉴国际经验建立污染物减排长效机制的探讨

费　越

摘　要：本文借鉴了《京都议定书》及其相关的温室气体排放指标交易和减排额交易体系，通过总结国际减排体系的一些共同特点，为建立我国长效减排机制提供政策建议。结合“十一五”规划，阐释了我国污染物减排的重要意义以及实现途径。

关键词：《京都议定书》　CDM　长效减排机制

Lessons Learn from International Experience for Establishing A Long-term Mechanism for CO_2 Emissions Reducing

Abstract: Drawing from "Kyoto Protocol" and the greenhouse gas emissions trading and emission reduction trading system，some of the common characteristics are summed up to provide policy suggestion for long-term emission reduction in China. Combining the Eleventh Five-Year plan，the importance of emissions reduction as well as ways to achieve is emphasized.

Key words: Kyoto Protocol　CDM　Long-term emission reduction

为完成“十一五”规划确定的环境管理约束性目标，我国需要建立一种在中央，地方和企业间具有良好互动的，能以较低成本实现污染物减排的长效机制。这种机制应当明确国家、地方政府、公众及排污企业在实现减排中的各自职责，并为实现减排目标提供必要的激励机制，促进全社会以较低的成本实现“十一五”规划制定的减排目标。

1 国际上典型范例

在实现减排目标方面，《京都议定书》及其相关的温室气体排放指标交易和减排额交易体系对我国建立污染物减排长效机制具有直接的借鉴意义。《京都议定书》是国际社会为减少温室气体排放而签订的国际协议。《京都议定书》为签约的工业化国家规定了具有法律约束力的减排指标。为实现《京都议定书》规定的减排任务，欧盟要求其成员国根据各自在《京都议定书》中承诺的减排目标，通过制定国家排放计划（National Allocation Plan），把符合《京都议定书》减排目标的排放指标分配给本国企业。与此同时，欧盟建立了排放指标交易体系（European Union Emissions Trading Scheme，EU ETS 或 ETS），鼓

作者简介：费越，亚洲开发银行高级社会经济专家。

本文是作者的个人研究成果，不代表作者所在单位的观点和立场。

励企业通过排放指标的交易，降低减排成本。

欧盟排放指标交易体系的工作原理是这样的：假定甲、乙两企业每年各自需要排放 10 万 t CO_2，但在国家排放计划中，当年只给了他们各自 9.5 万 t 的排放指标。这两家企业都面临这样的选择：①通过实施减排措施，把减排量降低到 9.5 万 t；②通过排放指标交易体系从其他企业购入 0.5 万 t 额外的排放指标；③缴纳高额罚金，如果甲企业的减排成本是平均每吨 5 欧元，而市场的 CO_2 排放指标是每吨 10 欧元，甲企业会选择投资减排措施以避免高额罚金。甲企业还可以加大减排力度，把减排规模扩大到 10 000 t。这样除了满足自身需要的 5 000 t 排放指标外，甲企业还可以通过出售余下的 5 000 t 排放指标得到 50 000 欧元的额外收入以冲销本企业为减排投入的 50 000 欧元的投资支出。如果乙企业的情况恰相反，减排成本很高，达到每吨 15 欧元，高于排放指标市场每吨 10 欧元的价格。这时，乙企业可以用 50 000 欧元购入 5 000 t 排放指标，从而避免了高额罚金。如果没有排放指标交易体系，乙企业必须投入 75 000 欧元在本企业实施减排才能满足国家要求。以上例子说明，在企业减排成本有差异时，排放指标交易体系可以通过市场机制在不同企业间调节减排资金的分配，实现减排资源的优化配置。在更广泛的意义上，欧盟通过排放指标交易体系，可以用较低的成本完成《京都议定书》规定的减排任务。根据欧盟的研究，排放指标交易体系把欧洲国家《京都议定书》的履约成本由每年的 68 亿欧元下降到了 29 亿～37 亿欧元。

与《京都议定书》相关的另一项机制是清洁发展机制（Clean Development Mechanism，CDM）。清洁发展机制可以简单地描述为：《京都议定书》工业化签约国的企业可以通过在发展中国家投资温室气体减排项目，取得减排额来冲销自己在本国的减排义务 。由于发展中国家的减排成本往往低于发达国家的减排成本，通过清洁发展机制下工业化国家与发展中国家之间的交易可以进一步降低工业化国家《京都议定书》的履约成本，并可为发展中国家带来减排投资，因而被视为一种工业化国家和发展中国家双赢的减排机制。企业通过清洁发展机制取得的减排额也可以在欧盟排放指标交易体系中进行交易。据统计，在过去的一年里，工业化国家与发展中国家之间的减排额交易总量达到 3.74 亿 t CO_2，协议金额达 27 亿美元。

与《京都议定书》控制温室气体有关机制相仿，美国环保署在全美 5 条流域试行了名为水质交易（Water Quality Trading）的水污染减排交易机制。与治理温室气体情况不同，水污染被分离在不同流域之中，无法形成一个以国际市场或全国市场为基础的长效机制，而只能在流域范围内建立。水污染治理的优点是可以在较小的范围内进行试点，不致因推行新的政策措施造成全国或全行业的震荡。美国试点流域的企业根据各自的排放指标和减排成本相互进行减排额的交易。据美国环保署研究，通过实施水质交易，几年来这五条流域的减排都达到了预期的减排目标，水污染治理综合成本降低了 6.58 亿美元，并最终有可能使减排成本降低数十亿美元。

2 国际减排体系的一些共同特点

（1）减排目标与任务分解。无论是国际的《京都议定书》还是美国的水质交易，其前提都是制定了在特定协议期内具有法律约束力的减排目标，并通过一定方式将指标分解到具体的排污企业。在《京都议定书》中，签约国政府是履约的责任人，为本国完成《京都议定书》规定的减排义务承担法律责任，并通过各种措施鼓励本国企业以较低成本完成各自的减排任务。各种机制通常都采用承认排污现状（Grandfathering）的做法，争取企业界的支持，以便尽可能迅速地分配减排指标。在政府每年的排放指标分配完成后，政府并不干预企业拟采取的减排方法，而主要是以经济杠杆来激励企业通过市场寻求最佳履约方式。

（2）履约凭证与交易媒介。减排额或排放指标交易是虚拟商品的交易，因此政府对减排的成效必须有严格的监督审核制度。各种机制都采用了某种具有法律效力的履约凭证制度。例如，清洁生产机制使用的是“核证减排额”（Certified Emission Reduction，CER）。欧盟排放指标交易体系使用的是“排放指标”（Emission Allowance）。减排的成果不能由减排责任人或排污责任人自报，而需要经过独立的第三方监测机构的核证才能确认。这种经过核证的履约凭证既可作为履约的凭证，又可作为减排交易的媒介，从而在排污企业之间形成了特定的交易市场，为这些企业通过市场机制降低减排成本创造了条件。

（3）独立的监测核证体系。除分配减排指标外，政府的主要职责是建立独立的监测机制和核证体系保证履约。例如，清洁发展机制要求具备专门资质的机构来审查项目，以及核证减排任务的落实情况。这些机构是由清洁发展机制理事会根据确定的资质要求审查，并通过因特网全球公示无异议后才能取得监测资格。这些机构的监测报告也要经过网上公示，无异议后才会取信。这样在实际上形成了一个由政府制定减排目标，由企业完成减排目标，由独立的监测核证体系确认企业减排成果，由全社会监督监测体系的制衡机制。

3 建立我国长效减排机制的一些初步思考

“十一五”规划为我国确立了明确的减排目标。目前，国家的减排目标已经分配给了地方政府和主要排污企业。为了监测各地和各主要排污企业减排目标的完成情况，在建立污染物减排长效机制的过程中，我国应当借鉴国际经验首先考虑建立一套减排凭证制度和独立的减排核证体系，并鼓励各地和主要排污企业通过市场寻求最佳的减排方式。

（1）减排额凭证制度。国家可以根据“十一五”规划建立“二氧化硫核证减排额凭证”和“化学需氧量核证减排额凭证”制度，并要求排污企业和地方政府以定期（如每半年）向国家交纳一次“核证减排额凭证”的方式，完成其承诺的减排任务。

（2）独立核证体系。减排责任人（地方政府或主要排污企业）应当负责向国家定期提供本责任期（如每半年）内实现的具有法律效力的减排凭证。为保证“核证减排额凭证”的客观与准确，国家应当通过适当方式建立减排成果的独立核证体系。为避免利益冲突，这个体系中的核证机构不应当按照传统的“条条”或“块块”的行政体系建立，而应当由具备资质的监测机构和需要核证减排成果的减排责任人（或减排项目）之间通过市场进行双向择优。为此，国家可以为具备监测能力的环境监测机构发放市场准入的资格证书。每个已具备资格的环境监测机构应当通过公开市场竞争的方式，为减排责任人（地方政府或企业）的减排成果提供有偿的核证服务。这些机构的监测报告和核证结论应当通过公示，接受社会监督。国家的环境管理部门将根据地方政府或主要排污企业自身的减排报告和独立监测机构的监测核证结论为减排责任人发放具有法律效力的“核证减排额凭证”。如果监测报告或核证结论不实，国家可以通过取消资质的方式迫使不合格的监测机构退出监测服务市场。

（3）公共财政与独立核证体系。国家可以通过收购“核证减排额凭证”的方式为减排提供部分资金支持。为履行“排污者付费”的原则，国家收购“核证减排额凭证”的价格可以考虑定位在地方政府或排污企业聘请独立监测核证机构对其减排成果进行核证服务所需的平均成本上。这意味着国家通过收购“核证减排额凭证”的方式，以公共财政的资金在减排责任人实现了预期的减排成果之后，支付了减排责任人用于减排成果核证的专业服务费用。这也意味着，国家以间接的非行政的方式支持了独立监测核证服务体系的发展。

（4）公共财政与特定减排项目。对特定的需要公共财政支持的减排项目，国家可以通过以优惠价格收购“核证减排额凭证”的方式，提供额外的，或专项的资金支持。在这种情况下，地方政府或主要排污企业需要通过自筹资金，投资于具体的减排项目并创造出一定数量的“核证减排额凭证”，然后“出售”给国家。这是公共财政中“绩效融资机制”在环境管理中的一种运用。这种办法可以保证公共财政的资金确实用到了具有减排成果的项目上。

（5）“核证减排额凭证”市场。在条件成熟时，亦即在独立监测核证体系可以运作的情况下，国家可以建立和开放“核证减排额凭证”的交易市场，鼓励企业通过“核证减排额凭证”交易降低减排成本，从而促使全社会以较低的成本实现国家规定的减排目标。

4 小结

“十一五”规划为我国的环境管理提出了有约束性的主要污染物减排指标。2006 年的实践证明，我国在如何实现这些减排指标方面面临着严峻的挑战。当前，比较突出的问题是如何在我国建立一套污染物减排长效机制，以较低的成本实现减排目标。本文借鉴国际上的一些成功经验，建议以建立“减排额凭证制度”和“独立的减排核证体系”为突破口，在我国建立一套长效减排机制，以更好地实现减排目标。

限于篇幅，本文只对相关问题作了简单的原则性描述。许多政策性问题还有待进一步的展开。值得指出的是，亚洲开发银行已同意为我国政府就利用市场机制加强水污染治理提供一个技术援助项目。我国可以利用这个机会，通过与亚洲开发银行的合作，更加深入地研究国际上成功的范例，充分利用国内外的技术力量和研究成果，设计出适合我国国情的长效减排机制。

论气候环境权

韩　良

摘　要：气候环境权利是指世界上所有自然人和法人均享有在安全和舒适的气候环境中生存和发展的权利；气候环境权力是指联合国授权机构以及各国政府为了履行国际气候公约的义务，对温室气体进行排放许可、排放交易等方面进行管理的权力。气候环境权具有主体广泛性、客体特殊性、内容偏私法性和责任难以确定的特点。本文认为近代民事法律理念和法律制度难以产生气候环境权，现代民事法律制度难以为气候环境权利提供保护，国际气候公约将温室气体排放权视为气候环境权利、确立了独特的侵权责任追溯制度和可交易的排放权，从而建立了独特的气候环境权制度。

关键词：气候变化　环境权　排放权

Review of Climate and Environmental Rights

Abstract: Climate environmental right is the right of the whole world's natural persons and legal entities to exist and develop in a safe and comfortable climate environment. Climate environmental power is the administrative power of U.N. authorities and governments to emission allowance and emission trading of GHG in order to comply with the obligations of international climate treaty. Climate environmental right has the following characteristics, such as the subjects are universal, the objects are particular, the content has more private nature and the liability is difficult to make certain. This article thinks the idea of civil law and legal system of modern times is hard to enlighten climate environmental right and contemporary civil law is hard to protect climate environmental right. International climate treaty takes the GHG emission as climate environmental right, establishes the unique retrospective regime of tort liability and emission trade. All of them constitute the particular climate environmental right system.

Key words: Climate change　Environmental rights　Emission right

1 引言

自工业革命以来，人类特别是西方工业化发达国家滥用温室气体排放权利，超过大气对温室气体的环境容量进行排放，加剧了温室效应，使地球气候变暖，从而引起气候变化，造成了一系列对于人类生存和发展的不利后果。这种不利的气候变化趋势和影响

作者简介：韩良，男，河北省人，管理学博士，民商法学博士后，南开大学法学院副教授，南开大学资本市场研究中心主任。

联系方式：天津经济技术开发区泰达中心酒店 2302（300457），电话：022-25206783（O）；022-23719302（H），13502007211。

已经为联合国政府间气候变化专门委员会（IPCC）和我国的科学家评估所证实。为了减缓地球气候变暖的进程，减少气候变化对于人类的不利影响，以《联合国气候变化框架公约》及《京都议定书》为代表，气候环境权立法被世界各国和联合国提到了议事日程。

2 气候环境权的定义与法律特征

2.1 气候环境权的定义

环境权是指国家及公民、企事业单位对环境资源所享有的法定权利（力）。按照环境权的享有所依据的法律属性的不同，可以将之分为私法意义上的环境权和公法意义上的环境权。私法意义上的环境权是指公民个人和企业享有的在安全和舒适的环境中生存和发展的权利，即环境权利；公法意义上的环境权是指国家作为环境资源的所有人，为了社会公共利益，有权运用各种行政、经济、法律等手段对环境资源行使管理权，即环境权力。

气候环境权是指人类个体、全体以及各种组织享有的在安全和舒适的气候环境中生存和发展的权利；以及联合国授权机构、各国政府为保障气候环境权利的实现而对温室气体排放进行法律调控的权力。气候环境权也包括私法上的气候环境权利和公法上的气候环境权力。气候环境权利是指世界上所有自然人和法人均享有在安全和舒适的气候环境中生存和发展的权利；气候环境权力是指联合国授权机构以及各国政府为了履行国际气候公约的义务，对温室气体进行排放许可、排放交易等方面进行管理的权力。

2.2 气候环境权的法律特征

与一般环境权相比，气候环境权具有以下法律特征：

（1）气候环境权的主体范围具有广泛性。一般的环境容量具有地域性，一般的环境权主体局限于某一区域内或者一国境内的政府机构或者自然人、企事业单位。例如，2005年11月13日，中国石油天然气股份有限公司吉林石化分公司双苯厂硝基苯精馏塔发生爆炸，造成8人死亡，60人受伤，直接经济损失6 908万元，并引发松花江水污染事件。国务院事故及事件调查组经过深入调查、取证和分析，认定中石油吉林石化分公司双苯厂“11·13”爆炸事故和松花江水污染事件，是一起特大安全生产责任事故和特别重大水污染责任事件。①以上水污染事件中，松花江流域的吉林、黑龙江沿岸居民和企事业单位是环境权利的主体，而国家环境保护总局，吉林、黑龙江两省的环保行政机构为环境权力的主体。由于温室气体的环境容量系统具有全球性，在世界任何国家和地区增加排放温室气体都会使地球的气候发生变化，都会给地球上的所有居民带来影响。因此，气候环境权的权利主体为地球上的所有自然人、法人；气候环境权的权力主体则为联合国授权机构、区域性的政府合作组织以及各国政府。

（2）气候环境权的客体范围具有特殊性。不同的环境权指向不同的废弃物对象，如汽车的尾气、SO_2、污水、固体废弃物等，这些废弃物具有一个共同的特点，即将会对周

---

① http：//www.ce.cn/cysc/hb/gdxw/200611/24/t20061124_9563686.shtml.

围的环境造成不同程度的污染。而温室气体的化学性质非常稳定，温室气体不会给周围环境带来污染，不属于污染物，适量的温室气体不仅不会对环境产生危害作用，反而由于温室效应为地球万物的生长提供了适宜的温度环境。据估计，如果没有大气和温室效应，地表平均温度就会下降到－23℃。因此，只有当人类过量向大气排放温室气体时才会给环境带来危害，温室效应的加剧将会带来地球上剧烈的气候变化。根据《京都议定书》的规定，温室气体特指二氧化碳（CO_2）、甲烷（CH_4）、一氧化二氮（N_2O）、氢氟碳化物（HFCs）、全氟碳化物（PFCs）及六氟化硫（SF_6）6 种气体。

（3）气候环境权的内容偏向私法性。一般环境权指国家及公民、企事业单位对环境资源所享有的法定权利（力）。由于遭受环境污染的自然人和其他民事主体的弱势性，环境私权需要通过环境公权的保护、需要通过诉讼来实现。而气候环境权的构建是对传统的环境私权与环境公权关系的一种革命，即通过国际间的协商和谈判，依据共同但有区别的责任原则，承认各国具有一定限度的温室气体排放的权利，但要求发达国家率先采取具体措施限制温室气体的排放，将温室气体浓度稳定在使气候系统免遭破坏的水平上。在谈判确定的限额之内，允许发达国家的企业对减少的排放配额以及到国外从事具体的减排项目取得的减排量进行交易，从而取得最有效率的减排效果，这种主要依靠市场机制来实现温室气体排放控制目标、保护相关主体的气候环境权的方式具有很强的私法性，改变了以往环保立法采取罚款、征税等带有公法性的强制措施，并取得了良好的实施效果。

（4）气候环境侵权的民事责任难以确认和量化。由于一般环境侵权的受害人处于弱势的法律地位，让一般环境侵权的侵权主体承担环境侵权的民事责任远较其他的民事侵权纠纷为难，但毕竟现代民法对环境污染侵权规定了严格责任的承担原则，不论侵权者主观上是故意还是过失，只要证明了侵权者有向环境排放污染物的行为，并且该排放污染物的行为引起了受害人的财产损失，两者之间又具有因果关系，侵权者就要在造成损害的范围之内承担赔偿责任。但是，气候环境侵权的民事责任是难以确认和量化的，因为，排放者向大气排放过多的 CO_2 等温室气体，温室气体经过温室作用使地球温度升高，地球温度升高引起剧烈的气候变化，剧烈的气候变化引起受害人的财产损失。按照侵权行为法则，这一系列的过程很难证明排放温室气体行为与受害人的财产损失之间的因果关系，即使能够证明他们之间存在因果关系，却也难以确定具体的侵权主体、受害人以及承担侵权责任的具体数额，因为地球温室效应的加剧是几代人、特别是 200 年来工业化发达国家的已经去世的数代人造成的，很显然，让死去的人承担侵权责任是不现实的。

3 气候环境权的发展历程

3.1 近代民事法律理念和法律制度难以产生气候环境权

自工业革命以来，人类开始大规模地向大气排放 CO_2 等温室气体，到对于温室气体排放的自然法则有了足够和清醒的认识，花费了大概 200 年的时间。工业革命开始之时，正是近代民事法律理念和法律制度确立的时期，以私权神圣、契约自由、过失责任理念为代表的 19 世纪资本主义国家的近代民商事立法，虽然对于资本主义生产关系的确立、人类生产力发展水平的提高发挥了巨大的促进功能，但对于今天的地球气候变暖，剧烈的气候变化则要承担一定的责任。

（1）私权神圣理念使他人无法干预温室气体的排放。在传统所有权理论即绝对所有权原则下，所有权为绝对支配权，排斥一切干预，土地所有权的范围，上至天空，下至地心，毫无限制；同时，对无主物所有权的取得实行先占原则，在这种原则下，土地所有权人有权支配其所有的土地地上及地下的一切环境要素，污染和破坏环境也是绝对所有权的组成部分，任何人无权干预，而大气、河川森林、野生动植物则属无主物，任何人不能对先占入主张权利。[1]在私权神圣的法律制度下，假设一自然人在自己的私人土地上建立了燃煤供热站为一城市供暖，他只要不向别人的土地上堆放燃煤、倾倒煤渣等废弃物，可以不采取任何措施向大气排放燃煤产生的 CO_2，任何人包括国家都不能对此进行干预。

（2）契约自由排除了承担气候环境责任的义务。在契约自由原则下，契约的对方当事人、契约的内容、契约的方式、契约的成立完全取决于当事人的自由意志，国家不得进行任何干预，个人取得权利并承担义务，完全取决于合同缔约人个人的自由意志，这种自由意志又取决于缔约双方的个人经济利益。因此，即使人们当时具有温室效应的科学知识，也因为当时没有规定限制排放温室气体的法定义务，而通过运用契约自由的原则进行排除。依据契约自由的原则，契约人具有不承担气候环境保护义务的自由。

（3）过失责任原则使受害者不能得到补偿。按照契约自由原则，自由平等的个人可以根据自己的意思，通过民事法律行为去追求自己的最大利益。如果因此发生损害，亦应由个人对自己的行为造成的损害承担责任，也叫自己责任，亦即个人对自己的行为负责，而不由他人负责，个人也仅对自己的行为负责，而不对他人的行为负责；而且，责任人只对因自己具有故意过失的行为造成的损害负责。虽然造成损害，如果不具有故意或者过失，则依法不承担责任。因此，自己责任又称为过失责任。[2]在这一原则下，侵权行为法以环境污染损害后果发生为前提，不能在预防环境损害后果的发生或消除致害根源方面发挥作用。更为重要的是，环境污染往往是社会物质生产部门的物质生产活动的“副产品”或“副作用”，造成污染危害后果的企业或个人并无主观故意或过失，若按过失责任原则，受害者无法得到补偿，污染者也无从受到制裁，保护环境也就无异于一句空话。[3]

3.2 现代民事法律制度难以为气候环境权利提供保护

针对近代民法的不足，现代民法在以下几方面建立了对环境权利提供保护的制度。①对私权神圣的限制。现代民法认为，财产所有权具有社会性，因此，对于其所有和行使必须加以限制，如为了环境保护的需要对土地所有权和使用权设置公法规制措施。[4]②对契约自由的限制。现代民法上，变化最大的莫过于对私法自治原则特别是契约自由原则的限制，具体包括在公法上对交易的规制，即所谓的“私法的公法化”，在民法上则通过诚实信用原则、公序良俗原则对私法自治或契约自由进行限制，甚至通过法律直接规定某些契约条款无效等方式。[5]如法律对严重造成环境污染的生产及物质交易进行限制。③严格责任的引入。现代民法对于环境污染造成的侵权责任实行严格责任的原则。

尽管现代民法建立了环境权利保护制度，但因为气候环境权利的特殊性，现代民事法律制度仍然难以为气候环境权利提供保护。除了前面分析的气候环境侵权民事责任难以确认和量化的原因外，侵权主体难以确认、诉讼时效法律制度不健全等都成为气候环境权利难以得到有效法律保护的制约因素。

3.3 国际气候公约建立了独特的气候环境权制度

面对日益严重的气候问题以及现代民事法律制度不能为气候环境权提供法律保护的问题，1990 年代以来，国际社会以《联合国气候变化框架公约》《京都议定书》等国际气候公约为基础，吸取了法律经济学最新的研究成果，建立了以下独特的国际气候环境权法律制度。

（1）将温室气体排放权视为气候环境权利。现代的环境权制度在私法上表现为将超过环境容量的污染物排放行为视为侵权，在公法上通过将污染物的排放视为非法，从而运用公权力对污染物的排放行为进行处罚，超过环境容量的污染物禁止排放一直被视为民事义务。《联合国气候变化框架公约》与《京都议定书》将温室气体排放权视为一种气候环境权利，认为世界各个国家均享有向大气空间排放一定温室气体的权利，这种权利是其享有的生存权和发展权的一种体现，温室气体排放权被当作一种法定的“应有权利”或“正当权利”，按照公平的原则在发达国家和发展中国家之间进行分配。

（2）独特的侵权责任追溯制度。为了督促权利人及早行使权利，大陆法系国家规定了相应的诉讼时效制度。我国《民法通则》第 137 条规定：诉讼时效期间从知道或者应当知道权利被侵害时起计算。但是，从权利被侵害之日起超过 20 年的，人民法院不予保护。工业化发达国家从 200 年前就开始大量排放温室气体，现在的大气空间中还存留着工业革命时代排放的温室气体，这些温室气体引起现在地球的气候变化，使现代人遭受财产损失，而排放温室气体的侵权人已经死去 100 多年了。按照现行法律，受害者是无法向这些死者进行追诉的。因此，《京都议定书》规定了独特的侵权责任追溯制度，即通过对发达国家规定强制性的温室气体减排义务，对发达国家历史“侵权”行为进行现实责任追溯，由现在的发达国家对他们先人的侵权行为进行赔偿。

（3）排放权的可交易性。《京都议定书》实质上是一个温室气体排放权交易的国际贸易协定。通过制定“Cap and Trade”（限额交易制度）使温室气体排放权作为一种商品可以在缔约国之间进行自由交易。《京都议定书》将“环境权交易”、“最低成本减排”理念运用到法律制度设计中，将传统环境法学视为公权对私权的强制行为转换为私权与私权之间的交换行为，温室气体强制减排的效果通过经济交易的方式来实现。

4 气候环境权利

气候环境权利是指公民个人和企业享有在安全和舒适的气候环境中生存和发展的权利。包括气候环境安全与生存权、温室气体排放权、气候环境状况知情权、气候环境损失补偿权等。

4.1 气候环境安全与生存权

如果不对温室气体的过量排放采取限制措施，全球气温急剧升高将会引起剧烈的气候变化，使地球上的一些居民的生命、财产的安全受到威胁，甚至危及整个人类的生存。比如气候变化可能导致许多国家面临更加突出的水资源供需矛盾，使全球更多人口处于热带风暴和飓风等海岸气候极端事件的威胁中，气温升高导致地球两极冰雪融化和海平面上升使众多岛屿将被淹没，岛上及沿海居民生活受到威胁，而一些小岛国甚至不复存在等。因此，减少温室气体的排放，对于保障人类生命、财产的安全以至于生存权都具有重要意义。

4.2 温室气体排放权

温室气体虽然是人类自身生产和生活过程中排放的废弃物，但其不同于一般的污染物，是化学性质非常稳定、无色无味的气体，除了给地球造成温室效应外，不会给周围的环境造成污染。人类和地球上的动物呼吸过程是一个吸进 O_2、排出 CO_2 的过程，人类为了生存所具有的排放温室气体的权利，是其生存权的体现；人类为了社会进步和发展也要排放一部分温室气体。因此，将温室气体排放等同于一般废弃物或者污染物排放，全部视为侵权或者违法行为的观点是不全面的。在大气环境容量下，人类的全体和个体享有向大气排放一定数量的温室气体的权利，温室气体排放权是人类享有的对气候环境资源利用的一项权利。

4.3 气候环境状况知情权

气候环境状况知情权是气候环境法律关系主体对温室气体排放源的排放状况，包括本区域、本国乃至全世界的气候环境状况、政府的环境管理状况等有关信息获得的权利。气候环境状况知情权的设立具有 3 个目的：①通过对温室气体排放源的排放状况信息的知悉，对超过规定排放权指标的排放者的排放行为进行监督；②通过对联合国相关组织、区域合作组织、政府环境行政管理机关对温室气体排放权指标的分配、温室气体排放源的申报管理、温室气体排放许可证管理等信息享有知情权，对享有温室气体排放管理权的公权力机构进行监督；③通过对减排量的申报、核证管理等信息状况的知悉，对相关中介机构的行为进行监督。

4.4 气候环境损失补偿权

由于气候环境侵权民事责任难以确认和量化，侵权主体难以确认，诉讼时效法律制度限制等各种原因，受害者依靠现行的侵权法律体系难以获得补偿。《京都议定书》通过对发达国家规定历史性补偿原则，使发达国家承担强制性的温室气体减排义务，为发展中国家提供资金和技术帮助其进行减排，对他们先人的侵权行为集体向发展中国家进行补偿。但这还远远不够，随着温室效应的加剧，地球大气温度的进一步升高，一些海拔较低的小岛屿国家将面临被淹没的危险，一些气候环境生态脆弱的地区也将面临灭顶之灾，国际社会应该及早行动起来，协商对这些国家和地区的损失补偿原则和办法。

5 气候环境权力

5.1 气候环境权力定义

气候环境权力是指联合国相关组织、区域合作组织、政府环境行政管理机关对温室气体排放权指标的分配、温室气体排放源的申报管理、温室气体排放许可证的发放管理，以及依照法律对以上违反相关立法的行为进行管理和处罚的权力。气候环境权力实际上就是对气候环境事务行使管理权的权力。气候环境权力不同于一般的环境权力，一般的环境权力还包括国家对环境资源的专属所有权。《中华人民共和国宪法》规定："矿藏、水流、森林、山岭、草原、荒地、滩涂等自然资源，都属于国家所有，即全民所有；由法律规定属于集体所有的森林和山岭、草原、荒地、滩涂除外。国家保障自然资源的合理利用，保护珍贵的动物和植物。禁止任何组织或者个人用任何手段侵占或者破坏自然资源。"①《中华人民共和国物权法》也规定，森林、山岭、草原、荒地、滩涂等自然资源，属于国家所有。②所有权则是指在法律的限制范围内，权利人对于所有物为全面的支配的物权。[6]对于气候资源，人类目前不仅不能进行全面的支配，反而深受气候变化的影响。因此，气候环境权力不包括对于气候资源的所有权。

5.2 行使气候环境管理权的机构

由于气候环境问题具有全球性，根据《联合国气候变化框架公约》的规定，该公约缔约方会议为本公约的最高机构，公约缔约方会议应定期审评本公约和缔约方会议可能通过的任何相关法律文书的履行情况，并应在其职权范围内作出为促进本公约有效履行所必要的决定。[7]《联合国气候变化框架公约》第十条专门设立了附属履行机构协助缔约方会议评估和评审公约的有效履行。

《欧洲温室气体排放交易指令》没有直接规定行使气候环境管理权的机构，该指令第十八条规定："为执行这一指引的规则，会员国要作出恰当的行政安排，包括指定一个或者多个恰当的主管机构。在多于一个主管机构被指定的地方，必须按照这一指引的要求对这些机构的工作进行调整。"

《加州全球气候变暖解决法令》则规定，加利福尼亚州空气资源局、加利福尼亚州能源资源保护与发展局和加利福尼亚州气候行动登记处都有责任控制对所定义的温室气体的排放。此外，环境保护秘书处需要与州政府共同协调温室气体的减排和气候变化应对行动。③

5.3 气候环境权力包含的内容

气候环境权力的内容就是气候环境管理机构的职权范围，包括温室气体排放权指标的分配、排放源的申报管理、排放许可证的发放管理以及对违法行为进行处罚的权力。

---

① 中华人民共和国宪法第 9 条。

② 中华人民共和国物权法第 48 条。

③ California Global Warming Solutions Act of 2006. Legislative consul's digest.

（1）温室气体排放权指标的分配。温室气体排放权指标是根据气候环境管理机构确定的排放权总量进行分配的，总量控制是排放权交易制度的出发点和归宿。排放权总量对于某个区域的环境质量有很大的影响，直接关系到排放权交易市场的价格。

在确定排放总量时，气候环境管理机构需要对特定排放源的迁移转化规律进行深入研究，将现有的经济和技术水平和未来的发展趋势等因素考虑在内，确保排放总量的科学性和客观性，并据此给排放源分配排放权指标。

（2）温室气体排放源的申报管理。温室气体排放源的申报是气候环境管理机构及时、准确地掌握排放源排放信息的有效途径，为科学合理地确定排放源的排放许可提供了依据，是气候环境管理机构行使权力的基础和依据。

（3）温室气体排放许可证的发放管理。气候环境管理机构在温室气体排放许可证的发放过程中，首先要确定国家和地方的各项排放源的排放标准和排放总量控制指标，然后将这些指标作为是否发放排放许可证的条件，进行逐一审查。并根据审查结果颁发不同的排放许可证。

（4）对违法行为进行处罚的权力。气候环境管理机构具有对提供虚假排放源登记信息、虚假减排量或者牟取非法利益等违法行为的排放权交易参与主体进行行政处罚的权力。

气候环境权是一种新型的权利（力），无论权利（力）的主体还是内容都和传统的环境权利（力）均有不同，我们应该在《联合国气候变化框架公约》及《京都议定书》精神的指导下，使气候环境权进一步落到实处。

参考文献

[1] 吕忠梅. 环境权力与权利的重构——论民法与环境法的沟通和协调. 法律科学，2000（5），78.

[2] 梁慧星. 从近代民法到现代民法——20 世纪民法回顾（A）//民商法论丛：第 7 卷. 北京：法律出版社，1997.

[3] 吕忠梅. 环境权力与权利的重构——论民法与环境法的沟通和协调. 法律科学，2000（5）.

[4] 梁慧星. 从近代民法到现代民法——20 世纪民法回顾（A）//民商法论丛：第 7 卷. 北京：法律出版社，1997.

[5] 梁慧星. 从近代民法到现代民法——20 世纪民法回顾（A）//民商法论丛：第 7 卷. 北京：法律出版社，1997.（c）.

[6] 梁慧星，陈华彬. 物权法. 3 版. 2005，102.

[7] The second clause of the seventharticle in United Nations Framework Convention on Climate Change.

[8] 周训芳. 论环境立法中的法律移植问题. 载林业经济问题，2000（6）.

中国清洁发展机制的市场前景和交易机制设计

郁　璇

摘　要：本文主要是在对中国的清洁发展机制项目的市场前景进行分析的基础上对中国的清洁发展机制项目的交易进行了具体的机制设计。具体包括市场建设和环境建设两个方面，涵盖了对交易主体、交易客体、交易方式、交易监管系统的设计以及法律政策体系和信息系统的建设，对中国未来的排放权交易发展提供了一些参考建议。

关键词：清洁发展机制　市场前景　市场建设　环境建设

The Market Foreground and Transaction Mechanism Design of CDM in China

Abstract: The paper focuses on the specific design of the CDM projects transaction mechanism on the basis of the CDM market foreground analysis in China. It includes the market and environmental constructions which cover the design of the transaction bodies, objects, modes monitoring system as well as the construction of the legal system and information systems to offer some proposals about China's future emission trading development for reference.

Key words: CDM　Market foreground　Market construction　Environmental construction

1 中国清洁发展机制的市场发展前景

由于中国的清洁发展机制项目市场无论是在项目数量上还是在减排量上，都在全球清洁发展机制交易中占据绝对大的份额。因此，全球在清洁发展机制项目上的发展前景在相当大的程度上决定了中国的清洁发展机制项目市场前景状况。目前，决定中国清洁发展机制项目市场前景的因素主要有 3 个：未来碳市场对清洁发展机制项目的需求、联合国对清洁发展机制的完善状况以及中国自身的清洁发展机制项目的质量。

1.1 未来碳市场对清洁发展机制的需求

（1）京都议定书的后续谈判。清洁发展机制项目的交易是基于《京都议定书》产生的，因此京都议定书的后续谈判对于未来碳市场的发展和对清洁发展机制项目的需求起着关键性的作用。

联合国气候变化的谈判将于 2009 年年底在丹麦的哥本哈根举行，在此之前，《京都

本文作者联系方式：南开大学资本市场研究中心，天津：300457。

议定书》的后续协议方面不会有什么实质性的突破。但是，在 2007 年 12 月的巴厘岛会议上，国家间的辩论开始从技术层面转向了政治层面，其核心就是如何分担必要减排的责任。该次会议取得的最大进展就是把美国拉进了最终协议，从而为后续谈判中美国的加入提供了可能性，因为如果没有美国的参加，即便世界上其他的国家都同意，《京都议定书》的后续谈判也会失去意义。

（2）欧盟排放交易机制的进展状况[1]。作为清洁发展机制项目市场的最大买家的欧盟，其交易计划的进展状况也对清洁发展机制的市场前景产生很大影响。欧盟交易计划已经开始起草并出台了第 3 个阶段的计划草案，在某种程度上，欧盟已经同意允许在第 3 个阶段结束的 2020 年之前将国际减排信用单位用于欧盟排放交易计划机制中。鉴于京都后续谈判中欧盟所占的重要地位，清洁发展机制将很有可能继续成为全球碳市场的主要工具。但是，根据该建议草案，为了能在 2013—2020 年期间使用比现阶段更多的碳信用额，被纳入到欧盟排放交易计划管辖范围内的排放实体使用的 CERs（经核证的减排量）的数量必须低于现阶段允许的 6.5%。在欧洲议会议员向环境委员会提交的报告草案中还建议在 2008—2020 年允许只使用 17 亿 t 的减排信用额，并且对具体的项目类型还有各种限制。通过这份建议草案报告，我们可以了解到主要议员对欧盟排放交易计划的第 3 个阶段以及 CER 使用的态度。

1.2 联合国对清洁发展机制的完善状况

清洁发展机制项目获取的减排信用 CER 是由联合国清洁发展机制执行理事会签发的，因此，执行理事会的内部工作程序和效率决定着项目的审批速度和签发数量，并对项目交易产生直接影响。根据目前的资料显示，清洁发展机制项目的项目设计书在经指定经营实体审核后，从向联合国执行理事会报批到获准登记平均需要 10 个月时间；从获得执行理事会的登记到获得 CERs 的签发也需要大约 10 个月的时间。但是，随着 2008 年承诺期的开始，如果清洁发展执行理事会不完善其内部审批和工作程序，提高工作效率，CERs 的过分延迟签发可能会导致 CERs 的供应量到 2012 年年底低于预期，使潜在的项目开发商可能重新考虑是否有必要在《京都议定书》承诺期内开发清洁发展机制项目。负责清洁发展机制项目数据库编制的联合国环境署里索中心的专家约根·冯汉（Joergen Fenhann）说："鉴于项目从完成合格性确认到获得首批碳信用额签发平均需要 563 天，如果你从 2010 年年底或 2011 年年初起开始项目开发，那么拿到信用额可能得等到 2013 年——到那时《京都议定书》承诺期已经结束了。"[2]

1.3 中国清洁发展机制项目的质量

由于清洁发展机制的逐渐成熟和交易市场参与者的不断增加，清洁发展机制项目的竞争已经成为质量之争。谁提供的 CERs 的产出质量高、风险小，谁的投资者就多，CERs 的价格就高。虽然清洁发展机制项目的各个行业的 CERs 的产出低于预期对投资者来说已经不是什么新鲜事了，而且他们为此已经在预算之外订购了更多的碳减排额度，但是这在一定程度上也会影响到中国清洁发展机制项目的发展。此外，指定经营实体对清洁发展机制项目的要求可能会越来越严格，执行理事会也可能会决定对大量的中国水电项目进行复审（基于额外性的考虑）。根据项目开发商的预测，[3]中国目前已经有大约 600 个项目至少已经进入了项目规划阶段，这些项目从目前到 2012 年年底可望产出约 3 亿 t 的碳信用额。如果不改善清洁发展机制项目的质量，可想而知会对中国清洁发展机制项目市场造成的影响。

如上所述，事实上，清洁发展机制是现存的唯一的可以产生国际公认的碳货币机制，基本适用于世界各地的减排计划（尽管可能存在各种限制和适用程度的区别）。虽然中国的甚至全球的清洁发展机制项目还面临着一定的不确定性和各种风险，现在还无法判断 2012 年之后的市场规模，但是随着减排已经成为一种国际趋势，各种区域性和自愿性减排计划的出现，该交易市场的发展前景还是比较乐观的，碳交易工具可能还会增加。作为主要参与方的中国，其清洁发展机制项目也会跟随国际形势，有着比较广阔的发展前景。

2 中国建立清洁发展机制项目交易市场机制设计

20 世纪中期之后，随着对环境问题研究的深入，人们逐渐开始认识到，环境也是一种资源，而且在大多数情况下是一种不可再生的稀缺资源。从这个角度出发，通过市场机制来优化环境资源的配置，在对环境资源最低消耗的情况下获得最大的经济效果就应该是可行的。在这样的思想指导下，催生了各种环境保护的经济手段，包括排放权交易手段。[4]

近年来，排放权交易在全球范围内快速发展，除了用于治理酸雨，还被用来控制臭氧层耗竭物质的排放以及减少汽油的含铅量等。《京都议定书》确立之后，清洁发展机制作为排放权交易的一种具体表现形式也得到了迅速发展。2007 年 11 月 10 日，中国第一个排放权交易平台——浙江省嘉兴市排放权储备交易中心的揭牌成立意味着国家环境保护总局等部门已经探索多年的排放权交易开始向制度化、规模化迈进。借鉴国外现行的排放权交易机制的经验，中国的清洁发展机制项目交易机制或体系建设应当包括市场建设和环境建设两个方面。

2.1 清洁发展机制项目交易机制的市场建设[6]

2.1.1 清洁发展机制项目交易主体

清洁发展机制项目交易主体就是指参与清洁发展机制项目交易、从事 CER 买卖或者与该交易有一定关联的自然人或机构，是排放权交易机制建立的微观基础。具体来说，包括直接从事清洁发展机制项目交易的项目业主/开发者、项目投资者/需求方；为直接从事清洁发展机制项目主体提供服务的各种中介，即交易辅助人；对上述两种主体实施监管的清洁发展机制项目的监管机构。

（1）直接交易主体。清洁发展机制项目的直接交易主体包括 CER 的购买方和出售方，可以是公司/企业、社会组织、政府甚至是自然人。但是，清洁发展机制赖以产生的背景以及本身所具有的特点使得从事清洁发展机制项目交易的主体具有特殊性，因为自然人的排放权是为自身生存而对环境加以使用，属于人权的范畴，一般来说是不能用来交易的。因此，清洁发展机制项目的直接交易主体主要是那些被纳入到国家排放总量控制计划而且已经取得排放权指标的排放实体以及希望通过购买排放权指标进入总量控制区内从事生产经营的排放实体。具体来说，直接从事清洁发展机制项目交易的购买方主要是那些具有减排需求，但是凭借自身条件和资源无法完成或者减排代价过高的各种企业；从事清洁发展机制项目交易的出售方主要是适合的企业，即从事的行业和拟实施的项目必须符合清洁发展机制的相关规定，具有适合性。

（2）交易辅助人。清洁发展机制项目的交易辅助人是指基于委托或者合约的安排为清洁发展机制项目的直接交易主体提供各种辅助性服务的人，包括碳基金、交易所、独立的核证机构等法律实体。各种中介机构的参与是活跃的交易市场不可或缺的要素。

第一，碳基金。碳基金属于基金的一种，它是一种集合投资计划，是指从投资者手中获得资金，然后将资金用来购买碳信用或者直接投资到温室气体减排的项目中（一般是指清洁发展机制和联合履行机制项目），经过某一特定时间后，碳基金就会以碳信用或者现金的形式回报给投资者。

第二，交易所。清洁发展机制项目交易所就是以CER的各种产品为交易客体的场所。交易所本身并不从事 CER 的买卖，它的主要功能是为从事 CER 交易的买卖双方提供项目交易的场所、设施以及相关服务等辅助条件，便于交易双方及时、准确地了解和使用信息，可以高效地开展交易活动。

第三，独立的核证机构。独立的核证机构就是指在清洁发展机制项目交易中，为了避免或减少虚假的排放数据、确认项目产生的减排量的真实性，而规定的经过认证的、独立于交易双方的第三方交易辅助人，即指定的经营实体（DOE）。

2.1.2 清洁发展机制项目交易客体

清洁发展机制项目交易客体就是指项目参与主体之间权利和义务指向的对象，即通过实施清洁发展机制项目获取的能够交易的减排信用。不仅包括经核证的减排量 CER 的现货和由此衍生出来的远期、购买协议、期货、期权等各种金融衍生品，还包括各种 CER 的变种，如 VER。但是根据联合国和中国的相关规定，清洁发展机制项目交易客体必须符合法律规定，是企业合法取得的碳排放信用，碳排放信用的使用权人依法在一级市场通过分配或者拍卖等方式取得一定的碳排放许可额后，对于因实施清洁发展机制项目获取的减排信用超过其减排目标，出现了减排信用富余时，就可以对这些富余的减排信用进行交易。

因此，在建立清洁发展机制项目交易机制和确定交易客体之前，首要任务就是从法律上确认排放权，只有得到法律确认的排放权才能进行相关的交易。为了确立这种可以在交易市场交易的排放信用，应该充分利用现行法律规定的排放许可证制度。在颁发排放许可证时，应当对排放企业的排放种类、方式、数量、浓度、期限和地点，通过法律法规的形式进行规定。具体来说，就是指清洁发展机制项目交易中的碳减排信用不是项目业主通过向环境行政主管机构申报排放获取的为其颁发的排放许可证上的排放权利，而是富余的碳减排信用，是项目业主被许可的碳排放量与实际排放量之间的差额。

2.1.3 交易方式

项目交易市场的交易方式包括分散交易和集中交易两种模式。分散交易以场外交易为典型形式，集中交易指的则主要是通过交易所进行的场内交易。目前中国的清洁发展机制项目的交易还是采取的场外交易模式，这是因为在初期阶段，企业对于清洁发展机制项目交易和排放权交易制度这种新的管理方式还需要一个逐步熟悉和适应的过程，交易市场的规模较小的原因造成的。项目参与主体主要通过直接谈判或者聘请中介机构等方式进行。但是随着经济的发展，新企业的不断设立，已取得排放权的企业的经营状况和污染治理技术的不断变化等都会推动清洁发展机制项目交易制度的完善和发展，从事项目交易的主体会越来越多，从而导致项目交易市场规模的扩大，这时，可以适时组建专门的项目交易市场或者在中国现有的交易所内进行清洁发展机制项目的场内交易。美国著名的芝加哥期货交易所和纽约商品交易所都已经开始挂牌交易“环境产品”，我们可以对其具体的运行机制进行研究和借鉴。

2.1.4 交易监管[6]

一个完善的交易市场机制是不能缺少监管的，虽然市场机制强调的是市场的自我调节能力，是在市场机制作用下使碳排放信用/排放权得到合理的配置。但是，市场是一把“双刃剑”，既有有利的一面，也有不利的一面，这时就需要发挥政府的宏观调控作用，由政府履行主要的监管职责来解决市场机制的不足所带来的问题。因此，清洁发展机制项目交易市场和其他商品市场一样同样需要有完备和有效的监督和管理，才能保障其充分发挥优化配置资源的功能，尤其是在清洁发展机制项目交易市场的培育和初步发展阶段，场外交易导致的自律管理缺位，政府的有效监管更是必不可少，不但决定着清洁发展机制项目交易市场能否持续、健康地发展，还是决定项目交易制度能否顺利建立的关键。因此，在构建我国清洁发展机制项目交易机制的时候，必须同时建立完备的、以公权力为主的监管体制，来对项目交易市场中涉及的排放权的分配、交易行为、交易程序以及交易过程中可能出现的各种问题进行监管，保证清洁发展机制项目交易市场的公平、健康和稳定有序发展，充分发挥清洁发展机制项目交易的降低污染控制成本和促进环境保护和经济发展相协调的功能。

2.2 清洁发展机制项目交易机制的环境建设

2.2.1 法律政策体系建设

要构建完善的清洁发展机制项目交易机制，就要有完善的法律法规和政策作为依据和支撑。这就需要明确中国目前和未来 10 年的中长期环境预测和环境保护发展战略，加快环境科学的基础理论和应用基础研究工作；完善气候变化的战略性应对政策和建议；加快现代环境管理科学和环境管理能力建设的科技创新；大力推广我国环境科技创新；推动现代高新技术成果在环境保护中的应用；扩大在环境保护领域中的国际合作与交流；完善中国关于循环经济立法的工作，把碳排放权交易与循环经济紧密结合起来；尽快制定关于控制 CO_2 等温室气体排放权的许可、分配/拍卖、交易、监管等内容。包括完善项目交易的制度体系建设、完善清洁发展机制项目交易的法律权利制度体系、完善清洁发展机制项目交易的法律义务制度体系、完善清洁发展机制项目交易的法律职责制度体系、完善清洁发展机制项目交易市场准入与运行制度体系以及完善清洁发展机制项目交易惩罚机制建设等。

2.2.2 信息系统的建设

为了更好地推动清洁发展机制项目交易工作，需要对我国清洁发展机制项目交易的市场信息进行收集、加工和研究，完善清洁发展机制项目交易的信息系统建设和管理，并积极探索适应清洁发展机制项目的衍生品的创新和开发的系统，面向企业进行环境信息咨询，特别是帮助中西部地区进行相关的清洁发展机制项目实施的可行性分析，使得清洁发展机制项目交易的信息更加畅通。进一步完善基础网络构建和安全体系的设计；完善环境信息标准及相关技术规范；完善环境管理综合平台及应用支撑体系；完善数据中心建设及信息共享与交换体系；加强清洁发展机制项目的环境信息和数据库建设，更好地为中国政府和企业以及国外的各种投资主体提供更加翔实的服务，构建一个更为完善的清洁发展机制项目交易机制。

总之，要建立中国的清洁发展机制项目交易机制，就必须在政府的积极引导和监管下，将行政手段与市场手段相结合，借鉴国际气候交易所的成功经验，结合清洁发展机制项目的独特性，对现有的排放权资源进行最优化的配置，通过市场规律促进清洁发展机制项目交易市场的健康发展。在我国推出清洁发展机制项目交易机制不仅是对排放权交易的发展和完善，还可以提高我国在国际市场上的竞争力，为社会主义经济建设服务。

参考文献

[1] http：//www.pointcarbon.com/news/cdmjien/cdmjich.

[2] Carbon Point. CDM 及 JI 追踪. 碳点资讯，2008（5）.

[3] Carbon Point. CDM 及 JI 追踪. 碳点资讯，2008（5）.

[4] 蒋乐平，戴逢胜. 排污权交易政策及其在中国的建立构想[J]. 污染防治技术，2007，20（4）.

[5] 张敏. 略论排污权交易制度在中国的建立[J]. 经济与社会发展，2005，3（3）.

[6] 吴亚琼. 总量控制下排污权交易制度若干机制的研究（博士学位论文）. 华中科技大学，2004.